U0376430

美国水环境联合会（WEF®）环境工程实用手册系列

城市雨水控制设计手册

Design of Urban Stormwater Controls

［美］美国水环境联合会
美国市政工程学会环境与水资源分会城市雨水控制设计任务组 著

蒋玖璐 徐连军 关春雨 刘坤 王帅 译
戴克志 唐建国 审校

中国建筑工业出版社

著作权合同登记图字：01-2013-0877 号

图书在版编目(CIP)数据

城市雨水控制设计手册/（美）美国水环境联合会（WEF）著；蒋玖璐等译. —北京：中国建筑工业出版社，2018.9
（美国水环境联合会（WEF）环境工程实用手册系列）
ISBN 978-7-112-22188-2

Ⅰ.①城… Ⅱ.①美…②蒋… Ⅲ.①城市-暴雨洪水-控制-设计-手册 Ⅳ.①TU984-62

中国版本图书馆 CIP 数据核字(2018)第 093503 号

责任编辑：石枫华　程素荣
责任校对：姜小莲

美国水环境联合会（WEF®）环境工程实用手册系列
城市雨水控制设计手册
［美］美国水环境联合会
　　美国市政工程学会环境与水资源分会城市雨水控制设计任务组　著
蒋玖璐　徐连军　关春雨　刘坤　王帅　译
戴克志　唐建国　审校
*
中国建筑工业出版社出版、发行（北京海淀三里河路 9 号）
各地新华书店、建筑书店经销
北京科地亚盟排版公司制版
北京中科印刷有限公司印刷
*
开本：787×1092 毫米　1/16　印张：27　字数：672 千字
2018 年 11 月第一版　　2018 年 11 月第一次印刷
定价：**128.00** 元
ISBN 978－7－112－22188－2
(32076)

《城市雨水控制设计手册》翻译组

蒋玖璐（上海市城市建设设计研究总院（集团）有限公司）
徐连军（上海市城市建设设计研究总院（集团）有限公司）
关春雨（北控水务集团有限公司）
刘　坤（上海城投环保产业投资管理有限公司）
王　帅（上海市城市建设设计研究总院（集团）有限公司）

译 者 序

《城市雨水控制设计手册》（以下简称《手册》）是由美国水环境联合会和美国土木工程师协会环境及水资源学会联合编写的设计手册，是美国水环境联合会和美国土木工程师协会1998年编写的《城市雨水径流的质量管理手册》的修订增补版，被美国土木工程师协会环境及水资源学会列为工程实践手册的第87分册。原著者认为，这本手册既不是"标准"也不是"经验法则"，而是在总结美国多地雨水控制设计的实践情况后形成的设计指南，旨在给工程师的日常工作提供帮助。《手册》于2012年首次出版。

《手册》提出，合理的雨水控制措施可以实现多项目标，包括地下水补给、水质改善、防洪、河道保护、保护公共安全、供水、为人们提供景观及休闲娱乐水体、为野生动物提供栖息地等。这些目标需要由工程师、城市规划师、景观设计师、生物学家、土壤学家等多学科专业人士和监管机构共同完成。而且单一的雨水控制措施也不是万能的，需集成多种技术，将传统的雨水控制和绿色基础设施有机地结合起来才能实现上述目标。

《手册》分章节介绍了调蓄池、植草带和植草沟、滤池、渗透设施、大颗粒污染物拦截装置等5大类型雨水控制设施。在这5大类型设施中又分别展开介绍各种不同雨水控制设施的典型装置、适用条件、限制条件、对水质水量的控制情况、对周边的景观影响和安全要求、运行维护要求。其中不乏一些设计案例，强调在设计时，应根据地区地形地貌特点、地质条件、气候特征、法律法规等具体情况选定设计标准及雨水控制设施。

除了建设外，对雨水控制设施的有效运营维护及持续的资金投入也至关重要，《手册》介绍了一些控制设施的维护指南及全寿命周期成本，并介绍了控制设施的功能评估方法和模拟分析工具。

《手册》对雨水控制设施进行了全方位论述，对于我国目前的黑臭河道整治、海绵城市建设提供了参考和借鉴。

《手册》由蒋玖璐组织翻译并负责全书的统稿工作。其中，第1章、第3章由蒋玖璐翻译；第4章、第7章、第8章由蒋玖璐、王帅翻译；第2章、第11章、第12章由刘坤翻译；第5章、第13章、第14章由徐连军翻译，第6章、第9章、第10章由关春雨翻译。

《手册》由戴克志、唐建国两位专家审核，给出了很多有益的修改意见，在此谨致谢意！

目　录

第1章　绪　　论

在世界范围内，城市与郊区的雨水管理都面临着严峻的挑战。农业用地向城市化用地的转化，从根本上改变了水文态势，城市和城市周边地区的人口越来越密集，这种转变还会加速。此外，现有的城市化地区也在逐渐改造。据国家研究委员会（NRC）（2008）报告，至2030年，42%的美国城市将实施改造（Nelson，2004）。尽管城市的生态系统被日益增长的径流量和雨水污染物影响是不可避免的，但是实施稳健的雨水管理措施和利用区域改造来同步改造雨水管理设施是可行的。

雨水管理所面临的挑战是巨大的，美国各地的城市化对水生生态系统完整性的负面影响是有据可查的（见第2章）。雨水控制下所发生的物理化学、生物和热现象，以及这些现象对城市河流的影响，目前是热点研究课题。特别是当考虑到气候、地理和生态的变化时，围绕着这些影响的因果关系和雨水控制对水域的潜在效能有着不确定性。评估这种潜在效能的模型虽然是有用的工具，但它们往往是建立在对复杂过程模拟的基础之上，而目前对这种复杂过程还不是很了解。体制和监管方面也存在障碍，最显著的是土地规划与雨水管理之间的脱节，这在公共机构司空见惯。若老城区的雨水系统没有雨水控制，设施升级和改造的成本会非常高。最终，维护和更换现有控制设施将增加所属城市的财政负担。

由于这些复杂性和挑战性，雨水管理是一个迅速发展的领域。世界范围的研究使得人们更好地了解雨水的影响，工业革新增加了新的雨水管理技术手段，关于雨水管理的知识也因此不断扩展和深化。自从美国水环境联合会（WEF）和美国土木工程师协会（ASCE）1998年编的实践手册（MOP）《城市雨水径流的质量管理》出版后，对雨水的看法和管理模式已经发生转变。传统上，雨水被视为公害，要通过管道迅速排入调蓄设施，而现在美国的一些地方则把雨水作为一种资源加以利用，并通过各种控制方式将它返回到自然。后者已经成为“低影响开发和绿色基础设施”的关键措施。绿色基础设施的应用在20世纪90年代早期就开始了，现在，它们被编入许多全国性的发展指南和法规。例如，2007年12月美国国会通过了能源独立与安全法（U. S. EPA，2009），其第438条支持雨水对受纳水体影响的整体观点，要求联邦开发和重建项目时应“在技术可行的最大程度上，维持或恢复到开发前的水文特性，包括温度、流速、流量和水流持续时间”。另一个认识的进步是承认数量和质量有着密切联系，具体体现在全国科学研究委员会NRC的城市雨水管理报告中（NRC，2008）。该报告强调要在上游使径流最小化以减少雨水径流污染。

过去雨水管理实践有着数十年失败和成功的经验，而绿色基础设施相对较新，有关其适用性研究的数量有限。在美国的一些地区，基于调蓄的技术仍是雨水管理的主导方法；在另外一些地区，以“绿色”渗透和蒸发蒸腾为基础的雨水控制已作为首选的雨水管理办法，对于绿色基础设施实践的效能目前正在广泛研究之中。（Brown and Hunt，2011；Carpenter and Kaluvakolanu，2011；Clary *et al.*，2011；He and Davis，2011；Lucas and

Greenway，2011；Machusick *et al*.，2011；Sileshi *et al*.，2010）。

除了水质保护和河道保护，雨水管理的目的往往是洪水控制。在许多辖区，雨水管理与洪水控制是同义词，一些从业者把数量控制与洪水控制和排放联系起来，与质量控制分隔开。本手册提出了一个全面的观点，雨水控制系统可以设计成满足雨水管理的各项目标，包括防洪、河道保护、地下水补给和水质改善、保护公共安全、健康和多目标的公共利益，如提供开放空间、公园、游乐场、步道、野生动物栖息地以及提升物业价值。

本手册对已有的流量削减和排水设计的原则不再进行深入讨论。关于地表径流的水文学、输送基础设施的水力学和洪水运算的详细资料可以在多种出版物中找到，如城市雨水管理系统的设计和建造（ASCE and WEF，1992）、水文手册（Maidment，1993）、市政雨水管理（Debo and Reese，2002），以及水文和河漫滩分析（Bedient *et al*.，2008）。这些文献的很多相关资料至今仍适用。

与雨水管理相关的无数实践证明需要使用一切可以利用的工具来提供灵活的设计，以满足有成本效益的管理目标。单一的方法不可能是万能的。例如，渗透总是可行的或可取的，调蓄则有热富集和中等流量持续时间增加的缺点。除了雨水管理的措施、水文中心站点的规划、不透水区的最小化、雨水污染防治，通过工艺措施减少、减缓、渗透、蒸发、蒸腾和径流调蓄都能得到更好的功能和经济有效的设计。本手册将在雨水管理的综合观点下致力于整合技术，尝试将传统的雨水控制和绿色基础设施有机结合。这个目标需要由工程师和城市规划师、景观设计师、生物学家、土壤科学家、监管机构以及其他专业人士来共同完成。这种雨水管理的多学科观点会对发展健全土地规划产生深远的影响，在保护受纳水体方面它可以比工程设施更为有效。不管采用何种方式，设计者必须满足基本目标：对环境影响最小化、符合相关法规、保护公共安全，设施应与居民社区相协调，扩大公共空间和提供休闲机会。

本手册尝试总结不断变化的雨水控制设计实践情况，对雨水控制有效性的研究成果形成设计指南。从业者在设计中所得到的经验教训又可提供进一步的研究课题，反过来研究成果也可以改进设计。作者梳理了现有的来自学术界和工业界成果来充实本手册，但本手册的出版的时间表不能改变，内容就受到时间的限制。因此鼓励读者通过期刊论文、文章和由水环境联合会、美国土木工程师协会等专业协会出版的会刊来跟上雨水管理技术的演变。

本手册有以下一些显著特点：

（1）本手册的书名从《城市雨水径流质量管理》改成《城市雨水控制设计手册》。这种变化与NRC报告（2008）是一致的，旨在强调数量与质量密切相关，对于有效的雨水管理它们是不可分割的。虽然有些读者可能认为雨水量主要是指极端洪水事件，但是本手册提供了一个更广阔的视角，提出了由过多地表水进入原来在较少径流输入的情况下形成的自然系统而导致的问题以及给出了解决方案。

（2）“雨水控制”，取代了流行的最佳管理实践（缩写为BMP）。这个术语与2008 NRC报告一致，很好地描述雨水设施的功能、设计和建造它们用来管理雨水。该术语也强调，这些都是工程设施，并试图把他们与“实践”区分开，实践包含着大量的非工程措施的雨水管理方法。

（3）工艺单元和操作单元是按照选择雨水控制方法的合理途径提出的，并和给定的功能标准相对应。本手册将避开基于一个给定的污染物去除率概念的“食谱办法”。相反，本手册赞成给水和污水处理行业的方法，即根据进水水质和水量特性以及出水处理目标来选择工艺单元。这种做法也符合在全国层面选择雨水控制方法的策略（Strecker et al.，2005）。

（4）本手册包括雨水控制的分类和简化的命名。作者不希望这种安排成为行业标准，但相信它将有助于读者驾驭行业中流行的多种术语。本手册中提出的分类法表明大多数雨水控制属于一个小数目的类别，并在逻辑上与出现在它们中间的主要工艺单元相对应。

（5）本手册特别关注水质的性能评估。雨水行业往往关注被误导的概念，即用给定的污染物去除百分率来评估雨水控制有效性（Jones et al.，2008）。在全美国即将投入大量资金进行雨水设施改造，非常重要的一点是雨水控制对改善水质能够得到证明。

本手册是由一群敬业的志愿者所写，他们有着各种经验、专长和地方性知识。作者试图将他们所写的内容归纳成适用于美国所有地区的基本原则。需要提醒读者的是，要理解这些资料是按这种原则编制的，并不是说某种特定的区域方法比另外的方法更好。读者必须调整本手册中的资料与这些因素相匹配，例如降雨量、蒸发模式、土壤类型、土地覆盖物、温度、法规、开发实践、人口特征和其他相关的地区性问题。

本手册的其他章的内容如下：

第2章 雨水对受纳水体的影响。介绍了雨水和雨水控制对各方面的影响，主要参考文献列在章节末。本章内容主要是由工程师所写，也是为工程师所写，不是由科学和工程界传播大量知识的详尽论述。对于这种类型的背景材料，由于受手册篇幅的限制不能对这一重要课题充分论述。希望获得详细信息的读者可以翻阅参考文献和后续研究。

第3章 雨水控制的性能目标。介绍了确定雨水控制设施规模的方法以达到防洪、河道保护、地下水补给和污染物去除的预期目标。因为仍切合现状，本章部分内容与本手册前版内容一致。本章重点介绍针对特定开发场地设定性能标准的常用方法和基于流域方法的区别，后者综合径流量、峰值流量和污染物的输入等因素来制定标准，使之与全流域管理的目标一致。本手册不试图设定可以在全美国适用的国家标准。相反，摘要介绍了选择的方法和关于它们的起源、优势、限制和适用性的相关评论。

第4章 雨水控制的工艺和操作单元。介绍了工艺和操作单元概念对雨水管理的适应性。这个概念应用于水量和水质控制，在许多装置中这两个目标经常融合在一起。我们的目标是帮助读者确定适当的工艺单元来达到给定的管理目标，选择一个合适的雨水控制系统来提供这些工艺，并将雨水控制系统概念化，以便有效运行。前面提到的雨水控制的分类和简化的术语也在本章中列出。

第5章 标准选择和设计原则。包括设计原则、选择雨水控制的步骤、资源保护措施，减少径流和污染物的措施。关于雨水控制的部署，本章介绍了系统配置原则、性能和实施中受到的限制。作者警示所有这些方面的实际应用是完全依赖于所在具体区域和特点。尽管如此，本章提出的基本概念应该是很容易根据当地条件予以调整的。

第6章 调蓄池、第7章 植草沟和植草带、第8章 滤池、第9章 渗透设施和第10章 大颗粒污染物拦截装置，涵盖了本手册关于设计的核心内容。每章包括雨水控制的工艺单元、设计原则和针对不同情况的具体设计，包括典型应用和它们的局限性。介绍了每种雨水控制设施的设计步骤，并描述了典型配置、设计公式和其他注意事项，如（维护问题、美观、安全和通道)。尽管介绍了计算案例，但没有提供详细的工程图纸，而这些在美国的不同地方也有很大不同。

第 11 章　雨水控制设施的维护：本章对各种类型雨水控制设施的维护要求进行了总结，维护应分成日常维护和不定期维护两种。日常维护包括按照规定的间隔和时间表完成的基本任务；不定期维护通常包括更繁重的但不需要经常进行的、保持设施正常运行的工作任务。维护工作可进一步按照频度和工作量分级（即低、中、高)。不是从第 6 章～第 10 章的所有控制设施都包括在这里。这样做的原因是，第 11 章中的资料是从一系列的出版物中汇编的，并不包括所有类型的控制设施。读者可根据这一章推断其他控制设施的维护工序，并鼓励为此目的而参考其他资料。

第 12 章　雨水控制设施的全寿命周期成本：介绍了雨水控制设施建造和维护费用的估算方法。全寿命周期成本的概念，在这里强调的是雨水控制设施是一项需要维护以达到预期功能的投资。本章总结了长期的投资需求和在整个部署过程中的各种雨水控制设施的资本成本。这些包括可行性研究、调试、概念设计、初步设计、详细设计和开发、建设、运营、退役。如同第 11 章，这章没有包括所有的雨水控制设施的成本估算。

第 13 章　性能评估：提出了一种评价雨水控制性能的方法。因为存在不同的研究方法和术语，且缺乏相关的设计资料和科学报告因此性能评估极具挑战性。如前所述，使用去除率来评价水质处理有很大问题，已经干扰了雨水行业和监管机构（NRC，2008)。本章介绍了针对水量和水质、基于物理的和统计学上有效的性能评估方法。本章还概述了数据采集程序的规划和实施原则。

第 14 章　雨水控制模拟的分析工具：介绍了用于模拟和评价雨水控制的分析方法和计算机模型，并着重于工艺单元。

第 2 章　雨水对受纳水体的影响

本章简要总结了雨水对受纳河流及其水生态系统的影响。本章并非概述当前雨水对受纳水体影响的科学知识，而是汇总一些基本概念，读者可以通过本章列出的参考文献和其他出版物做进一步研究。

城市受纳水体包括溪流、湖泊、河流和海洋。对于这些水体，可以有多种规划用途，具体包括：

（1）雨水输送（降低洪水风险）；

（2）完善生态系统（动植物的栖息地和生态多样性）；

（3）非接触式娱乐（公园、景观和游船）；

（4）接触式娱乐（游泳）；

（5）供水。

在城市流域的开发中，如果没有雨水控制措施，则无法维护或保持上述用途。应认真规划水资源，进行合理开发，并结合雨水控制措施使河流成为城市社区的资产。将对城市河流的期望值设定在可预期的效益范围内也是很重要，例如，要让城市河流恢复到受人类影响之前的原始状态，显然不太可能。雨水输送和非接触式娱乐功能应该是城市各类水体的基本目标。城市化会影响流域的自然生态系统，随着认识的提高，维持健康的生态水系也应视为一个目标。在开发的同时，仔细规划、优化利用和安排基本的雨水控制措施，配合流域生物栖息地的保护，可使城市化的流域能够部分实现这些基本目标。对于大多数城市水体来说，接触式娱乐、消费性捕鱼和供水并非现实的目标。如果受纳水体丰富且大多流经未开发地带，小范围的城市化不会导致水体的严重恶化，在城市区域也可能会实现其他用途。

虽然上一段概述了面临的一些挑战，科学界和工程界已在保护河流方面取得了重大进展。本章将从以下 4 类影响来总结城市化对受纳水体的影响：径流量、水质、河道形态和水生生物。但是应当注意，这些影响并非分别产生，而几乎是同时发生的。例如在某些地区，这种密切的相关性表现为随着径流量的增大，河流失去动态平衡而加大河道冲蚀和泥砂沉积的过程。泥砂沉积会掩埋大型无脊椎动物所需的淤积物料，冲蚀会破坏鱼类和其他水生生物的河岸栖息地。在 Bledsoe 等（2008）以及 Soar 和 Thorne（2001）所著文献中，还叙述了其他情况。这些复杂的相互关系需要科学界和工程界的密切合作。Palmer 等（2003）强调：河流生态系统的成功修复，应由跨学科的团队，包括工程师、生物学家和地貌学家共同完成。

总之，本设计手册对这几类影响进行划分，提供相关信息，但并不意味这些现象是分别发生的。除了阐述上述几类影响外，本章还总结了雨水控制对影响的减轻作用。

2.1 城市化对径流量的影响

城市化的水文影响已为流域治理工程师和科学家们所熟知。在城市化进程中，土地被不透水铺面所覆盖，例如道路、停车场、屋顶、行车道、人行道等。这些不透水铺面会减少渗透和蒸散量，而增加径流量，两者共同作用改变了系统的自然流态。通常水文变化包括更加频繁和更高的峰值流量（Booth 和 Jackson，1997；Hollis，1975；Konrad 和 Booth，2002），暴洪流量（Henshaw 和 Booth，2000；Konrad 和 Booth，2002；Walsh 等，2005），以及改变基流——可能低于或高于开发前的基流。基于单独的一场降雨情况，图 2-1 展示了开发前后所观察到的典型工况。图中显示了美国哥伦比亚密苏里州一个 10hm^2（25-ac）汇水区域产生的径流量，该区域是由牧场开发成独栋住宅用地，居住面积有 1000m^2，不透水率达到 35%。不透水性增加了峰值流量和径流总量，由径流曲线下方区域表示。此外，由于引入了道路、雨水口和加快雨水流向河流的管道，峰值发生的时间得以缩短。从图 2-1 中可明显看出：在该小型汇水区，达到峰值流量的时间提前了 5min。

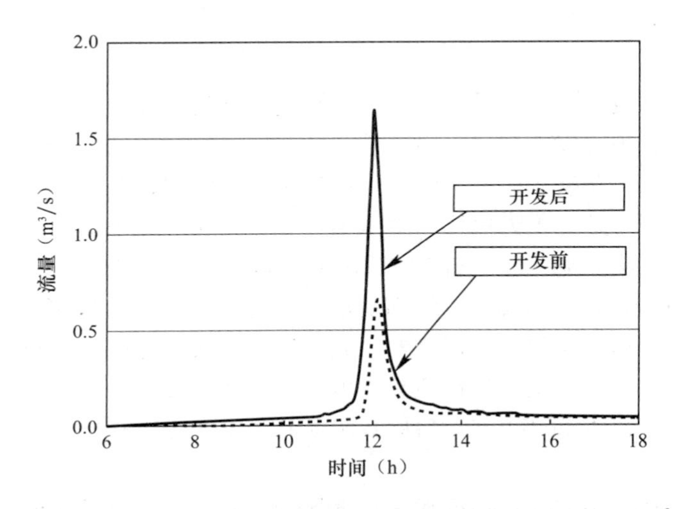

图 2-1　密苏里州哥伦比亚附近一个由牧场开发成独栋住宅用地的 10hm^2（25-ac）汇水区（1m^3/s=35.31cfs），城市化对 1 年降雨水文过程线的影响

流域的变化会产生多重影响。本章随后将会介绍受纳河流和洪水淹没地形的改变。一旦河流及其之前频繁淹没的河滩之间的连接被破坏，将导致河滩环境的疏干。这种疏干也可能由于渠道化或上游蓄水而造成，大大降低了河滩的生产力、多样性和功能性，因为仅在罕见的洪水时河滩才被淹没，而不是在较小流量时，后者常促使系统的进化。城市化的影响是错综复杂的，有时候会导致基流增加，例如由于水利设施的渗漏和草坪灌溉所造成。Brandes 等人（2005）报告，通常被引用的机理并非总能导致基流的减少，相反，基流减少可由其他城市化的作用产生，例如跨流域调水和其他水量的输出。在半干旱气候下，城市化可为没有基流的地区带来基流。过度灌溉产生的回流已经在许多河流中创造了持续性的水流条件，而回流中常常携带因施用化肥而产生的过剩营养物（Tyagi 等，2008）。产生的一个关联效应是由长期的基流水力条件转变成地表水流控制的河流，这种

变化不仅改变了影响水生生物多样性的温度和生化梯度，还改变了地下水和地表水的水化学成分。

2.2　雨水控制措施实施对水质的影响

从历史上看，雨水管理的目的主要是通过流量管理来保护生命和财产，减少对河道的污染。如今，在许多辖区还新增了河道保护及水生生物栖息地保护的目标。为了实现这些目标，合理的方法是降低径流量和削减峰值流量来重现原有的水文模式。与单一的洪水控制不同的是，它通过截留或增加输送时间，将峰值流量尽量减小。为了降低径流量，可创造机会使水流回到原来的入渗和蒸散状态。虽然径流量的减少也会降低峰值流量，但还可以建立临时截留径流的调蓄区，进而削减峰值。图 2-2 显示了雨水调蓄池对一场降雨的影响（Ibendahl 和 Medina，2008）。雨水调蓄池的设计是将 1 年、2 年、10 年及 100 年重现期的峰值流量维持在或低于开发前的水平。自然资源保护局利用人工降雨来确定雨水调蓄池和排放口的规模（美国农业部，1986）。该图显示了雨水调蓄池如何削减 1 年重现期的峰值流量，使其低于开发前的工况，并延迟峰值的发生时间。但是，雨水调蓄池不会降低总的径流量。随之产生的影响是流量再分布可能会增加冲蚀性水流的历时，或因混合了来自其他排水区域的峰值流量而增加流域下游的峰值流量。该影响将在第 3 章中加以讨论。

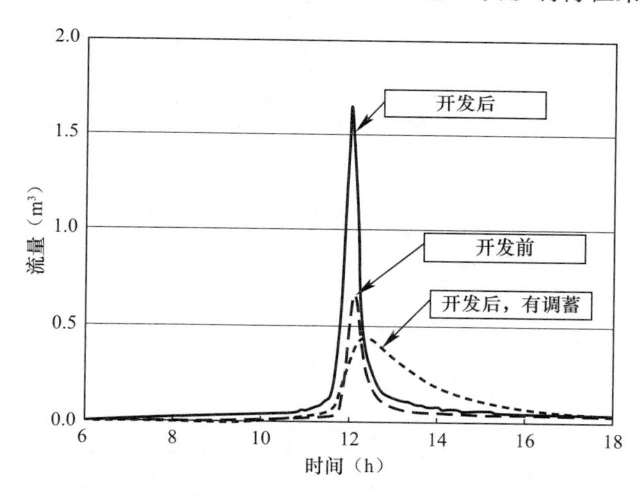

图 2-2　雨水调蓄池对 1 年降雨水力曲线的影响，密苏里州哥伦比亚附近一个由牧场开发成独栋住宅用地的 10hm² （25-ac）汇水区（$1m^3/s=35.31cfs$）

图 2-3 显示了应用绿色基础设施的控制效果。在该案例中，控制措施截留、入渗和蒸散了最初 33mm（1.3in.）的径流。该图显示，这种控制措施可让 1 年重现期的降雨维持到其开发前的工况，但是只能部分削减 100 年重现期的降雨。这些效果通常利用图 2-4 中的流量—历时曲线（FDCs）来描述，它采用 40 年降雨记录的统计数据，汇总了不同控制方案下模拟场地 15min 的直接径流（Ibendahl 和 Medina，2008）。在此期间，总共发生了 5916 场降雨，其中 1%以下降雨强度大于 70mm（2.75in.）；1 年重现期的降雨强度是 76mm（3in.）。图中显示设计用雨水调蓄池来削减 1 年、2 年、10 年和 100 年重现期的降雨量，由综合水文过程线可看出，它能降低历史雨量记录中较高的峰值流量，其余方案

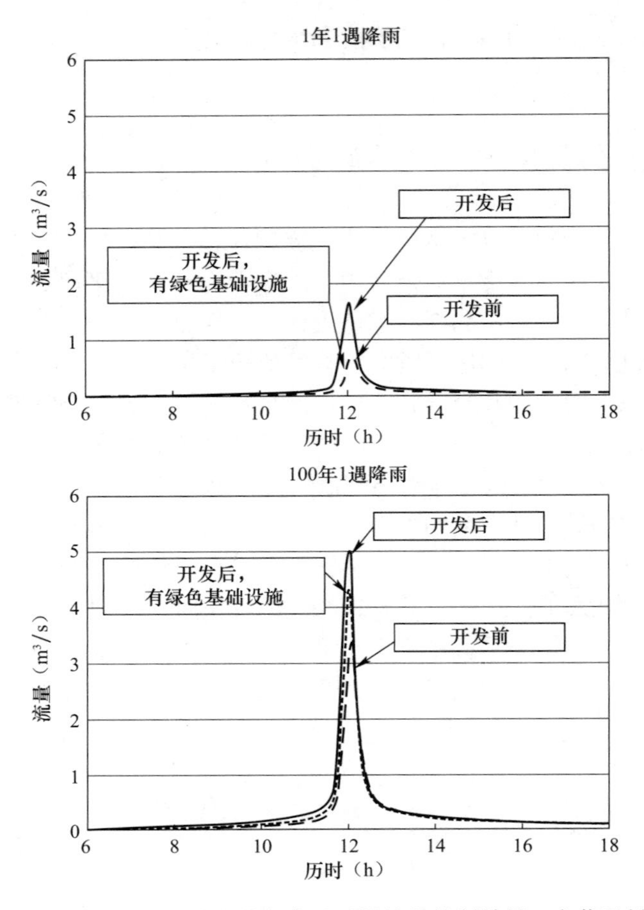

图 2-3　截留 33mm（1.3in.）径流量的绿色基础设施的控制效果，密苏里州哥伦比亚附近一个由牧场开发成独栋住宅用地的 $10hm^2$（25-ac）汇水区（$1m^3/s$=35.31cfs）

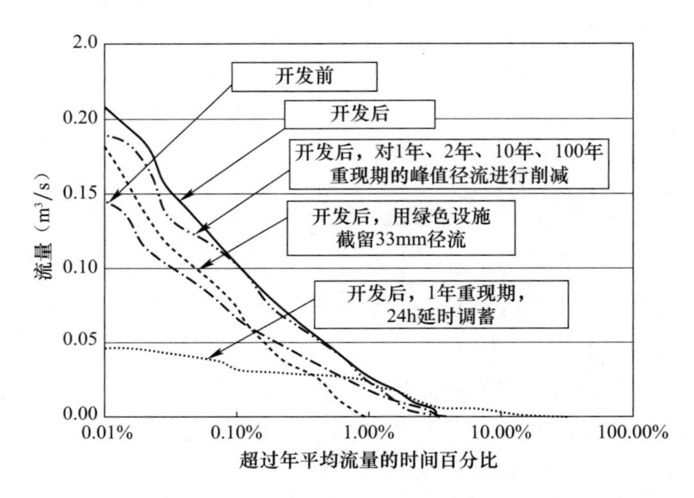

图 2-4　不同雨水控制策略对流量历时曲线的影响，密苏里州哥伦比亚附近的一个由牧场开发成独栋住宅用地的 $10hm^2$（25-ac）汇水区（$1m^3/s$=35.31cfs）

对峰值流量的影响有限。许多市政部门通常采用调蓄 1 年重现期降雨量，而后用大于 24h 的时间排放策略，能显著降低高峰流量并能够达到开发前水平，但增加了低谷流量。在这种情况下，受纳河流需更长时间地接受这些水量，这会加大对河道的冲蚀可能性。虽然还需要补充削减峰值流量的措施，但应用绿色基础设施来渗透和蒸散 33mm 径流量，是达到开发前状况的最佳途径，分析的记录期间不包括一次大雨水过程，这时的控制策略工况和图 2-3 描述的类似。

总而言之，在任何雨水控制策略下，模拟开发前的状况不是不可能，但难度很大。基于调蓄雨水的策略不会降低总径流量，只是减少峰值流量，增加低谷流量的历时。对于构成年径流量最大组成部分的较小降雨，采用降低径流量的策略可以接近开发前的状况，但雨量极大时，不能完全依靠削减峰值流量。第 3 章将进一步讨论与雨水控制措施功能目标开发有关的观察结果。

2.3 城市化对径流水质的影响

径流中携带多少污染物进入受纳河流，取决于土地的用途。最常见的城市径流污染物包括氮、磷、重金属、碳氢化合物、泥砂、病菌、有机物、氯化物、其他颗粒物和残渣。污染物的来源形式多样，包括：施用肥料和农药，机油和刹车片残渣，宠物、家畜和野生动物的粪便，人工除雪带来的砂石和盐分，非法排入雨水管道的污染物，施工现场缺乏控制的泥砂水以及街道和公路上的乱扔垃圾。流经热的铺砌地面的雨水也会提高受纳水体的温度。

Lee 和 Janes-Lee（1995）发现，在城市受纳水体中，较短时间内与雨水接触的有毒物质，对受纳水体不足以产生明显的影响，尤其是考虑到大部分有毒物质是与颗粒物有关的。但是，已有研究证实：在城市受纳河流中，频繁且较长时间（大约 10～20d）的接触有害有毒物质，会产生严重的毒性问题（Crunkilton et. al，1997）。相比之下，大多数严重的受纳水体问题可能与长期与被污染的沉积物接触以及栖息地被破坏有关。

雨水中的病菌会潜在地影响人的健康。尽管大多数研究会聚焦在污水对地表水污染的问题，一些流行病学研究已经在探讨与接触式娱乐有关的健康风险，包括受雨水影响的水体。分流制雨水管道也可能携带类似的病菌，根据 Craun 等人（1997），O'Shea 和 Field（1992a；1992b）以及 Kay（1994）的报告，大多数情况下，在这些流行病学研究期间导致疾病增加的病菌量仅在受雨水影响的水体中发现。尽管如此，环境流行病学研究的结果已引起争论。Craun 等人（1996）已提出更好解释现有数据和对未来研究方向的建议。

Barrett 等人（1995）和 Schueler（1997）总结了大量相对未受污染的泥砂对受纳水体水生生物环境的影响。这些大量排放物大多来自于管理不善的施工现场。在那里，每年每公顷土地可能失去 75～750t 的泥砂。大部分泥砂进入城市受纳水体，对水生生物环境产生巨大的影响。然而，泥砂的高流失率还与城市化的后期阶段有关，例如频繁增加流量、根据河床和河岸材质的阻力来加宽或切割河道。在美国，泥砂通常被列为导致受纳水体问题的最重要污染物之一。

2.4　雨水控制措施对水质的影响

采取雨水控制措施可以去除雨水中的污染物。许多控制措施采用一种或多种原理来去除一种或多种污染物。根据雨水控制措施的类型，可以采用以下一种或多种去除污染物的工艺：

(1) 沉淀；
(2) 悬浮；
(3) 吸附；
(4) 沉析（一种化学反应）；
(5) 过滤；
(6) 光合作用；
(7) 硝化作用和反硝化作用；
(8) 降温；
(9) 消毒；
(10) 格栅，筛网；
(11) 光降解作用；
(12) 氧化-还原。

这些工艺包含在基于蒸散和入渗的控制措施中，通过降低直接进入河流的总径流量来减少水中的污染负荷。虽然入渗作用会导致一些污染物进入地下，如果渗流区的污染物流动性高、在雨水中的污染物浓度高和污染物检测出的频率高、且溶解性比例高的话，应关注地下水的污染问题（Pitt et al.，1994）。例如，氯化物在水中很容易溶解，是一种稳定性强的物质，只有通过稀释作用来降低其浓度。对该类污染物，采用适当的控制措施来减少污染源是最好的方法。在第 4 章中，将详细讨论这些工艺及其去除污染物的方法。

2.5　城市化对河道形态的影响

影响河道空间和时间的因素有很多。这些因素涉及地貌学和流体力学的各个方面，例如泥砂特性、排放量、泥砂输送、河道几何形状以及流速。城市化会打破泥砂输送能力和泥砂供应之间的平衡。如果开发时没有雨水控制措施，峰值流量的增大和历时的增长，会使河流比流域开发前承载更多的泥砂量。径流量的增大和水流暂时性的分布改变会加速河道的冲蚀。当泥砂的供应量小于河流的承载能力时，将会发生切割、横向调整或两者结合将河道刷深。开发活动还会影响泥砂的沉积和输送能力之间的平衡。砍伐森林会增加进入河流的泥砂，河道整治会增加坡降，大坝和水库能拦截泥砂，灌溉和供水的分流能减少河道流量。这些改变会迅速破坏动态平衡，尽管某些河流甚至在没有扰动情况下也不会达到动态平衡状态。

一般认为城市化会导致流域中的山地冲蚀，从而导致泥砂量增加；但是流域开发后，城市化流域中经常发现泥砂负荷的增加可能源于河道内的冲蚀。Wolman（1967）发现，虽然在城市化建设阶段泥砂产量增加 200 倍，但在完工后，它会降至城市化之前的水平。

此外，由于替代的土地用途，城市化可以减少泥砂产量。Douglas（1985）表明，与开发前中等至大量泥砂产量的农业条件相比，城市环境中将有少量至中等量的泥砂产量。Trimble（1997）估算，河岸冲蚀能约占泥砂负荷量的2/3。相反，乡村河流的河岸冲蚀仅为年度泥砂负荷的5%～20%（Caraco，2000）。

自20世纪70年代初以来开始进行的一项调查研究证实了上述观点。由于流域开发而使排放量更多、更频繁，导致了河道的扩宽（Rohrer，2004）。Neller（1988；1989）发现，平均而言，城市河流的排放量是邻近乡村河流的4倍。但是，现场特定条件限定了这些变化的程度，例如，Booth和Henshaw（2001）研究了潮湿地区中等城市化流域的河道变化，研究表明，地质地层对河道是否会发生重大变化有很大的影响，而与开发强度无关。Pavlowsky（2004）通过研究密苏里河，以及Kang和Marston（2006）在俄克拉荷马州的河流研究中，都得出了地质控制因素具有决定性的类似结论。其他类型人类活动的影响会增加其复杂性和分析的不确定性，例如，Fitzpatrick和Peppler（2007）在威斯康辛州的研究中得出结论，要充分预测城市化的影响，须在当地地质和人类活动限制的条件下详细评价地貌过程及对径流和泥砂变化的影响。

城市化引起水流流态的改变，会导致河流河道断面和平面形状的改变。增加的径流量和河岸冲蚀将改变主河道及相邻河滩的河势，使其变成与河滩断开的深冲刷河道。由于越岸水流无法进入河滩，河滩上的水流流速较低，这种渠道化效应进一步提高了水流流速。这些变化会引起冲蚀进程和河道拓宽，导致因冲刷河道而产生过剩的泥砂供应量。当该供应速率超过河流的输送速率时，泥砂输送体系会变得不稳定。这种情况会导致一个循环：过剩的泥砂产生沉积作用，又会导致更多的冲蚀（Gracie和Thomas，2004）。这是一种长期的效应，甚至在流域的城市化进程已达到稳定之后，河内泥砂作用仍随时间不断地变化。（Weber et al.，2004）

2.6 雨水控制措施对河道形态的影响

尽管城市河流普遍存在河道刷深问题，但专门针对控制河道冲蚀的要求却很少。在不同气候条件下，不同的排放量、频率和历时会产生不同的泥砂输送状况。在评价可能出现的冲蚀状况时，铺砌河床和河岸的材料也非常重要。因此，当选择控制河流冲蚀的雨水控制措施时，区域性和现场的因素尤其重要。用于评价的方法有许多，包括推移剪切力法（Lane，1955）、超量剪应力法（Pomeroy *et al.*，2008）或河流能量评估（Watson *et al.*，2001）。

许多市政当局规定各项开发条例来控制大暴雨，要求对于指定重现期的雨水在流域开发后的峰值排放不得超过某一设定值。该设定值往往对应流域开发前的峰值，但某些辖区要求“过度控制”，即设定一个较低的排放峰值，例如对应开发前雨水排放峰值的某百分数或发生频率较多的雨水排放峰值（流域保护中心）。削减峰值排放的要求变化很大，实际范围从100年、25年、10年、2年或1年降雨重现期到组合的降雨重现期。

削减峰值流量能立即减少下游的洪水泛滥，但对减少河道内的冲蚀问题并没有显著效果（Rohrer，2004）。研究表明，2年期重现期的峰值削减实际上可能加剧冲蚀程度（McCuen，1979；Moglen和McCuen，1988；Macrae，1993，1997）。产生这种现象的原因是通过雨水调蓄池来削减一些较大降雨的峰值，加大了冲蚀性水流在河道中的历时和频率。在第 2 节中的观察结果也同样重要，各种设施仅削减设计的降雨量，而对于小型、高频繁的降雨没有任何削减（Roesner et al.，2001）。对河道的影响因素是这些已被削减的排放量，大于泥砂输送的临界排放量，并且比开发前的历时更长，导致泥砂累积输送量的提高。即使一组设计流量的峰值排放量从开发前到开发后保持不变，冲蚀性水流的历时和发生频率也可能会大幅增加。这种增加的结果会导致河道的有效排放变成较小的径流事件，成为半年到 1.5 年重现期的径流事件（MacRae 和 Rowney，1992）。MacRae（1993；1997）也记载了一个采用上述控制措施控制了 2 年的河道，结果河道比开发前被加宽了 3 倍。此外，MacRae（1997）发现，过度的设计标准并不能保护河道免受冲蚀，根据河床和河岸的材料不同，河道可能刷深或者淤积。

针对水质控制而要求的增加径流截留量，允许降低重现期小于 2 年的降雨峰值排放量；但增加雨水调蓄池的停留时间和泥砂的捕集可能会加重河道的冲蚀，特别是在对低流量变化和组合峰值流量增加高度敏感（例如砂质河床）的下游河流中（第 3 章）。与之相反，砾石和卵石河床的河流一般对泥砂负荷的变化不太敏感（Bledsoe，2002a）。

了解流量和历时的变化、泥砂供应的变化和不同类型河流的潜在反应等，对于理解城市化流域中河道的冲蚀问题都非常重要。如今，一些辖区要求应用绿色基础设施的原理来降低径流量，以解决对河道的影响。

图 2-5 使用剪切应力时间曲线举例说明了 2.2 节中介绍的密苏里州哥伦比亚附近 $10hm^2$ 流域的几种控制策略的效果。每条曲线下的区域是河床和河岸在给定年份中累积经受的剪切力做的功。开发前工况上面的曲线表示水流流态进一步冲蚀河道断面，反之亦然。如果曲线在开发前曲线之上，给定曲线和开发前工况曲线之间的区域属于过度冲蚀；如果曲线在开发前状态曲线之下，则代表冲蚀不足。图 2-5 显示开发前状况大约 3%的时间超过河道和河岸粉砂壤土的临界剪切应力。该临界阈值没有考虑植被和河道铺砌。有时候，会超越临界剪切应力，河道中局部发生天然的动态地貌变化过程。开发后工况会提高剪切应力；虽然超越临界剪切应力的时间同约为 3%，但对于一个既定的应力值，比开发前的历时更长。建造削减 1 年、2 年、10 年和 100 年重现期降雨峰值流量的调蓄池，用综合降雨流量过程线，改变调蓄池尺寸，使剪切应力与开发前[1]工况相同或者比最极端事件略微提高。提供 1 年降雨重现期、24h 的雨水调蓄池能够在降雨量较大时降低剪切应力，但在雨量较小时增加剪切应力。在这种情况下，超过临界剪切应力的时间大于 18%。应用绿色基础设施降低径流量得到的曲线，并不完全能将开发后较大雨量的水流剪切应力降至开发前工况，但和延时调蓄的曲线更为接近。在较小雨量时，采用绿色基础设施会产生比开发前工况更小的剪切应力；超越临界应力的时间占 0.9%。

随着逐渐了解与开发相关的冲蚀过程，人们着手设计各种雨水控制措施，解决此类问题。Moglen 和 McCuen（1988）提出另一种雨水调蓄池的设计方案，将开发后的河床材料总负荷降至开发前的水平。在南加利福尼亚的凡吐拉市流域保护区，已制定了一个《雨水质量城市影响减轻计划》，专门针对河流冲蚀评估城市化影响（Donigian 和 Love，2005）。《圣克拉拉峡谷城市径流污染预防计划》开发了一个预测河道不稳定性的方法，以制定河

[1] 译者注：原文为开发后。

流稳定性的规范（Palhegyi 和 Bicknell，2004）。Pomeroy 等人（2008）建议：降低剪切应力的理念可以用于雨水调蓄池的设计规范。在第 3 章中，将列出这些建议的相关案例。

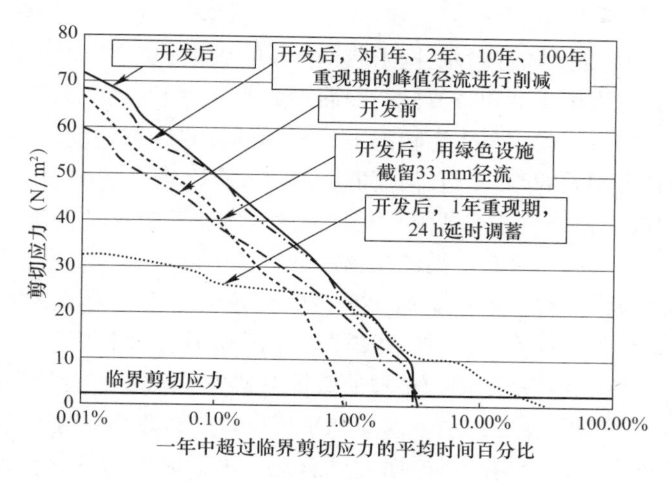

图 2-5　不同雨水控制策略对剪切应力的影响，密苏里州哥伦比亚附近的一个由牧场开发成独栋住宅用地的 10hm² （25-ac）流域（1m³/s=35.31cfs）

总之，城市化和河流不稳定性之间的相互关系已众所周知，主要是由于径流量和历时的增加而造成。但是，雨水控制的设计规范中很少能够充分阐述这方面的问题，仅有个别辖区（例如华盛顿州和加利福尼亚州）基于地貌理念和河道保护策略来制定相关规范，一旦应用后，一般仅限于控制单一事件（例如 1 年重现期降雨）来保护河道。而实际上，雨水控制设施的功能应考虑过量剪切应力的大小和持续时间。

2.7　城市化对水生生物的影响

雨水对水生生物的影响通常源于一些基本和巨大的变化，如城市雨水进入河道，发生物理、化学、温度、光照以及泥砂条件的改变。城市化以及增加的不透水铺面改变了水文条件，会导致水生生物的减少，这种情况被称为“城市河流综合症”（Meyer *et al.*，2005；Walsh *et al.*，2005）。许多研究记载了雨水对动植物生长环境和生物群落的影响（May *et al.*，1997；Meyer *et al.*，2005；Moore and Palmer，2005；Nelson and Palmer，2007；Ney and Van Hassel，1983；Paul and Meyer，2001；Roy *et al.*，2006；Wang *et al.*，2000；Wellman *et al.*，2000），读者可以根据这些参考文献，进行深入探讨。除了直接和间接的生态毒理效应和超过耐受范围（温度、化学、光照）外，生物体受影响的主要原因归纳如下：

（1）不可预见环境的增加。大多数生态系统和生物体并不适应城市雨水系统带来的物理、化学和温度的变化。图 2-4 所示流量-历时曲线（FDC）的变化破坏了健康生态系统中的大多数本地物种及多样性、多产性和动态耐受范围。

（2）生命周期的破坏。水势的改变不利于物种行为、食物和其他生命习性，而外来物种入侵会对新的水势和不同的繁殖策略具有更大的耐受性。河床和河岸的冲蚀、沉积和水力条件的改变重塑了生物栖息地环境、淘汰物种、捕食、栖息地结构和质量，导致具有耐受性动植物群的替换。例如，沉积作用有利于鲤鱼和其他水底觅食鱼的生长，但不利于镖鲈鱼和其他视觉觅食鱼。

（3）河岸和河边地带的变化。邻接水体的河岸和河边地带对于维持水质和水生群落的种群尤为重要。城市的雨水排放可能会影响下游生物体的避难所（隐蔽处）。虽然上游的生态系统可能不会直接受到城市雨水作用的影响，但从排放口到下游河段河流持续的破坏会通过限制回迁、遗传因子流动和季节性产卵而隔离上游的生态系统。例如，当地雨水调蓄池的堤坝和跨河构筑物可能成为水生生物向上游移动的障碍，透明度、温度或 pH 的变化可能中断溯河产卵的鱼类洄游的路线。在河流的上游河段存在大量的碳基腐殖质（树枝、树叶等），支持大型无脊椎动物分解这些基质，通常生活着一些鱼类和其他生物体。在下游河段，大型无脊椎动物和鱼类可食用来自上游的生物体分解产生的小颗粒物质。城市的雨水效应会打破物理和生物的连续统一性。例如，河边植被的破坏会消灭河流源头的主要初级食物源。此外，河边森林的砍伐不仅使作为食物来源的落叶消失，而且将初级生产力移到藻类和水生附着生物，进而改变水生食物链。河边植被的破坏也减少了荫蔽，导致了水温的升高。

（4）栖息地和小环境的改变。由于水文和水力条件的改变引起河道变化，会导致河道水动力和形态的变化，直接影响许多层面的栖息地。水力泥砂的变化会影响泥砂和砾石砂丘的寿命、稳定性和产卵地质量、躲避洪水的安全地带以及水潭和浅滩的结构。

许多研究记载了与城市化相关的水生生物群落减少的因素。例如，对加利福尼亚州圣何塞市土狼溪受纳水体的研究期间，3 年多时间在城市和非城市的常年有水流的河段取了 41 个监测站点水样，来评价城市径流对水质、泥砂特性、鱼类、大型无脊椎动物、附着藻类和有根水生植物的影响（Pitt 和 Bozeman，1982）。这些调查发现，在分类组成和水生生物群落的相对分布数量方面存在显著差异。在非城市河段供养着相对多样性的水生生物体和许多底栖大型无脊椎动物。与之相反，受城市径流排放和非工业或市政排污影响的城市河段（<5%的城市化程度）拥有缺乏多样性和以耐污染有机物为主的水生族，例如食蚊鱼和颤蚓虫。

植物群落同样也受到城市化的影响。Ehrenfeld 和 Schneider（1893）研究了美国新泽西州松林泥炭地的雪松沼泽，他们调查了经历不同程度城市化的 19 块湿地。在受城市径流影响的湿地中，失去了典型的植物物种，而被杂草和外来植物所代替。发现植物中吸附了更多的磷和铅。作者得出结论：由于存在流向雪松沼泽的径流，导致群落结构、植被动力学和植物组织元素浓度的显著变化。

总体而言，对城市雨水径流的监测结果表明：城市受纳水体的生物易受栖息地破坏和长期受污染物的影响（尤其是污染底泥对大型无脊椎动物的影响），而与受有毒物质相关影响的记录则很少（Burton and Pitt，2002）。

热效应会以多种方式影响生物群落。水体温度场的变化会对鱼类、大型无脊椎动物和许多其他水生及湿地生物体的繁殖和性别比例产生重大影响。这种变化伴随着化学和排放物的改变，可以从食物链底层到顶层群落产生不可耐受的栖息地条件、缺氧和生命枯竭。热变化也有助于入侵藻类的繁殖，加剧氧气消耗和缺氧，会对其他生物体产生严重的影响。

除鱼类和无脊椎动物外，这种影响还会扩展到其他生命体，包括藻类、微生物和水生植物。在 Paul 和 Meyer（2001）所著文献中做出过简要的总结。

最初曾试图通过确定不透水区域的阈值，来定义对水生生物的影响。Booth 和 Jackson（1997）研究华盛顿西部低洼河流的许多数据并得出结论：大约有 10%不透水区域的开发导致受纳水体中水生生物明显的退化。但是，Booth 等人（2004）后来审视了土地利用、水文、生物和人类活动对华盛顿州皮吉特湾（Puget Sound）低洼地带河流的影响，作者提出仅仅用不透水区域作为反映河流健康的指标是有缺陷的，并建议采用水文指标来替代不透水区域，因为水文指标反映了河道水流的缓慢变化。Medina 等人（2007）列举了一些水文指标在大湖（Great Lakes）鱼类栖息地恢复中的应用。

另一个研究专门探讨了大块木质残体（LWD）在稳定城市河流生物栖息地中所具有的作用。Booth 等人（1997）发现大块木质残体对排放到华盛顿州西部森林流域低洼地带的未受到扰动的河流起着重要功效，这些重要功效包括水流能量的耗散、河岸和河床稳定化、泥砂截留和池塘形成。城市化通常会导致这种物料几乎完全消失。由于多种原因，长久以来原木和其他木质残体已从城市区域的河道中清除，特别是由于它们可能堵塞下水道或在桥梁处形成障碍，增大河岸冲蚀，以及激起喜爱“整洁”河岸的居民的抱怨。

2.8 雨水控制措施对水生生物的影响

雨水控制措施对水生生物群落产生直接影响的文献记载是很有限的。但是，雨水控制措施对生物群落的影响可由这些措施产生的水文和地貌效果来确定。许多研究者倡议采用量化河流流势改变的水文指标来建立与城市化、水文学、水力学和生物群落之间的机理关系（Booth *et al.*，2004；Cassin *et al.*，2005；Eisele *et al.*，2003；Kennen and Ayers，2002；Kirby，2003；Scoggins，2000）。Pomeroy *et al.*（2008）起草了一份草案，用于分析雨水控制措施、河流流势的度量标准以及用大型无脊椎动物评判河流生态系统健康状况之间的关系。土地利用、径流控制策略、水文指标和河流生态健康之间相互关系的评估，可为开发保护水生生物群落的雨水管理标准创造条件。

为了采用合适的雨水控制措施，掌握受纳水体的特性尤为重要，以确保适宜的生物群落生长条件或者去除不可取的生物群落。例如，如果受纳水体是湖泊，可能需加强磷和氮的控制以避免藻类的大量繁殖，反之，如果受纳水体是鳟鱼溪流，则控制措施的重点可能是关注温度和重金属的控制。

2.9 小结

本章简要概述了没有控制的雨水对受纳水体的重大影响以及雨水控制能达到的减缓措施。土地从其原始状态转变成城市用地，会引发河流河势的改变，影响河流的地质地貌和生态系统的完整性。正如 Bledsoe（2002b）所述，研究结果表明“并非所有河流的不透水性生来就是相同的”，强调指出仅靠不透水性的百分比是无法预测河流的健康状况，而需要考虑不透水区域的连通性、受纳河流等级、土壤特性、地貌、植被、气候变量以及有无雨水控制措施等。影响的性质和大小取决于物理、化学以及流域生物特性之间的复杂相互关系。为了减轻这些影响，需要制定现实的目标、以水资源为中心的规划、良好的开发实践、正确建立和维护雨水控制措施以及承担河流保护的义务。关于本主题的知识体系仍在不断扩展，通过对雨水控制效果的理解，尝试减轻或逆转负面影响。读者可从《手册》列出的参考文献和出版物中寻求更多的参考信息。

第 3 章　雨水控制的性能目标

3.1　引言

3.1.1　雨水控制的基本概念

如第 2 章所述，雨水控制的目标是通过去除污染物、减少径流量和削减可能冲蚀河流的峰值，来降低开发对受纳水体的影响。图 3-1 表明可以通过适合流域特征的综合控制来达到这些目标。这些目标的实现需遵循如下原则：

（1）通过减少不透水地面和项目占地面积使径流量最小化，并保护原生土壤来维持渗透能力，保护天然植被来保持潜在蒸散量。

（2）对到达地面的雨水实施源头控制，防止其接触污染物，通过促进雨水入渗和蒸散减少径流。

（3）控制系统分布到整个排水系统，接近径流源头、截留雨水、去除污染物，促进进一步的入渗和蒸散、雨水利用，缓慢排放剩余径流。

（4）资源保护，如在保护开发地周围免受洪水和冲蚀的同时，保护栖息地和水体的纳污能力。

（5）保护公众安全、健康和福利，通过减少雨水危害和冲蚀来保护基础设施和公共财产。

（6）雨水控制融入环境建设中会使得社区功能更加强大，提高主动型和被动型的休闲功能、野生动物栖息地、物业价值、行人步道和自行车道、游乐场、公园，和其他支持宜居社区和将公共与自然资源连接的资产。

（7）应注重技术可行性、成本效益、公众的接受度和可实施性。

雨水控制系统是由一项或多项操作单元组成，采用一项或多项工艺单元控制径流和去除污染物，如第 4 章所述。每项工艺的处理效果受流量、径流总量和组合因素影响，这些组合因素与区域的气候和降雨类型，雨量、径流总量和污染物浓度有关，与应用每种控制的自然环境，以及与出现在雨水控制系统中的处理工艺组合有关。

以经验为基础的设计标准已经用于雨水控制。由于这些因素的复杂性和理解的局限性，许多按照这些经验标准设计的雨水控制设施并不能有效地实现既定的雨水管理目标，主要是因为选择设计标准往往是根据文献记载，而不是依据实现性能目标的评估和当地的水文条件（NRC，2008）。

本章概括几种方法用于制定雨水控制的性能目标和设计标准。在美国各地雨水管理实践很不同，因此，目标和方法必须在个案的基础上进行评估，需要考虑气候因素、受纳水体的用途、水质问题、洪水危害、适用的法规以及该项目的性质。没有一种方法适用于所

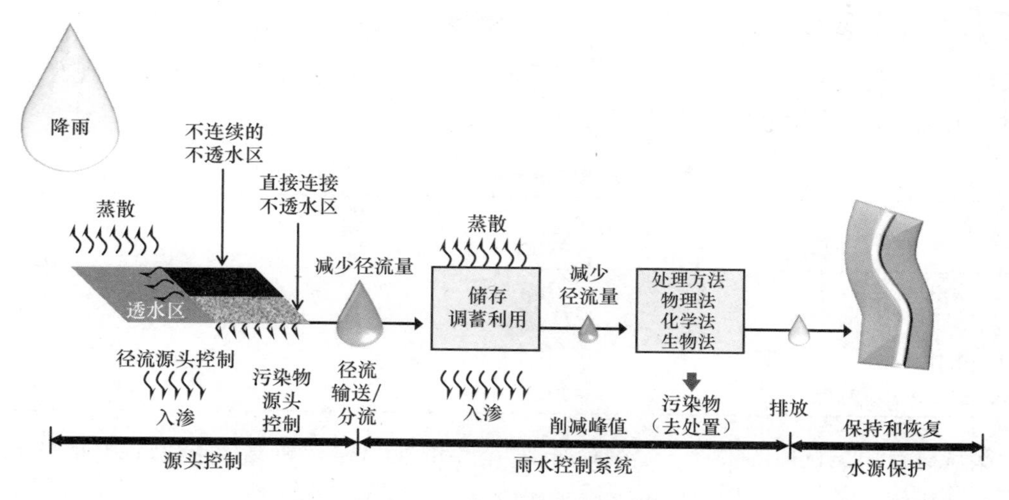

图 3-1 综合雨水管理系统示意图

有情况，应该强调的是，本手册并不试图制定可在美国各地适用的国家标准。在本章中给出的资料是对从不同辖区选定的方法总结，以及关于它们的起源、优点、局限性和适用性的相关评论。在当地缺乏标准的情况下，本章述及的方法可用于计算雨水控制的设施，但要根据具体现场因素做适当的调整。此外，鼓励地方和国家机构审查其现行的性能标准，将它们和本手册中的标准比较，来证实他们已通过在雨水控制基础设施上的投资，获得了最大效益。

3.1.2 雨水控制目标与性能目标之间的关系

按照当前城市发展的模式，在城市化地区雨水造成的影响是不可避免的，恢复或保持原始的环境、河流河势，即使可能，也是很困难的。雨水管理的目标是为了减轻这些影响，这是由一些包括联邦、州、市政府的规定来决定的，例如：以减轻城市径流的影响为地区或国家的目标，特殊的地方要求，如保护冷水渔场、保护地表水源、保护地下水、洪水减灾和其他当地的重要问题。控制措施的选择通常是根据当地市政府的条例，有时也要根据联邦政府的法规，例如“濒危物种法”或“海岸管理法”是针对一些特定的问题或敏感水体（Clar，2004）的法规。

各州通常建立受纳水体的用途，发布针对不同用途的水质标准，进行受纳水体水质评价，界定受损水体，确定对水质造成损害的污染物的最大日负荷总量（TMDL），根据清洁水法（CWA）第 208 条，指导区域规划机构制定大面积水质管理计划。受纳水体的用途通常包括景观、水生生物的栖息地、供水和娱乐。虽然国家监管机构已经为大的水体指定用途，但目前许多城市的河流和湖泊用途可能还没有指定。确定城市河流和湖泊的用途时，要考虑到它们的市政排水功能，并为了防洪和河岸的保护，考虑以往或未来需要的其他选项。城市雨水管理方案应该与指定受纳城市径流的水体用途相关。每个受纳水体的“用户”将发表意见来确定其用途（例如，游泳、冲浪、钓鱼、划船、水生生物栖息地或景观）和当地所关注的热点。某些水体和别的水体相比，可能更加被重视。

实现看似明显的有益用途可能需要极大的成本。表 3-1 明确了为实现河流有益用途而建立的目标和为实现这些目标而建立的性能标准。例如，如果选择表 3-1 中的目标 4，将需要巨大的成本，而且目前的技术可能不足以满足多项标准。因此，必须了解各种目标的含义以及实现这些目标的成本。必须进行技术研究来确定能否以合理的成本实现有益用途和量化为达到指定用途所需的长期控制目标。

实现有益用途目标与性能标准的关系　　**表 3-1**

实现目标	性能标准	
	污染物负荷	河流生态
1. 无明显退化	减少增长	减少恶化
2. 无退化	无增长	无恶化
3. 改进水质	比现状低	比现状好
4. 降雨时符合多项水质标准	明显比现状低	比现状好

实现有益用途目标的最近一个解释是 2007 年的能源独立和安全条例的第 438 节，它要求联邦机构从联邦开发项目中减少雨水径流量。该法案要求这些项目“在技术可行基础上，最大程度维持或恢复开发前的水文状态，包括温度、流量、径流总量和持续时间”。随后美国环境保护局（US EPA）制定了性能标准，即存储 95%的雨量或者通过特定地点的水文分析建立一个替代的性能设计目标（US EPA，2009）。

在许多地区，术语“开发前”意指项目建设前的现状，但有些现状是不可设定为目标的。例如，众所周知排放大量营养物质的农田或者大面积铺砌的区域会导致河道冲蚀。如前所述，因为成本、技术不可行或实施性差，回到原始状态是不可能的，因此，这不是现实的目标。作为一种折中方案，某些辖区选择一种水文情况作为期望目标，它应具有有益功能，例如有植被良好的草地或树林，而不管现有的城市化类型和程度。本手册中的术语“开发前”是用来指定所期望目标的条件。这个目标必须是在一个流域综合管理的目标和利益相关者的优先次序中精心挑选，应该代表对良好现状的保护，或对不好现状的改进。

一旦明确了开发前条件，雨水控制应被设计成旨在实现一组期望结果的控制目标。例如，保持适合河流的化学、物理和生物参数，防止 25 年一遇的洪水淹没构筑物，或阻止基础设施损坏时生成冲蚀流速。

最常见的雨水控制性能指标包括以下两种相关参数，设立该参数是为了达到基于区域特点和限制条件的每个控制目标：

（1）设计径流总量，通常来自于降雨、建模和径流统计分析；

（2）设计径流总量的排放流量应达到期望的控制目标，例如，径流排放量和峰值流量的频率、水力停留时间、污染物去除率或排放浓度和开发后对于特定设计事件的峰值流量限制，如 2 年、10 年或 100 年一遇暴雨重现期，或匹配一个指定的流量历时曲线。

在未来，排放浓度可能是某些特定情况下的第三种控制目标。在雨水许可证上，美国环境保护局已经决定优先建立和执行基于水质的量化排放物限值（Hanlon and Keehner，2010），主要是最大日负荷总量标准。尽管在针对营养物制定可靠的限值时存在技术困难，一些州已经在雨水排放中以不同形式指定它们。例如，尽管它们的有效性和适宜性仍在评估，北卡罗来纳州针对敏感水域制定最大营养物负荷，佛罗里达州和威斯康星州有地方标准。不像有毒物质的最大限值是零或非常低的浓度，营养物是构成生命的基本单元，它的最大浓度限值是很难给定的，因为在负荷（如溶解氧和叶绿素）和水生态系统（如栖息地、藻类、大型无脊椎动物和鱼类）两个变量之间存在着复杂的关系。在佛罗里达州的一项研究印证了这一问题的复杂性，并总结了认识上的不足（Anderson 和 Janicki，2010）。这个议题的研究超出了本手册的范围，但是，要指出的是，标准量化的趋势将演变为期望雨水控制的排放限值。

本手册侧重于上述的径流总量和排放流量标准。这两种标准是来自流域研究的结果，在流域的不同地点选择径流总量和排放流量作为雨水控制的标准。另外，在满足这些标准等同于满足以技术为基础的出水限值的前提下，这两种标准的方法是适用的。这种方法与来自于国际 BMP 数据库（www.bmpdatabase.org）的数据分析结论是一致的，即适当设计的雨水控制将产生一个大致恒定的出水浓度。

雨水管理的各种目标并不是互相排斥的而是互补的，相互关系如图 3-2 所示的统一雨水量标准。例如，满足补给地下水和蒸散要求也可以部分或完全达到水质与河道的保护要求。表 3-2 列出各种雨水控制类型的目标，在本手册（第 6 章～第 10 章）中均作了介绍。以下各节将讨论列在表 3-2 中的各种控制目标的基础。

图 3-2 雨水控制标准和目标体系（来自明尼苏达州，2005）

雨水控制部门提供的雨水管理目标^a **表 3-2**

雨水管理控制目标	性能标准的基础	雨水控制设施类型				
		调蓄池（第 6 章）	植草带和植草沟（第 7 章）	滤池（第 8 章）	渗透设施（第 9 章）	大颗粒污染物拦截装置操作（第 10 章）
补充地下水和蒸散	补水速率 蒸散速率	S	S		X	
水质控制						
• 截留和排放	截留量 排空时间	X		X	X	
• 越流	截留量 设计水文过程线		X	X		X

续表

雨水管理控制目标	性能标准的基础	雨水控制设施类型				
		调蓄池（第 6 章）	植草带和植草沟（第 7 章）	滤池（第 8 章）	渗透设施（第 9 章）	大颗粒污染物拦截装置操作（第 10 章）
河道保护	剪切力	X	S	S	X	
漫滩洪水控制	设计径流量，峰值削减	X			S	
极端洪水控制	设计径流量，峰值削减	X			S	

* X＝主要功能；S＝辅助功能。

1. 地下水补给和蒸发

一个重要的雨水控制目标是保持地下水补给和蒸散量，在可行的范围内减少对河流和湿地水文基流的影响，以达到开发前的状况。在此背景下，地下水补给是指雨水对浅层和深层含水层的入渗。雨水浅层入渗成为土内水流的一部分，是基流的来源。部分入渗水从植物中蒸腾或从土壤中直接蒸发。过量的入渗水到达更深的土壤，存储在含水层中，成为区域地下水系统的一部分。然而，许多小雨量只能停留在土壤的孔隙中，并且直接蒸散了，没有通过包气带和根部深度入渗。

这种性能目标包括补给量和蒸散量，设计取决于渗透速率和蒸散速率。渗透速率可以采用美国农业部门的年均补给量、自然资源保护局（NRCS）土壤水文组的现场数据，可以根据降雨量和径流量之间的水文关系、水井出水量、建模或其他适当的方法来确定。蒸散速率来自于现场数据。连续水文模拟可用于确定开发前径流量、入渗量和蒸散量的统计，并针对给定的气候和地下条件确立一个有效的补给总量和蒸散总量。

在设计时应该考虑可能会降低渗透率的潜在因素。水力传导系数（渗透系数）是土壤特性和水温的函数。因此，错误的组合土壤物理特性和温度，以及不当的土壤测试方法将导致不准确的设计渗透率。设计中还应考虑潜在的维护不当会导致沉积物累积和渗透率减少。水量平衡计算中，蒸散量往往被忽视，它们是重要的失水途径，主要取决于地理位置和气候。

在选择补给量和蒸散量时要考虑一些注意事项。在干旱地区，下游业主的水权可以限制上游的补给量和蒸发量。补给的目标也必须包括保护地下水的质量标准。美国环境保护局水源保护和地下水补给法规、《安全饮用水法》给出了用于地下水补给的实践标准。例如，如果入渗导致污染的水进入岩体裂隙含水层，那么就要受到这些法规的限制（U. S. EPA，2011）。通常情况下，除了在喀斯特地貌地区，这些法规并不适用于大多数情况下的雨水控制。在这些情况下，土壤学家和地质学家应参与设计过程。

2. 水质

在联邦和州的法规中都规定雨水排放至受纳水体前需去除雨水中的污染物，具体如下：

（1）1987 年的《清洁水法》修正案由美国环保局颁布，通常委托给各州和地区机构执行，例如，要求雨污分流系统（MS4）的运营者最大程度上实施控制，包括开发后的雨水管理、防止工业活动污染雨水、对工程施工产生的泥砂和冲蚀的控制，以及实施最大日负荷总量管理。

(2) 1990年的《海岸区域法授权修正案》，要求各州解决影响到沿海水域、湿地和泛洪区的非点源污染。

(3)《濒危物种法》，如果联邦政府的行为对濒危物种有潜在的影响，则需要一个生物学评估。

(4) 2007年的《能源独立和安全法案》，要求联邦机构在最大程度技术可行基础上控制雨水的水文效应。

(5) 各州和各市的要求。

(6) 在特殊情况下，无论监管需要与否，有明确的指令要求在雨水排放前进行处理。

(7) 法院案件判定必须对雨水进行处理。

水质标准确定雨水控制的规模和减少量，决定需要截留和处理一定比例的年平均降雨量或径流量。按照美国的许多雨水管理手册，这个截留量通常称为“水质保护容积(WQV)”，一般为年均径流量的80%～90%。通过连续的水文模拟模型、流量监测或通过统计分析来确定，规范也可给出一个明确的需处理的总量，如年均径流量的80%。也可能规定一个频率的雨水截留量，例如85%降雨量，这是指85%产生径流的降雨均等于或小于该雨量。在此情况下，考虑到入渗、蒸散的潜在作用，该频率的降雨量使用水文关系来计算截留的径流量。其基本前提是，超过规定降雨量的额外径流量很少出现，只占年均径流量和年均污染负荷的一小部分。对于有着相对较高的渗透速率的排水区域，补给量、蒸散量和水质控制径流量WQV可能相等或接近相等。

根据去除污染物的工艺单元（见第4章），可通过下面两种方式中的一种，采用水质控制径流量来设计雨水控制设施：

(1)“截留—排放控制”的污染物的有效去除率，取决于将处理设施截留雨水的水质保护容积（WQV）排出所需要的时间。这类控制设施往往需要一个地面或者地下的储存池，并且雨水流入处理设施的历时（通常<1h）比排空时间要短得多，一般雨水在设施中需要储存12～48h或更长时间以实现其中污染物的去除。

(2) 以“越流式控制”方式去除污染物时，要将待处理的水质保护容积（WQV）转化为设计流量过程线。雨水控制设施的大小取决于计算所得的设计流量，其目的是有效处理的水量要和用径流量确定的雨水控制设施所处理的水量相同。

为控制设施设定的排空时间、排放流量以及径流过程线数据要能得到合适的径流总量和峰值流量、污染物浓度和负荷超量频率，使之达到目标。用连续模拟模型在全流域开展研究可以确定这些性能标准（如确定最大日负荷总量）。通常技术参数根据满足水质处理的要求来确定。

3. 河道保护

河流冲蚀是一种河流系统中推移力和泥砂输送量保持平衡的自然地貌过程。第2章已综述了与河道相关的地貌变化规则以及雨水控制的效果。

河道保护的目的是当径流量持续增加时减小其对河道的冲蚀作用。这些标准是为了保护河流周边或穿过河道的基础设施、财产以及河流周边地貌，如通向漫滩的通道，水生动物栖息地（如木质物残体）等。这个标准也是为了保护河床的组成成分及其完整性。河床基质对水生生物而言非常重要，它们可能在冬天会在河床产卵或者在河床内过冬。这个标准包括了通过去除河道保护容积（CPV）来控制河道水流的剪应力，CPV 是通过降雨和径流统计得到；通过入渗、蒸散或者雨水截留来减少部分 CPV，并将剩余径流量以不会造成冲蚀的流速排放。排放流量通常比设定的目标流量（如开发前的峰值流量）要小，为此要削减因开发而增加的流量，或者要使流量符合流量历时参照曲线。从前，河道保护容积（CPV）和排放流量根据开发前的径流量水位达到“齐岸水位”的频率来确定，通常根据 1 年频率或者小部分按照 2 年频率来计算。齐岸水位通常指多年生植物的下缘，但是地貌学家会增加一些其他指标来确定齐岸高度。研究发现有效的设计必须考虑到低于齐岸高度流量的分布频率、运输各种各样的河床或河床材料的容量能力以及进水输砂量的潜在变化这些因素（Bledsoe，2002）。对河床和河岸剪应力进行持续模拟和径流、持续时间的分析，是确定河道保护径流量和功能有效性的更加可靠的替代方法。

4. 漫滩洪水保护

洪水是和自然排水系统相关的一种自然现象。在小型至中型降雨过程中，雨水径流量可以滞留在河岸或者在河道中满流。而在大型、罕见的暴雨中，暴雨径流会淹没河岸并流入周围的河漫滩中（见图 3-3）。

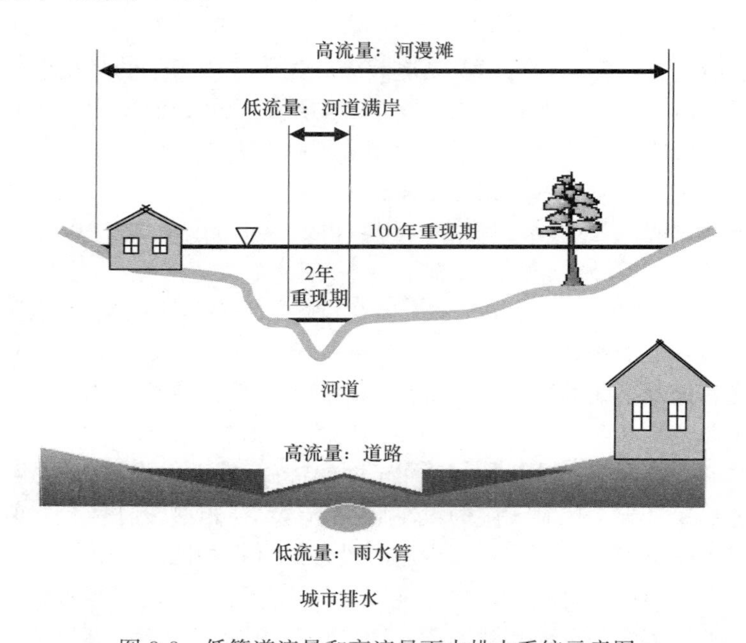

图 3-3 低管道流量和高流量雨水排水系统示意图

当流域开发后，敷设排水管道以收集并输送小型、中型降雨的径流。合理的设计是利用街道或者洼地将大型、罕见的降雨径流量输送到明渠排水系统中。如果不提供合理的地表排水系统，那么建筑、财产或者街道都可能被洪水淹没。

排水设计的有效性取决于“低流量”系统的容量被超过的频率，以及“高流量”系统中的洪水危害的严重程度。频率通常采用重现期来表示。举例来说，10 年的设计重现期，定义为降雨在任意计算年出现的可能性为 10%。危害程度通过相应水力模型的特定参数来量化，如道路淹没的长度、洪水水位淹没至地基的建筑物数量以及建筑物淹没水深等来确定。当地行政部门对上述重现期和危害程度综合考虑后，制定漫滩洪水的防洪标准用于排水系统、跨河桥梁以及雨水控制流量的设计。

制定河漫滩防洪标准的目的是为了保护水系沿岸财产和建筑不会受到相对罕见的淹没漫滩大雨的损坏，同时也用于确定排水系统以及跨河桥梁的设计标准。根据辖区要求确定需要截留的漫滩洪水保护容积（OFV），范围在5～25年重现期之间变化。根据辖区要求可能采用同样的重现期或者根据用地性质不同而采用不同的重现期。例如，居民用房的重现期标准通常低于商业用房或者具有重要功能的用房（如医院）。类似河道保护容积（CPV），漫滩洪水保护容积（OFV）代表了通过雨水控制必须蓄留或者去除的水量，从而保障在特定情况下的峰值流量维持在一定范围之内或者在雨水输送系统中使水位保持在某一个高程内。

5. 极端洪水保护

类似漫滩洪水保护容积（OFV），极端洪水保护容积（EFV）标准可能根据用地性质不同而变化。类似河道保护容积（CPV）和漫滩洪水保护容积（OFV），极端洪水保护容积（EFV）代表着需要被安全排出或者在需要的时候通过雨水控制措施来截留的雨水量，从而保障在特定情况下的峰值流量维持在一定范围之内或者在雨水输送系统中使水位保持在某个高程内。

3.1.3　建立功能标准的方法

下面两种方法可以用来建立雨水控制设计的功能标准及量化标准：

（1）基于流域的控制标准：通过对流域的研究选择控制设施和确定其规模，以达到期望的河道内污染物浓度、质量负荷、流量、流速、最高水位以及不同暴雨强度下的剪切力。

（2）基于技术的控制标准：设定一套经选择的控制方式，在最大效果情况下运行，可以实现雨水控制目标。例如，1987年《水质法》的“最大可实施范围”功能标准，或者《能源独立与安全法》第438节“最大技术可行范围”的功能标准。

对于建立基于流域分析功能标准的通常建议见3.2节。3.3节提出了建立基于技术分析功能标准的方法。

3.2　建立基于流域功能标准的方法

根据定义，基于流域标准的制定需要更多的努力。需要根据本手册第13章和14章的内容，进行复杂的监测以及编制模型，能更好的使功能达到管理目标。

随着《清洁水法》（CWA）的最大日负荷总量（TMDL）计划日益受到关注，美国各州、美国环境保护局以及市民团体对市政雨水的排放，在流量、污染物浓度或质量方面施加了更多限制，尤其是对排放入已受损水体的雨水。在过去的10年中，美国环境保护局持续推进《国家污染物排放消除系统》（NPDES）计划，并将其作为综合流域控制措施的重要组成部分。将NPDES准许以及TMDL和流域控制措施结合在一起意味着将流域分析作为准许程序的一部分，并通过该分析方法来确定一些实施选项，从而实现环境水质目标（即TMDL策动的水质目标）。基于流域分析的方法和更常见的基于技术分析的方法之间最明显的差别在于：基于流域分析的方法明确考虑了流量、径流量、污染及其来源，包括非点源等污染。对于水质而言，将污染物负荷在旱季和雨季对水环境质量的影响区分开，在技术上有较大难度。

基于流域分析确定的标准，通常比根据统一的技术分析标准确定的控制方式更加有效。这是由于，基于流域分析可以更加有针对性地考虑上下游的影响以及所有污染源的流量、总量、污染物负荷情况。基于流域分析的方法可以协助雨水排放管理人员确定潜在问题解决方案的优先顺序，例如，确定可以最快实现水质改善所需要控制的主要污染物以及污染源，从而有针对性地实施相应的方法和策略，以实现节约资金并提高环境质量。而且，基于流域分析的方法，可以通过复杂的研究确定雨水对地下水的补给量及蒸发量、WQV、CPV、OFV以及EFV。

流域分析还可以阐明控制策略的有效性，例如在流域内绿色基础设施的应用。Medina等（2011）对美国东南部，研究了绿色基础设施对100km^{2}流域39%为不透水性土壤的洪水浸没范围影响。采用HEC-HMS和HEC-RAS的水文和水力模型，确定各种洪水情况下淹没的范围。图3-4（*a*）为河漫滩面积随着重现期变化的曲线图，每条曲线分别代表：开发前为森林植被、开发后、开发后应用了截留初始30mm（1.2in.）径流量的绿色基础设施的雨水处理方案。图3-4（*a*）针对的是流域内主要为具有良好入渗性能的B类工壤，图3-4（*a*）表明绿色基础设施对于重现期为100年的降雨几乎没有效果，但是在较小雨量时可以有效减少洪水淹没面积。数据显示重现期为2年情况下，绿色基础设施对雨水的控制效果接近，但不能达到森林植被的控制效果。图3-4（*b*）中假设漫滩的土壤为活性渗量较差时D型土壤的。绿色基础设施控制方式在渗透系数低的土壤中基本无法提供雨水入渗，但是在本分析中，假设其同样可以截留30mm的雨水径流量，这就要求绿色基础设施面积应该更大，从而实现同样的处理效果。因此，洪水淹没面积减小得较少，并非由于绿色基础设施对雨水控制效果减弱，而是由于流域产生了更多的径流，因此与高渗透性土壤相比，低渗透性土壤中被绿色基础设施处理的径流量相对减少。从另一方面讲，不渗透土壤比渗透性土壤更接近铺砌的情况，因此开发相对地会增加径流量。图3-4（*b*）中曲线的接近也说明了这个结果。在这种情况下，绿色基础设施对于弥补开发和森林覆盖两种情况之间的差距比较成功，但是由于土壤性质，较难实施。这种分析方法可以检验雨水管理策略的可行性及有效性，并确定地理多样性，可以协助布置雨水控制设施，使其发挥最大的效能。基于流域分析的方法也可以支持经济性评估；Medina等人（2011）的研究发现实施绿色基础设施建设可以将5年一遇洪水造成的漫滩损失减少63000～66000美元/hm^2（25000～27000美元/ac）；或者将百年一遇洪水造成的漫滩损失减少17000～23000美元/hm^2（7000～9000美元/ac）。

一种基于流域分析控制标准的方法为流量—历时分析法，用来确定洪水流量超过特定控制流量限值的时间比例。Booth and Jackson（1997）进行的研究分析表明大约2年一遇洪水到50年一遇洪水的范围内，大约一半的洪水情况造成了华盛顿西部多数河流的冲蚀情况。该方法已经被华盛顿生态部门（2005）采纳而列入西华盛顿州雨水控制手册中。设计标准采用了开发前及开发后的所有径流数据记录进行水文模拟，以估算流量—历时，主要方法为计算超过规定流量限额的洪水次数。流量—历时分析在其他地区可能产生不同的标准，这取决于当地的水文条件。西华盛顿州的标准如下：

（1）如果开发后流量—历时值超过任何一个开发前2年一遇峰值流量的50%到100%（阈值为100%），则不满足流量—历时标准；

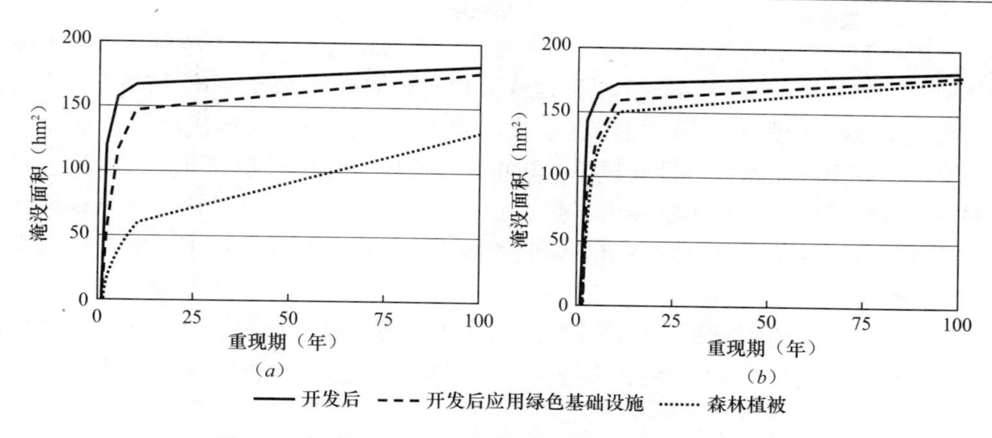

图 3-4 应用绿色基础设施对洪水淹没面积的控制效果

(a) B 型土壤；(b) D 型土壤

（2）如果开发后流量—历时值超过开发前 2 年一遇到 50 年一遇峰值流量的 100%的时间大于 10%（阈值为 110%），则不满足流量—历时标准；

（3）如果多于 50%的流量—历时水平超过了 100%的阈值，则不满足流量—历时标准。

为了便于进行流量—历时分析，华盛顿州生态部门开发了持续累积模型，它以水文模拟程序—Fortran（HSPF）为基础。该软件成为西华盛顿的水文模型（WWHM），是一个根据水量水质确定雨水控制设施最佳尺寸的交互软件。模型也可用于审查方案是否符合雨水条例，促进可持续发展，并使工程界及群众了解用地性质变化的结果。这是在特定地区为了促使工程符合当地标准，开发应用工具的实例。而对具体工具的选择可能根据情况发生变化，有些辖区也可能发现一个当地特设的方法是实施当地标准的最佳方式。

最近，加利福尼亚区域水质控制委员会要求市政雨水控制设施持证人编制《水文改变管理计划》（HMP）以提高径流及其流量的限制标准，从而降低受纳水体被冲蚀的可能性。持证人通过结合持续模拟模型和河流地理分析来确定控制峰值流量及持续时间的重现期标准，其范围在流量从开始发生冲蚀的低流量阈值（通常为开发前 2 年峰值设计流量的一部分）到较少出现的高流量阈值（通常是开发前 10 年的设计雨水流量），后者的冲蚀控制非常不经济。这些 HMP 的目标是保障峰值流量及历时控制在开发前范围内，可以是通过限制其不透水性区域面积的增加或者安装雨水控制设施以实现这些标准。在某些情况下，当地设计者可能采用河道内控制方式，以更好的减缓项目中流量和历时的增加。

低流量阈值是基于平均边界剪应力超过河道临界剪应力情况下的河道流速，这根据河床和河岸材料而定。平均边界剪应力是流动水体作用在河道材料上的力。如第 2 章所说，通过沿满渠水深进行计算，可以建立边界剪应力与流量的关系曲线。低流量阈值为水流的实际剪应力超过河道临界剪应力时的流量值，对流域径流连续水文模拟，可将低流量阈值与重现期（如：设计雨量）关联起来。正如本节之前提到的，根据这个方法西华盛顿州确定在未开发流域的临界剪应力数值，为 2 年一遇暴雨设计峰值流量的 1/2 流量（$0.5Q_2$）。在加利福尼亚州的圣迭戈市（County of San Diego，2011），根据受纳河道的材料和尺寸不同，临界剪应力的范围在 $0.1Q_2$ 到 $0.5Q_2$ 之间变化。这些评价说明河道稳定性标准更适合于通过评估受纳水体的形态以及配合使用当地气象资料进行连续模拟来确定。

一些加州的水文改变管理计划（HMP）利用本方法确定设计参数用于防止河流水文

变化的雨水控制，例如：圣克拉拉山谷地表径流污染防治计划（2005）和 Contra Costa 县净水计划（2005）。Contra Costa 县使用连续模拟，建立系列水文变化控制设施的尺度因子，并列入雨水控制设计手册。尺度因子决定雨水控制面积占支流流域不透水面积的比例，结合手册确定的雨水控制设施规模，防止开发后流量和历时超过开发前的值。每类雨水控制的尺度因子随着支流土壤性质不同而变化。这种方法可以同样应用于其他地区，利用当地的气候和地貌参数来确定特定流域的控制目标，从而替代将在下一节叙述的基于技术的方法。

总而言之，基于流域分析的标准来自于对水量水质数据进行综合详细研究，并辅以建模分析，从而提供可靠基础以确定功能标准。只要有可能，功能标准应该从流域分析中得出。

3.3　建立基于技术标准的方法

在缺少流域研究成果或者地理均一性时可采用基于技术的标准。本节列出了针对图 3-2 中各项控制目标建立基于技术标准的四个步骤：

第一步：建立目标；

第二步：确定期望的控制水平；

第三步：选择设计雨量；

第四步：确定截留径流量和排放流量。

3.3.1　第一步：建立目标

在 3.1.2 节中说明的目标，概括来说可以理解为维持一定的水域功能，从而保障其理想的环境及社会价值。将维护地下水水量水质、提高地表水水质、河道保护以及防洪等作为目标时，需要注意第 2 章中说明的不透水性地面的影响。这些目标的相对重要性和各种特定场地因数有关，下面列出一些这样的因数：

（1）气候变量：降雨量及蒸散量；

（2）地质学及土壤；

（3）地下水特性；

（4）受纳水体的指定用途及敏感度；

（5）受纳河流大小；

（6）现存自然资源及生态恢复目标；

（7）流域未来发展计划；

（8）受纳河流情况；

（9）雨水及河道内污染物；

（10）洪水及冲蚀危害；

（11）场地限制；

（12）公共健康、安全及福利；

（13）公众的娱乐休闲及美学价值；

（14）可利用的财政资源。

理想情况下，管理目标应该符合项目的特定情况及其在流域中的位置。例如：项目中有较大河流上架设桥梁，则不需要提供极端流量保护控制，这是因为当地洪水已经在桥梁上游整个水域的水文情况中得到控制。控制越过桥面道路的峰值流量和控制河流中的峰值流量基本没有差别。另外，可能需要采取措施去除径流中的污染物质，这些径流污染物主要产生于小型、频繁降雨中落于桥面上的部分。如果项目位于易于溶解基岩（石灰岩或白云石）靠近地面的地区，地下水补给目标和污染物去除目标应该协同考虑，以应对可能形成的落水洞，并将处理过的径流输送入地下潜在的水系中。又例如，水质目标对于对营养物敏感的河道和湖水而言，是最重要的指标；因此，即使河流对氮和磷的负荷并不太敏感，但是由于河水排入较敏感的水体，因而水质目标中必须包括这些指标。在公共或私人财物暴露于洪水危害范围的区域，雨水控制必须极大地减少洪水风险，设计必须考虑到极端事件。

收集及评估受纳水体的科学数据以提出适应于当地特点的管理目标，并赋予其相应的重要性，是国家及市政环境部门的职责。一些辖区具有针对特定区域的雨水标准。例如特拉华州，根据在州中的位置有针对 2 场或者 3 场单次降雨的峰值流量控制要求，对于 6 个特定水域，任何径流量的增加都需要控制。从另一个方面来看，整个州的水质控制要求是统一的（State of Delaware，2010）。

总而言之，设计者必需要遵守规定中的设计标准。这些标准由管理者制定，并用于实现某个特定的雨水控制目标，这种目标通常根据地质条件不同、受纳水体的特性以及发展项目的性质而定。

3.3.2 第二步：确定期望的控制水平

步骤 1 建立的每个目标都应该由受纳水体特定的若干标准或者用于量化期望管理水平的控制技术来支撑。由于希望对一个辖区或者地区使用统一的标准，因此通常采用基于技术的标准。由于其主要目标在于制定特定设施的设计标准，一旦标准建立，则可以适用于各种场合，因此这类标准通常更容易执行。出水限制、污染物削减率、径流量削减以及峰值削减标准通常是雨水控制技术的控制水平衡量标准。

3.3.2.1 地下水补给及蒸散的控制水平

将径流补给地下水及使之蒸散的目的在于保持正在开发区域的蒸散、地下水补给、地下水流和基流。补给量及蒸散量的确定是基于补给率和蒸散率的计算，该计算主要来源于降雨和流量之间的水文关系（如：采用实际措施测量整个开发区域的土壤渗透性能）、水井开采量及其他合适的方法。补给量及蒸散量通常量化为年均降雨量或径流量的百分率，通过基于场地条件的分析以及模型来确定。

3.3.2.2 水质的控制水平

基于技术的控制水平，许多城市的常用做法是采用下述两种参数来设计：

（1）水质保护容积（WQV）：它应该可以截留大部分的年均径流量；

（2）水质保护容积（WQV）的排空时间：即 WQV 进入大气、土壤（基于蒸散作用和渗透特性）或者进入下游输送系统（基于排放口的结构设计情况）的时间，它取决于雨水控制工艺单元的处理效果或由其他涉及公众健康和安全的标准。

为了说明如何确定 WQV 及其排空时间，Roesner 等人（1991）在美国 6 个城市中对径流进行了长期的模拟研究，这 6 个城市为蒙大拿州巴特市、田纳西州查特怒加市、俄亥俄州辛辛那提、密歇根州底特律、加利福尼亚州旧金山和亚利桑那州图森市。这 6 个城市记录了 40～60 年的小时降雨量及典型城区开发中使用的各种 WQV。表 3-3 列出了每个研究流域的年均降雨量以及面积加权的径流系数。流域的径流截留效率采用在 24h 内排空 WQV 的出水量来衡量。这个排空时间基于 Grizzard 等人（1986）在华盛顿特区的现场研究结论。作者认为，平均暴雨径流量条件下调蓄池的设计排空时间不应小于 24h，才能够保障雨水水质改善效果。其他类型的雨水控制设施的排空时间，取决于工艺单元，也就是污染物去除率与排空时间的关系或者与某些参数的关系（如停留时间、生物吸收率、蒸散率、土壤入渗特性等）。最大排空时间应根据降雨间隔时间的统计数据确定，从而保障在新降雨来临时，雨水控制系统能有有效的空余容量。

6 个水域的水文学参数及最大储存体积　　**表 3-3**

城市	年均降雨量 mm（in.）	研究流域的径流系数	最大 WQV	
			流域 mm（in.）	m^3/hm^2（ac-ft/ac）
蒙大拿州巴特市	371（14.6）	0.44	6.4（0.25）	63.5（0.021）
田纳西州查特怒加市	749（29.5）	0.63	12.7（0.50）	127（0.042）
俄亥俄州辛辛那提	1013（39.9）	0.50	10.2（0.40）	102（0.033）
密歇根州底特律	889（35.0）	0.47	7.6（0.30）	76.2（0.025）
加利福尼亚州旧金山	490（19.3）	0.65	20.3（0.80）	203（0.067）
亚利桑那州图森市	295（11.6）	0.50	7.6（0.30）	76.2（0.025）

如果选择基于流域的控制水平（例如：实现负荷削减目标或污染物浓度达到受纳水体的水质要求），需要进行持续的模拟研究以确定年均径流量的截留率以及排空速度，以实现污染物削减目标。相反地，如果选择基于技术的控制水平，则可能根据年均径流量的特定截留率来确定控制目标。确定经济 WQV 的方式是将截留效率最大化。Urbonas 等（1990）将这种最大效率定义为“最佳”WQV，并针对在科罗拉多地区丹佛市的对这种“最佳”WQV 敏感度研究结果进行了报告。图 3-5（*a*）说明较小容量的 WQV，截留了除了两场之外的所有径流，在本例中确定了调蓄池的“截留包络线”，在丹佛市，调蓄池满池容积为 7.6 流域面积－mm（0.3 流域面积－in），其排空时间为 12h。

图 3-5（*b*）为径流量的累积分布。相对截留量是每场降雨的径流截留量除以 99.9％概率降雨量，在丹佛市这个 99％降雨概率的降雨径流量是 77.2mm（3.04in.）。径流量截留率代表了在 WQV 等于相对截留量时可以截留的径流量占总径流量的百分比。最优化的点是在累积分布曲线切线值为 1∶1 的点。在本例中，在 99.9％概率的降雨中 18％的相对截留量，即等于 13.9mm（0.55in.）的流域雨量处理容量，可以截留约 83％的年均径流量。此后，Urbonas 和 Stahre（1993）将该最优化点重定义为“最佳”WQV，这是由于到该点时截留降雨场次的效果快速递减。在之前提到的 6 个研究水域中，其最佳 WQV 值见表 3-3。该方法适用于其他地区，根据当地气候和地域条件以及合理排空时间，为各类工艺单元确定最佳控制容积（如土壤渗透率、不同滤料的渗透性能、潜在的蒸散量以及生物吸收的停留时间等）。

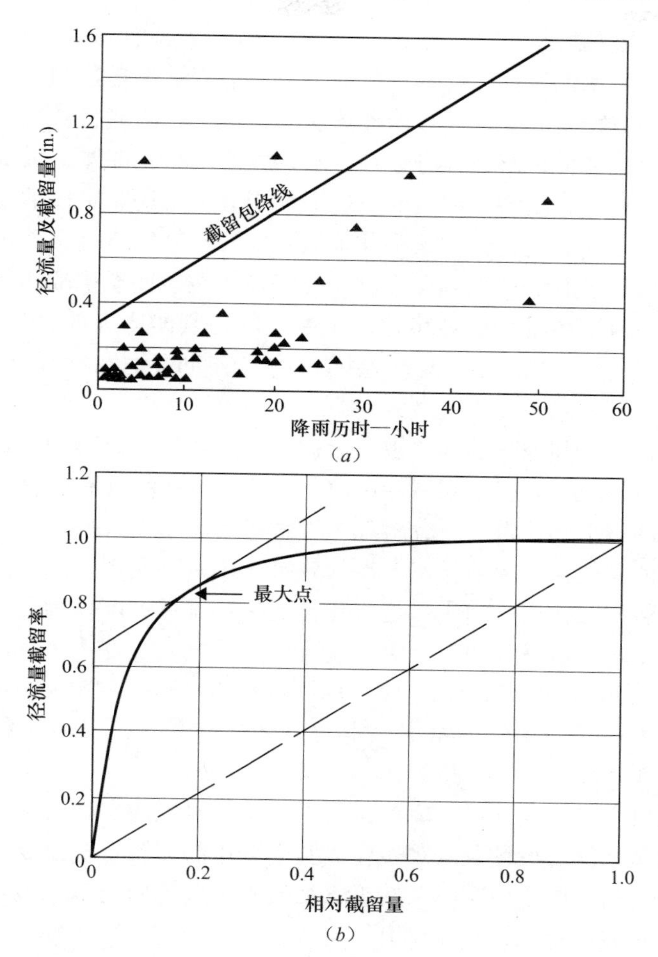

图 3-5 截留量最优化的方法（Urbonas *et al.*，1990）（根据 ASCE 的许可重印）
（*a*）径流量点图及径流截留量包络线；（*b*）最大截留量

Urbonas 等人（1990）进行的敏感性调查中，估算了用湿塘截留最佳 WQV 条件下，径流总悬浮颗粒的年均去除率。总悬浮颗粒物的估算采用了 Driscoll（1983）发表的方法。表 3-4 显示了一个系统水量为最佳 WQV 水量 2 倍（比例为 200%）情况下，年径流的截留率仅提高了 9%，总悬浮颗粒物的去除率提高了 2%。如果系统处理水量为最佳 WQV 的 70%，则径流截留率仅降低了 10%，年均总悬浮颗粒物去除率降低了 2%。基于上述研究，丹佛市政府选择雨水控制水量为最佳 WQV 水量的 95%，也就是能截留 80%的年径流量。在美国的半干旱地区，市政府认为截留 80%的径流量是经济有效的雨水控制措施，并认为其满足了 CWA 的最大可行性定义。该最佳 WQV 是一个基于技术标准用于水质控制的实例，其他地区可以考虑采纳。

科罗拉多州丹佛市的雨水控制敏感性分析 **表 3-4**

实际 WQV 与最佳 WQV 的比值	年均径流量截留率（%）	年均完全截留的暴雨数量	总悬浮颗粒物去除率（%）
0.7	75	27	86
1.0	85	30	88
2.0	94	33	90

3.3.2.3 河道保护的控制水平

曾有过许多基于技术的设计标准，以保护下游河道不被未受控制的径流冲蚀。但到目前为止，收集的监测数据时间并不长，因此无法确定这些方法能否长期有效。河道保护是一个复杂的问题，也是如何理解并改进设计参数及方法的研究课题。大部分的知识缺失在于收集可靠的数据需要跨越足够长的时间段，采用于分析河道完整度的变化趋势。因为其实际应用尚需要很长时间，新建议的策略并未被充分评估。经济因素和批准土地开发程序的需要，常常导致根据过时的标准颁发许可，经济多样性也使得挑战增加。例如，在半干旱和干旱气候下的河流更容易受到城市化的影响，因为其河床大部分为砂质、植被稀少，因此河床抗冲蚀能力差、水流动力大且多沉积物（Coleman *et al.*，2005；Hawley and Bledsoe，2011）。

尽管如此，基于工程和地貌的标准被广泛接受。正如第2章提到的，采用推移剪切力法（Lane，1955）、超量剪应力法（Pomeroy 等，2008）或者河流能量评估（Watson 等，2001）等进行的连续模拟和流量历时分析都可以替代河流单一事件的水文或水力模型，从而更加准确地确定河道的保护径流量以及保护效果。该研究发现，水文改变造成的河道形态的变化是很多变量相互作用的结果：这些变量包括径流量、沉积物负荷与迁移、冲蚀水流的频率和历时、枯水期流量和历时，以及水流形态的全面统计。水域以及受纳水体的性质也很重要，包括河道坡度、河床及河岸组成、地质、流域地理、河道断面和平面、植被，以及现有的雨水控制设施等。考虑到上述复杂性，需要极灵活地利用上述参数的内涵，并保证它可以作为新的内容被接受。

综合措施是应对水文变化的最好方法，目的是维持水域的水文功能，包括保护本地土壤及植被、水文敏感地区的设计及景观美化、空间分布的控制系统以及恢复退化的流域系统。下策是将径流汇集到中心地区以及在天然河道中设置障碍物以控制水流，对流域河道保护的效果较差，具体解释见第2章。

正如本节前面所述，目前普遍的做法是基于河流的单一事件水文水力模型，没有办法在满岸及非满岸的水流条件下充分保障河道稳定、保持地貌状态以及沉淀物特性。下面为两种最常用的方法：

（1）2年一遇洪水控制——这种截留方式为最早的河道保护方案，是基于这样的研究结果：2年一遇的洪水是河道形态改变的主因。选定的标准是根据这样的假设，在2年一遇的雨量下，如果开发后的峰值流量能够削减至与开发前的峰值流量相等，则径流对河岸的冲蚀可能性就被最小化（McCuen and Moglen，1988）。随后的研究表明，如不减少总径流量，则2年一遇峰值流量的历时被延长，河流经历对河道形态变化有影响的流量下的时间更长（MacCrae，1997）。因此在河道保护中并不推荐该标准，除非得到特定流域研究结果的支持。

（2）1年重现期，24h截留时间——在一些州，特别是东部海岸城市，截留1年重现期的雨量，排放时间为24h，作为河道保护容积（CPV）。这种处理方式的依据是，河道保护容积（CPV）被收集并极其缓慢的释放，因此在满岸流量或接近满岸流量的情况下，受纳水体的流速基本不会超过冲蚀流速。而在较罕见的大雨情况下，河道水流将漫过河岸流入河漫滩，流速将消散。马里兰州一些地区的模型试验体现出该方法对冲蚀水流有明显的削减作用，在马里兰州长期模型研究是得到“雨污分流制国家污染物清除系统”（MS4

NPDES）许可的必要条件，并已实行多年。在其他州，主要是湿润气候地区，也接受了这种标准，这些州包括爱荷华、佐治亚、密苏里、明尼苏达以及纽约。然而，在较广范围的气候及水文地质条件下，该方法的应用效果并未被充分证明。

本手册提出一点，通过截留和排放一个特定的径流量来保护河道时，则这个特定径流量应是严格的对地形和水域研究的结果。

3.3.2.4　罕见大暴雨的控制水平

漫滩洪水保护容积（OFV）以及极端洪水保护容积（EFV）控制标准的建立有多种方法。最简单的标准是在相同的暴雨重现期，将开发后排水区域的OFV或EFV的排放量控制在等同于开发前的峰值径流量。“开发前等于开发后”的控制洪水流量的标准似乎很合理，但是它没有考虑随着开发而增加的径流总量对下游河道的影响。这些影响见图3-6，图中列出了三个分流域的水文过程线和它们汇集到下游点时的水文过程线。截留方案能成功地将各分流域的峰值流量控制在开发前的水平，但是，由于径流总量的增加和大流量的历时较长，造成在汇集点的峰值流量大于开发前的流量。这种削减后的峰值流量叠加的效果在1954年就被科学家发现（Leopold and Maddock，1954），但是在很多市政法规中并未加以重视。因此这种可以在同一地理条件下应用的峰值削减标准，当应用到流域时，需要具有说服力的流域研究的支持。

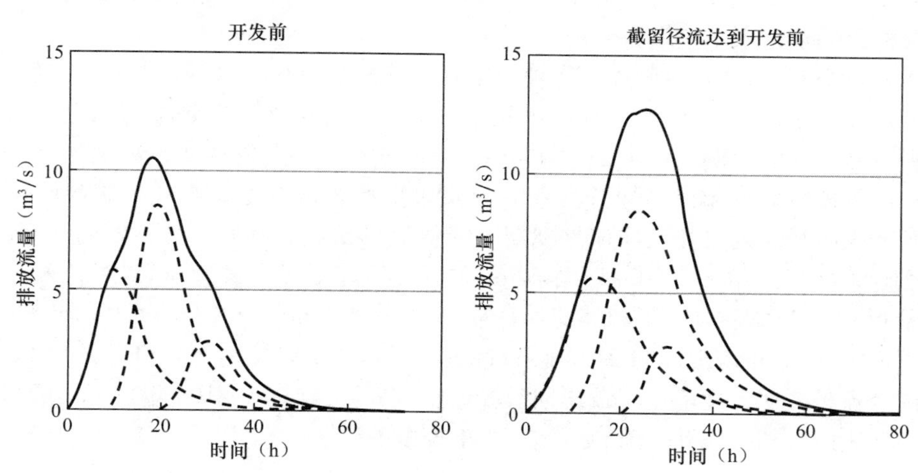

图3-6　开发后截留峰值流量的叠加效应

随着径流量增加而导致的河流流量增加，可以通过提高径流量的入渗及蒸散量来控制，或者使径流排放量小于开发前的峰值流量，从而抵消增加的径流量。图3-7说明了，在原则上“过量控制”可以防止整个流域的流量增加以及水位上涨。保障“开发后的流量小于开发前流量”的方案关键在于确定排放量降低的具体值。一些辖区根据“传统智慧”采用建立了高重现期的设计暴雨峰值流量。例如，将开发后百年一遇暴雨的峰值流量按照开发前2年一遇暴雨的峰值流量数据进行逐步排放（City of Fort Collins，1997）。其他辖区确定排水流量的规定建立在排水面积的基础上，或者使用与增加的径流成比例的其他参数。

还有一种进行下游分析的方法，它是确定在何种程度上所有上游流域的开发影响会消失。这种分析可以用来确定开发面积与上游排水面积的临界比例，在该临界点峰值流量的

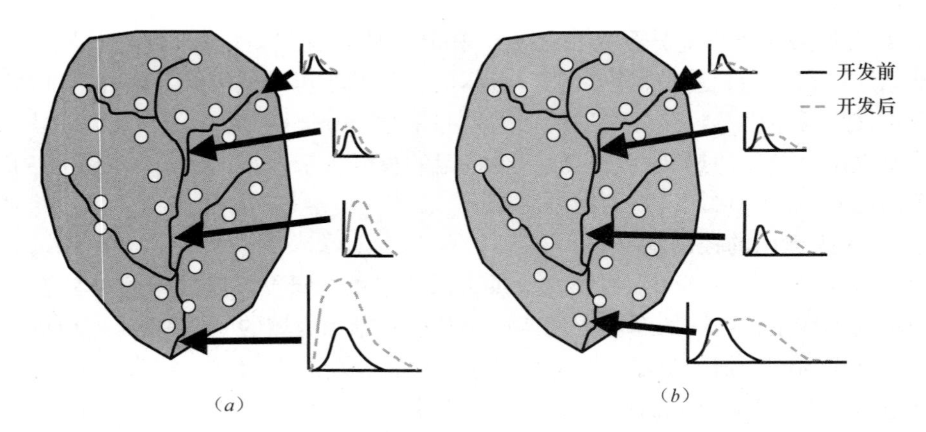

图 3-7　峰值流量过量控制方法对下游的影响

(a) 在开发前的峰值流量基础上排放储存水量对下游的影响；
(b) 在小于开发前峰值流量基础上排放储存水量对下游的影响

变化经校核确认不会造成不利的影响。例如，通过在南卡罗莱纳州格林维尔市以及北卡罗莱纳州罗利市进行的研究，Debo 和 Reese（2002）认为，当项目面积达到总流域排水面积的 10%时，开发项目及其雨水控制效果对该点的影响需要分析。对于其他地区，需要特定的流域分析以确认这个结论是否可用。

作为另一个例子，“临界降雨法”被用于确定俄亥俄的 OFV 控制设施的规模（俄亥俄州中部区域规划委员会，1977）。这种方法中的“临界降雨事件”是根据当地开发后一年重现期径流量提高的比例，在表 3-5 中选用。等于或小于临界降雨重现期的径流从雨水控制设施排放的流量应不超过当地开发前一年重现期的径流峰值。当超过临界降雨重现期时，降雨产生的径流则以开发前该重现期的峰值流量排放。例如，当开发前一年重现期，24h 的径流量为 120000m^3（100ac-ft），相应的开发后降雨径流量为 300000m^3（250ac-ft），则径流量增加量为 180000m^3（150ac-ft）或者是 120000m^3（100ac-ft）的 150%。因此，临界暴雨量应是 25 年重现期的 24h 降雨量。也就是，OFV 控制就是将开发后 25 年重现期 24h 的径流量按照开发前一年重现期的峰值流量排放；对 50～100 年重现期的暴雨，则开发后的径流应分别按照开发前 50～100 年重现期的峰值流量排放。

俄亥俄中心地区临界暴雨的确定　　**表 3-5**

如径流量增加百分数为		峰值流量应该限制为不超过下述重现期的峰值雨量
等于或大于	小于	
—	10	1 年
10	20	2 年
20	50	5 年
50	100	10 年
100	250	25 年
250	500	50 年
500	—	100 年

正如在 3.2 中所述，制定这种规则最可靠的基础是开展流域模型研究，以确定是否需要过量控制（如 Borton-Lawson，2010）。这些研究在其他辖区可以采用流域水文模型重复进行以模拟现有以及规划的开发可能造成的影响。持续的模拟优于单一事件模型。在评

估雨水控制设施的性能需求时，叠加峰值流量的大小及其历时都应该加以考虑。

3.3.3　第三步：选择设计雨量

本步骤利用常用信息及评估结果来确定设计降雨强度，包括决定 OFV 和 EFV 的特大、罕见暴雨以及确定地下水补给和蒸散量、WQV 和 CPV 的较小降雨。

3.3.3.1　特大、罕见暴雨

通常水文学者致力于对罕见事件的控制方法的研究及对其效果的评价分析，例如特大暴雨的排水及防洪以及干旱时段的供水。由于大型暴雨出现频率很小、监测数据在一定程度上受到限制，因此许多暴雨控制方法是首先选择一个设计雨量，再用一个合适的降雨-径流关系或者数学模型来计算径流量。本节讨论了推导这些设计雨量的方法。然而需要注意的是，在统计学特性上，降雨量和径流量是不同的，例如，有很多水量极小的降雨并不会产生地表径流。因此，这些降雨会被统计在降雨数据中，但是不会统计在径流数据中。由于降雨数据相对于径流量更容易获得，因此普遍将单独降雨事件的频率数据应用于径流频率中（如：认为 50 年降雨产生 50 年峰值径流量）。

降雨强度-历时-频率曲线因其应用方法简单而被作为一种常用方法。降雨强度-历时-频率曲线的样例见图 3-8，为俄亥俄州哥伦布市的曲线，在美国的大部分地区该数据都可以通过国家气象局获得（Bonnin 等，2004）。峰值流量可以通过在降雨强度-历时-频率曲线中选择特定重现期及降雨历时用标准的水文学方法来确定。此外，降雨强度-历时-频率曲线也可以用来确定特定降雨重现期及历时下的总降雨量。

利用设计径流量以及理论分布，如 USDA NRCS 所开发的，可以建立设计水文过程线。这种方法利用的细节问题由美国农业部在 1986 年提出，而计算过程已经编为计算机程序如 HEC-HMS，TR-20 和 TR-55 等。一种更加稳妥的方法是利用当地特定的降雨数据，也有可能使用美国国家海洋和大气局（NOAA）收集的资料，来建立水文过程线。最有可信度的是用长期降雨记录进行持续模拟，来确定全频率降雨对于流域或开发地区的影响。

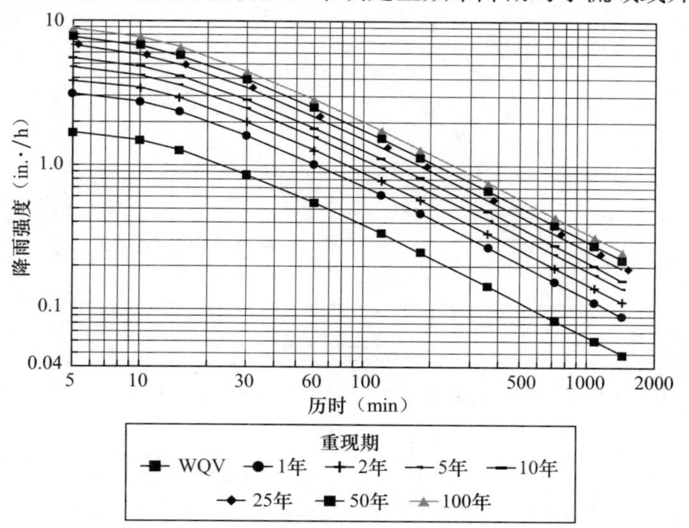

图 3-8　降雨强度-历时-频率曲线，俄亥俄市中心（第 5 节）（1in.＝25.4mm）（Huff and Angel，1992）.

3.3.3.2 频繁发生的小雨

不常发生的降雨通常只占长期降雨-径流水量中的一小部分。通过对于降雨的统计学分析发现，截留“较小”降雨的地表径流，可以使大部分降雨事件和大部分从城市景观中产生的地表径流得到处理。此外，正如第2章提到的，处理较小降雨也可以实现对河道的保护，因为控制了大部分累积剪应力。

通过对雨量记录的分析评估确定合适的设计雨量，可以截留大部分年径流量。下面提供两种确定设计雨量的方法：累积概率分布以及产生年平均径流的雨量。

（1）累积概率分布

当有长期的雨量记录时，可以采用这种方法。美国国家海洋和大气局（NOAA）保存了可用于该种方法的充足降雨数据，因此促进了这种方法的应用。

为了构建累积概率分布曲线，对在一个特定时间增量（例如以小时为时间增量）条件下的历史降雨数据根据降雨量大小进行排序。或者，降雨数据可以被细分为被特定无降雨时间段间隔开的单个降雨。大降雨量的情况比较罕见，超过它的概率低；相反的，小型降雨出现的次数更多，被其他降雨超过的概率也大。这种分布方式可以用来将设计降雨量定义为百分比，也就是说，确定等于或者小于特定降雨量的降雨比例。例如：Roesner等（1991）对佛罗里达州奥兰多市以及俄亥俄州辛辛那提市40年的日降雨累积概率分布数据进行了分析，筛选出能产生径流的雨量，在辛辛那提市为大于或等于2.5mm（0.1in.），在奥兰多市为大于或等于1.5mm（0.06in.）。发现大部分日降雨量都小于25mm（1in.）。在奥兰多市，年平均降雨量为1270mm（52in.），其中90%的降雨强度小于36mm（1.4in.）。在辛辛那提年平均降雨量为1020mm（40in.），其中90%的降雨小于20mm（0.8in.）。90%的累积概率基本代表了确定WQV的效果递减点，这是因为再明显提高处理设施容量，取得的效果也极为有限。

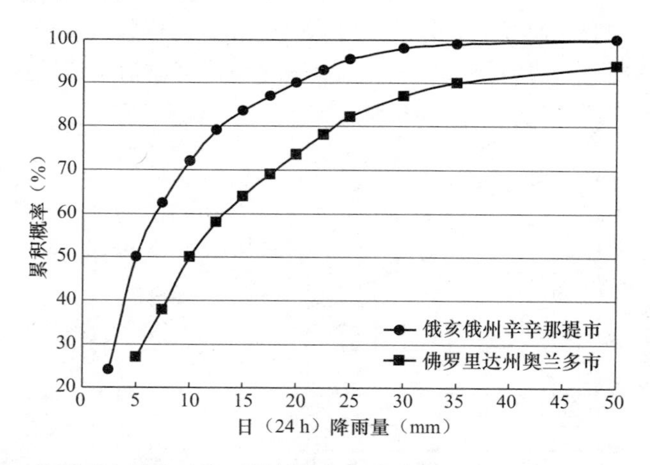

图3-9 美国两个城市日降雨量的累积概率分布（Roesner *et al.*，1991）.

在20世纪80年代，切萨皮克湾地区也进行了类似的工作，用来确定设计降雨量和相应的WQV。Schueler（1987）研究了Washington D.C.的小时降雨数据，并发现截留3个月重现期的降雨量（32mm [1.25in.]）就可以处理90%的降雨量。随后对另外三个地区（弗吉尼亚州的诺福克、马里兰州的弗雷德里克、宾夕法尼亚州的哈里斯堡）的降雨记录进行了分析，以确定截留 25mm（1-in.）降雨量是否是有效的方法。四个地区运用这个种标准时，平均的截留率为 85％到 91％；最后截留 25mm 的雨量被马里兰州采纳为雨水处理的设计标准。

雨量大时，虽然通常都假设降雨量与径流量具有同样的统计学特性，但实际上他们有一定差别。一些辖区会以径流量为基础选择截留率，而不用降雨量。

由于累积概率分布法是基于地域的特定参数，并涵盖了降雨种类的多样性，因此通常推荐估算降雨量来确定 WQV。

（2）产生年平均径流的降雨量

在缺乏降雨统计数据时，由 Urbonas 等人于 1990 年提出的方法，可以用来计算设计降雨量 P 和确定最佳 WQV，见式（3-1）：

$$P = aP_{avg} \tag{3-1}$$

式中　P_{avg}——产生年平均径流量的降雨量；

　　　a——雨水截留率。

图 3-10 为美国相邻 48 个州产生年平均径流的降雨量等值线图（Driscoll *et al.*，1989）。这些平均降雨量是基于选定的雨量计，产生新雨量的间隔时间为 6 小时，产生初期径流的最低雨量为 2.5mm（0.1in.）。图 3-10 可以用本地数据来增补。

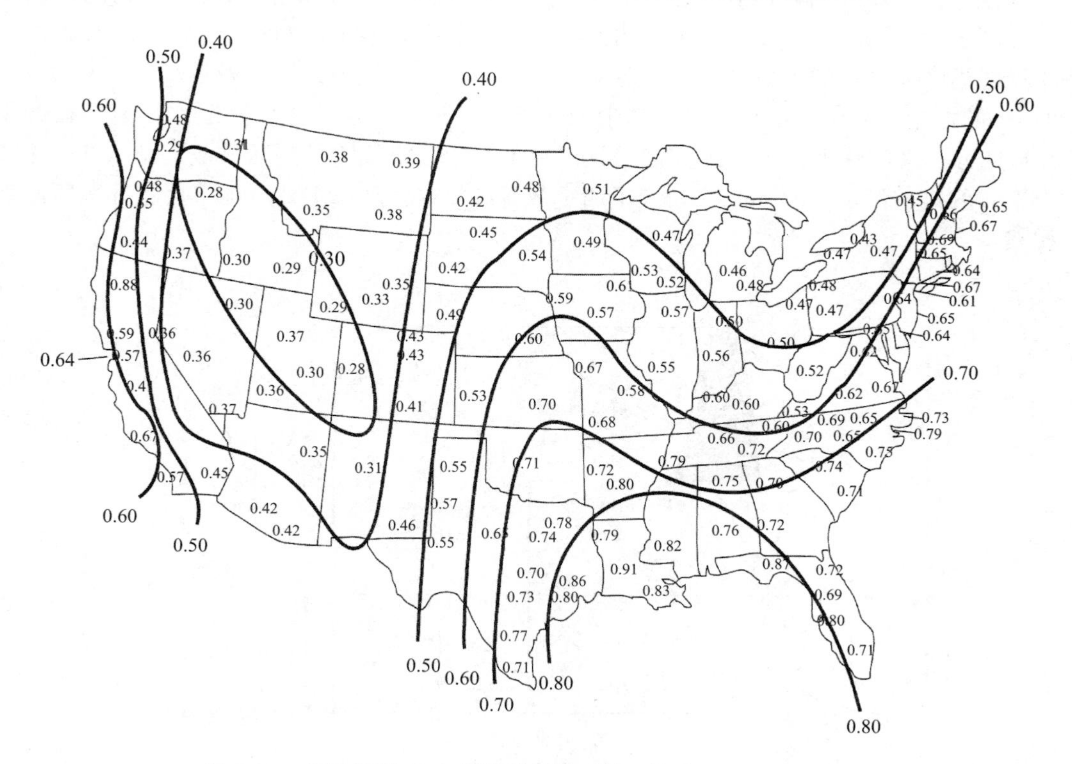

图 3-10　美国相邻 48 个州的平均降雨量（英寸，1in＝25.4mm）

在分析了美国不同气象地区 7 个雨量监测站的长期数据之后，Guo 和 Urbonas（1995）等通过建立平均降雨量 P_{avg} 与最佳 WQV 相关回归方程，得到雨水截留率 a。本方法认为，在上一场降雨截留的径流量尚未完全入渗、蒸散或者从雨水控制设施中排出时，下一场降雨就已经发生，因此需要随着排空时间的增加提高最佳 WQV 量。表 3-6 列举了根据最佳 WQV 不同排空时间下的截留率 a。决定系数 r^2 的取值范围为 0.80～0.97。截留率对于受纳水体十分重要，因为它就是发生冲击流量的频率，对受纳水体的水生物生命有着很大的不利的影响（Urbonas 等，1990）。

与产生年平均径流量的降雨量相关的雨水截留率 a 和最佳 WQV（Guo 和 Urbonas，1995）.

表 3-6

$a=$	WQV* 的排空时间		
	12h	24h	48h
	1.109	1.299	1.545

* 选择约 85%的径流量（范围介于 82%～88%）

正如之前所述，累积概率是一种较好的方法，而截留率更适合在任何场地，当降雨记录不足不适合进行前面所述的统计分析的情况下，用来计算 WQV。

3.3.4　第四步：确定截留量和排放流量

本步骤将提供必要的信息来确定截留量和排放量以满足第一步中的一个或多个控制目标，并使用第二步的期望控制水平以及第三步的设计雨量。大雨和小雨有不同的控制策略，如图 3-11 所示。该图显示 OFV 和 EFV 控制采用峰值削减策略，仅处理那些超过允许小型降雨畅通排放的下游管道或河道的径流。相反地，补给地下水及蒸散量、WQV 以及 CPV 的控制，采用截留每场降雨产生的一部分径流，通过入渗、蒸散作用以及持续少量排放的方法来实现期望的雨水控制目标。在本例中，峰值流量削减排放流量（36mm/h）比 WQV 的排放流量（0.4mm/h）大了两个数量级，这体现出多目标雨水控制方法所面临的挑战。

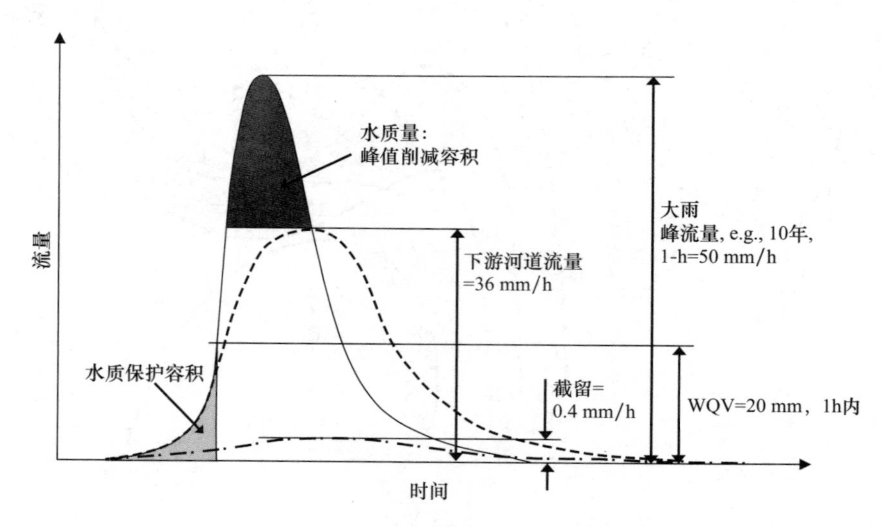

图 3-11　大雨和小雨控制策略

降雨量和径流量之间的关系会有很大变化，这取决于以下因素：水域的不透水性地表面积及形式、不透水性地面与排水系统直接连接的比例、土壤性质、雨量大小、在降雨之前的土壤湿润度、地面排水路径的长度和坡度、植被种类及密度以及季节性蒸散量等。第

14 章提供了考虑上述复杂的计算模型。针对基于技术的目标，第 14 章中的一些水文水力模型主要用于大型降雨，而简单的降雨—径流关系模型主要用于小型降雨。

3.3.4.1 大型、罕见暴雨

这种极端降雨主要的控制方法是削减峰值。标准水文学方法有：《城市小流域水文学》（USDA，1986），美国环境保护局《雨水控制模型》（SWMM），美国陆军工程兵团 HEC-HMS 软件以及第 14 章讨论的方法，这些方法被广泛用于确定暴雨控制设施的 OFV 以及 EFV。TR-55 方法是一个常用方法，主要利用常规的降雨—径流模型，根据降雨量和流域特性确定径流量、峰值流量以及水文过程线。TR-55 是基于径流曲线编号的概念（USDA，1986），用综合无量纲的暴雨分布来将降雨量转化为径流量过程线。用 OFV 和 EFV 储存设施来处置洪水由来已久，本手册的读者一定非常熟悉。这些计算机计算技术的细节可以在各种手册、参考书中看到，例如美国运输部（2002）、Maidment（1993）、以及 Bedient 等（2008）。ASCE 和 WEF（1992）在本控制方法以及雨水转输控制系统的设计方面都进行了深入阐释，建议读者通过这些读物以及一些类似读物获取更多信息。

应用这个方法可以得到径流总量、峰值流量以及出水流量过程线，从而设计截留雨量的控制雨水方案及评价其效果，并开发新的峰值削减方案。OFV 和 EFV 不能直接计算获得，要采用迭代接近法，即选择 OFV 和 EFV 的初始值，然后试算直到得到理想的峰值流量削减效果。即按第三步确定的雨量，通过设定的调蓄池和出水结构，可以得到开发后的水文过程线。对其排放流量按第二步的控制要求进行评估，然后在下一步的试算中调整调蓄池的 OFV 和 EFV 量，直到得到理想的设计。

例如，市政当局对汇水面积为 9.31hm^2（23-ac）的地区的漫滩洪水控制标准是：在 10 年一遇暴雨时峰值流量应为开发前的 75%。设计降雨量为 112mm（4.4in.），开发前曲线编号为 60，雨水汇水时间为 1.25h。开发后，曲线编号上升至 70，而汇水时间降低至 1h。用 WinTR-55 软件（USDA，2009）估算与流域性质对应的洪水流量。开发前的径流量为 30mm（1.2in.），相应的峰值流量为 0.32m^3/s（11.3cfs）。开发后，径流量增加到 40mm（1.9in.）峰值流量提高到 0.64m^3/s（22.6cfs）。

调蓄池为了削减峰值流量所需容积的计算是式（3-2）算得的数据开始（USDA，1986）：

$$R_s = \forall / Q_{post} = C_0 + C_1\alpha + C_2\alpha^2 + C_3\alpha^3 \tag{3-2}$$

式中 $\forall$——峰值削减量（本例中为 OFV），单位为汇水面积 mm（汇水面积 in.）；

Q_{post}——流域开发后的径流量，单位为汇水面积 mm（汇水面积 in.）；

α——q_{out}/q_{post} 是雨水控制中理想的峰值流量削减比；

q_{out}——流出调蓄池的峰值流量；

q_{post}——开发后的峰值流量。

本例中 q_{out} 是开发前峰值流量的 75%。

C_0、C_1、C_2 和 C_3 是由综合降雨分布类型决定的回归系数（见 USDA，1986）。在本例中，适用于类型Ⅱ，其中 C_0＝0.682，C_1＝－1.43，C_2＝1.64，C_3＝－0.804。

峰值流量削减比 α 是 0.75×0.32m^3/s/0.64m^3/s＝0.375

而由公式（3-2）可以得出

$$R_s = 0.682 - 1.43 \times 0.375 + 1.64 \times 0.375^2 - 0.804 \times 0.375^3 = 0.334$$

OFV 值通过式（3-3）计算

$$\mathrm{OFV} = R_s Q_{\mathrm{post}} A \tag{3-3}$$

其中 A 是总汇水面积，因此：

$$\mathrm{OFV} = 0.334 \times 40\mathrm{mm} \times 9.31\mathrm{hm}^2 = 1244\mathrm{m}^3$$

有了该初始值即可开始迭代计算，但需要了解调蓄池容量与控制效果及布局的关系，以及排放口工程与排放流量的关系。具体细节见 ASCE 和 WEF（1992）。

3.3.4.2　小雨、频繁降雨

通过补给地下水，以及蒸散、截留、处理容积（WQV），并且按非冲蚀容积（CPV）排放的处理规模都是影响雨水控制效果的关键因素。如果控制设施的容量“太小”，则由于大部分径流都会超过装置的容量，导致雨水控制设施基本无效。若控制设施容量“太大”，控制系统又无法为小型、经常发生的降雨提供充足的水力停留时间，则雨水控制也基本是无效的。正如步骤三提到的，大部分产生径流的降雨主要来自于小型降雨，即小于 13～25mm（0.5～1.0in.）雨量的降雨。因此，将雨水控制按这些小型降雨来设计，将更加有效。

图 3-12 说明了达到补给地下水及蒸散量、WQV 以及 CPV 控制目标的控制策略。本策略的第一部分是根据当地情况、开发类型以及气候和土壤特点，实现入渗量及蒸散量的最大化。多余的径流按照步骤二确定的排放流量进行排放，排放流量应该符合去除污染物的需求或者与不对下游产生冲蚀的开发后峰值流量相匹配。排放流量应该比开发前的排放流量低，从而抵消开发之后径流量增加对下游流域的影响，并提高水质处理效果。

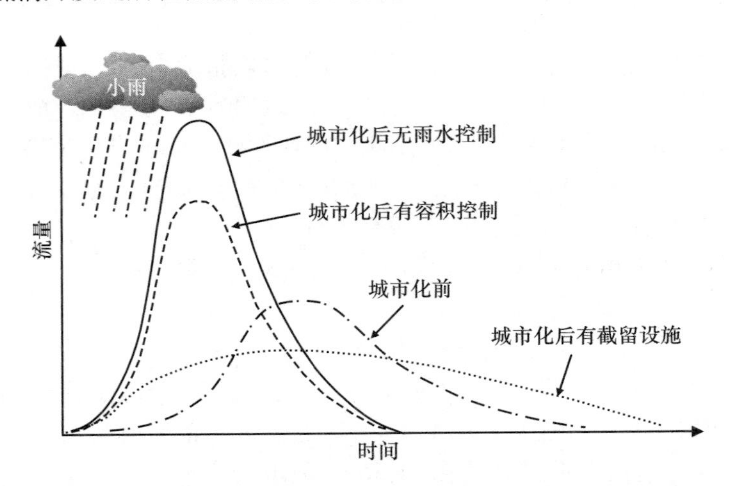

图 3-12　实现补水和蒸发蒸散量、WQV 以及 CPV 控制的策略图解

1. 水质保护容积计算

水质保护容积 WQV 可以通过设计降雨强度 P 估算，如式（3-4）：

$$\mathrm{WQV} = Rv P \tag{3-4}$$

式中　WQV——雨水控制设施规模（汇水面积，mm（in.））；

Rv——流域径流系数；

P——流域设计降雨量（按照步骤三计算），汇水面积，mm（in.）。

Rv 可以通过下述的三种方法中的一种得出。

由于地下水补给和蒸散量、WQV 和 CPV 的雨水控制方法主要用于控制多数降雨事件，因此降雨—径流关系的变化是设计的关键，处理这种变化的最好方法是通过持续的水文模拟。由于大部分设计都是针对单个项目而非整个流域，因此设计者倾向于采用简单却准确度较低的方法来估算径流量。Clar 等（2004）阐述了三种根据降雨量—径流量复杂变化关系来确定一个地区 WQV 的方法：水质保护径流量优化法、简单法、以及小型降雨水文法。此外，NRCS 的 TR-55 方法（USDA，2006 and 2009）也可以用来根据给定的降雨事件估算 WQV。

“水质保护容积优化法”（Urbonas 等，1990）的基础是根据超过 60 个城市流域数据（U. S. EPA，1983）的回归分析得到 Rv 值。数据来自全国各地的 2 年资料，因此本方法被认为对于美国的小型降雨具有广泛的实用性。Rv 按照式（3-5）确定：

$$Rv = 0.858i^3 - 0.78i^2 + 0.774i + 0.04 \tag{3-5}$$

式中 Rv——径流系数；

i——流域不透水面积比例。

“简单法”由 Schueler（1987）提出，是利用国家城市径流项目研究的数据进行线性回归。正如初始推导得到的，在本方法中，公式（3-4）利用径流系数 Rv 乘以年均降雨量来确定年均径流量。基于 50 多个地点计算的 Rv 值，Driscoll（1983）分析发现大部分的变量与城市化程度以及当地地面的不透水性有关。此外，本研究还发现 Rv 在单次降雨中与各种变量如径流总量、强度或历时的相关度很低。从数据得到的回归方程如式（3-6）所示：

$$Rv = 0.05 + 0.9i \tag{3-6}$$

公式（3-6）得出的径流系数一般比公式（3-5）得到的结果略高，因此相较于公式（3-5）也会得出较大的 WQV 值。

“小型降雨水文法”（SSHM）是根据 Pitt（1994）、Pitt 和 Voorhees（1989）的研究建立的，研究发现许多常用的模型低估了小型降雨在不透水地面上产生的径流量。本方法同样根据径流系数确定，但是该径流系数是通过排水面积内透水及不透水地面的特性计算而得。SSHM 方法是基于下述信息计算整个地域的 Rv 加权平均值：

（1）根据降雨量和项目所在地的地表特性在表 3-7 中选用 Rv 值；

（2）如果当地有一部分分隔开的不透水地表，则用表 3-8 中的折减系数乘以 Rv，以确定正确的 Rv 数值。

连接的不透水地面的径流系数 *Rv* **表 3-7**

地表类型	降雨量（mm）			
	19	25	32	38
平屋顶及大型未铺砌停车场	0.82	0.84	0.86	0.88
斜屋顶及大面积不透水性地面（大型停车场）	0.97	0.97	0.98	0.98
小面积不透水性地面和窄街道	0.66	0.70	0.74	0.77
砂性土壤（HSG-A）	0.02	0.02	0.03	0.05
粉砂土壤（HSG-B）	0.11	0.11	0.13	0.15
含黏土土壤（HSG-C and HSG-D）	0.20	0.21	0.22	0.24

断接的不透水地表径流系数的折减系数　　表 3-8

地表类型	降雨量（mm）			
	19	25	32	38
带状商业中心	0.99	0.99	0.99	0.99
中到高密度居住区有铺砌的小巷	0.27	0.38	0.48	0.59
中到高密度居住区没有小巷	0.21	0.22	0.22	0.24
低密度居住区	0.20	0.21	0.22	0.24

SSHM 法对于评估特定场地的精确要素具有优势，并适用于大部分设计，可以较精确地计算径流量。该方法需要确认各类型地表所占的比例，并且了解不连续的不透水地表的比例。应用不连续的不透水地面的削减系数时，透水路面上游的不透水地表面积应该小于雨水受纳地区透水地面面积的 1/2，而流经透水地区的水流路径应该至少是不透水地区的水流路径的 2 倍。

由于设计者熟悉曲线数和可用软件（USDA，2009），因此 TR-55 方法较常使用。对于小型暴雨，使用 TR-55 方法时应该特别注意；合成雨量会使峰值流量偏高，并且，正如 Pitt（1994）指出的，曲线数方法会低估总径流量。

表 3-9 中列举的不同雨水控制方法的排空时间，将用于第 6～10 章中的设计计算中。表 3-4 说明增大截留量并不能显著增加总悬浮颗粒物的年均去除率。按照截留 WQV 设计的雨水控制设施也可以截留更大降雨的前期径流量。超过 WQV 容量的径流量会超越处理设施或者得到比小型降雨低的处理率。通常而言，这种大型降雨中较低效率的处理对水质以及河道保护的实际效果都很小。如果需要实现对大型降雨更高的处理效果，则需要同时提高 WQV 以及排空时间；但是，和规模合理的雨水控制系统相比，过度增加控制设施尺寸会降低对小规模降雨时的处理效果。

例如：汇水面积为 22.3hm^2（55-ac），非透水性地表面积占总面积 40%，计算湿地的最佳 WQV 量。假设该地区位于德克萨斯州休斯顿市。根据表 3-9，湿地设计要求 WQV 排空时间不小于 24h，以实现理想的处理效果。将 i 值取 0.4 代入式（3-5）得到径流系数 $Rv=0.28$。利用图 3-10，休斯顿的平均暴雨量为 $P_{avg}=20$mm（0.8in.）。查表 3-6 得出 24h 排空时间的 $a=1.299$。因此，最佳 WQV 计算如式（3-7）所示。

$$\mathrm{WQV} = 1.299 P_{avg} Rv = 7.3\mathrm{mm}(0.29\mathrm{in.}) \tag{3-7}$$

设计雨水控制设施的最佳 WQV 条件下的排空时间　　表 3-9

控制类型	建议排空时间（h）	截留率 a（来自表 3-5）
调蓄池		
—干塘	48	1.545
—湿塘（沉淀池）	12	1.109
—湿地	24	1.299
植草带和植草沟	12*	1.109
滤池	40	1.464
渗透设施	24	1.299
大颗粒污染物拦截装置	12*	1.109

* 用于计算 WQT，而非排空时间。

汇水面积为22.3hm^2（55-ac）的流域湿地的容量等于式（3-7）得出的WQV值乘以总流域面积，应为1620m^3（1.31ac-ft）。建议考虑沉积物累积造成的有效容积降低的情况，应将容积至少增加20%。最终的设计调蓄容积为1950m^3（1.6ac-ft），其出水装置能够在24h内排出1620m^3（1.31ac-ft）的径流量。

2. 水质处理流量

一些雨水控制系统（如：植草带和植草沟、滤池、以及大颗粒污染物拦截装置）按照峰值设计水质处理流量（WQT）时，要使用设计流量过程线或按照当地设计标准规定的方法。许多辖区采用变更后的CN方法，使用一个特定时间段的降雨分布（如24h）。

一种将WQV的要求转化为流量要求的方法由Lenhart和Battiata（2000）提出，他们采用Santa Barbara单位水文过程线模型，一种演变后的TR-55方法，能够更好的代表城市水文过程线的特点，可以根据给定的WQV确定峰值流量。

另一种计算WQT的方法是基于最佳WQV值（定义见本节前述内容），方法如下：

（1）采用式3.1来计算最大降雨的径流量，假设$Rv=1.0$（即：雨水完全变成径流无入渗或蒸散作用），12h排空时间的径流截留率为a；

（2）假设最佳WQV值的降雨发生在1～2h时间段，按此确定降雨强度－历时－频率（IDF）曲线，并用平行线绘制当地其他降雨频率的IDF曲线；

（3）利用标准的水文学方法确定地区雨水排入雨水控制系统的汇水时间；

（4）用推理方法（Rational Method），根据汇水区的雨水汇水时间、径流系数Rv以及WQV的IDF曲线来确定通过雨水控制设施的WQT峰值流量。

例如：计算俄亥俄州哥伦布市某地的雨水控制设施WQT量，已知汇水面积为0.81hm^2（2ac），不透水面积比例为0.5，雨水汇水时间为40min。从步骤三算得，平均降雨量P_{avg}为13mm（0.5in.），从表3-6得到截留率$a=1.109$，当$Rv=1.0$，得到的WQV值为14mm（0.55in.）。实际的流域Rv值可以通过公式（3-5）算得为0.34。在IDF曲线上1h（60min）的点为14mm/h（0.55in./h），2h（120min）的点为14mm/2h＝7mm/h（0.55in./2h＝0.28in./h），剩下的IDF曲线与现有的图3-8中的IDF曲线群基本平行。该曲线标记为“WQV”，从上可得雨水汇水时间为40min时的强度为18mm/h（0.7in./h）。因此，WQT计算如式（3-8）所示：

$$WQT = RvIA = 0.34 \times 18mm/h \times 0.81hm^2 = 0.014m^3/s(0.48cfs) \qquad (3\text{-}8)$$

3.4　关于水质处理有效性的说明

应用前述基于技术的方法，计算出的雨水控制设施可以将雨水水质处理效率最大化。然而，由于性能数据的易变性和与它相关的设计标准信息的不完整性，使得对处理效率的评估受到了一定限制。第13章对评估雨水控制的效率提出了建议。至少有两个州——华盛顿州和新泽西州都制定了处理效果检测规程。华盛顿州的《技术评估规程——生态学》和新泽西州的高新技术委员会（NJCAT）都制定了查明雨水控制效率的步骤。为了弥补不足，Barrett（2008）采用国际雨水最佳处理实践数据库（www.bmpdata-base.org）的数据，研究了许多常见雨水水质控制的处理效果及污染物相对去除率。这些处理方法包括湿塘、干塘、植草沟、砂滤池。数据库包含了不同细节的大量研究，但是只有一部分说明了基本设计特性和以降雨平均浓度（EMC）反映处理效果的场地，可以根据自己的控制设计来确定某种成分的浓度的项目才能作为比较对象。

传统意义上说，雨水水质控制的污染物去除效果是通过系统的污染物浓度去除率或固体负荷率来评价。这种方法有一定的缺陷（Strecker *et al.*，2001），因为去除率还和进水浓度及其他因素有关。因此，Barrett（2008）提出的分析方法着重在了解处理设施可以达到的出水水质。出水水质最主要与进水浓度有关。Barrett 绘制了图表来阐述 4 种雨水控制设施处理 6 种典型雨水污染物时的效率范围，见图 3-13。图上的每个点代表了该控制设施中平均进水和出水的降雨平均浓度（EMC）。对于每种控制设施，图上绘制了一个椭圆来表示设计合理的控制设施的处理效果。该椭圆并没有将数据库中所有的数据点都包括在内，这是因为一些离散的点可能是由于不正常运行或设计，或者是在监测过程中由于测量错误而造成的。较为水平的椭圆表示排放浓度相对比较稳定且与进水浓度相关性不大。相反地，较陡的斜坡表示排放浓度受进水浓度影响较大。湿塘以及滤池的出水中大部分污染物浓度都较低，而干塘的处理效率相对低一些，植草沟的处理效率受进水浓度影响相对较大。分析时需要考虑到绿色处理设施的重要性，它们很少溢流。数据库中的污染物去除效率仅适用于雨水。

其他数据仍需要与国际最佳控制措施数据库中的数据相结合，尤其绿色雨水处理设施的处理效果（Clary *et al.*，2011）。最近的研究结果总结由水环境研究基金会（2011）出版。其他相关文献参见 www.bmpdatabase.org。

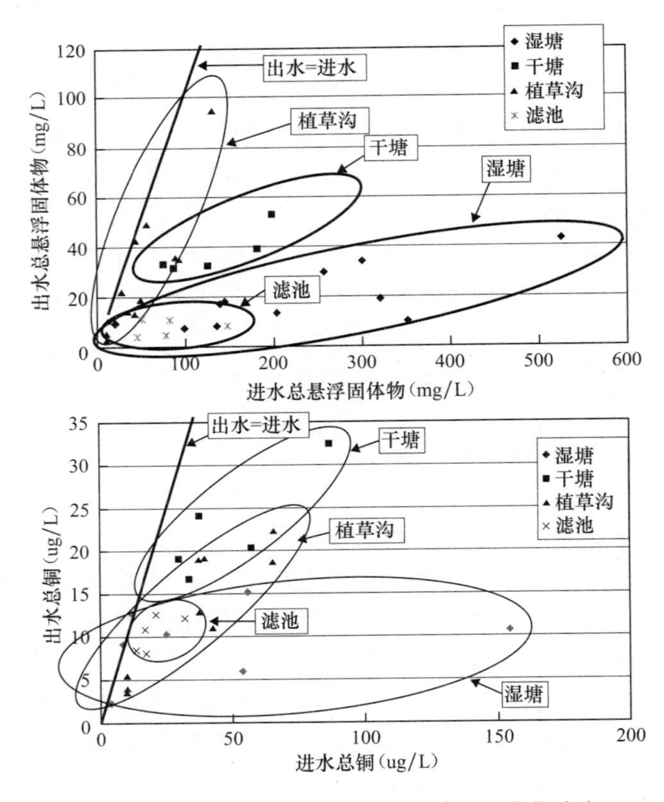

图 3-13　典型的雨水控制设施进水和出水的污染物浓度（一）

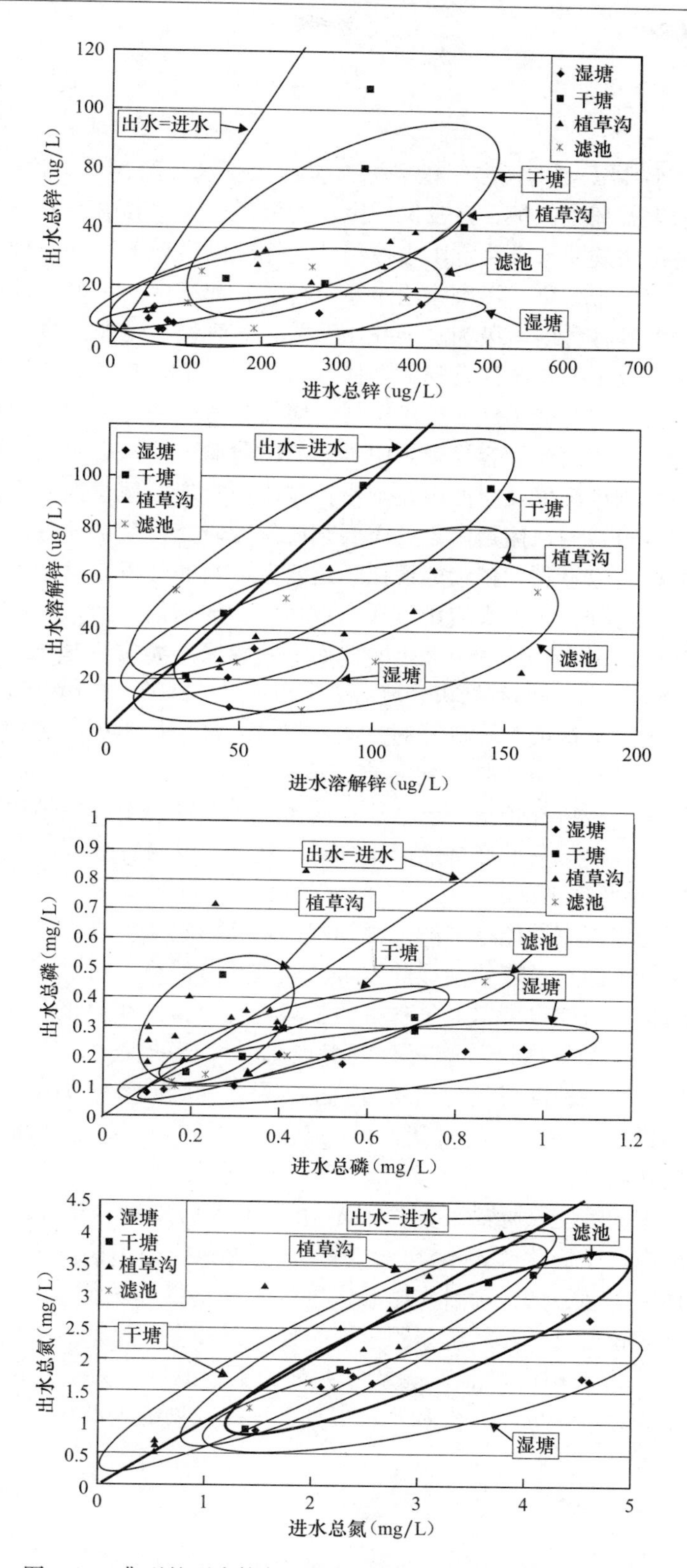

图 3-13　典型的雨水控制设施进水和出水的污染物浓度（二）

3.5　小结

21世纪的雨水控制需要实现多样化目标，包括地下水补给、污染物去除、河道保护、降低洪水风险、水生态环境保护，以及保护民众的健康、人身和财产安全，并且雨水控制方式必须经济且满足法规要求。制定雨水控制性能标准以实现上述综合目标，是一个充满挑战性的任务，因为地貌变化、污染物浓度及负荷、各项指标的影响及效果、生态环境末端情况以及各方权益等各种因素极为复杂并相互关联。气候、地质条件、流域地貌学、土地利用及覆盖情况，以及人口统计资料的多样性，从另一个方面增加了问题的复杂程度。

性能标准应该具有地理特定性并且可实现，应充分考虑到河流的生态地域多样性。制定标准时，应该充分了解河流最容易受到雨水影响的薄弱环节；必须保护的资源包括：栖息地、生物群体、基础设施以及财产以及雨水控制应该实现的理想控制目标。这种方法在科学意义上是合理且可行的，但是由于其需要开展流域研究、验证地理数据、有关各方对选定的控制目标取得一致意见、持续的模拟，还要有适当的分析工具用来制定可以满足各项要求的标准，因此这种方法很少应用。在一些州，如加利福尼亚，已经开始努力在其河流中推广这种方法（Bledsoe等，2010a，b），而一些辖区开始实行基于流域的方法制定控制性能标准（如：Santa Clara河谷城市径流污染防治项目，2005；Borton-Lawson，2010）。

尽管按流域制定标准被证实是较好的方法，但是通常还是用更简单的标准，也有一些按特定地域制定的标准被应用于其他地区。这些标准通常是基于一些单一降雨事件资料，他们的截留量以及排空流量都是指定的。这种简单且可以在各类开发地块中统一应用的方法为设计者及评估者提供了一种经济的应用方式。然而，这种方法在一些雨水控制目标中（如河道保护）的效果并还未证实。

总的来说，不考虑现有性能标准的来源和基础，证明它能实现雨水控制目标的长期的监测数据还不具备。干塘对于峰值削减的效果已经被充分研究，虽然很少这么做，整个水域所有峰值削减的综合效能也可以通过现有的工具进行分析。相反地，对于在流域范围内将一年一遇的暴雨量在24h内排放能否有效实现流域河道的保护，则仍然没有确定的结论。因此，对于应用这些标准得到的结果与期望效果之间的联系，仍然存在研究空白。研究成果到实现应用仍然需要很长的时间，而出于成本考虑或者担心不能及时得到开发许可，更加不敢使用新的方法。

总之，实现合理的性能目标需要对所有科学及工程信息充分消化。如果不能做到这点，可能会造成标准过于简化或者不合理。另外，不要仅仅因为信息不完善而不去积极试用基于现有知识体系的新方法。项目实施后应进行综合监测，以提高认识来确认目标实现程度，调整参数和完善设计。经济因素很重要，但是开发合理目标所需的费用和消除不合理的标准造成的潜在后果相比，前者就显得不重要了。最后，为了使标准能取得积极成果，还应协调规划和分区，健全制度和开发工具，加快规划的审批程序。

第 4 章　雨水控制的工艺和操作单元

4.1　引言

本章编写目的有两个：

(1) 说明在雨水控制中工艺单元和操作单元的概念。通常情况下，雨水控制方案来自于“烹调书式”的手册，并没有考虑雨水控制中的物理、化学、生物工艺及其对雨水进水水量以及水质的处理途径。现今，雨水控制技术正在向一种类似于污水处理的工艺单元和操作单元的方式转变，本章提供选择雨水控制工艺的框架，基于水量、水质的参数及处理过程中水量水质变化的途径。本章的目的是为雨水控制的设计人员提供指导，以针对不同的雨水问题选择合适的控制技术，从而达到要求的水量、水质指标。

(2) 为雨水控制提供一个简化的系统体系，以提高设计程序和标准的一致性，并促进雨水控制专业人员之间的沟通。在雨水处理中，不同的名字常被用来命名同一个雨水控制技术，而同一个名字又常被用于不同的装置。本章提供了一个框架，在阐述目前常用的名字和专业术语之间的关系时，加以澄清。

4.2　工艺和操作单元概念的应用

在污水处理中常用的概念是工艺单元和操作单元（UOP）。然而，在本手册中提出的 UOP 概念与现行概念有一定差别。首先，该概念能同时应用于雨水水量和水质控制，从而保障在同一个设施中能同时实现两类处理目标（如，渗透设施能够提供总量削减、峰值削减、沉淀和过滤）。其次，工艺单元与操作单元在雨水控制中的定义与其污水处理中的以往定义也有差别。

在污水处理及其相关领域，工艺单元是指污染物量的去除机理，本质上是化学或生物过程，如混凝和硝化。而操作单元是指污染物的去除机理，如沉淀，本质上是物理过程，(Metcalf and Eddy，2003)。最早对工艺和操作的区分是武断的。1961 年，Rich 是第一位在污水处理中对其作出完整区分的，然而他既没有解释也没有说明这样做的目的和优点。事实上，在 2 年后的 1963 年，Rich 定义操作单元为物理处理工艺，并且将一些依靠化学工艺的物理处理工艺定义为操作单元。污水处理工程的一本早期教科书中，将所有污染物处理工艺都定义为操作单元（Fair and Geyer，1954）。在本手册中，提出了一种更适用于雨水控制的结构。本手册中，工艺是指雨水水量（峰值流量和径流总量）削减机理和污染物去除机理。操作是一个“盒子”，处理在其中进行。工艺与操作单元的概念在水环境研究基金会一个题为《雨水处理与控制方案选择的评估指标》（Strecker 等，2005）的报告上进行了讨论，并且为各种雨水控制手册所推荐。此外，这个概念已经被运用在雨水控制实践中，如为实现期望的沉降率而设计的雨水调蓄装置。

4.2.1　工艺单元

如上所述，本手册认为工艺单元是指所有降低流量、径流总量、污染物负荷或热负荷的机理。雨水工艺单元的例子如，峰值削减、蒸发、沉淀、吸附及沉析等。在复杂的雨水控制处理设施中对工艺单元的定义通常都不是很明确，如一些污染物处理工艺是吸附和沉析的组合，而一些化学机理被其中的生物工艺所强化。

水量控制与水质控制一是相关联的，二者工艺应结合在一起，这种合理性是最近才认识到的。例如：入渗既可用作水量也可用作水质控制，因为两者发生在同一个设施中。

适用于不同雨水水量、水质处理的工艺单元　　表 4-1

	工艺单元	多余径流量	高峰值流量	总悬浮固体	总溶解固体	总氮	NO_2 和 NO_3	总磷	溶解磷	生物需氧量	氯化物	金属	碳氢化合物	病原菌	垃圾	热富集
量的控制	峰值削减		×													
	入渗	×	×													×
	分散	×	×													×
	蒸散	×	×													×
	径流量收集和利用	×	×													×
污染物控制	沉淀			×		×		×		×		×		×	×	
	浮选			×									×		×	
	浅池分离			×									×			
	旋流分离			×											×	
	吸附				×				×			×	×			
	沉析			×	×				×	×		×		×		
	混凝			×	×				×	×		×				
	过滤			×		×		×		×		×	×	×	×	
生物法	植物新陈代谢				×	×	×	×	×			×				
	硝化反硝化					×	×									
	脱硫				×		×									
	有机物降解									×		×				
	病原菌灭绝												×			
其他	温度降低															×
	消毒													×		
	格栅									×					×	

表 4-1 列举了基本的工艺单元以及其适合处理的雨水水量水质问题。每个工艺单元的详细机理列在 4.3 节和 4.4 节中。

4.2.2　操作单元

在本手册中，操作单元被定义为雨水控制中出现的一个或者多个工艺单元（Rich，1961；Casey，1997）。“操作单元”和“雨水控制”两个词语在本手册中可交换使用。操作单元的例子有生物滞留滤池、旋流分离器、屋顶绿化以及雨水调蓄池等。他们分别属于哪种特定的操作单元通常无法准确划分。如：湿塘的前池是否应该与主塘区分开，作为单独的操作工艺单元？这种区分有一定的合理性，因为前池的作用与主塘有所不同。将前池建在适当的位置，可以沉降大颗粒固体（如砂砾）从而降低系统的运行成本。如将前池看作单独的操作单元将导致设计者考虑替代工艺，如旋流分离器。这种工厂预制的单元比前池价格高，但是占地面积小，且相对于大容积的前池，更容易维护。另一个例子是应用于干塘，为了提高出水质量，出口使用过滤器不用孔板。过滤器作为一个分离操作单元，使干塘的处理效果有了显著提高。（也就是过滤而不是沉淀）

如上所述，操作单元需要一个与其他有显著区别的设计（如滤池和调蓄池的区别）。对于一个给定的操作单元，只有物理变化（如植物或形状）的效果有着明显区别时才能给予不同的命名。如：砂滤池有着不同的形状和结构。然而如果形状和结构的变化没有影响到功效，那这些不同的结构只是一种变体，而不是另一种操作单元。

在一个操作单元中有不止一种工艺单元。如，一个滤池不仅可以过滤还可以沉淀。虽然一些不同的操作单元可能有相同的工艺单元，但是它们对于水质水量的影响却并不相同。特定的操作单元的设计、大小和维护方式可以影响表 4-1 中每个工艺单元的效果。一些工艺单元可以在基本没有维护的情况下持续运行，如硝化和反硝化以及有机物的去除。然而大部分的工艺单元，需要对其所属的操作单元进行合理的维护，使得其在最佳状态下运行。（见第 11 章）

4.2.3　系统

一个系统是指一个或多个连续的操作单元，如图 4-1 所示。图 4-1 给出了 2 个分别有着 2 个操作单元的系统。第一个系统由地下水窖和砂滤池组成。水窖对雨水进行前期处理，降低滤池的维护频率。在水窖中，发生沉淀和浮选工艺单元，同时也存在峰值削减。在滤池中，发生沉淀和过滤工艺单元，此外根据介质的不同还有吸附沉淀。第二个例子为景观屋顶排放到渗渠。景观屋顶通过将雨水储存在介质的空隙降低了径流量，渗渠进一步降低了绿色屋顶排出的水量。两个串连的操作单元中可能有相同的工艺单元去除相同的污染物质，然而功能并不相同。如，操作单元中湿地的前池也是为了去除悬浮颗粒物，但是其目的是降低维护费用。综上所述，“工艺单元”是在“操作单元”的设施中出现的水质水量控制工艺，而一个或者多个操作单元连续使用就组成了一个系统。

另外一个常用于描述一系列操作单元的术语是处理系列，如植草沟—湿塘—湿地。本手册因为以下几点原因提出“系统”这个词。首先，处理系列这个词并没有被普遍使用；其次，它常用于操作单元分别设置在独立构筑物中时的情况，如图 4-1 中的例二。而当一个或多个操作单元放在同一个构筑物中，如图 4-1 的例一，系列这个词并不常用。图 4-1 中的砂滤池具有 2 个操作单元，水窖和滤池本身。相反的，如果在滤池之前做植草沟，用它代替水窖提供前处理的作用，这样可以被称为处理系列。从另一个角度说，处理系列无法包括多格处理设施（MCTT）（Pitt 等，1999），即一个由多种操作单元集合在一个构筑物中的处理方法，包括滤池。处理系列更适合使用于源头控制和雨水控制结合的处理工艺中，例如雨窖井的清洗与工业园区的处理设施的清扫相结合。

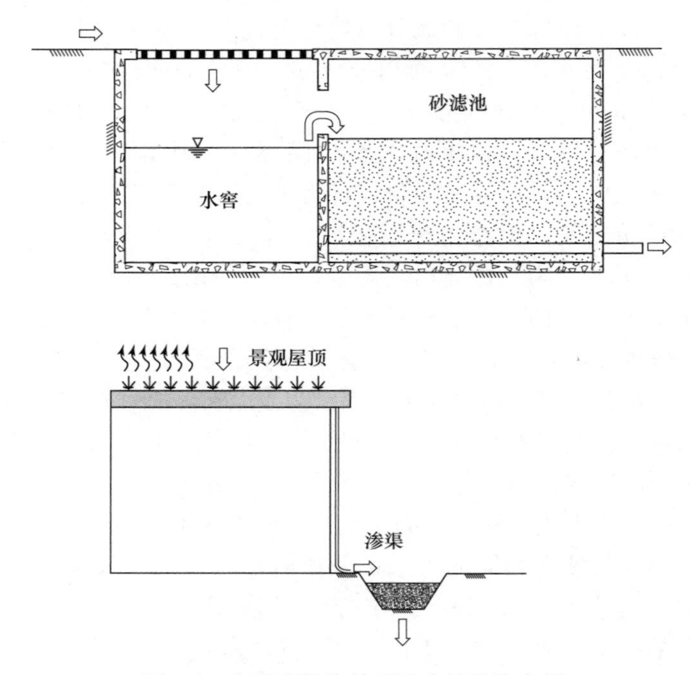

图 4-1　由两个操作单元组成的系统实例

从整个雨水控制系统的运行情况来考虑，源头控制是不能被忽视的。在第 5 章中，源头控制被作为一种低成本的技术提出，该技术可以有效降低维护频率并且提高出水水质。总体来说，正如在第 3 章中所提到的，进水浓度越低，出水污染物浓度越低。

4.2.4　雨水控制分类

由工艺单元组合成操作单元的概念，也是合成系统的概念。该概念可以为建立区分现有的雨水控制技术、产业中现有的无数工艺名称提供一个框架基础。本手册将澄清雨水控制专业人员之间的一些争论，并保障设计程序中的统一性。为了实现这一目的，根据 Minton（2007）提出的分类标准，本节提出了一个以工艺单元和操作单元为框架的雨水分类。本分类针对雨水控制行业术语不足导致混淆的现象，例如，同一个雨水控制技术有着不同的命名，不同的控制技术有着相同的命名以及错用命名的情况。

植草沟就是一个有着多种命名的典型例子，有草地沟（grassy swales）、植被覆盖沟（vegetated swales）、草皮沟渠（grass channels）、景观沟（landscaped swales）、湿地沟（wetland swales）、生物滞留沟（bioretention swales）、干式或者湿式沟（dry and wet swales）以及加强干式或湿式沟（enhanced dry and wet swales）等。而对于设计者而言这些类别中要注意的关键问题是：一些植草沟按照设计降雨的峰值流量来确定尺寸，而其他的按照设计径流总量来设计。后一种设计方式应用于调蓄池或者滤池中。因此，在本手册中，植草沟指按照给定的峰值流量设计的越流式雨水控制设施。

一些相同的雨水控制技术却具有不同的名字。在一些市政手册中设计的有机滤池（organic filter）与生物滞留滤池（bioretention filter），实质上是同一种技术，都有有机成分的过滤介质、有草或其他植物覆盖、有底部集水设施，它们都提供同样的工艺单元如沉淀、过滤以及吸附。然而，有机滤池是利用达西定律进行设计，而生物滞留滤池，即使具有底部集水设施，通常仍按照入渗系统进行设计。

水力分离是一个典型被错误使用的术语。雨水控制中的水力分离最先指有旋转运动的装置，而现在有时被错误的用于所有工厂预制的存水窖，包括那些并没有液体旋转运动的装置。油水分离池也常被错误的归类为水力分离设备。在制药以及采矿行业，水力分离有着最为广泛的定义，是指通过颗粒与流体密度的差别将颗粒从流动液体中去除的方式。这种定义下，水力分离这个术语可以应用于任何一种雨水控制装置中，包括湿塘、湿地、干塘、滤池以及所有能实现沉淀和悬浮分离的设备。在化工行业中，水力分离的定义范围相对较小，是指通过水流方向突然的变化去除颗粒物质。装置被设计为使流速较快的水流突然经历 90°～180°的方向变化，水流中颗粒因惯性作用保持相对直线运动从而撞在装置中的墙体上而实现分离。但该种机理在雨水控制中并不常用。综上所述，术语“水力分离”对于雨水控制而言并无意义。

本手册中提出的分类致力于消除大部分容易混淆的命名方式，并提出最切合其处理特点的和它们所提供的工艺来命名。具有共同特点的雨水控制技术通常被归结为以下 5 种类型：

（1）调蓄池（basins）；

（2）植草带（strips）和植草沟（swales）；

（3）滤池（filters）；

（4）渗透设施（infiltrators）；

（5）大颗粒污染物拦截装置（gross pollutant traps）。

表 4-2 列出了这些分类中最常用的操作单元以及与其相关的工艺单元。下面各节将对每种分类的特点进行详细说明，同时着重解释名字选择的原因。而对于每种操作单元的详细说明及具体设计步骤，见第 6～第 10 章。

调蓄池是操作单元中将水储存一定时间的设施，它因种类的不同以及设计要求的变化而变化。处理过的雨水通过堰或者孔板进入管道或渠道进而排入地表水系。有些调蓄池底部可以入渗，然而渗透量与排入地表水系的水量相比非常少。总体而言，调蓄池能够提供峰值削减、沉淀的功能。调蓄池的尺寸通常按照设计径流量设计，也有小型的工厂预制的水窖按照峰值水量设计。

“干塘”和“湿塘”是描述此种操作单元的最佳术语。干塘在每次降雨之后会完全排干，相反，湿塘保持一种开放水池的状态。这里并没有使用“池塘（pond）”这个词，因为池塘指常年有水存在的状态，而这种状态并不符合干塘的特点。常用的“截留（detention）”、“滞留（retention）”这两个词也没有被采用，因为不论调蓄池是干式的还是湿式的水都被暂时保留，惟一的区别是水被保留的时间长短以及如何排出设施之外。水窖和旋流分离池，无论是私有的或者公共建设的，都被归为此类，这是因为这两种构筑物从根本而言就是调蓄池，只是增加了设备以提高水力效率并防止沉淀物再悬浮。油水分离器（OWS）也是一种增强相对密度比水小的碳氢化合物去除效率的水窖。

操作单元及其包含的工艺单元　　**表 4-2**

		量的控制						污染物控制—物化法								污染物控制—生物法					其他		
		峰值量削减	径流量削减	入渗	分散	蒸散	径流收集和利用	沉淀	浮选	浅池分离	旋流分离	吸附	沉析	混凝	过滤	植物新陈代谢	硝化反硝化	脱硫	有机物降解	病原菌灭绝	降温	消毒	筛滤
调蓄池	湿塘	×	×			×	×	×	×			×				×	×	×	×	×		×	
	湿地	×	×			×	×	×	×			×				×	×	×	×	×		×	
	干塘	×	×	×				×															
	水窖和旋流分离器	×						×	×		×												
	油/水分离器	×						×	×	×													
	前池	×						×	×														
	蓄水池		×					×															
植草沟和植草带	植草沟			×	×											×					×		
	植草带			×	×			×								×					×		
过滤	砂滤池	×						×	×						×		×						×
	生物滞留池	×	×	×		×	×	×	×			×	×	×	×	×	×		×		×	×	
	景观屋顶	×			×	×						×				×						×	
	雨水口截渗插件							×							×								
	预制滤池							×							×								
渗透设备	渗透塘	×	×	×				×	×			×	×	×			×		×	×	×	×	
	渗水窖	×	×	×				×				×	×	×			×		×	×	×	×	×
	渗渠	×	×	×				×				×	×	×			×		×	×	×	×	
	渗井	×	×	×				×				×	×	×			×		×	×	×	×	
	透水铺面	×	×	×								×	×	×					×	×	×	×	
大颗粒污拦截装置	格网、网兜、挂篮、格栅																						×
	挡罩							×															×

湿地有大量的植被覆盖使其独成一类，而其水力学上与包括浅水池在内的干塘类似。在雨水控制中，常用的各种湿地类型详见第 6 章。潜流式湿地并不在调蓄池的范畴中，因为其主要设计工作原理类似滤池。这种操作单元与其他的湿地类型不同，因为其具有砂石底床，能够使雨水水平向流动并被植物根系过滤。

前池在本手册中是一种小型调蓄池并被单独作为一种操作单元，理由已在 4.2.2 节中说明。

植草沟和植草带是在水深非常浅的情况下将雨水从一点运送至另一点为主要目标的操作单元。雨水以集中浅水水流通过植草沟、以薄水层流过植草带。和调蓄池相似，可能会发生入渗，但是绝大部分水还是排入地表水体。鉴于裸露土壤易受冲蚀，因此所有的植草沟和植草带都有某种植被，不用再加上“植被覆盖的”这个形容词。植被可能是草、湿地植物或者草、灌木和树木的混合体。植草沟和植草带按照明渠设计。

植草沟和植草带中的植被可以降低水流流速从而促进沉淀。有一定长度的植草沟也可以削减峰值。如末端有坝，植草沟可以储存雨水，实质上就是根据径流量而非峰值流量设计的又浅又长的调蓄池。因此，它们属于调蓄池类型。提供雨水渗透并有底部集水设施的植草沟则不在此类中，而是归类于滤池，因为过滤才是其主导工艺。最后，使雨水渗入下层土壤的植草沟则被归于渗透设施类型。

滤池是雨水流过经设计的滤料排入底部集水设施的操作单元，处理后的雨水主要排入地表水系中，只有极少量的雨水渗入地下自然土壤和含水层中。滤料的种类有：砂、金属氧化物覆盖的砂、有机混合物、泥煤、珍珠岩、沸石或其他商业材料。一个单元中可能有一种介质或多种介质，按照一层或多层的方式进行铺装。根据介质特征，滤池具有沉淀、过滤、吸附、沉析的作用。滤床上部有一定水深，水缓慢流过滤料，故滤池能削减峰值。滤池按照水流流过饱和滤料的达西定律来设计。

渗透设施是将设计径流量渗入自然土壤并补充含水层的操作单元。渗透设施可以降低径流量，同时雨水流过自然土壤也能去除污染物。渗透设施通常按照水流流过非饱和土壤的公式来进行设计。相关表述及其结构见第 8 章。渗透水铺面作为一种操作单元也被归为此类。术语“渗透性”在本手册中被用于描述具有高渗透水性的铺面。本手册没有采用这种操作单元中常用的“孔隙”一词，因为高孔隙率并不等同于高渗透性：粘土有 50%的孔隙率，而砂的孔隙率只有近 30%。

大颗粒污染物拦截装置（GPT）也是一种操作单元，它有较大间隙以去除大颗粒固体物，如垃圾、树叶和塑料。格栅、网兜和挂篮可以去除各类大颗粒污染物，而挡罩则去除漂浮颗粒物。几乎所有前四种操作单元都可以去除粗固体污染物，但不是设计的主要目的。不过，其中一些对大颗粒物的去除效果与 GPT 的一些装置类似。大部分的 GPT 都是工厂预制，并作为其他操作单元的配套装置，这也使得区分这类产品具有一定难度。例如，一个旋流分离器中可能自带去除大颗粒固体的格网和挡罩等装置。

没有一种分类系统是完美无缺的，因此需要根据实际情况进行调整并加强交流沟通。某些术语的不统一是无法避免的，如“渗透塘（infiltration basins）”和“渗水窖（infiltration vaults）”被归类在渗透设施中而不是调蓄池中。使用术语“生物滞留滤池”时，需要允许一些偏差。这个词说明在污染物去除中生物有机质起了一个非常重要的作用，因为植物吸收其生长所需的营养物质以及金属物质，而微生物将氨转化为氮气。但是，按照上述定义，生物滞留也发生在湿塘和湿地中。因此，生物滞留这个词更适宜于描述一种常见的植物去除技术，也就是在 4.2.2 节中所提到的一种工艺单元。然而，这个词很好地描绘了生物工艺的过程，并且在行业应用十分广泛，因此保留生物滞留滤池这个词来描述一种操作单元具有实际意义。

另外的一个不统一是系统和操作单元会分享同一个名称。例如，作为一个操作单元，一个砂滤池只包括滤床本身和滤床所占的空间；而作为一个系统，无论这两部分是合并建设还是分开建设，砂滤池由预处理单元（如 1 个存水池）和滤床组成。

本分类的目的并不是为了成为行业标准，而是希望能够帮助设计人员区分清楚在行业中常用的各类术语。从这些分类可以看出，大部分的雨水控制可归纳在少量的类别中，而且与主要工艺单元有联系。本框架进行了必要澄清，以帮助设计人员选择操作单元和系统，以达到所需的雨水控制目标。同样重要的是，分类系统可帮助设计人员分辨雨水控制设施属于哪个类别，从而能选择合适的设计方法。

4.3　水量控制的工艺单元

正如在第 2 章中提到的，城市化的直接影响是增加了降雨过程中的径流总量和峰值流量。雨水控制从流量控制开始，对降低洪水、河岸冲刷及其造成的直接经济损失有着明显的效果，而近年来也越来越重视雨水的水质治理。本节主要介绍控制径流总量和峰值流量的工艺单元。

4.3.1　峰值流量削减

如第 2 章所述，大的径流量引起峰值流量的增加，从而降低了流域的自然储存量，由于流过路面和管道减少了雨水流经的时间。如第 1 章所述，传统上削减峰值流量是雨水控制的唯一目的，着重建设储存设施，将峰值流量削减到一个特定值，该值使用第 3 章中提出的多种方法来确定。事实上，通过降低径流量以及延长转输时间对峰值削减非常有效，这两个要素将在之后的各节中进行解释，在本节中，主要介绍通过径流调蓄的方式来降低雨水流入河道时的水动力。

4.3.1.1　储存削减

传统的教科学中已经全面详尽讲解了储存削减的原则（Bedient *et al*.，2008），在相关中，也充分论述了该原则手册（Maidment，1993）。削减量取决于连续性方程，它对一个装置中的进出水量和储存量间进行平衡。装置的出水量和进水量无关，出水量仅与储存量有关，即通常所说的水位流量关系曲线。

出水量过程线的计算与通过储存设施的进水量过程线有关，也就是调蓄演算。最常见的计算方式是储量预测法，或者普尔斯方法。这种方法在上面的参考文献及《城市雨水管理系统的设计与建造》（ASCE and WEF，1992）中有着详细解释。现有的几乎所有水力建模软件均采用了该方法（见第 14 章）。

4.3.1.2　水动力削减

当雨水流过不同的转输设施时，无论是自然的还是人工的都由于像在河道或管道中发生的储存和摩擦作用削减峰值。绿色设施就是利用了这种机理，将排水沟、管道这类快速输送渠道替换为洼地和其他可以减缓流速、提高转输时间、或在输送系统中暂时储存径流量的转输设施。通过宽截面的渠道、缓坡或者高粗糙度的植被可以降低流速。后者仍是目前研究的一大课题（见第7章）。

在水动力削减中，河段的出水量和进水量与河段储水量有关。这个复杂的过程由不稳定动量及明渠中水流的连续性方程所决定。这些偏微分方程中的一维 St. Venant 方程可以用数值方法求解，常用在水力模型中。在许多情况下，该方程的简化版就是动态波演算，采用曼宁公式以近似动量方程计算。许多模拟计算，确定已知性质河段的出水过程线的方法在很多书中都有涉及（Ponce，1994；Bedient et al.，2008）。而最常用的方法主要有：Muskingum 方程、动态波方程、Muskingum-Cunge 方程和修正的 Att-Kin 方法等。2002年，美国联邦公路管理局对这些方法进行了汇总。

4.3.2 径流量削减

在“雨水管理”中，出现一个相对较新的概念“绿色设施”，即通过减小径流量以及增加入渗、蒸散量来降低直接进入接受纳水体的径流量。正如第3章中所述，大部分的年降雨量由小型降雨组成。同时，在美国的一些地区，许多降水发生在冬天成了下雪。有效的径流量控制要从场地设计开始，包括保护能够增大雨水就地储存量的自然资源，如具有截留作用的森林，可以为水分储存提供孔隙和排水良好的自然土壤（详见第5章）。在施工过程中被不可避免压实过的土壤可以通过修复来改变其储水能力及渗透性。被人工干扰过土壤的渗透性可以通过以下方式改善：进行深度耕作或堆肥（Pitt *et al.*，2002）以及种植较深根系的当地植物（Rachman *et al.*，2004）。在径流产生处进行截留可以有效降低雨水径流，典型做法是通过径流产生点附近的绿色设施来控制径流量。雨水部分渗入自然土壤，部分通过植物蒸散作用得到控制。

4.3.2.1 入渗

入渗是雨水、融雪或者灌溉水进入土壤的过程。渗透率受到地表以下的土壤水流动率的影响；这种土壤水的流动也控制着植物摄入水的供给以及土壤表面的蒸发作用。入渗和土壤水的流动直接影响着地表径流量、地下水补充、蒸散、土壤冲蚀和地表水以及地下水中化学物质的转移。影响土壤水流动的土壤性质包括渗透系数和持水量，它们反映土壤容纳及释放水的能力（Rawls *et al.*，1993）。渗透系数是指土壤输送水的能力，它取决于土壤的几何性质以及水的黏滞系数，后者是温度的函数（Klute and Dirkson，1986）。季节性及每年的温度变化对基于入渗法的雨水控制技术有着显著的影响（Emerson and Traver，2008）。

入渗是一种实现水量控制的方法，包括径流总量和峰值流量的削减，但它同时也是一种污染物削减手段，因为通过降低水量以及过滤污染物质，可以有效降低流入地表水体的污染物负荷。入渗不仅在以渗透为主要目的的雨水控制系统中使用（如透水铺面），也在其他许多诸如植草沟、湿塘、湿地、补充地下水的渗渠（或渗井）以及无衬里滤池的操作单元中出现。鉴于降低对地下水污染的重要性，土壤需要有良好的污染物吸附容量，并将处理设施的底部与地下水充分隔离。对过度透水的土壤、断裂地质带或者岩溶地貌，设计时需要特别谨慎。

土壤饱和度和田间持水量决定了通过渗透能够去除的径流量。田间持水量是指当多余的水在重力作用下流走之后土壤所能保持的水量。径流量通过储存在土壤孔隙中的方式实现削减。土壤中滞留的水通过蒸散或向深层渗透的方式减少。用于计算土壤渗透率的方法有很多，包括 Horton（1940）渗透方程、Green-Ampt（1911）的渗透方程、以及基于曲线数的方法（USDA，1986）。通过不同方式计算土壤渗透率的方法见《水力学手册》（Rawls et al.，1993）第 5 章：渗透及土壤水流动。这些方程式在电脑模型中十分常见，然而，最近的研究表明入渗是一个复杂的水力现象，它不仅取决于土壤性质，也和降雨性质有关。Yu 等人（1997）观察到裸露土地的渗透率随着降雨强度的增加而增加，但与累积降雨量无关。Yu（1999）发现入渗与降雨的关系与想象中相反，具体来说，渗透率在降雨刚开始时较低，并随着强度增大而增大，而在格林和阿莫特的模型中推测降雨后期的渗透率非常低。

不过，即使有上述研究，分散的入渗方法仍然十分有用，尤其是当流域被各种不同土壤和土地覆盖分隔开时。这种分散化方法的作用也解释了基于 Horton 和 Green-Ampt 公式的模型被广泛应用的原因。

4.3.2.2　分散

分散工程旨在通过将雨水从不透水铺面转移到透水地面来减少水文变化，例如，对开发前的原始风景或土壤进行修复使其恢复储存和渗透能力。最常用的方法统称为不透水性分隔。本质上来说，分隔是为了提高渗透率，但是同时也可以降低流速并延长雨水转输时间。常用的分散方法是将雨水分流入植被缓冲地如与水体、小溪、河流或湿地相邻的树林或草地中。

总的来说，分散的主要作用在于减少有效不透水区域（EIA），它是直接排放入接受纳水体的总不透水区域（TIA）中的一部分。“直接连接的不透水区域”（DCIA）也常用来作为“有效不透水区域”的替代术语。不透水分隔常用于居住开发区中，将不透水地面如屋顶、车道、停车场、街道等的雨水径流转移到植被区。由于商业用地中不透水面积比透水面积所占比例大，因此对商业区的大型停车场和屋顶进行分隔可以较大地削减径流量。削减量与下列因素有关：流过透水区域的路径、不透水区域与接纳的透水区域的比值、透水地面的渗透能力。对于水文土壤类型 A 和 B 而言，当不透水性铺面上的雨水排至渗透性极佳的土壤时，径流量明显削减。透水性较差的土壤类型 C 和 D，或土地利用的密度低，不透区域与透水区域的比值较小时，则对径流量削减较低（Clar *et al.*，2004）。

不透水分隔可以通过曲线数法进行计算机软件分析（USDA，1986），如 HEC-HMS、WinTR-55 和 WinTR-20。这些公式可以计算出分隔实现的水量削减曲线。从 Pitt（1994）的研究中产生的小型降雨水文法（SSHM）以及 WinSLAMM 模型（Pitt and Voorhees，1989）的应用，使得不透水区域隔离的计算变得十分精确。其他可以详细隔离流域中排水区域的模型如 EPA SWMM 模型可以用于模拟从不透水性铺面排放至透水地面的过程（Rossman，2004）。

4.3.2.3　蒸散

蒸散是雨水通过水面或者土壤表面蒸发回到大气中，植物的蒸腾是通过叶片表面释放水蒸气，是它新陈代谢的一个过程。Hanson（1991）发现蒸散作用所消耗的水量在美国东北以及西北部地区占年降雨量的 40%，在东南部地区占年降雨量的近 70%，而在西南部占到年降雨量的近 100%。在半干旱地区相对紧实的土壤中基本上所有的降雨都以蒸散的形式离开地面，如熔灰岩。在城市化进程中，路面代替了原始地表植被；为景观需要而种植的植物通常并未生长成年，且种植间隙很大，与原始植被相比叶子也较稀疏。这些情况使得通过蒸散作用回到大气中的水量减少，而径流量则增加。

蒸散作用取决于气候条件，包括：大气温度、风速、相对湿度、太阳光辐射度以及蒸散表面的性质、水温、粗糙度、土壤密实度、植被覆盖种类、植物根系深度、供水性和反射率，即入射太阳光被反射的百分数。植物生理学高度复杂，如植物叶子上细胞壁的开孔保障了水蒸气以及其他气体的运动。这些功能随着植物种类而变化，同时也与水压和其他因素相关。

实际蒸散量（AET）是水从土壤和植物中释放的总合。潜在蒸散量（PET）是在某给定地点的气候条件下，假设土壤中总有水且有完整的植被覆盖时，所能达到的最大蒸散量。已知 PET 时，AET 代表 PET 中实际蒸发的部分。虽然，产生径流时，AET 在雨水控制中的量相对较小，但是对于两次降雨之间时段中的水量控制有着很大的作用。实际蒸散量与土壤的含水量互相影响，也影响着土壤的渗透率。因此，合理计算土壤 AET 以及土壤渗透率比计算径流进入大气的量有着更重要的作用（Lucas and Medina，2011）。

PET 的大小很大程度上取决于供给土壤将水变成气体状态所需的能量，这些能量主要来自太阳光辐射。并受太阳能的分布及暴露度的影响，后者与土壤反射率和植被率有关。由于实际蒸发量受土壤中可用水份的限制，因此灌溉土地的 AET 接近 PET。在广大干旱地区，植被受土壤湿度限制，AET 也下降。但是由于它们可以拦截大量径流，虽然没有规律可循，但是也和植被在雨水控制中的作用类似。

令人惊讶的是，虽然在整个水量平衡中蒸散作用起着十分重要的作用，但是很多计算方法过于简化了根部的蒸发机理，只关注了较次要的 PET 机理，如敏感的热损失和风的效果。在下文中简要阐述了 PET 和 AET 中的主要机理。

1. 截留雨水的蒸发

当降雨落在植被表面时，一部分被叶片截留，截留雨水中有一部分在雨中或雨后立即蒸发回到大气中，而剩下的沿着干径流下形成沿径水流。这种现象在小型的降雨过程中已经被观察到，这种情况下截留可以占总降雨量的大部分。在湿润的大西洋中部地区的密林中，因为截留而产生的降雨量损失可以达到近 30%（Dunne and Leopold，1968）。截留是雨水循环的一个组成部分，但经常被忽略。

2. 洼地存水的蒸发

蒸发也发生在水坑或其他暂时性水塘的存水。洼地存水随斜坡增加而降低，随地面粗糙度增加而增加。典型的存水深度范围在 1mm（0.05in，位于斜坡屋面）到 15mm（0.6in，位于森林或旷野）之间（UFCD，2001）。这些机理对于径流形成有着重要作用，因为这类损失被称为“初始扣除”，要从雨水的入渗或者径流中扣除。

3. 土壤表面蒸发

土壤表面的蒸发是 AET 的一部分，其蒸发量受土壤性质和环境因素的交互作用影响。能量需求和可用水量决定了这个过程。土壤蒸发与洼地存水表面的蒸发作用不同，因为土壤蒸发过程中水来自于较深的土壤剖面中，因此水必须移动到表面来代替湿度损失。在这个移动过程中，需要克服来自温度湿度梯度的各类流动阻力（Philip and De Vries，1957）。

土壤水蒸发主要发生在一个较薄（10～25mm）的土壤截面上部边界层中，在这个深度范围中所有水分都很容易蒸发并且只受PET的限制。这个过程由3个干燥阶段组成：第一阶段，上部边界层的蒸发只受PET的限制；第二阶段，水从湿土壤向上运动及蒸发，这随着土壤的疏干而逐渐降低；第三阶段，从相对干燥土壤中的蒸发变得十分有限。

土壤表面的蒸发是蒸散的一个重要组成部分。在一个不同条件容器中蒸发水量的对比试验中，Blight（2002）发现从充满土壤容器中的蒸发量比从单纯只含有水的容器中的蒸发量高出30%，只略小于从植被覆盖容器中的蒸发量。这个研究中另一个有趣的发现是即使较小的风速也可以提高蒸散量。

如果顶棚遮挡较稀疏，一些直射入土壤表面的辐射能量并未被雨水蒸发利用，而是用于加热土壤、附近的空气以及顶棚，从那儿被反射、吸收或再辐射。这个能量代表了PET中的热量组成，因为从植被转来的热量很少（Blight，2002）；这也是PET在直接拦截的能量之外的第二大能量组成。而当顶棚覆盖率达到60%，所有未被土壤利用的能量都被顶棚吸收，从而成为PET的一部分（Saxton，2005）。

4. 植物蒸腾

植物通过根系的细胞壁表面制造吸力从土壤中吸收水分。植物通过自身的代谢过程利用维管系和气孔控制蒸腾损失。有关植物吸收下层土壤水的过程以及其生物反应的文献仍然很少且存在一定的矛盾，因此难以提出一个基于过程控制的方法来反映植物如何响应水压的变化。下述的分析采用了Saxton于2005年提出的概念。

当土壤中水量接近田间持水量时，活跃植被的蒸腾速率接近PET的速率。然而，当土壤湿度降低，物理和生物过程开始抑制蒸腾量。当湿度继续降低，蒸腾量降至接近0，如果再继续降低，则会导致植物死亡。因此，植物蒸腾与两个因素有关，即PET和土壤中可供植物利用的水量。

当土壤湿度最大时蒸腾量等于PET，而当湿度最低时基本为0。然而，在中等含水量范围内，已报导的AET变化较大（Saxton，2005）。这种变化没有明确定义，尤其是土壤含水量到多少时蒸腾量开始降低（Denmead and Shaw，1962）。

由于涉及许多因素，对蒸腾量的定量研究有一定困难。现今可用的研究方法包括传质法、能量平衡、Penman法、Penman-Monteith法、McIlroy-Slatyer法、Thornth-waite法、Blaney-Criddle法、根系研究、蒸发皿蒸发量检测以及测渗仪检测等方法。Lucas和Medina（2011）对这些方法作了总结。美国土木工程师协会基于Penman-Monteith法提出了一个标准方程，从而为计算蒸散量提供了通用方法，并提出参考植物（短草或苜蓿）转换成其他植物时的转换系数，可供农业和景观研究使用（EWRI，2005）。

最明显的提高蒸散量的方法是结合景观特点，尽可能多的保留当地植物。屋顶绿化就是一种将可能形成径流的雨水通过蒸散减少的方法。透水性铺面也可以看做一种蒸发设备，尤其是当砂砾石储水水位接近面层时。也可以设计基础储水池来储存全部雨水或者春季融雪水，然后通过持续蒸发作用将储水池排空。

近来的研究旨在理解不同操作单元（如生物滞留滤池、绿色屋顶、湿地等）中蒸散所起的作用（Feller *et al.*，2010；Hickman *et al.*，2011；Schneider *et al.*，2011）。研究结果表明蒸散作用在雨水控制的设计及效果分析中都应被认真考虑。更大的蒸散量可以通过减少建筑占地面积以及更有效的雨水控制设计来实现。

4.3.2.4　径流收集与利用

鉴于全世界对有限水资源的需求越来越大，雨水的收集利用受到广泛重视。这个热潮从半干旱地区发起然后迅速传播到了湿润地区。本工艺单元的关键在于雨水储存并应用于景区灌溉、冲厕或工业用的非饮用水，或处理后用于饮用水。雨水主要收集自屋顶。出于经济利用目的对径流收集，雨水不是直接从地表径流中去除，就是稍后流入受纳水体。雨水径流利用可以防止雨水与铺面和裸露土壤中的污染物质接触从而有效降低雨水污染。

雨水储存的方式各有不同，个人住户主要利用储水池或桶，大型的雨水储存装置有大水池或近似小湖的池塘，配有水泵等其他机电设备。一些人工制造的系统将雨水储存与利用合为一体。雨水可以储存在地面以上或地面以下。地下储存的一种形式是含水层储存和回收（ASR），雨水被注入含水层中保存备用。最常用的方法包括处理过的自来水回灌（Pyne，1995），这概念可以放宽到处理之后的污水、雨水或者高流量期的河水，但是这些回灌水源需要适当的处理措施从而保障地下水源不受污染。

雨水收集对径流的削减效果与收集雨水的利用需求有关。在降雨刚结束后灌溉水需要量非常少，因此，在降雨发生相对频繁的湿润气候地区，设施应部分排空，从而保障下次降雨的存储空间。在这种情况下，雨水收集的工作方式类似调蓄池。对雨水的其他需求如冲厕用水可以提高雨水收集的效率，使雨水从排水系统转移至污水收集系统。然而在美国西部一些州的水权规定限制了对雨水的收集。

美国的许多州都出版了雨水收集手册来鼓励更充分的利用城市雨水资源。例如佐治亚州（Van Giesen and Carpenter，2009）、夏威夷州（Macomber，2001）、德克萨斯州（Texas Water Development Board，2005）和弗吉尼亚州（Cabell Brand Center，2007）。2004 年 Argue 提出了雨水收集系统的规模和评估的程序和标准。

4.4　水质控制的工艺单元

第 2 章中提到了雨水水质是影响城市环境的一个重大问题。污染物来源、径流产生以及雨水的时空分布均需要以工艺单元为基础的雨水控制技术，控制对象是溶解性以及颗粒污染物和热负荷。这种科学的方法是设计有效操作单元的基础。

4.4.1　沉淀

沉淀是在静态条件下颗粒受重力影响作向下运动，从而实现分离。这种方式出现在所有常用的操作单元中，包括滤池。虽然在水和废水处理工艺中定义了四种典型的颗粒物沉降方式，但是只有两种与雨水处理相关：自由沉淀与絮凝沉淀（Minton，2011）。自由沉淀指每个颗粒单独沉降不受其他颗粒影响，当颗粒间接触时并不互相粘附。而水中小颗粒接触时倾向于互相粘附并形成絮凝体悬浮物质。砂（定义为直径大于 75μm 的颗粒）及粉砂中的较大颗粒物发生离散沉淀。较细的粉砂和黏土在静置几个小时之后会发生絮凝。

4.4.1.1　斯托克斯公式

斯托克斯公式阐述了颗粒在表面附近的层流中上升或下降时所具有的沉淀速度。层流状态与颗粒表面的流体力学有关，与水体自身无关。比重大约在 2.65 的无机颗粒，粒径大约 100μm 时，保持层流条件，如果比重或密度增加，则粒径应减小。大颗粒在下降过程中会在周边产生紊流区，因此传统的斯托克斯公式需要调整（Graf，1984；Cheng，1997）。层流状态下沉淀速度受粘度而非重力的影响。斯托克斯公式见式（4-1）：

$$V_p = \frac{g(\rho_s - \rho)d^2}{18\mu} \tag{4-1}$$

式中　V_p——颗粒沉淀速度（m/s或ft/s）

g——重力常数（m/s^2 或 ft/s^2）；

ρ_s——颗粒密度（kg/m^3 或 slugs/cu ft）；

ρ——水的密度（kg/m^3 或 slugs/cu ft）；

d——颗粒粒径（m或ft）；

μ——水的动力粘滞系数（m^2/s 或 sq ft/s）。

除冰用盐的盐度提高了雨水的粘度。如海水在0℃、20℃、40℃时的粘度分别比淡水大6%、9%及34%。粘度随着温度的降低而增加，因此，颗粒在冷水中的沉降速度更慢（在5℃的水中沉降速度比20℃时慢近35%）。研究发现在寒冷地区颗粒在冬季、春季融雪中的沉降速度是温暖气候时沉降速度的一半（Roseen *et al.*，2009）。

一般认为颗粒在雨水中的沉降并不符合斯托克斯公式。公式（4-1）通常在颗粒密度以及形状对沉淀速度影响已知的情况下计算沉淀速度。而雨水中颗粒物质的相对密度变化很大，变化范围为1～2.7。此外，公式（4-1）根据球形模型计算而来，而雨水中颗粒形状也变化很大。雨水中颗粒密度和形状随着不同地域和同一地域不同的降雨而不同。有研究发现，颗粒沉降速度在粒径约为20μm时开始偏离公式（4-1）。5μm粒径颗粒的沉降速度仅为典型斯托克斯公式估算出的速度的10%（Bäckström，2002）。

用公式（4-1）计算沉降速度，对于较大粒径的粉砂和砂利用筛网确定其颗粒粒径。较小粒径的颗粒可以通过液体比重计或光学方法（如库尔特计数器）来确定粒径。然而，鉴于之前提到的雨水中颗粒粒径变化较大，建议采用比重法或者沉降柱法来直接计算沉降速度。沉降柱中发现一些颗粒在几小时之后开始发生絮凝，这在雨水中也已经被观察到。随着温度降低，抑制絮凝的因素减少。如，当温度低于5℃时，黏土能够非常迅速的絮凝（Lau，1993）。斯托克斯公式并未注意到小颗粒在长时间静置或者低温情况下会发生絮凝的情况，因此利用式（4-1）来描述雨水沉淀性能有一定问题。

4.4.1.2　水力负荷以及停留时间

当降雨时雨水流入调蓄池，影响其沉淀效果的决定因素是水力负荷（HLR）。水力负荷是流量与调蓄池表面积的比值：

$$\text{HLR} = \frac{Q}{LW} \tag{4-2}$$

式中　HLR——水力负荷（m/s或ft/s）；

L——调蓄池长（m或ft）；

W——调蓄池宽（m或ft）；

Q——流量（m^3/s 或 cfs）。

公式（4-2）不包括调蓄池体积、深度或水力停留时间这些参数。假设两个调蓄池具有相同的容积和停留时间，其中一个比另一个略浅且面积较大。假设两者具有相同的水力效率，较浅的调蓄池由于水力负荷较低，因此沉淀效果更好。水力效率这个参数将在下一节进行阐述。

在两场降雨之间，湿塘或湿地这类储存设施中的雨水，其沉淀效果是容积的函数，即，容积和处理的雨水量之比越大，处理效果就越好（见第3章）。容积越大，小粒径的污泥与粘土被另一场降雨冲出调蓄池前的沉淀时间就越长。因此，水力停留时间（HRT）决定着小粒径颗粒物质的去除效果。需要注意的是，与水力停留时间相关的是两场降雨之间的平均停留时间，而非降雨历时。

使用HLR还是HRT来设计调蓄池，与处理目标物性质、悬浮物粗糙度及是否需要去除溶解性污染物有关。如果主要目标是去除砂砾，那么沉淀工艺设计受水力负荷（HLR）控制。大部分预制水窖比较小，因此需要依据设计降雨的峰值流量来选择装置，也就是依据水力负荷（HLR）。

如果处理目标包括去除小颗粒物质、小粒粉砂或者黏土大小的颗粒物质，那么调蓄池按体积设计，与水力停留时间（HRT）相关。悬浮颗粒物质越细小，两场降雨之间的沉淀时间影响就越大，也就是体积和水力停留时间（HRT）对处理效果的影响越大。总之，与汇水面积相关的小型调蓄池的设计要以水力负荷（HLR）为基础，而大型调蓄池的设计以水力停留时间（HRT）为基础。

在半干旱地区用水力停留时间（HRT）进行设计存在一定的问题。设计结果会导致调蓄池体积非常小，因为半干旱地区的年径流量远比湿润的温带气候地区小。这种设计结果导致过多新进入的较脏雨水在降雨过程中被排出，使得调蓄池在每次降雨过程中的处理效果无法满足设计需求。因此，如第3章中所述，需要根据调蓄池体积与平均年径流量的比值来确定调蓄池尺寸。

停留或排空时间是干塘的一个常用设计参数，说明在操作单元中时间对处理效果有很大影响。此外，一个需要注意的重要设计参数是排空率，这与湿塘的水力负荷（HLR）类似。时间和悬浮物质的絮凝程度有关，换种方法说，悬浮使得一些颗粒相互碰撞并形成较大粒径的颗粒物质。黏土和一些细粉粒在风力的缓慢搅动和有效停留时间的作用下在几个小时内开始絮凝，这种现象即使在很小规模的降雨中也会出现。需要注意的是在干塘中，絮凝体有失稳重新悬浮的可能性。

4.4.1.3　水力效率

在调蓄池中并不存在理想沉淀。死区、短流、紊流以及雨水进出调蓄池的不均匀性导致与理想情况偏离。这种水力条件下，效率低于理想情况，使水力负荷高于最小理论值（峰值流量除以调蓄池表面积）或停留时间低于理论最大值。

死区是指调蓄池中以前降雨留下相对干净的水无法有效地被后续降雨进水所替代的区域。进水过快流过调蓄池，导致其处理效果的下降。造成死区的原因有很多，包括与调蓄池宽度相比进水和出水流量太小、不规则的调蓄池结构、风，以及不同的植被密度等。例如：在调蓄池长边（也许是安全堤）生长的香蒲，相较调蓄池中心的自由水体而言对水流具有更大的阻力，而香蒲生长的地区通常是个死角，极大程度降低了调蓄池的有效处理面积。相反的，将植物放置在架子上，架子以合适间隔布置横在调蓄池中，可以有效提高水力效率，因为这种方式可以使得流量分布更加均匀。

水平的死区，又称为水流分层，在一些湿塘底部密度明显大于上部，从而产生两个明显分层，彼此间几乎没有水流运动。污染物质和溶解氧在两层之间的运动也十分缓慢。温度与盐度是引起这种分层的两个因素。在夏季，与湖水类似，在湿塘中会出现热分层现象。在大约1m浅的调蓄池中已经发现了热分层现象。使用防冻盐的地区会出现盐度分层。如果调蓄池深度过大，夏季雨水可能无法使所有盐度都被排出，使得盐度分层整年都会存在，雨水在表层流过，除非雨水从调蓄池下部出水，否则水力效率会明显下降。水平分层对调蓄池底部的化学生物作用也会产生不利影响（见4.9节）。

短流指进水雨水不经停留直接从出口排出的过程。短流成因主要是雨水进水与调蓄池现有雨水的密度不同。这种密度的不同是由温度差异或者颗粒物浓度不同造成。如果调蓄池的入口与出口距离较短也可能产生短流，如没有挡板的小型圆形湿塘。

水力效率也受紊流影响。进水是紊流，并在调蓄池流动一定距离中都保持紊流状态。在靠近水流出口的地区其流速高于池中心区的水流，因此流动也可能是紊流状态。密度差异和风也是造成紊流的原因之一。即使是较小的紊流，也会使细砂粒和黏土颗粒的沉降效率降低。相反的，细小紊流可以促进黏土絮凝、沉降。紊流在一定程度上可以消除热分层或者盐度分层，也有一定益处。风对停留时间的影响取决于风力的方向、风力强度以及水深，其影响效果可能有益（McFarlane et al.，2006）也可能有害（McCorquodale et al.，2005）。

4.4.2　浮选

在雨水处理中，浮选主要针对那些比重比水小的物质。包括石油烃类，轻质固体如纸、烟头、塑料袋等。斯托克斯公式（4-1）适用于浮选。由于这些物质的比重比水小，如油滴或者轻质物质的下沉速度为负数，因此被称为上升速度。

4.4.3　浅池分离

虽然紊流促进了油滴和小砂砾以及黏土颗粒的絮凝和合并，但是即使缓和的紊流也会对这些颗粒物的去除有抑制作用；如果不去除这些紊流则会削弱颗粒的浅池分离效果。在本手册中，浅池这个词代表雨水控制中的一种水力条件。浅池可以通过斜板或者斜管形成。这种结构使得水流可以平稳流过并且防止入口紊流以及风对开放式调蓄池的影响。

这种结构还有一个重要优势。假设一个很大的调蓄池底部被大量同样大小的板分隔，这些板安装时与底部形成一个角度并间隔一定距离。累积的沉淀物质随板滑下而较轻的物质逐渐上升。这种结构利用了之前的研究结果（公式（4-2））：在一场降雨的沉淀过程中池子的深度和体积不影响其效果。水力负荷（HLR）在这种情况下非常重要，而且浅池分离可以显著提高单位体积调蓄池的表面面积，从而导致相同的设计降雨强度下调蓄池尺寸减小。这种结构可以在相同的雨水污染物处理效果下，减小调蓄池的尺寸。

油和水的分离器是一个公认的浅池分离理论的案例。油是小尺寸油滴经过碰撞后形成大尺寸油滴，它在油滴从每个板的底部向上运动的过程中形成。这种概念在一些预制的水窖中也有使用，从而也能增强小颗粒沉淀物的去除效果。但是，利用浅池分离来沉淀颗粒物质时也需要注意一些问题。如前所述，对于这些颗粒而言，无论浅池沉淀的设施是否存在，容积是个重要参数，除非池体有个较大的单位容积否则小颗粒物质难以被去除；然而也需注意，单位容积越大（m^3/hm^2 服务面积），浅池沉淀设施对效率的提高就越小。

4.4.4 旋流分离

旋流分离指在一些圆柱形调蓄池中为强化颗粒分离而使得液体围绕一个中心进行涡旋运动的设备（Sullivan *et al.*，1982），所以旋流分离的另一种名称是旋流分离。其设计目的是在正常沉淀分离的重力中增加一个离心力，以促进分离效果。旋涡运动从峰值流量（10%～20%的额定控制流量）开始，当所有其他参数如调蓄池尺寸和水力效率等都一致时处理效果更佳。然而，并没有发现所谓"旋流分离器"的旋流强度对沉淀效果有明显影响。这可能是因为非旋流水窖提高水力效率是由于更接近理想的水力负荷而不是旋流运动自身的效应。

旋流运动对沉淀效果的第二个促进作用是其可以减少再悬浮现象。旋流运动可以造成二次流，也就是水向中心轴流动的状态，如图4-2所示。沉淀物、特别是小颗粒物质，在控制单元的中心汇集，也使其不易受到高速流动的影响而发生再悬浮。如果旋流运动非常强烈，则可能导致累积颗粒再悬浮从而造成负面效果。

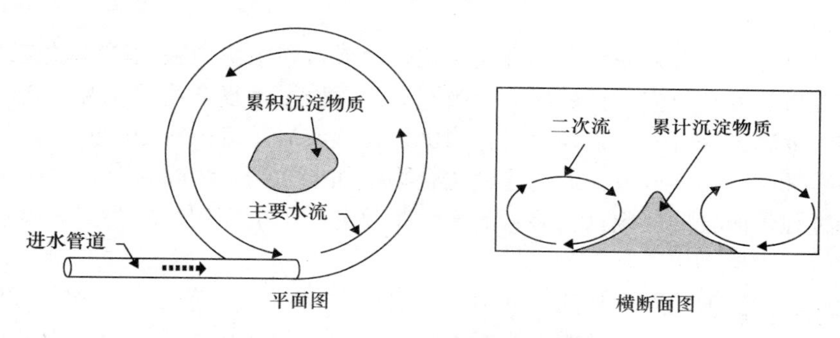

图4-2 旋流二次运动（Minton，2011）

4.4.5 吸附

4.4.5.1 吸附的类型

吸附主要分为吸附、吸收和离子交换三类。离子交换并非严格的吸附过程，但是为了方便放在此类中。正如其名称所示，离子交换指利用雨水中的离子替换介质离子的过程。利用沸石去除重金属就是一个离子交换的例子。交换的可以是阳离子也可以是阴离子。大部分离子交换介质交换的是阳离子，也就是说这些介质可以用较轻的阳离子如钙、镁、钠交换较重的金属离子如铜、锌和铅等。交换容量可以通过实验室测定，从而确定介质的使用年限。

在吸附和吸收中，并无离子交换。吸附吸收主要由物理作用范德华力和雨水中污染物与吸附介质表面之间的化学结合作用产生。吸附和吸收之间的差别在于污染物质和介质之间是否为同质性。在吸附过程中，并无同质性，无论污染物直接吸附于外表面或者通过介质空隙进入内表面，吸附均发生于介质表面。而在吸收中，污染物透入到介质的分子层面；在无化学转换发生的情况下，污染物与介质在结构上形成同质性物质。这两种工艺单元中，吸附吸收都不影响介质本身的化学性质。吸附和吸收的差别与雨水处理方式有关。在吸收中，污染物一经与介质结合就不会从介质中解吸，而在土壤和滤池介质中占主导作用的吸附则不然，由于化学平衡作用，吸附的污染物可以从介质中解吸。例如，在旱季枯水期，污染物会从湿塘的土壤中解吸出来。

当径流流入雨水处理设施时会发生吸附作用。除了少数例外，雨水中的几乎所有污染物质在某种程度上都是疏水的，包括细菌和病毒。明显的例外是乙二醇（防冻剂）和氯，它们具有高溶解度。吸收作用在湿塘和滤池中并不自然发生。在进水口使用固态聚合物插入式截流器，会吸收游离态油污。

吸附和沉析（见 4.6 节）的显著差别在于污染物和介质之间的结合键性质。吸附是介质和污染物之间存在表面吸引力，导致污染物离开水溶液吸附于介质表面。而在沉析中，两种物质的结合形成新的化学形态，如金属与硫化物。雨水控制中有些污染物的去除反应，特别是在土壤中，吸附和沉析之间的差别并未被完全区分及理解。例如，在同一个处理工艺中，吸附紧随着沉析。

在工程用过滤介质中，如活性炭、腐殖质或者其他有机介质去除杀虫剂、石油烃、金属，主要是吸附，有时跟着发生生物降解。在土壤中，如腐殖质是死亡的植物降解后自然生成的有机物。

使用无机介质，如覆盖在砂上的金属氧化物，或者在土壤中去除磷和金属的过程类似一个吸附和沉析的复合效应。初始反应为吸附，然后慢慢将复合物转化为沉析。易于形成金属氧化物的金属主要有铁、铝以及锰。当沉析物形成后，吸附场地又开放，使得在随后的降雨中吸附又能够持续进行。通过含钙化合物，如碳酸钙，去除磷就是一个吸附及沉析复合作用的过程，而直接使用钙去除磷的过程是单纯的沉析作用。这些工艺单元在土壤中也会出现。

渗透设施、砂滤池以及生物滞留滤池中，氨被黏土吸附；随后，一些特殊细菌可以将氨转化为硝酸盐（见 4.9.3）。在随后的降雨中硝酸盐从黏土中析出，重新为进水的氨提供吸附空间。析出的硝酸盐则从系统中排出，或者被植物生长利用，或者被特定的细菌转换为氮气溢出。

正如本节之前提到的，通过吸附去除的污染物会随着雨水处理过程中雨水化学性质的变化而析出。污染物浓度、pH、溶解氧浓度以及盐度，它们中任何一种化学状态的显著变化都将导致污染物解析重新进入水溶液，pH 降到 6 以下时会导致以氧化物存在的金属重新析出。而在湿塘或者湿地中，提高 pH 则可以促进含钙化合物的生成。与此类似，在旱季，调蓄池以及湿地中溶解性磷和金属的含量会增加，这是因为在旱季水流中，污染物浓度比典型雨水中的浓度低，从而使得化学平衡发生变化导致污染物重新释放入水溶液中。

有些污染物的去除机理在厌氧条件下被抑制，而其他的却被促进。如生成磷酸铁需要好氧条件，而金属硫化物沉淀需要厌氧条件。厌氧条件，虽然不是必须的，但可以促进有毒有机化合物和溶解性金属吸附到有机物质上，后者在没有溶解氧时不能降解。氧化铝、钙或者碳酸钙的吸附和沉析则不受氧浓度的影响。溶解磷与铁或者铁氧化物之间的吸附以及沉析只能在好氧条件下发生，而在厌氧条件下复合物会重新溶解。需要注意的是，厌氧条件降低了水的 pH，可能使得金属氧化物溶解，从而导致在之后的雨水处理过程中被排放。最后要考虑的是，低溶解氧浓度的雨水排入受纳水体会造成潜在的不利影响，它会导致水体形成厌氧环境。

4.4.5.2　吸附容量

吸附效果以及吸附容量是吸附工艺单元中的两个主要参数。吸附效果指工艺的处理效率以及出水中污染物的浓度，吸附容量指在过滤介质或者土壤被更换以前能够去除污染物质的总量。这两个参数的确定都非常重要。

在三种不同的容量定义，即总饱和容量、总容量以及操作容量。总饱和容量是指如果介质中所有的吸附面积都被使用时污染物的去除量。对于处理过程中不同的吸附介质种类，这种情况只有在污染物浓度比雨水中正常情况下污染物浓度高时才会出现。这是因为吸附量与污染物浓度有关，也就是说污染物浓度越高则总饱和容量也越大。总容量指在现有溶液中污染物浓度下污染物的去除量。而总饱和容量和总容量都是在实验室条件中在理想条件下通过标准测试得到的容量。

操作容量决定了所需要的吸附介质体积。如果使用总饱和容量来确定介质体积，会大大低估实际需要的体积量从而增加吸附介质的替换次数。通常情况下，操作容量比总饱和容量要低得多。因此，对吸附容量进行试验测算，需要在进水污染物浓度与雨水中浓度相同的情况下进行。

操作容量可以用图 4-3 所示的颗粒介质过滤器来解释。过滤池原型的介质需要考虑到级配和深度。操作容量取决于流过总吸附柱的雨水量。随时间的增加，被污染物饱和的介质层面从顶部逐渐向底部延伸，如图 4-3 中黑色部分所示。即使需要调整，在试验中也应该优先使用实际的雨水。这是因为雨水中化合物的吸附、过滤机理并未被充分了解，因此通过在自来水中加入某些化学物质和盐来合成雨水，不可能达到需要的复杂程度。

通过多次测定出水浓度绘制了图 4-3 下面的曲线。曲线纵坐标是出水浓度与进水浓度的比值。最终，当进水浓度基本等于出水浓度，比值接近于 1。然而，介质需要在比值达到 1 之前更换，也就是在达到最大允许出水浓度时进行更换，最大允许出水浓度根据地方标准确定。

在图 4-3 中显示了穿透点，到达该点时出水浓度快速增加，说明饱和介质的锋面已到达底部。图 4-3 的出水浓度曲线被称为穿透曲线。

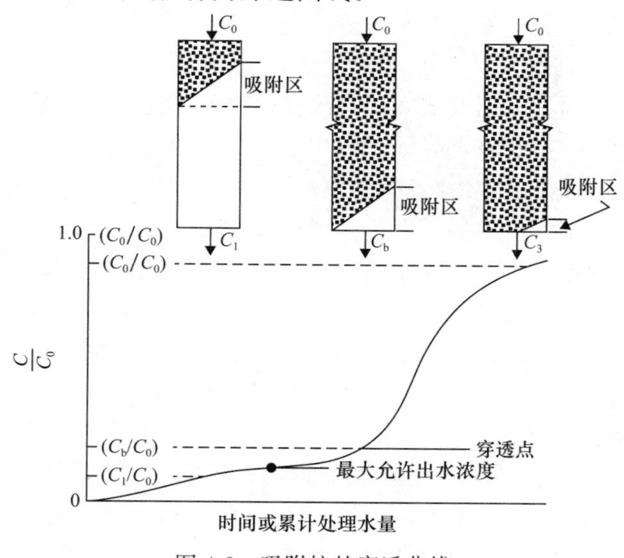

图 4-3　吸附柱的穿透曲线

其他用于说明操作容量的术语有吸附床体积和孔隙体积，这些参数与在达到允许出水浓度之前流过的液体体积与总柱体积的比值有关。由于床体积并不随介质类型变化而变化，因此吸附床体积计算时忽略了介质占有的体积。然而，在计算饱和孔隙体积时需要减去介质所占有的体积。这个比例随着实验室规模、中试规模和现场原型规模的增加而增加。柱的操作容量可以用固定数量的床体积来描述（如5000床体积）。这个词使得在给出需要的操作循环和峰值流量的条件下可以快速计算介质体积，这些容量的概念也可以应用于湿塘以及渗透设施的土壤。

4.4.6　沉析

沉析（precipitation）是通过将两种无机溶解性物质结合形成可沉淀或者可过滤的颗粒从而去除其中一种物质的工艺单元。沉析可以在没有任何化学物质参与的自然条件下发生或者通过投加化学物质发生。这两种情况都将在本节中进行介绍。

4.4.6.1　自然沉析

自然沉析是指在雨水控制过程中没有投加化学药剂所产生的反应。自然沉析在渗透设施、湿塘、湿地以及滤池的土壤中出现；也会在洼地或者干塘底部附带的渗透过程中出现；也有可能在湿塘的死水区或者渗透塘中出现（Kadlec and Knight，1996）。

如果雨水中有足够的钙离子和碱度，则在湿塘中可能生成磷酸钙，藻类对这个过程有促进作用。通过水中或者湿塘、渗透塘、或砂滤池的土壤中含有的金属铝、铁和锰可以有效去除溶解性磷。这种去除方式能够直接发生在金属或其氧化物上。正如本章之前所提到的，金属锌或者铜与硫化物结合能够发生沉析，这也是湿塘以及湿地中重要的去除工艺。

正如4.5节提到的，吸附和沉析的区分在一些自然处理工艺尤其是土壤处理工艺中并不明显。在有些情况下，两者同时存在，溶解性污染物质先被复合物吸附，之后缓慢形成沉析。

正如之前吸附中提到的，当化学性质显著变化时，类似水中的解吸作用，沉析物也有可能发生再溶解。主要受到影响的沉析物质有金属硫化物和磷酸铁，金属硫化物在好氧条件下发生溶解而磷酸铁在厌氧条件下发生溶解。

4.4.6.2　化学沉析

化学沉析一般采用两种常用方式实现：改变过滤介质的表面性质或者在雨水中加入液态或者固态的化学物质。这些液态或固态的化学物质，通过改变雨水的化学性质来实现沉析。加入化学物质后，在投加点进行快速充分的搅拌，然后再缓慢搅动使沉析物形成絮凝体，可以实现良好的化学沉析效果。絮凝体可以通过沉析或者过滤的方式去除。

为了减轻小湖中的富营养化，使用明矾以及铝酸钠促进雨水中磷生成沉析物质。化学物质的理想投加点是在雨水沟排放点的上游，紊流可以促进化学物质混合。当磷浓度在0.025mg/L左右时，投加5mg/L明矾可以使得将近90%的总磷和溶解性磷得到去除，絮凝体在湖水中沉淀。雨水中并不一定一直保持充足的碱度使得化学沉析物形成后，还能保障溶液pH不会降低到有害范围。随着地域的不同，这种情况也有相应的变化。在碱度促进沉析物形成的过程中，生成了金属磷酸盐和金属氢氧化物沉淀，而金属氢氧化物可以帮助金属磷酸盐絮凝，从而生成可沉淀絮凝体。其他絮凝剂还包括聚合氯化铝、硫酸铁和氯化铁。

溶解性金属能够吸附于金属氢氧化物的絮体上；因此，铝和金属盐类的投加也是一种有效去除溶解性金属的方法。通过吸附于絮凝体上或作为胶体物质被絮体卷扫，水中的细菌也可以被金属氢氧化物絮体去除。

现有的沉析方法应用在雨水处理中，受到限制的因素主要有：自然流量和溶解性污染物浓度的不稳定变化、化学污泥的处理需求以及人工处理系统操作维护复杂度的增加等。如果系统要实时运行，那么投加量必须根据流量的大范围波动而相应变动。采用均衡池可以削减峰值流量，从而使沉析单元在一个相对波动较小的流量范围内工作。

4.4.7　混凝

混凝（coagulation）是小颗粒物质凝聚成具有更快沉降速度的大颗粒物质的过程。投加化学药剂，混凝可能与沉淀联合进行，也有可能单独使用以去除黏土、细粉砂这类在雨水控制工艺中，在给定时间（如从几个小时到几天）内无法良好沉淀的物质。混凝工艺在雨水控制中已经越来越常见，特别是在建筑工地中。值得注意的是，限制沉析使用的因素也同样限制着混凝的使用。

混凝由脱稳和絮凝两步组成。在有关工程领域，对“混凝”这个词的解释并不一致。有的认为混凝就是脱稳，而絮凝是一个单独的步骤。而其他对混凝的定义则与本手册一致，即指脱稳和絮凝两部分的组合。

小颗粒包括细菌在内的悬浊液，由于颗粒表面的负电荷产生排斥力，阻止其互相聚合成为较大颗粒，因此是一个稳定体系。而采用化学药剂使颗粒脱稳，则可以促使小颗粒物质聚合成为较大、较密实的絮体。聚合率是碰撞频率和有效碰撞次数的函数。若絮凝体尺寸过大或者搅拌强度过大，则水力剪切作用会打破絮体；在搅拌一定时间后，絮体生成与絮体破碎达到一个平衡状态。最终的絮凝体状态与固体的原始性质、混凝剂以及搅拌强度有关。有些混凝剂生成的絮凝体可卷扫小颗粒物质。

当传输作用将颗粒聚集在一起从而实现有效絮凝。传输作用可以通过自然方式形成，如湿塘中的风力作用；或者通过人工方式实现，如水泵、桨板和喷射。

4.4.7.1　自然混凝

混凝在湖中以及河口可以自然发生，因此在雨水调蓄池中混凝也有可能在没有化学药剂添加的情况下产生。虽然在实验室的理想条件下，在原始雨水样品中也观察到了混凝现象，但是这种混凝对雨水处理的意义并未明确。在静止条件下，混凝大约在6h内发生。而如果调蓄池中产生搅动作用，则混凝只需要1～2h就会发生（Lick，1993）。

在数月或者数年的停留时间内，自然水体中的胶体有充足的时间，在细菌分泌天然聚合物质的帮助下生成絮凝体。需要研究的是，无论有无人工混合，湿塘的条件是否有益于絮凝体的生成。有研究发现，在冬季的湿塘中产生了相对尺寸大、质量轻平均直径在40μm左右的絮凝体，而在夏季有藻类存在的条件下，絮凝体尺寸相应提高。絮凝体由黏土、细菌和独立的藻类聚合物组成，这类絮凝体质量较轻，因此沉淀速度较慢（Dugan，1975）。

4.4.7.2　化学混凝

在水和废水处理中，针对不同水质使用各种不同的混凝剂。通常通过投加基本混凝剂和少量的助凝剂，可得到最佳效率。混凝剂有以下几类：无机盐类、有机聚合物以及无机聚合物。正如之前所说，在雨水处理中使用的无机盐类如硫酸铝（明矾）、氯化铝、氯化铁、硫酸铁等可以通过生成金属氢氧化物来实现混凝。大部分混凝剂以液态、粉末和固体块状存在。施工现场通常使用有机聚合物。

4.4.8　过滤

过滤可能被划分在物理或者吸附的类别中。和滤池相关的吸附工艺单元见 4.5 节。物理过滤作为一种工艺单元将在本章得到阐述，其主要原理是通过在滤料表面粘附或在滤料中沉淀的作用，使污染物质以及颗粒得以去除。粒径小于滤料空隙的颗粒物质保留于孔隙中或者在水流作用下被滤料截留。实际上，虽然效率有所下降（Sherard *et al.*，1984），粒径为 10%～15%孔隙尺寸的颗粒，都能够被去除。这种去除效果在多孔滤料，如珍珠岩中能够被强化，因为滤料孔隙结构可以捕获细小颗粒物质，从而使得沉淀截留的容量，大于无孔滤料。

静电和相关力量使得黏土和小颗粒粉砂粘附在砂滤料上，这种效果随着砂和进水颗粒物质表面电荷的不同而相应变化（Collins，1985；Stenkamp，1992）。这种机理在其他种类的滤料中是否存在仍不清楚。

4.4.9　生物处理

生物处理方式众多，以至于在一定程度上哪些应该被定义为工艺单元并不明确；如果生物处理在一定程度上可以被设计所控制，则认定它为一个工艺单元是合理的。这种标准已用在多种列在表 4-1 和表 4-2 的已知工艺上。

在雨水控制中出现的植物和其他生物形式，可以认为能去除某些污染物。对于植物而言，这些污染物是其新陈代谢所必需的物质，例如氮磷及各类微量金属营养物。然而，植物新陈代谢需要的量要低于其在雨水中的含量。在没有人工去除生物质的情况下，其生长所利用的污染物（营养物）与植物死亡腐败产生的有机物质能达到平衡状态。由于生物有机质的增加，在雨水控制的前几年污染物去除效果会比较明显，而在之后当植物的生长与死亡、腐败平衡时，就会达到一个稳定状态。

生物系统的一些研究成果与营养物质（尤其是氮磷）的去除机理存在矛盾。这类研究大部分为小型实验室规模，称为生物群落。这些试验常常是不成熟机理的。由于许多植物和微生物种群在污染物浓度远高于正常浓度时，它能够聚集超出其本身新陈代谢需求量的污染物质，因此可以实现污染物的去除。这称为生物累积作用。这种作用是生物体在进化过程中为适应自然界中营养物质不足而形成的。藻类和一些植物具有大量的生物累积能力，一些陆地植物也有这种能力。

生长、休眠以及死亡的季节性变化对受纳水体有着有益影响，即使其对水体污染物的年度净去除量（植物为生长而摄取的污染物质减去因死亡而释放的污染物质）为 0。在温和气候地区，春季和初夏对营养物质包括金属的去除，能够在小溪生态圈最为敏感的时候对其产生有利影响；在秋冬季时，之前去除污染物质能力的丧失，在水生环境的特定因素下，对受纳水体的影响可能很小。

生物处理工艺单元在渗透设施和滤池，包括生物滞留滤池和砂滤池中起着重要的作用。在砂滤料表面累积的细菌和其他微生物可以降解石油烃、农药并捕食病原体。此外，这些细菌可以降解进入的植物残渣，为溶解性金属提供吸附场所。

植物还能够间接提供实质性的好处，例如：叶子可以拦截沉淀物，从而防止或者至少减少渗透塘和滤池的堵塞。植物的根系可以保持排水良好土壤的渗透率，也可能增加紧实土壤的渗透率。在更深的根系中，草原上的草比草皮有更好的效果。腐败有机物为溶解金属、农药和其他有毒有机物质提供吸附场所。植物的存在形成了复杂的生态系统，有助于细菌和其他微生物的生长，从而加速了有毒物质的分解以及致病菌和病毒的死亡。植物能够利用雨水处理中吸附于土壤中的营养物质，从而使得它们重新具有吸附能力；植物可以提高蒸散作用，加快湿塘和湿地中污染物的去除；植物能恢复滤池和渗透塘的空隙，为下一场降雨提供储存空间。

在植物处理雨水过程中，尤其需要注意的一点是，在雨水出水中的氮、磷及金属污染物并不一定直接来自流入的雨水径流。无论是在湿塘还是在生物滞留滤池，只要存在植物摄入和腐败，化学吸附、沉析、解吸和溶解就会在处理系统中形成营养物的循环链。根据环境情况，污染物质的释放可能在湖泊类污染物处理系统中发生。研究发现（Nürnberg，1984），有底层缺氧带（缺氧湖泊）的湖泊对磷的蓄留作用远低于底层为好养带的湖泊（好养湖泊）。这类降雨之后潜在的污染物释放，也导致污染物去除效率不能成为评价雨水处理效果的可靠指标，详见第3章。

并不是所有的生物工艺单元都是有益的。滤池或者渗透设施中成层的细菌及藻类可能导致池体堵塞。考虑到营养物质的循环以及从腐败植物中的释放，生物工艺单元的允许进水浓度较低；氮的浓度范限制在1～2mg/L。有研究发现当雨水流经湿地时，某些形式的氮的浓度有所增加。此外，在类似湖泊的雨水控制系统中，随着浮游植物生物量的累积，藻类生长可以形成有机悬浮物。这种在处理系统内部产生的有机物增加了雨水进水的沉淀物负荷，从而极大地降低了处理系统的储存容量。

4.4.9.1 生物种类

1. 水生植物

在湿塘和湿地中生长的植物可以归为：水上根生、漂浮根生、水下根生以及自由漂浮型几类。水上根生型指植物的叶子生长于水面上的种类，如香蒲。而漂浮根生的植物如水百合，紧贴水面生长。叶子生长于水下的植物，如蓍草，则属于水下根生型。而自由漂浮型植物如浮萍则是直接从湿地水中吸收营养物质。

细菌以及藻类的生物膜在植物的叶子上生长从而去除污染物质。此外，大量的金属能够吸附于植物的根部，这种作用根据植物种类不同而变化。这种对锌、铜和其他金属的吸附机理有可能是在植物的根部生成了金属氧化物斑块；斑块吸收是植物防止过量吸收锌、铜等物质的一种防御形式，因为过量的锌、铜对植物存在一定毒性。这个过程解释了化学工艺单元与生物工艺单元的共生关系以及两者间的模糊界线。虽然金属是被吸附去除，但是由于植物在这个过程中的关键作用，因此将这个过程认定为生物工艺也有一定的合理性。

正如之前所说，一旦在湿地中的根系植物系统完整建立，则植物生长吸收的营养物质与植物死亡腐败产生的营养物质可以基本抵消。尤其是在厌氧土壤或者湿塘中，在有机物中存在一小部分永久性难降解物质。虽然植物生长为成熟体系的具体时间并不确定，但也差不多要用几年的时间。

水生植物的实际益处是间接的。如前所述，除了小颗粒胶体物质可以吸附于生物膜之外，植物叶子可以蓄留但不可过滤湿塘表面的沉淀物质。此外，植物为池体提供遮荫，加上蒸散作用可以有效降低储存雨水的水温。

水生植物可以将溶解氧大量汇集在根系部位，因此对湿塘以及湿地中的溶解氧浓度有着显著的影响；溶解氧是饱和土壤中生物生长的重要因素，因此提高溶解氧浓度有益于土壤中需要氧气的生物及化学工艺单元。尤其是在主要生长湿地植物的湿塘中，上层水体中的溶解氧也会受到植物影响。在下午溶解氧浓度会显著增加甚至达到过饱和状态。然而，相应的，晚间的呼吸作用能够大幅削减溶解氧浓度，甚至使浓度降到接近0。这种情况使得研究人员对干旱天气中湿地排水的水质产生了担忧。

2. 陆生植物

虽然植物是生物滞留滤池的固有组成部分，但作为表面处理系统要受到气候的限制以及考虑本地的植物品种。在半干旱地区即使本地植物稀少，也可能提高处理效果。灌木和树木的独特优势是其需要多年才能生长成熟，生长时间近似10年或者更长。草皮草需要频繁修剪，如果营养物是控制因素，修剪下来的草必须在降雨到来之前清理干净。对于木本植物则不需要清理，每年的修剪有可能提高其净生产率。雨水控制的净生产率及营养物含量的信息非常缺乏。而对农业作物的研究发现，每年磷的利用率大约为1～2g/m^2。在温带气候地区被树木摄入的磷大约为1g/m^{2}每年。氮的去除率大约是磷的10倍，这是因为植物大约利用比磷多10倍的氮元素。如果控制设施维护的好，死亡植物及时清除，根据现有设计参数设计的植物雨水控制系统的负荷率远高于上述利用率。

3. 细菌

在湿塘和生物滞留滤池中，特定的细菌主要用于去除氮。它们可以将入渗池和砂滤池中的氨转化成硝酸盐，而硝酸盐流动性强并可以从底部排水系统中流出。也有特定的硫化细菌将硫化物转化为硫酸盐，硫酸盐可以与湿塘土壤中的金属结合生成沉淀物。细菌也可以降解农药、石油化合物以及其他人工有机物，使这些污染物通过土壤或者滤池滤料从雨水中去除。细菌也可以将植物成分降解，使之能够吸附溶解性的金属和农药。当营养物不足时，在高于一般浓度的环境中细菌可以过量吸收水中的磷，即高于其自身代谢需求。

虽然细菌在通常情况下对处理系统有利，但是细菌生长也可能堵塞滤池和渗透设施。定期排空这类操作单元系统可以恢复其渗透性和过滤效率。

4. 藻类

在设有水池的操作单元中，能够找到自由悬浮或者附着生长的藻类，它们对处理系统的作用有利有弊。附着的藻类可以去除营养物，而自由悬浮的藻类，有时形成藻层，可携带金属和营养物流出水池。如果滤池或者渗透设施的排水过慢则藻类会造成池体堵塞。然而也有一些研究发现，在维持水位固定时，藻层可以提高处理效果（Rice，1974）。藻层产生的气体可使它上升从而将池面的悬浮物去除。在湿地叶子或者土壤中生成的藻类和细菌的生物膜可以提高处理效果。藻类可以累积远高于其自身新陈代谢所需浓度的金属（Vymazal，1994），然而这个效应在雨水处理系统中尚未被证实。

在自然湿地中，有每日pH循环，这个循环在雨水控制的湿地中也会出现。通过消耗CO_2，藻类和植物使得下午湿地pH上升至9以上。而如果水中钙离子充足，则会产生磷酸钙沉淀。可能生成的沉淀物为羟磷灰石，这是一种钙磷复合物。

4.4.9.2　植物新陈代谢

植物的新陈代谢可作为一项工艺单元，因为设计指定了雨水控制设施中的植物种类和密度。通过光合作用，植物吸收阳光中的能量将二氧化碳和水转化为淀粉和糖类，两者是植物的能源。通过新陈代谢作用，植物、藻类和一些微生物在生长，生成生物量过程中将污染物去除。主要方程如下：

$$CO_2 + H_2O + 光照 + 营养物质 = 生物量 \tag{4-3}$$

氮磷作为主要营养物是新陈代谢需求较大的两种元素。藻类的主要结构为 $C_{106}H_{263}O_{110}N_{16}P$-M，其中 M 代表占总生物量 2％的微量营养物质。而结构式说明了营养素组成为：O，48.6％；C，35％；H，7.2％；N，6.2％；P，0.9％。锌，作为最重要的一种金属元素，含量大约占营养物质的 0.1％。其他微量金属有锰、铁、铜、钼、钴等。在设有湿塘的雨水处理工艺中，金属和其他有毒污染物会导致植物以及藻类种群的变化以适应这类水体。已经有研究发现，藻类和植物生物质中的 N、P 和金属组成比前述无污染条件下的组成偏高（Vymazal，1994）。

磷循环见图 4-4，它包含了生物与化学工艺单元。植物新陈代谢是雨水控制中除磷的主要生物工艺。雨水中的磷主要以颗粒态存在并通过沉淀被去除。通常来说，进水中 1/4～1/3 的磷是游离正磷酸盐或者与水中有机物结合。虽然雨水控制手册主要目的是去除总磷，雨水控制设计中也需要特别注意以溶解态存在或者附着在细小沉淀物表面的生物可利用的磷。水窖之类的控制设施可能对降低总磷有效，但是也只是适量降低那些有生物利用潜质的磷。

特定磷元素通过微生物作用可能重新溶解或释放入水体的机理并未研究透彻。现已知一些磷与细粉砂和黏土结合并变成可生物利用的形态，而大部分则被解吸出来。一些雨水中有机物质中含有的磷会在微生物降解的过程中被释放。而释放的比例存在地域特性，在每个地域随降雨不同有很大不同。

如前所述，一旦植物覆盖了雨水控制设施表面，磷、氮和金属的摄入量与植物腐败分解的量相互平衡。当植物在秋季进入衰老状态时也会产生营养物质损失。有一小部分磷隐藏在死去的有机物中，且无法被微生物降解，尤其是在湿塘和湿地的厌氧土壤中。经估计这部分含量在自然湿地中大约每年有 0.5～1g/m^2，这可以作为设计的基础（Richardson，1985）。磷可以通过收割植物来去除。然而，植物收割对污染物的去除效果与设计有关，也就是说，控制单元的表面面积越大，植物收割对污染物的去除效果也越大。

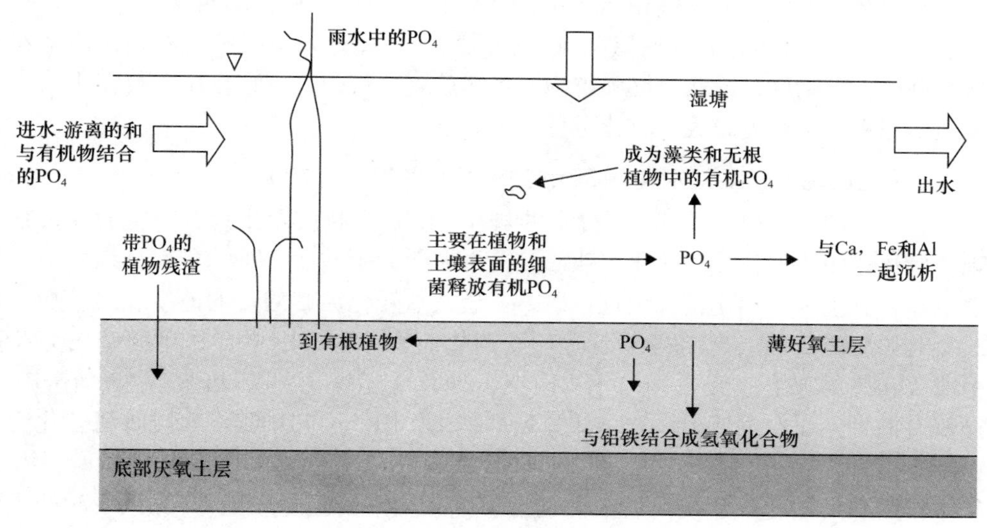

图 4-4　磷的循环（Minton，2011）

4.4.9.3　硝化和反硝化

图 4-5 为水相中的氮循环。氮的存在形式为与有机物结合、铵盐或氨气、亚硝酸盐、硝酸盐以及氮气。在未处理的雨水中，氮主要以有机结合态存在，其中包括浓度较低的铵盐、氨和硝酸盐。除了氨可以吸附于土壤中的黏土层外，氮一般不会发生沉降或者吸附。铵离子（NH_4^+）是氨（NH_3）在水溶液中存在的离子形态，而自由态的氨以气态形式存在。一些氨会直接通过蒸发作用离开系统，但是这种途径需要 pH 较高以及温暖气温。一些特定的藻类、微生物以及一些湿地植物能够将氮气转化为铵盐以获取生长所需的 N 元素，这个过程被称为固氮作用，只有在其他形式氮不存在的情况下该过程才有意义。

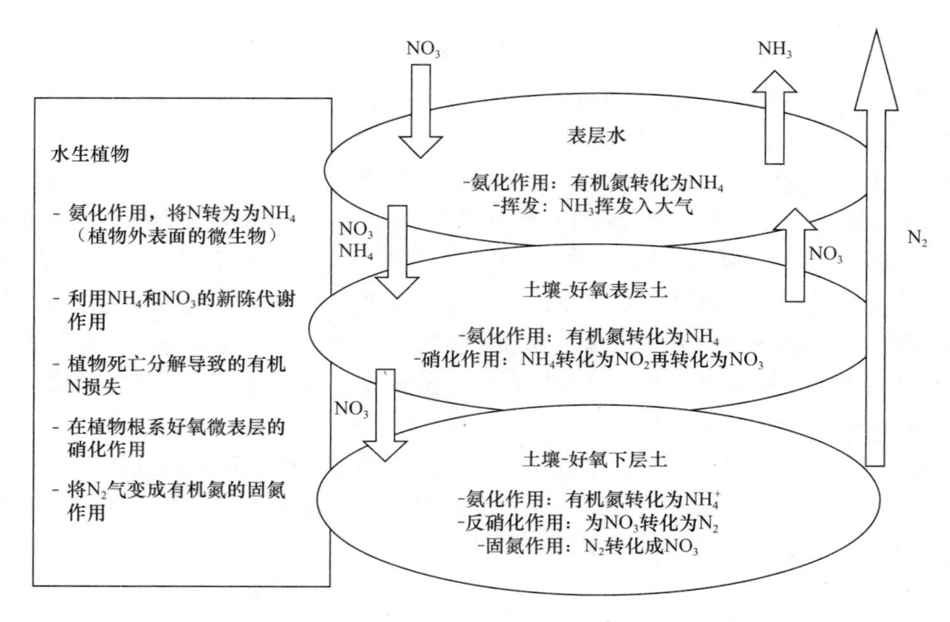

图 4-5　氮循环（Minton 2011）

大部分植物体系中氮的去除由微生物的硝化作用和反硝化作用实现（Tanner，2001；Minton，2011）。与磷类似，一些氮隐藏于有机物质中而难以被降解，尤其在湿塘和湿地的厌氧土壤中。细菌将氮元素最终降解为氮气释放到大气中。生物作用主要在土壤和生物膜中发生，那里菌类密度较大。转化过程表示如下：

$$\text{有机结合态氮} \xrightarrow{\text{氨化}} NH_4 + / NH_3 + O_2 \xrightarrow{\text{硝化}} NO_2 + NO_3 \xrightarrow{\text{反硝化}} N_2 \uparrow \qquad (4\text{-}4)$$

许多细菌种类都可以实现式 4.4 中的步骤 1，而硝化和反硝化只有特定的几类细菌可以实现。硝化作用步骤为将氨转化为亚硝酸盐再转化为硝酸盐。每一步都分别由一组不同的细菌主导，分别为亚硝化菌和硝化菌属。亚硝酸盐转化为硝酸盐的速度相对较快，而低温情况会对该反应造成一定阻碍。而对于反硝化而言，土壤中主要作用的菌属为芽孢杆菌、微球菌和假单胞菌；水中主要的作用菌属为假单胞菌、埃氏菌和弧菌。一小部分氨通过直接蒸发损失，而在湿塘中也有一部分无需硝化作用的中间步骤，直接将氨转化为氮气的细菌种类（Strous *et al.*，1997）。

硝化作用和反硝化作用受溶解氧和温度影响较大，当温度降至 15 ℃以下时处理效率显著下降。硝化作用只有在溶解氧存在时才会发生；而反硝化作用只有在溶解氧几乎为零时出现，在溶解氧为0时充分发生。由于硝化作用和反硝化作用在不同的区域发生，因此氨离子和硝酸根离子必须通过慢速扩散分别移动到硝化作用和反硝化作用区域。由于土壤的差异，尤其是土壤中pH和有机物的差异，使得自然湿地的处理效率有着很大差别。因此，这些问题在雨水控制湿地中也会出现。在滤池中，如果雨水流经滤池的停留时间只有几小时而不是几天，则硝化与反硝化作用并不明显。

由于缺水土壤一般保持好氧状态，因此陆地上的氮循环与水相中的氮循环存在一定程度的差别。硝化作用在渗透设施、砂滤池和生物滞留滤池中出现，也可能当雨水流过时出现。此外，更有可能出现的是在每次降雨中铵盐和氨会吸附在黏土中，并在之后转化为硝酸盐。在之后的每次降雨中，硝酸盐从黏土中解析下来，就好像发生了硝化。而在滤池和渗透设施中，反硝化作用并不十分明显。有机物的生物降解如果在滤料中发生，则可以造成低溶解氧的微环境，从而导致一些反硝化。然而这种处理系统在雨水中只能保持暂时缺氧条件，较短的时间段无法有效提高反硝化效果。不过，生物滞留滤池可以通过设计来保持缺氧储水区域（IWS），使得反硝化作用在该区域内发生（详见第8章）。此外，反硝化效率也会受到低溶解碳浓度的限制。

硝化作用和反硝化作用是雨水操作单元中最重要的两项去除氮元素的工艺，由于这两项作用的处理效率可以通过设计而明显提高，因此可以定义为工艺单元。与除磷工艺类似，除氮的雨水控制设计也应该主要针对可生化性氮而不是总氮负荷。

4.4.9.4 其他生物处理工艺单元

表4-1和表4-2列出了其他生物处理工艺，它们取决于操作单元的工艺条件。如硫酸盐还原需要极度厌氧的环境以及一定的时间从而保障特定种类的细菌来处理硫酸盐。因此，有时这种还原过程会出现在湿塘或者湿地的浸没式土壤中，只有偶尔才会出现厌氧状态的操作单元如渗透塘或者砂滤池，这种还原过程很难大量出现。在处理雨水的湿地中，在植物作用下，水中溶解氧浓度在下午显著增加，在清晨则会降至几乎厌氧状态，这种变化对工艺单元有一定帮助。然而，短时间给以必须的能量，微生物也未必会转变到处理状态。

人造化合物如农药的降解效率变化很大，根据特定的污染物质，其降解时间从几天到几世纪不等。微生物需要一定时间来适应这些有机物的存在，因此，如果一种有机物偶然的进入处理系统微生物无法将其及时有效的去除。不过，这些化合物可以吸附于处理设施内的有机质上，从而为微生物降解提供时间。而某些化合物在厌氧环境下更容易分解。

粪大肠菌群和相关细菌成了受纳水体的水质标准，由于病原菌不能很快地完全分析测定，故它们成了指示细菌。一般认为，病原菌比指示细菌死亡更快，因此少量的指示细菌说明病原菌含量也很少。然而对于粪大肠菌群而言，这类假设已经被发现有一定问题，一些州已经将埃希氏杆菌作为新的指示菌属。然而由于规定要求只采集随机样品、实验室操作的不确定性、在雨水控制设施中微生物的生长，以及有野生生物和宠物源头上的雨水直接进入调蓄池或者湿地，使得利用指示生物去除率来判定雨水控制效果的方法已经变得不再可靠。

4.4.10 降低温度

对于有冷水鱼类如鲑鱼和大马哈鱼的河流，特别关注热量富集。温暖的铺面会将径流加热。进入地面调蓄池的雨水，在流经调蓄池时温度也会上升。由于在雨水排放之前有方法降低其温度，因此降温也可以作为一个工艺单元。减少热量富集或给已被铺面等加热的雨水降温的设计方法主要有防止干塘中出现小流量水流、对湿塘或者湿地增加庇荫、使用地下式水窖代替地面调蓄池、调蓄池采用岩石出水通道以及使用生物滞留渗池等（Jones and Hunt，2009）。

4.4.11　消毒

虽然病原体在雨水控制设施中也会自然死亡，但是通过机械方法可以更直接的控制消毒效果。在消毒池中采用水喷雾或水循环可以提高 UV 照射灭菌的效果。然而这个工艺仍然缺乏现场研究。臭氧与 UV 联用的系统已经用于消毒旱季不太高的峰值流量。一些雨水处理设施制造商在滤池滤料表面加上特殊的化合物，如胺，细菌接触时会被杀死。

4.4.12　格栅

格栅有较大间隙，可去除大颗粒污染物，包括垃圾、碎片、大颗粒沉淀物以及植物等。大颗粒污染物会损害水生环境、伤害水生生物、影响美观，造成排水设施堵塞等。此外，污染物也会发生各种转化从而对雨水造成附加污染。大颗粒污染物对雨水水质的影响日益受到重视，近年来，日最大垃圾总量（TMDLs）也被一些城市列入市政雨水指标中，如洛杉矶和华盛顿特区。

大颗粒污染物的尺寸阈不同的研究有不同的结果；如在洛杉矶 TMDLs 的最小尺寸为 5mm（LARWQCB，2001）。Sansalone 和 Kim（2008）提出细砂和粉砂的限制平均尺寸为 ASTM D422，也就是 75μm。美国土木工程师协会（ASCE）的大颗粒固体物工作委员会根据 Roesner 等人（2007）的研究对颗粒分类做了正式规定，其结果见图 4-6。ASCE 提出了以下分类（England and Rushton，2007）：

（1）垃圾

大于 4.75mm 或者符合美国 No. 4 筛网孔隙标准的、人造垃圾，如纸张、塑料、聚苯乙烯产品、金属和玻璃。

（2）有机物残渣

大于 4.75mm 的叶子、树枝、种子、嫩芽以及剪下的碎草。

（3）大颗粒沉淀物

来自土壤、铺面、建筑材料、垃圾或者其他大于 75μm 或者符合美国 No. 200 筛网标准粒径的有机或无机物质。

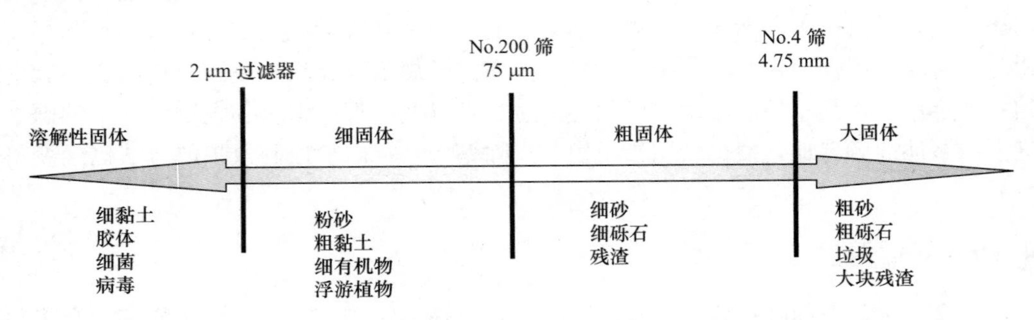

图 4-6　确定大颗粒污染物的尺寸分类示意图（依据 Roesner 等，2007 年）

现在，仅有极少的研究旨在区分组成大粒径污染物质的不同种类垃圾和残渣。Sartor and Boyd（1972）在之前的一项美国EPA研究中进行了许多实验，从而给出了街道表面污染物的定义。这项研究基于美国8个城市的样品，发现负荷率变化极大。南非的一项研究发现（Armitage *et al.*，1998）居住区垃圾在雨水中的流失率可以从0.53kg/(hm^2·年)变化到96kg/(hm^2·年)。Caltrans执行了一项垃圾处理研究（Caltrans，2000），发现在高速公路表面的固废产生量为97.6L/hm^2（893 cu ft/sq mi）。垃圾的尺寸和重量之间没有固定的关系，其形状和尺寸随时间变化很大，且可发生降解（URS Corp.，2004）。表4-3中列出了上述研究结果的汇总。纽约（HydroQual，Inc.，1995）进行的一项研究发现每天每30m（100ft）道路有2.3个漂浮垃圾物通过雨水口排出，总垃圾量是漂浮垃圾量的两倍。纽约的研究将收集的垃圾按照表4-4进行分类。

垃圾负荷研究汇总 **表4-3**

来源	土地用途	负荷率
Ballona河和湿地垃圾（LARWQCB，2001）	一般	9.3L/hm^2（640gal/sq mi），或 0.009m^3/hm^2（85.6cu ft/sq mi）
Ballona河和湿地垃圾（LARWQCB，2001）	高速公路	未被压缩垃圾13.1kg/hm^2（7479.4lb/sq mi），或 0.1m^3/hm^2（892.6cu ft/sq mi）
南非（Armitage等，1998）	住宅区	0.53kg/(hm^2·年)（0.47lb/ac/yr），低限 96kg/ha/yr（86lb/ac/yr），高限
澳大利亚（Allison等，1998b）	城市	干垃圾30kg/(hm^2·年)（27lb/ac/yr）
澳大利亚（Allison等，1998a）	商业/住宅/轻工业混合	81和236g/hm^{2}每场雨 （46lb and 135lb/sq mi每场雨）
Sartor和Boyd（1972） 住宅区	低密度/旧/独户 中等密度/新/独户 低密度/旧/多户 中等密度/旧/多户	310kg/km（1100+/−lb/curb mi） 140kg/km（500lb/curb mi） 280kg/km（1000lb/curb mi） 340kg/km（1200lb/curb mi）
Sartor和Boyd（1972） 工业区	轻工业 中等工业 重工业	650kg/km（2300lb/curb mi） 540kg/km（1900lb/curb mi） 1130kg/km（4000lb/curb mi）
Sartor和Boyd（1972） 商业区	购物中心 中央商业区	113kg/km（400lb/curb mi） 85kg/km（300lb/curb mi）

纽约市街道上的垃圾（HydroQual，2005） **表4-4**

分类	数量占比（%）	重量占比（%）	密度（g/L）（lb/cu ft）
塑料	57.2	44.3	44.9（2.8）
金属	18.9	12	60.9（3.8）
纸	5.9	4	32.0（2.0）
木	5.9	5.3	123（7.7）
聚苯乙烯	5.4	1.3	11.2（0.7）
衣服/织物	2.5	12.5	133（8.3）
玻璃	0.4	15.6	221（13.8）
其他	3.8	5	157（9.8）

几乎所有类型的雨水控制设施都可以在一定程度上去除大颗粒污染物；例如，生物滞留滤池和湿地中的植物可以拦截塑料袋及其他漂浮物。大部分预制地下水池都用来去除较大污染物。最有效去除垃圾的方法是直接利用大颗粒污染物拦截装置（GTP）拦截。去除污染物的GTP主要包括：格栅、网兜、挂篮、格网等，挡罩可以从雨水中去除大尺寸漂浮固体（见第10章）。这些处理工艺的效率都与及时去除拦截物的维护管理直接相关。当格栅与流道垂直时，污染物累积于间隙中极易导致其堵塞，使得整个装置需要及时清洗。而设计水流与格栅呈一个角度布置则可以通过格栅的自净作用使得拦截更有效率。

4.5 小结

本章提出了一系列的概念，旨在帮助设计人员理解雨水控制的工艺单元，并将其组合成为操作单元从而达到水量水质控制目标。提出了一个用来区分及简化现有雨水控制术语的框架，以推动雨水专业技术人员之间的交流。并努力使这个框架中的术语具体化，以清晰说明雨水控制的本质。本章包括了多种术语的鉴别并将其按常用的描述分类，从而保障了设计理解的一致性。

第5章　标准选择和设计原则

5.1　引言

新建或改扩建项目的雨水管理总体规划必须与径流量和水质的管理目标一致，并且与现行的标准一致。本书第2章总结了城市化对径流量、水质、河道形态以及水生生物的影响。第3章阐述了怎样从流域层面制定管理目标以控制这些影响，并且在具体的地点把目标转变成适用的设计标准。第4章列举了各项雨水控制措施及其对雨水的控制能力。本章将提出用来建立场地级别（site level）的雨水管理策略框架，作为设计流程的大纲。

雨水只是城市水文的一部分，并且与其他部分有着复杂的关系，因此管理策略应当首先从雨水管理开始。雨水与污水的关联，不仅发生在合流制系统中，而且也发生在产生“渗漏”的基础设施中。尤其是在干旱地区，雨水可作为生活、商业以及工业用水。由于雨水收集能够减少供水的能耗，因此也与能源有关。

成功的雨水管理策略应遵循以景观为基础、以水为中心的思路进行场地规划，资源评价、土地利用和设计决策都要考虑到对流域健康、人民生命和财产保护、经济增长和基础设施可持续性的潜在影响。这种策略整合了水、土地利用、人和建筑，有4种不同级别的应用：

（1）流域级别。其导向应是科学的、受利益相关者的支持、实用的雨水管理目标和政策，如第3章所述。

（2）市政级别。应将流域管理落实为合理的设计标准和规范，以支持社区发展和基础设施维护。

（3）场地级别（site level）。应通过对水及其与场地资金和问题的关系进行全面考量，降低开发建设的影响；制订可持续的、经济合理的雨水管理计划，从源头将问题在可行范围内减到最少，剩余的影响通过科学的选择雨水控制措施来消除（第4章）。

（4）地块级别（lot level）。指导建筑物、水景、设施和景观的安置和布局，以满足场地的目标。

本章着眼于阐述实施第3和第4级别的概念，即场地设计的级别。其前提是假定第1级和第2级别已经提出了适合场地地理特征的管理目标和设计标准。不过，因为在设计过程中需要考虑宏观总体的情况，本章对这两个更大级别的某些方面仍然会有所讨论。场地的雨水管理策略通过以下五个步骤建立：

（1）理解设计目标和设计标准；

（2）场地资源的调研和保护；

（3）确定源头控制措施；

（4）选择雨水控制措施；

（5）实施与功能监测。

本章接下来将详述这些步骤。雨水控制措施的具体设计详见第 6 章～第 10 章。

5.2　理解设计目标和设计标准

第 3 章详细讨论了雨水控制性能目标的建立。这些目标的基础是源于指导机构确定的水量和水质的相关规定，以及达到目标所必需的处理水平。这些成果被用来建立市政条例和设计标准，一般采用设计手册的形式。

5.2.1　规划原则

如第 3 章所述，管理目标和设计标准应根据完善资料的流域研究和科学理解来建立。流域规划可覆盖广泛的地理尺度——5～10km^2 的小支流到大河道、湖泊或河口的地区性流域。流域规划也可基于不同目的，如防洪、供水或者保护水产或生物栖息地等。根据规划目的不同，雨水问题可能是所讨论的唯一或其中之一的水资源问题。

某些辖区或州政府机构可能已经完成了场地所在地区的流域管理规划。第 3 章额外讨论了有或者没有流域管理规划情况下，管理目标建立的问题。

5.2.2　雨水管理目标

第 3 章总结了雨水管理的性能目标，分以下几类：

（1）地下水补给和蒸散；

（2）水质保护；

（3）河道保护；

（4）漫滩洪水保护；

（5）极端洪水保护。

本节以下部分简要总结如何根据联邦和当地的法规确定这些目标。

5.2.2.1　联邦法规

第 3 章总结了与雨水管理最密切相关的联邦法规。这些法规一般授权给各州，尽管不一定在所有的州都适用。例如，美国环境保护局（U. S. EPA）《地下灌注控制计划》，可通过各州的机构或者 U. S. EPA 的区域性机构规范管理雨水的入渗控制（U. S. EPA，2010 b）。此外，可能在这些地区已经确立地下水补给或水源保护规划来保护地下水资源。

最大日负荷总量（TMDL）是一个监管程序，用来保证对《清洁水法》（CWA）303 节（d）列出的、正被污染水体的有效保护。每一项 TMDL 的建立需要确定受纳水体最大可承受的污染总量，并且进行流域内点源和非点源污染量的分配。对于基于《清洁水法》的《国家污染物排放消除系统》（NPDES）许可的点源污染排放单位，TMDL 的配额最终将通过对排放量的限制来落实，可能成为达标的严重挑战。TMDL 是从流域范围估算的污染物负荷量化的限值。尽管这一计划早在 1972 年由《清洁水法》提出，其真正变成重要的水污染控制措施是在 1990 年代（U. S. EPA，2010a）。对于每一个列在 303（d）表中的受污染水体，针对每一项导致损害的污染物，TMDL 的建立是为了保证水的质量标准，它应通过以下途径确定：

（1）确定能够排入水体不会导致损害的最大日负荷；

（2）确定全部污染物的来源，包括点源和非点源污染物，同时确定每一污染物的年负荷；

（3）估算一定的安全余量，以弥补对排放物限值和水质之间关系认识不足带来的风险；

（4）合理分配各污染源允许的污染负荷。

负荷总量确定之后，将作为雨水管理许可的一部分，为满足 TMDL 的要求，往往会导致雨水、污水的运行和设施，以及 NPDES 工业生产许可的改变，因此必须建立实现 TMDL 的实施计划。这一计划需要紧密契合已有的流域管理规划，并建立一系列的污染源控制对策、设置雨水控制措施、并达到废水处理要求。流域污染物交易是一种能够在流域范围内多个污染物排放对象之间，实现经济合理地治理污染的有效机制。在额外更小范围的补充资料基础上，最大日负荷总量可根据场地特殊的目标或使用可达到性分析（UAA）进行调整。关于 UAA 的其他资料可参见水环境研究基金会（WERF）和国家净水联合组织（NACWA）的出版物。

最大日负荷总量最常用的污染物指标有沉积物、营养物（氮和磷）、病原体和重金属，其他越来越普遍使用的指标有危害底栖动物的物质、垃圾乃至流量。美国环境保护局提供了全国范围来自雨水的各类污染物 TMDL 的汇总（U. S. EPA. 2007a）。

到目前为止，列出的全部数千条河道雨水污染物的最大日负荷总量还没有达标。一旦该指标已经确定，分配给某一特定污染源的总量就可用来指导确定处理目标。对于城市化地区，往往包括在分流制雨污水系统的污染物负荷分配中，也就是由国家污染物排放消除系统计划规定的点源排放。

如果项目所在地有 TMDL 执行规划，在建设过程中和建设完成后，工程地点的污染负荷需要与规划分配的负荷一致。根据 TMDL 控制重点，表 4-1～表 4-2 可用来指导设计师选择针对性的工艺单元和操作单元。

因为 TMDL 包括对于所有污染源的综合分析，所以需要强调的一点是，雨水应被看作城市水环境的一个组成部分，并认识到它和污水处理、灌溉、饮用水供给、休闲娱乐水体、环境用水和工业供水系统的相关性。

5.2.2.2 市政规范

近 10 年来，随着人们逐渐认识到雨水问题的重要性，各州及地方政府也制订了雨水控制设计的标准。首先制定的法规是有关下游排水能力或洪涝问题。通常规定，对于特定的设计降雨工况如十年或百年重现期，开发后的洪峰流量应等于或小于开发前的。从 1960 年代开始至今的研究表明，城市径流是恶化水体环境的重要原因（APWA，1969；U. S. EPA，1983；2007b）如第 3 章总结所示，相关的标准已扩展到地下水被给、水质保护与河道保护。为了支持设计标准的制定，有关的知识范畴将进一步扩展。

各地方政府发布雨水设计手册，为设计者提供一系列的地区性的特定参数来解决相关问题。大部分手册包括确定设计径流量和峰值流量的信息资料和公认的计算方法，以及“菜谱”式的可行的雨水控制措施。然而不幸的是，多数辖区依赖设计标准的统一应用，而没有考虑流域自然地理的差别、项目地点在流域中的位置或者受纳水体的特殊条件。此外，还没有一个辖区从允许场地外消除的交易计划中受益。

5.2.3　实施

即便有最全面和最合适的雨水管理计划，如果不能有效实施也将无法取得成效。实施一般滞后于规章制度的传播。需要合法的措施来引导承包商和公民采取正确的行动。执法的一致性也是非常重要的，可以避免混乱、延迟、各辖区意见不一以及财务责任不清。

NPDES 对分流制系统的许可赋予其合法的权限来执行建设和建设后的雨水管理。对于违规的处理，有多种类型的措施可以执行。违规的口头警告或书面通知是执法和处罚的正式文件。较小的违规可能会收到执行相应法规的通知。违规行为可责令其限期整改，或有更严重的违规时发出停止和禁止令。罚款和刑事检控行动是最高等级的措施，一般针对长期性问题或者故意违规行为。

执行是雨水管理的一个非常重要的部分，但它往往受制于市政机构财政的限制、发现违规的困难性以及迟缓的执行响应性。

5.3　场地资源的调研与保护

如前所述，设计者应该充分了解需要满足场地的所有要求。下一步需要了解场地可利用的资源，为什么需要保护，它们对于雨水管理起到怎样的作用。

如果一个场地是新开发的重要地区，应该了解该处的自然水文过程，并且尽可能不去干扰它。这包括短期的和长年的河流、河边缓冲带、森林、有补给潜力的土壤和湿地等。尽可能地保护自然环境，同时提供自然的水质控制过程，包括沉淀、过滤、吸附、生物摄取、有机物降解后的硝化反硝化和病菌的衰减。自然条件同时也是最有效控制热效应的措施。

已建成区的改建带来了恢复原有自然状态的机会。如果有足够的场地恢复其稳定的断面和流向，重现被填埋排水沟的溪流将是可行的。如果新的场地开发能提供需要的面积，恢复已建河道沿线的河滨缓冲带是很有潜力的重建措施。其他的可能性还有从透水土壤移去不透水的东西恢复其渗透性或将被疏干的土壤恢复成湿地。

资源保护的目标在于尽可能不改变未开发前的水文和水质特性。保护敏感地区，以减少开发建设带来的影响。目前存在的生态系统的好处是，它很难甚至不可能通过径流控制得到改变。下面的章节将讨论那些最重要需要保护的资源。

5.3.1　源头河流

一个流域里的大部分河流是一级或二级溪流，通常称为源头。Leopold 等人（1964 年）估计，在很多流域，源头河流占到河网的 90%以上。这些区域包括泉水、沼泽以及间歇性的溪流，它们提供了大型河道的大部分基流。正是因为其较小的尺度，源头溪流提供了动态生物进程的场所，进而提供了净化水质和增加生物多样性的机会。较小的断面面积与湿周的比例意味着水体与河床有更多的联系，从而营养物质能够循环、生物区得以建立。相反，高等级的河道大部分提供的是输送作用。不幸的是，在城市化地区，很多源头溪流被管道和沟渠所代替。从河网拓扑学的观点来看，也可以说在城市化地区，街道、停车场和其他直接连接的不透水区是事实上的源头河道。从这个角度来看，这些源头河道不仅缺乏生物活动，而且积累和输送多种污染物、过量水流和热负荷。

对源头河道最好的保护与不透水区的隔离，保存和加强自然的滨水植被。滨水区可以控制温度和日照、提供水生生物的食物来源和栖息地、维持多样的生态系统、稳定河岸，并且去除污染物。

5.3.2　湿地

湿地是最重要的水生态系统之一，为在其他地方无法生存的植物和野生生物提供栖息地，为众多物种提供产卵场所。从雨水管理的角度，湿地可存蓄雨水、削值减峰、减少径流量以及通过沉淀和生物过程去除污染物。

保护湿地避免干扰，需要在大流量和污染物来源地与湿地之间设置缓冲带。如第 6 章所述，这些措施几乎在每一处开发建设的场地都需要。另一个重要的湿地保护方法，是通过适当的植被维护减少入侵物种、保持生物多样性以保护湿地的功能。例如，香蒲在许多地方是本土物种，但会与其他水生植物过度竞争，单一的香蒲栽培会导致蚊子的滋生。(Hunt and Lord，2006)

5.3.3　河滩

河滩提供很重要的水文功能，在高重现期洪水时保证无冲蚀的洪水传输。它们同时提供了径流的临时存蓄、削减洪峰以及通过入渗和蒸发减少洪水量。如果没有河道河滩降低洪水流速的作用，河道将会很快退化，先是断流，而后是变宽。河道河滩能够通过洼地和渗透减少径流量。河道河滩的植被同时也提供了泥砂和固相污染物的过滤净化作用。

5.3.4　河岸缓冲带

河岸缓冲带有益于河道系统之处很多。植被和根系群有助于抵御高速水流、加固河岸、减少冲蚀。荫影是控制河道温度的最重要手段之一。此外树叶和其他植被提供了所有河道水生生物食物网的基础。荫影也减少了藻类的生长，促进大型无脊椎动物和物种的多样性。缓冲带同时是河道沿线地块雨水的有效过滤器。

缓冲带的宽度被认为是减少污染物和保护河道健康最重要的有效因素。太窄的宽度将不能提供足够的河岸保护与荫影。缓冲带宽度的确定包括场地特征因素，如地形、水文、地理以及土地利用等。另外缓冲带宽度的确定必须平衡环境保护目标和社会经济因素。为了达成一致，规划设计者需要用科学数据说明河道的自然资源价值。资源价值高，可能缓冲带就更宽。

美国林务局为缓冲带提供了一种三区域模型（Welsch，1991）。最接近河床的区域最小宽度为 5m（15ft），包含有未被干扰的野生灌木和树林。中间区域从第一个区域边界算起最小宽度为 20m（60ft）。其植被与第一区相同，但可以是被移动过的，例如替换过的。最外面的区域从中间区域的边界算起最小宽度为 6m（20ft），包含有混合的植被，可以供动物食用，但大部分经过选择，可通过过滤和生物过程来延缓雨水流动和去除污染物。

5.3.5　原始森林和植被

森林覆盖数量对水质具有非常显著的作用。森林所在区域通过滞蓄、入渗、蒸散作用改善水文条件，同时通过过滤和生物过程对污染物进行控制。原始植被通常有更深的根系，雨水净化效果更好，并可以保护土壤。森林中的腐殖质层是发挥上述效益的关键因素。

5.3.6　原始土壤结构

原始土壤是经过气候、化学和生物过程形成的，包含有复杂的大空隙结构，提供了水平方向和竖直方向的渗透能力。工程建设会大大改变当地土壤的特性。施工设备的挤压会导致渗透性的降低，从而改变用来设计雨水控制与排放系统的径流特性。对易蚀土壤的扰动同样会带来问题。对地下水补给非常重要的地区或者土壤易蚀地区应限制建设活动。

5.3.7　陡坡

当地面被清理，径流速度加快时，陡坡特别容易被冲蚀，造成土壤流失与河道沉积。开挖形成的陡坡也会拦截季节性的水位上升或截断水流交换。

5.4　确定源头控制措施

经过前述步骤，设计者了解了哪些资源需要保护以及它们如何影响场地的水文。在本步骤中，将评估场地以确定使径流量和污染物最小化的可行方案。

土地开发应包括源头控制，保护或重建拦截、入渗与蒸散作用来减少径流量。通过减少径流量，可以减少不透水区域冲刷带来的污染物，以及减少破坏下游水生系统的洪峰发生以及热效应。

5.4.1　径流源头控制

5.4.1.1　不透水表面的消减或隔断

减少不透水表面是减少径流量最有效的办法之一。场地上增加植被面积是控制径流量的有效措施。将径流导向植被，通过生物过程就会减少污染物。同时这也是有效防止径流温度升高的措施。在基础周边设置良好的排水系统，将屋顶雨水隔断，这一源头控制措施与允许入渗的透水性土壤结合，将是非常有效的。当然，它适用于所有的土壤。必须认真考虑坡度的设计，保证水流不会过度集中导致冲蚀性流速，或由于入渗造成任何斜坡的失稳。

5.4.1.2　透水区域管理

这一源头控制措施指的是在场地的透水区域改进土壤条件，如减少对土壤挤压、土壤透气、采用有机物改善等。这有助于提高渗透性和径流的分散，从而有助于降低峰值流量和径流总量。土壤恢复也有助于建立植被，从而进一步提高入渗和蒸散作用。

5.4.1.3　植被管理

恢复原始植被或者替换森林砍伐地区有助于通过提高蒸散减少径流量。生物过程有助于强化污染物去除。如果植被恢复的地区，则通过适当的路径和标识使得公众可以到达。这一措施可用作透水区的初级处理，或者作为初级处理系统如湿地、湿塘或生物滞留系统的三级处理，来促进生物处理作用。

5.4.1.4　雨水收集利用

雨水收集利用是指收集和存储雨水用作景观灌溉、地下水补给、杂用水甚至饮用水。径流量减少可以是其本身的另一个用途或者其他用途的附属效益（Crowley，2005）。雨水收集利用系统包括从供一户花园灌溉的雨水桶到作为复杂饮用水系统或工业供水系统的大型蓄水池。大型汇水区表面如商业建筑屋顶提供了收集雨水的可能，这既能够显著减少径流量，又能够带来其他用途如景观灌溉和冲厕之用。

必须说明的是，雨水收集利用的控制措施，其蓄水空间必须在下一场雨来临前清空，但也和系统的基本用途有关，例如，在潮湿气候下，一场雨后雨水没必要用作灌溉，甚至可能整个雨季都不需要。由此可见，用雨水收集利用系统实现雨水管理的目的必须清晰界定。

5.4.2　污染源控制

5.4.2.1　隔离

隔离指的是覆盖或转移潜在污染物以避免被雨水冲刷。类似的例子包括有高速公路的盐储存区、农田的肥料储存或者施工场地的泥土挖掘。

5.4.2.2　材料和废弃物管理

此类源头控制包括对如何合理使用、储存与处置潜在污染材料的教育和实践。例如杀虫剂的使用，较好的方式是由专业人员使用，或者用综合的方法灭虫，以减少或消除污染物质的使用。使用遵循绿色化学原则生产的材料，在生产环节和使用环节均有助于降低毒性。应当设法减少使用冬季除冰的材料，采用替代的除冰装置、调整使用时机、强化物质储备管理等。

5.4.2.3　清扫

清扫指的是周期性的维护，在潜在污染物冲刷入雨水管渠和河道之前将其去除。常见的清扫行为包括雨水口清理、渗漏控制或场地维护与清洁。

5.4.2.4　街道清扫

街道清扫是指道路、排水沟、停车场的清扫，在冲刷入沟渠和河道前去除街道灰尘、污垢、泥砂和路盐。街道清扫可以作为其他源头控制措施不能完全从环境中去除污染物的初级或者预处理工艺。周期性清扫可减少雨水控制设施的维护成本。

有大量的出版物详细阐述了源头控制措施。例如加州雨水质量协会（2003a，b，c），U. S. EPA（2005），和华盛顿州生态处（2005）等。建议读者参考这些文献和相关出版物。

5.4.3　径流输送与分流

输送系统包括传统的路缘石、雨水口、雨水管、植草沟和石砌明渠等。该系统设计用来收集和输送城市化地区的雨水径流到雨水控制设施或河道中。同时用来防止冲蚀、消散冲蚀流速以及保护陡坡。如果设计为水文或水质处理设施，包括削峰、沉淀或过滤等工艺单元，则属于植草沟的范畴；如果设计为临时存储的输送系统，则起调蓄池的作用，并可成为蒸散或沉淀等工艺单元。许多径流和传输设施也能提供某种程度的入渗作用。

排放口是输送的一种形式，也可起到处理的作用。传统上石砌明渠用来对雨水管排水进行消能。大西洋中部的一些地区采用一种被称为“阶梯水塘雨水排放（SPSC）”的形式，它由一系列浅水塘、浅滩、跌水堰组成，使用堆石堰、天然植被与水下砂滤床。这种SPSC设计是自然化的排放系统，在其将雨水排放至受纳水体的同时，可带来水质和生态上的双重效益（Flores *et al.*，2009）。

当地的坡度和地形影响排放系统的设计。同时集中水流、减少汇流时间、流经不透水表面时提高径流温度，对河道水流和水温可能产生环境影响。

5.5　选择雨水控制措施

根据以上步骤的结论，设计者应尽可能的减少影响，并且对现场受纳水体以及其他自然资源所受的影响有一个清晰的认识。本步骤将针对这些影响来选择和设计雨水控制措施。

选择和设计雨水控制措施时，尽可能从上游到下游进行。控制要在雨水形成集中水流之前，从雨水、坡面流或者径流着手。如果以上措施不可行，则河流源头的控制要优于中间及下游的控制。上游控制措施可保护更多的河道系统。要使小系统设计能在现场一起发挥作用。控制措施应在雨水落到地面上、雨水集中之前就开始发挥作用。一旦径流集中后，就很难有效地恢复水文过程。

对于能够有效减少径流总量、削减峰值流量以及去除特定污染物的工艺单元应当进行分类鉴定。表4-1所示为根据这一目的所列的工艺单元及其可处理的污染物。例如，有6种工艺可以减少磷的负荷。沉淀和过滤可减少粘着在泥砂上的磷，吸附、沉析、混凝和植物新陈代谢可减少溶解性的磷。选择处理工艺单元应根据最大程度去除目标污染物质。由于每一工艺单元对于污染物的处理效能不同，因而在实践中，处理工艺单元的选择更多是由该单元设计的具体控制类型决定的。

必要的工艺单元确定后，提供所需处理的操作单元也可随之确定。表4-2所列为发生在工艺单元内的雨水控制过程。如第3章所述，这些控制设施可以整合在一个系统内，通过两种或者更多的成系列控制设施能更有效地处理所关注的污染物。

值得强调的是在单一设施中几种控制可组合成多个工艺单元。特别如湿塘、湿地和生物滞留滤池，均为多种工艺设施。它们可以通过沉淀去除固态污染物，通过生物过程去除溶解态污染物。只要可能，控制设施应设计成先是物理处理的工艺单元后是生物处理。大颗粒污染物如垃圾和残渣首先被去除，随后是粗砂、细砂、胶体、微生物和溶解的污染物质。

最终，设计者应确定场地的限制条件，选择最适合场地特点的控制设施。

5.5.1　系统构建原则

雨水控制系统由一个或多个能够有效去除污染物、控制水流满足受纳水体目标的操作单元组成。要满足有效性，每一雨水控制系统都应该包含以下各节所讨论的内容。

5.5.1.1　预处理

许多雨水控制措施需要某种形式的预处理来提高它们的效果、减少维护或者延长它们的有效期。预处理能够最小化初级操作单元接纳的污染量，有助于维护，从而减少整个设施的维护成本。例如设在湿塘进口处的前置塘。预处理也可用来保护下游操作单元，如过滤和入渗等易于堵塞的工艺。通过在到达处理设施之前减少径流中大颗粒污染物，这些处理设施的性能将得到加强。表 4-1 显示沉淀和过滤是两种控制悬浮固体颗粒（TSS）的工艺。

从表 4-2 来看，植草沟、调蓄池、水窖和旋流分离池能够起到沉淀作用，可以作为滤池上游的预处理单元。如果水质目标仅限于这些污染物，大颗粒污染物截留可能是惟一需要的工艺单元，或者它可作为具有多重污染物去除或多用途目标的预处理单元。类似地，植草沟和植草带当设计成能截留和处理 90％雨水时，能够提供足够的污染物控制，或者可以用作滤池或入渗池的预处理。

5.5.1.2 调蓄和流量控制

在大部分北美地区，某些降雨强度范围，特别是在极端降雨事件中，产生的径流量超过了所选择处理设施的特定处理能力，就可能造成前期截留污染物的释放。此外，雨水系统经常设计用来达到控制下游洪水和冲蚀的目标。因此，有效的雨水控制系统应有相应的调蓄设施，其出口能够保证流量不超过控制水平，并设有溢流设施能够安全地分流超过设计流量的来水。调蓄和流量控制是本节所述和包含在第 6 到第 10 章的所有控制设施成功运行的基础。其他控制设施的目标主要定位在污染物的去除（如大颗粒污染物截留、旋流分离和油水分离等），必须配备有调蓄单元才能获得理想的下游流量控制目标。

5.5.1.3 污染物去除

本节所述的所有操作单元或者通过减少总的径流量，或者通过减少污染物浓度来减少污染物负荷，或者两者兼有。大多数情况下，雨水系统要求达到一定的污染物去除率。

5.5.2 约束条件

场地约束条件常常限制了某些雨水控制设施的使用。设计者应当分析这些约束条件并且评估表 5-1 中的因素，以场地的约束条件找到系列的控制设施，包括需要的工艺单元，完成最高效适用的设计。表 5-1 的条目既非负面的，亦非正面的因素，而是需要考虑的与特定的雨水控制设施相关各个方面。在某些情况下，它们标志着潜在的障碍，例如，下部为岩床使得入渗设施不可行。在另外一些情况下，限制因素是需要仔细评估的。例如，喀斯特地形并不排除入渗措施，但是雨水在入渗之前必须经过适当的处理。再如，湿塘可能需要维持恒定的水位，而对于渗透设施，高水位是负面因素。某些因素适用于所有控制设施，如所有的案例中土地所有权都需要考虑，水库的存在将引发额外关于出水水质和系统失败所带来后果的评估。

5.5.2.1 自然因素

1. 汇水面积

雨水控制设施的汇水面积限制了可以采用的系统类型。一般来讲，较小的控制设施如植草沟、滤池或渗透设施能够处理的汇水面积有其上限。相反，任何需要恒定水位的系统对于汇水面积有下限的要求，以保证在旱季有足够的流量来维持水位，除非水位设定为地下水位或更低。

2. 用地需求

雨水控制设施所需的用地面积有很大差异。在建成地区的改造工程会受用地限制。在新开发和重建地区，如果雨水控制设施减少了可用于停车场或建筑物的土地，则可能在经济上是不可行的。空间受到限制的重建项目，景观屋顶和透水铺面是可行的选择，然而，

选择雨水控制设施时应考虑的因素 表 5-1

		自然因素									施工和维护				环境因素和许可									社会因素					
		汇水面积	用地要求	地形	场地坡度	喀斯特地质	基岩深度	水位	土壤	气候	复杂性	维护要求	施工通道	与公用设施和道路矛盾	森林	湿地	基流	排放温度	海滩和贝类床	水库	洪泛区	含水层	城市栖息地改变	土地所有权	健康与安全	美观和舒适性	对周边土地利用的影响	教育和职位机会
调蓄池	湿塘	×	×			×	×	×	×	×		×	×		×	×	×	×	×	×	×		×	×	×	×	×	×
	湿地	×	×			×	×	×	×	×	×	×	×		×	×	×	×	×	×	×		×	×	×	×	×	×
	干塘		×			×	×	×	×	×		×	×		×	×		×		×	×		×	×		×	×	×
	水窖和旋流分离器									×		×	×	×						×				×	×			
	油水分离器					×	×	×	×	×	×	×	×	×						×				×				
	前池									×		×	×					×		×			×	×		×		
	蓄水池									×		×	×	×						×			×	×		×		
植草沟和植草带	植草沟	×		×	×			×		×		×	×	×					×	×			×	×		×	×	
	植草带			×	×					×		×	×							×			×	×		×		
滤池	砂滤池				×		×	×		×		×	×				×			×	×			×				
	生物滞留池				×		×	×		×	×	×	×				×			×	×		×	×		×	×	×
	景观屋顶						×			××	×	×	×	×						×			×	×		×		
	雨水口截污插件						×					×	×							×				×				
	预制滤池						×					×	×							×				×				
渗透设施	渗透塘	×	×			×	×	×	×	×		×	×		×		×			×	×	×	×	×		×	×	×
	渗窖	×				×	×	×	×	×		×	×							×	×	×		×				
	渗渠	×				×	×	×	×	×		×	×							×	×	×		×				
	渗井	×				×	×	×	×	×		×	×	×						×	×	×		×				
	透水铺面					×	×	×	×	×	×	×	×	×			×			×	×	×	×	×		×		×
大颗粒污染物拦截装置	格栅、网兜、挂篮、格网、挡罩											×	×											×	×	×	×	×

并非所有的建筑物能够支撑屋顶花园。在城市化地区，将控制设施安装在地下也会和公用工程产生矛盾。在新开发地区，雨水处理的成本直接与所需占用的土地面积相关，在重建项目中与公用工程的冲突和道路改线是雨水工程改造的最大问题。很多重建工程面临一个更艰巨的挑战是缺乏足够的水力坡度。

预制水窖和旋流分离器与其他许多雨水控制设施相比占地面积更小，因此，在高度城市化地区特别有吸引力。在某些情况下，对于给定的空间限制预制式装置可能是唯一的选择。第 4 章和第 6 章提出的概念需要在对预制控制设施进行评估时予以考虑。它们对去除大颗粒污染物有效，但往往窖池太小，无法保证细颗粒的沉降。紧凑的特性在空间狭窄区域具有吸引力，也可能会是运行维护的缺点，因为它们容易在维护中被忽视。

因为水流越过设备时没有任何可见的迹象，运行故障可能会被忽视。在设施缺乏妥善维护的情况下，颗粒再悬浮也有可能出现。只要有足够的水头，且对滤床定期检查以确定何时需要更换滤料。预制过滤器可以根据去除污染物的性质定制。

综上所述，预制的设施可以是非常有用的，前提是在方案选择过程中进行全面的优缺点分析，包括全寿命成本和有效运行和维护的可行性。

3. 地形

流向、汇水面积和重力运行所需的水头都与场地的地形有关，这决定了可用于设计的系统类型。某些控制设施，特别是预制设备，有特殊的水头要求，可能无法在平坦地区工作。

4. 场地坡度

陡坡会限制入渗或过滤系统的应用，因为它们需要一定的停留时间以使设施正常运行。输送系统，如植草沟需要足够的坡度传输流量，但不能太陡以免导致冲蚀。

5. 地质（喀斯特地貌）

喀斯特和其他含碳的岩石地质情况下，径流能够迅速污染地下水供水。任何调蓄设施或过滤系统都需要有一个黏土垫层，以保证底部不透水。入渗是绝对不允许的，因此，进行土工试验是非常必要的。

6. 基岩深度

如设施底部 1.5m（5ft）范围内有基岩，则会限制渗透能力，就不能采用过滤和入渗系统设计。在干旱地区，相同的限制来自硬化碳酸盐层，称为钙结层。基岩会限制大的调蓄设施如池塘的尺寸，因为必须进行挖掘，以提供蓄水空间。

7. 水位

季节性或恒定的高水位会影响入渗池的效果。一个影响是从非饱和的竖向流变为饱和的水平地下水渗流。而在非饱和状态下，水流向下渗透，水力梯度等于 1。在饱和状态下，水力梯度由浅含水层决定，通常要小得多。因此，入渗池排水很慢。另一个性能问题是，渗透设施下的土壤在径流到达地下水位前可进行水质处理；如果地下水位太靠近入渗池底部，这一处理能力将降低，会引发人们对地下水污染问题的关注（见第 9 章）。在较小的排水区域，如果水位足够高能够形成恒定的池容，则可以设置湿塘和湿地。

8. 土壤

渗透系数是渗透设施的最关键因素。土壤必须保证足够快的渗水速度，同时又足够慢以保证过滤处理。当设计渗透设施时，低渗透性的土壤由于排水时间较长，需要特别考虑。相反，渗透性过高的土壤，如果水池或湿地控制设施没有内衬，将会使它难以维持一个恒定的水位。

渗透系数与土壤结构和水的黏度有关，而水的黏度取决于温度和盐度。土壤结构不仅依赖于颗粒和孔隙的几何形状，也与裂隙、裂缝等创造优先通道的微地形特征有关。虽然土壤调查可能足以满足规划层面的分析，设计时则需要土工试验，特别是在土壤已受到干扰的地方。土壤的压实导致其内部复杂的不均匀性（Pitt *et al.*，1999）给渗透系数的估算带来了很大的不确定性。通常情况下，测量结果在沿入渗池底部相对短距离内会有数量级的差异。另外，在非饱和渗流中，渗透系数是土壤饱和度的函数，因此浸润情况不是均一的湿润锋面，而是优先在高含水区流动。观察结果表明，渗透系数的测定，对粘质土壤往往偏低，对砂质土壤往往偏高（Argue，2004）。第9章介绍了关于渗透率的补充信息。

9. 气候

本手册提出的雨水控制设施，大多数可适用于潮湿、寒冷、半干旱和干旱地区。然而，美国全国性的设计程序使用相同的设计参数会忽略气候差异的影响。有效的设计必须考虑到不同的气候季节会改变雨水控制设施的性能（Minton，2011）。

（1）潮湿气候

潮湿气候的主要特征是降雨事件多、降雨间隔时间短。当设计操作单元和它们的出口设施时必须考虑到这些频率因素，保证当下次降雨到来时有足够的容量可用。在某些情况下，存储容量设计包含一部分前次降雨的径流，如果要达到容积的性能目标必须增加容积。

滤池和渗透设施的设计需要考虑，是否有可能在两次降雨之间还未彻底干燥。在特别潮湿的气候下，细菌和藻类的生长堵塞滤池和入渗池的现象可能会加剧。植被型的雨水控制设施则不容易受到这些影响。

（2）寒冷气候

在寒冷气候下的雨水控制设计需考虑：降雨、降雪和融雪水文；随温度变化的水化学；水的密度和黏度；过滤介质的离子交换能力、除冰装置，雪的倾倒与拖运（Pierstorff and Bishop，1980）；在冬季径流中污染物在雨雪存储量中的累积（Sansalone and Glenn，2002）。控制设施的大小可以由春季融雪和雨雪事件产生的径流量所决定（Barr Engineering Company，2001；Washington State Department of Ecology，2005）。融雪过程中释放的水量相当于每年降雪减去升华（冰的蒸发）的损失、冬天融化以及运到其他地点的雪。实际上，几乎所有雨夹雪事件的雨和紧随春融下的雨都变成了径流（Bengtsson，1990）。安大略省自然资源部编制了一份雪流量计算的全面总结（1989）。

在冬季，因为过滤介质结冰和生物功能休眠，绿色基础设施的雨水控制功能将是关注的焦点（Oberst，2003）。然而，Roseen等（2009）证明，寒冷天气对以沉淀为主的控制设施影响超过入渗或过滤为主的控制设施。沉淀取决于水的粘度，这随盐度和温度降低而增加，从而增加了颗粒的沉降时间。研究表明，冷冻过滤介质不会减少滤池和入渗池的水力效率和污染物去除率，这包括透水铺面、生物滞留滤池和潜流湿地。与此相反，湿塘、旋流分离器和植草沟的表现有较大的季节性变化。以沉淀为主的控制设施，由于沉降速度减小约50%，需要超大补偿（Jokela and Bacon，2000）。

寒冷的气候会影响雨水控制设施的运行性能。可能出现的情况包括管路冻结、开放水体结冰、当径流发生在冰层之下时引起入口处的冲刷、湿塘的盐度分层、植物生长期缩短、使用盐造成植被死亡和地下水氯化物污染。这些问题可以通过调整设计来解决（Center for Watershed Protection，1997）。管道冻结的风险可以通过增加最小管径以补偿结冰层的累积、增加管道坡度以加大流速和将管道埋在冰冻线以下等方法规避。在极端寒冷的天气，管道可以增加保温层，但这将提高成本。冰的形成降低了湿塘和湿地在冬季的能力，因此有必要增加这种类型雨水控制设施的面积来补偿。如果水趋向于在冰上流过，则串联的多个池塘可提供后备能力。出口处的池塘应该是最深的，以减少出口处水从冰下流动时潜在的冲刷影响（Oberts，1994）。通过源头除冰管理控制可以减少氯化物的影响；不过，耐盐植物往往会在植被型雨水控制设施，特别是在湿地中生长，从而减少了植物的多样性，削弱了这类设施的功能价值。湿塘在冬季结束的时候可能存在高盐、低氧区域，不应该直接排放，以免对下游水生生态系统产生负面影响。寒冷气候下植被的生长季节可能只有几个月，这减少了培植植物以及植物代谢活跃的时限。这种限制可以通过选择适当的本地耐盐植物和维护植被得到缓解。

寒冷气候下雨水控制设施也会带来其他的好处。例如，屋顶花园降低热流，从而降低建筑物供暖和制冷的能源需求（(Liu and Baskaram，2005)。新罕布什尔州大学雨水中心的一项研究，比较了透水性沥青和传统沥青的性能，包括盐的应用率、冰雪覆盖和摩擦系数。研究结果表明，所需的盐为传统的沥青所需的25%情况下，透水性沥青的冰雪覆盖与传统沥青是一样的。不用盐的情况下，透水性沥青比密实拌和的沥青有更高的摩擦阻力（Houle，2008；Roseen 等，出版中）。为维持性能，透水路面应定期维护，包括在冬季，并且应避免使用可能阻塞表面的粒状材料。

(3) 干旱和半干旱气候

美国东南部以及西海岸山脉和洛基山脉之间的内陆地区为半干旱到干旱地区。这些区域植被稀疏、地形陡峭、土壤复杂、地质独特、河道变化大。气候特点包括潜在的高蒸散速率、强降雨事件、降雨间隔时间长和较小的年径流量。稀疏的植被、快速的城市化与当地的地质情况相结合，增加了高径流的可能性（Osterkamp 和 Friedman，2000）。在科罗拉多州，将牧场转换成单家独户的住宅区后，增加了径流产生的次数，从不到 1 次发展到超过 29 次，已经出现了对沟谷和河道的冲蚀影响（Urbonas，2003）。

城市开发带来了需要灌溉的绿化景观，其用水量在干旱地区占到总用水量的比例非常高。西部资源倡导者（2003）估计这个比例范围从科罗拉多州博尔德的58%到亚利桑那州斯科茨代尔的72%。灌溉的多余水量将季节性河流变成常年的河流，例如内华达州拉斯维加斯的 wash 河。旱季流量会引起河道的冲蚀，提高浅层地下水位（Gautam *et al.*，2010）。这些返回水流带着化肥，造成水质问题，术语“城市口水”和“有害水流”来指代这些现象。例如，加州已建造了圣莫尼卡城市径流回用设施（SMURFF）来截留和处理旱季流量（灌溉、泄漏、施工现场废水、水池排水、洗车废水、冲洗路面废水）以从圣莫尼卡湾去除这一污染源。该设施的处理能力每天近 1900m^3（500000 加仑）。

干旱和半干旱气候的独特性需要调整通常用于潮湿气候的雨水控制设施。控制设施应根据这些地区的植被、土壤类型、地质、对水资源可持续利用的需求以及土地利用管理进行设计。入渗不应污染地下水，例如，在某些地质天然含有硒的地区，不应该应用入渗池。设计可利用潜在的高蒸散量来减少径流量，这比在湿润地区更为有效。另外，稀疏的天然植被可能会减少某些控制设施的有效性。例如，在美国西南部地区原生草是北美洲产从生禾草，不能形成潮湿气候下植草沟中的草皮垫，因此，需要增加微地形特征，例如曲折和石坝以减缓水的流动，并促进沉淀。湿地因为缺乏水分来维持植物生长很少使用。如果水通过入渗和蒸发的总损耗低到足以维持一个恒定的水位，那么湿塘也是可行的。大面积裸露的土壤需要额外保护，以防止滤池和入渗池堵塞。仙人掌、丝兰和龙舌兰可以种植在生物滞留滤池中。这些植物需水量非常少，可用在径流量最小的区域，但它们需种植在积水水面以上。有机护根层或石块可以用来覆盖雨水控制设施。有机护根层可减少蒸发并控制杂草；应该在预期为低流速的区域使用。石块应该用在速度可能会导致冲刷的区域。有机土壤改良物质对耐旱植物益处有限；然而，土壤的渗透性能可通过加入这些改良物质得到提高。(MacAdam，2010)

水在这些地区的稀缺预示着节水措施如节水型园艺以及雨水收集利用，应在雨水管理中发挥至关重要的作用。这些地区对植树有不同的观点。它们作为城市景观的一部分对公众具有吸引力，可提供许多环境效益，如树荫和生物栖息地；另外，外来物种通常需要灌溉和更多的维护。美国林务局（2011）开发了工具以协助对美国的各个地区，包括干旱和半干旱气候地区城市树木的结构、功能和价值进行分析。为了能够可持续和具有成本效益，除了初始植被培育之外，雨水控制设施应要求最少量的灌溉。某些物种的培育期可达2～3年，在最干燥的月份可能会需要灌溉。在雨水控制植物的选择与布局方面，一个成功的策略是选择当地物种，并进行水量平衡计算，以验证收集在控制设施的径流量足以维持植物生长。

雨水收集利用与一些西部州的水权相矛盾；然而，许多社区都支持这个概念，并制定指导方针和奖励。例如，亚利桑那州对于业主安装收集雨水和灰水的节水系统提供税收抵免。企业安装将所有灰水水源从常规管道分离的系统，也可获得税收减免（Arizona Department of Revenue，2008）.

大部分雨水控制措施针对潮湿地区开发或在这些气候区已经有完善的文献可查。需要进一步研究适用于干旱和半干旱地区的设计规程。

5.5.2.2　施工和维护

1. 复杂性

本手册说明的大多数雨水控制设施可以是单个操作单元进行设计和维护。多个工艺单元的控制会带来更高层次的复杂性。依靠生物工艺的控制，在选择和选址时要格外谨慎，以确保植物或其他生物能健康生长。当建设成系列的控制设施，以提供额外的处理或减轻维护工作时，也要特别谨慎。例如，在调蓄池或入渗池上游设置植草沟或前池以减少粗沉淀物负荷。

2. 维护要求

常规和非常规性维护要求在第11章中说明。所有的控制设施都需要一定程度的日常维护来保持其有效性。常见的问题包括施工缺陷、耗损率、沉积和冲蚀、结构的完整性、植被健康和菌类。一些控制设施，如植草沟，可以像路边常规的活动一样容易维护。植被类控制设施需要格外注意，以确保其健康生长，并作为控制设施的一部分发挥作用。对于雨水管理机构进入这些控制设施可能是一个问题，可能并不总能获得通行权，而依靠业主维护可能是不可靠的（Donofrio和Tracket，2008）。一个单一的、处理广大区域的大型控制设施可能会更容易维护。然而，许多大型雨水控制设施，由于各种原因往往是无人维护的。有的属于业主协会，而业主协会不知道他们有维护的责任或者忽略了这些责任。随着成千上万的雨水控制设施在许多州县出现，很常见的现象是很多没有在市政部门登记，因此没有受到任何维护。某些控制设施的性能问题是显而易见的，例如，透水性铺面被堵塞。其他一些问题可能是看不见的，例如地下旋流分离器被残渣填塞后，全部流量可能会超越，而地面上没有任何显示迹象。许多在商业或工业用地的调蓄池都是被遮挡的，虽然性能问题是可见的，但由于缺乏检查而被忽视。因此，需要在维护的便利性和设施性能效率与分散式控制设施的维护要求间进行权衡。确定业主的维护能力是选择当地最有效控制措施的重要一步。在特定情况下，对于长期运行来讲，工作在性能较低的水平，但需要较少维护的控制措施可能是最有效的。此外，雨水管理计划必须留有冗余，这样系统的部分故障不会影响到整体的性能。

检查和预防性维护需要规划，但比发生事故时进行应急反应更为经济。预防性维护包括以下措施：如透水性铺面的真空清扫、植草沟的美化、轻微冲蚀的修复、机械部件的测试，以及从水域堤防移走树木。定期的预防性措施可降低整体维护的负担。大修通常是由于施工缺陷造成的，可能引发事故维修。例如，施工程序错误导致的集水系统堵塞可能需要重建整个生物滞留滤池。不过，有些重要措施，例如湿塘的疏浚是日常维护的一部分。

总之，一项适用于场地的有效雨水管理策略应该将维护管理计划包括在内。

3. 施工通道

施工设备能否运到现场并安全工作，是选择方案时要考虑的一个重要因素。对通道的限制包括物理因素，如陡坡和松软的地面、环境因素，如果环境比处理系统的效益更为重要，或者法律、产权等。

4. 与公用设施、道路的矛盾

施工现场或者附近如果有公用设施，其中包括供水和污水管线、燃气管线、电力和通信电缆，以及建成的道路，可能给所选定控制设施的施工带来麻烦。不过这些冲突，未必一定影响控制设施的应用。在许多情况下，它们可以被重新安置，并作为项目的一部分，但需要支付额外费用来设计、协调和建设。

5.5.2.3 环境因素和许可

1. 森林

天然树木繁茂的地区可提供显著的截留量、蒸散量和渗透量，能够减少径流量，改善雨水水质。由于这个原因，需要移除树木来施工的雨水控制设施，其带来的影响可能会抵消控制效果。此外，许多辖区已制定森林保护或树木置换条例来限制施工的砍伐数量。

2. 湿地

潮汐和非潮汐湿地和缓冲区是高度敏感的区域，它们已经过滤了径流并提供重要的栖息地。在这些领域的任何建设都需要湿地建设许可证，并且在许多情况下，要求避免对现有湿地的扰动，这可能使一些控制设施不能建设。

可能导致干扰天然湿地的活动，已由《清洁水法》CWA 作出限制。CWA 有两节与之相关。第 404 条允许美国陆军工程兵团（USACE）为水道和湿地内的某些活动颁发许可证。在任何州影响湿地的施工都需要 404 许可证。第 401 条授权美国环保局禁止可能降低水质或有害环境后果的建设活动。大多数情况下，美国环保局授权委托给各州环保机构。这两个法规的规定，通过使用联合申请表格进行管理。

3. 生态基流

城市化流域下游流态的改变，可危及水生生物的健康和数量。根据不同的地点，不同类型的控制措施可以减轻这些效应。渗透设施可以补给地下水和限制基流的损失。调蓄池和湿地可以对雨水进行离线处理，并返回接近基流水平的排水。然而，如第 3 章所述，调蓄改变了整个范围的流态，并且可能带来不希望要的后果，例如冲蚀的增加。应避免河道蓄水，因为它们会阻碍鱼道。对这些结构的审批过程是非常复杂和长期的。

4. 排放温度

冷而凉爽的水流能够保证鳟鱼、鲑鱼和其他敏感水生生物的栖息。暖水排放将对冷水流环境中水生生物产生热冲击。在这些区域的雨水控制应通过减少源头径流量、利用地下调蓄和植被表面控制或者通过重建树木冠层遮荫，来保证排放温度满足受纳水体的需求。为达到这个目的，要特殊设计设施，例如，排出口能从湿地的下层排放较冷的水，但是水体要有足够的溶解氧。

美国新罕布什尔州大学的一项研究（2011 年）评估了几种雨水控制设施改变径流温度的能力，发现其与暴露于太阳辐射的程度、暴露在空气中的程度和控制设施的深度有关。总体而言，控制设施越大，其加剧或缓和温度的能力就越大。该研究发现，在夏季，表面积大的控制设施，如干塘或湿塘，可提高雨水的温度。湿塘增加的温度可能超出水生生物的致命温度。相比之下，入渗池和滤池通过与较冷的地下进行热交换可使径流温度适中。较深的控制设施具有更大的能力来缓冲温度，地下面积愈大的设施，调节温度的效果愈好。这些控制设施可冷却夏季的径流、加热冬季的径流，使得出水温度接近于地下水的平均温度。

5. 海滩和贝类床

流入海滩或贝类床的径流，为了避免细菌类污染物造成贝类死亡，需要不同的处理，即应当设计有去除病原体的控制设施。

6. 水库

排入水源水库的径流需要更高的污染物去除水平，去除病原体、重金属、营养盐或沉积物。特别是处理带有潜在有毒污染物径流的控制设施，应仔细审查。

7. 洪泛区

联邦应急管理局地图确定的百年一遇洪泛区，通常作为非开发区，以保留河边的绿道并保护财产安全。在许多辖区，设计标准禁止雨水处理系统建设在洪泛区。否则，控制设施将遭受周期性的洪水淹没；设计时应考虑到这一点。

8. 含水层

在设有公用供水井的地区，可应用的雨水控制设施的类型也受到限制。为了防止地下水的污染，应避免加油站、废弃物管理站或其他类似区域的渗透。如果土壤渗透性高，调蓄池可能需要设置黏土垫层。如前面所讨论的，喀斯特地形没有天然土壤地层可提供处理，这种地质类型地区的雨水在排出之前必须经过处理。

9. 城市栖息地改变

在一般不能吸引野生动物的城市化地区，雨水系统可以设计创建陆地的或湿地的栖息地。湿地与湿塘吸引水鸟、沼泽鸟类和其他野生动物。植草带作为河岸缓冲带代表了另一种类型的控制设施，可以通过设计来打造陆生野生动物的栖息地。设施尺寸、水体特征、湿地特征和植被都可以根据改善的栖息地的目标来设计。

有些栖息地的改变未必有利。例如湿塘、湿地以及其他类型的控制设施，可能是有害杂草繁殖的源头并成为不受欢迎野生动物的栖息地。如下节所述，在一些地区，可能存在野生动物开始栖息在邻近居住区带来安全问题。特别涉及水质、湿塘周围的鸟类过度繁殖等问题，已引起了营养物、病原体和美观方面的关注。

5.5.2.4 社会因素

1. 土地所有权

在当地所有其他因素都是最合适的情况下，土地所有权可能会阻碍雨水控制系统的施工。通常公有土地比私人持有物业更容易获得土地或土地使用权。需要同意该项目的业主数量也应进行评估。在其他条件相同的情况下，需要较少业主许可的场地是一个更好的选择。

2. 健康与安全

作为民用基础设施，维护公众的健康和安全是规划、设计、建设、运营雨水控制设施的关键要求。特别当靠近公园、游乐场、步道、或其他休闲空间时，开放水域有明显的危险。雨水管理系统可能存在安全威胁的因素有：

（1）带有恒定水位的雨水控制设施，特别是湿塘，存在溺水的危险。在寒冷的气候下，表面结冰可能加重危险。

（2）某些控制设施会滋生蚊子。设计成具有恒定水位的湿塘和湿地都是例子，堵塞的渗透设施和滤池可能会造成积水从而变成蚊子的栖息地。

（3）有毒的野生动物，包括蛇和鳄鱼，可能被吸引到开放的控制设施。

（4）因为存在病原体，湿塘中的水通常不适合公众接触。在工业区，雨水控制设施有可能集中重金属，如铬、铅和有机合成原料。有些湿塘接受过多的养分，可能导致有毒藻类大量繁殖，将会威胁人类、牲畜和野生动物。食用在这些设施中捕获的鱼可能会带来健康危害。

（5）明渠可能在暴雨时出现高速水流。

（6）堤防和渠道边坡可能会出现下滑的危险。如果坡度太陡，或堤面没有坚实护脚，设施是不可能处于安全境地的。

（7）湿塘出口设施附近的水流可能会将人、宠物或野生动物冲入到下部结构中。无保护的管道入口也有类似危险。格栅可减少这种危险，但它拦截的残渣可能伤害受害者。

（8）在未经许可或者进入者未经适当的培训情况下，地下水窖可能会存在溺水和窒息的危险。

（9）湿塘的堤坝可能会溃坝。

降低安全风险的基本途径，包括四大要素：

（1）规划和设计雨水控制设施时，将危害减少到可行的程度；

（2）在公众和潜在的危险设施之间设置屏障；

（3）提供发生事故时的救生设施；

（4）检查设施，找出安全隐患。

设计人员需要从场地雨水管理规划的概念上考虑风险。例如，儿童和青少年被吸引到开放水域，并且可能故意闯过禁行通道。设计控制设施时，尽量减少径流量和不拦蓄大水量，可显著降低风险。分散布置渗透设施和滤池，是这类控制设施的例子。用宽浅的植草沟代替深的渠道可降低水流速度。位于容易看到位置的控制设施比较安全，因为公众容易发现问题和及时报告；发生事故时，可快速召唤救助。对露天的雨水控制设施，在儿童、老人和残疾人士容易接近时，应特别注意安全问题。露天水池尽量少用直立式池壁，最好避免使用。可能出现高速出水的排放口，应该规划在公众不能接近的位置。

蚊子可以通过天敌如蜻蜓和食蚊鱼进行控制。正常运行时，渗透塘和滤池排空时间为12～48h，蚊虫滋生的机会很少，一般滋生时间至少需要72h。

湿塘水坝设计应满足坝的安全要求。应急溢洪道和下游输送通道需要有足够的能力来安全排放设计流量。同时，应分析该设施可能遇到的严重工况，以了解风险的性质。

有些问题直接涉及到安全。例如，通往地下水窖的入口应该锁好。然而，正如下一节讨论的，湿塘通常作为当地休闲场所，某种程度的公众接触是被鼓励的。当它们没有规划为休闲设施时，市民可能仍会将它们认作此类设施，而不是可能含有污水的设备。在这种情况下，选址和设计的首要目标应该是减少人们、宠物和野生动物在设施中与水接触的机会。可以使用栅栏，但其布置需要在美观和安全性之间进行协调，需要工程师和景观建筑师之间密切合作。限制或阻止进入的隔离设施，包括围栏和沿水池周边种植植被。植被和围栏类型的选择必须考虑美观和设施的功能。围栏能阻止擅自闯入，但也可能阻碍紧急情况下进入，不利于维修，还可能反而引诱儿童进入水池嬉戏。

公众入口景观屋顶的首要考虑因素之一。如果景观屋顶作为一个公共设施，栏杆和其他设施应成为楼宇安全整体建筑设计的一部分，以防止人员摔倒。如果公共进入是不允许的，进入屋顶的入口需要锁好，以防止未经允许擅自进入。

万一发生意外，设施要有可以自救或由安全工作人员抢救的功能。湿塘的设计标准已经修订，要求提供安全的地台、浅边坡、安全栅格，更安全的立管配置，以减少危险。若沿着河堤或边坡跌落，手脚应有可靠的落持点能够重新回到坚实的地面。这些落持点可以是受害人能够抓住的梯子或植被。软土与因冲蚀而暴露的湿滑土工布会阻止人或动物跌倒后重回到高地。

为保护立管和管道的入口，应安装斜格栅，其开孔尺寸必须足够小，以阻止受害者卷入管道。格栅的杆件应进行圆滑处理，以尽量减少与人接触的损伤。格栅应布置于开口上游一段距离，这样水流不会将受害者冲向支架。在涵洞内布置格栅的其他信息可以在《城市排水和防洪分区（2001）》上找到。

定期检查和维护雨水控制及配套设施是安全的重要组成部分。检查可以发现安全设施，如格栅、围栏的损坏情况，以及紧急泄洪道被冲蚀或性能不佳可能积水的入渗池。

尽管经过经验丰富的专业人员仔细规划、设计和施工可以最大限度地降低风险，但也不可能完全消除露天雨水控制设施可能会带给公众的所有危险。对公众、雨水管理系统运营商和政府官员进行教育培训以进一步降低风险，是必不可少的。合适的标志可以说明该设施的功用、警示危险。危害性的教育范围应包括小学生和教师以及业主协会。公众往往是最先发现需要维修安全隐患的人。把景观和现场设施相结合，可使公众乐于参与到发现和报告安全问题的事务中，使他们保持警觉，并报告安全问题。应该提供热线电话，市民在发现损坏或性能问题时可以拨打。湿塘下游场地的应急响应计划必须落实到位，在决堤的情况下，提坝的蓄水量或蓄水高度是严重的风险。

本节的概述目的不是为了详尽地解决安全问题。安全问题，特别是围绕湿塘的安全问题，通常作为众多城市导则的一部分。读者务请参考这些来源，以获得更多信息。

3. 美观与舒适性

雨水控制设施应与场地完全融为一体，使其成为景观和优美环境的一部分。一些雨水控制设施，特别是那些与植被显著相关的部分，可以提高当地的景观或提供有益的生物栖息地。生物滞留滤池设计用于植被的吸收，例如可以改善传统的停车岛。如果进行适当的景观设计，湿地、沼泽和缓冲区，特别是如果与自行车道、野餐区或游乐场相结合的话，可以提供休闲活动的机会。这需要工程师、景观设计师、业主和监管部门之间密切和早期的合作，为增加社区的功能提供基础设计。维护责任和维护活动的有效性也应考虑，缺少了维护，即使是最赏心悦目的雨水控制设施也会成为难看的东西。

垃圾堆积不仅是一个美观问题，而且也是蚊子栖息繁殖的来源，这会影响所有类型的雨水控制，因为大多数设施的目的是去除漂浮物和其他污染物。管理垃圾的关键是定期维护。

美观往往是个人观点的问题，必须与当地的环境目标相融合。例如，有些人坚持到水的边缘割草，甚至在靠近湿塘的地区使用除草剂和化肥。知识传承是另一个问题。房子的第一个主人可能熟悉院子里生物滞留滤池的设置目的以及如何维护。然而，信息可能无法传送给后续的房主，他可能会选择更吸引人、少维护的植物取代原生植物。关于雨水控制目的的公众教育，对于维护一个系统的功能是必不可少的。

4. 对周边土地利用的影响

雨水控制设施对于周边土地业主的影响是不同的，很大程度上取决于设计与当地的融合以及其景观的美学价值。如前所述，湿塘应用来创造居住区的滨水效果，并且提高周边地产的价值。

5. 宣教和管理

宣教和管理不是强制的，而应是民众的自发行为。要引导民众认识到人的行为活动是如何对流域产生影响的，有几种措施可落实并设计来改进公共参与，通过标志和宣传材料来教育参观者，认识雨水管理系统的好处。

5.6 实施与功能监测

在前面工作的基础上，雨水控制系统的所有单元，包括雨水控制及其附属设施，都可以确定尺寸和完成设计图纸。在获得相关许可后，就可以开始施工建设。许可和建设行为已超出了本手册的范围，接下来将探讨建设程序和检查、功能监测方面的内容。

5.6.1 建设程序和检查

合理的设计和建设程序对于雨水系统的长期可持续性是至关重要的。例如，如果冲蚀控制在建设过程中没有严格实施，设施将在很短的时间内变得无法操作。尤其对于滤池、入渗池和前池，更是如此。没有有效的源头冲蚀控制，将浪费对结构性设施的投资，进而为了让这些设施恢复工作状态需要对它们进行昂贵的维护修复或重建。无论如何，设施完成后必须进行检查，以确保设施已按计划和规范建成，并通过现场检查与竣工图验证。承包商可能出现的错误包括：

（1）实际建成的雨水控制设施与设计图纸不符

（2）滤池和入渗池渗透能力不足

（3）没有稳定好扰动后的土壤

（4）完成后的斜坡上的植被和灌溉不适当

（5）岩石斜坡保护不足

（6）出口流速消散保护不够

（7）与雨水管道系统连接不当

（8）植草沟和生物滞留滤池植被覆盖不足

5.6.2　监测

对建成的雨水控制设施或系统的监测很少实施，除非规范要求或者是研究计划的一部分。对可靠的功能数据需求在第 3 章已经强调过，但有必要在此再次强调。本节对已建成雨水控制设施的功能监测情况进行简短的讨论。

5.6.2.1　污染物去除

污染物的去除是选择雨水控制措施的关键因素之一。有许多估算有效性的方法。最常见的是基于监测污染物去除百分比（Winer　2000）。用这种方法，每一系列控制措施都有不同程度的污染物去除效率。此方法假定去除率可保持稳定，与现场特征、雨水控制设施设计和施工、降雨事件、监测程序和进水浓度等的变化情况无关。此方法未解决的两个问题是：

（1）有多少污染物负荷通过减少径流量是可以避免的。

（2）有多少径流量被处理或分流。

正如第 3 章和第 13 章所述，污染物去除率已不被考虑，不能用来衡量水质控制的有效性。Strecke 等人（2002 年）采用根据美国土木工程师协会和美国环境保护局之间的合作协议开发的国际雨水最佳管理实践数据库的数据（www.bmpdatabase.org），对污染物去除功能估算方法进行了全面的审查，讨论了几种在历史上用于污染物去除的评价方法。它们都只提供了去除率数值，但没有给出进水和出水之间差异的任何统计信息。作者建议采用出水概率法，对监测数据执行更严格的统计分析，首先确定进水和出水浓度在统计学上是否是不同的，然后将数据绘制为对数正态分布图。这种方法可显示，进水浓度不同，去除率是否一致；或者是否存在一个没有去除效果的浓度水平。关于监测和分析的最新成果见网址 www.bmpdatabase.org。进水和出水浓度的评述见第 3 章。对雨水控制功效评估的详细介绍列在第 13 章。

5.6.2.2　水量控制

管理径流量要重点关注两种类型的水量控制：峰值排水量控制，其目的是限制开发后的流速、控制径流量和限制径流总量。对地表水水量控制的监测比较直接，可以高精度地测量降雨量和径流量；尽管有额外的不确定性，径流量仍可通过水量平衡计算来估算。渗透、层间流和地下水流量的测量较为复杂，误差较大。然而，除研究目的外，雨水控制中很少进行地表或地下的测量。确定雨水控制设施是否正常运行的最常见办法是间接观测。

例如，湿塘下游的冲蚀证据、透水铺面上的积水或生物蓄滞滤池排水时间是否格外的长。有关湿地和湿塘的例子是小雨量情况下出现高水位和溢流，这表明孔口可能存在堵塞；异常低的水位表明可能存在通过堤岸的泄漏（流域保护中心，2004）。这些类型的观测可能是功能问题更好的指标。

雨水控制措施是否对河道保护的有效性还没有得到充分论证，属于正在积极研究的课题。第3章介绍了关于此主题的信息。

第6章 调 蓄 池

6.1 引言

本手册中的"调蓄池"指的是以雨水储存为主要目标，兼具峰值流量削减和水质净化功能的设施，其水质净化功能主要通过沉淀作用实现。调蓄池的出水排放至滤池等其他雨水控制设施或地表水体。本手册介绍的是开发完善地区的雨水管理用调蓄池，而不是在建设过程中使用的沉淀调蓄池。

调蓄池的雨水调节时间介于几小时和几天之间，这主要取决于其类型、雨水控制目标以及工艺流程。调蓄池中的部分雨水可蒸发、蒸散（若存在植物）或渗入池壁和池底，旱季时调蓄池也会接收基流。

调蓄池是本手册（MOP）中提出的五类雨水控制设施中的一种。调蓄池的设计控制容积（V_d）通常与下列雨水控制参数相关：水质保护容积（WQV）、河道保护容积（CPV）、漫滩洪水保护（OFP）和极端洪水保护（EFP）所必需的峰值削减容积。设计控制容积可由第 3 章提出的导则计算，也可由州或地方相关设计手册规定。调蓄池的适用条件详见第5 章。

调蓄池可用于雨水控制、河道保护以及污染物去除，以上功能"层叠"于调蓄池中。调蓄池的底层决定了水质保护容积（WQV）；中层决定了河道保护容积（CPV）；上层决定了漫滩洪水保护（OFP）和极端洪水保护（EFP）所需容积，虽然此类容积所应对的事件很少发生，但一旦发生将导致下游遭受洪灾。调蓄池中用于河道保护容积（CPV）和/或水质保护容积（WQV）的空间一般应保证设计条件下所需的调节时间（12～48h）。

工程师们通常将术语"截留"用在干塘，即在设定时间范围内将塘内储存的全部雨水排放至地表水体。工程师们通常将术语"滞留"用在湿塘，即将塘内收集的部分或全部雨水保留在永久性池塘内，直至下次降雨。也有研究者将"滞留"应用于渗透塘。不管此类设施如何排水，其设计过程均相同，因此本手册将以上雨水控制设施统称为"调蓄池"。对于雨水通过底部入渗的设施，请设计人员参阅第 9 章。建议一般情况下使用"干塘"或"湿塘"的称谓，这样比称作"截留塘"和"滞留塘"更为直接。"活"容积是指塘内可恢复的蓄存容积湿塘永久液位和干塘底部设置出水口，出水口以上空间为"活容积"。"死"容积是指在降雨结束后留存于塘中，仅能通过蒸发、渗入土壤或雨水利用等方式减小的容积。对于出水口以下的死容积，可通过设置如第 5 章所示的一种或多种处理工艺来控制其水质或用于雨水收集。在出水严格满足设计目标的情况下，出水口以上的活容积可通过沉淀作用强化水质控制，并通过削减峰值流量实现河道保护和雨水控制目标。湿塘的永久水体内通常会种植水生植物，植物漂浮于水面（即在沿塘岸布置的水台内）或者位于湿地中相对较浅的池塘内，形成大面积的植被覆盖。

设计用于水质控制的干塘也通常被称为干式扩展截留塘，在去除悬浮性物质方面效果最好。较长的截留时间也促进了部分水质保护容积（WQV）向土壤的入渗，一些干塘的径流容积削减率甚至接近30%（Strecker等，2004）。干塘在去除溶解性污染物方面效率不高，而且正如本章下文所示，虽然设计技术不断发展、塘的性能不断提升，但干塘在颗粒物去除方面仍不及湿塘。

本章还提出了蓄水池、雨水罐、水窖（包括旋流分离器）和油水分离器的设计要点。蓄水池和雨水罐通常用于存储径流，并将其用于灌溉和其他非饮用用途。旋流分离器（颗粒分离器）是在线设施，一般利用水在旋转过程中的能量分离漂浮物和大颗粒沉淀物，设有沉淀或分离单元用以去除沉淀物和其他污染物。油水分离器是地下设施，用于去除油、脂、垃圾、碎屑和一些雨水径流中的沉淀物。

大部分塘主要通过固体沉淀来去除污染物，此过程受水力负荷（HLR）和停留时间控制。湿塘和湿地也可通过物理和生化作用去除污染物，在接下来的旱季中，塘内的永久水体内可发生此类反应（见第4章）。虽然湿塘内的恶劣环境（溶解氧低、植物死亡、热分层）会影响处理效果，甚者在某些情况下会导致塘内污染物的释放，但湿塘和湿地在去除雨水中的典型悬浮性污染物方面一般比干塘效率更高。

塘的水力效率是设计中应认真考虑的问题（见第4章），对未设置规则出水口的湿塘尤其如此。干塘设置的规则出水口可在小型降雨中向原本无法流经的区域分配雨水，从而增加水力效率。在对每种塘的介绍中，均考虑了水力效率及其强化方法。

如第3章所述，雨水处理的有效性取决于塘的容积、塘的活容积排空时间、死容积的停留时间。为有效去除污染物，有时需要选取较大的塘以获得足够的排空时间和停留时间。容积的增加可对一系列降雨径流进行截流，从而实现年度累计径流控制目标。因此，推荐的水质保护容积（WQV）将与选择的工艺类型有关。例如，对于干塘一般推荐的排空时间长达48h，其原因如下：（1）保证颗粒及相关污染物完全沉淀，（2）避免积水排放对沉淀物产生扰动，（3）为下次降雨提供存储空间。因此，在第3章中推荐的干塘“最佳”水质保护容积（WQV）约比湿塘的推荐恒定容积大40%。为保证塘的使用效果，通常会在塘前设置前池或其他预处理设施，通过降低入流速度去除大尺寸悬浮固体。

6.2　设计要点

6.2.1　沉淀物存储

沉淀物在塘内的持续积累将降低塘的效能，直至沉淀物全部清除后才能消除影响。为避免塘的效能降低和频繁维护，通常在设计过程中考虑设置沉淀物存储容积（见第11章维护建议中的沉淀物清除部分）。

大部分的沉淀物存储容积是由前置塘或位于塘进水口处的其他预处理系统提供的，若按本章的标准进行设计，以上设施可截取进入塘系统约一半的沉淀物。剩余的细小沉淀物一般在塘的出口处聚集，此现象在采用两级设计时尤为明显，稍后将在本章中介绍。

6.2.2　塘的几何形状

只要场地条件允许，为减少短流现象，应从塘的进口处逐渐扩展并向出口处逐渐收缩。为了在降雨初期实现处理效果的最大化，应尽量延长水的流程，因此塘的长宽比应大于4∶1，也可通过调整内部结构使水流均匀分配并延长从入口到出口的流程。入口处设置挡板和消能措施也有助于减少短流现象。

6.2.3 建设用地适用性

在做塘的设计之前，应评估土壤、基岩深度、地下水深度等条件。塘的深度可能受地下水和土壤条件制约。在基岩较浅的地区，较高的挖掘费用也可能影响工程的实施。若基岩或地下水位距塘底不超过0.6m（2in.），或者场地土壤透水性相对较差，那么干塘内将出现积水，除非此时将塘底改造成坡向塘出口主动排水。若土壤的透水性强，那么湿塘可能在旱季完全干涸，此时需要设置不透水内衬来维持恒定水面。

为保证使用效果，塘的位置应可以拦截本地区大部分径流，一般是在本地区的最低点。最低点处通常会形成湿地，此时应核实塘对湿地水源的影响。调整后的湿地水源应符合本地区、州和联邦的法规。应根据塘的容积和深度判断其设计是否应遵守政府制定的坝体安全法规。

6.3 蓄水池和雨水罐

作为节水系统的一部分，蓄水池和雨水罐在收集雨水后将其用于灌溉等非饮用水用途。若某流域面临的首要问题是水的调配，则此类设施所能提供的储水量、峰值削减量和污染物去除能力，取决于其应对下一场降雨所需存储能力的恢复时间。此类设施一般收集屋顶雨水，也可收集植被覆盖地区的径流。

6.3.1 典型应用

6.3.1.1 建设用地适用性

适用于规划发展和再发展的住宅、商业和工业区。屋顶雨水比地面雨水的水质更好。

6.3.1.2 水量控制

水量控制在雨水管理方面的贡献取决于其所提供的容积以及雨水收集后的使用速度。若根据第3章介绍的方法或者本地区和州的相关设计手册对WQV和/或CPV的截取和再利用进行计算和设计，则此类控制措施可发挥削减年度径流总量及相关峰值流量的作用。

6.3.1.3 水质控制

收集至雨水罐和蓄水池内的污染物可通过沉淀去除，若处理后的水排入绿地，则有过滤和植物吸收作用。大部分雨水收集系统配有“初期雨水”旁路和入口格栅，用于截留来自房顶的树叶和大颗粒物。规模较大的系统通常配备上向流分离器或滤池。出水端一般配备水泵、压力过滤器、UV消毒系统或其他病原体控制设施，若出水可能与人接触，则有必要设置消毒系统。

6.3.2 适用条件

进行蓄水池设计时，气候因素发挥着重要作用，存储雨水所需的蓄水池尺寸取决于设计所在地区的降雨量。此外，还必须在设计和维护中注意降低蚊虫繁殖的可能性。大型的蓄水池必须加盖上锁以减小事故风险。雨水罐或蓄水池只有在开始降雨时处于排空或未满状态才能在雨水管理工作中发挥作用。由于蓄水池和雨水罐的数量庞大且主要由私人管理，因此其在可靠性方面存在不确定性。为了在下次降雨前清空雨水罐，美国费城市正在推广使用雨水罐附属的渗水软管。

6.3.3 设计步骤和标准

6.3.3.1 典型配置

蓄水池是地上或地下式存储容器，配有一套泵送系统、一只手动阀门或一个常开出水口。在每次降雨之间，屋顶雨水经临时储存后用于灌溉或下渗。所需蓄水池的容积或雨水罐的数量取决于屋顶面积、设计所在地的降雨量和存储雨水利用速率。

对于一般房屋推荐采用2只雨水罐，总容积至少为1000L（256gal）。若屋顶的平均面积为315m^2（3400ft），则雨水罐预计可收集约3mm（0.12in.）的降雨量。蓄水池应设置溢流口，以应对水池充满或进水量大于出水能力的情况。

对新英格兰地区的大型工商业发展研究表明，收集利用的雨水量可满足灌溉用非饮用水量的一半（Camp Dresser and McKee，2007）。新英格兰地区约90%的降雨小于25mm（1in.），假设蓄水池可以收集不大于25mm（1in.）的所有降雨径流，而且对于一个面积为81hm^2（200ac）的工商业用地，其中20hm^2（50ac）的面积为屋顶，则面积为3.6hm^2（9ac）的地块所需蓄水池的容积约为150m^3（40000gal）。

6.3.3.2 预处理单元

在雨水进入蓄水池或雨水罐之前，通常采用格栅去除树叶等片状杂质。当设施规模较大时，一般采用初雨弃流器来避免污染最严重的雨水进入系统。

6.3.3.3 主处理单元

目前市面上有多种类型的雨水罐，此外，有些雨水罐设有旁通过滤器，可滤除砂砾及其他污染物，溢流水则引导至雨水渗透设施处理。

工商业聚集区的大型蓄水池可设在地上或地下，由混凝土、玻璃钢或其他材料制造。有的蓄水池也设在建筑的顶层。

6.3.3.4 出水口结构

如果蓄水池出口设有阀门，则阀门关闭时可储水；在两次降雨间隙，阀门开启时可利用水进行灌溉。这种运行方式需要进行持续监测，但是在水的储存和计量方面有极大的灵活性。相比之下，设有常开出水口的蓄水池在降雨后立刻排水，此时植物不需灌溉，而且土壤也处于饱和状态，此时向其排水很可能产生径流。

6.3.4 美观和安全

在选择雨水罐和蓄水池时，必须注意抗菌和保证儿童安全。若蓄水池配有阀门，雨水可在池内厂区储存，那么池体必须加盖以防蚊虫滋生。大型蓄水池必须设置与饮用水储水池相同的安全防护措施。

6.3.5 运行维护与通道

用于截留大尺寸固体的格栅需定期清理。其他维护措施包括更换滤芯、补充消毒剂、清洁或更换 UV 灯管，巡视水泵、管件和管路。通往大型系统的通道应注意狭小空间的通过性问题。

6.4　前池

前池是用于去除大颗粒沉淀物的小型池体，通常作为预处理设施用以延长后续初级处理设施的使用寿命。前池通常为开挖池体或采用砌体结构，用于减缓进入池体的雨水流速，沉淀悬浮固体。前置塘可采用干塘或湿塘的形式，必须可以放空。

6.4.1　典型应用

6.4.1.1　建设用地适用性

前池在地质、基岩、地下水位和土壤方面的限制条件与其他类型的池相同。如果前池为渗透塘，则塘底应至少高于最高地下水位或基岩 1.5m（5ft）

6.4.1.2　水量控制

前池具备一定的峰值削减能力，若池底可下渗，还可减少出水量。

6.4.1.3　水质控制

前池对水质的首要影响是沉淀，沉淀型前池的水力负荷应满足大颗粒物的沉淀要求。前池应可耐受重现期为 2～10 年的降雨量，避免因冲刷而对沉淀物产生扰动。

6.4.2　适用条件

为保证有足够的存储容积和避免因冲刷而出现颗粒物的再悬浮，需对前池进行频繁维护。

6.4.3　设计步骤和标准

6.4.3.1　典型配置

各州对沉淀型前池的尺寸标准要求不尽相同，如马萨诸塞州雨水控制手册（MassDEP，2008）推荐不透水地区的沉淀型前池应收集至少 2.5mm（0.1in.）的降水量。若存在多处雨水收集点，除仅收集一小部分区域的雨水收集点外，前池应置于可接收所有收集点径流的位置。为了便于对池内存水区域进行全面清理，应在池的入口附近设置带有硬化池底的用于去除大颗粒沉淀物的沉淀型前池；根据“土壤统一分类系统”（Unified Soil Classification System）的规定，此类沉淀物是指可被 200 号筛截留的尺寸不小于 0.075mm（0.003in.）的颗粒。如果总设计存储容积等于水质保护容积（WQV）与沉淀物存储容积之和，那么前池容积一般为总设计存储容积的 15%～25%，其余存储容积由初级处理设施承担。沉淀物存储容积可由设定维护周期内进水和出水负荷之差计算，但一般按水质保护容积（WQV）的 20% 估算。为减小池的总占地面积，也可通过设置水窖或旋流分离器达到类似的预处理水平。

水在进入前池或水体时，进水口应具有消能和水流扩散功能。进水口的形式包括跌水窨井、底部铺装式消能装置、植被横向平台和大型石质挡墙。

6.4.3.2　预处理单元

沉淀型前池是适用于湿塘、干塘、人工湿地等一系列雨水控制设施的预处理单元，但在前池上游设置带盖隔油池和/或颗粒分离器将有利于去除沉淀物和污染物。

6.4.3.3 主处理单元

前池是用于减缓雨水流速、促进颗粒物沉淀的典型在线处理单元。一般情况下，沉淀型前池的深度为1～2m(3～6ft)，边坡的坡度不应小于3∶1，最佳值为4∶1。结构应可保证在2年一遇的降雨峰值流量下不发生侵蚀，流速应低于1.2m/s (4fps)。

6.4.3.4 出水口结构

前池与初级处理设施的间隔可选用以下形式：覆盖有湿地植被的横台、两池串联、不同池深、挡墙、与调蓄池之间横向设置的水平碎石滤层或拦水坝。

6.4.4 美观和安全

前池、初级处理设施及位于二者之间的横台或溢流道的尺寸应按照工程经验取值，以避免前池出现溢流现象，保护池体堤坝安全。坡度不小于4∶1时，有利于割草等维护行操作，减少公众因滑倒而落水的风险。此外，前池周边应设有池边浅水带，为挺水植物沿水线生长创造条件，从而防止人们涉水。

6.4.5 运行维护与通道

为了保证清理沉淀物的机械设备的通行，应设有硬化的维护通道。日常维护对于维持沉淀型前置塘正常运转十分关键，定期清理沉淀物将降低沉淀物再悬浮的可能性。理想状态下，应经常巡视前池并每年清理若干次，但在市政资源不足时，最普遍的做法是每年做一次检查和清理。

6.5 水窖和旋流分离器

水窖按照不同尺寸可分为初级处理设施和预处理设施。水窖通常有0.9～1.5m (3～5ft) 的恒定水位并有一个收缩型出口，在降雨期间水窖水位短暂上升，并在每场雨结束后12～48h内排放完毕。不同制造商的水窖在尺寸、是否设置径向挡板、内部隔断数量等方面有所差异。

旋流分离器（也称作颗粒分离器）是一种圆柱形水窖，水在设备内部流出之前呈旋流状态。与水在标准水窖内的线性流动不同，旋流分离器内水的旋流状态有利于利用较小的空间去除水中悬浮性物质及其附着污染物。旋流分离器最初是为处理雨污合流污水而开发的用于去除无机大颗粒物质的设备，目前已有多个厂商将其用于雨水处理。

由于在设计中已考虑减少沉淀物再悬浮的问题，因此水窖的效能将高于标准截留塘。新罕布什尔大学（UNH）雨水研究中心发现，旋流分离器的去除效率相对较低，因此认为其最适于某些区域的雨水预处理，这些地区的雨水中含有粒径大于100μm的颗粒（UNH雨水研究中心，2007）。新泽西州也有一项由新泽西新技术公司实施的商品化设备验证项目（新泽西州环保部，2011）。华盛顿也在实施一项技术评估计划（华盛顿州生态部，2011）。

UNH的研究结果和厂商的数据在设备性能指标方面存在差异，但是厂商一般宣称，各种型号设备的设计流速都是以雨水中全部颗粒的总去除率为30%为基础计算的，两种产品的试验室测试结果支持以上声明。因此从以上声明中对性能的描述推测，粒径小于

100μm（0.00394in.）以及较轻的有机颗粒物的去除率将较低。商品化设备的去除效率应通过“新泽西技术认定与互惠合作”（New Jersey's Technology Acceptance）和“华盛顿技术评估计划—生态”（Reciprocity Partnership and Washington's Technology Assessment Protocol-Ecology）等认证程序检测。

6.5.1　典型应用

6.5.1.1　建设用地适用性

水窖和旋流分离器并无特定的设置标准。商品化水窖可服务的排水分区面积直接取决于其最大型号的处理能力，即排水分区的水量上限决定了水窖能否应用。应根据土壤和基岩条件进行水窖选型，若基岩埋深较小，则应选择浅池型以减小基岩清除量。许多深池型水窖需开挖的深度达6m（20ft），也有一些浅池型需开挖的深度较小。对于地下水较位高的地区，应进行浮力计算以确定是否需要混凝土外排或其他配重系统。

6.5.1.2　水量控制

水窖一般为直通式系统，不具备峰值削减和雨水减量功能。水窖可以设计为地下式储水空间，通过堰或孔口等出流控制措施实现水力控制和峰值削减的目的。

6.5.1.3　水质控制

水窖水质控制的基本原理是沉淀和漂浮。水窖能够在为其他设施提供预处理和在为雨水管理设施提供的空间非常狭小时，能够发挥最大效能。它们既可去除沉淀物，也可去除漂浮物。

6.5.2　适用条件

水窖和旋流分离器的适用条件如下：

（1）存水中可能出现蚊虫繁殖现象；

（2）若管理不善，水窖内的沉淀物经扰动后将成为污染源；

（3）由于小型水窖通常为地埋式，因此可能忽视其巡视和维护；

（4）为限制沉淀物和污染物的扰动，需对进口流速和流量进行充分论证；

（5）服务区域面积受最大型号处理能力限制；

（6）由于产品采用标准设计尺寸，因此在许多情况下设备处理能力比设计处理量大，从而增加了造价。

（7）水窖不适于去除溶解性污染物、小粒径颗粒或其他污染物；

（8）在清理不及时的情况下，设施内收集的有机物（树叶等）将分解，可能导致溶解性污染物的释放；

（9）由于市区内存在众多地下设施，因此可能出现建设用地冲突。

6.5.3　设计步骤和标准

6.5.3.1　典型配置

水窖一般由矩形池体、管道或拱形仓室组成。管道的管径、长度和材质各不相同；拱形仓室是分段制造的，组合后形成所需容积。水窖的数量是由系统的能力决定的，相比于在下游的系统末端设置几座水窖，在流域上游设置足够多的水窖效果要好得多。

商品化水窖一般分为2大类：分段或模块式和全功能式。对于第一种类型，由各段组装而成的池体容积通常按照水质保护容积（WQV）设计；另一种产品是独立处理单元，外观为大型圆柱形检查井，在本手册中，它们被称为“独立单元水窖”。为使其达到与组装式水窖相同的容积，2座或多座独立单元可并联布置，但此情况并不常见。

为避免冲刷以及对沉淀物的扰动，水窖更适于离线设置。当在线设置时，设计峰值流量应为水质处理（WQT）流量的4倍；而在离线设置时，设计峰值流量与WQT流量相等即可。WQT流量的计算详见第3章。

6.5.3.2 预处理单元

如前文所述，在水窖前设置带挡罩的深井将增加系统的污染物去除率，减少堵塞概率。

6.5.3.3 主处理单元

水窖的尺寸一般按照规范或第3章中的方法计算WQT流量确定。水窖的性能主要取决于水力负荷（HLR），对于小型、独立单元的商品型水窖而言，水力效率尤为重要。厂商的研发重点是通过控制进口的水流方向来增加水力效率，其首要目标是尽量减少短流和死水区，使水力负荷接近理论值，另一个目标是在高流速条件下减少对沉淀物的扰动。不同产品设计方案之间差异很大，说明其性能也有显著区别。图6-1列出了目前正在使用的几种不同形式产品。

图6-1（*a*）中的水窖为平面圆形结构，是标准尺寸的预制检查井，也有非标准尺寸的较大池型。雨水通过跌水进入池体中心并开始沉淀，当进水量超过其处理能力时，水就直接从井的上部溢流口流出以减小对沉淀物的扰动。在溢流口下沿处形成的一部分空间可以存留部分悬浮物。这种水窖一般埋深较大。有时将2个相似结构的水窖串联布置，第一个用于去除雨水的大颗粒，第二个用于截留悬浮物和进一步去除沉淀物。在流量较大时需设置超越管。

另一种水窖是在内部不同高度设有隔板的混凝土箱体，这种结构有助于进水消能，从而减少对沉淀物的扰动并截留油类和漂浮污染物。此类水窖由长期蓄水空间和只在降雨期间存水的调节存储空间组成。一些系统采用模块化设计，可通过增设标准单元来达到性能要求。

最初采用旋转流的设备被称为“旋流器”（Sullivan等，1982），水流的旋转促使颗粒向设备中心聚集。目前尚未证实旋转聚集作用对沉淀分离有明显促进作用，因此“旋流器”这一称谓并不贴切。最初的设计中，旋流器进水口的指向偏离圆心，从而产生旋流（见图6-1（*b*））。但在近期的产品中，旋流器进水口指向圆心并通过90°弯头来产生旋流（见图6-1（*c*））。图6-1（*d*）和图6-1（*e*）显示的是另外两种变形版本。虽然不同类型水窖的水头损失有所不同，但是在大多数情况下不超过0.3m（1ft）。

不管采用何种水窖，生产厂商均会提供系统总容量、设计峰值流量、沉淀物储量、漂浮物储量等参数，同时也会调整设备的尺寸以增加处理能力。

6.5.4 美观和安全

如前文所述，水窖适用于用地紧张地区。其地下式结构占地相对较小，而且相对于湿塘等敞开式设施，对儿童和行人更加安全。

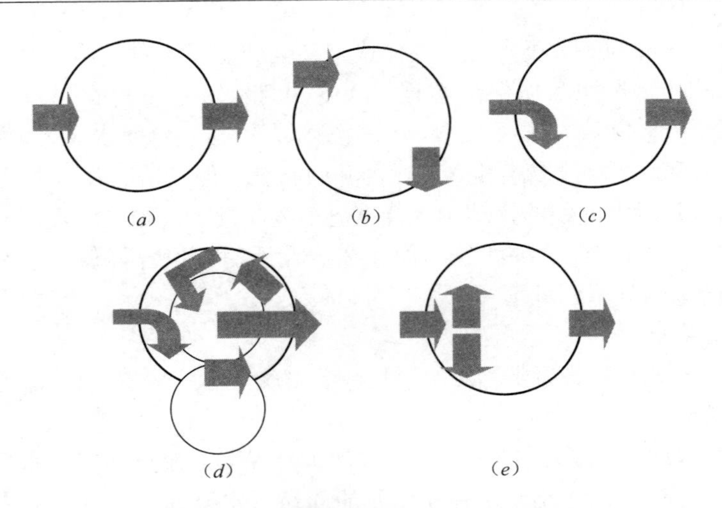

图 6-1　几种独立单元水窖的进水流向

(a) 直通式水窖；(b) 初始型号的旋流器；(c) 切向进水旋流器；
(d) 设有 90°弯头的径向进水水窖；(e) 设有分流的径向进水水窖

6.5.5　运行维护与通道

在水窖的设计中，维护通道十分关键。维护措施包括用吸污车去除设施内截留的污染物，由于可能截留石油类产品，因此应对漂浮物进行单独收集和处理。维护条件取决于流域内的气候和污染物产生情况，水窖应在雨季逐月巡视并在每年清理若干次。应充分认识到，由于逐渐积累的沉淀物直接储存在水窖的操作区域，因此设施的处理效率也随有效容积的下降而逐渐降低。设计容积决定了以上现象是否会导致性能的显著下降。

设备厂商根据沉淀物和漂浮物的情况设置存储容积，根据沉淀物和漂浮物所占总容积的比例推荐清理频率。虽然不同厂商推荐的清理频率有所不同，但通常为 1～2 年。明智的做法是，在设备投入运行的第一个雨季逐月巡视设施，并据此设定清理频率。一般情况下，建议在沉淀物和漂浮物占据约 25%的存储空间时进行清理。

6.6　油水分离器

油水分离器是一种特殊的水窖，用以最大限度地去除油类、脂类、细砂和砂。油水分离器分为美国石油协会（API）分离器和聚结斜板分离器。API 分离器内设少量隔板以增加水力效率，池体相对较大。被称作“油和细砂分离器”的水窖与 API 分离器的外观类似，但是相对较小，它对油滴或吸附有大部分油类的细颗粒去除效率不高，只能去除较大颗粒，故称其为“细砂和砂分离器”更合适。

聚结斜板分离器所需空间比 API 分离器小得多，它通过一组倾斜的平板或管去除水中的沉淀物和油。聚结斜板分离工艺的理论基础是雨水分离效果由 HLR 决定。“聚结”是指油滴在上升过程中的聚集现象。平板结构有助于在较大的表面上形成层流。平板材质为亲酯类聚合物，有利于吸引小颗粒悬浮油滴并使其附着于平板表面，小油滴最终聚集在一起并不断变大，当其尺寸大到足以克服平板引力之后便上浮至水面。聚集颗粒的尺寸可采用斯托克斯公式计算。

6.6.1 典型应用

6.6.1.1 建设用地适用性

本设施适用于油脂类化合物浓度较高且无法进行有效源头控制的情况。应用地点通常为加油站、汽车修理和清洗厂以及废水中油类含量较高的其他工商企业。油水分离器适用的公共设施包括海港、飞机场、船舶维修和清洗厂以及大型停车换乘场等。

与水窖相似，油水分离器并无特定的用地要求。油水分离器可服务的排水分区面积直接取决于其最大型号的处理能力，对于地下水较位高的地区，应进行浮力计算以确定是否需要混凝土外排或其他配重系统。

6.6.1.2 水量控制

油水分离器一般为直通式系统，不具备峰值削减和雨水减量功能。

6.6.1.3 水质控制

油水分离器是一种用于消除湍流、促使小颗粒油滴聚集后上浮至水面并在分离器中吸附的水窖，其水质控制的基本原理包括上浮和吸附。沉淀作用可去除悬浮固体。

6.6.2 适用条件

油水分离器的适用条件与水窖类似。作为一种地下设施，可能在建设过程中与其他设施存在冲突。维护和清理对于有效发挥设施功能十分关键，但由于分离后的油和水通常不为人所见，故此项工作很容易被忽略。正如本章前文所述，设施服务的排水分区面积受最大型号设施的处理能力所限。油水分离器对溶解性污染物、细颗粒或其他污染物的去除效率不高。

6.6.3 设计步骤和标准

6.6.3.1 典型配置

API 分离器和聚结斜板分离器的基本结构如图 6-2 所示。小型常规 API 分离器的外形与化粪池类似，大型设施的外形与市政污水处理厂的初沉池类似。油水分离器的水深为 1～2.5m（3～8ft），设备宽度为 2～6m（6～20ft），宽深比为 2～3。聚结斜板分离器内密集设置的平板有可提高去除效率，故其占地面积小于 API 分离器，具体尺寸由处理量决定。平板的水平角度在 0～60°之间，通常为 45°～60°，板的垂直间距一般为 20～25mm（0.75～1.0in.）。针对不同的平板结构，雨水将水平流经平板或向下流过平板下。

6.6.3.2 预处理单元

油水分离器一般是其他设施的预处理单元。与水窖类似，在油水分离器前设置带挡罩的深井将有利于强化漂浮物、沉淀物、油和脂的去除。

6.6.3.3 主处理单元

1. 尺寸

API 分离器可去除直径大于 150μm 的油滴，而聚结斜板分离器可用于去除尺寸更小的油滴。若大部分油滴的尺寸处于设备最佳处理范围内，则出水油脂浓度可下降至不超过 10mg/L（Lettenmaier 和 Richey，1985）。

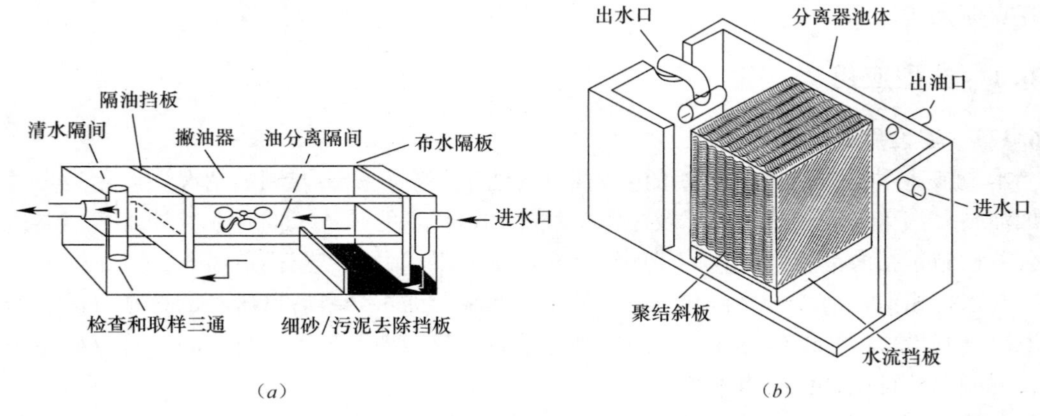

图 6-2　(a) 常规 API 分离器；(b) 聚结板式分离器

分离器的尺寸由油滴的上升速率决定，而上升速率可采用油的密度和油滴尺寸计算或直接测定。不同设备厂商的分离器尺寸各异，其中一种方法是根据 API (1990) 公式 (6-1) 基于油滴的上升速率计算的：

$$V_{\mathrm{p}}=\frac{g(d_{\mathrm{p}}-d_{\mathrm{c}})d^{2}}{18\mu} \tag{6-1}$$

式中　V_{p}——油滴上升速率 (m/s)；

d_{p}——油的密度 ($\mathrm{kg/m^3}$)；

d_{c}——水的密度 ($\mathrm{kg/m^3}$)；

d——可去除的油滴直径 (m)；

μ——水的绝对黏度 (kg/(m·s))；

g——重力加速度 ($9.81\mathrm{m/s^2}$)。

宜按照冬季雨水温度选择水的密度和粘度。虽然城市雨水中石油产品的相对密度通常取 0.85～0.95，但实际数据很少。为了达到对某直径油滴的去除率目标，必须估测油滴尺寸的分布情况。图 6-3 显示的是某石油产品存储设施雨水径流中油滴的尺寸分布和体积分布。进行设计时必须先对设计进水浓度进行设定，而实际上在不同降雨事件中此值变化很大，因此设计值显然也是不可靠的。

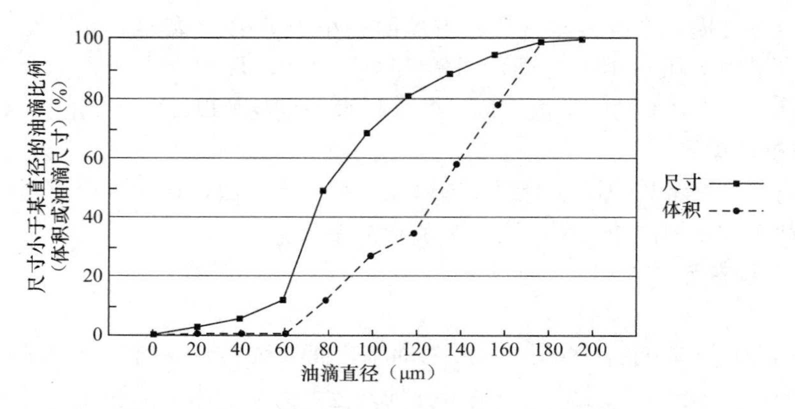

图 6-3　石油产品存储设施雨水径流中油滴的尺寸分布

若设计出水目标值是20mg/L，而设计进水浓度为50mg/L，则去除率需达到60%，根据图6-3计算，当直径为90μm或更大的油滴全部被去除后可实现此目标。当水温为10℃（水的相对密度为0.999）、油的相对密度为0.898时，90μm油滴的上升速率为1.2m/h（0.001ft/s）。

一般认为，常规API分离器在去除小于150μm的油滴方面效率较低，理论上讲，常规API分离器可以通过放大尺寸来去除更小的油滴，但此时设备将过于庞大，采用聚结斜板分离器的经济性更好。

2. API分离器尺寸计算

要计算API分离器的尺寸，首先应计算深度，如式（6-2）所示：

$$D=\sqrt{\frac{WQT}{2V}} \tag{6-2}$$

式中 D——深度，应为1～2.5m（3～8ft）；

WQT——设计流量，m^3/s（cfs），根据第3章提供的方法计算，也可根据州或地方设计手册计算；

V——允许水平流速，不大于设计油滴上升速率的15倍，但不大于55m/h（0.05ft/s）。

如果计算得到的深度大于2.5m（8ft），应增设置平行处理单元，使得在设计流量（WQT）下最大推荐深度不超过2.5m（8ft）。最小深度为1m（3ft）。以下步骤依次为：

（1）计算长度，$L=f(V/V_p)\ D$，其中f为短流系数，取值范围为1.28～1.74（API，1990）；

（2）选择宽度，W=2～3倍深度，但是不超过6m（20ft）；

（3）顶部隔板的高深比为0.85，底部隔板的高深比为0.15；

（4）配水隔板与入口距离为0.10L；

（5）设置0.3m（1ft）超高；

（6）安装一台进水控制阀门和流量超过WQT时的超越管。

3. 聚结斜板分离器尺寸计算

设备厂商可提供处理量达每秒几立方米的成套分离单元，对于流量较大的情况，工程师必须单独设计板列尺寸和池体。由于不同厂商的分离器在板的尺寸、空间、倾斜角度等方面存在差异，建议工程师在设计时向厂商咨询斜板情况使得设计符合标准。

工程师可通过如下步骤计算设备尺寸。首先确定以度数表示的斜板安装角度H（相对于水平面的倾角），然后计算所需斜板总面积A（平方英尺），见式（6-3）：

$$A=\frac{Q}{V_p\cos H} \tag{6-3}$$

其中各参数意义与式（6-1）和式（6-2）相同。

聚结斜板分离器的水力效率并未达到100%，根据斜板设计的不同，其效率范围为0.35～0.95。为引入此参数，式（6-3）的计算结果应除以所选效率值。以下是尺寸计算的一般步骤：

（1）设定板间距S，通常为20～40mm（0.75～1.5in.）；

（2）设定合理的斜板宽度W和长度L；

(3) 计算斜板数量 $N=A/(W \cdot L)$；

(4) 计算斜板所占体积 P_V (m^3) $P_V=W \cdot L \cdot \sin H\ [NS+L\cos H]$； (6-4)

(5) 在斜板下设 0.3m (1ft) 深的沉淀物储存区；

(6) 在斜板上设 0.1～0.3m (6～12in.) 的清水区，以使油在平面之上聚集；

(7) 设 0.3m (12in.) 超高；

(8) 若需要多个斜板单元，则设置去除悬浮物和配水之用的前池；

(9) 设置用于收集斜板区出水的后池；

(10) 对于大型单元，还包括浮油的去除和存储设备。

在去除率相同时，斜板所需容积最小。沉淀颗粒会聚集在板表面，致使维护工作更为复杂。经验表明，即使是斜板，由于存在油脂，一些颗粒物也会附着在板上。当存在木棍、塑料和纸时，应选择较大的板间距；否则应清扫街道和/或设置前池、人工清理系统或开口尺寸小于板间距的大颗粒污染物拦截装置（第 10 章）。若搬离原位进行清洗，板可能因过重而损坏。

6.6.4 美观和安全

与水窖类似，油水分离器为地下式结构，占地面积相对较小，而且相对于湿塘等敞开式设施，对儿童和行人更加安全。当截留和富集有挥发性有机物时，应采取预防措施以防累积气体爆炸。在某些情况下会设置浮力机械阀，探测到富集烃类达到高浓度时，关闭出水口和触发警报。

6.6.5 运行维护与通道

油水分离器应在雨季逐月检查，每年清理数次；应在雨季开始前进行清理，合理处置油类和其他截留物。

6.7 干塘

通过设置在塘底部的较小的出水口，干塘具备在每次降雨时临时滞留全部或部分雨水的功能（见图 6-4）。干塘需在下次降雨来临之前将所有滞留的雨水排放完毕，其总容积一般被称为“有效容积”。

干塘可实现上文中图 6-4 所述的一个或多个控制目标。仅用于漫滩洪水保护和极端暴雨控制的干塘，其容积和出水口结构设计与偶发极端事件下雨水的滞留和排放相适应。为实现水质净化和河道保护的目标，可通过滞留和缓慢释放 WQV 和 CPV 来控制高频次小雨。

用于去除污染物和控制侵蚀流速的干塘通常是指“干式延时截留塘”。其中的“延时”是指在高频次小雨期间截留 WQV 和 CPV，随后在较长的周期内释放截留的雨水，此周期通常为 1～2d。虽然干塘的目标是在下次降雨前将塘完全排空，但此目标在多雨的湿热气候条件下很难实现。若无法计算降雨间隔和剩余雨水的统计学概率，则导致塘的设计容积偏小（Guo and Urbonas，1996；华盛顿州生态部，2005）。第 3 章介绍了干塘的容积和排放速率的多种计算方法。在气候湿热地区，应根据历史降雨记录进行连续模拟计算，同时适当考虑入渗和蒸发因素。

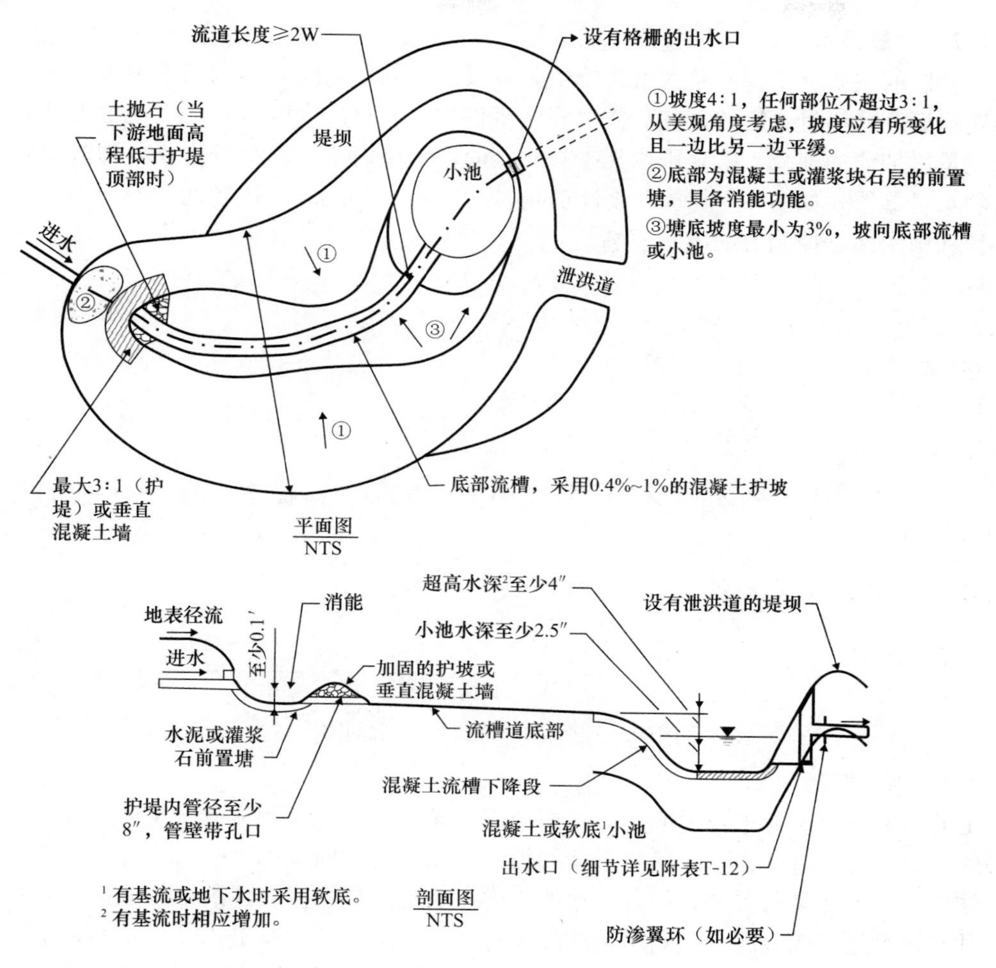

图 6-4 干塘结构示意（1ft＝0.3408m；1in.＝25.4mm）（UDFCD，2010）

6.7.1 典型应用

6.7.1.1 建设用地适用性

干塘过去常用于土壤透水性较差且地下情况（如岩石和表层地下水）不会延伸到地表的情况。但近期研究表明，对于排空时间为24～48h的干塘，有高达30％的年均雨水量可通过塘底入渗或被干塘中的植物利用，从而有助于雨量控制（Strecker *et al.*，2004）。区域性设施在雨水控制方面通常具有较高的可靠度并有较好的规模效应，而原位处理设施在城市化地区的实施上具有组织优势和经济优势。设计人员在进行干塘设计时，应从设施与城市景观的融合、多功能集成、美观和安全等角度进行考虑。每个原位或区域处理设施的特定结构及其在社区内所处的位置，决定了设计人员必须在设计过程中注意挖掘本地元素、确认场地限制条件、识别社区关注问题并考虑多种可能性。

与下节介绍的湿塘相比，干塘具有多方面优势，包括无蚊虫繁殖之扰、雨水或基流的热升温较小，人员误入后较为安全等。然而，与湿塘不同，干塘的入口和出口需有高差，这可能受条件限制而增加空间需求，有时甚至无法实现。

6.7.1.2　水量控制

干塘内的主要水量控制单元就是峰值削减设施，因此塘的运行效果是由进出水结构和降雨期间塘底入渗量决定的。在低频率降雨事件中，通过由中等流量向大流量的转化过程中对流量增加值的削减，实现雨水保护目标。峰值削减需要储存部分水量，即进出水过程线间的水量差值，如图 6-5 所示。设计功能仅用于 OFV 和 EFV 控制的干塘一般在河道冲刷保护和雨水污染控制方面效率不高。

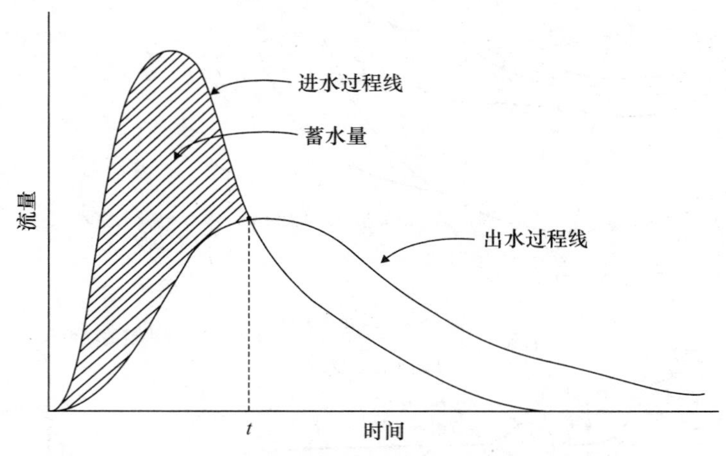

图 6-5　干塘对峰值流量的削减作用

6.7.1.3　水质控制

干塘主要通过沉淀去除污染物。在满足以下条件时，总悬浮固体（TSS）和与沉淀物相关的成分可得到有效去除：（1）干塘的设计 WQV 排空时间为 24～48h；（2）在每个进水口处均设有沉淀型前置塘；（3）干塘的结构可将短流现象控制到最小程度；（4）干塘的设计可使排水过程或者超 WQV 水量的降雨对沉淀物的扰动减至最小。应该指出的是，进入塘的总固体量大于被定义为 TSS 的总固体量。这些固体在某些区域所占的量和体积很大，例如用砂除冰或者截留碎屑的区域。植被型干塘比混凝土调蓄池的除污染能力强，混凝土调蓄池曾经在各类降雨期间被检出病原体、沉淀物和沉淀物附着污染物的释放，而土基塘的污染物释放并不常见，因为塘中的植物对截留的沉淀物具有稳定作用。

干塘对颗粒和附着污染物的去除效果通常不及相同容积的湿塘；此外，由于缺少恒定水体，干塘对溶解性污染物的去除效率一般较低。究其原因，可能是进水口处沉淀颗粒再次悬浮后排放、进出水口及塘护堤处塘体侵蚀、单个狭窄排水口水力效率下降，干塘在每场降雨初期的性能都不佳（Min. ton，2011）。

6.7.2　适用条件

干塘的适用条件与其他调蓄池类似，包括：

（1）塘体本身所需土地面积较大，为提供塘体建设所需空间需进行森林砍伐；

（2）需要与基岩有足够大的距离，从而不影响放坡；

（3）地下水位应较深，以保持塘的干燥；由于维护不力导致塘未完全排干时，可能滋生蚊虫；

（4）仅能去除沉淀性污染物，并需要高达 48h 的沉淀时间；

(5) 在溶解性污染物去除方面效率不高；
(6) 进出水口处累积的沉淀物和碎屑以及干燥、裸露、泥泞区域的感官效果不佳；
(7) 不良植物和外来入侵植物疯长；
(8) 吸引水禽导致出水中病原体和营养物含量增加。

6.7.3 设计步骤和标准

6.7.3.1 典型配置

图 6-4 显示的是干塘的典型组成结构。每个原位或区域处理设施的特定结构及其在社区内所处的位置，决定了设计师必须在设计过程中注意挖掘本地元素、确认场地限制条件、识别社区关注问题并考虑多种可能性。

6.7.3.2 预处理单元

干塘的进水口处经常受到高速水流的侵蚀，当速度下降后，雨水中的沉淀物约有 50% 在干塘的进水口附近发生沉淀。理想的进水结构是，在将雨水输送至干塘内的同时，避免塘的底部和护堤发生侵蚀，减少对前期沉淀物的扰动，减少适合蚊虫繁殖的条件，同时促进大尺寸颗粒在进口附近沉积。干塘进口形式可采用碎石防冲垫层扩散结构、跌水井、底部设有消能的斜槽、折流板槽、设有防冲击坑或各类其他形式的扩散设备。

在设计中力求使颗粒物在进水口附近发生沉淀并避免其扰动，有助于使干塘的维护集中于进口附近，沿长塘体其他部分的使用寿命。如本章上文所述，促进沉淀物沉积的一种常用方法是设置预处理水窖或前置塘。预处理设施的维护通道应有足够强度，底面采用混凝土或水泥土材质，以防机械设备陷入池底并有利于去除累积的沉淀物。湿式前置塘也有助于减少入口附近出现侵蚀和沉淀物扰动的现象，虽然此类措施为蚊虫滋生提供了潜在场所，但是其面积较小，应可以接受。此外，也可使用预制水窖，虽然水窖的空间入口较为狭小，但其所需空间较小且一般易于清洗。

6.7.3.3 主处理单元

1. 水质保护容积计算

干塘截留容积的尺寸应根据设计建设条件确定，并可通过缓慢排水截留年均径流量的 80%～90%，在沉淀过程中塘内形成相对静止的“临时”水体。容积计算的目的是确定在干塘排水期间沉淀效果最大化的水力停留时间，最常见的结果是按照 24～48h 内排空全部 WQV 得到的。第 3 章给出了计算 WQV 的各类适用方法，包括州或地方政府的强制取值、干塘在 24～48h 排空的连续模拟以及用于估算最佳 WQV 的方法。根据以上步骤计算得到的 WQV 比在给定区域计算逐次降雨产生的平均径流量大 30%～60%。

排空时间由设计人员选择或由当地政府指定。较长的排空时间可在一定程度上提高悬浮固体的去除率，但也会导致植被难以在塘底生长，从而影响美观。排空时间较长的设施底部可能存水并有湿地植物生长，不便于清理和运行维护，采用两级设计或干/湿组合塘可避免出现以上问题，本节下文将作介绍。

2. 过程线

应采用水库调洪演算法（reservoir routing method）来改进最初估算的尺寸并验证塘的预期效果。应首先将 WQV 转化为设计雨量图来模拟雨量过程线，其做法一般由设施所在地区的典型暴雨时空分布设计参数决定。适用于美国大部分地区的一般做法是将最大水深重新分配进一个 2h 的设计暴雨雨量图。水库调洪计算的目标是通过平衡进水流量和出水流量来找到所需的容积，如图 6-5 所示。这可通过计算式（6-5）的数值解法或使用为此开发的众多计算机程序中的一种来解决（见第 14 章）。式（6-5）表明，所需存储容积是进出水过程线差值对时间积分的结果，积分时间自塘出现雨水出流开始，到出水流速高于进水流速为止，如式（6-5）所示：

$$V_{max}=\int_0^t (Q_{in}-Q_{out})\mathrm{d}t; \tag{6-5}$$

式中　V_{max}——存储容积（m^3）；

t——从出流开始到达到最大存储容积的时段（s）；

Q_{in}——进水流量（m^3/s）；

Q_{out}——出水流量（m^3/s）。

最常见的计算方法是调蓄容积指示法，水文学手册（Hydrology Handbook）（ACSE，1996）等大量水文学书籍和手册对此方法均有介绍。

3. 两级设计

只要条件允许，就应在干塘中设置两级结构，下级结构置于塘的出口附近，在高频次降雨条件下时也会充满，从而防止塘的其他部分出现积水和沉淀。下级结构深度为 0.5～1.0m（1.5～3ft），应包括前置塘无法提供的沉淀物储存容积再加上 WQV 容积的 15%～25%。上级结构应为 0.6～2m（2～6ft）深，大到足以容纳 WQV 的剩余部分，其底部应以约 2%的坡度坡向底部流槽。

如前文所述，干塘对污染物的去除程度一般不及湿塘和湿地，但可通过一些设计措施提高其性能。如在两级结构中的下级设置湿塘，从而形成干湿混合塘，这里的湿塘通常远小于下节将要介绍的湿塘恒定塘体，其主要功能是存储累积的沉淀物并减少其扰动。干湿混合塘也具有标准湿塘的缺点（升温、蚊虫滋生、安全风险等），但是程度较小。

4. 塘的边坡

塘的土质边坡应在土壤饱和状态下保持稳定，同时也应足够平缓，防止冲蚀出细沟、便于维护、保证池内充满水时人跌落的安全性等要求。在塘底和堤坝植草可减少侵蚀，因为堤坝侵蚀更多的是发源于泥浆化而非直接冲蚀，当堤坝被草覆盖或坡度较小时，此类现象很少发生。堤坝坡度不应小于 3∶1，最好为 4∶1。采用块石坝趾有利于控制冲蚀现象。

5. 流槽

在干塘中应设有流槽，他们有助于塘底的变干，塘底的变干还受前置塘和进水口的结构、出水口类型以及进出水口之间的流道等因素影响。流槽设计方法包括采用曲折路径或增加停留时间的其他方式，从而可在降雨初期提高污染物去除率，在塘排水期间减少对沉淀物的扰动。对于仅用于控制洪水的干塘，此设计对污染物的去除效果十分有限；若干塘的出水口在 24～48h 内排完 WQV，则无需做此设计。流槽不应采用混凝土或沥青衬砌。

6. 塘的堤坝

在设计和建造塘的堤坝时应注意避免其垮塌。应设有应急泄洪道，否则堤坝应设计为可承受与其尺寸相对应的漫堤水流、储水容积以及溃坝可能引发下游的物质和人员损失。应急泄洪道设计因地方法规的不同而差异很大，一般地，泄洪道应设计为可安全地通过 50～

100年降雨峰值流量的超量水流，在坝体安全规程允许时此流量还可更大。设计人员应经常学习本州颁布的大坝安全规程，也应学习与塘的尺寸和堤坝高度相关的许可要求，用以核对设计参数。

堤坝坡度不应小于3∶1，最好不小于4∶1。为了抑制树木和掘穴动物的生长繁殖，边坡也需种植草皮并进行维护。堤坝上的土壤应在最佳湿度条件下被压实到最大密实度的95%。

7. 植被

塘内植被具有控制侵蚀和提高沉淀效率的作用。根据所处位置、塘的设计以及娱乐等用途，塘内可种植耐水本地草类或灌溉草坪。沉淀物的覆盖以及频繁而持续性的淹没，使得在塘底维持健康的草皮覆盖十分困难。其他的塘底形式包括湿地、泥塘、砾石层、岸边灌木、裸露土壤、低矮杂草草甸或其他任何适合塘底条件的形式。

6.7.3.4 出水口结构

设计人员应根据实际需要，设置一个或多个出水口，以实现干塘的使用功能（即在设计排空时间内排出WQV和CPV，必要时合理排放超量雨水以实现对下游洪水的控制）。出水口的尺寸设计，应满足在前1/3的设计排放周期内排水量不大于WQV的50%（若设计排空时间为48h，则此值为16h，剩余WQV的50%需要32h排完）。这种时间分配可提高小颗粒悬浮固体的去除效果。

许多研究者（ASCE，1985；ASCE和WEF，1992；DeGroot，1982；Roesner等，1989；Schueler，1987；Schueler等，1992；Urbonas和Roesner. Eds，1986；Urbonas和Stahre，1993）报道了干塘出水口处出现问题的原因，包括垃圾和碎屑堵塞、沉淀物淤积、蓄意破坏、故意堵塞以及其他改变出水口排水特性的因素。每个出水口设计时均应考虑以上因素，针对各种设计目标，有多种类型的出水口可供选择。

1. 单孔

最简单的出水口就是一条管道或一个孔洞，其尺寸可满足所需排空时间。由于干塘的结构有利于促进颗粒物的沉淀，而且城市雨水中含有大量的可沉淀物和漂浮固体，因此单孔出水口的直径小于300mm（12in.）时易被堵塞，从而导致难以设计出可靠的干塘出水口结构。即使是最出色的设计，出水口的堵塞也将导致其水力功能失效。干塘的单孔出水口最小尺寸通常为300mm（12in.），此外，也可采取其他措施解决出水口堵塞和沉淀物在出水口附近淤积的问题，如在大口径出水管道前设置三角堰，或者使用以下各节所述的其他形式出水口。

2. 干湿混合塘的出水口

在两级塘的小型湿塘内设有挡罩或其他形式的淹没式出水口，在出水口的下部有足够的空间用于安装挡罩，此类结构有助于防止悬浮物堵塞出水口。第8章（湿塘）提供了此类出水口的设计指南。

3. T形堰出水口

当直径为300mm（12in.）的出水口无法有效降低雨水的峰值流量或无法提供合适的排空时间时，可采用其他类型出水口，如T形堰出水口。T形堰是预制的矩形结构，带有一个用于控制塘出流量的T形开孔（见图6-6），实践证明，这种结构对于汇水区域相对较小塘的峰值流量有较好的控制效果，而且未出现堵塞现象。即使T形开孔的底部尺寸仅为

100mm（4in.），出水口也不易发生堵塞，因为当沉淀物和碎屑在出水口处淤积时，水也可在T形开孔处的沉淀物上方流出。

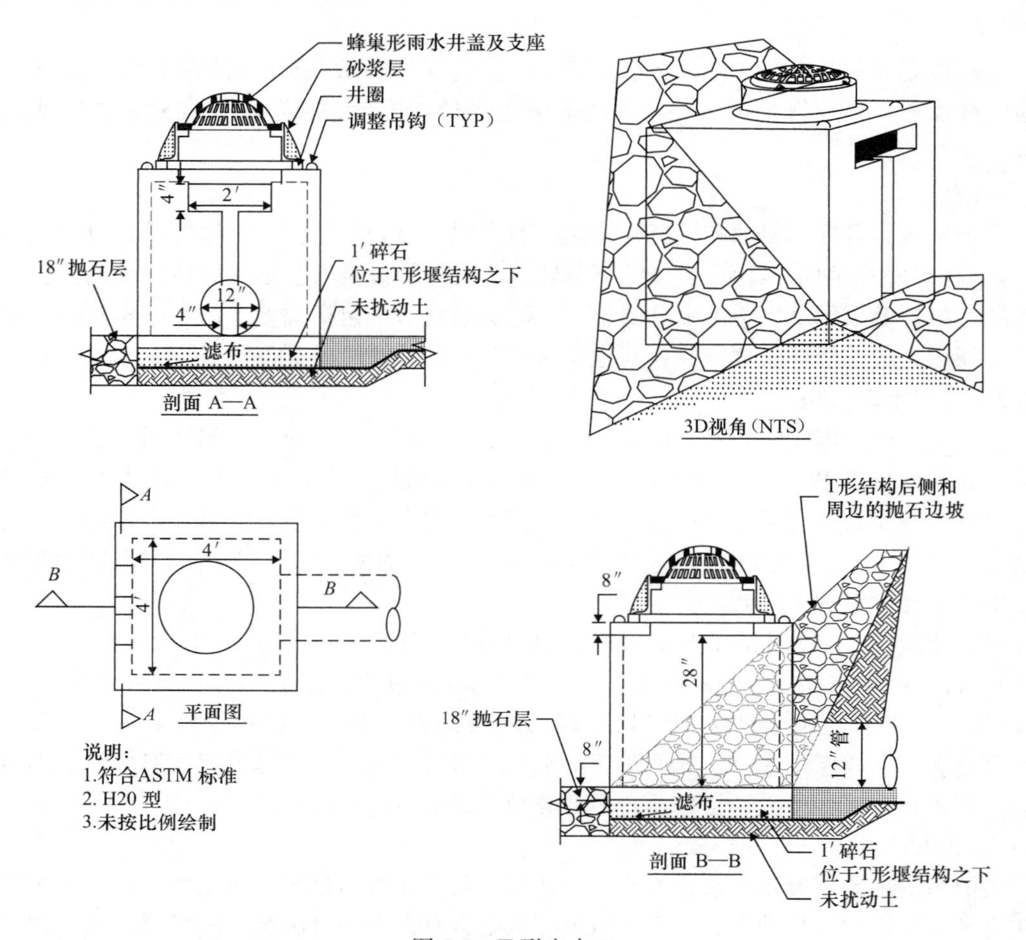

图 6-6　T形出水口

4. 穿孔立管

另一种出水口是穿孔立管，如图6-7所示。在此出水口中，管中的穿孔控制出水流量。穿孔在寒冷季节会被冰堵塞，因此穿孔的最小直径应为15mm（0.5in.）。Schueler等（1992）建议，若采用如前文所述的两级塘设计，则应在小型湿塘处设置带挡罩的穿孔立管。

5. 撇渣器

也可使用撇渣器等其他技术，从而有助于沉淀物、碎屑、油脂等的收集。

6. 砂滤池和生物滞留滤池

假设滤池维护完善且未出现堵塞，则水平砂滤池、生物滞留滤池或其类似的过滤系统将使塘在两场降雨之间完全变干。滤池砂粒或生物滞留介质可被放置在一个或几个沟槽内或塘内纵横分布的矩形池内。此外，砂滤池也可设置为矩形或方形滤床，直接放置在出水口的堤坝内。滤池表面必须定期清理。滤池的另一项潜在功能是对溶解性污染物的去除，方案是把沸石、活性氧化铝或堆肥混入砂中以促进污染物的去除。

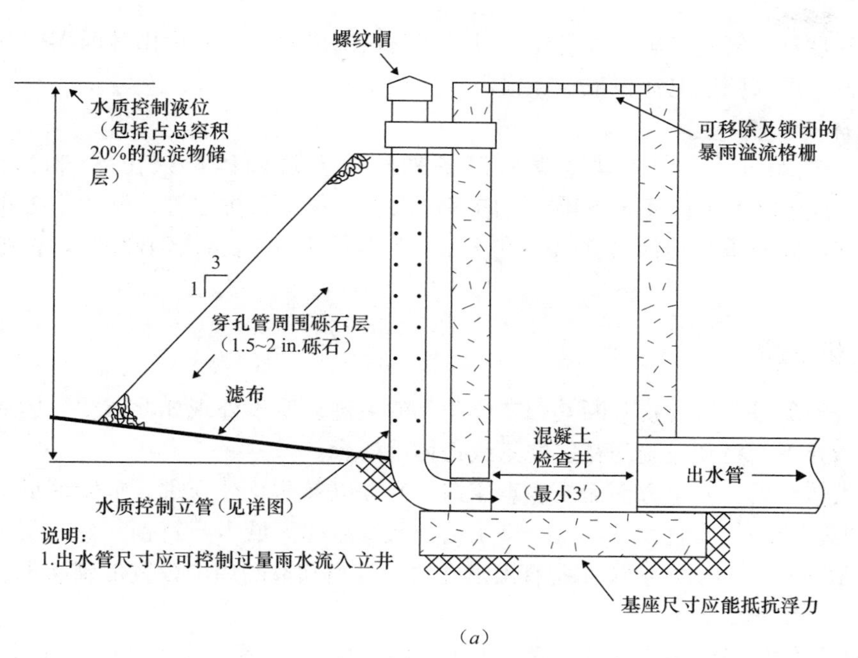

（*a*）

说明：
1.最小孔数=8.
2.最小孔径=1/8 in.

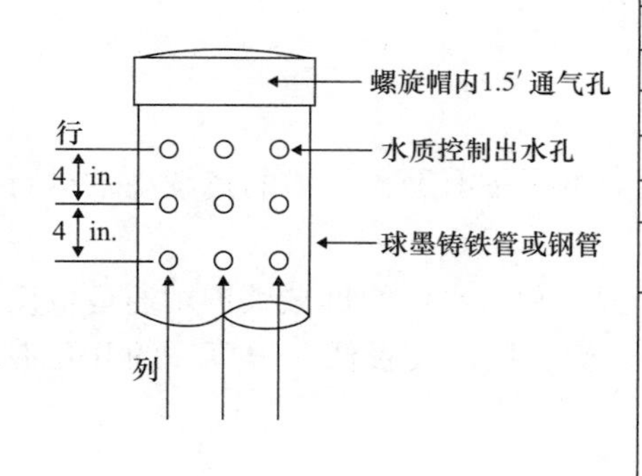

穿孔管最大列数				
立管直径（英寸）	孔径（英寸）			
	1/4（英寸）	1/2（英寸）	3/4（英寸）	1（英寸）
4	8	8	±	±
6	12	12	9	±
8	16	16	12	8
10	20	20	14	10
12	24	24	18	12

孔径（英寸）	孔面积（平方英寸）
1/8	0.013
1/4	0.049
3/8	0.110
1/2	0.196
5/8	0.307
3/4	0.442
7/8	0.601
1	0.785

（*b*）

图 6-7　穿孔立管出水口举例：（*a*）出水口结构（无比例）；（*b*）水质控制立管（无比例）
（1 英尺＝0.3048m；1 英寸＝25.4mm）（UDFCD，2010）

上文所提及解决方案的一种变形是将最低出水孔置于塘底之上（约 300mm）。在出水口处设置相对较小的砂滤池或生物滞留滤池。大部分雨水通过孔口排放，通过所形成的塘减少了通过滤层的水量，并且对每次降雨的早期径流起到了滞留作用。滤池的作用是在降雨后排放剩余雨水，从而避免蚊虫滋生。当降雨后进入塘内的早期径流经过滤处理后，也可通过流槽来避免形成水坑。

7. 机械出水口

也可通过机械方式实现延迟排水。其中一种设备采用气囊，当降雨传感器检测到开始降雨后，开启气泵直至气囊充满，气囊在一段时间内堵塞出水口，此后由计时器驱动打开放气阀，其动力可由太阳能电池板或电池提供。

8. 大块固体的控制

可采用格栅或第10章所述其他类似设备来防止大块固体进入出水管；可采用图6-7所示的砾石滤层来防止沉淀物和碎屑堵塞出水管。在穿孔排水管外缠绕土工布经常致使其迅速堵塞，除非采用其他措施（如在土工布和穿孔管之间缠绕钢丝网），否则应尽量避免采用。

6.7.4　美观和安全

干塘的感观印象是社区公众判断其否“成功”的关键。鉴于外观如此重要，因此应在景观设计师的指导下，将新设施与社区的景致得体地融合。

当设施投入运行后，安全方面需要注意流速、水深以及防止公众进入危险区域，通过减少高墙和陡坡也能增加安全性。出水、进水结构及其毗邻区域需要特别注意，美国土木工程师学会（ACSE）（1985）建议在所有出水孔口、管道和堰的周围设置带刺灌木、树枝和围栏等隔断。

对于较大的干塘，设计中也应注意蓄水堤坝的结构稳定性等安全因素。如上文所述，应采取防溃坝措施，在美国几乎总是判定由业主对溃坝负全责。设计人员在设计此类设施时应时刻记住这项法则。塘内应设有安全平台，为误入水中的人或动物离开干塘提供一个较浅的水域。关于安全因素的进一步讨论详见第5章。

6.7.5　运行维护与通道

虽然干塘在运行期间无需进行操作，但良好的维护有助于干塘的持续高效运行。设计人员应设置足够的维护用通道。

对于需要维护设备进入的大型前置塘，前置塘和出水口的机械维护用通道坡度不应超过8%～10%，并有稳定的表面，如耐压草坪、砾石层、设置低养护草坪的开孔混凝土步道板或混凝土步道板。

6.7.6　干塘设计案例

某建设密度为每公顷5块和10块独栋住宅建设用地（每英亩2块和4块），雨水收集区面积10公顷（25ac），设计一座干塘，使其需满足当地政府和州政府对雨水控制的要求。干塘设计用于控制重现期为25年和100年的降雨，目的是减少下游洪水量和提高排水水质。项目位于马萨诸塞州，对于根据2007年《马萨诸塞州地表水质量标准》（Massachusetts Surface Water Quality Standards）确定的“重要水源”（Outstanding Resources Water）等关键环境敏感区，州政府规定排入其中雨水的WQV应为25mm（1in.）降雨量与项目开发后产生的不透水面积的乘积；对于排入其他区域的雨水，计算WQV所用降雨量为13mm（0.5in.）。此外，也可用第3章所列方法计算最佳WQV。

沉淀型前置塘至少应容纳0.4公顷（1ac）不透水表面2.5mm的降水并对其预处理。

对于重现期为2年、10年和100年的降雨事件，地区开发后的峰值流量不应超过现状值。

6.7.6.1 场地基础数据

场地开发计如图 6-8 所示，本区域计划分 2 期建设，设计雨水管理设施将服务于全部 2 个建设期。

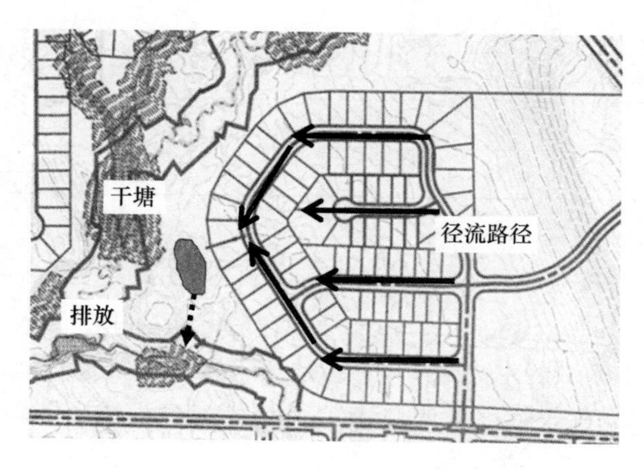

图 6-8 开发场地平面图（$10hm^2$（25ac））

场地关键参数如下：

（1）场地面积 $10hm^2$（25ac）；

（2）整个场地的雨水目前全部排入位于汇水区域西部的河流；

（3）现况地面由牧草覆盖，水力条件为“好”；

（4）开发后土地使用状态包括单个地块占地 $0.1hm^2$（0.25ac）的独栋住宅用地 $8.3hm^2$（20.5ac），以及单个地块占地 $0.2hm^2$（0.5ac）的独栋住宅用地 $1.8hm^2$（4.5ac）；

（5）依据美国自然资源保护局土壤调查（Natural Resources Conservation Service Soil Survey），水文土壤组 C 类土壤约占场地的 60%，水文土壤组 B 类土壤约占场地其余的 40%。

6.7.6.2 确定场地雨水保护水文特性

1. 复合径流曲线数计算

复合径流曲线数用于计算 OFV 和 EFV。计算复合径流曲线数时，应选择适用于不同水文土壤组类型和各类用地组合的径流曲线数，根据各类用地组合的面积推导整个发展区域按面积加权计算的径流曲线数。对于开发前和开发后的土地使用情况，均计算其复合径流曲线数。

表 6-1 显示的是面积加权径流曲线数和开发场地内建设前和建设后的汇水区域特性。场地开发前的降雨径流曲线数为 69，在开发后的降雨径流曲线数为 79。

集水区域特性 **表 6-1**

集水区域描述	面积（hm^2）(ac)	水文土壤组类型	径流曲线数*	集水时间（min）
开发前状态				
牧草（好）	6（15）	C	74	
牧草（好）	4（10）	B	61	
全部区域	10（25）		69	20

续表

集水区域描述	面积（hm^2）（ac）	水文土壤组类型	径流曲线数*	集水时间（min）
开发后状态				
住宅 0.1 公顷（0.25ac）	6（15）	C	83	
住宅 0.1 公顷（0.25ac）	2.2（5.5）	B	75	
住宅 0.2 公顷（0.50ac）	1.8（4.5）	B	70	
全部区域	10（25）		79	12

*径流曲线数（USDA，1986）

2. 地面汇水时间计算

地面汇水时间（time of concentration（T_C））是雨水从相应汇水区域最远点地面流动到设计点的时间。汇水区域的水力长度（L）是汇水区域的最远点地面流动到设计点的距离。延迟时间（TL）是有效降雨量曲线的中点与径流过程线下降段的拐点之间的时差。根据径流曲线法（SCS），TL 等于 $0.6T_C$。

地面汇水时间一般取决于地面坡度和地表类型。美国农业部高地计算法（U. S. Department of Agriculture Upland Method）适用于面积小于 $800hm^2$（2000ac）的小流域以及如下类型的径流：坡面漫流、流经植草沟、流经铺装地面、流经小型沟岭、沿梯田沟渠流动（USDA，1986）。此处采用此方法是因为此地的水流类型为流经牧草和铺装地面的坡面漫流。开发前和开发后的地面集水时间计算值如表 6-1 所示，其中开发前的地面集水时间为 20min，开发后的地面集水时间为 12min。

3. 干塘的适用性分析

土壤钻孔结果表明，干塘拟选址位置主要由粉砂、粉质黏土、黏质粉土等水文土壤组 C 类土壤构成。地下水与地表的距离为 3～3.7m（10～12ft）。水文土壤组 C 类土壤具有一定渗透性，因此适于用于建设干塘。

另外，此处的地貌高差适于为塘底提供正向坡度，因此可在此处建设干塘。

6.7.6.3　设计步骤

1. 第 1 步：确定场地的降雨量和雨量分布数据

场地 24h 降雨深度和雨量分布数据来自于《美国东北部和加拿大东南部极端降雨图集》（Atlas of Precipitation Extremes for the Northeastern United States and Southeastern Canada）（Wilks 和 Cember，1993），其 2 年、10 年、25 年和 100 年重现期的 24 小时降雨深度估算值分别为 81mm（3.2in.）、124mm（4.9in.），155mm（6.1in.）以及 216mm（8.5in.）。场地位于美国东北部，此处为雨量分布 III 型（USDA，1986）。

2. 第 2 步：计算开发前和开发后的峰值径流量

开发前和开发后的峰值径流量可采用如下工具和数据计算：美国陆军工程兵团（U. S. Army Corps of Engin. eers（USACE））水文工程中心-水文模拟系统（Hydrologic Engin. eerin. g Center-Hydrology Modelin. g System（HEC-HMS）等水文模型软件；第 1 步中计算的降雨深度和雨量分布情况；表 6-1 中的径流曲线数和地面集水时间。峰值径流量数据见表 6-2。

峰值径流量 表 6-2

状态	峰值径流量 [m^3/s (cfs)]			
	重现期 2 年	重现期 10 年	重现期 25 年	重现期 100 年
开发前	0.2 (8.8)	0.7 (23.7)	1.0 (35.8)	1.8 (62.1)
开发后	0.8 (28.9)	1.7 (59.4)	2.3 (82.1)	3.6 (128.2)

3. 第 3 步：计算水质控制容积

由于场地雨水未排入环境敏感区，因此 WQV 等于 13mm（0.5in.）与不透水面积的乘积。0.1 公顷（0.25ac）和 0.2 公顷（0.50ac）住宅地块的不透水面积比例分别约为 38%和 25%，此信息见标准径流曲线数表（USDA，1986）。因此不透水面积总量应为：$0.38 \times 8.3hm^2 + 0.25 \times 1.8hm^2 = 3.6hm^2$（8.9ac），则 $WQV = 13mm \times 3.6hm^2 = 46.8hm^2-mm$ 或 $468m^3$（0.37ac-ft）。

若采用第 3 章计算最佳 WQV 的方法计算调蓄容积，则设计降雨量应为 17mm（0.67in.）乘以雨水截留率 1.463，即 25mm（0.98in.）；采用 $3.6hm^2$（8.9ac）不透水区域面积除以 $10.1hm^2$（25ac）总开发面积得到不透水率为 0.36；流域径流系数 R_v 可用式（3-6）（$0.05+0.9i$）计算，即 0.37。由此得到最佳 WQV 为 25mm（14in.）$\times 0.37 \times 10.1hm^2$（25ac）$=93.4hm^2-mm$ 或 $934m^3$（0.8ac-ft），此计算结果几乎为地方规定的 2 倍。

为提供沉淀物存储容积以及减小维护频率，水质控制容积应增加 20%。因此按照马萨诸塞州 WQV 规则计算得到的沉淀物存储容积应为 $94m^3$（0.07ac-ft），按照第 3 章最佳 WQV 规则计算得到的容积应为 $187m^3$（015ac-ft）。在本案例中，沉淀物存储容积由最低计算水位以下容积和前置塘的部分容积组成。

4. 第 4 步：初步确定干塘形状和尺寸

干塘的形状与现况场地的地形地貌有关，对于进水口窄、出水孔宽的楔形塘，建议其最小长宽比为 2∶1。

塘的尺寸一般采用试错法计算。首先设定塘的初步坡度断面，然后采用 WQV 和设计降雨强度检验塘的最大水深、峰值排水速率以及 WQV 排放时间，据此调整塘的尺寸或出水口的尺寸，从而为满足设计目标提供充足的存储能力。为了计算和定义塘的“启动-存储-排放”表的需要，应初步设计一个出水口结构。对于初步设定的塘，表 6-3 列出了其水面高程与面积的关系。

塘的实际坡度断面会反映出高程小于 29.6m（97ft）处的沉积物存储容积，但是在水力计算时不考虑此部分容积。

塘尺寸初步确定后液位和表面积的关系 表 6-3

高程（m）（ft）	面积（m^2）（ac）	累积存储容积（m^3）（ac-ft）
29.6（97）	1983（0.5）	0（0.0）
29.9（98）	3521（0.9）	839（0.7）
30.2（99）	5423（1.3）	2196（1.8）
30.5（100）	8094（2.0）	4194（3.4）
30.8（101）	10360（2.6）	6994（5.7）

5. 第 5 步：根据 WQV 确定出水口尺寸

根据表 6-3 中的数据关系，利用内插法计算得到 WQV 的最高液位。当 WQV 为 456.4m³（0.37ac-ft）、塘底高程为 29.6m（97ft）时，WQV 的最高液位为 29.7m（97.6ft），因此当计算 WQV 的排放时间时将以此作为初始液位高程。

应采用 HEC-HMS 等洪水过程线演算软件来计算 WQV 的排放时间。建立无降雨状态下的 HEC-HMS 模型，其塘内计算初始液位为 29.7m（97.6ft）；此后建立初始直径为 100mm（4in.）的孔口排放模型；然后画出模拟过程中每个时点的塘内液位用于估算 WQV 的排放时间。由于采用 100mm（4in.）孔口的排放时间小于 24h，因此又建立了直径为 75mm（3in.）的孔口模型，此时排放时间为 40h（见图 6-9）。由于孔口出流量是采用孔口轴线高程计算的，因此图 6-9 中的两条液位—时间关系曲线的最低液位不同。在孔口淹没出流时，液位差为上游和下游的液位差值；当液位达到孔口轴线时，HEC-HMS 模型中的孔口流量计为 0。

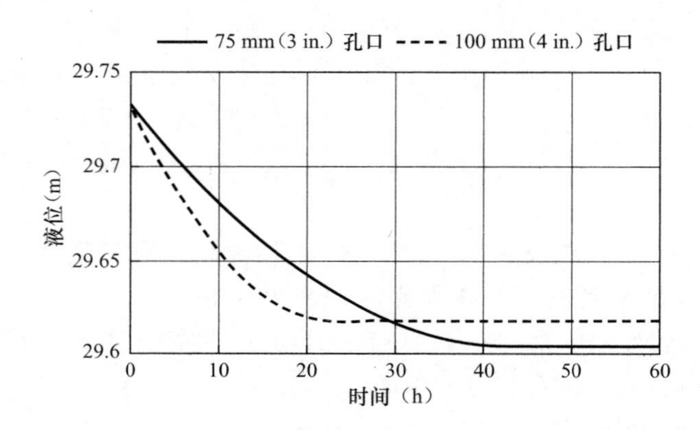

图 6-9　75mm（3in.）孔口和 100mm（4in.）孔口的排放时间曲线

除需满足总排放时间的要求外，WQV 出水口尺寸也应满足在总排放时间的前 1/3 内排放量小于 50%的要求。为检验 75mm（3in.）孔口是否满足此要求，绘制了 WQV 排放比例与排放时间比例的关系曲线。图 6-10 表明，75mm（3in.）孔口在 1/3 的排放时间内（13.3h）仅排放了 40%的 WQV。

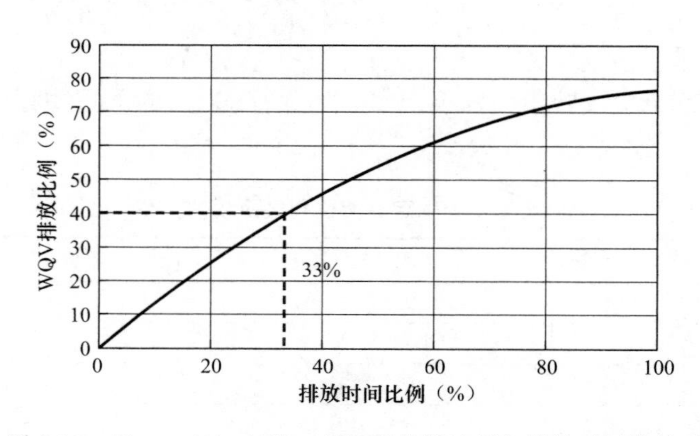

图 6-10　75mm（3in.）孔口 WQV 排放比例与排放时间的关系

由于所选孔口尺寸小于 300mm（12in.），因此需设置防堵塞设施。此类措施包括小型出水池和前置塘。小型出水池中设置的栅网可减少出水口堵塞的风险。

此外，在大管径出水口前设置 45°角的三角堰可控制 WQV 的排放。在本案例中，此类出水堰可使 WQV 排放时间大于 24h，而且比小管径出水口更不易堵塞。

6. 第 6 步：确定防洪出水口尺寸

为确定防洪出水口尺寸，设计人员应从控制 2 年一遇的 24h 降雨量开始确定出水口尺寸，然后逐步计算到 100 年一遇的降雨情况。设计人员应从选择适于 2 年一遇降雨量排放口的孔口直径、堰长或管道尺寸开始设计，根据塘的初步几何形状，采用洪水过程线演算软件来演算 2 年一遇的 24h 降雨过程，从而确定 2 年一遇降雨时的峰值排放量。此时，塘的计算模型将设 2 个排放口，包括 WQV 排放孔口或堰以及 2 年一遇降雨排放口。这 2 个排放口的混合峰值流量必须满足相关法规对峰值流量的要求，当峰值流量过高或过低时，2 年一遇降雨排放口尺寸应做调整。

对本案例而言，选用 45°角的三角堰用于控制 WQV 排放过程，堰后选用直径 900mm（36in.）的管道排放口控制 2 年一遇的 24h 降雨的峰值流量。以上堰与管道的组合可通过的峰值流量为 0.2m³/s（8.3ft）。2 年一遇降雨情况下塘内最高液位为 30.0m（98.4ft）。

此后，演算干塘接收 10 年一遇降雨的情况，用于计算塘内设有堰与 900mm 管道组合出水口时对峰值流量的抑制效果。演算结果表明，10 年一遇降雨的峰值出水量略小于开发前的峰值流量 0.7m³/s（23.7cfs）。因此，三角堰与 900mm 管道组合出水口满足 WQV 以及 2 年一遇和 10 年一遇降雨的控制要求。

类似地，演算干塘接收 25 年一遇降雨的情况，用于计算塘内设有类似出水口时对峰值流量的抑制效果。25 年一遇降雨条件下塘的峰值出水量为 0.9m³/s（30.2cfs），小于开发前 25 年一遇降雨的峰值流量 1.0m³/s（35.8cfs）。

最后，需要设置可满足 100 年一遇 24 小时降雨峰值流量的应急泄洪道。为此在 30.5m（100ft）高程处设置一座长 6.1m（20ft）的宽顶堰，100 年一遇降雨条件下塘的峰值出水量为 1.7m³/s（58.7cfs），小于开发前的峰值流量 1.8m³/s（62.1cfs）。表 6-4 总结了设计选用的出水口类型及其发挥流量控制作用时的液位。

分阶段出水口结构汇总　　表 6-4

出水口类型	尺寸	发挥作用起始液位（m）（ft）
三角堰	45°	29.6（97）
管道	900mm（36in.）	29.6（97）
宽顶堰	6.1m（20ft）	30.5（100）

表 6-5 列出了采用 HEC-HMS 模型计算得到的干塘调蓄演算结果，采用分阶段出水口结构设计可满足各个洪水防护等级的设计要求。

干塘调蓄演算结果　　表 6-5

	峰值流量（m³/s）（cfs）			
	2 年一遇	10 年一遇	25 年一遇	100 年一遇
开发前情况				
场地总径流量	0.2（8.8）	0.7（23.7）	1.0（35.8）	1.8（62.1）

续表

	峰值流量（m^3/s）(cfs)			
	2年一遇	10年一遇	25年一遇	100年一遇
开发后情况				
场地入塘进水流量	0.8（28.9）	1.7（59.4）	2.3（82.1）	3.6（128.2）
干塘出水流量	0.2（8.3）	0.6（22.4）	0.9（30.2）	1.7（58.7）
塘内最高液位	30.0m（98.4ft）	30.2m（99.2ft）	30.4m（99.7ft）	30.6m（100.3ft）

7. 第7步：确定前置塘尺寸

根据本案例中州政府和当地政府的雨水控制政策的要求，为实现WQV的预处理，沉淀型前置塘至少应容纳单位不透水地面上2.5mm（0.1in.）的降雨量，即2.5mm×3.6hm^2＝90m^3（0.073ac-ft）。设计人员应假设此前置塘容积的50%将用于存储部分沉淀物（沉淀物总体积为94m^3），其余容积可用于存储部分WQV。

8. 第8步：确定小型出水池尺寸

出水口处的小型出水池经常被淤满，应可存储15%～25%的WQV。若以20%计，则小型出水池的容积为94m^3（0.07ac-ft）。设计人员应假设沉淀物中的剩余部分，即49m^3（0.03ac-ft）的沉淀物将在小型出水池中沉淀，但是此池不参与WQV分配。

6.8　湿塘

湿塘是一种人工湖或水池，用于促进与颗粒物和其他污染物的沉淀（见图6-11），同时也在河道保护和洪水控制方面具有峰值削减作用。通过增加水力停留时间（HRT）和在塘内构建多元化水生生态系统（如在塘周边种植挺水湿地植物）或投加化学药剂，还可以控制溶解性污染物浓度。此设施有时也被称为“湿式滞留塘”（wet detention pond），在本手册中被称为“湿塘”（wet basin），以使其明显区分于上节介绍的干塘。

6.8.1　典型应用

6.8.1.1　建设用地适用性

湿塘的位置一般可使其持续保持蓄水状态，根据气候条件的不同，可在全年或部分时期维持此状态。为保持蓄水状态，塘底需由透水率相对较低的土壤构成，而且应有足够大的汇水区域以提供充足的进水。在某些情况下，设计导则要求为湿塘设置防渗垫层和补充水源，这将增加建设和运营费用并引发其他环境问题。目前的经验表明，某些时候不需严格执行这些传统的选址和设计标准，而是在保证污染物去除效果的前提下做更适合场地条件的设计。

1. 常年的和季节性的湿塘

当场地位于汇水面积大或地下水位高的湿润地区时，湿塘易于常年保持蓄水状态。从美观角度考虑，许多开发区域希望营造一个常年有水的塘，但是对土壤透水性好的地区，湿塘难以保持蓄水状态并可能在旱季干涸。此类季节性塘可促进雨水的入渗，在污染物去除作用以外还有径流控制功能。湿塘干涸时，可在几小时到几天内成为厌氧水法，这时

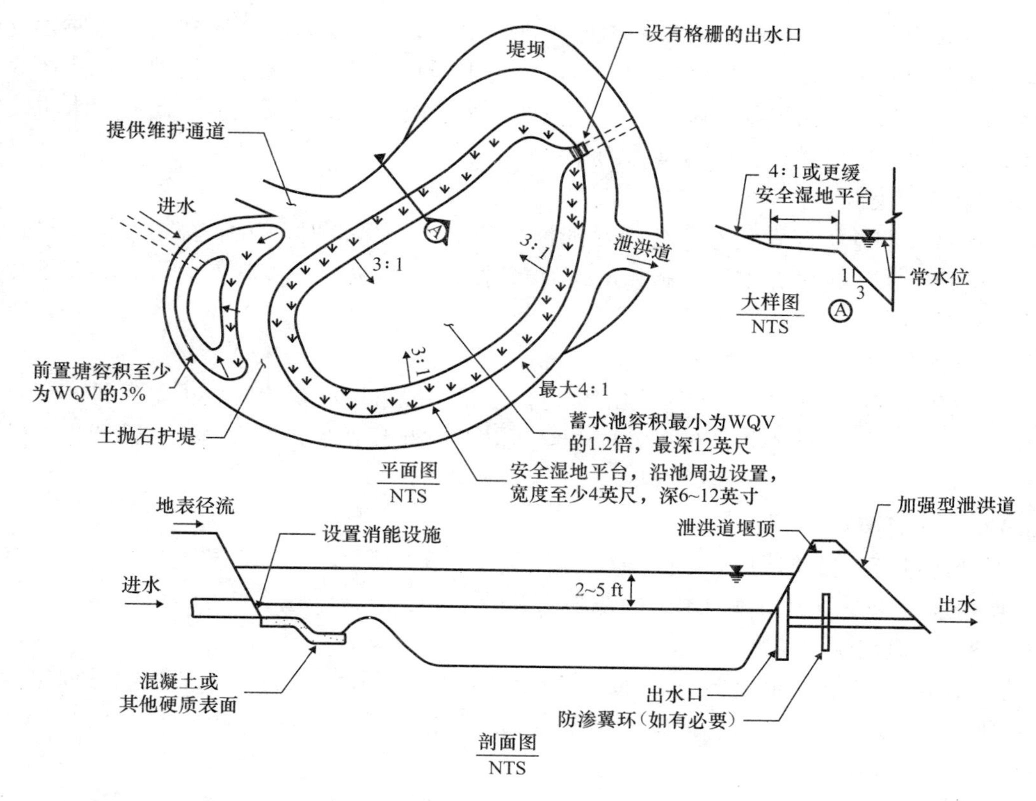

图 6-11　湿塘结构示意（1in. =25.4mm）（UDFCD，2010）

会释放金属或磷。一旦雨水进入湿塘内，在干涸过程中释放的金属或磷会被重新结合。对于蒸发量或入渗量较大的区域，难以维持塘的季节性持续蓄水状态，设计人员可考虑设置渗透塘（见第 9 章）。

2. 汇水面积

为了在旱季使湿塘保持蓄水状态，一般可规定一个向湿塘供水的最小汇水面积。若仅需维持季节性的蓄水状态，则汇水面积的计算可不做严格要求，汇水面积较小时，允许设置小型湿塘。

3. 受纳水体水质情况

对于滞留时间较长且有水生植物生长的湿塘，其在溶解性污染物去除方面效率较高。由于太阳辐射对滞蓄水体的加热作用，湿塘可导致水温升高（Jones and Hunt，2010），因此对于水温上升比较敏感的受纳水体（如鱼类产卵和孵化区域），其上游不应设置湿塘。

4. 地下水

在开挖至地下水位之前，有必要与当地的主管部门联系确认。但当塘体并未坐落于砾石或喀斯特地形上时，其对地下水水质一般不会有负面影响，但也不排除某些情况下对水质产生影响的可能性。在土质较好的情况下，下渗雨水中的大部分污染物一般可在 0.4～0.9m（18～36in.）深的土层内被去除。

5. 基流水质

进入湿塘的基流来自天然泉水、渗入的地下水和已开发地区汇水区域内的旱季径流

（如来自庭院和景观的径流）。在某些地区，进入湿塘的基流的营养物质和其他物质含量可能高于典型的城市径流（CASQA，2003），引发水华并需对营养物进行治理。虽然在湿塘内经过处理，污染物浓度显著降低，但是湿塘出水水质可能低于预期值。此外，水质较好的旱季基流可能引发塘内截留污染物的释放或溶解。

6. 上游污染源

当区域长期处于开发状态或化学品泄漏风险高于正常值时，污染物输入风险将会增加，此时应为来水提供充足的存储和预处理空间。当流域处于开发状态时，有必要增加前置塘的维护频率。

7. 场地条件

场地内现有湿地可能会限制塘体的构建。湿塘一般占地面积相对较大，但是其运行所需水位差较小。在地势平坦的地区，可在地面以下挖掘形成湿塘，这类塘在佛罗里达较为常见。

6.8.1.2 水量控制

湿塘通过可控溢流形成一定的雨水存储空间，因此具备一定峰值削减能力。塘底入渗、塘内水分蒸发与植物体内水分的蒸腾均有助于水量控制。

6.8.1.3 水质控制

湿塘内的污染物可通过各类物理、化学和生物反应去除。沉淀在水质控制方面发挥首要作用；生物反应包括有机物的降解、硝化、反硝化以及病原体的相继衰亡。在湿塘内，关键污染物被沉淀和吸附于底泥和水体内，溶解性磷酸盐与铁、铝、锰的氧化物发生反应，溶解性金属和硫化物及有机物发生反应，上述某些反应机理受溶解氧浓度影响。若发生了热分层或盐分层，底泥上部的好氧薄层可能变成厌氧状态；相反，若出现季节性干涸或因入流量减小、蒸发或入渗引起的干涸，底泥下部的厌氧层也可能出现好氧状态。

阳光照射产生的光降解作用可分解石油烃、杀虫剂和个人护理用品等有机物。湿塘内也会有捕食病原体的阿米巴虫、轮虫等高等级生物生存。

6.8.2 适用条件

湿塘的限制条件比多数雨水控制设施都多。物理控制条件是，塘的占地面积较大，需要足以提供基流的大面积汇水区域或者需要可保持常年稳定水面的较高地下水位，在喀斯特地貌条件下难以实现，基岩接近地面时建设难度大。

湿塘的环境影响与建设位置有关。若位于河道内或河道附近，可能对湿地、河滩或生态流量产生影响；在某些地区可能需要移除树木。湿塘可被看作是一个存在安全隐患的开放水面或蚊虫等带菌者的栖息地，因此在科罗拉多等州，蓄水须经法律批准。

由于湿塘的面积较大，因此其对毗邻地区有较为明显的影响。根据设计、景观和维护效果的不同，这种影响既可因营造社区景观等起到正面作用，也可因有碍观瞻起到负面作用。其中沉淀物、漂浮垃圾和水华等现象难以消除或控制；湿塘会吸引野生动物，导致营养物质摄入量和出水中病原体数量的增加；如前文所述，湿塘会导致水温升高。

不推荐在自然河道内将湿塘设置为在线设施。湿塘或湿地用于区域雨水控制的一个潜在限制因素是USACE第404号许可规程，此规程对河道和湿地内的蓄水提出了限制。虽然通过湿地周边合围形成的湿塘通常具有污染物强化去除功能，但若原有湿地和/或河道被大量淹没，监管机构将限制其使用。此外，若对建立的湿地进行恢复性维护时会移除淤泥，也需经404号规程的许可。

在每个湿塘的最终设计方案中，关于湿地的潜在限制条件必须逐条解决。如果现场调查时发现某地区的大片湿地将受影响，那么在最终设计中可采取如下措施：

（1）将堤坝和湿塘移至湿地的上游；

（2）若上一个选项无法实现，则在湿塘设计中提出湿地规避方案；

（3）若以上两个选项均无法满足监管机构的要求，设计人员应考虑改用干塘或湿地。取消湿塘通常会减小对本地湿地的影响，但仍然要接受监管机构的管理。

6.8.3 设计步骤和标准

6.8.3.1 典型配置

湿塘的特点如图6-11所示，塘体提供了两次降雨之间固体沉淀、营养物和溶解性污染物去除的空间。被称为“滨水带”的湿地种植平台提供了水生生境、强化了污染物的去除、减少了浮游藻群的生成。湿塘一般在各个进水口处均设置前置塘，用于去除大颗粒沉淀物且便于维护。在塘的泄洪道设置一个限流的出口，形成的调节容积可用于河道保护和洪峰控制。

6.8.3.2 预处理单元

为了降低塘内彻底清理的频率，应在入口处设置带有硬化底板的前置塘，大颗粒沉淀物可在此去除。本章前文已给出了沉淀型前置塘的设计要点。另外，也可用水窖代替前置塘，这些水窖所占空间较小且一般易于清理。

应提供去除沉淀物所需机械设备的通道。可通过如下方式中的一种来分隔塘体与前置塘或水窖：覆盖有湿地植被的横台、两池串联、不同池深、块石坝、在塘之间横向设置的挡墙。进水口设计应能消散水流能量，并在进入前置塘或湿塘时形成扩散流，进水口设计案例包括跌水窨井、位于铺装坡道底部的消能设施、覆盖有湿地植被的横台、抛石以及设置大石块导流。

6.8.3.3 主处理单元

1. 水质控制容积计算

从工艺单元的污染物去除方面来看，湿塘容积计算可采用多种方法，这些方法被分为悬浮固体沉淀和溶解性污染物去除两类（Minton，2011）。

去除悬浮固体时，可采取如下计算方法：

（1）确定截留和处理径流量；

（2）确定HRT；

（3）选择湿塘面积，为总汇水面积或总不透水面积的一部分；

（4）根据径经量选定湿塘容积；

（5）连续模拟。

可去除溶解性污染物时，可采用如下计算：

（1）选择湿塘的面积，为总汇水面积的一部分；

（2）确定HLR；

（3）确定HRT；

（4）确定处理单元的单位面积污染物负荷。

上述方法 Minton（2011）也有描述。根据近期设计和运行经验。本书从水质角度介绍湿塘容积计算方法如下：

（1）固体沉淀设计法的基础是固体沉淀理论，假设所有污染物均通过沉淀去除（Driscoll，1983；U. S. EPA，1986）。本方法相当于基于沉淀的设计方法的第4类。

（2）除磷方法取决于除磷机理（Hartigan，1989；Minton，2011；Walker，1987）。根据溶解性污染物去除设计方法中的第3类构建此方法。雨水中营养物去除方面的许多知识来源于污水处理（Minton，2011）。

根据固体沉淀设计方法设计的湿塘，可实现对附着于颗粒物上污染物的去除，污染物去除效率取决于塘的 HRT，不需在塘内引入水生植物和其他促进污染物去除的措施。去除溶解性营养物质和其他溶解性污染物通常需要较大的 HRT，并且需在塘内采取天然措施或人工措施。

2. 基于沉淀的设计方法

雨水径流中的固体在湿塘中的沉淀，既发生在降雨期间（动态情况）也发生在非降雨期间（静态情况）。固体沉淀计算法假定湿塘内为推流，即流入雨水取代塘内同等水量的处理后水，此处的“处理”是指在动态和静态情况下的沉淀作用。在非降雨期间的固体去除效率主要取决于蓄水容积 V_B 与平均降雨径流量 V_R 的比值（Driscoll，1983）。去除效率随着蓄水容积和平均降雨径流量比值的增加而增大。

针对 ASCE 和美国环保局国际雨水最佳管理实践（BMP）数据库（http://www.bmpdatabase.org）的近期分析表明，对于永久塘容积小于平均径流量的塘，其出水 TSS 和其他污染物的浓度很高，而当永久塘容积为平均径流量的 2～3 倍时，塘出水中污染物浓度将保持不变。这些数据还表明，进一步增加湿塘或湿地的面积，将不会降低出水中 TSS 和与可沉淀颗粒相关的其他污染物的浓度。换言之，大于平均径流量的降雨径流形成的推流取代了容积与平均径流量相等的永久塘的全部容积，而对于更大的永久塘，其全部容积被此类柱塞流全部取代的频率较小，其出水污染物浓度更为稳定。这些发现表明，为了最大限度去除污染物，在设计过程中应考虑如下因素：

（1）颗粒在2次降雨之间静态期的沉淀和扰动（如风、热分层、机械搅拌、基流和成分等）；

（2）永久塘内的水全部置换的频率，主要由永久塘容积与平均降雨径流量的比值决定；

（3）湿塘保持推流状态的能力（如长宽比、流道长度以及可减少短流的其他措施）；

（4）降雨期间以及降雨后永久塘容积被取代所需时间（如较长的取代周期可为进入塘内降雨径流中的污染物争取更多沉淀的时间）。

根据以上发现，得出如下湿塘设计方法：

（1）永久塘设计——提供至少与平均降雨量相等的永久塘体容积，根据当地的气候、降雨频率和塘的设计条件，永久塘的容积未来可扩展至平均降雨量的 2～3 倍；

（2）将永久塘体和“调节”塘体分开的设计——提供一个与平均降雨径流量大致相同的永久塘容积和一个调节容积，通过控制调节容积排放来强化污染物的去除。

第一种方法建立于固体沉淀理论基础之上，但可能会导致设施容积较大。大量、密集的降雨将破坏推流状态，由于推流状态是此方法建立的前提，因此这将影响其处理效果。

国际雨水 BMP 数据库的数据也表明，湿塘的效率在寒冷气候条件下也会下降，此时水的粘度较大，导致颗粒沉淀速率下降 50%；热分层和除冰药剂也对沉淀有负面影响（Barrett，2008）。

第二种方法在丹佛市城市排水及防洪区（Urban Drainage and Flood Control District）（2010）和佐治亚州（亚特兰大区域委员会和佐治亚州自然资源部，2011）的设计手册中得到推荐，计算得到的塘容积与第一种方法计算结果大致相同，但是将永久容积和调节容积平均分配，通常会减小塘的占地面积。此方法发现，在北美洲许多地区，很多 WQV 的降雨通常强度很高，雨水会迅速充满池体并取代其存水。调节容积对流量的控制也有助于提高对河道冲蚀和洪峰的控制效率。但对于采用此类设计的湿塘，其运行效果目前尚无明确数据。

根据第 3 章提供的方法计算得到的最佳 WQV，可用于同时确定永久塘容和调蓄塘容。式（3-4）根据平均降雨径流量和 12h 汇水时间内的平均收集率（即表 3-6 中的 1.109）计算最佳 WQV，得到的永久塘容和调蓄塘容均比年平均降雨径流量大约 10%（或 $V_B/V_R>1.10$）。为满足河道保护的要求，设计出水口应在 12h 内排空调蓄塘容。为全面满足河道保护和洪水控制的目标，可设置更大的调节容积并增设出水口控制设施。

受纳水体水质目标决定了湿塘容积的计算方法。设置更大湿塘容积的最大优势是促进细砂和粘土颗粒的沉淀，虽然此类物质仅代表输入颗粒总量的一小部分，但是其巨大的表面可吸附大量有害污染物。连续模拟模型也可为不同类型的城市径流提供污染物去除和流量控制提供最佳方案。建议对湿塘运行效果进行持续评估，从而可更好地设定最佳设计参数。

3. 基于磷酸盐去除的设计方法

去除磷酸盐的设计方法有多种形式，但他们均假设湿塘中的磷酸盐转化规律可用湖泊富营养化效果评估经验模型表示（Hartigan，1989；Minton，2011；Walker，1987）。此方法可根据给定的磷酸盐去除率设定湿塘的容积，其计算基础是塘容除以年降雨量得到的平均 HRT。此方法计算得到的永久塘容与平均降雨径流量的比值一般为 4～6，大于仅用于颗粒物去除时所需塘容。利用国际雨水 BMP 数据库数据所作的研究表明，与永久塘容为平均降雨径流量 1～4 倍的湿塘相比，此方法确实可以在一定程度上降低磷酸盐浓度，但对 TSS 和其他成分的去除无明显促进作用。因此可以采用更为经济的其他办法控制磷酸盐浓度。

湖泊富营养化设计模型即为 Walker（1985；1987）建立的磷酸盐滞留系数模型。与大部分输入输出型湖泊的富营养化模型类似，本模型是一个经验方法，将永久塘体视为完全混合系统，并假设不必考虑与单个降雨事件相关的时间变异性。与固体沉淀模型计算单次降雨的时间变异性不同，Walker 模型计算的基础是年度流量和负荷。

本模型通过公式（6-6）、式（6-7）应用完成：

$$k=\frac{0.056\mathrm{HLR}}{F(\mathrm{HLR}+13)} \tag{6-6}$$

式中 k——去除速率（$m^3/mg/d$）；

HLR——水力负荷＝Z/HRT（m/d）

Z——平均池深（m）；

HRT——平均水力停留时间（d）；

F——进水中溶解性磷酸盐所占比例$=C_{\mathrm{orthoP}}/C_{\mathrm{TP}}$；

C_{orthP}——进水中正磷酸盐浓度（μg/L）；

C_{TP}——进水中总磷酸盐浓度（μg/L）。

磷酸盐去除率为：

$$E = 1 + \frac{1 - \sqrt{1 + 4kC_{\mathrm{TP}}\mathrm{HRT}}}{2kC_{\mathrm{TP}}\mathrm{HRT}} \tag{6-7}$$

式（6-6）和式（6-7）是在60座USACE水库数据库基础上建立的，而且通过了其他20座水库的验证。Walker（1987）将此模型应用于全国降雨径流水质数据库（NURP）中的10个案例以及另外14个塘和小型湖泊，其拟合度检测结果为$R^2=0.8$，说明公式可很好地反映总磷酸盐的去除情况。

可根据对总磷的平均设定去除率计算永久塘容（V_B），后者是平均HRT的函数。现场研究表明，对于平均深度为1.0～2.0m（3～6ft）的湿塘，2～3周的HRT对总磷去除率最佳，高达50％（Hartigan，1989）。在美国东部，永久塘容与平均降雨径流量的比值为4～6时可达HRT最佳取值范围。当HRT大于2～3周时，塘热分层和底层水体厌氧几率显著提高，增加了塘底沉积物释放营养物的风险。

4. 永久塘的深度

永久塘的平均深度可通过塘容除以表面积计算。塘的平均深度应足够小，以有利于保持好氧状态并减小出现热分层现象的风险，但深度也应足够大，以避免水华泛滥并在大雨期间减少对沉淀污染物的扰动。开阔水域的最小深度应大于阳光透射深度，以避免挺水植物在本区域生长，此深度约2～2.5m（6～8ft）。但从减小边坡角度等安全措施考虑（见下节“5. 岸线和植被的边坡”），应在塘周边安装栅栏或在塘内设置安全平台以降低溺水的风险。

虽然对于不同项目应进行个案分析，但平均深度为1～3m（3～10ft）时，塘的表面积足以促进藻类的光合作用，并根据上述推荐的HRT在永久塘体内营造一个可接受的环境。若塘的水面面积大于0.8公顷（2ac）时，2m（6.5ft）的平均水深可避免风对塘内沉淀物的扰动。NURP调查监测结果表明，效率较高湿塘的平均深度一般均在此范围内。塘的大部分水深超过1.8m（6ft）也将增加鱼类的越冬率（Schueler，1987）。

3～4m（10～13ft）的最大深度可减小热分层风险（Mills等，1982）。然而在佛罗里达州地下水位较高的地区，深达10m（30ft）的水塘也能成功运行，这可能是塘底部地下水的流动增加了水流循环的结果。

5. 岸线和植被的边坡

为便于维护（如收割）、降低公众滑倒和跌入水中的风险，湿塘中岸线的边坡坡度应不大于4∶1。此外应在永久塘体周边设置滨水区，用于促进挺水植物沿岸线生长和阻止公众涉水。塘体周边的挺水植物还有其他功能，如减少堤岸侵蚀、促进溶解性营养物的去除、抑制漂浮藻堆的生成、为水生动物和湿地动物提供栖息地等。供挺水植物生长的平台宽度应至少为3m（10ft），水深15～30cm（0.5～1ft）；平台的总面积应为永久塘体水面面积的25％～50％。应向农业部门、商业苗圃、景观设计师或其他专家咨询在塘体的浅滩上种植湿地植物的设计原则。也可在湿塘内设置漂浮湿地。

6. 在永久水位之上的调蓄存储区

为实现河道保护、漫滩洪水保护和极端洪水保护，应在永久水位之上设置调蓄存储区。上文中的设计导则已提出均分永久塘容和调节塘容。在某个时期，调节容积内的存水通过出水口排放。设计人员应采用“6.7 干塘”中的原则设计调节塘容和出水口结构。

7. 最小和最大汇水面积

除非永久塘体被设计为季节性干涸，否则最小汇水面积应提供充足的基流，以防在旱季水力停留时间过大或永久塘容积过度下降。除非对本地区所需最小汇水面积有区域性试验结果，否则应通过本地径流量、蒸散量、外泄量和基流量进行水量平衡计算，证明流量足以在旱季使塘体保持充满状态。在一些地区，进水量也包括绿化灌溉用水的富余水量。

为减小雨水上游河道的对冲蚀，减少对湿地与常年河流的影响，降低由堤坝高度引起的公众安全风险，需要对最大汇水分区面积进行设定。而且地方经验对编制设计原则大有裨益，例如在美国东南部地区，按照流域内不同数量的不透水地面，一些防洪排涝总体规划将最大汇水分区面积限定为 40～120 公顷（100～300ac），不透水率高的汇水分区采用面积下限，反之亦然；相反地，半干旱地区的经验表明，即使小面积开发也能产生径流冲蚀，需在新开发地块和汇水面积相对较小的塘之间进行流道稳定处理。

8. 塘的形状

相对较大的长宽比有助于永久塘体减少短流、促进沉淀以及抑制垂直分层现象，建议永久塘体的长宽比不应小于 2∶1（最好不小于 3∶1）。永久塘体应从塘的入口处逐渐变宽，并向出水口逐渐收缩，从而增加从入口到出口的停留时间。塘内的隔板或土丘可增加流道长度、减少短流。这些概念应在塘的造型设计中加以考虑，力求使其看上去像由水流作用形成的天然水体。例如，塘的堤岸应有起伏的岸线，而不是一条直线（UDFCD，2010）。

9. 土壤透水性

湿塘底部不可为高透水性土壤，否则在旱季水位会过度下降。当遇到透水性土壤且不宜选用渗透塘时，通过对塘底 0.3m（12in.）厚的土层进行压实、在土壤中混入黏土或设置人工垫层均可将泄漏量减至最低。将塘挖至地下水含水层也能使塘的永久塘体更为稳定，但此时需要考虑地下水位的季节性波动。

6.8.3.4 出水口结构

湿塘的出水口一般由带有挡罩或格栅的立管和在塘汇水面积较大情况下配备的消漩设备组成，一些典型的出水口结构如图 6-12 所示。应在穿过堤坝的出水管道上安装防渗翼环。如果是用于控制 OFV 和 EFV 的较大塘，出水口设计应满足洪水控制性能要求，须提供应急泄洪道，采用可接受的工程措施保护塘的堤坝。一般地，塘的主泄洪道和应急泄洪道应在 25 年一遇、24 小时降雨的情况下至少还保留 0.3m（1ft）的超高，能安全通过 100 年一遇、24 小时降雨径流的峰值流量。设计人员应保证塘的堤坝和泄洪道设计符合国家、州和地方政府的堤坝安全法规。

格栅有助于防止出水口堵塞，而且即使格栅被部分堵塞时也应具有足够的过水能力；同时开口尺寸也应足够小，以便截获可能堵塞出水口的物质。格栅应采用超流量设计，使其过水能力超过泄洪道。格栅应预留机械设备通道，当暴雨期间截留物导致出水口严重堵塞时，可通过机械设备清理。

湿塘的受水河道应做保护，以抵御排放流速超过 1.2m/s（4fps）时的冲蚀作用。保护措施包括抛石护坡以及设置消力池、节制坝、石块导流墙或者可将排放速率减小至非冲蚀程度的其他设施。

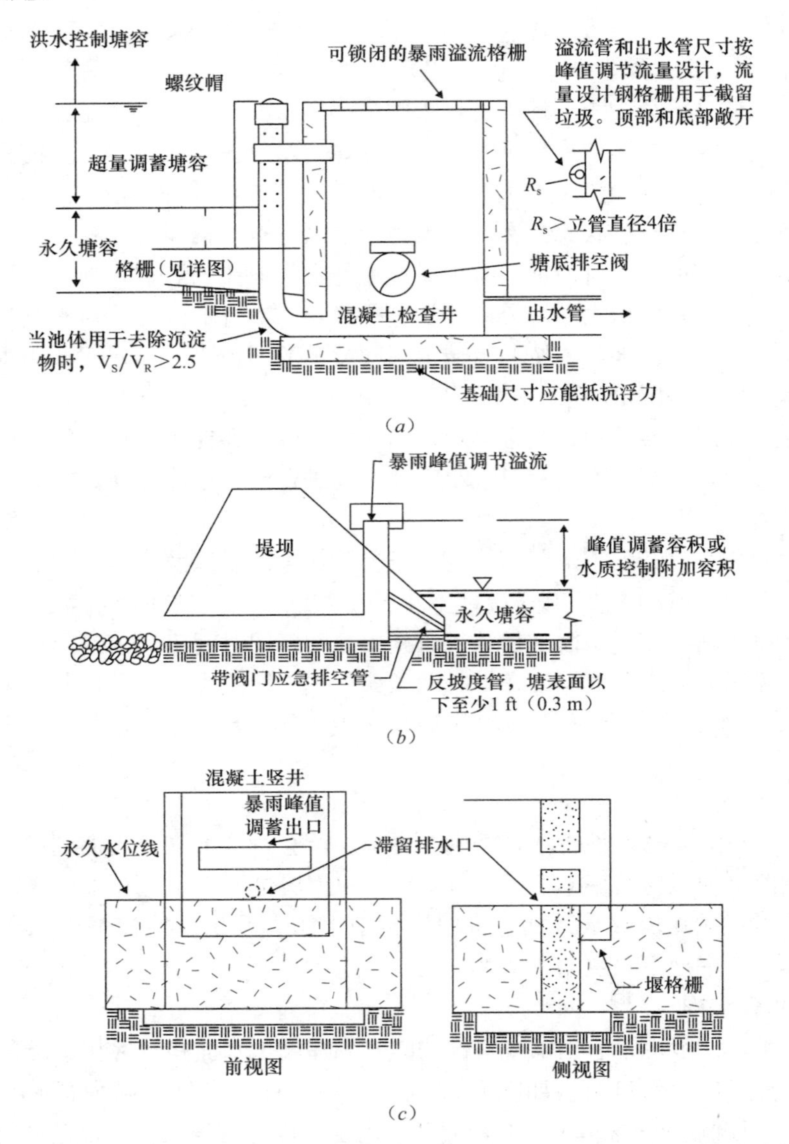

图 6-12　典型出水口结构：(*a*) 带有水质控制调蓄容积的出水口；(*b*) 设有反坡度管的出水立管；(*c*) 复合孔口出水口（Schueler，1987；UDFCD，2010）

6.8.4　美观和安全

精心设计的湿塘通常可作为社区景观，可提高地产价值并营造开阔空间。由于积聚在沉淀型前置塘和永久塘体内的沉淀物和碎屑不在视线之内，因此湿塘一般比干塘更具有吸引力。对于状态良好且具有多样化水生环境的湿塘，很少成为蚊虫滋生场所。然而，对于公众能够接近的湿塘，也存在一些安全方面的隐患。城市排水及防洪区（2010）提供了包括人工湿塘和天然湿塘在内的美化设计导则，人工湿塘可视为建筑环境的一部分，天然湿塘则可设计成自然景观的一部分。为了表现得自然，很重要的一点是要隐藏排水构筑物和形成曲折犹如自然形成的水体，如调蓄区的边坡坡度应有变化。湿塘安全方面的其他细节详见第 5 章。

为保护湿塘堤坝，须建设应急泄洪道并按照通行的工程实践设计。设计人员应保证堤坝和泄洪道设计符合国家、州和地方的坝体安全标准。如上文所述，为便于维护（如收割）、降低公众滑倒和跌入水中的风险，湿塘岸线的边坡应不大于 4：1。此外，永久塘体周边应设立滨水区，用于促进挺水植物沿岸线生长和阻止公众涉水。塘内应设有安全平台，为误入水中的人或动物离开湿塘提供一个较浅的水域。若不希望公众进入，也可考虑在塘周边安装栅栏，虽然这种形式并不雅观。

6.8.5 运行维护与通道

利用前置塘进行预处理可减少主塘的沉淀，从而减少了在更大的区域内人工清理沉淀物的需求。设计时应设置维护坡道，为前置池的维护活动和病原体监控提供通道。湿塘通常应设有一个闸门或配备手动阀门的排空管，用于湿塘排空后的植物收割或主塘清淤，后一种操作一般很少进行。由于选用湿塘时通常着眼于发挥其环境美化作用和污染物去除能力，因此其通常坐落在显眼位置，因此对漂浮垃圾和碎屑的清理频率应高于湿塘和出水口正常运行的需要。在得到允许的前提下，湿塘湿地内可放养食蚊鱼（*Gambusia* spp.）来强化控制自然蚊虫繁殖。若湿塘内有濒危物种栖息，常规维护过程中应注意对其栖息地进行保护。

出水口堵塞是湿塘和干塘维护工作的共同关注点。湿塘和干塘出水口的设计原则就是防堵塞，因此出水管最小直径应为 300mm（12in.）。如前文所述，若为控制出水峰值流速而需更小的出水管，可采用 T 形堰、三角堰或其他防堵塞设施。在可能发生堵塞的位置，应在出水口处设置急通道和阀门，便于维护和保持水流通畅。

6.9 人工湿地

湿地是在降雨间隙存储雨水的浅池，可促进芦苇、灯芯草、柳树、香蒲等带根植物的生长（见图 6-13）。植物的阻滞作用降低了进水流速、暂时抬升了水位。当流速下降后，污染物通过沉淀或其他物理、化学和生物过程得以去除。对于是否增加 HRT 或提供额外峰值削减量以满足下游水体的河道保护或洪水控制目标，湿地出水口未作严格限制。湿地的底部轮廓通常蜿蜒曲折，从而可以增加滞留时间和接触面积，也有助于实现带根物种的多样性，但是对入侵物种会加以控制或抑制。砾石湿地或潜流湿地与滤池类似，因此将在“第 8 章　滤池”中讨论。

6.9.1 典型应用

6.9.1.1 建设用地适用性

湿地的适用地域特点为：具有小到中等汇水面积、具有开阔空间且有污染物去除需求、基流在全年相对保持稳定、可促进野生动物繁衍生息。场地特定条件对成功的湿地设计至关重要，场地关键特性包括土壤、积水周期、植物种类和密度。人工湿地的位置和布局取决于周边土地的用途、地表径流量、雨水收集系统类型（如浅沟或地下管线线）。地貌和植物类型的变化将为野生动物创造更适宜的生存环境。若场地足够大，则有一些陆地（半岛或岛屿）更为适宜，因为陆地缓冲区可增加人工湿地的栖息地价值。

人工湿地可采用在线或离线模式，沿具有稳定基流的排水渠道建设。最好采用离线模式。

6.9.1.2 水量控制

湿地具有峰值削减能力并可通过蒸散作用减少径流量。湿地中的植物可减缓水流并控制水力条件，但可能需要限流设施来实现期望的峰值削减作用。

6.9.1.3 水质控制

湿地设计用于去除溶解性污染物，由于工艺单元存在许多相同之处，因此可被看做湿塘的一种变形。当降雨径流流经湿地时，污染物在湿地内通过沉淀和生物降解作用去除。流经植物根系时，雨水中的营养物质和溶解性污染物得以去除。生物反应包括有机物的降解、硝化、反硝化、病原体的相继衰亡和蒸散作用。在湿地内，关键污染物沉淀和吸附于底泥和水体内，溶解性磷酸盐与铁、铝、锰的氧化物发生反应，溶解性金属和硫化物及有机物发生反应，以上部分去除机理受溶解氧浓度影响。若发生了热分层或盐分层，底泥上部的好氧薄层可能出现厌氧状态；相反，若湿地出现干涸时，底泥下部的厌氧层也可能出现好氧状态，湿地可能在两次降雨之间由于蒸发和入渗导致干涸。湿地对营养物质的去除知识来源于污水处理领域，雨水湿地在除磷方面的特性与污水处理厂的相似度大于脱氮方面（Minton，2011），不同文献对于湿地的脱氮作用看法并不一致（Kadlec，2007；Thullen 等，2002）。

6.9.2 适用条件

人工湿地在美观性和野生动物栖息适宜性方面比湿塘更胜一筹，但是要实现相同的容积，湿地的占地面积比湿塘更大。在人工湿地中植物分解释放的污染物中，氮和磷尤为引人关注，因为其向受纳水体的排放总量比浓度更为重要。

湿地的设计和建设所受限制与湿塘类似，二者的外形限制和环境影响完全相同，只是湿地较不适于带菌者存活，并能为蚊虫捕食者提供栖息地。由于人工湿地一般较浅且难以进入，因此与湿塘相比其安全性方面的麻烦较少。湿地的感观效果能否成为限制因素，取决于湿地的设计、维护工作以及周边居民的意见。

由于美国法律对湿地的保护不按类型区分，联邦或州政府监管机构可以取得这些人工“建设”湿地的控制权，要求湿地所有者在进行维护之前取得许可。若个人或组织未经获得许可就在这些受管控的处理设施内进行机械清理、开挖或清淤操作，那么将会惹上麻烦。

湿地在选址和设计过程中可能受到如下限制：

（1）外观沼泽化的湿地感观不佳；

（2）建于公众活动区域产生的安全问题；

（3）植物密集可能引发蚊虫滋生；

（4）无法将湿地建设在陡峭的不稳定的坡地上；

(5) 若需保持稳定水位，需基流或补充水源；

(6) 占地面积相对较大；

(7) 比湿塘的水头损失大；

(8) 出水温度可能上升；

(9) 可能出现污染物输出。

6.9.3 设计步骤和标准

6.9.3.1 典型配置

湿地的典型配置如图 6-13 所示。湿地的形状一般较为自然，包括池、湾、岛、半岛多种形式，可提供多样化的栖息环境并增加湿地的功能性。

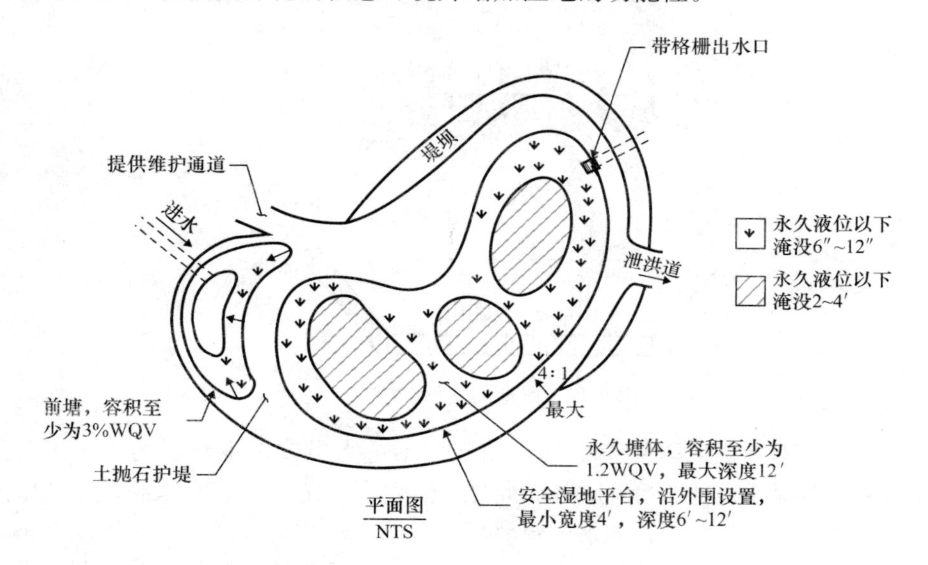

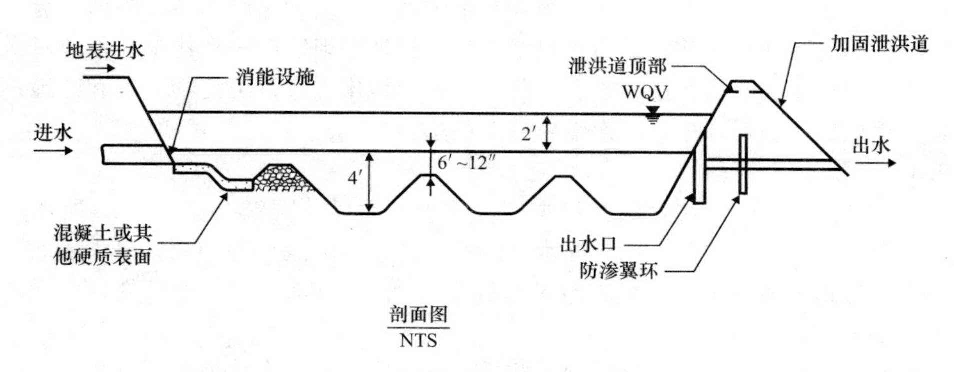

图 6-13 湿地示意图

本单元有两种基本变形，他们被称为“变形”而不是两类“单元”，是由于其现场运行数据并无显著差异。图 6-14 所示的两种变形包括：

(1) 表面流湿地，与浅沼泽类似，本质上完全由生根植物覆盖。水深范围一般为 0～0.6m (2ft)，也可能有一个水深较大、水面开阔的前塘或后塘。

(2) 小丘湿地由一系列深池和浅池交错排列而成，湿地的中心通常有开阔水面，因此处水深一般超过 1m，故没有生根植物生长。虽然可将覆盖率 50%作为一个合理的分界点，但此类湿地无法与湿塘作明确区分。与表面流湿地相比，此类湿地的优点在于运行容积相同时其所占面积较小。为了避免收集的雨水在开阔水面发生短流，可在沿塘有计划地平行设置多个台坎。现场研究表明，这种结构促进了硝化作用并且减少了蚊虫的滋生（Thullen 等，2002）。

砾石湿地是另一种利用植物调控雨水的设施，采用地下砾石层置换原有土壤后让水流经过，本手册把砾石层归类为滤层，砾石湿地的设计导则详见第 8 章。

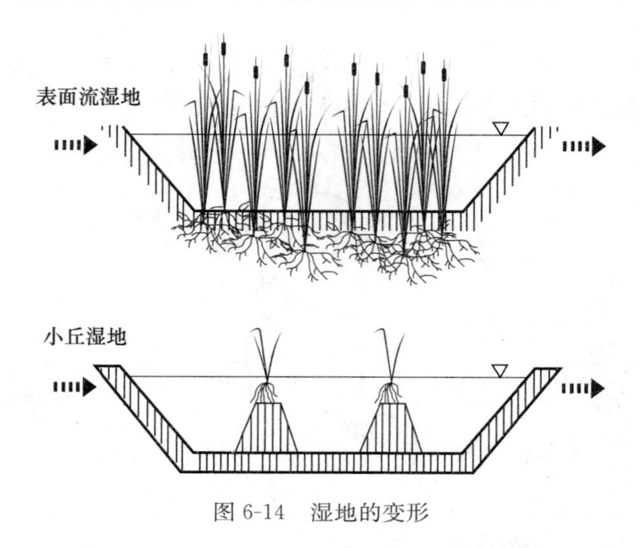

图 6-14　湿地的变形

为了令湿地在长期不降雨时也不会干涸，塘底到不透水层或地下水层的深度十分重要，当然，选择耐旱型湿地物种的情况除外。此外，建议有稳定的地表水水源，湿地中的死水会导致水下土壤变为厌氧状态，向水中释放氨氮、磷酸盐和重金属，并在下次降雨时被冲出；死水还会引发蚊虫滋生。植物在水中浸没的最大深度和持续时间十分重要，其中一项超标即可导致植物死亡。出水口结构应可保证湿地定期完全排空，以便对沉淀物进行干化以及对聚集的有机物进一步好氧降解。在湿地排空进行沉淀物清理和湿地重新种植期间，湿地内的操作对动植物的影响应减至最小。

6.9.3.2　预处理单元

在水流入挺水植物覆盖的区域之前，其中的大尺寸颗粒物在图 6-13 所示的前置塘中沉淀。前塘也有助于向湿地均匀配水，应在其进水口附近设置挡板，以消散水流冲击并促使进水向湿地的各处表面区域流动（如图 6-13 所示）。前塘和其他预处理单元的设计参数在本章上文中已作介绍。

湿地一般是初级处理设施，但某些情况下也会设置在大型处理设施下游，此时湿地生物单元的处理流程将会是设计中需要考虑的最重要部分。

6.9.3.3　主处理单元

1. 永久池容计算

湿地尺寸的计算方法与湿塘中去除悬浮固体和溶解性磷酸盐的计算方法相同。湿地尺寸还有另外一种计算方法，即为尽量减小在旱季干涸的风险，湿地的永久池容至少应为此地区干旱时期以夏季蒸发速率计算的蒸散量的 2 倍。在湿地的地下水渗入和渗出均可忽略的前提下，夏季蒸发速率可按当地蒸发皿蒸发量的 0.75 倍计算。

通常的做法是对使用以上方法计算得到的容积进行比较，选用其中的最大值。

对于雨季较长且降雨频率不高的地区，或者对于植物茂密、出水口限流作用明显的情况，湿地的永久池容与降雨平均径流量的比值接近于 1 时便已足够。限流作用会导致降雨期间湿地的水位上升，降雨后缓慢下降（超过 12～24 小时），从而减小了湍流作用并为径流中的污染物沉淀争取了时间。若湿地结构或开阔水面可令径流快速流过湿地，那么永久池容与降雨平均径流量的比值可能需要超过 3。

在实施水质控制（根据第 3 章提供的方法判断）措施期间，在任何情况下水面高程上升不应超过 0.6m（2ft），水位在此范围内变化将减小对湿地内草本植物的压力。0.6m 的高程变化限制将决定湿地所需的表面积。

根据种植植物种类的不同，湿地内的旱季径流深度范围为 0.1～1.2m（0.5～4ft）。出水口结构应设计为可将湿地定期完全排空，从而令沉淀物干化并对聚集的有机物进一步好氧降解。

前塘、出水口和开阔水面应占湿地总表面积的 30%～50%，深度为 0.6～1.2m（2～4ft）。湿地挺水植物种植区应占总面积的 50%～70%，深度为 15～30cm（6～12in.），此区域的 1/3 到 2/3 的深度应为 15cm（6in.）。

进水口和出水口应尽量分离。设计的基本目标就是增加径流与湿地的接触时间，避免发生短流。

2. 计算调节池容

湿地也应在设计中通过设置调节池容实现峰值调节，从而实现河道保护和洪峰控制的目标。根据第 3 章介绍的多种方法中的一种确定了水质控制措施后，在实施水质控制措施期间，湿地的水位提升应算作调节容积。设计人员应采用本章第 7 节“干塘”中描述的原则设计调节池容。

3. 植物

不同生态区内湿地的适用植物有所差异，但湿地内选用的植物应满足如下要求：

（1）耐受水位、盐度、温度和 pH 的大幅变化；

（2）多年生植物和一年生植物混合种植；

（3）落叶量适中；

（4）污染物去除效率得到验证（如 Scriptus 物种）

在一些地区，湿地植物可从当地苗圃中获得，因此可提供更多的耐受性和生长速率信息。香蒲、芦苇等植物和其他有毒有害的植物在此并不合适，应该移除。

为了维持植物的健康生长，水力停留时间或基流情况对于湿地比湿塘更为重要。通常会设定一个可在全年大部分时间为湿地提供径流的最小汇水面积，此外还会设定湿地底部土壤排水性能限值，在半干旱地区以上规定可能还不够。当然，湿地植物短期内也可在干旱土壤上生存。

根据其所处位置和覆盖率的不同，生根植物可增加或降低水力效率。沿前塘入水侧堤坝内侧，在进水口附近种植时，植物可将雨水径流分配至塘的中心区域，小丘湿地在提高整个塘的水力效率方面已经得到确认。在覆盖湿地宽 25%时，植物沿湿地的纵向边界种植将使水力效率降低（Persson，2005）。

水位的剧烈波动和金属的非自然聚集将导致人工湿地的生物多样性下降，使少数几种耐受性强的物种占优势，有助于入侵物种的繁殖。需要在物种变迁与人工湿地运行时间的关系方面进行研究。

4. 边坡坡度

边坡应稳定且足够平缓，以利于减小冲蚀和进行维护作业。湿池周边应设置安全湿地平台，宽度约1.2m（4ft），水深不超过15～30cm（6～12in.）。安全平台以上的边坡坡度不应超过4∶1，小于此值更好。

5. 施工

湿地的施工管理工作十分关键。高程和形貌是湿地最重要的两个方面，在涉及到地下水情况时尤其如此。在某区域内，黏土不透水层随位置发生变化，若黏土层发生破坏后则应对其替换，此处的设计高程也随之发生变化。

湿地施工期间适当地进行分区和排序可为施工降水提供空间，从而减小对周边水体的影响，边沟可以很好地避免过量排水。当新建湿地与现有湿地毗邻，需建设一座临时护堤，直至全部建设完毕。

有必要使用腐殖土来提供旱季保湿能力和营养物质，如果可能的话，湿地迁移产生的土壤（底泥）应储备起来用于新建湿地。使用原有湿地土壤时应注意确保其不含有入侵物种或其他不良物质，原有的底泥可提供根芽、种子、微型动物、小型底栖动物和其他无脊椎动物。可用湿地污泥置换表层土或泥炭，泥炭和腐殖层应为0.1～0.3m（6～12in.）厚，厚度更大时将增加摊铺污泥和种植植物的难度。

如果可能，应控制新建湿地的水合作用。在饱和条件下种植植物效率最高，但是死水可导致种植不牢固的植物漂浮。施工期间立管和调节闸门有助于控制水位，但若无法实现水位控制，则湿地植物应在运输至场地之前在苗圃内进行淹没驯化。

污泥和覆盖物播散之后1周内使土壤保持饱和状态有助于种子和繁殖体发芽。若湿地种植区内水流深度为0.2m（6in.），则在第2周开始水流将选择性地带走陆生植物，3周之后水位可提升至设计高程（Tesket和Hinckley，1977）。

6.9.3.4 出水口结构

出水口结构应满足水位控制和防止湿地常见漂浮物堵塞的需要。与在湿塘中所用立管类似，溢流出水口可置于湿地出水端附近的深水区，深水区可使挺水植物不在出水区生长、出水口不易堵塞。服务面积较小的湿地需要较小的出水口，使WQV的排空时间控制在12～24小时范围内，但设计不易堵塞的小型出水口难度很大，此时可采用三角堰、T型堰或锯齿堰用于控制流量较为合适。出水口处设置格栅有助于防止出水口堵塞，格栅尺寸设计应保证在部分堵塞时仍有足够的过水能力，同时可截留可能堵塞出水口的物质。泄洪格栅的过水能力应大于泄洪流量。

6.10 美观和安全

若能精心设计和妥善维护，人工湿地将成为其所在区域的景观亮点。但有些湿地可能成为“沼泽地”，在无人管理任其随意发展的情况下尤其如此。湿地可能产生大量藻类。建设天然湿塘的导则也适用于湿地，在雨季的中期或末期清理湿地内聚集的垃圾和碎屑，清理活动的频率可根据现场条件和景观要求进行调整。安全平台为误入开阔水域的人或动物离开湿地提供了一个浅水区域，更多安全措施详见第5章。

6.11　运行维护与通道

为抵达前置塘和出水口区域，应提供维护车辆驶入的稳定地面。通过对湿地的目视监测来检查适宜物种在种植区的覆盖情况，第1年应每季度巡视一次，第2年和第3年应半年巡视一次，第4年和第5年在必要时每年巡视一次。为避免可能出现的问题，应关注湿地如下情况：

（1）种植物种的成活率（对于大型湿地，可使用样本提供定量结果）；

（2）种植物种和有益补充物种的覆盖率；

（3）有害物种的覆盖率；

（4）野生动物利用情况；

（5）水质评估。

维护工作主要有三方面内容：补栽、有害物种和入侵物种的清理和沉淀物的清理。为实现每年年底85%的作物成活率，最好在必要时进行补栽。为适应水位变化，可能需要调整作物种类，对于已建成区域，这项工作一般相对简单。若水位低于设定值，则调整出水控制结构有助于提高植物生存率。

对人工湿地内有害物种和入侵物种的评估工作十分关键，如果其覆盖率超过10%，则有必要进行清理，以恢复湿地的使用功能和价值。湿地植物的收割可看做是去除营养物质，但也将扰动沉淀物，沉淀物的再悬浮将影响生物栖息地的稳定性，从而影响营养物质的实际去除效果。

第 7 章　植草沟和植草带

7.1　引言

植草沟是有平缓纵坡（通常为1%～2.5%）的浅渠道。水流从生长于沟中的植物或者从衬砌沟渠的石块下部流过。植草带表面有植被，水流以薄层流过。植草带中为漫流，而植草沟中为集中浅水流。设计植草沟和植草带都是为了减慢雨水流速并截留悬浮污染物，由于水深浅，从而使水面宽度大于仅起输送径流作用的沟渠。种植的植物种类有草坪草、湿地植物或者灌木、青草和其他景观植物的混合植被。要注意选取适合当地气候的植物品种，选取稠密的植被覆盖可以达到更好的效果。

植草沟和植草带是本手册（MOP）中提出的五类雨水控制种类中的一种。水质保护容积（WQV）、水质处理流量（WQT）、河道保护容积（CPV）、漫滩洪水保护容积（OFV）以及极端洪水保护容积（EFV）的计算方法可以通过本手册第 3 章、州或当地的设计手册找到。在具体项目中，选择植草沟和植草带是否合适的标准，可在第 5 章中找到。

7.2　基本设计原则

7.2.1　典型应用

在本手册中，植草沟和植草带如设计是用于储存径流，通常被称为湿式或者干式植草沟，可视为调蓄池（见第 6 章）；设计带有改良土壤以及有底部集水设施的可视为滤池（见第 8 章）；设计为将大部分径流渗透入原始土壤中的可视为入渗池（见第 9 章）。本章仅对以降低流速从而促进污染物沉淀为设计目的的植草沟和植草带做介绍。主要的污染物去除机理为沉淀作用：植被和石块衬砌将流速降低，使悬浮颗粒物沉淀。一部分雨水可能通过植草沟或植草带的底部渗透，这主要取决于土壤湿度，但是入渗量一般不大，除非是特意加入渗透工艺单元。为了保障有效的传输距离，本章为植草沟设计规定了以下特征：

（1）大的长宽比；

（2）能有效处理水质处理流量（WQT）；

（3）无明显储存作用，雨水从上游始端流入，到下游末端排出；

（4）表面有植被覆盖或者石块衬砌。

如前所述，植被或者石块降低了雨水流速，使得颗粒物有沉淀机会。直立生长的草坪草拥有最好的处理效果，可给水流提供最大的阻力。一旦倒平，草坪草对流速的阻力下降，其处理效果也会大幅降低。在草地下部，雨水按照植草沟的宽度散开，其纵向流速相应降低。其主要效果是提供了相对较低的水力负荷（HLR）。

在某些社区，植草沟和植草带可以作为仅有的处理设施使用；而其他社区只允许它们作为两个或多个操作单元中的一个（见第 4 章）。植草沟和植草带也可以特意设置于干塘中，提供或改进处理效果，采用本节中设计步骤来设计。

7.2.2 适用条件

植草沟和植草带的使用限制与影响雨水减速效果的因素相关。比如：在半干旱环境中由于缺水，植物的种类和密度很难保持；因此，石块衬砌的系统可能会更有效。在寒冷地区，春季融雪时间段内，休眠植物对雨水的流速削减作用非常有限；此外，除非使用耐盐植物，否则植物的种类和密度也会受到融雪盐或砂子的不利影响。

在碎石或者粗砂土壤中，很难保持植被率。而重黏土土壤、对植物有毒的物质、石头以及碎片都需要避免。如果合适，可以采用现场材料，压实过的土壤在种植植物前需要犁过或者疏松过。将土壤改性如进行堆肥处理等方法可以减轻此类天然不利因素。

7.2.3 设计标准

有效的植草沟和植草带，使用缓和的纵向坡度（即 1%～2.5%）及较浅的水深，从而最大程度增加水与植被或石块衬砌与土壤表面的接触程度（见图 7-1）。由于在径流流经过程中没有明显的入渗或蒸散作用，因此大部分径流直接流过植草沟和植草带。

植草沟和植草带应该由石块衬砌或者由良好且耐水草皮做成的均一植被覆盖。在用盐作为防冻剂的地区需要使用耐盐植物。在半干旱地区，需要使用耐旱植物，并且补充灌溉从而保持植被健康，也可以使用石块衬砌。在潮湿气候地区，排水性较差土壤不能使用，因为可能导致草皮草难以适应这种情况而死亡。当然，如果植草沟或植草带可以截留地下水或者没有可以排水的坡度，那么可以浸没的湿地植物也是一种良好的替代植物。只要不会明显改变植草沟的浅水流和对污染物的去除效果，有些灌木或者树木也可以种植，按照地域、气候和当地土壤情况选择最合适的草或者湿地植物是非常重要的。这些可以在当地大学图书馆的美国农业推广服务部查到，在本章中简称为“农业推广”。考虑到草皮的需水量及施肥要求，常用当地灌木或草本植物来替代草皮。不过，这种替代覆盖必须具有减缓雨水流速的效果。此外，如果要提供野生动物栖息地，那么植被需要根据这种条件相应选取。

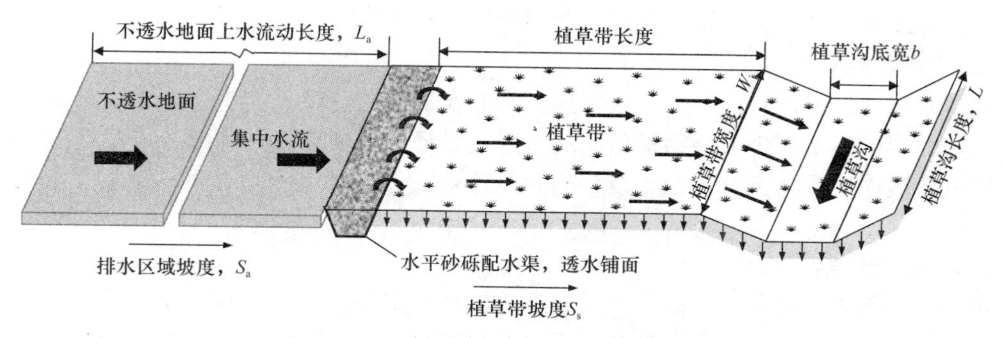

图 7-1 典型的植草沟和植草带（无比例）

设计者需要根据供货商意见使用草种和护根层。如果可能的话，不能使用动物肥料来改善土壤，也应避免使用肥料。此外，通常情况下由于挖掘会去除土壤的原始有机物，因此原始土壤应该结合堆肥产物使用。堆肥可以代替原有的自然有机物，提高土壤和生物群的容水量，同时把氮带入土壤（Lenhart，2007）。这些优点使得土壤对肥料和灌溉的要求降低。如果必须使用肥料时，只可以施加现有土壤条件下植物所需的肥料量；此外，需要使用缓释肥料。当自然湿度合适时，设计者需要引入草类，并在必要时进行灌溉。如果使用湿地植物，需要在种植时用网保护防止被食用。如果可能的话，在植物种植初期应该使用径流而非人工灌溉对其进行浇灌。当使用当地植物时，通常不使用杀虫剂，甚至应该避免使用。

边坡需要种植植物或者覆盖石块，防止冲蚀。有许多草皮加固产品，可以用于抵抗冲蚀和推移力。它们可以设置于边坡或者底部。此外，它们也可以为维护设备提供支撑。设计者要使用灌木屏障来防止野生或家养动物闯入，但不要影响维护通道。同时需要防止树木遮盖草皮以及树木落叶覆盖植草沟或植草带。如果树木无法避开，必须离它们至少 7m 远。靠近植草沟和植草带的景观底床应该比附近地面略低。

如果植草沟之前或者与植草沟结合设置了径流流量控制设施以降低流速，从而保障雨水不会在植草沟内造成冲蚀或冲刷，则不需要设置高流量旁通设施。如果使用旁通设施，则进水量需要调节，设置管道或者渠道来输送过量的雨水，并防止冲蚀。

7.3 植草沟

植草沟是有平缓纵坡的浅渠道，水流从生长于沟中的植物或者从石块衬砌的下部流过，在设计峰值流量时水流可到顶部。种植的植物类型可以是草皮或当地草类、灌木、树木、湿地植物或者以上种类的混合物。有很多研究阐述了植草沟的雨水控制效果（Bäckström，2002，2003；Barrett *et al.*，1998，2004；Deletic，1999，2005；Deletic and Fletcher，2006；Fassman *et al.*，2010；Yu *et al.*，2001）。

7.3.1 典型应用

7.3.1.1 建设用地适用性

植草沟通常沿道路沿线、道路红线布置或者布置在停车场的中间带；植草沟的布置常与基础设施或者景观相结合，例如，道路边沟或者中间隔离带可以设计雨水植草沟并成为景观。也可以将已开发区域现有的道路边沟改造成植草沟。

7.3.1.2 水量控制

对于水质处理流量，峰值削减量很少。然而在大雨时，较长的植草沟由于渠道容量能够有一定的削减效果。进入植物根系区的水量也是径流的削减量，这部分水量通过之后的入渗以及蒸散作用进入大气。如果植草沟的设计可以将水保持一段时间，则蒸发量也会相应提升。

7.3.1.3 水质控制

在植草沟中主要的水质控制工艺单元是粗颗粒的沉淀。与发生在植草沟上游端的沉降一样重要的是，当雨水流经草地叶片产生层状流的过程中，细小的悬浮颗粒也被去除。通过它们对水流的阻力，植被或块石可以降低水流流速，增加水流深度从而促进颗粒沉淀（Barrett *et al*.，1998；Pitt *et al*.，2007）。植草沟通过沉淀去除直径大于 6～15μm 的颗粒物质及粘附在沉淀物上的污染物来提高水的质量。这种方式对溶解性污染物（如氮）并非特别有效，溶解性污染物主要可能通过植物或土壤的化学生物机理去除，但和现场研究的结果并不一致（Barrett，2004；SWPCD，1992）。虽然这种机理并不确定，但是也可能是吸附于杂草或者沉淀物上。在温和气候地区的秋天已经观察到了溶解磷从草皮中释放的现象，这种现象产生的原因可能是由于草皮进入休眠期；或由于过量施肥或修剪草皮之后没有及时收集。有些研究致力于开发基于实验数据的植草沟处理模型公式（Fletcher *et al*.，2002）。

7.3.2 适用条件

除了石块衬砌的以外，植草沟需要相对平缓的坡度和可以匹配植物覆盖密度的土壤、气候条件。尤其是在高降雨强度地区，植物沟的最大汇水面积大约为 0.4hm^2（1 英亩）或者再略小，以保障在设计峰值流量时也可以保持浅流状态。

与不需要占用地表面积的雨水管道相比，植草沟需要预留出一部分的面积。如果水力坡降过陡，则植草沟的占地面积会变大。如果植草沟没有合理设计或者施工，则会出现冲蚀问题。

7.3.3 设计步骤和标准

7.3.3.1 典型配置

为便于施工，设计者应该使用梯形断面；出于维护方便考虑边坡坡度不应大于 4H（水平）：1V（垂直）。当坡度大于上面的限值时需要阶梯状防护。沿着水流方向的坡度大约在 1%～2.5%比较合适，最大不超过 5%，最小不小于 0.5%。如果纵向坡度小于 1%～2%且湿度合适，则应该种植湿地植物。否则需要安装底部集水设备，这就将该工艺单元从植草沟变成了过滤。如果坡度大于 5%，根据土地性质和降雨强度，设计者应该在入口以及中间部分使用平坝或者跌水构筑物，将有效坡度降至 2%～2.5%，并保证均一的横截面。平坝引入了储存及相关的工艺单元。起消能作用的乱石堆应该安放在平坝的坝脚下或者下游较短距离内以控制冲蚀作用。在陡坡段，植草沟可以横向以一个较小的坡度布置。植草沟应该仔细施工从而保证横截面底部平整、纵坡以及边坡均匀，没有高低不平的点。

7.3.3.2 预处理单元

接受中、高浓度总悬浮固体物（TSS）雨水的植草沟入口处可安装简易的带沉泥井的跌落式进水口作为预处理设施。大部分住宅区雨水的总悬浮颗粒物浓度较低时，则不需要沉泥井。雨水中有大量油时，需要从源头控制或者使用油水分离器或相似的预处理工艺将油去除。烃类物质能影响植物生长。

雨水需要均一的分布到植草沟的顶端或者沿着纵坡分布。在后一种情况中，边坡的作用与植草带类似。理想情况下，边坡的上部需要带坡度，使植草带的边缘以及沿着植草沟的纵坡都保持层流。设计者应将铺面的敷设略高于临近的植草沟。带有沉淀物清扫设施的水流分配装置（如堰、消力池以及穿孔管）需要安装在植草沟的进口端使流量平均分布。入口部分要使用消力池，或者铺设不会被水流冲走的毛石垫层防止水流冲蚀。如果路边石沿着植草带或者植草沟敷设，则其应该与水流方向垂直。路边石应该切割为至少0.3m宽并垂直于水流敷设，并带坡度保持最低流速，防止沉淀物沉积，减少堵塞。如果排水沟沿着边石敷设，将雨水导入进水口，则需要仔细计算排水沟和进水口的合理尺寸，使能截住全部设计水质处理流量。进水口区域需要使用150mm卵石铺面成为加强网格，或者使用类似方式防止冲蚀；用水平布水或类似设施来保障水流的均匀分布（Lenhart，2010）。

7.3.3.3　主处理单元

按水质处理流量（如WQT）设计时，要按照第3章中的方法或者当地接受的方法计算峰值径流量来进行设计。植草沟应该按照能够安全传输两年重现期的峰值流量来设计。除非更大的暴雨可以旁通超越植草沟，则其设计容量应该按照重现期10到100年内的峰值流量进行扩大。通常使用的标准如下：

（1）纵坡坡度为0.5%～5%；

（2）最大底宽为2.5m（8ft）；

（3）最小底宽为0.5m（2ft）；

（4）当出现设计处理峰值流量时，最大水流深不应大于植被高度的75%。

如果缓坡时，输送设计流量的水面在最大底宽条件下。仍无法低于植被高度时，则不能使用植草沟。在这种情况下，建议考虑湿塘（见第6章）。

在计算植草沟的横截面尺寸时，设计者需要首先确定，在当地的地形坡度及植草沟最大允许深度条件下能够适应水质处理流量的最小底宽。其次，设计者需要根据给定的底宽以及边坡来校核植草沟的尺寸是否能够输送水质处理流量，并且没有冲蚀。特别需要指出的是，从这个步骤中得出的宽度只是其最小值。而设计者可以在最大允许宽度的范围内适当将植草沟扩宽。

最大流速应该在植草沟中植物以及土壤的最大允许流速以下（见表7-1）。在需要容纳的设计峰值流量下植草沟的最大水深不应超过0.6m（2ft）。用其他极端流量条件来校核以确保不会发生溢流也十分重要。水力计算主要用曼宁公式即粗糙系数与VR参数的关系来确定，其中V代表流速（m/s）而R代表河道的水力半径（m）（见Stillwater室外水利实验室）。Kirby *et al*.（2005）等将这种分析方式扩展到VR值小一个数量级时的情况。两条曲线见图7-2。

植被有覆盖的渠道允许流速（Chow，1959）　　表7-1

覆盖植被	坡度范围（%）	允许流速（m/s）（ft/s）	
		抗冲蚀土壤	易冲蚀土壤
百慕大牧草	0～5	2.4（8）	1.8（6）
	5～10	2.1（7）	1.5（5）
	>10	1.8（6）	1.2（4）
野牛草，肯塔基蓝草，平滑雀麦草，格兰马草	0～5	2.1（7）	1.5（5）
	5～10	1.8（6）	1.2（4）
	>10	1.5（5）	0.9（3）
混种草	0～5	1.5（5）	1.2（4）
	5～10	1.2（4）	0.9（3）
	>10	不能使用	不能使用

续表

覆盖植被	坡度范围（%）	允许流速（m/s）（ft/s）	
		抗冲蚀土壤	易冲蚀土壤
胡枝子卷毛绣钱菊，知风草，白羊草（黄须芒草），野葛，苜蓿，马唐草	0～5 >5	1.1（3.5） 不能使用	0.8（2.5） 不能使用
一年生植物—用于缓坡或在永久植被覆盖尚未建立时用于暂时性保护，通常为胡枝子属，苏丹草	0～5 >5	1.1（3.5） 不建议使用	0.8（2.5） 不建议使用

注：数值适用于各类覆盖草类生长状态均一时。只有当植被覆盖良好且有合理维护时，植草沟中的流速可以超过1.5m/s（5ft/s）。

对于其他基于沉淀工艺单元的雨水控制方法，植草沟按照 HLR 来设计。然而，在流动中实现处理效果的典型状态中，水力停留时间（HRT）也是一个合理评判标准（Minton，2011）。推荐的水力停留时间为 5～9min，源自于实地测量的水力停留时间计算公式如式（7-1）所示：

$$HRT = 0.014(L/V)^{1.003} \tag{7-1}$$

式中 HRT——水力停留时间（min.）；

L——植草沟长度（英尺，1ft=0.3048m）；

V——设计流量下的流速（ft/s，1ft/s=0.3048m/s）；

已知 HRT 时，可以用上式计算 L。

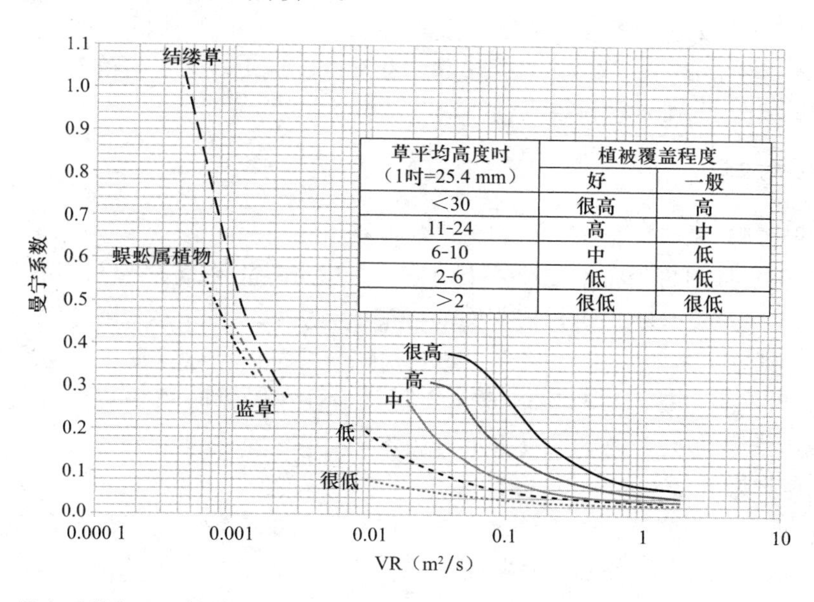

图 7-2 曼宁系数与 VR 的关系图（Stillwater 室外水力实验室，1947；Kirby *et al.*，2005）.

植被生长应该较密且包含耐旱植物，如能长成草垫子的草坪草。丛生禾草会留下易被冲蚀的裸露土壤。在选择草的种类时，设计者需要考虑其成长以及长期维护的需要，有些草较其他种类有更高的维护要求。在植草沟坡度做好之后需要提供适合植物生长的生长层（如砂壤土层）。这一生长层也可以将堆肥犁入，深度约 15cm。需要遵循当地“农业推广”的指导，包括混合种子选择、土质以及种植。

植草沟底标高应该比季节性高水位高出至少300mm（12in），以防高水位时期植草沟中积水，湿地型植草沟除外。

7.3.4　美观与安全

在处理设计流量时植草沟的水深很浅，因此合理设计的植草沟几乎没有安全风险。在极端流量情况下，如果没有超越旁路则有可能产生较大水深，但是相较于普通道路边沟的设计，植草沟的水深相对较浅且流速相对较小。进口处会累积沉淀物或者产生冲蚀，需要用砌石进行处理。设计中应该考虑对水流进入植草沟时进行消能以及促进水流在植草沟宽度方向上扩散的措施。

植草沟应该尽量自然化设计来符合当地地域特点。这在居住区是一个非常重要的考虑因素，因为自然化风貌的植草沟能够鼓励房主们对其进行良好维护。植草沟有可能积累当地的垃圾或者动物粪便从而滋生致病菌，而房主们进行维护是能够有效防止发生这类问题的唯一方法。美观的植草沟也可以防止拥有者对其进行填充或者挖掘。

根据气候条件，为了维护植草沟的美观以及工作性能，偶尔也会需要补充灌溉。底部排水设施可以降低多余积水，从而减少积水对植物生长以及割草的不利影响。

7.3.5　维护条件和维护要点

应该获取进入植草沟的土地使用权，植草沟宽度等资料，以方便监测和维护。维护要求应该包括需要维持的植物高度、灌溉和施肥要求，以及沉淀物去除和防冲蚀设施修整的间隔时间（Lampe *et al*.，2005）。如果植草沟在私有土地上，辖区与植草沟所有者需要签订包括上述维护要求的维护协议，并使其具有法律效力。

7.3.6　设计范例

7.3.6.1　前期步骤

例如，在俄亥俄州哥伦布市设计一个植草沟，服务的汇水面积为0.4hm^2，其中50%为不透水性的。从水文分析得出，植草沟的峰值流量为0.026m^3/s（WQT），同时必须可以输送10年一遇降雨的峰值流量0.17m^3/s。根据当地条件，纵坡设计坡度为2%。

假定选择肯塔基蓝草，植草沟需要经常割草，且在雨季时植物高度应为约100mm。图7-2表明属于低阻滞性，曼宁系数假设为0.2。

7.3.6.2　植草沟设计

植草沟设计分析中强调的是水流最大阻力而非有效水力传输，以提高沉淀效果。通常情况下，设计最大流速低于土壤保持稳定的最低流速，这样在稳定性检查后，植草沟尺寸不需要调整。

设定WQT时植草沟最大水深y在植被以下，为80mm，使对水流起到最大阻挡作用。植草沟应为梯形断面，边坡$H:V=4:1$。

采用曼宁公式计算底宽b：

$$\text{WQT}=\frac{1}{n}AR^{2/3}S^{1/2} \tag{7-2}$$

$$A=(b+zy)y$$

式中 WQT——水质处理流量 [m^3/s (cfs)];

n——曼宁粗糙系数;

A——水流横断面积 (m^2 (sq ft));

y——水流深度 m (ft);

z——边坡坡度，水平距离与垂直距离的比值;

R——水力半径 m (ft)，通过下式计算:

$$R = \frac{(b + zy)y}{b + 2y\sqrt{1 + z^2}} \tag{7-3}$$

b——植草沟底宽 (m (ft));

S——植草沟坡度 (m/m) (ft/ft)。

上面公式使用英制单位时，n 上的分子为 1.486。

用公式 7-2 经过反复试算确定 b 值为 2.4m (7.7ft)，其可接受范围为 0.5～2.5m 之间。根据水深，横断面积为 $A=[2.4m+4\times0.08m]\times0.08m=0.22m^2$ ($2.34ft^2$)。设计流量下的流速为

$$V = WQT/A = (0.026m^3/s)/0.22m^2 = 0.12m/s \quad (0.4ft/s) \tag{7-4}$$

利用图 7-2 中的阻滞曲线来进行校核。通过公式 7-3 计算出水力半径 R=0.07m (2.8in.);因此计算 VR 值得到，$VR=0.12m/s\times0.07m=0.01m^2/s$。在图 7-2 中的低阻滞曲线中，相应的 n 值接近 0.2，与最初的假设一致。如果差距很大，则从图表中读出的 n 值需要代入公式中重新计算直到两者符合。需要注意的是编制图 7-2 中曲线所依据的数据比较分散，因此 n 值的误差范围应该在 0.05 以内。

设计流量下的流速小于 0.3m/s，符合要求，也远低于表 7-1 中肯塔基蓝草的最大允许流速 2.1m/s。

将水力停留时间 HRT=9min 代入公式 7-1，得出植草沟的长度为 77m。

7.3.6.3 稳定性检查以减少冲蚀

稳定性检查需要在最大允许流速和最小植被覆盖率和高度的情况下进行。本例中，10 年重现期峰值流量 $0.17m^3/s$ 就是植草沟容纳的最大流量。

在 10 年重现期的峰值流量中，水流加深，流速也会增加，因此，根据图 7-2 可知，VR 值提高而曼宁系数 n 降低。初步估计 n 为 0.04。

公式 (7-2) 用于确定水流流深。通过反复试验，流深为 y=0.09m，则水流横断面积 $A=0.26m^2$，水力半径 R=0.08m (0.27ft)，流速 V=0.67m/s (2.2ft/s)。因此 $VR=(0.67m/s\times0.08m)=0.05m^2/s$ (0.37sq ft/s)。从图 7-2 中查出相应的 n 值为 0.043。使用 n=0.043 再进行一次迭代，计算得 y=0.1m (0.33ft)。相应的水流面积为 $A=0.28m^2$ (3.01sq ft)，水力半径 R=0.09m (0.28ft)，流速为 V=0.64m/s (2.1ft/s)。此流速也符合表 7-1 中的最大允许流速。

最后一个步骤是在确定最终渠道尺寸时增加一个超高。通常情况下，增加 0.3m (1ft)。最后的检验是在增加超高后，估计一下渠道的最大容量。

7.4 植草带

植草带的表面有密集植被覆盖，使水流以薄层水流形式在植被下方流过。植被通常为

草坪草，也可以是其他种类。类似植草沟，植草带通过降低水流流速来截留污染物质。

7.4.1　典型应用

7.4.1.1　建设场地适用性

植草带敷设在缓坡上，进水在低于植被高度的水流深度条件下流过植草带。植草带通常用于滤池或者入渗池的前端，在雨水进入整个设施之前对其进行预处理。也可以将植草带用于“后花园”的排水，将其出水直接排入小溪中。只要保持薄层水流，后院植草带和植被水流走廊保护区可能组合在一起。

植草带可以和停车场、车行道或者其他不透水铺装结合，使得水流能够在植草带宽度方向上均匀分散。

7.4.1.2　水量控制

峰值削减作用较小。渗入植物根部的水不是渗透后与地面水汇流就是蒸发入大气中。植草带在薄层水流情况下运行，而非植草沟中的集中浅流形式。

7.4.1.3　水质控制

类似植草沟，植草带中最主要的单项工艺为沉淀。植物降低雨水流速，使得颗粒有机会发生沉降。一些雨水量削减也可以通过根系区的入渗和蒸发来实现。Barrett 等（2004）发现，高速公路沿线的缓冲植草带可以持续降低进水的悬浮颗粒物以及金属总量的浓度，但是对于溶解性金属的去除几乎没有作用。并且，也没有发现其对氨氮以及磷有去除效果。

7.4.2　适用条件

植草带需要维持薄层水流的坡度，也需要维持植被密度的土壤和气候条件。

7.4.3　设计步骤和标准

7.4.3.1　典型配置

植草带需要缓坡，并具有密集植被覆盖以维持其薄片流。坡度通常在 1%～15%，不过，只要沿着植草带不发生集中水流，就可以将坡度再适当提高。这是由于集中水流会造成冲蚀从而极大降低水质处理效果。植草带通常设置在植草沟的上游，其出水排入植草沟中（见图 7-1）；或者将植草沟的边坡做成植草带的形式。在植草带的上游前端需要配置流量分配装置，如阶梯布水、开孔边石或者其他可以在植草带上游使水流均匀分散的措施。

7.4.3.2　预处理单元

径流必须以薄片流的形式进入植草带。可以通过以下方式避免集中水流：减少流入植草带之前的不透水表面长度，将不透水表面做成均一坡度坡向植草带，限制不透水表面的宽度，使之低于植草带宽度，或者在不透水表面和植草带之间设置阶梯布水装置。水流会开始发生集中的长度范围通常在 15～50m，根据坡度和降雨强度而变化。如果使用了阶梯布水设施（植被坡度，锯齿形混凝土边石，碎石沟渠等），需要经常检查是否有集中流出现或者死水区产生。

7.4.3.3　主处理单元

植草带应该按照第 3 章中方法或者根据当地设计手册来进行设计以满足污水水质处理效率。可采用的参数如下：

（1）平均流速不大于 0.3m/s（1ft/s）；

（2）曼宁系数取值范围：n=0.20～1.0；

（3）最大坡度为 5%～10%；在降雨强度较低的地区，坡度增加到 15%也是可以接受的；

（4）植草带宽度受水流均匀分布要求的限制；

（5）水流的平均流深基本不大于 50mm（2in.）；

（6）最大长度不应该超过维持薄层水流的最大长度要求。总之，薄层水流应保持到地表漫流的下游端。薄层水流的标准是 $L_a S_a \leqslant 0.3$，其中 L_a 是排水区域的长度（m）而 S_a 是排入植草带的水流坡度（见图 7-1）。在未开发地域的缓坡地带，薄层水流的长度很少超过 90m（300ft）。在已开发地区，沿着透水性表面的薄层水流的长度通常低于 30～45m（100 到 150ft）；此外，植草带顶端应该比将水排入的铺面低 25～75mm（1～3in.），使植草带边缘沉积物的累积不至于堵住径流的流入。为了充分保证处理效果，建议植草带水流流动方向的最小长度至少达到 4.5m（14ft）（Barrett *et al.*，2004）。

停车场和道路的植草带应该受到保护防止车辆碾压。开孔边石可以在保障水流流入植草带的同时提供与车辆之间的屏障。此外，应该使用加强的草地人行道。植草带应该至少比季节性高水位高出 300mm（12in.）以避免植草带内长时间滞留死水。

正常生长的植被是保障植草带功能的关键因素。如果植被覆盖率低于 80%，则植草带的处理效果会明显恶化（Barrett *et al.*，2004）。植被应该密集并包含耐旱草种，建议采用草皮草形成一层草垫。丛生禾草会留下易被冲蚀的裸露土壤。在选择草种时，设计者应该考虑其成长及长期运行维护要求，有些草较其他种类有更高的维护要求。植草带平整后，底部需要设适合植物生长的生长层（如砂壤土层）。这一生长层也可以将堆肥犁入，深度约 15cm。需要遵循当地“农业推广”的指导，包括混合种子选择、土质以及种植。在干旱和半干旱地区植草带需要灌溉，以维持植被覆盖。

完工后的植草带坡度能满足设计要求也十分重要。由于一些设计精度是厘米（吋）级，允许误差较小。垂直方向上，竣工后的土壤和植被可能超过将水排入植草带的铺面的高度。水平方向上，要仔细平整以减小集中水流的形成。在施工中需要认真检查来保证最后的平整度。

7.4.4 美观与安全

合理设计的植草带因为在设计容量下水深很浅，几乎没有安全风险。类似植草沟，植草带设计也需要与当地自然风景结合。

7.4.5 维护条件与维护要点

当地辖区应该提供进入私人土地的使用权，以便检查、监测和维护。私人所有者应做出长期运行维护的承诺，辖区监督执行。在需要通车的地区，要利用强化的土工织物以及网格来保障地面的稳定从而降低交通影响。

根据地理区域特点，植草带可能需要灌溉；如在干旱或者半干旱气候区，需要在植物生长期进行偶尔或者永久的灌溉。如果灌溉并不经济，可以考虑用石块衬砌植草带。同时，这类植草带通常与风景草皮相结合并且经常施肥，并施用杂草除草剂。此外，在一些情况下，也需要杀虫剂来控制蚊子、蚂蚁或者其他草地常见昆虫的生长。

7.4.6　设计范例

实例，为俄亥俄州哥伦布市一个 15m×60m（49ft×196ft）的停车场设计一个的植草带。停车场坡向植草带的坡度为 0.5%。设计降雨强度为 110mm/h（4.3in./h）。径流系数 R_v 为 0.9。植草带内种植结缕草并修剪至 100mm（4in.）的高度，植草带的坡度为 2%。

薄片流的标准按下式检查：$L_a S_a = (15\text{m})(0.005) = 0.075$，低于 0.3；因此，薄片流可以到达植草带的顶端。

设计流量计算如下：$\text{WQT} = RvIA = 0.9(110\text{mm/h})(15\text{m})(60\text{m}) = 0.03\text{m}^3/\text{s}$（0.87cfs）。

假设植草带内的最大水深为 25mm（1in.），流速 $V = (0.03\text{m}^3/\text{s})/[(0.025\text{m})(60\text{m})] = 0.02\text{m/s}$（0.07cfs）。植草带的运行类似宽的长方形渠道，因此水力半径 R 可以假设等于水深 y；因此，$VR = (0.02\text{m/s})(0.025\text{m}) = 0.0005\text{m}^2/\text{s}$。根据计算的 VR 值可以从图 7-2 中查出曼宁系数 n。发现 n 值小于图表中的最小允许值，将小数点前移一位再重新计算，Kirby *et al.*(2005) 曲线表明 n 值为 0.49。

曼宁公式对于宽的渠道可以用下列近似式（7-5）计算：

$$\text{WQT} = \frac{1}{n} W y^{5/3} S_s^{1/2} \tag{7-5}$$

式中　W——植草带垂直于水流方向的宽度（m 或 ft），本例中为 196ft；

S_s——植草带坡度，本例中为 2%

在英制中 n 上面的分子为 1.486

解式 7-5 可得：

$$y = \left[\frac{n\text{WQT}}{WS_s^{1/2}}\right]^{3/5}$$

计算得 $y = 32\text{mm}$（1.3in.），小于最大允许值 50mm。计算得流速 $V = (0.03\text{m}^3/\text{s})/[(0.032\text{m})(60\text{m})] = 0.02\text{m/s}$（0.04ft/s），小于最大允许流速 0.3m/s（1ft/s）。相应的 VR 值为 $(0.02\text{m/s})(0.032\text{m}) = 0.0006\text{m}^2/\text{s}$，接近最初的假设。选择植草带水流方向上的长度为 5m（15ft）。根据这个长度，利用公式（7-1）推算停留时间为 5min。

植草带的顶面应该低于相邻排水地面 25mm 到 75mm（1～3in），从而保障植草带边缘的植物以及沉积物不会阻碍径流流入。根据情况，顶部可能需要设置水平布水设施。

第8章　滤　　池

8.1　引言

滤池工艺单元的特点：有特定的多孔滤料，在雨水流过滤料之前能短暂储存，一个集水系统以及一个旁通管或二级溢流口。滤池出水可以排入受纳水体、浅层含水层、其他处理系统或者雨水管道中。由于单个多孔滤料颗粒具有极大的表面积以及孔隙空间，因此该体系可以实现包括过滤、吸附以及离子交换在内的多种工艺单元。此外，滤料表面及孔隙可以吸附微生物从而去除、消耗或者降低水中的有机污染物以及营养物质。所有这些工艺单元的处理效果都与时间有关，当雨水和多孔滤料的接触时间越长，处理效果越好。通过设计，滤池也可以在预处理部分或者滤料的上部提供沉淀作用。由于滤料位于地下，因此对进入滤池的雨水温度有一定调节。滤池可以短期储存雨水，从而根据其储量可以削减峰值；从这个角度来看，滤池能够实现与调蓄池类似的水量控制。

滤池是本手册中五种雨水控制类型中的一种。设计流量的确定可包括水质保护容积（WQV）、水质处理流量（WQT）、河道保护容积（CPV），漫滩洪水保护容积（OFV）和极端洪水保护容积（EFV）等，可以从第3章的指导方针或者根据所在州或者当地设计手册来确定。确定滤池是否适合于特定雨水处理应用的标准可以从第5章中查到。

滤池主要分为慢滤池和快滤池两类。慢滤池的滤速为 $2\sim6L/(m^2\cdot min)$（$0.05\sim0.15gal/(ft^2\cdot min)$）。应用在雨水处理中的砂滤池与应用在饮用水处理中的砂滤池从本质上是一致的。相比较而言，快滤池的滤速为 $80\sim400L/(m^2\cdot min)$（$2\sim10gal/(ft^2\cdot min)$。对于同样的流量，快滤池的面积比慢滤池小100倍。大部分预制滤池都属于快滤池的范畴。这些高滤速是通过厚度较小的粗滤料来实现，因此快滤池的污染物去除率低于慢滤池，如砂滤池。

多孔滤料取材范围可以从干净、均质的砂到由碎石和经堆肥具有生物活性的土壤和有机物的混合物。可以针对污染物特性来选择其他成品颗粒材料如沸石或者其他商业产品。滤池可以根据滤料的数量来分类，如单层滤料滤池，双层滤料滤池，三层滤料滤池以及四层滤料滤池，分别由1～4层滤料组成。单层滤料如砂子能够在其几厘米厚滤料表层中，去除进水中的固体物质，这个过程称为“表层过滤”。与之相反的是双层、三层或者四层滤料滤池，它们通过全部滤料而非仅表层滤料来去除颗粒物质，这个过程被称为“深层过滤”。通过将相对较大的滤料置于表层，在水流方向上将滤料颗粒逐渐减小的方式，使得整个滤池能够充分利用。另外一种概念是在上层布置如砂砾类的惰性滤料，以保护下层能够吸附溶解性有机物的吸附性滤料。不论是在慢滤池、快滤池还是在生物滞留滤池中，不同种类的滤料都可能混合在一起。根据滤料种类、大小和密度的不同，滤料层可以水平布置或者垂直布置。水流可以采用上向流、下向流或者横向流的形式流过滤料。所有这些滤池类型都已经用于现有的雨水处理中。

调蓄池或滤料上面的储存容积，可以实现水力平衡和峰值削减。总体而言，多孔滤料的颗粒粒径越大，渗透性越好，水流就能够更快的流经滤料。多孔滤料本身可能作为雨水进入的限流通道，因而设计时滤料上游必须有储存容积。通常，通过滤料的流速很高，滤池的水力控制并非由滤料本身来实现，而是通过在出口设置流量限制装置，如孔板、管道或者阀门来实现。这种限流设施，使流经滤料的流速降低，增加了接触时间，从而提高其去除效率。一些滤池在设计时，在上游设置调蓄池（前池）进行预处理和削减峰值，从而调节通过滤池的流量，延长滤料清洗的周期。方行水头或者水深是指重力滤池滤床上水的深度，它促使水流过滤料。当流经滤床的流量低于流入滤池单元的流量时，滤床上水位会升高。当进水流量等于出水流量时，达到水位平衡。当降雨末期雨水水文过程线降低，流过滤池的流量也会降低，这时通过滤池的流量会高于雨水进水流量。当颗粒物在滤池内部以及表面累积时，滤料孔隙会发生堵塞，从而导致在给定水头或者水深条件下滤速下降。滤速降到一定程度时，必须对滤池滤料进行清洗或者更换；上述情况通常通过监测降雨停止后滤池的排空时间来确定。当沉积物累积时，通常通过调节出口限流装制来保持滤速恒定；这个特点使得滤速-累积沉淀物总量曲线中出现了一个“平台”段，并持续至沉积物堵塞导致滤速减少时为止，而这也就是滤池开始需要维护的时间点。

滤池可以设置于地表或者地下。当位于地下时，在滤池上部还可以建设其他基础设施如车库，这也是预制滤池的一个优势。过滤系统也可以包括多孔滤料表面的植被。虽然在过滤系统中也会出现入渗，但是在本章中不予讨论，除非它影响到设计；入渗池的具体描述见第9章。当遇到地下水位较高或者地下水污染等情况时，常常单独选择过滤作为处理系统。

8.2　设计原则

8.2.1　确定滤池尺寸

滤池系统可以简易地归为出水口受到限制的调蓄池。在这种情况下，滤池出水限制或水力控制是通过多孔滤料或者出口构造实现的。水力设计时采用WQV，CPV，OFV及EFV中的一个或多个作为性能参数。也可以根据流量设计标准（Lenhart，2004）来设计滤池。滤池可以做成在线式或者离线式，超过EFV的流量通常经旁通排出。

通过滤料以前，滤池系统的设计要能储存100%的水质保护容积（WQV）。通常情况下过滤系统分为前池和滤池两个部分，而水质保护容积可以分别由前池和滤池分别容纳。通常滤池将水质保护容积排空的历时定在12～48h之间，48h是最大排空时间，以减少下次降雨来临时滤池尚未排空的概率。在干旱气候地区，排空时间可以延长至72h。

8.2.2　渗透率和渗透系数

多孔滤料的核心设计参数是渗透率k。为了与水力学术语统一并明确差别，虽然在许多雨水指导文件中将两者等同，但是渗透率和渗透系数K并不一样。渗透系数的单位与流速单位一致（L/T），而渗透率（或者渗透性系数）单位是长度单位的平方（L^2）。渗透率是描述多孔滤料透过流体（任何流体）的能力，而渗透系数是由流体与多孔滤料材质综合决定（McWhorter and Sunada，1977）。这两个变量之间的关系如式（8-1）所示：

$$K = \frac{k\rho g}{\mu} \tag{8-1}$$

式中 ρ——流体密度（kg/m^3）；

g——重力加速度（m/s^2）；

μ——流体的动力粘滞系数（Ns/m^2）。

渗透率可以简化，用颗粒尺寸来估算（Shepherd，1989；Fair and Hatch，1933；and Hazen，1892）。通常，有关地下水的书籍中渗透系数与多孔滤料的性质有关（Driscoll，1986；Fetter，1988；Freeze and Cherry，1979；or McWhorter and Sunada，1977）。对于雨水滤池，渗透率越低，多孔滤料的渗透系数越低，整个系统的尺寸越大，这对于了解雨水滤池体系十分重要。因此，渗透率直接影响着系统尺寸、造价、水力效果以及处理效率。粘度是温度的函数，所以滤池的处理效果会受到低温的限制（Bragaetal.，2007）。

与渗透率和渗透系数相关的还有两个术语：滤速和渗透速率。这两个术语都与渗透系数和水力梯度有关，本质上反映了达西公式的内容，具体将在下文进行讨论。需要特别注意的是滤速与渗透速率都不能等同于渗透系数或渗透率。过滤速率是水流流过滤池的真实流速，而当滤料去除固体颗粒物时，过滤速率随时间逐渐下降，直到滤池进行反冲洗为止。

8.2.3 预处理

前面已提到，滤池的设计特点为使用前池或预处理池，以去除进水中大颗粒物质、粗固体物和漂浮物。预处理单元的设计标准在本手册的其他部分有所提到。作为预处理单元的前池或调蓄池见第 6 章，植草沟和植草带见第 7 章，大颗粒污染物截留见第 10 章。从预处理单元到滤池可设一级出水口和二级出水口，并需要注意水流能量不会对多孔滤料表面、围堤或者围绕滤料的边墙造成冲蚀。一个设计需要考虑的因素是滤池“在线”还是“离线”更优。在线滤池接受来自前池的所有水量。这种情况下，当实际降雨强度大于设计降雨强度时，滤池需要一个大流量的旁通设施。而对于离线滤池，雨水按照设计流量进入滤池，超过的流量在前池之前或者前池之后直接旁通流过。

8.2.4 集水系统

在使用垂直下向流（重力过滤系统）的滤池系统中，出水通过滤料底部的集水系统（砾石及穿孔管）收集（或者在侧向流滤料系统的下游末端），或者渗入底部的原始土壤中。当原始土壤有良好的渗透性从而保障水入渗土壤中时，则不需要集水系统。集水系统将滤后水排入受纳水体，或进入其他雨水传输设施，或进入后续的雨水控制构筑物（如湿地）中。在垂直流滤池中，集水层的砾石承托层至少应该有 15cm（6in.）厚度或者大于等于 2 倍的穿孔管直径，在两个参数中取较大值。在小型滤池中，滤料下部全是砾石层，而在大型滤池中，可采用砾石沟渠。如果要渗入地下，则集水管可以垂直分布于砾石层中部（在砾石层底部以上），可以储存雨水，并在下次降雨之前，将雨水渗透到地下。也可以增加弯头来储存水量，弯头与水平集水管垂直 90°设置。滤后水在集水系统的砾石基础中渗入地下，在其进入集水管之前，雨水必须先填满穿孔管底部砾石之间的缝隙。此外，若系统底部的浸没状态为厌氧状态，则可以去除营养物（Hunt *et al.*，2006，2011）。砾石尺寸一般介于2～5cm（3/4～2in.），安装前需要对砾石先进行清洗以去除微粒、残渣和有机质。每根集水管要与清扫立管连接，每个连接用的弯头大于22.5°。这些清洗用管道延伸至滤池滤料表面并加盖。盖子应该固定、拧紧或者粘附在上升管道上。如果使用穿孔集水管，建议孔径介于10～13mm（3/8～1/2in.）之间，孔距不小于150mm，采用3～4排穿孔；如果使用狭缝管，建议使用20-～50-狭缝管。排水管坡度为0.5%～2%，对于表面积大的滤池，集水管应该每3m（10ft）布置一根并与总管相连。集水管管径设计时应使其排水能力大于滤池的滤速，通常使用直径≥150mm（6in.）的管道。然而，正如后所述，也需要在管道上安装限流设施以控制滤池的出水。管径用与设计水位下滤速相应的流量、管道坡度和曼宁公式的粗糙度，通过计算确定。

8.2.5　滤床设计

流经滤池滤料的流量可以通过达西公式计算，如式（8-2）所示：

$$Q=\frac{K(h_{SF}+d_{SF})}{d_{SF}}A_{SF} \tag{8-2}$$

式中　Q——流经滤池的流量（m^3/s）；

K——滤池滤料的渗透系数（m/s）；

h_{SF}——滤料表面以上的水深（m）；

d_{SF}——滤料层厚度（m）；

A_{SF}——滤料的表面积（垂直于Q）（m^2）。

在垂直分层的滤池（滤料到砾石）中，不建议使用土工布或者用它包裹集水管道系统，因为土工布可能堵塞。土工布可以在开挖时安装于墙壁上以防止原始土壤掉入滤池滤料中。如果颗粒稳定性分析表明滤池滤料和卵石中间需要过渡时，则需要设计分层滤池（U. S. Army Corps of Engineers，2000）。土工布可以用在滤池集水砾石的底部，用以将砾石与底部土壤分开，但是如果滤后水需要渗入土壤，则不可使用土工布。如果集水管道布置在砾石沟内，可以在砾石与滤料之间布置土工布带，但注意不可完全将砾石包裹住。这些土工布带的宽度在250～600mm（1～2ft）之间，并在砾石顶部以集水管为中心布置。

如果滤后水入渗进原始土壤，则在高渗透性土壤中完全不需要使用集水系统。

8.2.6　出水口结构

孔板（限流板）或者其他控制装置（如阀门）需要安装在集水系统的下游以降低流经滤池的流速，提高雨水在滤料中的停留时间，并控制排水量。由于滤料的高渗透性，在没有限流的情况下，滤池排空时间会远低于其最低允许排空时间（12～48h）。孔板开孔根据滤池设计水深条件下的节流方程来计算。一旦限流措施尺寸确定，则要确定WQV、CPV、OFV和EFV流过前池、滤料、多孔板或者阀门的水文过程线，要保证系统可以容纳水质保护容积（WQV），符合CPV的要求，如果可行，能满足洪水控制要求。在寒冷气候地区，需要注意将孔板或者阀门安装在不会发生冰冻的地点。

8.2.7　维护注意事项

滤池的检查和维护根据其种类的不同而变化，其共同点是滤池滤料表面随着时间会发生堵塞从而延长滤池的排空时间。个别现场数据和实验室结果表明，当滤料表面的沉淀物累积到 1.2～5kg/m^2（0.25～1lb/ft^2）时，会发生严重堵塞。由于沉淀物负荷和残渣直接影响滤池表面堵塞情况，因此在高沉淀物负荷场地（如施工、农业以及造林）不推荐使用滤池，除非在滤池之前增加合理的预处理控制措施。滤池功能的减退与汇水区域的性质有关。接受屋顶径流雨水的滤池基本从来不会堵塞；与此类似，接受完善开发区排水的滤池，其悬浮颗粒物负荷也比较低，因此滤池可以良好运行近 10 年的时间。预处理延迟了堵塞的发生，也可以延长连续运行滤池的使用寿命。例如，生物滞留滤池中的生物工艺可以保持根部区的孔隙结构（Emerson and Traver，2008；Hatt *et al*. 2009）。滤池的定期检查应该包括：当滤池无水时对滤料表面进行外观检查，以及降雨之后对滤池排空时间进行观察。当发现滤池系统无法满足要求的排空时间时，需要对堵塞滤料的沉淀物和残渣进行清洗。通常的办法是将表层几厘米的滤料移除更换新的滤料。材料应该根据适用法规来进行检查、使用或弃置。在维护结束后，可能需要对滤池滤料进行补充。维护之后就应该立即开始观察降雨之后滤池的排空时间。如果在标准维护之后系统仍然无法正常排空，则需要对整个滤池滤床以及暗渠集水系统进行检查、维护或者更换。集水管道的清扫立管应该每 1～2 年冲洗一次。

8.3 地表砂滤池

地表砂滤池使用干净的砂或者砂砾作为滤料。雨水从前池流入地表滤池，并垂直流过砂砾滤料（图 8-1）。此后，滤后水可以入渗土壤或者通过集水系统送入受纳水体或排水管中。这类滤池可以提供一定的水量控制（图 8-2）并明显提高出水水质（图 8-3），其处理效果与滤料粒径分布以及厚度有关。

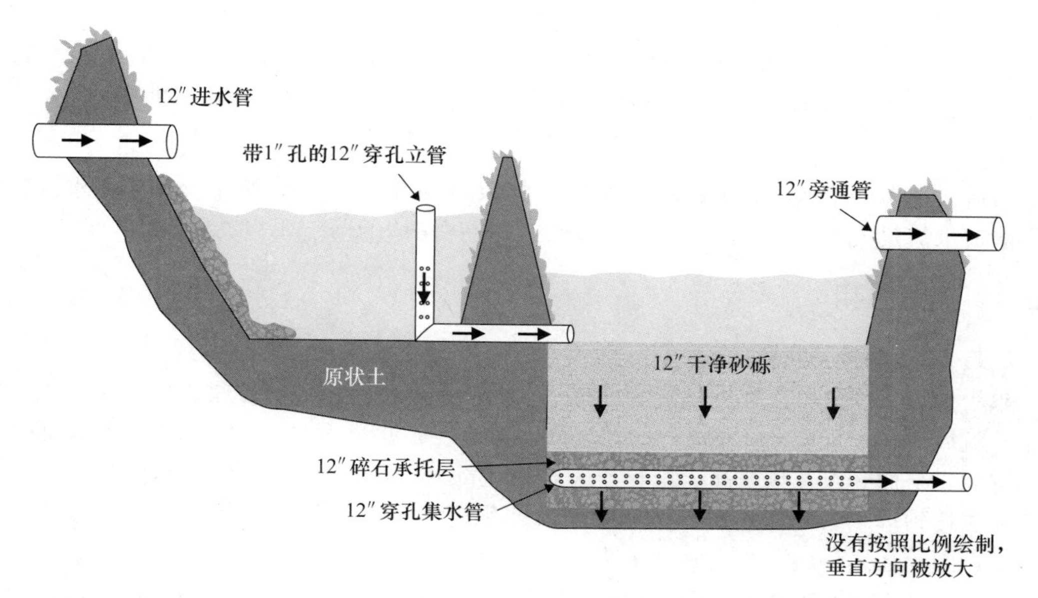

图 8-1 典型地表砂滤池，尺寸仅供说明用，实际装置尺寸应该根据当地的实际情况来设计（1in. =25.4mm）（UNHSC，2007）（新罕布什尔州大学雨水中心供稿）

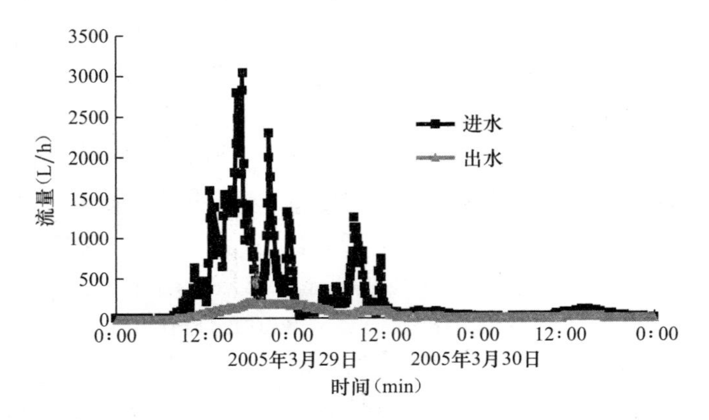

图 8-2　地表砂滤池进水及出水流量曲线，降雨强度为 55mm（2.2in.），降雨历时为 2d，雨水径流来自一个面积为 $2.5hm^2$ 不透水地面的径流量（1gpm=227L/h）（UNHSC，2007）。

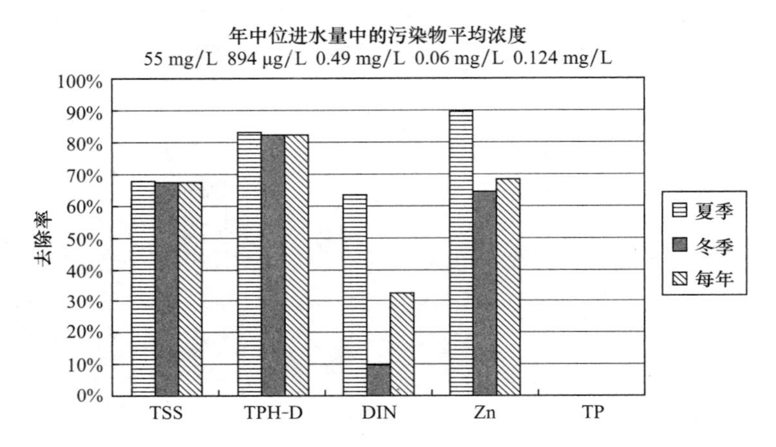

图 8-3　地表径流来自面积为 $2.5hm^2$（1ac）不透水地面的砂滤池典型水质处理效果（TSS——总悬浮固体，TPH-D——柴油的总石油烃，DIN——溶解性非有机氮，Zn——锌，TP——总磷）（UNHSC，2007）。

若流入地表砂滤池的雨水进水流量小于砂砾滤料的过滤流量，则不会产生积水；若降雨雨水进水流量大于砂砾滤料的过滤流量，则砂面会产生积水。

8.3.1　典型应用

8.3.1.1　建设用地适用性

单个地表砂滤池可以容纳接近 $100hm^2$（250ac）流域面积的径流量。然而在美国，通常用于流域面积小于 $2hm^2$（5ac）的径流量。当地表砂滤池面积增加，雨水在其表面难以分布均匀，从而导致在频率高、雨量小时，滤池部分表面堵塞，使得在设计降雨强度时，滤池无法达到理想的处理效果。在高沉淀物负荷地区（如：施工场地），不推荐使用地表砂滤池，因为在这种地区其表面会快速堵塞。

地表砂滤池的滤料表面可能会有植物生长，这些植物需要薄层的有机物质或者表层土壤。可以使用裸麦或者其他浅根植物，注意需要对土壤层进行维护以保证其水力阻力不会大于下面的砂层（也就是说，渗透系数不能过低）。最后，当表面堵塞需要维护时，砂层更换会失去这层植物层。由于更换频率较高（2～6次/年），因此通常不会使用植被。

8.3.1.2 水量控制

砂滤池的滤床能够削减一定的峰值，不过主要的峰值削减还是由预处理池完成。径流量的控制与底层土壤是否适合入渗有关，如能入渗，部分径流量将直接入渗到地下。也有部分水量被储存在滤料孔隙中，并在下次降雨之前被蒸发掉。

8.3.1.3 水质控制

在砂滤池中过滤是最重要的水质处理工艺单元，此外，滤池上面雨水储存时，也有沉淀作用（见图8-1）。

8.3.2 限制条件

砂滤池的安装限制条件很少。场地仅需相对平整以保证滤池表面的平整性。在寒冷气候地区，滤料结冰会限制滤池的处理效果。由于透水性路面的颗粒结构类似砂滤池中的砂砾滤料，因此对其冷冻-融化循环进行观察，发现地表可供雨水流入的表面与颗粒表面结冰的面积基本相等。结冰时，渗透系数下降，但是下降率低于沉淀物在滤料表面累积时造成的下降率。虽然对结冰限制滤池效果的担心有一定根据，但是寒冷地区的数据（Roseen *et al.*，2009，2007，and 2005）表明，即使砂砾滤料结冰，在水流进水时冰也会迅速融化。最糟糕的情况是系统保持结冰、充满状态，水流从二级出水口流出，滤池只起到调蓄池的作用。滤池对环境、性能及社会效应不会有明显影响。

8.3.3 设计步骤和标准

8.3.3.1 典型配置

滤料可以装置在开挖土槽或者水池中。如果装置在开挖土槽中，则可能需要使用土工布衬在土槽的侧壁，将土壤与滤料分开。滤料至少应该有0.6m（2ft）厚，建议取1.2m（4ft）或更厚，并应高于估计的地下水季节性高水位。不建议设置在陡坡上，因为可能造成边堤过高、开挖过深、地下水渗漏或者边坡稳定性差等潜在隐患。当土壤可能有稳定性问题时，需要对地质情况进行调查研究。滤床的面积与设计流量下的水深和出水特性曲线有关（Claytor andSchueler，1996）。

地表砂滤池系统有多种变型。一种是围绕着不透水地面的周边设计线性系统；这类线性滤池一般都为狭长型，并建于地下。前池的周边与不透水地面平行，雨水从前池顶部近乎连续的格栅进入。这些格栅可以拦截粗颗粒固体。砂滤池与前池平行，两者用墙分隔开，墙也起到堰的作用。集水系统位于砂砾之下，集水管在滤料下穿过，和滤料外部的主管相连结。

8.3.3.2 预处理单元

径流在进入地表砂滤池之前通常先经过预处理以去除颗粒沉淀物、粗颗粒固体和残渣，以延长滤池清洗周期。预处理单元也可以起到调整滤池进水量的作用。通常，用前池或者其他类型的调蓄池作为预处理。预处理单元的容积一般不超过水质保护容积（WQV）的25%。第6章提供了一些确定预处理调蓄池尺寸的方法。当水流从前池流入滤池时，需要经过配水设施以防止集中水流对滤池的冲蚀，并防止滤池局部表面负荷过高。

8.3.3.3 主处理单元

滤池单元的存水量根据前池的储存量而变化。前池和砂滤池的总储存水量一般是水质保护容积（WQV）的 75%～100%。由于砂滤池同时进水、出水，因此采用低值（75%）。但当砂滤池堵塞时，滤速会降低，故需要仔细衡量滤池储存容量以及维护周期。砂滤料厚度（d_{SF}）一般介于 450～600mm（18～24in.），均值为 450mm（18in.）左右。在有些州，当使用较厚的滤料有困难时，可以根据具体情况降低到 300mm（12in.）。砂滤料的面积（A_{SF}）可以通过若干方法估算。可以按照滤池“面积率”进行初步估算，即单位流域面积或不透水地面所需要的滤池面积。也可以将水质保护容积（WQV）除以滤池的最大操作深度（砂面以上的水深），估算滤池面积。还有根据 TSS 去除率（Urbonas，2003）估算滤池面积的方法，这需要估计滤池所在地的沉积物负荷。许多州和当地排水手册使用水质保护容积 WQV、渗透系数以及排空时间来确定过滤面积，如德克萨斯州奥斯丁市（1996）的算例如下：

$$A_{SF} = \mathrm{WQV}\frac{d_{SF}}{K(h_{SF}+d_{SF})t_{SF}} \tag{8-3}$$

式中 d_{SF}——砂滤池滤料层厚度（m）；

K——滤床的渗透系数（m/s）；

h_{SF}——滤料表面以上的平均水深（m）；

t_{SF}——水质保护容积（WQV）流过滤池所需的时间（s）。

公式（8-3）给出了在规定排空时间中处理水质保护容积 WQV 的滤池面积。计算时，假设滤速恒定，但实际上滤速随时间下降，因此要采用一个 2～3 的安全系数。

8.3.3.4 滤料

砂的渗透系数为 0.6～6m/d（2～20ft/d），推荐范围为 0.6～1.2m/d（2～4ft/d）。最好在建设之前对砂子取样并测定其渗透系数，如采用 ASTM，D5084-03（2007）方法。施工后，砂砾的渗透系数可以通过现场测定方法测定（ASTM，2007a，b，c）。现场测定方法还可以在日常检查时使用。常用的砂子粒径为小颗粒或者 ASTMC-33（ASTM，2007d）中定义的“水洗混凝土”用砂，但是小于 100# 筛网（<0.15mm）的砂子都应去除以免滤床被堵塞。

如公式（8-3）中的单位为“ft”和“d”，则公式可简化为 $A_{SF}=(\mathrm{WQV})/B$，其中在大部分设计中，B 在 1.5～12m（5～40ft）范围变化。

地表砂滤池的砂滤料或者其他滤料的级配与水或者废水处理使用的类似。其规格通常由 4 个参数决定：通过滤料重量 10%的筛孔孔径（D_{10}）、通过滤料重量 60%的筛孔孔径（D_{60}）、有效粒径以及均匀系数。有效粒径通常定义为（D_{10}），也就是通过滤料重量 10%的筛孔孔径。砂滤池中滤料筛选的主要目的是减小滤料中细颗粒成分，从而降低堵塞的可能性，并防止细颗粒进入滤后水中。常用的砂砾有效粒径尺寸为 0.3mm，并在 0.15～0.45mm 的范围内变化。对于高滤速滤池采用粗颗粒滤料，有效粒径的范围为 1～2mm。

均匀系数是 D_{60}/D_{10}的比值。D_{60}是通过滤料重量 60%的筛孔孔径。比值对滤池处理效果有影响，是为了防止滤料颗粒过粗。砂子的均匀系数应为 1.5～3.5，平均值为 2。已经有研究发现在饮水处理中，均匀系数在上述范围内时，过滤工艺的处理效果较好。雨水处理滤池的有效粒径和均匀系数没有明确规定。然而，砂滤池中有效粒径和均匀系数的取值应该在上述范围内。不过，考虑到对维护雨水滤池的关注度比饮用水滤池的低，建议去除滤料中的粉砂和黏土（Clark 和 Pitt，1999）。

上述规格要求可以被称为精细级配，用砂砾或者回收玻璃。预制滤池通常使用细砾石，大小类似珍珠岩。大部分预制滤池采用较粗的级配，只要能实现滤池处理目标即可。

砂砾或者回收玻璃的粗级配可以用于水平滤床（垂直流）滤池中。由于雨水中的颗粒可以进入滤床更深层部分，从而使得滤池在堵塞前，可以像预制滤池那样运行更长的时间。然而，这种深层穿透使得滤池冲洗变得复杂。其他与滤料性质有关的参数应该包括清洁度、硬度、球度、密度以及滤床孔隙比。

正如之前讨论的，地表砂滤池内的储存水量是水质保护容积（WQV）中没有被前池容纳的那部分水量。如，若前池按照容纳 25%的 WQV 设计，则地表砂滤池中应该容纳 75%的 WQV，而 100%的水质保护容积就是设计储存量。较大的前池体积可以在砂滤池之前提供更好的预处理效果，并提高两次维护之间的运行时间。砂滤池的表面面积就是滤池池体的底面积，多余的雨水体积可以被滤床之上的斜坡部分储存。地表砂滤池的边坡坡度不能大于 2.5∶1，一般采用 3∶1 或者更平缓以方便除草、观察以及维护。

地表砂滤池的二级溢流口设在 WQV 和 CPV 储存量下的最高水位上，以排除超过设计容量的雨水。构筑物的高度一般比设计最大水量条件下的水位高出 30cm。二级溢流口的设计流量水位特性曲线应能通过 CPV 或 EFV 条件下的峰值流量。

地表砂滤池以及前池可以是水池或者是土槽。如果是土槽，则需要注意前池和滤池之间的土堤不会发生渗漏或管涌。一般来说，滤料层以上水深 h_{SF} 建议小于 1.2m（4ft），以限制土堤的高度，防止管涌或砂子进入集水系统。然而，在一些州的排水指导手册中，水面深度甚至有深达 3m（10ft）的。在开挖的坡面设置土工布可以有效减少管涌问题。

滤料放在预制水池中时，底部的原始土壤在开挖后需要夯实，并设置厚度为 150～300mm 的砾石或碎石基础。之后将水池放置在基础之上。之后安装集水系统（碎石-管道-碎石），并紧实。再置厚度为 200～300mm（8～12in.）的砂层，每层应该使用板式压实系统稍微进行压实。之后对水池进行回填并将回填土压实，清理整个施工区域。超过水池的设计流量经过旁通流出。

8.3.3.5 出水口结构

砂滤池的一级出水口是雨水流过滤料之后的雨水管网。在渗透系数高于 25mm/h（1in./h）的高渗透性土壤中，可能不需要集水系统，水流可以直接渗入土壤。在这种情况下，集水系统可以是一层简单的卵石层，其体积可以储存一定水量（如水质控制保护容积 WQV）。一般集水系统由砾石、穿孔管或者缝隙管组成，尤其是当土壤渗透性低或者根本不透水时。砾石粒径应能快速收集滤后水并将其输送至集水管，通常为 13～40mm（½ to1½in.）。砂和砾石以及砾石和底部土壤之间的稳定性、均一性以及透水性标准采用公式(8-4)（Lagasse，2006）。如果不符合这些标准，则应该设计级配滤料。通常，细粒砾石会符合上述要求。

$$\frac{D_{50\text{粗砂层}}}{D_{85\text{细砂层}}} < 5 < \frac{D_{15\text{粗砂层}}}{D_{15\text{细砂层}}} < 40$$

$$\frac{D_{50\text{粗砂层}}}{D_{50\text{细砂层}}} < 25 \tag{8-4}$$

集水管敷设在砾石承托层内，并从系统底部排除滤后水，集水管开孔要小于砾石粒径或者开狭缝（20-到 50-缝宽）。如果需要将滤床承托层与底部土壤完全隔离，则可在开挖槽底加一层低渗透性土壤或者用高密度聚乙烯 HDPE 做垫层。如果滤后水可以入渗，则集水系统底部土壤只需轻微夯实（不大于改良普罗克达实验最大土壤干密度的 85%），并梳犁。如果不可入渗，则底部基础土壤必须夯实到最大干密度的 95%以上，之后放置砾石层和级配滤料。如果集水系统布置在承托层砾石的顶部则土壤的入渗量会增加。这种结构在两次降雨之间集水管下部空间的水可以渗入土壤，为下次降雨提供了空间。此外，如果该区处于厌氧状态，集水管下部土壤上部的浸没空间可以提高营养物的去除效果（Hunt *et al*. 2006）。开挖的槽壁可衬以土工布。

集水系统安装完毕后（砾石-管道-砾石），将砾石进行轻微夯实。集水管与主管相连，主管可以是不开孔的、穿孔的或者缝隙管。如果主管不在砾石层，则应是不开孔的。这种管道可以将雨水直接输送到雨水管道、受纳水体或者其他雨水控制系统中。集水管和主管应该配有清扫口以便将来的维护操作。底部集水系统的其他设计标准见本章开头的设计原则。根据不同类型，二级溢流口也可在本阶段安装。如果是级配滤料（如：细砾石），则将其敷设在承托层砾石层之上应使用压实板压实。之后砂子按照 200-到 300-mm（8-到 12-in.）一层布置，每层都用压实板轻轻压实。在前池（一级或二级出水口）流入砂滤池滤料处安装消能设施。

施工阶段十分重要，毗邻地区必须稳固以防止砂滤池表面过早堵塞。施工时的防冲蚀措施（淤泥栏栅、干草捆、挡水、蒿杆覆盖或者过滤坝）可以有效减小堵塞。

地表砂滤池的一级出水控制可以依靠滤料自身的渗透系数；最好是在集水系统下游的排水管上装置限流设施。系统的排空时间（t_{SF}）要符合 WQV 和 CPV 的标准。通常情况下，排空时间（t_{SF}）为 12～48h。较长的排空时间可以提高雨水中某些污染物质的去除率，但是要求滤料上部空间或者承托层集水系统有更大的储存量。出水管水力控制的流量曲线通过压力流估算。由于在 WQV 及更小降雨时，只使用一级出水口，因此存水面的变化（如，Wanielista *et al*.，1997），可以使用系统的进水水文过程线及出水的特性曲线来估算。

构筑物的二级（紧急）出水口的设计要根据系统是在线式（所有雨水都流入砂滤池）或离线式（高于 WQV 以及 CPV 的水量都通过旁路超越）来分别考虑。由于在线式砂滤池中，极少发生的超大流量会流过前池并全部进入砂滤池，因此可能存在严重问题：这些大流量雨水可能对底坡、边坡等造成冲蚀，同时重新悬浮的沉淀物会在砂滤料表面积聚，从而可能会对砂滤池产生极高的沉淀物及其他污染物负荷。因此，砂滤池采用离线式较为有效。一般初期雨水都被收集，即使高峰流量时有雨水旁通，但是大于 WQV 的雨水仍然会得到处理。

对旁通超越高于设计流量的雨水要提供合适的处理，滤料的完整性也要得到保护。当滤池满水时，水位高出旁通管开始超越。也可以通过入口的流量控制设施直接旁通超越，从而限制进入滤池的水量。这种方法可以防止滤床受到冲刷，并在 WQV 累积前将高峰流量超越滤池。堰和孔板相结合的方式可以有效控制旁通超越流量。

8.3.4 美观与安全

地表砂滤池收集的杂质会在滤池表面累积，如果不定时维护会影响美观。滤池范围内要设置缓坡以减少人员掉落的危险，或者设置围墙以防止外人进入。雨水控制设施的其他安全建议见第5章。

8.3.5　维护条件和维护要点

滤池滤料表面堵塞情况随时间加剧，排空时间的增加可以说明这种情况。鉴于表面堵塞与沉积物以及残渣负荷直接相关，因此在高沉积物负荷地区不建议使用砂滤池。滤池的定期检查应该包括：当滤料表面没有积水时，对其表面直观观察；以及降雨结束后，对滤料上层积水排空时间监测。当发现滤池排空时间不符合标准时，需要对滤料进行清洗。如前所述，过滤产生的污染物质需要检测、废物利用或者根据相关规定进行处置。维护之后，一些滤池可能需要重新装填。在维护之后应立即对新发生降雨的排空时间进行监测。

8.3.6　砂滤池设计案例

8.3.6.1　背景资料

（1）WQV＝800m^3

（2）允许排空时间，t_{SF}＝24h＝1d；

（3）前池容纳水质保护容积（WQV）的25％；

（4）滤床的饱和渗透系数为3m/d；

（5）场地的最高水头为1m。

8.3.6.2　砂滤池尺寸设计

假设设计样例中砂滤池的尺寸参数估计如下：

（1）砂滤料厚度为0.46m（18in.）；

（2）由于场地最高深度为1m，预留0.4m的超高以及二级出水口位置，0.6m为滤池的最高水深h_{SF}。

根据公式（8-3），砂滤池表面面积为：

$$
\begin{aligned}
A_{SF} &= \mathrm{WQV}\frac{d_{SF}}{K(h_{SF}+d_{SF})t_{SF}} \\
&= [(800\mathrm{m}^3)(0.46\mathrm{m})]/[(3\mathrm{m/d})/3)(0.6\mathrm{m}+0.46\mathrm{m})1\mathrm{d}] \\
&= 347\mathrm{m}^2\text{，假设表面尺寸为，}10\mathrm{m}\times35\mathrm{m}
\end{aligned}
$$

$$
\begin{aligned}
\text{砂滤池总水量} &= \mathrm{WQV}-\text{前池水量} = \mathrm{WQV}-0.25\mathrm{WQV} \\
&= 0.75\mathrm{WQV} = 0.75(800\mathrm{m}^3) = 600\mathrm{m}^3
\end{aligned}
$$

为了维护，砂滤池周围1m范围内，可以用草坪覆盖。因此，砂滤池池体基础为12m×37m。由于h_{SF}＝0.6m且边坡坡度为$3H:1V$，该池体仅能容纳323m^{3}的水量。为了提高容量，可以将边坡放平，或者加大基础尺寸，或者两者同时进行调整。比如，边坡坡度为14.1：1，基础尺寸为12m×37m、深度为0.6m时的总容量可以达到600m^3；当深度最大为1m时，该结构使得表面尺寸为40m×65m。但是现场要容纳一个如此巨大的设施有一定困难。因此，另一种可行的办法是将基础尺寸提高到19m×47m，边坡坡度为3：1，使得在深度为0.6m时总容量可以达到611m^3，当水深达到1m时表面尺寸为25m×53m。其他可行措施是改变超高、滤料表面的最大水深以及排空时间。在本例中，控制占地的是水质保护容积（WQV）和排空时间，而非砂砾的渗透系数。

在设计处理水量WQV以及水深为0.6m时流经滤料最大流量可以通过公式8-2计算如下：

$$Q=(3\text{m/d})(0.6\text{m}+0.46\text{m})(390\text{m}^2)/0.46\text{m}=2696\text{m}^3/\text{d}=31.2\text{L/s}。$$

如果底部排水管安装有孔板，在本例中，设计砂滤料表层以上水深为0.6m，渗透系数的安全系数为3，则孔板按照流过滤池滤料最大水量的1/3进行设计，$(0.0312\text{m}^3/\text{s})/3=0.01\text{m}^3/\text{s}$。因此只要渗透系数大于3m/d时系统的水力控制可以通过孔板实现。

砂滤池的紧急或者二级出水口应该比滤料表面高出0.6m以上。现场滤池的最大深度为1m，剩余的0.4m中，0.2m可以作为超高，另外的0.2m可以用来设计溢流口。因此，该溢流口的水压流量特性曲线应该为水深0.8m时的情况，系统可以通过最大设计降雨时的水量，如10年重现期的降雨。

8.4　地下砂滤池

地下砂滤池的前池和砂滤池都建于地面以下（图8-4）。雨水以与地表砂滤池类似的方式流经砂滤料，不过通常情况下，需要采用更为保守的设计。例如，对砂砾的渗透系数设定一个安全系数，取值比测量值低2～5倍，或者降低砂面以上水深。因此，地下砂滤池系统的表面面积会比处理同等容量的地表砂滤池面积大。地下砂滤池有很多变型，如Austin砂滤池、Alexandria地下砂滤池以及Delaware砂滤池（FHWA，1996，Claytor and Schueler，1996）。地下砂滤池的进水和出水流量过程线实例见图8-5。

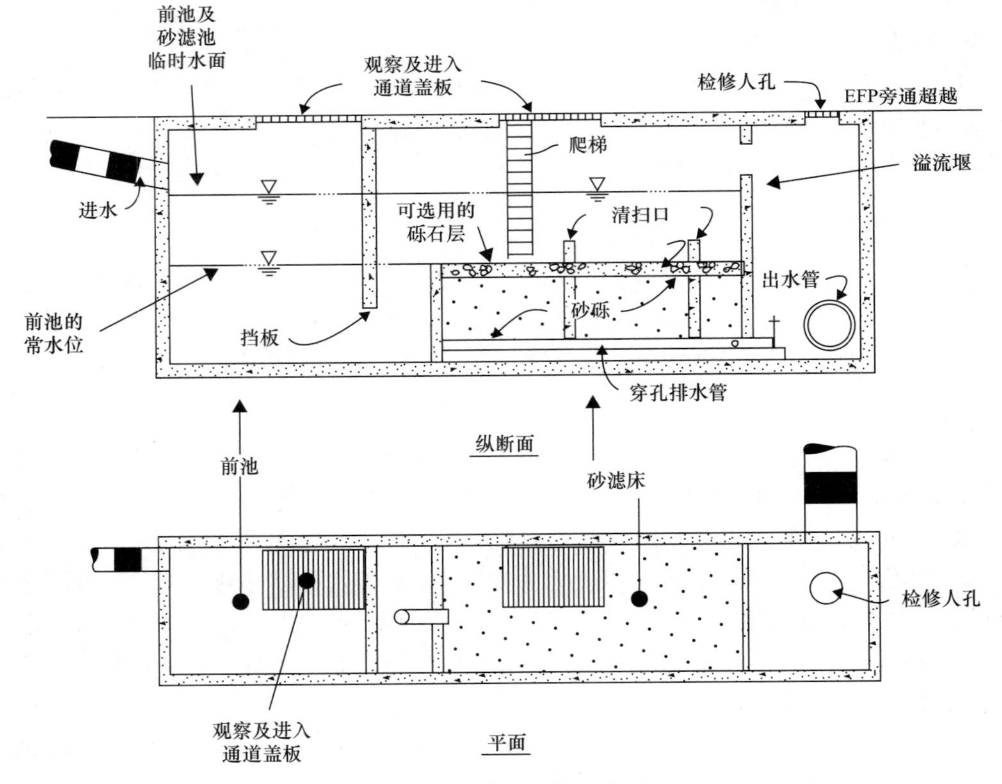

图8-4　地下砂滤池示意图

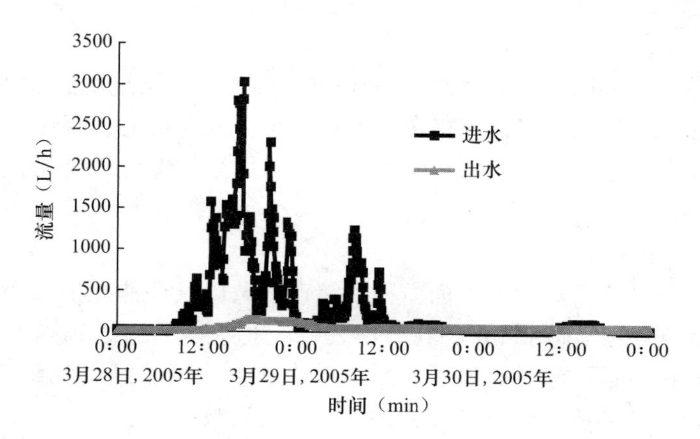

图 8-5 预制地下砂滤池的进水、出水流量过程线，径流来自两天降雨历时强度为 55mm（2.2in.），2.5hm² （1ac）不透水地面。滤池是采用 ADS 水质单元，其后为 ADS 入渗系统（1gpm=227L/h）（UNHSC，2007）.

8.4.1 典型应用

8.4.1.1 建设用地适用性

地下安装的方式使得地表土地可以得到利用（娱乐设施、缓冲区、花园、停车场等等），因此其具有节约空间的优势。对地下滤池及管道的基础进行设计时，需要考虑到砂滤池系统自身的重量及上部土地利用的重量，包括表层覆盖、基础设施以及车辆的重量等。同时必须对地下水情况进行充分了解以明确地下水可能对滤池的运行效果以及物理稳定性所产生的影响。

8.4.1.2 水量控制

地下砂滤池峰值削减的作用基本上都是通过设置预处理池来实现，虽然在大型系统中滤料和滤料上面水深的储存量也很大。雨水水量控制与底部土壤是否适合入渗雨水相关，如果土壤可以入渗，则径流量能够通过入渗而实现一定程度的削减。

8.4.1.3 水质控制

地下砂滤池的过滤作用，为控制水质的主要工艺单元，同时上部或下部储存的径流也有沉淀作用。一些特定的滤料可以通过吸附作用去除污染物质。一些滤池在设计中会在底部保留一个永久储水区，其中的厌氧生物处理过程，能够实现脱氮和其他可生物降解的污染物的去除。

8.4.2 适用条件

安装地下砂滤池的限制很少。地表水位较浅是限制之一，可能需要考虑锚固。场地地面应该相对平整以防止地表积水。这种滤池没有明显的环境、性能或者社会影响。考虑到砂滤池建于地下无法方便的进行观察，因此必须认真按照维护日程进行维护。

8.4.3 设计步骤和标准

8.4.3.1 典型配置

地下砂滤池通常建在地下。在 8.3.3.1 节地表砂滤池相关的配置也适用于地下砂滤池。

8.4.3.2　预处理单元

采用与地表砂滤池相同的公式和规范确定前池尺寸。由于地下砂滤池系统是封闭的，因此在设计时无法使用前池池顶作为格栅，改用一个堰或类似的一级出水限制装置，为前池提供一定水量储存，以沉淀较重的污染物质。还可以采用倒置或者悬挂的堰来去除悬浮污染物质和残渣。

8.4.3.3　主处理单元

滤料厚度、砂子规格、砂滤池表面面积、储存水量以及砂滤池的二级出水口设计可以采用与地表砂滤池相同的公式和规定。在开挖之后，土壤需要夯实并敷设一层厚度为 150～300mm（6～12in.）的砾石或者碎石层，平整并夯实。之后将地下池结构放于基础之上。集水系统分层（砾石—管道—砾石）安装并压实。之后敷设每层 200～300mm（8～12in.）的砂层，每层用压实板轻轻压实。之后对地下池进行土壤回填并压实。最后清理施工场地。

8.4.3.4　出水口结构

滤床就是地下砂滤池的一级出水设施。底部集水设施通常用于收集滤后水。如果砂滤料的渗透速率高于按照水质控制或者河道保护目标而确定的排水时间，则需要在排水系统的出口处安装孔板。如果原状土的渗透系数能够允许适量的入渗，则不需要底部集水系统。

8.4.4　美观与安全

地下砂滤池通常见不到，因此只要按时维护几乎没有美观或者安全问题。较差的维护操作可能导致滤池堵塞，限制其排水速率从而造成泛水或者雨水未经处理就溢流。一般情况下，进入地下砂滤池进行维护或者检查的操作被看作是受限空间进入的操作，因此需要专业的人员训练以及配备必要的工具。

8.4.5　维护条件和维护要点

所有地下结构（前池、滤池）都应该有至少 1 个进入口，建议多于 1 个。进入点通常为竖井并用盖板覆盖。竖井应该有永久平台、爬梯或者楼梯，并且延伸到前池底部或者砂滤料表面。进口应该按照能够较易通过人员检修或观察设备来设计。例如：需要多个人孔来提供通风、照明（如果需要）以及滤料的更换。好的出入口能够降低维护成本。因此，在设计时就要了解或者确定，维护以及观察用的设备特点，包括更换滤料的方法以及设备。施工时应该注意封住所有进入的空洞以控制蚊子或其他带菌物种。定期检查和维护要求与地表砂滤池类似，但是，除此之外，检查应该包括带菌物种的监察。在砂滤池体中，可以用井来监察水位以评价入渗容量并确定是否需要维护。有了井就不需要进入池体，就可以观测到水位。这类观测在每次主要降雨或者每个季度进行，或者更频繁一些。

8.5　生物滞留滤池

生物滞留滤池是地表砂滤池概念的延伸。生物滞留滤池支持植物生长，营建模拟原状土蒸散的水文环境。两种滤池的最大区别在于护根层或覆盖层、混合滤料以及植被

(图 8-6)。这些区别也影响着滤料层以上的最大水深。生物滞留滤池系统的混合滤料，有时采用工程土壤或者生物土壤的混合物，也就是砂、砾石、堆肥产物、木屑碎片和原状土的混合物。生物滞留滤池混合滤料中的有机物质以及表面植物提高了滞留滤池支持植物生长的能力，吸收营养物质，保湿并提高蒸散量。滤料以及植被的微生物群可以整体加强生物过程，提高去除营养物及对雨水的处理效果。

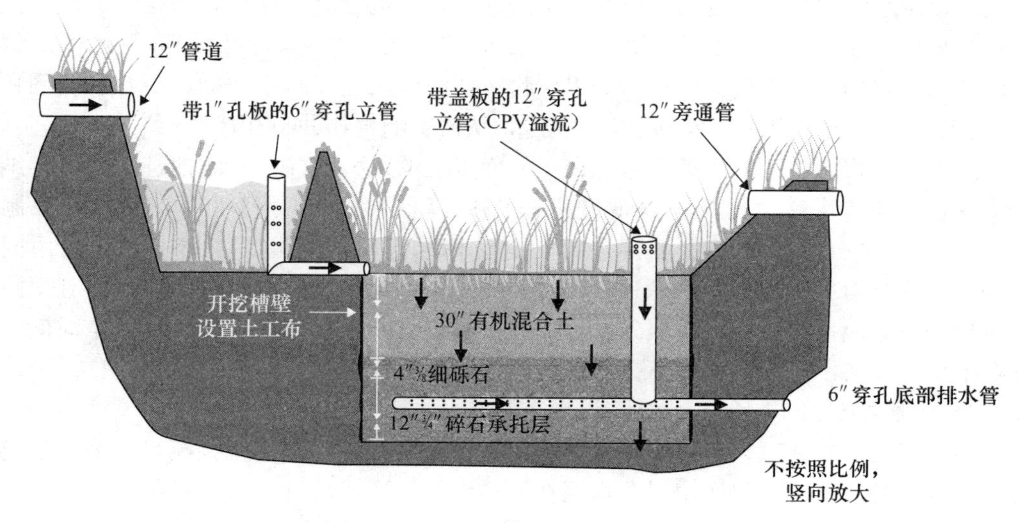

图 8-6　生物滞留滤池示意图

注：尺寸只供示意；实际装置尺寸要根据当地具体情况设计（1in.＝25.4mm）.

生物滞留滤池的设计开始于 1990 年代早期。大部分原始的设计指南在概念上正确无误，然而当时并没有什么科学基础来支撑这些指南内容。此后，许多设计构筑物成功建成并运行至今。根据系统出现的问题对设计指南的修改十分缓慢，然而在许多州的雨水设计手册中和实际设计中都发生了很大的变化。对生物滞留滤池的现场研究以及有关的学术论文数量也持续增加，从而进一步增强这些系统的功能和可接受性。需要注意的是，现在许多设计有了建议值或范围，但是调整这些并不意味着设计会出问题或导致系统失败，现在有些工程实例就是根据调整后的参数设计的。为了总结这些性能已刊出了一些知识性文章(Dietz，2007；Davis *et al.*，2009；Roy-Poirier *et al.*，2010)。

8.5.1　典型应用

8.5.1.1　建设用地适用性

生物滞留滤池对场地的要求与砂滤池的类似。系统基础应该至少比地下水季节性高水位高出 0.6m (2ft)，如果不希望入渗，则系统应该内衬黏土或者合成材料垫层。系统底部可以靠近地下水位布置，但是这样有可能会影响系统的水力特性。当要将系统基础布置在距离季节性高水位 0.6m 以内的距离时，则需要对水位曲线进行更严格的分析或者水力建模。如果可以入渗时，作为一般标准，建议底部高出季节性高水位 1.2m (4ft) 以上。系统底部与地下水位的距离越大，则有更多土壤孔隙可用于容纳入渗水量，雨水到达地下水位之前经过的非饱和区域越大，雨水越可以得到更好的处理。第 9 章包括了渗透设施的设计条件。无论有没有底部入渗，生物滞留滤池在水量控制时都可以利用蒸散效应。

不建议安装在陡坡上汇水当可能涉及土壤稳定性的问题时需要进行地质调查，汇水径流进入生物滞留滤池的最大汇水面积仍然具有争议。生物滞留滤池的原始概念是将其用于分散控制，汇水面积<0.4hm^2（1ac）。然而，生物滞留滤池服务的汇水面积应该可以达到2hm^2（5ac）。可能可以设计更大的系统来服务于更大的汇水面积，不过这种情况下需要注意对进入控制系统的水流进行消能以及在小雨量时，径流也能平均分布到整个滞留滤池表面。总的来说，流域的不透水面积的比例越大，建议的生物滞留滤池服务汇水面积就越小，以达到更好的分散处理。不过，如果生物滞留滤池尺寸非常小，则其更容易受到环境变化的影响（热辐射、冰冻、湿度、干旱等），从而影响植物种类和特性。

砂滤池和生物滞留滤池的关键差别在于砂面以上的最大水深。砂滤池甚至可以容纳几米的水深，而通常建议生物滞留滤池按水质保护容积（WQV）设计时，其水深限制在300～600mm（12or24in.）以保证排空时间符合标准。根据当地具体情况以及选用的植被，也可以适当增加水深。但水深过高时要关注植被生长以及滤料层内的颗粒稳定性。

生物滞留滤池排空时间，按照降雨后12～24h设计。也可以采用更长的排空时间，尤其是在干旱地区，不过通常情况下48h已经是完全足够长的排空时间了。

8.5.1.2　水量控制

生物滞留滤池在通过入渗（如果土壤合适）以及蒸散作用来实现径流量削减。生物滞留滤池还可以通过系统储存作用以及水流在滤料中的慢速流动过程来实现削减水文过程中峰值（图8-7）。

生物滞留滤池中的有效储存容积按照滤料以上的储存量和滤料孔隙中体积的总量来估算。对应服务汇水面积的储存容量越大，滤池入渗、蒸散的效果越好，水流排放量越少。这种储存量也是一个设计参数，需要符合给定的截留量（Davis *et al.*，2011）的要求。

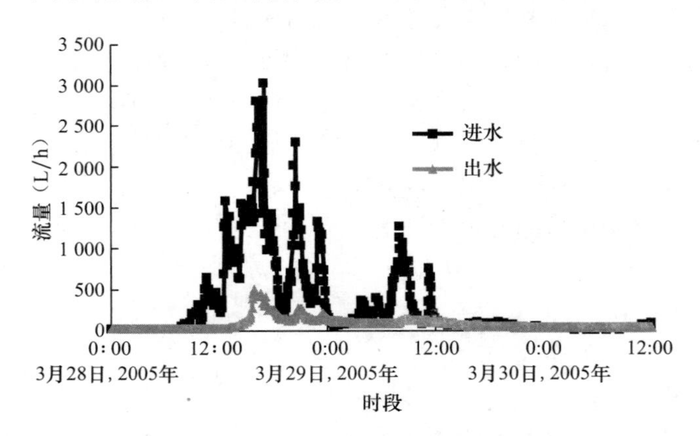

图8-7　生物滞留滤池的进水及出水流量过程图，从面积为2.5hm^2（1ac）不透水地面接纳两天降雨强度为55mm（2.2in.）的雨量（1gpm=227L/h）（UNHSC，2007）.

8.5.1.3　水质控制

生物滞留滤池是与生物处理相结合的过滤系统。水质控制工艺单元包括滤料以上水层的沉淀以及滤料的吸附和过滤。地表植物以及滤料中的有机物可以保障植物新陈代谢的生物作用，实现有机物降解、硝化反硝化以及有机化合物降解。生物滞留滤池由于其地下部分较深（JonesandHunt，2009），因而可有效的控制径流温度。生物滞留滤池去除雨水中的常见污染物的效果十分显著（图 8-8），但氮磷的去除效果相较于其他污染物质而言，效果较差。硝酸盐和亚硝酸盐的去除可以通过在滤池底部提供一个内部储水区（IWS）来实现，其厌氧环境可以促进反硝化作用（Davis，2007）。

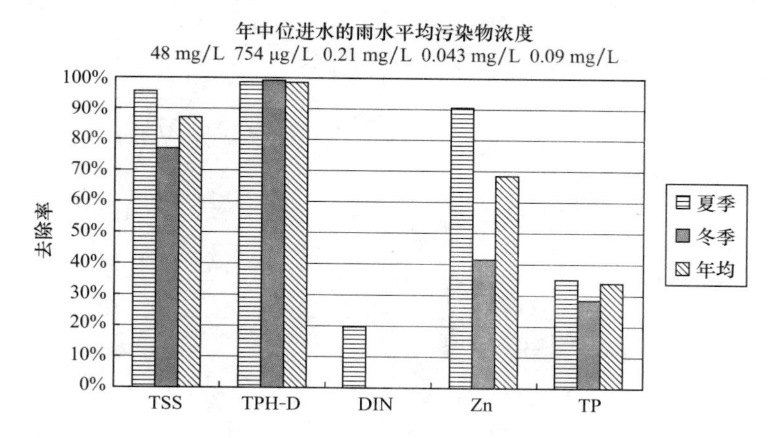

图 8-8 从 2.5hm²（1ac）的不透水地面接受雨水径流的生物滞留池水质处理效果（TSS＝总悬浮固体，TPH-D＝柴油类总石油烃，DIN＝溶解性无机氮，Zn＝锌，TP＝总磷）（UNHSC，2007).

生物滞留滤池可以包含具有特殊吸附能力的土壤滤料。这种吸附滤料是用来去除一般的污染物，不是用来去除任何特定的污染物。比如给水处理厂的废弃物（铝）或者零价铁。这些滤料相较于锌或铜更能有效去除铝或铁，而前者通常对环境的影响更大。对于这类滤料而言，对环境影响较小的金属会消耗其部分吸附容量。此外，由于特定滤料的吸附选择性，其可能对吸附某种特定金属有效而对其他无效（Minton，2011）。最近的研究表明，在滤料中添加不同的添加剂，可以使其有针对性地吸附特定的污染物质。比如，给水处理的残渣对磷的去除有良好效果（Lucas and Greenway，2011）。Wanielista and Chang（2008）发现含有锯屑、橡胶屑、结合砂砾、淤泥以及石灰石的滤料能够有效去除营养物质。Ericsonetal 等（2007）发现添加钢丝绒、灰质砂岩或者石灰石可以去除溶解性磷。

生物滞留滤池也可以去除病原体。病原体过滤去除的主要机理为微生物吸附在滤料的有机质表面。生物滞留滤池的现场研究发现，它对指示生物有截留能力（Hathaway *et al.*，2009；Passeport *et al.*，2009）。在实验室研究中发现较低的渗透速率可以实现较高的去除效果（RuscianoandObropta，2007；Bright *et al.*，2010；Zhang *et al.*，2010）。

8.5.2 适用条件

生物滞留池与其他过滤系统类似，使用上也受到一定的限制。在缓坡场地上滤池比较容易设计。而陡坡上设计滤池则可能产生边堤高差大、挖深大、地下水倒灌或者边坡不稳定等问题。由于高地下水位可能对滤池的水力效果产生不利影响，因此滤池应该建造在预计的地下水高水位以上。尤其是在植物初次生长的季节，需要特别注意现场维护。如果现场和生物处理效果不能被合理维护，则不应该考虑这种雨水控制设施。寒冷气候时滤料结冰可能产生一定问题，虽然这种担心有一定合理性，但是寒冷地区数据（Roseen *et al.*，2005，2007，2009）表明，即使滤料结冰，在雨水径流流入的过程中也会快速融化。此外，数据表明生物滞留池较砂滤池而言更不容易结冰（图 8-9）。最糟糕的情况是整个系统保持结冰、充满状态，雨水从二级溢流口流出，这时系统的运行更像调蓄池。此外，这类地区通常用于储存铲雪机除掉的雪水。当雪融化之后，会从池中渗入地下，不会产生径流。

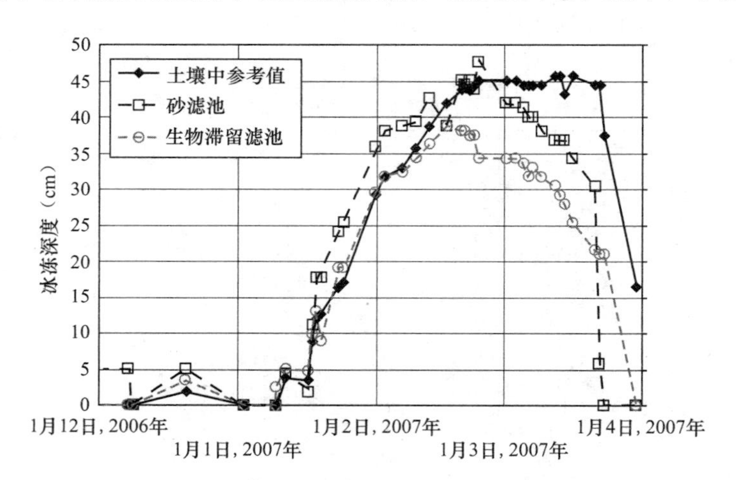

图 8-9　砂滤池以及生物滞留滤池的冰冻深度与附近土冰冻深度的比较（UNHSC，2007）

8.5.3　设计步骤和标准

8.5.3.1　典型配置

生物滞留滤池可以设于开挖土槽中或者在水池内。生物滞留池的设计有不同的类型，从狭长型到近乎长方形，也可以是任意平面。当将这种控制方式用于面积非常小且主要由非透水铺面组成的汇水面积时，可以垂直布置一个大直径管道（如，180cm [6ft] 或者更大），在垂直管道中建造滤池。这种情况下，可以种植灌木或者树木，在顶部及围绕植物一周布置格栅。高于设计流量的水量可以旁通流过或者经二级溢流口（如采用溢流管），进入雨水集水系统。

8.5.3.2　预处理单元

设计生物滞留滤池时，可以把前池或者植草带作为预处理单元。通常来说，流入生物滞留滤池系统的汇水面积越小，越不需要预处理。预处理可以去除漂浮物以及大颗粒固体，从而延长生物滞留滤池表层的使用时间。前池和植草带设计时分别采用第 6 章和第 7 章中的标准。然而，需要注意的是，土壤上层覆盖层可以起到预处理的作用，它可以吸收少量的悬浮固体物负荷。

8.5.3.3　主处理单元

1. 护根层

一般情况下护根层位于生物滞留滤池的表面，但并不是必须的。护根层可以防止土壤冲蚀并保护下部土壤湿润。如果使用了护根层，则其厚度不能大于 70mm（3in.）。应该避免使用片状护根层，因为它会漂浮并在某处再沉积，增加了厚度，从而使植物窒息，堵塞二级溢流口，或者流出滤池。建议使用碎树皮护根层。护根层一般每年更换一次，旧的护根层在养护时可犁入土壤的上部。如果生物滞留滤池表面生长了一层较厚的地被植物，则可以不需要护根层。

2. 滤料

生物滞留池的混合土壤是具有高渗透性的人工土壤，不过在一些地区原状土就可以满足生物滞留滤池所需的所有性质要求。这种土壤具有砂壤土、壤砂土或者壤土的结构，并且应该均匀且不含石头、树桩或者植物根系。滤料规格随着地理位置和所要去除的污染物类型而变化，总的来说，滤料中砂组分应该非常高，并含有一小部分细颗粒和有机质。最主要的组分是高渗透性的砂和细颗粒砾石的混合物（占 50%～70%）；大颗粒有机物如木屑或护根层碎片（占 5%～20%）；原状土，最好是壤土（占 10%～25%）以及细颗粒有机物质如堆肥（占 10%～20%）。此外可以使用去皮原木产生的腐殖质代替堆肥和木屑。具有良好水质处理效果及渗透性的混合土壤成分组成应为 50-20-10-10 到 60-10-10-10（分别对应砂-堆肥-木屑/护根层碎片-壤土）(Roseen，*et al.*，2009)。这种混合土壤也可针对去除某种污染物进行设计。渗透速率越低，去除效果越好（Patel *et al.*，2004）。混合土壤的一个最重要特点是其中细颗粒（粉砂及黏土）的组分不能大于 2%，这是因为混合土壤中的细颗粒会形成薄而坚硬的盘状物，或者随着雨水流出。研究表明有些土壤混合物会要求较高的黏土组分，可以到达 10%（Roseen *et al.*，2005）。这类混合土壤提供更低的过滤速度从而可以较大程度提高出水水质，且混合土壤自身可以起到水力控制的作用。由于滤料中具有细颗粒组分，因此在生物滞留滤池的垂直面上不建议使用土工布。

对滤料的选择十分关键。比如含磷量高的土壤会导致磷污染物质释放。理想的磷指数应该在 10～30 的范围内（Hunt *et al.*，2006）。磷指数是磷从工程土壤（NRCS，1994）中转移到受纳水体的相对危险性指标。有机物质浓度也应该受到限制；因为有机物质有可能分解并导致磷的释放（Clark and Pitt，2009）。

生物滞留滤池的混合滤料应该由土壤以及护根层的供货商提供，因为现场制作滤料通常无法充分混合。土壤混合滤料的均匀系数通常大于 6。推荐的混合土壤渗透系数范围为 0.3～6m/d（1～20ft/d），并应该在施工前进行测定。由于植物要在此混合土壤中生长，因此 pH 应在 5.5～6.5，溶解盐类应低于 500mg/L。施工前应对混合土壤的各种组分及混合之后的土壤进行检测，检测指标包括 pH、磷、硝酸盐以及阳离子交换能力。土壤也可以在当地的土壤保护办公室进行检测。

生物滞留滤池混合土壤的厚度通常在 0.6～0.9m（2～3ft）。然而如果需要种植较深根系的植物，则厚度可以增加到 1.5m（5ft）。总的来说，土壤滤料层越厚，营养物的去除效果越好（Davis，*et al.*，2001；Prince George's County，2001）。深根植物与浅根植物相比，能够提高储水能力并且增加蒸散量（Davis *et al.*，2011）。然而，根系深度不能延伸至混合土壤以下并生长进入集水系统，以防堵塞集水系统管道。如果滤池从不透水面积小于 25%的小汇水区域（$<0.2hm^2$[0.5ac]）收集雨水径流，则混合土壤厚度可以<0.6m (2ft)，但是真正限制土壤滤料厚度的因素是成熟植物的根系深度。对于草皮草覆盖的混合土壤最小 400mm（15in.）厚度就足够了。

开挖后，如果不需要入渗则可以对土壤进行夯实，并在顶面布置一层内衬或者土工布。如果需要考虑入渗，则开挖槽只能轻度压实。在滤料放置之前对滤池底部表土进行松土，以提高渗透能力（Brown and Hunt，2010）。渗透率应该在底部的不同地区测量从而根据土壤实际情况调整设计。开挖槽壁可以布置土工布以防止原状土混入人工土壤滤料中。

当土壤滤料放置在开挖槽中时，应该先填300mm（12in.）厚，然后轻微压实。过量压实会降低土壤的入渗能力。但是紧实度不足，也会使设施在雨水进入时产生沉降。而这种沉降会导致植物根球露出土壤表面。土壤水分饱和或者湿度较高时不适合压实。在华盛顿州西雅图，根据修整的普罗克特试验，要求达到最大干密度的85%。生物滞留滤池在安装后，在水深至少为25mm（1in.）时，可能会形成水压紧实（Seattle Public Utilities，2009）。然而应注意到，对生物滞留滤池密实度的要求，目前还没有正式制定。

在生物滞留滤池的进水处，水的流速应该较低且不会产生冲蚀，或者采用适当的消能设计。

3. 植被

生物滞留滤池的植被在蒸散、荫庇、营养物去除、植物修复以及维持滤料入渗能力方面都有着非常重要的作用。应该选择多样化的植物群体。虽然Passeportetal（2009）发现，草地生物滞留滤池有着良好的运行效果，但是通常要防止植物单一化。植物多样性包括植物高度、密度、需水性、耐水性以及耐盐性等。生物滞留滤池的混合植物应该由适合当地的本地植物组成。植物中应该包括湿地植物、禾草、杂类草以及深根植物等。植物不局限于特定的湿地物种。生长最好的植物为最常见的适合当地气候和地理条件的野生及森林植物物种。

8.5.3.4　出水口结构

生物滞留滤池的一级出水口在雨水进水流经土壤滤料之后的排水设施。这个排水设施可以是渗入下部的原状土，这时控制方式通常类似雨水花园。出水也可以进入与砂滤池相似的底部集水系统，其设计细节见本章8.3节。

如前所述，氮的去除可以通过在系统底部设计一个储水区来强化，储水区提供一个反硝化的厌氧环境。为了创造这种环境，排水管可以抬高至砾石承托层底部以上，或者将出水管垂直上弯，排入上面的排水管道。底部渗透需要加以控制，以便为反硝化提供足够的时间。在两种布置方式中，储水区深度建议取0.3～0.6m（Hunt *et al.*）。

8.5.4　美观与安全

生物滞留滤池收集的物质会堵塞渗透面，如果不进行定期去除会产生较差的观感。同样，植物也需要定期维护。小型生物滞留滤池砂面水深并不大，因此降低了与水深相关的风险；如果水深很大时，则需要考虑公共安全的问题。敞开水域的安全情况见第5章。人行道的突然降低，有导致人员跌跤的风险。此外，道路沿线的设施如植物生长过高可能限制机动车的观察范围，危害交通。在大部分情况下，维护频率并不高于道路安全岛内的植物维护。去除修剪下来的草，对于去除有机物质以及防止渗透表面堵塞都有很大的作用。

8.5.5　维护条件和维护要点

特别针对生物滞留滤池的维护操作应该包括清理表面淤泥、去除和更换护根层以及植被维护。在最初的3～6个月，植物可能需要浇水。如果系统排空时间不符合要求时（如：由于施工的不合理或者较大的沉淀物负荷），则需要去除滤池表面，加入新的混合土壤、之后重新铺装滤池表面。维护操作包括去除死亡植物、修剪生长中的植物、更换护根层，并在极端干旱情况下进行灌溉。当上述控制的有效维护，作为定期景观美化任务的一部分时，其完成效果最好，它通常包括在生长季节的月度维护计划中。

8.5.6 生物滞留滤池设计案例

8.5.6.1 背景资料

假设生物滞留滤池设计实例中的参数如下：

（1）汇水面积 A＝2.7hm^2＝27000m^2；

（2）WQV＝24.3mm，27000m^2×0.0243m＝657m^3；

（3）设计渗透系数 K＝0.20m/d，按照州的规定，并包含了安全系数；

（4）最大排空时间，t_{SF}＝24h＝1d；

（5）无前池；

（6）在处理前，75%的水质保护容积（WQV）需要在滤池内储存；

（7）砂面上最大设计水深，h_{SF}＝300mm。

8.5.6.2 生物滞留滤池尺寸

砂面上水体积为：

$$
\begin{aligned}
Vd &= 0.75WQV \\
&= 0.75 \times 657\text{m}^3 = 493\text{m}^3
\end{aligned}
$$

选择土壤滤料厚度 d_{SF} 为 0.75m。

式（8-3）计算得生物滞留滤池表面面积＝[493m^3×0.75m]/[0.2m/d×(0.3m＋0.75m)×1d]＝1761m^2，例如尺寸定为 30m×60m

该设计方法假设水量在开始渗透之前储存在滤料以上，因此比较保守。事实上，进水与排水是同时发生的，即水开始进入滤料孔隙中时，也通过排水系统排出或者渗入土壤中。假设考虑孔隙储存量，只有 75%的处理水量 WQV 需要累积在滤料以上。假设最大含水率为 0.3，则可以供储存的孔隙体积为 0.3×1761m^2×0.75m＝396m^3，对于 657m^3 的水质保护容积而言非常大，即使只能使用 1/2 的孔隙容积，储存量也有 198m^3，是水质保护容积的 30%并与假设一致。需要注意的是，多余储存量发生在底部排水区以及砾石层，如果有底部储水区 IWS，则也会在此区域有一定储存。还有其他考虑到储存量及出水效果的设计方法，(Engineers Australia，2006)。

8.6 景观屋顶

景观屋顶根据地点不同有多种形式，其中常用的主要有绿色屋顶、植被屋顶以及生态屋顶。景观屋顶主要目的是在建筑物的屋顶上，实现收集、储存和蒸散雨水的效果，与不透水性屋顶相比，可以有效降低径流量。此外，惰性滤料或者活性土壤以及植物根系的存在，使得屋顶能够去除空气传播的污染物质，它们会在不透水屋面沉积。景观屋顶可以调节温度以及雨水径流，并将建筑与外界天气和噪声隔离，同时可以保护屋顶面层。景观屋顶的另一个优点是可以生长野生生物或者传播花粉的昆虫、有益的植物。

屋顶可以是有植被的或者无植被的；在干旱地区或者地中海气候地区，建议采用后者。需要考虑到屋顶的小气候环境，它与建筑的特性有关。例如，高层建筑的屋顶环境可能类似有大风的高山荒漠气候。

景观屋顶的组成包括：植物、土壤（或者惰性多孔材料）、根障、排水层以及不透水膜（图 8-10）。许多成分可以在安装时采购，包括模块化单元。

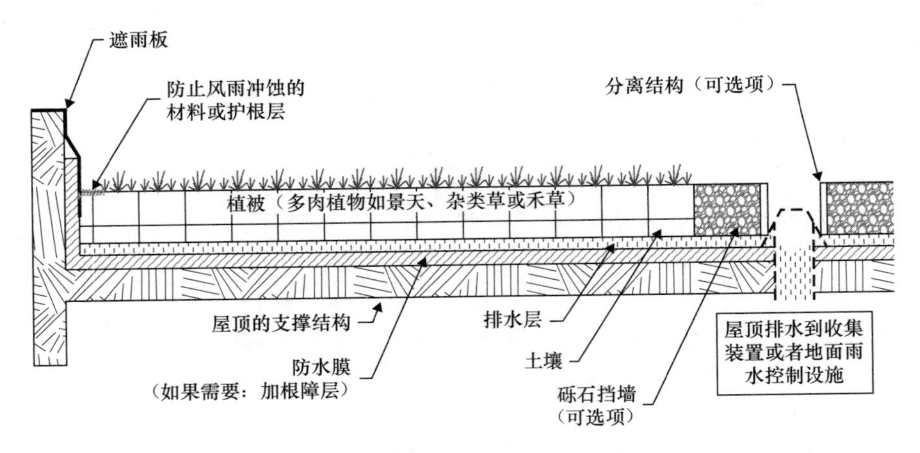

图 8-10　典型的广泛使用的景观屋顶示意图

8.6.1　典型应用

8.6.1.1　建设用地适用性

一个坚实的性能良好的防水膜需要敷设在屋顶花园下部。屋顶结构设计时要考虑屋顶景观的荷载，包括景观屋顶的泥土、植物以及降雨时储存在其中的雨水重量。

8.6.1.2　水量控制

景观屋顶中吸收降雨的土壤或者滤料，通过蒸发以及植物蒸散吸收雨水。景观屋顶的水量控制效果和季节、雨量以及土壤滤料厚度有关。通常通过排水系统将未被土壤吸收或者未被植物蒸散的雨水排出。通过流量控制，可以实现一定的峰值削减作用。

8.6.1.3　水质控制

景观屋顶是将植物系统工艺单元植入建筑环境。这些工艺单元包括沉淀、过滤、吸附以及滤料中的植被和微生物提供的生物处理过程。

8.6.2　适用条件

对于景观屋顶没有特别的限制。通常情况下，荷载约束是景观屋顶应用中最主要的限制。合理的排水以及防水措施对于景观屋顶的合理运行也非常重要。此外，要特别注意植物生长的滤料，滤料的配置不合理会将污染物质析出到出水中。

8.6.3　设计步骤和标准

8.6.3.1　典型配置

景观屋顶通常包括排水材料层以及植被滤料或者其他多孔材料，以及底层为减少雨水渗漏的不透水膜。主要有两种屋顶绿化：

（1）全屋顶绿化（厚度较薄），见图 8-10，通常使用耐旱植物如肉质植物、禾草以及苔藓这类几乎不需要维护的植物。研究发现全部屋顶绿化可以去除年均径流量的 50%～

80%（Berghage *et al.*，2007）。这类屋顶绿化通常不起娱乐作用，并且不对公众开放。土壤完全浸水之后的系统重量范围在 50～170kg/m^2（10～35lb/ft^2）。由于土壤滤料较薄，因此植物多样性较低，并且某些地方可能没有植被。景天属植物是全屋顶绿化中常用的植被。

（2）集中式屋顶绿化（截面厚度较厚）是更精心设计的屋顶绿化类型，如屋顶花园，面向公众开放，工程设计时考虑这类活动的荷载。通常集中式屋顶绿化的造价比分散式屋顶绿化要高。土壤完全浸水后的系统重量范围一般在 240～1500kg/m^2（50～300lb/ft^2）。由于土壤滤料较厚，植物多样性高。

8.6.3.2 预处理单元

景观屋顶不需要预处理单元。降雨通常均匀落在屋顶表面。如果景观屋顶中有一部分屋顶没有植被，当这部分屋顶的雨水要流入景观屋顶时，则必须均匀配水防止冲蚀、超载或短流。

8.6.3.3 主处理单元

景观屋顶的底部应该是混凝土或者金属底板（屋顶），一定要保证该底板是耐腐蚀的。屋顶坡度通常介于 0.02 到 0.05 之间。在底板顶部布置不透水膜形成防水层，防止径流渗漏。这层膜可以整体生产，或者在现场粘接在一起。两种情况下，都需要严格的质量控制，保证其不透水性。这层膜可以直接放置在屋顶或者通过粘结剂贴在上面。膜的理想性质应该包括：水吸收量小于 1%，蒸汽透过量小于 0.2perms，可以现场粘接，且强度高。关于 perms 的更多信息详见《蒸汽阻断与蒸汽扩散阻滞》（Vapor Barriersor Vapor Diffusion Retarders USDOE，2007），perms 是一个衡量材料阻碍蒸汽扩散的性能指标。通常景观屋顶的膜是热熔橡胶沥青膜、热塑性膜、改性沥青膜或者冷用液体膜。这些材料包括硫化橡胶、非硫化橡胶、热塑料、热熔橡胶沥青和改性沥青或者冷用液体，以及成型沥青膜（AIA，2007）。不透水膜必须是惰性材料。

在不透水膜上面是排水层。排水层收集透过滤料的雨水，将其送入屋顶排水管、雨水口或者屋顶边沿，并按照这种效用来设计。排水层可以是厚度在 10～13mm（3/8～1/2in.）的干净砾石层或者预制的土工合成材料层。如果采用碎石，则在膜上要先布置一层由合成或天然的惰性细颗粒材料的保护层，以防止碎石损坏不透水膜。

在排水层上方是根障层，该层要具有足够的强度防止植物根系穿透进入排水层（根系进入排水层可能导致排水层堵塞），同时要有高透水性以满足上部雨水充分入渗。通常这一层是使用土工布，开孔尺寸小于 140 筛号。根障必须是惰性材料。如果没有使用植物，则不需要根障。

滤料是预先混合好的材料，能流畅排水，细砂含量<2%，可以支持植物生长。厚度可以从全屋顶绿化的 80mm（3in.）到集中式屋顶绿化的 1m（3ft）变化。如果不使用植物，则这一层可以使用细砾石或者小碎石。滤料厚度设计取决于拟种植的植被以及水文控制要求。滤料要有 20%～35%的持水度，虽然每次降雨不一定能完全利用这个持水度，而且与前一场降雨情况相关。在重力排除以前，滤料层越厚，储存的水量越多，也就可以在二次降雨之间蒸散更多的雨水量。滤料层越薄，蒸散量越小，因此有更多雨水通过底部排水层流出。考虑到景观屋顶替代了几乎完全不透水的屋顶表面，因此在降雨历时中可以极大地削减峰值流量（Jarrett and Berghage，2008）。

景观屋顶的植物应该是能适应排水性良好的土壤及适合全部或局部光照的品种。能够承受大风的品种，其种植成活率也更高，虽然设计中会考虑防风措施。建议采用多年生植物如景天属，此外苔藓、灌木以及树木也可以种植成功。多样物种比单样物种的效果更好。物种的选择应该综合考虑土壤厚度和当地土壤性质。影响较小的因素包括坡度、方向以及建筑物高度。植物应该是当地植物且较适应当地的土壤性质。最好咨询当地的景观建筑师、苗圃或植物学家，在植物供应商处选用景观屋顶的植物。总的来说，苔藓、禾草以及球茎植物可以适应80mm到200mm厚度（3到8in.）的土壤，600mm（24in.）的土壤厚度适合灌木生长，800mm（30in.）厚度的土壤适合小型树木，更大的土壤厚度适合较大的树木。景观屋顶的其他细节，可参考园林绿化研究会的资料（2008）。由于景观屋顶有非常多的组成部分，因此设计需要与供货商紧密结合。

施工在屋顶上进行，土壤应该适度压实。在种植植物之后，需要进行灌溉，使植物健康茁壮生长。在这个过程中，需要控制土壤冲蚀以及沉积。在设计阶段就应该考虑到这些问题。植物可以用托盘、带土或者带叶供应。每种方式在价格、植物尺寸以及种植成功率方面都有其特定优势。

任何透过屋顶系统的设备，如通风口，都要与不透水膜之间妥当密封，防止雨水从这些部分渗入建筑。

8.6.3.4　出水口结构

如前所述，排水层需要安装在防水膜和根障层之间，将没有被屋顶绿化吸收的雨水导入排水系统，安全流出屋顶。排水层与屋顶雨水口或者排水管连接，或者直接将雨水引向屋沿。

8.6.4　美观与安全

全屋顶绿化系统通常不对公众开放，因此基本没有美观问题。集中式屋顶绿化需要较多的维护，保持其美观及可观赏性。屋顶绿化可吸引鸟类以及昆虫，这既是问题也是好处，需要考虑。如果植物变得越来越干燥，则可能有火灾隐患。

屋顶材料以及适用于任何屋顶系统的排水原则，同样适用于景观屋顶系统以防止雨水渗漏。为了结构稳定性，必须考虑植被系统的重量，特别是当树木吸足雨水和灌木叶子保留雨水时，可能会非常重。和其他屋顶系统一样，设计者也需要考虑风负荷和吸力、屋顶坡度以及植物偏斜、雪或者积累在屋顶的雨水等荷载因素。

住户或者公众可以进入的屋顶应该设置防止坠落的保护装置，屋顶附属设施如空调、通风口以及窗户清洗装置等应禁止接近。

8.6.5　维护条件和维护要点

大型屋顶绿化应该设置人行道以提供检查维护条件。检查内容应该包括坏死的植物、表面干燥的区域、土壤冲蚀、积水，以及任何雨水可能渗漏入建筑的痕迹。维护操作包括重新种植植物，修复土壤，在干旱期过长时进行灌溉，以及修补不透水膜等。如果发生渗漏，检查较麻烦，修理时可能对景观屋顶造成较大的影响。在景观屋顶的周边必须有无植被区域以允许检查及维护操作，也是防火隔断。在穿过防水膜，如通风管、排水管以及公用管道等，也要照此处理。膜的完整性对于景观屋顶的效果有着很大影响，因此，这些区域应该每年检查3次（Tolderlund，2010）。景观有关维护的其他问题见第11章。

8.7　雨水口截污插件

雨水口截污插件就是位于雨水管或雨水口上的简单过滤装置。雨水口过滤器通常是工厂制造的专利装置。装置通常由插入过滤材料，常为聚丙烯材料和支撑结构或者罩子构成。支撑结构不仅容纳滤料，还可以装进多种几何形状的进水口中。

8.7.1　典型应用

8.7.1.1　建设用地适用性

插件安装在靠近雨水口的路边石开口处，在雨水口的铁篦子内或者在水池内。

8.7.1.2　水量控制

插件并不考虑雨水量控制或峰值削减。如果插件没有安装超越管或者维护不到位，则可能导致积水。这些积水量起到一些峰值削减的作用，但是通常不应计入峰值削减的计算中。

8.7.1.3　水质控制

插件通常是用作预处理单元，在小型降雨的径流中去除残渣、垃圾或者大颗粒固体。不同产品及制造商的设计、尺寸以及应用方式有非常大的变化。大部分有聚丙烯滤布，主要用于去除石油烃。有的单独或者混合使用不同类型的滤料。

8.7.2　适用条件

插件提供适度的处理效果（Pitt，1998），因此不应该用于新的设计或者受干扰的场地（如高土壤冲蚀地区）。最好用于改造中以减轻现有问题或者作为其他雨水处理方式之前的预处理。多种插件见图8-11。

8.7.3　设计步骤和标准

8.7.3.1　典型配置

通常有三种基本类型的雨水口截污插件：无支撑滤布、框架支撑滤布以及安装在水平篦子下的滤布/滤料。无支撑滤布插件由过滤材料组成，它也可能连接在边框上。在一些模型中插件自身的篦子就可以支撑住滤布。滤布形状可以是漏斗、杯、袋或者其他可以兜住雨水中大颗粒污染物并使其滤出的形状。无支撑滤布插件（图8-11（*a*））主要为垂直（向下）插件设计。框架滤布系统采用塑料或者铁丝网制作的框架，在框架中放置过滤材料，过滤材料与框架形状相同。水平篦子（图8-11（*b*））系统由一个或多个水平铁丝网组成。铁丝网可以安装多种滤料或者滤布，每一层主要用于去除一种污染物或某种粒径的颗粒物。

8.7.3.2　预处理单元

雨水口截污插件可以作为主控制单元的预处理单元，安装在雨水排放口处。

8.7.3.3　主处理单元

对于雨水口截污插件没有常用的水文或水力设计导则。不过，每个制造商都有专用的导则。这些导则通常要求考虑现有的设施、汇水面积以及进水地点的地形。

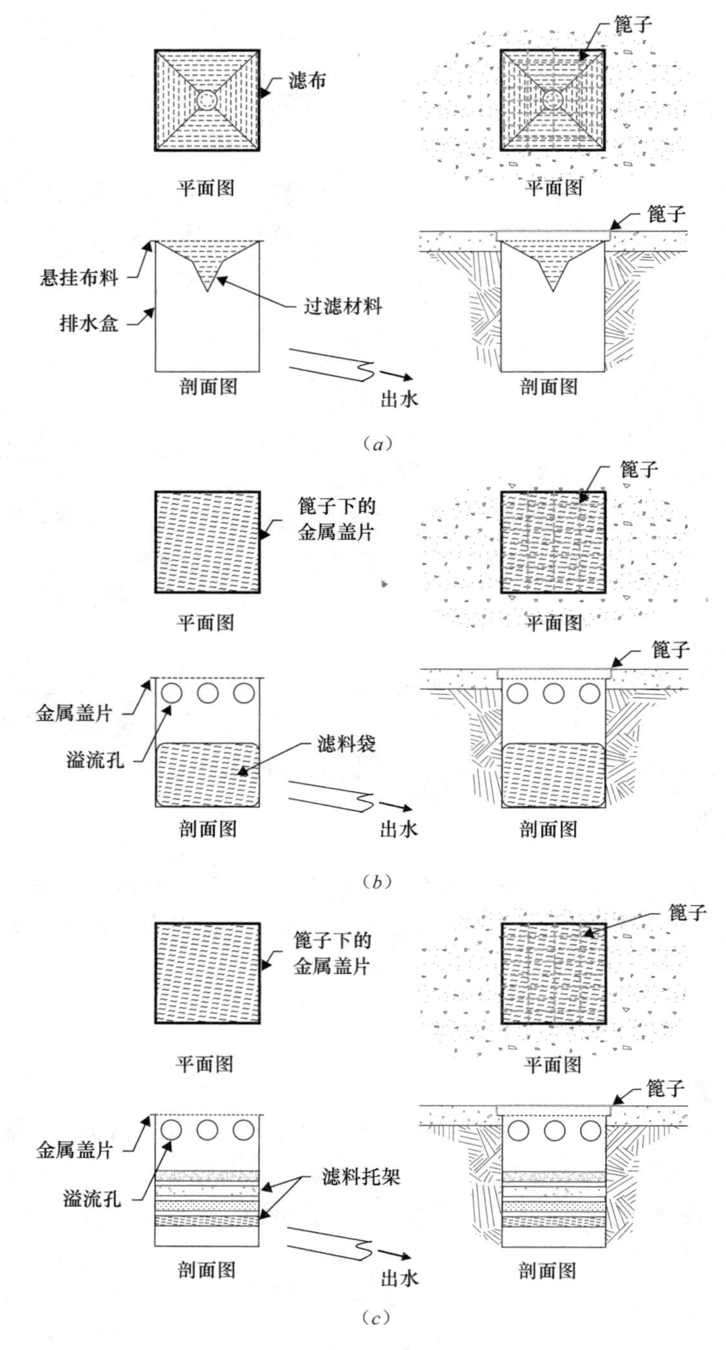

图 8-11　不同种类进口插件

（*a*）无支撑滤布；（*b*）框架支撑滤布；（*c*）水平篦子上的框架支撑滤布

通常将插件固定在现有的进口之上。检查应该针对插件是否接近处理容量（如，沉淀量），以及是否安全固定到位。同时需要检查是否过量溢流，因为它可以显示过滤材料是否需要清洗或者插件结构是否没安装好。如果过滤材料上有孔洞，则需要更换插件装置或者修理过滤材料。

8.7.3.4 出水口结构

滤布或者滤料作为插件的主要通道。建议使用溢流口，以防大雨时积水。

8.7.4 美观和安全

滤布堵塞会导致污染物去除效果变差，从而在没有溢流装置的情况下造成积水。

8.7.5 维护条件和维护要点

维护操作包括去除沉淀物和碎渣，更换滤布材料或者整个插件。由于大部分插件都用于去除沉淀物和大颗粒碎渣，任何在汇水区去除沉淀物的措施，如街道清扫，都可以提高维护间隔时间。在可能的情况下，插件安装时应该考虑到方便的通道，以防维护操作时受到限制。

8.8 预制滤池

由于滤池生产厂家及产品种类繁多，预制滤池系统的形状、功能、尺寸变化也非常大。大部分但不是所有的预制滤池，使用比砂滤池粒径粗的滤料，并采用较高的滤速来降低滤池占地面积。因此，预制滤池通常比砂滤池或者调蓄池的占地面积小得多，这也是预制滤池的一个优势。然而，通常粗颗粒与细颗粒滤料相比，污染物的去除效率来得低，特别是沉淀物及其依附的污染物。但是，合理设计、安装、维护的预制滤池可以达到污染物的去除目标。

8.8.1 典型应用

8.8.1.1 建设用地适用性

滤池可以建设成地上式、半地下式或者地下式，当布置为地下式时地面土地可以作为其他用途。预制滤池系统的实例见图 8-12，在雨水流入滤料之前，系统具有沉淀和漂浮物预处理作用。如果需要，该系统还可以提供入渗。

8.8.1.2 水量控制

预制滤池通常不考虑提供流量控制或者峰值削减作用。如果有上述需要则可以与调蓄池、入渗池或者其他控制方式联用。根据滤池的形式和尺寸，也可能有一定的峰值削减作用。

8.8.1.3 水质控制

有些滤池用于去除特定的污染物，如磷或者金属；其他的滤池与砂滤池类似，主要用于去除沉淀物及其他污染物。由于这些系统有专利权，设计者必需直接和生产商确定滤池合理的尺寸、构造以及安装要求。

8.8.2 适用条件

预制滤池如果没有安装旁通管路或者维护不合理，则会导致积水。这类系统采用“离线”方式运行时，大于设计流量的雨水可以在上游超越滤池，使滤池的处理更为有效。

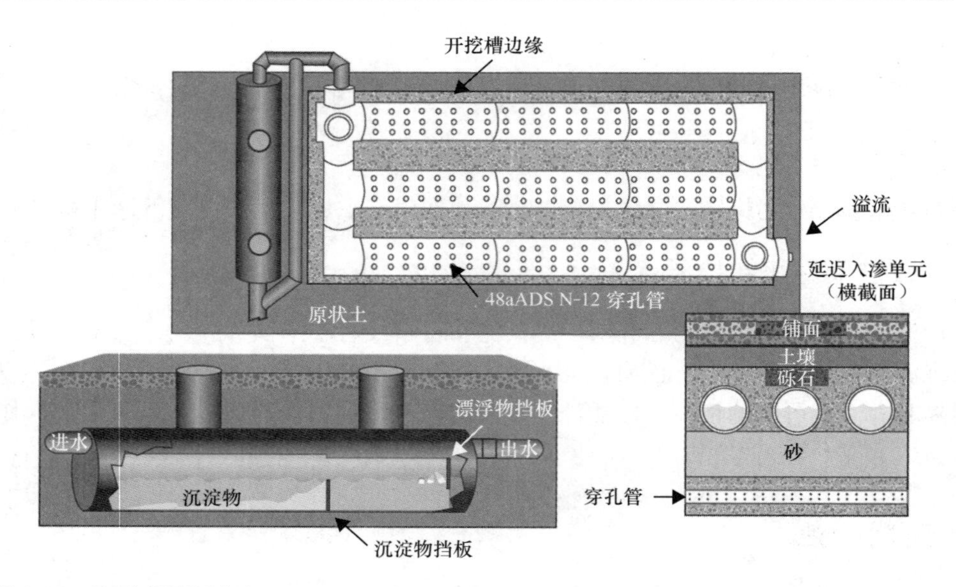

图 8-12　地下式预制滤池（Courtesy of the University of New Hampshire Stormwater Center）.

8.8.3　设计步骤和标准

8.8.3.1　典型配置

预制滤池通常直接插入排水系统中。根据不同的制造商，其结构变化很大。

8.8.3.2　预处理和主处理单元

预制滤池结构主要包括预处理单元和主处理单元（图 8-13），根据生产商的专利设计，也可能将一些工艺单元组结成一个单元。预制滤池的尺寸按照第 3 章设计峰值流量确定：将设计峰值流量除以每个产品单元的设计排水量，或者每个单元/单位过滤面积的排水量。预制滤池通常按照预计固体物负荷来确定尺寸，如果根据流量设计，滤池面积非常小，会迅速被沉淀物堵塞。因此，设计者必须了解滤池可以处理的固体物负荷、进水 TSS 的平均浓度以及年均径流量，以降低维护成本。

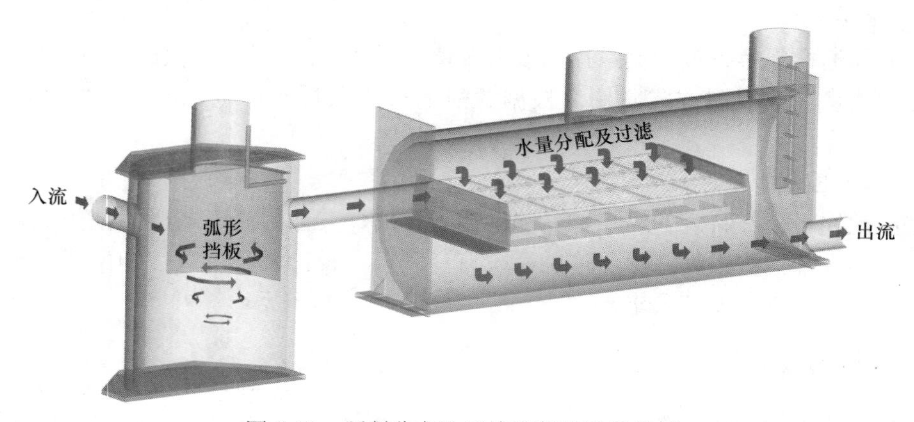

图 8-13　预制分离池后接预制滤池的样例

8.8.3.3　出水口结构

根据厂家的专利情况这些装置的出水口结构有不同变化。

8.8.4　美观和安全

预制滤池通常安装在地下空间中，因此只要设计为充分排空，并且定期维护以防止滋生蚊子或其他昆虫，则基本没有美观和安全隐患。由于预制滤池是典型的地下水池系统，空间有限，进入困难，仔细处理通道，要维护好设备，可随时使用，做好人员培训以及相关的工作。

8.8.5　维护条件和维护要点

这类系统的施工、检查和维护和地上或者地下砂滤池十分类似。所有滤池寿命都与预处理单元相关，预处理单元应该依据给定的沉淀物性质，确定合理的尺寸和结构。此外，检查以及定期维护也可以提高滤池寿命及运行效果。大部分预制滤池在“离线”布置时，处理效果最好，这种布局可以更好的控制水力负荷，最大程度地减少进入滤池的沉淀物。无法被预处理单元处理的细小颗粒沉淀物，将沉积在滤料上。

8.9　地下砾石湿地

地下砾石湿地与其他过滤装置不同点是水流水平流过由碎石或卵石组成的多孔滤料。正如名字所示，主要滤料都在地下。砾石层上直接放置级配滤料，再往上是湿地土壤或者适合湿地植物生长的人工混合土壤（图 8-14）。与其他植被系统相同，湿地植物主要是吸收营养物质、促进蒸散以及提供潜在植物修复效果。

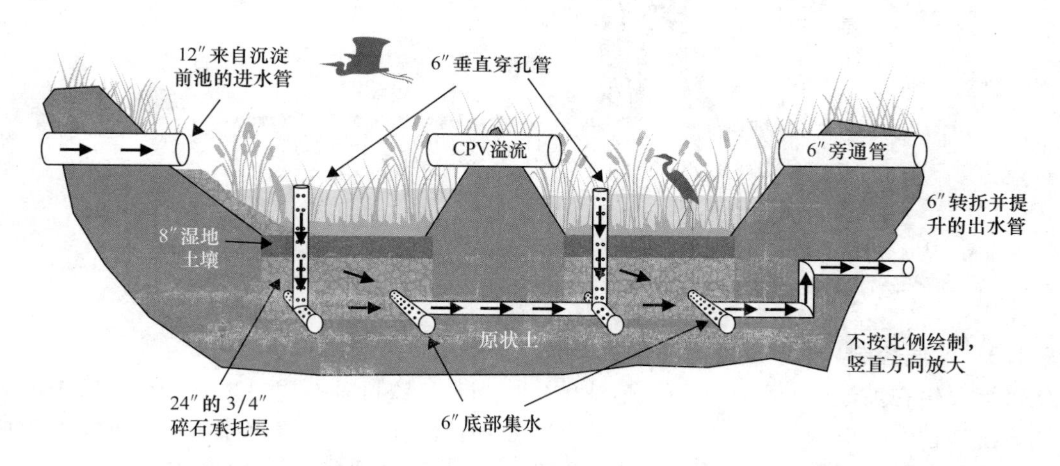

图 8-14　地下卵石湿地，尺寸只供参考，实际设计尺寸应该按照当地具体条件设计（1in. =25.4mm）（新罕布什尔州大学雨水中心供图）.

雨水首先进入前池之后进入地下砾石湿地两个池子中的第一个，雨水通过土壤表面进入。在该池体的上游，有一个垂直穿孔或者缝隙管使雨水可以通过其进入位于砾石层上游末端的水平穿孔或者缝隙管。雨水通过穿孔管流入砾石层。在砾石层下游末端，雨水通过水平穿孔或者缝隙管收集并流入第二个池体并再次被分散到砾石层。在第二个池体的下游末端，水通过另一个水平穿孔或者缝隙管被收集并排放入受纳水体。（图 8-14）

8.9.1　典型应用

8.9.1.1　建设用地适用性

地下砾石湿地对场地的要求与砂滤池类似，但是限制没有砂滤池多，这是因为地下砾石湿地可以布置在接近或者恰好高于地下高水位的高度。为了防止入渗可能需要内衬黏土或者不透水衬里（HDPE）。虽然一些滤池设计为更大的排水面积服务，但是通常来说系统的服务排水面积应该小于 $2hm^2$（5ac）。不建议安装在陡坡上，而如果土壤会产生稳定性问题时建议进行岩土工程勘察。在设计中最大水深主要考虑植物生长因素，一般不应高于150mm（6in.），虽然深达300mm（1ft）的水深也可以接受。

8.9.1.2　水量控制

地下砾石湿地系统，在降雨之后设计排空时间为12～48h。也可以使用更长的排水时间，尤其是在干旱地区；然而这会影响系统的尺寸，同时可应用的植物种类也受限。系统的基础水力控制发生在系统下游末端，一般采用阀门或者孔板作为水力限流装置。由于主要的出水口是雨水水平流经多孔滤料之后进入管道限流系统，因此系统有良好的峰值削减效果（图8-15）。

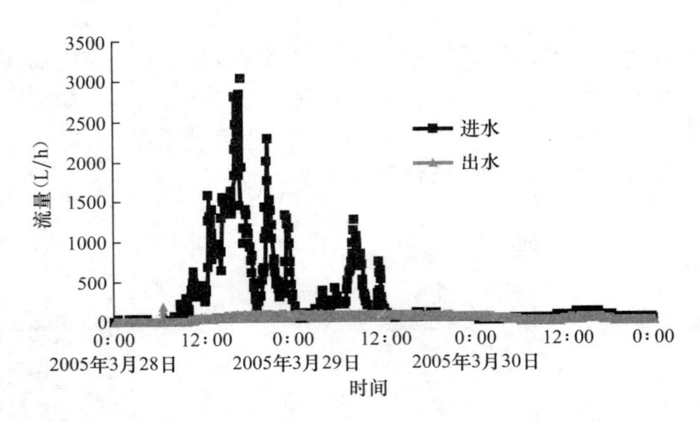

图8-15　历时2d降雨强度为55mm，接受来自 $2.5hm^2$（1ac）不透水地面雨水的地下砾石湿地的进水和出水流量过程线（1gpm=227L/h）（UNHSC，2007）.

8.9.1.3　水质控制

沉淀发生在前池以及两个砾石湿地池体中。当水流流过砾石层时也会产生过滤及吸附作用。湿地植物可以消耗营养物、促进蒸散以及提供潜在的植物修复作用。虽然系统需要占据一个相对较大的面积，但是该项工艺是雨水控制工艺中处理效果最好的工艺之一（图8-16）。

8.9.2　适用条件

地下砾石湿地的水位通过出水管道系统控制，两场降雨之间的水位，通常比土壤表面低几厘米；从而通过这种人工控制水位来保持湿地形态。在植物生长季，如干旱时间较长，最高水位可能降低。这也是为什么地下砾石湿地不采用入渗系统的原因：入渗损失的水也会限制湿地植物的存活和生长。

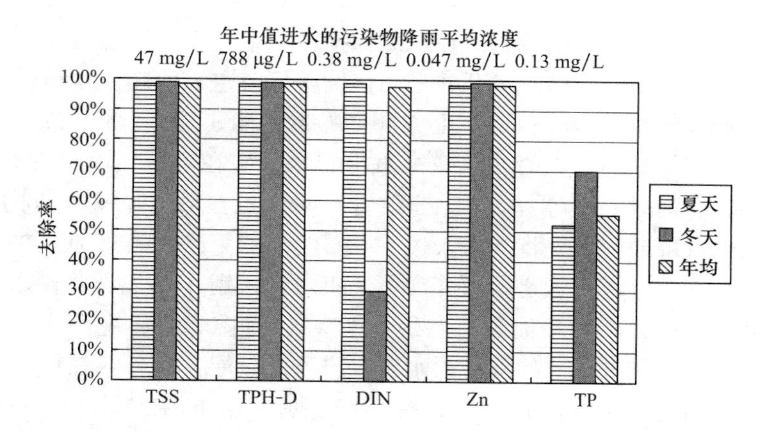

图 8-16　接受来自 2.5hm² （1ac）不透水地铺面雨水的地下砾石湿地的典型处理效果（TSS＝总悬浮颗粒物，TPH-D＝柴油类型的总石油烃，DIN＝溶解性无机氮，Zn＝锌，TP＝总磷）（UNHSC，2007）.

8.9.3　设计步骤和标准

8.9.3.1　典型配置

地下砾石湿地的典型布局已经在图 8-14 中说明，由前池和两个填充着砾石、上层覆盖湿地基质并生长植物的处理池组成。

8.9.3.2　预处理单元

前池应该根据第 6 章的标准来设计尺寸，以提供整流以及粗颗粒沉淀物和碎渣的去除效果。

8.9.3.3　主处理单元

系统容纳并过滤全部的水质保护容积（WQV）；其中 WQV 的 10％用于确定前池尺寸，此外两个处理池每个负担 WQV 的 45％。在水质控制保护容积情况下最大设计水深不能高于湿地表面 150mm（6in.）以上，最好低于 150mm（6in.）。通过对出口结构合理的设计，保障 WQV 水量在池中停留 12～48h，通常出口设置孔板或者阀门。每个处理池的长宽比为 0.5 或更大，使砾石地下湿地中的最小水流路径长度为 4.5m（15ft）。用于分开前池和处理池的堤和堰应该使用黏土或者不透水土壤、细土工布或者上述几种方法合并使用，从而防止渗透、管涌。池子标准设计方法（见第 6 章），应该根据边坡坡度、冲蚀控制以及出口部位稳定性等确定。

在地下砾石湿地下部有 600mm（24in.）最小粒径为 20mm（¾ in.）的经压实的砾石是处理雨水的有效地区。砾石下面为当地原状土或者土工布。必须将入渗控制到最小，因此，在渗透性土壤中，需要用低渗透性衬里或者渗透系数低于 10^{-5} cm/s（0.03ft/d）的土壤作为内衬从而限制入渗，保持砾石中的水平流，并保护水位稳定从而保障湿地植物生长。

管道系统采用标准的 150mm（6－in.）直径的塑料管或者穿孔/缝隙塑料管，在情况允许的条件下也可以使用其他管材。由于水流首先流过砾石层，因此水流需要首先竖直向下流至砾石层，在砾石层分散之后，于末端下部被收集。砾石层中雨水的流经距离应该不少于 4.5m（15ft），这也决定了从处理池前端的布水管到末端的集水管的距离。雨水通过垂直穿孔管或者缝隙管直接向下流入砾石层的上游起端。垂直穿孔管直径适当放大可以有效防止管子堵塞。垂直管道顶端标高由在水质保护容积条件下，湿地表面的设计标高来决定。垂直管道不应加盖封闭，最好敞开并采用格网盖板覆盖，使超过水质保护容积的雨水能进入。垂直上升管与在湿地砾石层宽度方向上布置的水平穿孔/缝隙布水管相连接。在每个布水管的末端有加盖的垂直清扫管道。水平布水管装在砾石层垂直方向的中心位置。在砾石层的末端装有另外一套水平穿孔/缝隙管，同样也在砾石层垂直方向的中心位置，它用于收集流过砾石层的雨水并将其送入地下砾石湿地的第二个处理池。在下部集水管道的任意一端安装无缝垂直清扫管道，顶部加盖。集水管采用T型三通将雨水通过无缝管送到不小于4.5m远的第二个处理池砾石层的水平穿孔/缝隙布水管中。这个布水管也有垂直上升管道从而保障第二处理池的溢流雨水可以进入砾石层。此外，在该管道的任意一端也需要安装垂直清扫管道并顶端加盖。在第二处理池砾石层的末端装有另外一套水平穿孔/缝隙管，同样在该管道的任意一端也需要安装垂直清扫管道并顶端加盖。在下部管道中心采用一个T形三通将雨水导入出水管道并通过管道进入受纳水体。从这个接口开始，下游的管道都是无缝的。地下砾石湿地的水位通过布置溢流管从而保持其比地面低100mm。需要注意的是，不能形成可能排空湿地的虹吸管道。因此排水管道的上升弯管应该大气相通。弯管应该包括适当尺寸的孔板或者阀门从而保障水质保护容积可以在12～48h内排空。在寒冷地区限流装置应该布置在不会冰冻的位置。如果采用孔板，则孔板的直径应至少是上升管道上穿孔直径的2倍，从而防止堵塞。孔板最简单的安装方式是采用10mm（3/8－in.）或更厚一点的HDPE板装在管道和管件之间。水力控制的方式（如采用阀门或者孔板等）应该简单可行。

如果可能，上升排放管道也应该同无缝管道连接，该无缝管道与系统中最低位置的配水管道位于同一标高。这个管道仅在砾石湿地需要完全排空时使用。

如果采用穿孔管，建议穿孔直径为10～13mm（3/8－到1/2－in.），孔的间距不小于150mm（6in.），管道上分布3～4排穿孔。这种管道可能要用砾石或反滤层包裹，使孔径与土壤粒径分布之间保持稳定。（U. S. Army Corps of Engineers，2000）。如果使用缝隙管，建议使用20-到50-的缝隙管。

在地下砾石湿地的砾石上面是80～150mm（3～6in.）厚度满足稳定性以及渗透系数要求的级配滤料（如细砾石）（U. S. Army Corps of Engineers，2000）。由于可能发生堵塞，因此不建议在地下砾石滤池内部的水平分层之间采用土工布。

在滤料层上面是地下砾石湿地系统支撑湿地植物的顶部土壤层，厚度为200～400mm（8～15in.）。可以使用高有机物含量土壤，类似生物滞留滤池的人工混合土壤，但是应该是典型生物滞留滤池混合土壤的较细部分。砾石湿地表面的渗透率应该和低渗透系数的湿地土壤类似（$4\times10^{-5}\sim4\times10^{-6}$cm/s［0.1 to 0.01ft/d］）。这种土壤可以使用堆肥料、砂砾和细土与高有机物含量土壤（有机物含量＞15％）混合制成。粘土含量应不超过15％，以免细颗粒移动到下部堵塞砾石层。在这个系统中不能使用土工布，因为细颗粒的存在可能造成堵塞，同时会限制植物根系的生长。最终的湿地混合土壤中，细颗粒成分不应超过10％。

系统应该种植根系强健的禾草、杂类草及灌木等湿地植物。能够成功生长的植物种类通常都是当地较为强壮的物种。

8.9.3.4 出水口结构

前池的溢水口之前已经讨论过。每个地下砾石湿地池体的一级出水口都是在砾石层的下部。而地下砾石湿地第一个池体的二级出水口位于设计处理水量条件下的处理水位处或者略低于其水位。二级出水口可以是管道、堰或者明渠，其主要目的是将高峰流量导入砾石湿地的第二个处理池中。如果第二个处理池的一级出水口无法满足溢流要求，则第二个处理池的二级出水口，应能将高峰流量导入受纳水体或者雨水集水系统中。第二个处理池的二级出水口，设置于水质保护容积下的处理水位处，或者略高于该处理水位。

8.9.4 美观和安全

地下砾石湿地的环境与生物滞留滤池类似，因此合理维护条件下基本没有美观和安全风险。如果操作维护较差，则会造成砾石层堵塞，从而不利于雨水排放，在没有得到合理处理的情况下，可能造成积水或者溢流。地下砾石湿地不受寒冷天气以及砾石层冰冻的影响。

8.9.5 维护条件和维护要点

地下砾石湿地的建设与生物滞留滤池非常类似，对其检查的内容应该包括监测降雨之后的排空情况。此外，应该定期查看湿地植物的健康状态。检查边坡稳定性，对受冲蚀的部分进行修补，定期清除垃圾或者粗颗粒固体。最后，检查出水限流设施有没有堵塞。维护操作包括去除大颗粒污染物质，使出水管道畅通，需要时补种部分植被，需要时冲洗配水及集水管道，修整边坡上的草坪等。在寒冷地区，穿孔/缝隙上升管道需要防止冰冻。

8.9.6 地下砾石湿地设计实例

8.9.6.1 背景资料

地下砾石湿地设计案例：假设处理水量为 $50m^3$。

8.9.6.2 地下卵石湿地尺寸

设计假设如下：

（1）前池：容积为 10％的水质保护容积，$WQV=0.1\times50m^3=5m^3$

（2）池体 1 和池体 2 各自的容量$=0.45WQV=0.45\times50m^3=22.5m^3$

每个池子的地面尺寸需要的最小长度为 4.5m（即砾石层中水平干管之间的距离为 4.5m)，长度与宽度的比值应该大于 0.5。如果长宽比为 1.0，则湿地平面尺寸可以为 4.6m×4.6m。如果边坡坡度采用 $H:V=4:1$，且最大允许深度为 0.15m，则每个池体的总容量仅为 $4.1m^3$，然而需要容量为 $22.5m^3$。在这种情况下，可以采用较小的长宽比同时放大尺寸或加大池体深度。尺寸的设计应该使得系统可以符合地形条件。一个平面尺寸为 8m（长度)×15.5m（宽度）的湿地可以满足足够的容量。在设计水深为 0.15m 时，平面尺寸为 9.3m×16.8m。需要注意的是，池子需要有一部分超高，当在线建设时超高尤为重要。

第9章　渗透设施

9.1　引言

渗透设施是将设计收集的全部雨水渗入土壤并渗透进浅层地下水，通过浅层地下水的交换作用排入地表径流的处理单元。也可通过植物的蒸散作用减小水量。图 9-1 显示了如下两类渗透设施：

（1）表面渗透塘（见图 9-1（*a*））

水在渗入土壤之前在地面形成水池，此类渗透塘的渗透速率和存储容积的影响因素包括：土壤的渗透特性；渗透塘表面沉淀物的累积；根部结构、蒸散量和渗透塘内植物对水的耐受性；冻融循环对季节性渗透的影响；其他气象条件。表面渗透塘的最常见形式是塘或沟。

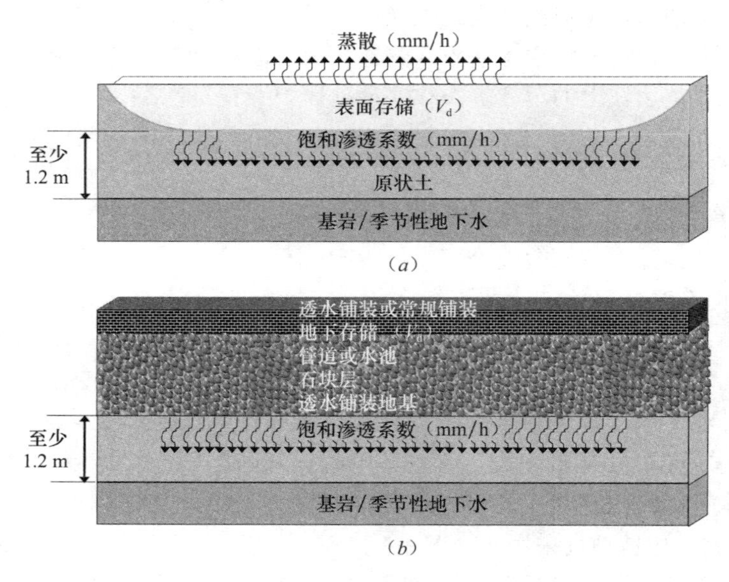

图 9-1　渗透塘的类型

（*a*）地表渗透塘；（*b*）填充石块的地下渗透塘

（2）地下渗透塘（图 9-1（*b*））

水进入空旷的或填充石块等支撑物的地下存储空间，通过此空间的底部和侧壁渗透。地下渗透塘不易受冻融现象和其他气候条件的影响，同时也缺少植物的蒸散和强化渗透作用。地下渗透塘堵塞后将产生巨大的维修或重建费用，为防止沉积物进入地下渗透塘，一般需设置预处理设施。地下渗透塘通常采用地下渗水窖（包括穿孔管或半管）、渗井或覆盖渗透性土壤的填石塘等形式。

渗透设施的设计集水容积（V_d）是根据现场条件计算的，可能包括根据地方法规或第3章描述的方法计算地下水补充容积、水质保护容积（WQV）、河道保护容积（CPV），超过设计收集量的容积包括漫滩洪水容积（OFV）和极端洪水容积（EFV），他们一般绕过渗透设施分流进适宜的处理设施或者安全地通过渗透塘。

9.2　设计原则

9.2.1　建设用地适用性

渗透设施需要可渗透土壤、适宜的地质条件和相应的地下水条件来处理设计收集水量。选址、安装和维护条件适宜的渗透设施可实现如下功能：

（1）补充地下水并有助于维持基流；

（2）减少地下水位下降区的地面沉降；

（3）有助于保护和强化植被；

（4）减少输送至受纳水体的污染物负荷；

（5）减小径流量、峰值流量和温度。

在评估渗透工艺的可行性时，应考虑渗透可能对周边建筑物或其他目标的破坏作用，同时也应注意地下水排放适用法规的要求。

9.2.2　水力控制

根据定义，渗透设施不会直接将收集的雨水直接排入地表水体。对场地的渗透速率及与季节性地下水位的距离进行精确测量、分析渗透设施表面的逐步堵塞情况十分重要。对于来自屋顶等总悬浮固体（TSS）含量低的雨水，渗透设施不易被堵塞。

如图9-2所示，渗透设施的渗透速率、蒸散速率和土壤的保湿特性控制着土层内的水平衡。一旦径流强度超过渗透速率或土层内水量超过了土壤的最大饱和率时，渗透设施将会发生表层积水。孔隙度是空隙容积与土壤表观体积的比值，最大饱和率即为可被水占据

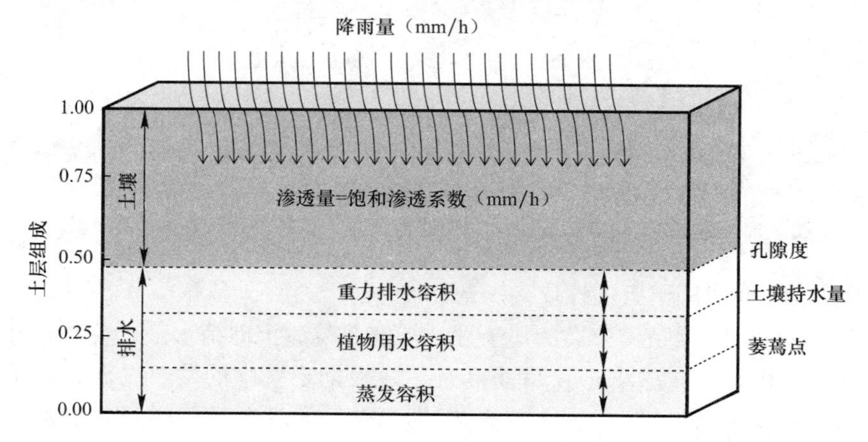

图9-2　土壤渗透和持水特性的定义

的这部分孔隙度。因此土层内的最大持水量是最大饱和率、孔隙度、从地面到岩层（或到地下水或限制向地下水渗透的其他屏障）土层深度的乘积。最大饱和度一般近似取 1，因此孔隙度可被认为是土壤中的最大持水量。浮石、沸石、珍珠岩等物质拥有闭合孔隙，虽然此类孔隙是总孔隙度的一部分，但由于其处于闭合状态，因此不具备持水能力，此时孔隙率和最大饱和容积便有所不同。若地下水位或脆磐等不透水层与地表相对较近，则土层的持水容积可能成为一个限制因素；否则土壤的渗透系数一般是限制因素。

一旦土壤中的水量超过土地持水量（定义为在某一含水率条件下，土壤中对水产生束缚作用的毛细管力大于重力），将发生重力排水。在计算设计雨量时，假设过去的湿度条件等于土壤的土地持水量，或者通过追踪两次降雨之间土壤湿度进行典型年评估。

蒸散作用是指水向大气直接蒸发和被植物吸收。植物用水量一般是土壤持水量和萎蔫点的差值，萎蔫点是植物无法再通过抵消土壤中的毛细管力来吸水用于正常蒸发时的土壤含水率。在达到萎蔫点时得到灌溉，植物可恢复生长。否则，当进一步达到永久萎蔫点时，植物将无法复原。蒸散作用能达到的土层深度由植物的根系决定，在其他条件相同时，具有较深根系的植物可获得更大的蒸散量。一般需根据其对土层饱和（如含水量超过土壤持水量）与干旱（如含水量低于萎蔫点）能力的耐受情况选择植物。

图 9-3 中的渗透设施主要包括地表存储空间或地下存储空间，在空间内储水量达到设计水量后，雨水可向土壤渗透。渗透周期应在最大允许储存时间范围之内（如 48～72h），以满足公共健康、安全和美观的需要（如避免蚊虫滋生）。渗透设施的排空时间是一项关键设计参数，当土层的渗透速率相对较高时，一般可满足合理的渗透周期。虽然渗透设施也可用于粘质土壤地区，但为了达到相同的设计目标，塘的占地面积将大幅增加。

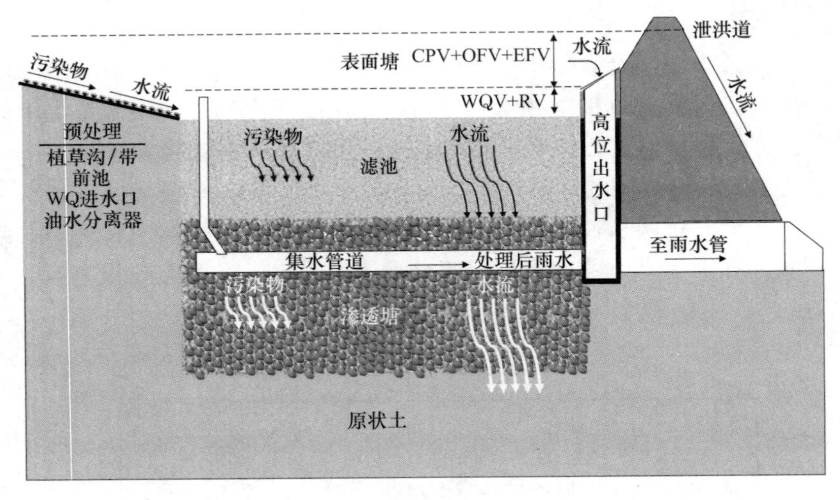

图 9-3　带有预处理设施的渗透塘和滤池组合工艺结构（RV＝补充容积）

渗透设施的性能取决于土壤性质，一般用土壤水文组（HSGs）（USDA，2009）评价渗透能力，USDA 的土壤结构分类法适于评估渗透系数、土地持水量、萎蔫点和土壤的其他特性（Saxton 和 Rawls，2006）。目前已有一些根据土壤中的砂、淤泥、粘土和有机物含量评估土壤水力特性的计算方法（如 Saxton，2009），这些评估结果足以用于初步确定渗透设施的尺寸，但是在深化设计时必须进行现场测定。土壤的渗透系数变化范围较大，经常处于不同数量级；因此为了提供可靠的设计方案，必须在渗透表面具有空间代表性的位置取样测试。

在肥沃的土地上，一般需清除有机质含量高的顶层土，清除后用其他类型的土壤置换可能效果更好。为增加表面渗透量和处理性能，原状土可能需要进行改良，直至不透水层、高地下水位和基岩等地下条件不会阻碍水的充分渗透。当原状土渗透速率在最大允许存储时间内无法完全满足设计收集量时，可采用渗透塘—塘系统或渗透塘—滤池系统，此时部分设计收集量通过渗透处理，其余部分通过集水管道排放，排放水量满足水量和水质的目标要求（见图 9-3）。需要指出的是，集水管道将减少植物根系的吸水量。

为了最大限度地减小堵塞的风险，含有可沉淀物的径流应从渗透设施转移至其他类型的控制设施，或通过预处理（如采用前置塘、植草带或水窖）去除大颗粒沉淀物，根据土壤统一分类系统（unified soil classification system）的定义，大颗粒沉淀物是指直径不小于 0.075mm 并可被 200 目筛网截留的颗粒。直径小于 0.05mm 的淤泥和黏土颗粒将充满粗质土壤的孔隙，显著降低渗透能力。当植物根系在土壤中产生大孔后可恢复土壤的渗透能力，根系发达时效果更为明显（Le Coustumer et al.，2008）。来自大型建筑的屋顶和交通负荷较低开发完善地区的雨水悬浮固体浓度较小，可能不需预处理。

9.2.3 单元过程

渗透设施的水量控制单元过程通过渗透和蒸散作用降低了水量；水质控制单元过程通过过滤、吸附和多种生物机理去除污染物。肥沃的土壤（如 HSG-B）由于存在有机物和粘土，提供了相对较高的渗透速率和有效的处理。粗质土壤（如 HSG-A）提供了更高的渗透速率，但是在进入地下水之前仅做了极为简单的处理，此时在进入渗透设施之前，雨水宜采用滤池（见第 8 章）进行全面处理。

目前对渗透设施与地下含水层的距离方面所作的规定，其依据主要是工程判断，只有洛杉矶盆地水质强化研究（Los Angeles Basin Water Augmentation Study）（Los Angeles and San Gabriel Rivers Watershed Council，2005）等少数几项现场案例研究了间隔。间隔层具有如下功能：雨水在进入地下水之前保证得到充分的处理，避免产生地下水丘（mounding），保证饮用水水源安全。在不采用预处理措施的情况下，过滤介质越粗糙，间隔应越大。若含水层是饮用水水源地，还需采取特别措施。致密土壤中更易发生水丘，因此与粗质土壤相比，其所需的间隔应越大更大。地下水丘现象可能在大雨期间或延时渗透阶段出现，是塘的尺寸和形状的函数。大型渗透设施和正方形或圆形塘等平面尺寸比例接近于 1 的塘更易发生地下水丘（Carlton，2010）。但是地下水丘主要分布于渗透设施之下（Machusick *et al.*，2011），并与降雨规模相关。

虽然近年来表面渗透引起大量关注，但其早已在地表排水不充分地区应用（Ferguson，1994）。在采用绿色基础设施进行雨水管理的思维模式下，此类设施获得了新的重视，此模式专注于收集不透水表面的雨水并立即将其输送至渗透表面。（Fassman and Blackbourn，2011；Smith and Hunt，2010）。

渗透设施可采用渗透塘、渗透渠、渗井和透水铺装等形式。此类设施设计时需设置充分的表面和内部排水设施。渗透设施应用最成功的情况，是将其置于汇水区域内，使用单座渗透设施控制单座建筑或小面积城市汇水区域的径流（如占地至多 $4hm^2$（10ac）的独

栋住宅和占地至多 $2hm^2$（5ac）的工商业用地，后者不透水面积较大，因此会产生更多的径流量）。

在设计不合理、建设不规范、维护不及时或接收了大量来自建筑工地径流的沉淀负荷的情况下，渗透设施可能失效（Haselbach，2010）。当降雨不再以设计速率渗入地下时预示着渗透设施已失效，失效的前兆包括渗透表面或渗渠的积水时间增加，或者在非设计条件下出现集水管出流。当渗透设施失效时，径流会超越渗透系统，可能致使局部地区积水。

9.2.4　适用条件

渗透设施可能出现如下问题：

（1）为了有效控制下游的峰值流量和径流量，尤其是为了控制街道和大型铺装区域的径流，需设置大面积的渗透设施。当有峰值流量控制要求时，渗透设施可能需要与具备峰值削减能力的其他设施配合使用。

（2）若高浓度沉淀物未经预处理工艺去除，可导致渗透面堵塞。此时，渗透设施将因沉淀物积聚而失效。由已开发地区和屋顶等产生的低浓度径流不会产生此类问题。

（3）由于位于地下，单独的渗透设施可能无法获得正常的维护。

（4）渗透设施内藻类的生长可能形成水合物，阻碍水的渗透。

（5）若选址不当，则渗透设施下方的地下水丘可导致其失效，或影响附近的市政设施和建筑基础。

（6）发生某类工商业污染物突发泄漏事件，渗透设施可能会为污染物进入地下水提供通道。

（7）除非提供其他适宜的处理单元，渗透设施无法去除硝酸盐等溶解性污染物，可使其进入浅层含水层。

9.2.5　设计收集量

抵达渗透设施的城市地表径流量受汇水区域的尺寸和不透水能力、降雨量和融雪特性的影响，还受草坪灌溉、洗车和自来水冲洗等非降水活动的影响。其中，降雨和融雪径流通常是设计中需要考虑的最重要问题，工艺设计一般受当地条件或标准的限制。在渗透设施的设计中，虽然当地法规可能允许更长的渗透时间，但推荐将总设计渗透水量的最大允许渗透时间设定为 48～72h，以避免频繁出现静置水面，引发健康、安全或感官问题。考虑到低温时水的粘度增加导致的渗透系数下降（Braga 等，2007）以及渗透设施生命周期中渗透速率的持续下降（Engineers Australia，2006），渗透设施的设计渗透速率应为现场测定的土壤饱和渗透速率的 0.3～0.5 倍。若渗透设施底土壤与季节性地下水位或基岩的距离限制了渗透条件，则需设置较大的渗透面积和较小的渗透时间。

专门设计用于水质控制的渗透设施应可以渗透 WQV，此 WQV 可由当地法规规定，也可按照第 3 章的方法计算。设计渗透量也可包括补给水量和 CPV。渗渠的设计渗透量估算更为复杂，将在本章下文中介绍。

9.2.6　土壤渗透和持水特性

对设计而言，建议在各备选建设地点进行多个表面渗透测试，选用测得的几个最小渗透速率的平均值进行设计。应该认识到，随着沉淀物在设施底的不断积累，有效渗透速率将由沉积层决定，是否存在健康的植被将对后者产生影响。因此，当原状土表现出较好的表面渗透速率时，应基于渗透速率不超过 50mm/h（2in./h）设计渗透设施。当原状土的渗透速率<50mm/h（2in./h）时，考虑到土壤渗透速率将随着沉淀物在塘底积累而下降，设计人员应选用较小的速率。

为计算原状土的渗透速率并核实地下情况是否适于渗透，设计人员应对渗透设施建设地点进行岩土工程勘察。根据计算渗透系数的公认方法，如下检测技术可用于渗透设施的设计（CASQA，2003）：

（1）根据《使用钻孔渗透法实施现场渗透试验的规程》（Procedure for Performing Field Permeability Testing by the Well Permeameter Method）（DOI，1990）进行至少 3 个内孔渗透测试。在钻孔中出现地下水时，可采用 Bouwer-Rice 规程（1976）。以上测试应在渗透设施待选区域的 2 个不同位置取样测定，在其下游不超过约 10m（30ft）处选择第 3 个点。这些测试应测定边坡和底板的渗透系数，其在渗透区内的深度应在 3m（10ft）以内。此外，可采用圆锥贯入试验来支持建立小区划地图（Zhang 和 Tumay，2003）；

（2）对于以上 3 个测试孔中的任意一个，其最小可接受渗透系数为 13mm/h（0.4in./h）。若任意一个测试孔小于此最小值，将不再考虑选用此场地；

（3）对于渗透设施渗透区为人工填土或部分填土的地区不应考虑选用，填土经挖掘后形成非压实层的区域也应排除，除非在土壤钻探中未发现淤泥或黏土。对于分散态而非聚结态黏土，填土可被压实，从而极大地减少了渗透性；

（4）岩土勘察应提供对包括雨水将在土壤中如何运动（水平的或垂直的）和是否存在阻碍水流运动的地质条件等在内的信息。

应该指出的是，还有其他一些标准方法可用于测定现场渗透系数，如单环渗透计测定（Bouwer，1986；Wu 和 Pan，1997）和《使用双环渗透计现场测定土壤渗透速率的标准方法》（Standard Test Method for Infiltration Rate of Soils in Field Using Double-Ring Infiltrometer）（ASTM D3385），这些现场测定方法的细节处理已超出本手册的介绍范围。需要进行场地的综合性岩土工程评估来为设计人员提供可靠的渗透特性数据。

9.2.7 干旱或半干旱气候

在干旱或半干旱气候条件下，渗透设施可有效补充地下水，但是由于典型干旱或半干旱地区的沉淀物负荷很高，渗透设施堵塞的概率也会增加。渗透设施的表层植被应为耐旱物种，否则其表面应覆盖砂或砾石，因为在这些地区灌溉的费用过高。

9.2.8 寒冷气候

渗透设施可在寒冷地区使用，但是不建议在多年冻土地区使用。融雪剂会增加土壤对钠的吸收比例并导致土壤中的钠失稳，从而使渗透设施堵塞。此气候条件下渗透设施中的植物应耐盐。需设置渗透设施与道路的最小间距，以减小渗透设施出现冻胀的可能性。透水铺装的砾石蓄水层应设在冰冻线以下，或者设计一套地下排水系统，在冰冻之前排除雨水（Clark 等，2009）。

在某些地区，融雪水可能决定渗透设施的容积，尤其是冻土或饱和土壤可季节性地增加可渗透区域向渗透设施排放的径流。在极端条件下，融雪径流量可为每小时4mm（0.6in.）。虽然不可能给出一般情况下美国全境的融雪径流量，但是可采用如下融雪径流量判断雨水设施的处理能力是否由融雪径流决定：非透水表面的融雪径流量达到1.0mm/h（0.04in./h），透水表面的融雪水径流量达到0.5mm/h（0.02in./h）。设计人员应尽可能使用当地的径流量测定结果。

9.2.9 地下水污染可能性

已有法规对未经处理的渗透径流对地下水水质的影响做出规定，在地下水和渗透面间的隔离区较小时规定更为严格。但是Clark等（2009）发现，渗透设施可以在至少几十年内保证处理后的径流不会对地下水产生显著影响。氯化物和硝酸盐等污染物是例外，它们都稳定性物质，在大多数情况下土壤对其降解能力很弱。

发生某类工商业污染物突发泄漏事件时，渗透设施可能提供一个污染物通往地下水的通道。此类事件的严重程度取决于污染物的性质，重质烃可能无法通过多孔介质并被渗透设施有效截留，而轻物质可能会轻易地向下迁移。密度大于水的氯化烃类等物质可在地下水中长期存在，治理费用很高。应该说明的是，此类事件的影响并不仅限于渗透设施，任何雨水处理设施均将受严重影响并被迫重建。

9.2.10 喀斯特地貌

考虑到大量的水流可能侵蚀喀斯特结构并生成落水洞，许多法规禁止在喀斯特地貌区上建设渗透设施。但是在喀斯特地貌区上完全禁设渗透设施将切断地下水的补给来源，从导致因气穴引发的地表结构失稳。作为折中方案，建议在此地区选用分散型渗透设施实施有限制的渗透。

9.2.11 城市土壤

城市地区一般由高度扰动的土壤覆盖，压实的填充土通常不适于渗透。虽然压实的土壤也能实现渗透，但是应通过现场测试来检测实际渗透速率。曾采用有机物改性的方式来恢复此类土壤的渗透能力，但是其影响也是多方面的（Clark *et al.*，2009），一般仅需少量的有机物（<5%翻入顶层土壤）来增强渗透能力。

9.2.12 渗透设施寿命分析

大部分渗透设施的失效均缘于表面堵塞。对雨水滤池的研究发现，当输入颗粒物约5～25kg/m^2（1～5lb/ft^2）之后，其渗透能力显著下降（Clark，1996；2000；Clark and Pitt，2009）。长势良好的植被和发育完善的土壤结构可延长塘的使用寿命，因为大部分表层土壤用于过滤颗粒物，而植物的根系可保持水流通道。Clark等人（2009）提出，计算堵塞的方法可用于计算渗透设施的寿命周期。在最简单的情况下，TSS输入量可根据当地径流平均颗粒浓度和年径流量计算，此输入量由土地用途决定，屋顶和已开发地区的TSS浓度低于其他地区。此输入量可与前期提供的用于计算渗透量出现显著下降所需时间的临界值相比较。澳大利亚工程师协会（Engineers Australia）（2006）将此概念用于预留出渗透设施将会堵塞的面积。Lenhart和Calvert（2006）提出了采用体积法评估渗透表面生命周期的方法。

9.3 渗透塘

一座渗透塘首先是一座干塘（第 6 章），其出水口不是孔口或堰而是土壤——空气界面。设计截留容积一般包括 WQV，在场地条件允许时还包括补给容积和 CPV。9.2 节中对于排空时间和渗透面积的一般设计要求也适用于渗透塘。

设计方面需考虑是将表面中的哪部分作为渗透面积计算（如底部、侧壁或两者均算），以上三类算法目前均有应用，随着渗透塘面积的增加，侧壁对总面积的影响越来越小，因此将此面积排除可提供一个保守的设计。随着塘底被沉积物逐渐堵塞，微生物生长也能减小侧壁的渗透速率，此外，在砾石和/或土壤介质以及下层土壤之间的滤层结构也可能堵塞。

9.3.1 典型应用

9.3.1.1 建设用地适用性

合格的岩土工程师、地质学家或土壤科学家可以为渗透塘选择具有适宜的土壤和水文地质特性的建设地点，这对于维持长期运行至关重要（CASQA，2003）。对美国西北部（Pacific Northwest）23 座渗透塘的研究表明，位于高渗透性土壤区域内的塘长期运行效果更好（Hilding，2006），渗透塘在运行 10 年后很少失效。因此，在选择适宜的土壤和地下条件时应遵循如下原则：

（1）对于新建渗透塘，全部设计处理量应在 24～36h 内渗透完毕；对于现状渗透塘并且在渗透滤速下降的寒冷气候条件下，应在 48～72h 的最大允许积水时限内渗透完毕。

（2）渗透速率应由合格的专业人员设定，在设定前应对地下土壤条件进行岩土勘察分析，还包括多维度的长期渗透测试（如单环或双环渗透计）和对岩层深度、季节性地下水位和渗透的其他限制条件分析等。

（3）为了便于分析，渗透速率可采用美国自然资源保护署（Natural Resources Conservation Service，NRCS）的土壤调查信息计算 [NRCS 土壤调查网页为（http://websoilsurvey.nrcs.usda.gov/app/HomePage.htm]，包括土壤结构、HSG、粉砂和黏土的比例、约束层或季节性高水位以及渗透系数估计值等参数。

（4）在有充足空地的低密度开发区，可在低表面渗透速率的土壤（如粘质土类）上建设大型浅塘。

（5）塘底应在季节性地下水高水位之上至少 1.2m。渗透塘不应在无污染物去除功能的粗糙土或砾质土地区使用，也不应在污染物可沿土壤迁移的情况下使用。相反地，设计人员应考虑设置具有污染物去除功能的滤池（见第 8 章），滤池之后或滤池下层设置渗透塘用于控制水的排放（Pitt 等，2010）。

（6）基岩或不透水土层不应在渗透面之下 1.2m（4ft）内出现。

（7）渗透塘应远离建筑、边坡、高速公路路面、井和桥等结构，其距离取决于渗透水量、土壤渗透速率、收集径流的排空时间、塘的深度、地下不透水层以及可能向此区域形成地下径流梯度的其他因素。在回填土区域或渗透可能导致边坡失稳的位置不应建设渗透塘。

（8）离线塘应有充足的水头用于进水分流构筑物，在分流构筑物内不产生积水，在其上游不产生回水。

几乎在所有情况下，渗透塘均应在 2 次降雨之间完全排空，否则在塘底可能形成地下水丘。对于渗透系数小或下层有不透水层的土壤，地下水丘可能首先缓慢排除周边积水再排除表面积水，从而致使渗透塘失效。若在开发区域均匀布置多个渗透塘，使得各塘的水力条件恢复情况更为接近，则可减少塘的失效。因此，不应将全部区域收集来的雨水集中在一座塘内处理，最好在开发区域内设置许多小型渗透塘。设计人员应设法将其融入景观，甚至独栋住宅或商业街区当中。

若备选渗透场地未被以上条件排除，则可采用评分法评估场地的适用性，此方法由瑞典供排水协会（1983）及 Urbonas 和 Stahre（1993）提出，用表 9-1 所列各门类的分值来评价不同场地条件。

潜在渗透场地评估评分系统（Urbonas 和 Stahre，1993）

（已取得 Prentice-Hall，Inc.，Upper Saddle River，New Jersey 的授权）　　**表 9-1**

场地条件	授予的评估分值
汇水区不透水面积（A_{IMP}）与渗透表面积（A_{INF}）的比值	
$A_{INF}>2 \cdot A_{IMP}$	20 分
$A_{IMP}<A_{INF}<2 \cdot A_{IMP}$	10 分
$0.5 \cdot A_{IMP}<A_{INF}<A_{IMP}$	5 分
渗透表面积小于汇水区不透水面积的 1/2 时，备选场地条件不佳	
表层土层类型	
低有机物含量的粗粒土	7 分
正常腐殖土	5 分
高有机物比例的细粒土	0 分
下层土壤	
若下层土壤比表层土壤更粗，则将下层土壤授予与表层土壤相同的分值 若下层土壤比表层土壤更细，则授予其如下分值：	
砾石、砂或与砾石或砂共存的冰碛物	7 分
粉质砂或壤土	5 分
细粉砂或粘土	0 分
渗透塘场地的坡度（S）	
$S<0.007$ft/ft（m/m）	5 分
$0.007<S<0.020$ft/ft（m/m）	3 分
$S>0.020$ft/ft（m/m）	0 分
植被覆盖	
长势良好的天然植被层	5 分
长势良好的草坪	3 分
新铺设草坪	0 分
无植被，裸露地面	−5 分

续表

场地条件	授予的评估分值
汇水区不透水面积（A_{IMP}）与渗透表面积（A_{INF}）的比值	
渗透表面的通行程度	
受限制的步行交通	5分
正常步行交通（公园，草坪）	3分
大量步行交通（游乐场）	0分

得分小于20的场地可认为不适于建设，得分超过30的可认为是很好的备选场地，得分为20～30的可认为是较适宜的备选场地，渗透表面可能会偶尔积水。这种初步的筛选技术并不能替代对场地的详细工程分析，当初始筛选流程确认场地适于建设之后，须计算渗透表面积和表面之上的雨水存储容积。表9-1表明，渗透表面积包括场地内所有透水面积和所有可产生径流渗透的雨水控制措施（包括植草带和植草沟）的面积，此面积不应小于汇水区不透水表面积的1/2。

此筛选流程可通过如下案例演示。渗透场地用于收集面积为1.0hm^2（2.5ac）的屋顶产生的径流，渗透场地是表面积为1.6hm^2（4.0ac）坡度为0.20%的新铺设草坪。表层土壤是正常腐殖土（如壤土），下层土壤主要由粗粉砂组成，计算场地是否适于渗透。

使用表9-1中的评分法计算结果如下：

（1）渗透面积为汇水区不透水面积的1.6倍（即$A_{INF}=1.6A_{IMP}$）=10分；

（2）表层土层为正常类型腐殖质=5分；

（3）底层土层为粗粉砂=5分；

（4）渗透场地坡度为0.002=5分；

（5）渗透表面为新铺设草坪=0分；

（6）草坪预计将有正常的步行交通量=3分。

此场地为总分为28分，判断此备选用地高于平均水平，即雨水径流不易频繁形成泥浆，只是偶尔会有积水。应强调的是，此方法仅为众多可行性评估流程的一种。

9.3.1.2 水量控制

渗透塘通过补给地下水和蒸散作用降低径流量，当出水口高程在设计储水容积水位线以上时，渗透塘在洪水期间也具备峰值流量调节功能，可提供附加OFV和EFV，出水口设计应满足下游洪水保护控制目标。

9.3.1.3 水质控制

当径流进入地下时，渗透塘通过过滤、吸附和生物作用去除污染物。与所有渗透系统相同，渗透塘可降低径流温度。

9.3.2 适用条件

本章第2节提及的局限性也适用于渗透塘。与干塘类似，渗透塘需要一个较大的建设面积，而且不适用于喀斯特地貌区。高地下水位和非渗透性土壤限制了他们的效率。对于高TSS负荷地区需要通过预处理去除大颗粒沉淀物，其他场地也建议设置预处理设施。需通过常规维护来减少堵塞。

9.3.3 设计步骤和标准

9.3.3.1 典型配置

典型的渗透塘与干塘外观类似，除通过塘底排空外，它还有一个预处理前置塘和紧急泄洪道。塘必须在最大允许存储时间内排空，通常不超过48～72h，否则将出现沼泽化等不良效果，而且塘内非耐水植物也将死亡。植物应有发达的根系以令蒸散效果最大化，对潮湿和干燥条件均可耐受。当采用盐作为冬季路面融雪剂时，应采用耐盐植物。此外，土壤的孔隙结构将0.3m（1ft）的蓄水深度扩大为塘底1～1.2m(3～4ft）的地下水丘；这些水丘需要向四周排空，从而为下一场雨提供充足的存储空间。

9.3.3.2 预处理单元

可采用前池、水窖、植草带、植草沟或可促进沉淀的类似处理单元作为渗透塘的预处理单元，用于防止高负荷沉淀物堵塞土壤并降低其渗透能力。若遇到冰川沉积区、裂缝地质或喀斯特地貌等情况，渗透速率普遍超过50mm/h（2in./h），则在渗透处理前应对径流进行预处理。

9.3.3.3 主处理单元

在密集降雨期间，渗透塘无法在雨水刚刚进入塘内就马上将其转移至土壤孔隙内的根系区，因此渗透塘应设置一个表面凹陷区或地下储水区来临时储存这部分多余的水量，此容积应等于本章前文和第3章所述的设计处理容积，加上需要满足地下水补充和洪水控制标准所需的附加径流量。塘底的面积可用式（9-1）计算：

$$A = Vd/D_b \tag{9-1}$$

式中　A——塘的平均表面积（m^2）；

Vd——设计处理容积（m^3）；

D_b——塘的最大深度（m）。

塘的最大深度由式（9-2）和式（9-3）的最小值计算得到。第一个公式通过雨水在最大允许表面存储时间 t 内渗透进土壤来计算最大深度：

$$D_b = FSukt \tag{9-2}$$

式中　k——饱和渗透系数（m/h）；

t——最大允许存储时间（h）；

u——土壤调节系数；

FS——安全系数。

安全系数是为考虑饱和渗透速率的不确定性和塘在未来堵塞导致渗透量下降因素（推荐选用0.3～0.5）。饱和渗透系数、孔隙率和不同类型土壤的场地容量见表9-2，可在概念设计阶段使用。然而，现场渗透系数测试对饱和渗透系数的确认十分关键。天然土壤的分布不均匀，现场测试经常无法得到具有代表性的区域性土壤渗透系数，其中土壤渗透系数取点测定通常会低估黏土类土壤的区域渗透系数，并且会高估砂质土壤的渗透分数。澳大利亚工程师协会（Engineers Australia）（2006）推荐在场地渗透系数计算时应考虑土壤调节系数（见表9-3）。

不同土壤组别的典型渗透速率 **表 9-2**

NRCS 水文土壤组	典型土壤构成	饱和渗透速率		孔隙率	土地持水量
		mm/h	In./hr		
A	砂	200	8.0	0.437	0.062
A	壤土质砂	50	2.0	0.437	0.105
B	砂质壤土	25	1.0	0.453	0.190
B	壤土	12.7*	0.5	0.463	0.232
C	粉砂质壤土	6.3*	0.25	0.501	0.284
C	砂质黏土质壤土	3.8	0.15	0.398	0.244
D	黏土质壤土和粉砂质黏土质壤土	<2.3	<0.09	0.465	0.325
D	黏土	<1.3	<0.05	0.475	0.378

* 仅为筛查和选择的推荐值，各土壤组的实际渗透速率可能有显著差异。最小的可接受渗透速率为 8mm/h（0.3in./h）。小于此速率的土壤也可使用，但是需要较大的渗透塘面积。

土壤调节系数（澳大利亚工程师协会，2006） **表 9-3**

土壤类型	土壤调节系数（u） （将取点 k 值转换为区域 k 值）
砂	0.5
砂质黏土	1.0
中度和重度黏土	2.0

计算塘深的第二个公式是根据塘底接纳渗透水量的有效孔隙空间计算的。根据保守算法，假设入渗雨水将在塘底直接形成水丘（即在此过程中雨水没有发生侧向运动），因此在典型气候条件下全部设计处理水量均需在塘底土壤孔隙内储存，塘的最大深度如式（9-3）所示：

$$D_b = (p - f)D_g \tag{9-3}$$

式中 D_b——塘底季节性地下水位高值或基岩的深度（m）；

p——土壤的孔隙率（无量纲）；

f——土壤的持水量（无量纲）。

将式（9-2）和式（9-3）计算得到的较小 D_b 值代入式（9-1）计算塘的平均表面积。设计人员应设计下凹式场地，以使全部容积能够在计算深度内存储。整合了地表径流、渗透、地下水补充以及蒸散等因素的连续模拟方法可用于塘容积的优化计算（此方法的概述详见第 14 章）。若需处理融雪水，则塘的面积还将增大。

所有的渗透表面均应覆盖草坪，此草坪可以耐受长期淹没及后续的持续干燥。植被的健康生长十分关键，若无植被，表层土壤的孔隙将很快被堵塞。即使发生了相当数量的泥沙沉积，向土壤深处延伸的草根也可将土壤的孔隙重新打开，令蒸散作用最大化。生物作用有助于维持根区的孔隙结构（Emerson and Traver，2008；Hatt *et al.*，2009）。需要清除沉积物层和衰老草坪，此时土壤恢复为初始状态，塘内也将重新种植草坪。

9.3.3.4 出水口结构

对于渗透塘而言，塘底即为设计处理量下的雨水出口。若渗透塘也具有在更大设计降雨量时为防止下游发生洪水而设置的峰值流量调节功能，也可能为其配备出水口。参照第 6 章内干塘的推荐措施。

9.3.4　美观和安全

为保持渗透能力、避免出现影响美观的现象，渗透塘应采用植被覆盖。渗透能力不足的塘将会形成积水区，此处会有湿地植物生长。从安全角度考虑，塘的边坡不应大于 H：V=4：1，也可设置围栏，但围栏一般会影响美观。一般情况下，干塘的安全和美观措施也适用于渗透塘。此类设施的进一步介绍详见第6章。

9.3.5　维护条件和维护要点

为了恢复渗透塘的渗透能力，必须定期清除积累的沉淀物。必须为维护车辆的通行提供稳定的地面，但也应注意不要将渗透表面压实。

9.3.6　设计案例

在明尼苏达州的明尼阿波利斯市，一个面积为 2.22hm^2（5.5ac）的汇水区域坐落在砂质壤土层上，其饱和渗透系数 k 为 25mm/h（1in./h），季节性地下水位最大深度 D 为 3m（10ft），最大允许蓄水时间 t 为 48h。汇水区域内 44%为不透水地面（径流系数 Rv=0.3）。根据表9-2，砂质壤土的孔隙率 p 为 0.453，其场地土地持水量 f 为 0.190，土壤修正系数为 1.0，安全系数取 0.5。

首先，利用式（9-2）和式（9-3）计算塘的最大渗透深度和排空时间：

$$\begin{aligned}D_b &= FS\ u\ k\ t\\ &= 0.5\times1.0\times25\text{mm/h}\times48\text{h}\\ &= 0.6\text{m}(2\text{ft})\end{aligned}$$

$$\begin{aligned}D_b &= (p-f)D_g\\ &= (0.453-0.190)\times3\text{m}\\ &= 0.8\text{m}(2.6\text{ft})\end{aligned}$$

根据以上计算结果，采用 D_b 的最小值 0.6m（2ft）计算塘的容积，最大蓄水时间取 48h。根据第3章介绍的方法，明尼阿波利斯的平均降雨量 P_{avg} 为 12.7mm（0.5in.），对于 48h 的排空时间，雨水收集率 a 取 1.545，计算渗透塘的“最佳”容积，如式（9-4）所示：

$$\begin{aligned}P &= P_{avg}a\\ &= 12.7\text{mm}\times1.545\\ &= 19.6\text{mm 或 }0.77\text{in.}\end{aligned}\tag{9-4}$$

设计处理容积如式（9-5）所示：

$$\begin{aligned}Vd &= R_v P\ A\\ &= 0.3\times19.6\text{mm}\times2.22\text{hm}^2\\ &= 129\text{m}^3\text{ 或 }4650\text{ft}^3\end{aligned}\tag{9-5}$$

采用式（9-1）和最大蓄水深度 D_b 计算塘的表面积为 215m^2（2350ft^2）。总渗透速率为

$$\begin{aligned}Q_{out} &= A\ D_b/t\\ &= 215\text{m}^2\times0.6\text{m}/48\text{h}\\ &= 2.7\text{m}^3/\text{h 或 }96\text{ft}^3/\text{h}\end{aligned}\tag{9-6}$$

按此渗透速率计算，将在48h内排空设计容积。将塘的表面积设为计算值的3倍，达到645m^2（6940ft^2），此时将以8.1m^3/h（288ft^3/h）的速率在16h内排空设计容积。设计人员应注意，此时的塘占地面积几乎占总汇水面积的3%。

此后，检查渗透塘能否在融雪水持续汇入期间不发生溢流。根据上文引用的融雪水流量数据，此地的融雪水流量为0.71mm/h（0.028in./h），相当于流量为15.6m^3/h（559ft^2/h），几乎是设计流量8.1m^3/h（288ft^3/h）的2倍。塘的尺寸可能需要根据设计积雪情况作进一步修正。

9.4 渗渠和渗水窖

渗渠是设计用于收集雨水径流并使其渗入土壤的小型渗透系统。其名称表明，渗渠的长度远大于其宽度和深度，渠内填充石块以支撑土墙。可用塑料网格结构代替石块来增加孔隙空间，从而减少渗渠的容积。渗渠上游设置植草带或可去除悬浮固体的其他处理单元用于预处理。渗水窖与渗渠类似，但是有一个永久盖板，可置于停车场之下。

9.4.1 典型应用

9.4.1.1 建设用地适用性

评估渗渠的场地适用性时，与渗透塘所需考虑的影响因素相同。因此若以下情况已经出现或可能出现，则不建议设置渗渠：

（1）渗渠底面与季节性地下水位最高点的距离小于1.2m（4ft），此距离也可根据预期污染负荷、土壤类型和对地下水水质保护的重视程度设定得更大；

（2）基岩或不透水土壤与渗渠底面的距离不大于1.2m（4ft）；

（3）渗渠位于填充土或压实土中，或在其之上建设；

（4）渗渠附近土壤的估测或实测饱和渗透系数小于2.0×10^{-5}m/s（6.5×10^{-5}ft/s）。

若场地未出现以上情况，则可采用9.3.1.1节中瑞典供排水协会（1983）提出的更多可行性分析导则进行判断。

9.4.1.2 水量控制

渗渠和渗水窖对水量的控制作用体现在减容方面。由于容积相对较小，单个渗渠和渗水窖对峰值的削减作用很小；当相当数量的此类设施分散设置时，可在汇水区域内实现可观的减容和峰值削减作用。

9.4.1.3 水质控制

水质控制措施包括吸附和过滤。生物作用可能在渗渠的填石上出现，但不会在人工合成设备上出现。如前文所述，沉积物在渗渠内去除时会导致堵塞。通过与土壤的接触，可实现对雨水的冷却。

9.4.2 适用条件

渗渠和渗水窖的限制因素与渗透塘类似，惟一不同的是，小型系统占地面积不大，一般不需砍伐树木或对树林产生影响。地质条件、土壤、地下水和气候均可对此类设置的效能产生影响。需设置可去除大颗粒沉淀物（>0.075mm）的预处理设施，同时需定期维护以避免堵塞。

9.4.3　设计步骤和标准

9.4.3.1　典型配置

在渗渠的设计中，将填充介质间的空隙作为存储空间。表 9-4 列出了典型渠填充物质的孔隙率。在石质骨料放入渗渠之前，应洗去表面上附着的灰尘和细砂。渠底一般会在安装后短时间内堵塞，因此将渠底视为不透水层，设定全部水量均通过侧壁渗透。底面为平面或台地的深长渠型效率最高、所需成孔介质最少。渠的最大深度受渠壁的稳定性、季节性地下水位最高点、与不透水土壤层的距离限制。宽度为 1m（3ft）、深度为 1～2m（3～6ft）的渗渠一般效率最高。

常用介质的孔隙率　　表 9-4

材料	有效孔隙率（%）
塑料蓄水模块	95
碎石	30
统一规格的砾石	40
级配砾石，2cm（0.75in.）	30
砂	25
天然滩砾	15～25

9.4.3.2　预处理单元

渗渠使用寿命的最重要影响因素是去除大颗粒沉淀物（0.075mm 或更大）的预处理措施，此类措施一般为植草沟、植草带（见第 7 章）和铺设在渠表层的滤层。若雨水在未过滤的情况下进入渗渠，介质间的空隙和附近的土壤将逐渐被填实，从而导致设施失效。

图 9-4 为设有表面砂滤层的渗渠，砂滤层的表面积应足够大，以保证雨水进入渗渠而不产生积水。另一方面，也需要在砂滤层之上设置蓄水容积来接收更大的水量。表面砂滤

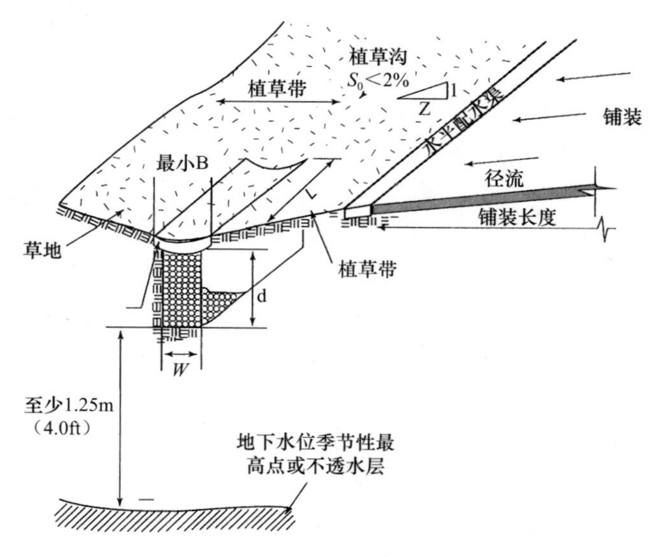

图 9-4　用于处理地表径流设有表面砂滤层的渗渠（Urbonas and Stahre，1993）
（已取得 Prentice-Hall，Inc.，Upper Saddle River，New Jersey 的授权）

层可设置在模块化透水铺装内部，也可采用其他类型的滤层结构（Urbonas 和 Stahre，1993）。渗渠也可耦合于系统内，例如渗渠也可接收来自景区屋顶的径流。土工布可被迅速堵塞，因此不推荐使用。为维持设计入渗能力，所有过滤设施均需定期进行良好的维护。

9.4.3.3 主处理单元

达西公式为水渗入土壤并通过渗渠侧壁的速率估算提供了基础。

$$q = FS\,u\,k \tag{9-7}$$

式中 q——单位面积土壤的渗透量（m/s）；

FS——安全系数；

u——土壤调节系数；

k——渗透系数（m/s）。

由于设施底部在季节性地下水位最高点之上，因此认为达西公式中的水力梯度等于1，根据非饱和介质的流态特性得到式（9-7）。

即使在同一个土壤水文组内，渗透系数的差异也可能跨越数量级，因此最好选多个点测定渗透系数。9.2节介绍了有效的岩土工程勘察方法，在初步筛选和规划阶段，可采用本地土壤类型对应的典型渗透系数进行估算（如表9-2所示）。应通过表9-3中的土壤调节系数（u）修正场地渗透系数，以使其更好地代表当地的土壤渗透系数（澳大利亚工程师协会，2006）。

考虑到沉淀物积累对渗透能力的最终影响，可采用0.3～0.5的安全系数与现场测得最小渗透系数的乘积进行设计。

渗渠的建设费用高，重建费用更高，因此宜在设计中采取保守态度。9.2节所述，渗透系数是温度的函数，因此需考虑寒冷季节的设施性能。

根据设施雨水管理目标的要求，渗渠的设计处理量须包括第3章描述的补给水量、WQV和CPV，发生更大降雨时，雨水一般会绕过渗渠进入有OFV和EFV处理功能的其他设施。若采用第3章中计算最佳WQV的方法估算渗渠的容积，那么WQV应采用式（3-1）、式（3-2）和式（3-4）计算，排空时间取12h，雨水收集率a取1.109。有一个例外，尤其在设计降雨强度明显高于渗透速率的情况下，可设定渗渠内的孔隙容积等于设计处理量，即为补给容积、WQV或CPV之和。此方法得到的设计容积较为保守，可用于补偿逐渐下降的存储和渗透能力。对于设计降雨强度较小或渗透速率较高的地区，按此案例中的常规方法计算得到的渗渠容积一般较小。

下一步是选择渗渠的截面类型和决定孔隙率的填充介质类型（见表9-4）。径流通过渗渠的侧壁渗入土壤，不包括底部面积；按照4.6节设计案例中演示的试错法计算长度。

由于降雨期间渗渠内水深不断变化，因此在大多数降雨事件中渗渠的侧壁并未完全浸没。为了简化容积计算流程，设计人员可假设平均出水速率可按渠浸没至一半深度时取值。根据此假设，矩形渗渠的平均有效面积为$H(L+W)$，其中H为渠深，L为渠长，W为渠宽。水力梯度取1，由此得到降雨历时为t时的渗透量，如式（9-8）所示：

$$V_{out} = A_{inf}\,q\,t \tag{9-8}$$

式中 V_{out}——降雨历时为t时渗入土壤中的水量（m^3）；

A_{inf}——$H(L+W)$渗渠侧壁总面积的1/2（m^2）；

q——单位土壤面积上的渗透速率（m/s）（来自式（9-7））；

t——降雨历时（s）。

类似地，降雨历时为 t 时，渗渠的进水量如式（9-9）所示：

$$V_{\mathrm{d}}(t) = Rv\ I\ A\ t \tag{9-9}$$

式中　Rv——径流系数；

I——平均降雨强度（m/s）；

A——汇水面积（m^2）。

降雨历时为 t 时，渠内储水容积如式（9-10）所示：

$$V_{\mathrm{d}}(t) - V_{\mathrm{out}}(t) \tag{9-10}$$

在不同降雨历时条件下，选用以上差值的最大值作为渗渠的设计容积如式（9-11）所示：

$$V = \max_{t}[V_{\mathrm{d}}(t) - V_{\mathrm{out}}(t)] \tag{9-11}$$

一旦确定了渗渠的容积，根据高度和宽度即可计算长度。可采用存储容积标准计算方法（如 Maidment，1993），通过模拟渗渠的进水和出水来调整设计尺寸。需通过适当的水文学方法计算设计条件下的进水水位线。

9.4.3.4　出水口结构

若无法通过增加渗渠尺寸使其在适宜的时间内清空其有效存储空间，则建议在渠底之上的适当高度设置集水管来缓慢排放积水，此管应接入附近的雨水管。集水管是对水的渗透处理的补充措施，因此在土壤透水率未完全恢复时，以上两种措施在降雨期间渗渠存储水量排空方面同时发挥作用（澳大利亚工程师协会，2006）。此类结构与滤池内的集水管工作原理类似（见第8章）。此外，有必要设置泄洪道以安全转移超过渗渠设计容量的雨水。

9.4.4　美观和安全

运行良好的渗渠很少有美观和安全方面的问题，而渗渠堵塞后其内部的积水会影响美观并导致蚊虫滋生。雨水流过的区域会发生积水，形成的洪水对交通和建筑都产生危害。若渗渠需要超过72h才能排空，则必须进行改造。如果有必要为渗渠提供表面更新，则渗渠各个尺寸的增加量应不小于50mm（2in.）。

9.4.5　维护条件和维护要点

与渗透塘不同，由于无法直接观察，因此渗渠或渗水窖失效后可能长期无法被发现，因此需通过定期检查找出失效的渗渠。应设置一个或多个带有可锁闭井盖的观察井，若记录到降雨结束2天后渗渠内仍未排空，则预示着设施濒临失效，应做进一步研究。渗渠表面应注意避免有车辆或过量行人通行，修剪下来的碎草也不应堆积在渗渠表面。

9.4.6　设计案例

表9-5以列表形式给出了一个渗渠的设计案例。当输入已知条件后，通过输入设定的渠长开始迭代计算，此渠长适用于相同重现期下的不同降雨强度（即第3章介绍的强度—历时—频率曲线），从而计算“需要渠长”。此后再输入新的“设定渠长”，直至“设定渠长”和适用于所有降雨情况下的“需要渠长”达到平衡，表9-5显示的是最终结果。计算得到的尺寸将通过定线法进行优化，用以估算不同降雨情景下的运行效果和相应的进水水位线。

渗渠尺寸计算案例 **表 9-5**

汇水面积 [A]	**2.2hm² (5.50ac)**
不透水地面比例 [i]	**44%**
径流系数[$Rv=0.858i^3-0.78i^2+0.774i+0.04$]	0.3
最大降雨深度（$I_{1\text{-hour}}$）；$C=1.0$ 且排空时间为 12h	**1.3cm (0.50in.)**
土壤的渗透系数	**0.3mm/sec (0.001ft/s)**
渠宽（W）	**0.9m (3ft)**
渠高（H）	**1.8m (6ft)**
设定长度（L）	**46m (151ft)**
水力梯度	1
平均渗透速率 $Q_{out}=kH(L+W)$	$0.04m^3/s$ (1.39cfs)
石块介质孔隙率（p）	**0.35**
历时 t 的降雨强度 I：$I=aI_{1-hour}/(T+b)^c$	$a=28.5$ $b=10.0$ $c=0.786$

降雨历时(min)	降雨强度(cm/h)	进水量 Vd (m^3)	出水量 V_{out} (m^3)	储水量(m^3)	所需渠容(m^3)	所需渠长(m)
t	I	$RvIAt$	$Q_{out}t$	(3)-(4)	(5)/p	(6)/WH
(1)	(2)	(3)	(4)	(5)	(6)	(7)
10	3.52	38.7	15.2	23.5	67	41
20	2.56	56.3	30.4	25.9	74	46 *
30	2.04	67.3	45.6	21.7	62	38
40	1.71	75.3	60.8	14.5	42	26
50	1.48	81.6	76.0	5.6	16	10
60	1.31	86.7	91.2	−4.5	−13	−8

* （6）列中的最大值与设定值相符。
注：所有粗体字均为输入参数。

9.5 渗井

渗井一般是用于渗透少量雨水的地下结构，其形式一般为填充骨料防垮塌坑式结构（康涅狄格州环保部，2004）、直径为 0.6～1.2m（2～4ft）的深井、设有开放底或穿孔底的小型储水窖，由砾石围成或由塑料蓄水模块填充。后面两种构造可提供更多的存储空间，有助于去除积累的沉淀物。

9.5.1 典型应用

9.5.1.1 建设用地适用性

渗井适用于面积不大于 0.4hm²（1ac）、沉淀物负荷低的小型汇水区域。渗井应设置于渗透系数较大的土壤内，从而实现合理的渗透速率。一些社区采用渗井代替集中式雨水排放系统，渗井在冰川沉积区、裂缝地质或喀斯特地貌等大颗粒土壤区域用于雨水排放已有几十年历史。渗井的井底至少要比现场土壤调查测得的地下水季节性高水位或基岩高1.2m（4ft）。

9.5.1.2 水量控制

作为渗透系统，渗井可减少径流量并补给地下水。

9.5.1.3 水质控制

工艺的水质控制原理包括吸附和过滤，在井内填充的石块上也可能发生生物降解作用。通过对温度较高的地表径流减量以及与填充介质和土壤接触后进行冷却，实现了对雨水的热量控制。

9.5.2 适用条件

渗井受地下水灌注控制许可和美国环保局（USEPA）执行法规的限制，因此仅可用于渗透来自屋顶径流等相对干净的雨水。渗井不应用于渗透可污染地下水含有大量悬浮固体或溶解性污染物的径流。一些社区目前设置了预处理设施或在原状土上层铺设了特定滤层。渗井不应在回填物质上建设，与建筑基础坡度下方的距离不少于3m（10ft）（或更大距离，取决于岩土工程条件），并且在无特殊要求时，与下列设施间距不少于25m（75ft）：

（1）饮用水供水井；

（2）化粪池（任何部位）；

（3）地表水体。

9.5.3 设计步骤和标准

9.5.3.1 典型配置

渗井是与本章上文介绍的其他渗透设施类似的小型渗透设施，在渗井的选址、设计、建设和维护方面需考虑的问题与渗渠类似。

9.5.3.2 预处理单元

应通过预处理去除沉淀物、漂浮物、油和脂类，适用的预处理技术包括植草带、油水分离器、天沟防叶器、落水斗底部的格网、用于水窖和雨水罐集水的屋顶清洗器、雨水口截污插件等。

9.5.3.3 主处理单元

渗井应设计为可将补给水量、WQV或CPV的设计处理水量在降雨后24h之内排空，渗井应在两次降雨之间完全排空。为提供充足的污染物去除能力，推荐将最小排空时间设为6～12h。渗井应配备溢流管用于处理较大径流量。

渗井仅可在渗透能力充足的土壤中使用，此类土壤需经现场测试确认，可在不大于48～72h的最大允许排空时间内排空设计处理水量。此项要求将渗井的应用范围限定在了排水状况良好的土壤之内。建议在渗井备选建设地点进行渗透测试，并开挖探井或进行土壤钻探。

渗井应采用直径40～80mm（1.5～3in.）经清洗的石块填充或环绕，如有必要，在开挖建设渗井内填充的石块应用滤布包裹，以防周边土壤进入石块间隙，为减少滤布堵塞，进入渗井的含颗粒物径流应首先进行预处理。开挖建设的渗井应覆盖厚度至少300mm（12in.）的土层。

9.5.3.4 出水口结构

土壤即为渗井的出水口，在一些情况下，有必要将超过渗井渗透能力的径流导入下游雨水排放系统的安全排放点。

9.5.4 美观和安全

为避免地下水污染，悬浮固体或溶解性污染物含量较高的径流在未经过充分处理之前不应采用渗井处理。

9.5.5 运行维护与通道

应设置观察井监测渗井运行情况，由固定牢固、配有地面可锁闭盖板的聚氯乙烯穿孔立管构成。

9.6 透水铺装

透水铺装是雨水控制设施，其面层具有承重、耐用和透水的特性，雨水落在面层后可迅速透过并进入下层结构暂存，并由此渗入下层土壤或通过集水管缓慢排放（见图 9-5）。透水铺装可采用透水沥青、透水混凝土、透水联锁混凝土路面砖、混凝土网格或强化草坪等形式。透水铺装可减小径流量并对其进行处理，此类设施并不显眼，而且可通过减少对雨水口、管道和调蓄池等其他雨水控制设施的需求而降低建设费用。经过良好设计、安装和维护的透水铺装对降雨径流的渗透或处理率最高可达 100%，去除率与汇水面积、原状土的渗透特性和经流中沉淀物等的性质有关。透水铺装可渗透大部分降雨，从而可减少其所在汇水区域内的不透水面积。污染物可在透水铺装表层、支撑表层的级配集料垫层、填

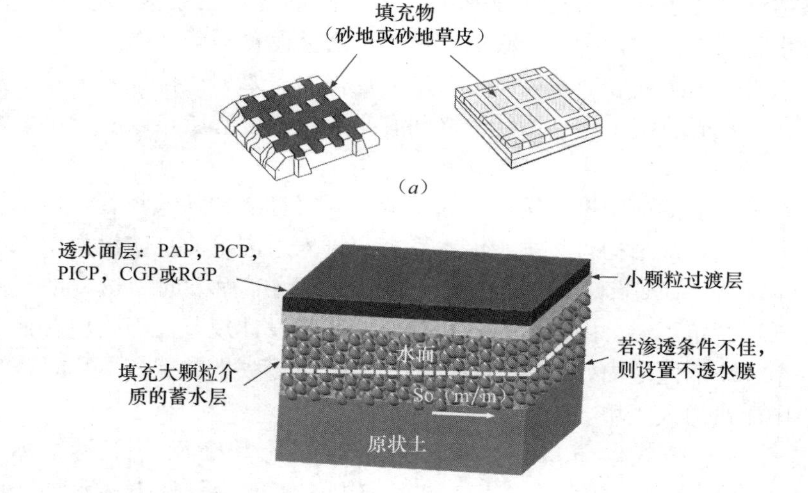

图 9-5 透水铺装

（*a*）两种混凝土格网铺装实例；（*b*）典型截面

充大颗粒介质的地下蓄水层和底层土壤渗透界面去除；一些设计将滤料置于铺装孔隙内或将其置于铺装之下，以强化对污染物的去除效果。

9.6.1　典型应用

9.6.1.1　建设用地适用性

透水铺装系统在某一地区的适用性取决于铺装的交通量限值。透水铺装最常用于交通量小和车辆转弯少的地段（如停车场、住宅区街道、死胡同、车道、人行道和庭院）。透水铺装表面可能是一个连续的透水混凝土板面，雨水可在整个表面渗透；透水铺装也可由土壤分隔和连接的不透水区块组成，雨水可通过土壤渗透。为降低表面堵塞和积水的风险，透水铺装应设计为仅可渗透铺装范围内的降雨；若将其他铺装和未铺装区域的径流引入透水铺装，其渗透过程将增大沉淀负荷和水深，提高表面堵塞和积水的风险。

透水铺装可在地形、下层土壤、排水特性和地下水条件适宜的地区应用，如坡度应平缓或下层的石质蓄水层应为台地结构。若透水铺装用于渗透其截获的径流，则其下层土壤或铺装均不应被压实，但若需要保护土坝、地埋设施或附近的地基时，有必要进行压实。在需要压实的情况下，位于透水铺装下层的介质将具备蓄水塘的功能，通过集水管在设计排放时间内有序排放收集来的雨水（如第 3 章所述）。

试验表明，透水铺装系统适用于各类地面条件。场地的地下水资源对污染的敏感性应较低，地下水季节性最高点应至少在地面以下 1.2m（4ft）。

根据以上概念，透水铺装可分为以下三类（UDFCD，2010）：

（1）完全渗透型。雨水允许渗入原状土，土壤有充足的渗透能力满足排水周期要求；

（2）部分渗透型。雨水允许渗入设施之下的土壤，但是土壤渗透能力不足，导致排水周期增加，需设置集水管用于排空蓄水区；

（3）无渗透型。由于地下水问题或基础设施风险问题，雨水无法渗入设施之下的土壤，需设置集水管用于排空蓄水区，必须在原状土之上设置不透水层。

如设置集水管，则须安装流量控制设备来满足排放需要。在排入集水管之前，应通过滤层去除污染物。在砾石蓄水层和原状土之间有必要设置过滤层，以防止小颗粒物质进入蓄水层。

透水铺装在公路上的应用进展缓慢。为了减少湿路打滑和降低噪音，透水铺装目前已用做公路的防滑面层，此结构可将雨水沿水平方向排入边沟，而且防滑面层在水质控制方面也显示出一定优势（Barrett，2008）。为使径流沿公路截面方向渗透，俄亥俄等州的交通部（2010）已经制定了沿公路路缘石使用透水铺装的设计规范。但是将径流及其所含污染物汇集在一个较小的区域内，可能导致铺装堵塞以及更频繁的保养，而且需要更大的渗透系数将此集中流量渗入土壤。

透水铺装可在寒冷气候下应用，与传统铺装相比其表面更不易结冰（UDFCD，2010）。新罕布什尔大学雨水研究中心（2009）已制定了寒冷气候下透水铺装的设计和安装导则。

9.6.1.2　水量控制

透水铺装对水量的控制体现在对径流量的削减上，同时也有一定的峰值削减作用（Collins 等，2008），在系统与下层土壤隔离且通过集水管排水时也是如此（CASQA，

2003)。当透水铺装在汇水区域内广泛分布时，减量和削峰效果十分明显。Horst 等(2011) 发现透水铺装的渗透速率呈周期性变化，在天气温暖时渗透速率高，而在天气寒冷时渗透速率低。

9.6.1.3 水质控制

沉淀物被截留在透水铺装表层，污染物在基层和下层土壤内进一步去除。透水铺装的水质控制原理包括吸附和过滤，在砾石蓄水层内填充的石块表面也可能发生生物降解作用。通过对温度较高地表径流的减量以及与填充介质接触后进行冷却，实现了对雨水的热量控制。近期研究发现了透水铺装对污染物的去除能力（Barrett，2008；Bean 等，2007），但其对硝酸盐和亚硝酸盐的去除需要砂滤层配合（Collins 等，2010）。

9.6.2 适用条件

透水铺装有一些特有的缺陷：

（1）若未能很好地安装和维护，或铺装表面接收了过量沉淀物时，透水铺装可能被堵塞；当小面积的铺装被堵塞或破坏后，此问题可通过清理或更换铺装来解决。

（2）透水铺装过去无法提供车流量大的道路所需的承重或耐久能力，因此其应用仅限于车流量小、轴荷载低、限速 50km/h（30mph）的公路、停车场和其他车流量小或无车辆通行的地区。目前关于透水铺装应用于车流量较大道路的研究正在进行，如上文所述，透水防滑面层已用于减少湿路打滑和降低噪声（Barrett，2008）。

（3）设计用于渗透的透水铺装系统不应在工业区等重污染负荷可能迁移至土壤的区域使用。

（4）透水铺装仅限于坡度较小的地区，否则其下部的砾石蓄水层应为台地结构或被分为多格，以防蓄积的雨水沿坡下泄（UDFCD，2010）。

（5）透水铺装的安装费用一般高于常规铺装，随着更多的安装单位进入市场，二者的价差正在逐步缩小。

（6）经验不足的承包商将导致透水铺装安装失败。

9.6.3 设计步骤和标准

9.6.3.1 典型配置

如上文所述，透水铺装分为 5 种类型，他们分别是：

（1）透水沥青铺装，一般被称为多孔沥青，通过筛分减少普通沥青铺装中的细颗粒含量，使其产生可渗透孔隙。多孔沥青的孔隙率约为 15%，而常规沥青的孔隙率为 2%～3%。国家沥青铺装协会（National Asphalt Pavement Association）(2008) 提供了透水沥青铺装的安装和维护导则。

（2）透水混凝土铺装（PCP）是一种整体铸造混凝土产品，是通过将水与胶结材料混合制成的砂浆对集料进行固定而生产的。由于含砂量极小，因此孔隙率可达 15%～25%，高孔隙率和较小的砂浆粘合力使其强度低于常规混凝土。美国混凝土学会（American Concrete Institute）(2008) 已经制定了 PCP 的国家工业标准和导则。

（3）透水联锁混凝土铺装（PICP）是由透水砾石填充接口连接的高强度混凝土单元。混凝土单元的边缘设有斜切角、间隔、突起或异形坡，铺设在开式级配均质颗粒层之上。

铺装表面的开孔率为5%～15%，接口处的砾石填充和突起有助于铺装单元之间的互锁和车辆荷载的分配。联锁混凝土铺装学会（Interlocking Concrete Pavement Institute）制定了PICP的国家工业安装导则。

（4）混凝土网格铺装（CGP）是由平格模块单元连续排列形成的（见图9-5（*a*））。格子框架中的开孔面积为表面积的20%，由粗粒料和砂填充或植草。

（5）强化草坪铺装（RGP）也被称为草坪铺装系统，是指通过塑料网格增强草坪的承载力，同时也可提供大面积渗透面。许多此类系统是专有技术，需要种植能在间歇性承压条件下存活的草坪品种。对此类透水铺装的渗透水量并不做要求，只是为了维持一个透水表面。

（6）多孔砾石铺装使用开式级配均质颗粒层作为配水层和蓄水层。

除强化草坪外，以上所有系统的结构均类似。下面介绍图9-5（*b*）中的通用结构，即前4种透水铺装的典型剖面。虽然设计中的组合和分化不断进行，但是典型的透水混凝土和沥青铺装包括如下4个透水层（由上至下）：

（1）透水面层。

（2）过渡层。由诸如美国各州公路及运输协会（AASHTO）57号洗料等中等尺寸的开式级配集料组成，设计用于为面层的建设提供稳定的基础，防止面层中较小的开式级配集料向下移动（AASHTO，2010）。

（3）尺寸均匀的洁净大颗粒集料层（如AASHTO3号集料）作为砾石填充蓄水层，用于雨水在向下渗透或排放之前的储存。

（4）底层原状土。

本节的设计准则将透水铺装系统视为渗透体系，即雨水可在铺装的表层迅速通过，随后进入具有蓄水功能的开式级配（均匀尺寸）颗粒层，雨水在此存储，直至渗入底层土壤进行处理或补给地下水。在混凝土格网铺装（CGP）、PICP以及其他类似系统中，表面孔隙由砂或其他具有过滤功能的填充物填充，可根据第8章的标准进行设计，即渗透层的表面积等于模块间的孔隙面积。此原则也适用于有地下集水管口透水铺装，即在雨水进入集水管之前采用过滤处理。

9.6.3.2　预处理单元

在径流中含有沉淀颗粒物的地区，透水铺装易于堵塞。当铺装附近的地面斜坡易受侵蚀，可能产生沉淀颗粒物，应尽可能将区域的地表径流从透水铺装附近引导至其他雨水控制设施。当无法从透水铺装处转移时，通过预处理可较为有效地控制径流中的颗粒负荷。其中一种预处理方法是令雨水流经铺装周边环绕的稳定植草带，植草带根据第7章的标准设计。在某些情况下，其他稳定区域产生的径流可经铺装周边的水洗砾石截留，此砾石层是地下砾石蓄水层向上延伸至地面形成的，内设穿孔管以利于蓄水层内水的分配（Adams，2003）。此类系统也允许在铺装堵塞时其表面径流溢流入砾石蓄水层。

9.6.3.3　主处理单元

透水铺装应将设计截留水量渗入地下土壤，根据第3章的分类，此部分水量包括补给水量、WQV或CPV。降雨量较大时，雨水可以安全地经由透水铺装转移。在最大限度地减少表面堵塞的前提下，雨水应迅速地通过透水铺装的面层；当铺装得到很好的维护且仅渗透其表面范围内的降雨时，此目标很容易实现。来自其他铺装或未铺装地区产生的径流进入透水铺装后将增加铺装表面的水深，带来的沉淀物也会导致渗透能力下降。当铺装中设置滤层时，应根据第8章中的标准进行设计，从而使设计截流量能够迅速通过，减少表面积水。

为保证铺装的完整性，全部设计雨水截留量均应在砾石蓄水层内存储。如上文所述，当原状土渗透能力不足或无法渗透时，通过安装在蓄水层内的集水管排水。此集水管可为穿孔管、土工复合排水网或其他适宜的排水措施。蓄水层内的排水系统的高程设置应使在其之下的水量可在规定排空时间（如48～72h）内渗入下层土壤。

在排水系统之上的蓄水层起类似调蓄池的作用，可临时储存无法渗入土壤的这部分设计处理量。排水系统应在必要时控制排水量，以提供适宜的峰值流量削减能力，从而实现污染物去除、河道保护和洪水控制功能。流量调节能力受排水系统自身的尺寸、形状和穿孔管形式等因素影响，也可通过在排放口设置具有峰值削减功能的限流孔口来实现。此地下蓄水层的更多设计导则详见第6章。

铺装的各层设计必须通过交通负荷及其所需运行寿命来确定。为提供满意的性能，应考虑如下几方面内容：

（1）透水铺装的建设材料参数须合理选择，包括集料级配和耐久性以及混凝土含水率等；

（2）下层结构应可承受交通负荷而不产生过度变形；

（3）颗粒状基层和垫层结构应可提供充足的负荷承受能力，从而为其上铺装层提供可靠的建设平台和基础。

（4）铺装材料不应受车辆通行的影响而产生裂缝或车辙，此特性由基层的水平拉应力控制。

为了保证其性能和持久性，透水铺装必须由有经验的合格承包商安装，符合此要求的承包商中，有的还通过了国家预拌混凝土协会（National Ready Mixed Concrete Association）(2010）认证。用于透水铺装的铺装块体应符合并超过美国检测和材料协会（American Society for Testing and Materials）(2010）制定的《固体混凝土联锁路面单元标准规格》(Standard Specifications for Solid Concrete Interlocking Pavement Units)，以减小其磨蚀和破坏的风险。

透水铺装的结构设计与不透水铺装遵循相同的标准和步骤。在输入透水混凝土材料的已知特性和预期的底层湿度条件时，一般用于常规铺装设计的软件也适用于透水铺装的设计。在设计和选材时应考虑如下因素：

（1）透水铺装使用高透水性和高孔隙度的材料，因此必须考虑材料的刚度。

（2）在建设过程中水的存在可令材料软化、强度降低，必须在结构设计时加以考虑。

（3）目前的设计方法假设各层之间存在充分的摩擦，设计中必须慎重选择必要的土工合成材料，以减少层间的摩擦力损失。

（4）当空气通过孔隙时，透水沥青铺装将失去粘合力并更加易碎，因此其耐久性可能低于常规材料。

（5）大部分设计中，在砾石蓄水层的底部和侧壁铺设土工布，以防地下和周边未压实土壤中的细颗粒物质进入孔隙。

（6）透水铺装需要均匀颗粒或有限度混合的不同尺寸颗粒来产生孔隙。因此选材过程就是在强度、透水性和蓄水能力之间寻找平衡的过程。

（7）由于底基层和面层将长时间与水接触，因此应评估介质颗粒在饱和状态及处于干湿条件下的强度和耐久性。

（8）相同粒径的均匀颗粒材料无法压实，并在重载车流量通过时易产生位移，使用高比表面积的角碎石材料可减少此影响。在污染物去除方面，此层也是污染物长期化学和生物吸附降解的场所，因此在选择结构材料时除要考虑结构强度特性外，也应考虑其维持此反应过程的能力。总之，这意味着材料应创造中性或弱碱性环境，并为微生物繁殖提供适宜的场所。

（9）若透水铺装中的水将向底层土壤渗透，那么铺装的基层应比季节性地下水位高至少 1m（3ft），比基岩高至少 1.2m（4ft）。

9.6.3.4　出水口结构

透水铺装可在不设出水口的情况下渗透全部径流。当底部土壤、地下水位或基岩条件无法实现雨水入渗时，可将透水铺装与常规排水系统结合设计，按照第 6 章的标准判断，形成地下滞留设施。如上文所述，此设施需经集水管排空（如安装间距为 3～8m 的穿孔管），排空速率由孔口等流量调节设施控制，按照在规定排放时间内排空孔隙存储容积进行设施设计。

9.6.4　美观和安全

透水混凝土和透水沥青铺装的表面比常规铺装粗糙，因此会影响场地的美观。当人摔倒时，较高的粗糙度也会导致更严重的皮肤擦伤。由于可消除积水，透水铺装更不易在表面结冰，因此提高了安全性。在透水铺装模块之间的孔隙可能令行人产生安全问题（如高跟鞋），此现象可通过提供不含孔隙的人行道来缓解。

9.6.5　维护条件和维护要点

透水铺装的堵塞情况受其表面的颗粒物沉淀量和维护频率影响。沉淀物易于累积于铺装表面或表面以下，可通过大功率负压处理去除，从而恢复铺装的孔隙率和透水性。Dougherty 等（2011）介绍了一种评价透水混凝土渗透能力的快速流程。在冬季风沙量大的地区堵塞得更快，所需维护频率也相应增加。一些沥青铺装中的半流质粘合剂可进入铺装中的孔隙而导致堵塞。透水铺装中严禁使用路面密封剂，在被密封后，此类铺装将被迫重新铺设。

透水联锁混凝土铺装似乎比沥青和混凝土透水铺装堵塞得慢，并且在多种气候类型下均有很好的使用记录。CGP 的开口空间可通过负压清理，当严重堵塞时可用新材料替换种植土或砂层。铺装连接处的填充物应在负压处理后定期更换。若铺装安装质量不佳，则单个铺装模块会沉降或偏离。

第 10 章　大颗粒污染物拦截装置

10.1　基本设计原则

10.1.1　概述

大颗粒污染物拦截装置（GPT）是设计用于去除雨水中的垃圾、碎屑、大颗粒沉淀物、植物和其他大体积污染物的单元设施。此类雨水控制设施主要采用截留和撇除等水质控制工艺，其中采用截留形式去除污染物的大颗粒污染物拦截装置包括格栅、格网、挂篮等，而挡罩主要通过撇渣去除污染物。

大颗粒污染物是指能够危害水生环境、危害水生植物、影响美观、威胁人体健康、导致排水设施堵塞的大尺寸污染物。若存留于水中，大颗粒污染物可经历一系列物理化学反应后生成其他污染物。

大颗粒污染物的尺寸界限仍处于争论之中，洛杉矶区域水质控制委员会（Los Angeles Regional Water Quality Control Board）制定的颗粒物最大日负荷总量（TMDL）法规将其界限设定在 5mm，0.2in.（LARWQCB，2001）。Sanalone 和 Kim（2008）推荐将其正式划定为 75μm（0.0030in.），这是美国试验材料学会（American Society for Testing and Materials）的 D422 标准《土壤粒度分析的标准试验方法》（Standard Test Method for Particle-Size Analysis of Soils）对细砂和粉土的分界线。美国地质调查局（U. S. Geological Survey）（2005）采用 63μm（0.0025in.）来区分悬砂沉淀物中的粉土和砂。美国土木工程师学会（American Society of Civil Engineers（ASCE））大颗粒固体委员会（Committee on Gross Solids）试图通过更彻底的研究来制定分类标准（见图 10-1）（Roesner *et al.*，2007）。ASCE（England and Rushton，2007）设定的分类框架包括如下类型：

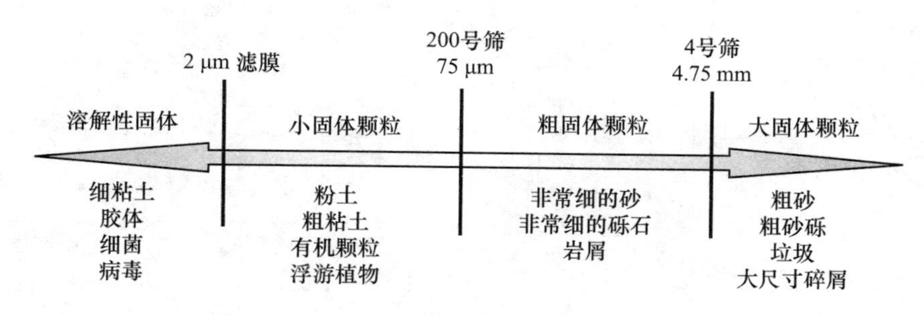

图 10-1　颗粒尺寸分类标准（Roesner 等，2007）

（1）垃圾。尺寸大于 4.75mm（0.19in.）或 4 号美国标准筛（no. 4U. S. Standard Sieve Size）的纸张、塑料、聚苯乙烯产品、金属、玻璃等人为产生的废物。

（2）有机碎屑。尺寸>4.75mm（0.19in.）的树叶、树枝、种子、细枝条、草屑。

（3）大颗粒沉淀物。尺寸>75μm（0.003in.）或200号美国标准筛（no.200U.S. Standard Sieve Size），可从土壤、铺装、建筑材料、垃圾或其他材料中提取的有机物或无机物。

目前，只有少量颗粒固体方面的研究曾寻求将构成颗粒污染物的不同类型垃圾和碎屑进行分类。Sartor和Boyd（1972）在一项美国环境保护局的早期研究中对路面污染物作了大量的初始研究，发现美国8个城市中不同用地类型所对应的污染物负荷有很大差异。南非的一项研究表明，居住区的垃圾冲洗负荷范围为0.53～96kg/(hm^2·a)（Armitage *et al*.，1998）。澳大利亚的一系列研究也发现了类似的变化（Allison，1998a；1998b）。加利福尼亚州运输部（2000）的一项垃圾管控中试发现，高速公路路面产生的垃圾量为97.6L/hm^2（892.6ft^3/mile^2）。由于垃圾的尺寸和形状差异显著，而且以上参数随时间和降解进程而变化，因此垃圾的体积和质量之间无明显关联（URS公司，2004）。以上研究结果汇总于表10-1。纽约市进行的另一项研究表明（HydroQual，1995），每30m（100ft）路缘石每日将通过雨水口排放2.3个漂浮垃圾；总垃圾负荷是此悬浮垃圾量的2倍。纽约市的研究将收集到的垃圾进行了分类（见表10-2）。

垃圾产量负荷数据 **表10-1**

来源	土地用途	负荷率
Ballona河与湿地垃圾TMDL（LARWQCB，2001）	默认	9.3L/hm^2（640gal/mile^2）或0.009m^3/ha（85.6ft^2/mile^2） 基于未压缩垃圾
Ballona河与湿地垃圾TMDL（LARWQCB，2001）	高速公路	13.1kg/hm^2（7479.4lb/mile^2）或0.1m^3/hm^2（892.6ft^2/mile^2）
南非（Armitage *et al*.，1998）	居住区	0.53kg/(hm^2·a)（0.47lb/(ac·a)） 居住区最小值
南非（Armitage *et al*.，1998）	居住区	96kg/(hm^2·a)（86lb（ac·a)） 居住区最大值
澳大利亚（Allison *et al*.，1998b）	市区	30kg/(hm^2·a)（27lb/(ac·a)）干垃圾
澳大利亚（Allison *et al*.，1998a）	商业/居住/轻工业混合区	81g/hm^{2}和236g/hm^2（46和135lb/mile^2）单场降雨
Sartor和Boyd（1972）调查：居住区	低档/老旧/独栋 中档/新建/独栋 低档/老旧/联排 中档/老旧/联排	310kg/km（1100+/-lb/mile路缘石） 140kg/km（500+/-lb/mile路缘石） 280kg/km（1000+/-lb/mile路缘石） 340kg/km（1200+/-lb/mile路缘石）
Sartor和Boyd（1972）调查：工业区	轻型 中型 重型	650kg/km（2300+/-lb/mile路缘石） 540kg/km（1900+/-lb/mile路缘石） 1130kg/km（4000+/-lb/mile路缘石）
Sartor和Boyd（1972）调查：商业区	购物中心 中央商务区	113kg/km（400+/-lb/mile路缘石） 85kg/km（300+/-lb/mile路缘石）

纽约市街道上收集的可漂浮垃圾类型 **表 10-2**

类型	数量比例（%）	质量比例（%）	密度（g/L（lb/ft²））
塑料	57.2	44.3	44.9（2.8）
金属	18.9	12.0	60.9（3.8）
纸张	5.9	4.0	32.0（2.0）
木头	5.9	5.3	123（7.7）
聚苯乙烯	5.4	1.3	11.2（0.7）
织物/纤维	2.5	12.5	133（8.3）
敏感物质	1.7	0.4	N/A
杂项	1.0	3.6	157（9.8）
玻璃	0.4	15.6	221（13.8）

10.1.2 典型应用

通常，通过在雨水口前设置格栅、雨水篦子或在雨水管入口前加设集泥井来去除大颗粒污染物，其中后者在美国称为雨水口（catch basins），在英国和英联邦地区称为雨水井（gully pots）。Lager 等（1977）建议将雨水口井按以下尺寸设置：若雨水管直径为 D，则管底应比路面低 $2.5D$，雨水口井井底应比路面低 $4D$。

Pit（1985）发现，常规尺寸的雨水口井在低流量下对总固体和悬浮固体等常规污染物的去除率可达 45%，沉淀物将不断累积至井容的 60%，此时新的沉淀和冲刷达到平衡。此研究在华盛顿州的贝尔维尤（Bellevue）取样超过 200 个，取样范围包括商业和居住混合排水区域，发现雨水口井内的沉淀物是路面冲刷产生的最大颗粒，与能够被道路机械清扫去除的尘土相比，这些颗粒的中值粒径较小。

Pitt 和 Field（1998）进一步研究了雨水口的形式，包括设置格网和挡罩，发现只有常规雨水口能够在统计学意义上显著去除常规污染物。增设格网和挡罩并未使进出水的总固体、悬浮固体、浊度或色度产生显著差异。

雨水口标准图或规划中一般设有集泥井，而在美国西南部地区的雨水口内一般不设集泥井，当地卫生部门在近期强化了此项规定，以使各处的雨水停留时间不超过 3d，从而有助于控制蚊虫滋生这一病原体传播途径。

10.1.2.1 建设用地适用性

如图 10-2 所示，大颗粒污染物拦截装置可被设计安装于各类雨水排放设施。大颗粒污染物拦截装置可被设置于雨水排放系统的入口、内部和进入其他转输水体或受纳水体的出口。在线或管末端的设施可采用格栅或格网的形式。某些形式，如截污挂篮和倾斜楔形条状格栅，需要一定的落差才能正常运转。拦截装置也可通过在雨水窨内安装等形式实现在线设置。

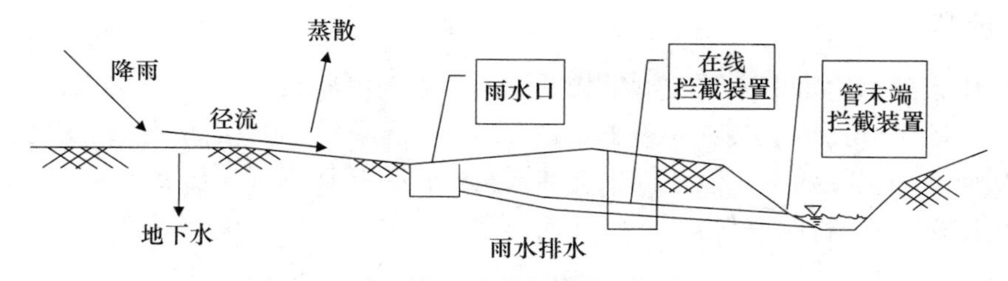

图 10-2 大颗粒污染物拦截装置的典型应用

10.1.2.2　水量控制

大颗粒污染物拦截装置一般设计用于系统内水流的转输，不具备存储和峰值削减能力。为了保证设计通量，在设定拦截装置的尺寸时应考虑其被部分堵塞的情况；一些设施设置了超越管，用于应对偶发的高强度降雨或者设施被碎屑彻底堵塞的情况。

10.1.2.3　水质控制

所有的拦截装置都是通过截获大尺寸固体颗粒来工作的，应将其设置在雨后方便进入并易于清理的位置。拦截装置对截获的物质实际上并未做处理，一些拦截装置通过改造可加设过滤介质实现吸附油脂等其他功能。

取决于其结构形式，拦截装置可能具有沉淀功能，有一定储水和暂存湿物质的能力（如在集泥井内）；也可能不具备沉淀功能，得到的截留物会变干。截留干物质具有截留物质量较小、减少与水发生物理化学反应、降低溶解性污染物比例等优点。固体拦截速率取决于拦截装置开口尺寸与拦截装置截获或撇除大尺寸固体的尺寸、形状和流向。

10.1.3　适用条件

设施的维护是暴雨控制系统最重要的限制性因素。所有GPT设施必须定期而且彻底清理才能发挥功能。如果没有一整套具有法律效力的运行维护方案，将很难实现彻底清理。运行维护方案若无法律效力，通常只有在日后降雨积水导致设施失效问题暴露后，堵塞的拦截装置才会得到清理。

10.1.4　通道

通道对于GPT设施的维护至关重要，将拦截装置设置在易于截留污染物且易于彻底清理的位置也很关键。因此，设计人员在为这些装置选址时应尽量避开危险地区和障碍物。

10.1.5　美观和安全

大部分GPT装置安装在地下排水系统内，因此不会影响美观；可以看见的装置仅为安装在管末端出水口处的滤网、明渠在线滤网系统或明渠格栅。当安装于雨水口和雨水管进口处的GPT设施维护不足时，某些情况下大块污染物堆积将会影响感官效果。许多雨水口截污插件和拦污装置未设置超越管，若不定期清理，将会堵塞并导致周边路面积水。

10.2　格网

10.2.1　概述

格网是用于分离雨水中大颗粒污染物的滤网或其他网状设施，格网可以安装在平面或弧形框架内（图10-3）或安装在转鼓上（图10-4）。网眼较小的格网可去除较小的颗粒物和碎屑，从而增加去除效率，但他们也会堵塞得更快，从而增加了维护需求。格网的特性包括开孔区比例、平滑性、材质、孔的几何形状以及其他可能影响堵塞速率、造价和设计参数的因素。

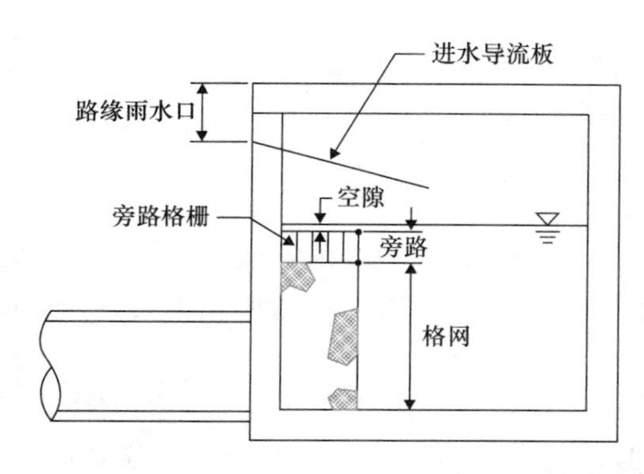

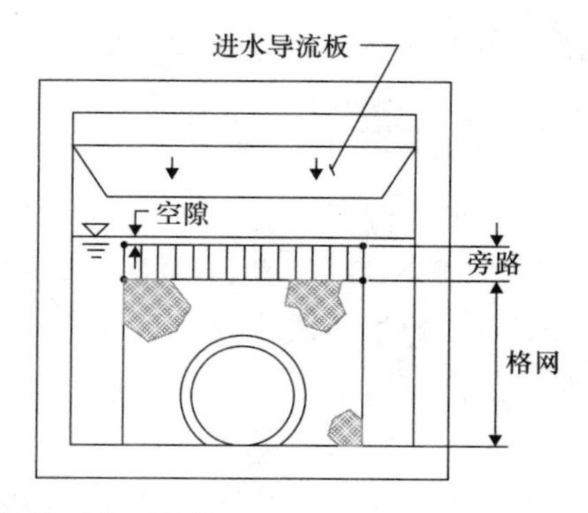

图 10-3 配备堰式旁路的垂直格网典型结构

图 10-4 位于华盛顿州奥卡诺根县（Okanogan County）的配有桨叶驱动装置的外部进水转鼓格网

10.2.2 典型应用

10.2.2.1 建设用地适用性

格网一般作为在线设备使用，可安装于现有的雨水井内或是独立的检查井内；也可配备其他设施，如转鼓和阶梯格栅等。

建议用格网去除尺寸不小于 4.75mm（0.19in）的垃圾和碎屑，在设计时应考虑因堵塞导致的效率下降。

10.2.2.2 水量控制

格网不具备削峰或减容等水量控制能力，实际上，格网在设计时应尽可能保证过流效率。设计人员在按照设计流量设定格网尺寸时应考虑到局部堵塞的情况。此外，设计人员应设置超越管，用于应对偶发的高强度降雨或者设施被碎屑彻底堵塞的情况。

10.2.2.3 水质控制

格网用于去除雨水中的大尺寸固体，应将其设置在雨后方便进入并易于清理的位置。格网不具备对截获物的处理功能。

10.2.3 适用条件

格网经常容易堵塞，堵塞几率随网孔的尺寸减小而增加。机械格网通过自动清理设备减小堵塞频率，静态格网堵塞后须进行人工清理或更换。

10.2.4　设计步骤和标准

10.2.4.1　典型配置

可根据第 3 章的定义，将格网设计用于水质处理流量（WQT），但是在设定尺寸时应考虑到所有的流量范围。格网可在现有排水设施内安装，也可在新增单元中设置；他们可在线安装于雨水窨前端或管道末端。

通常用于公共污水处理厂（POTWs）的细格网也可应用于雨水系统，其滤网的开孔尺寸为 10～35μm（0.00039～0.0014in.）。但是此类设施必须通过高压反冲洗进行清理，致使其不适于在雨水系统中应用。有报道指出，细格网的总悬浮固体去除率为 10%～80%，平均为 55%（Metcalf 和 Eddy，2003）。

普通格网的形式有格网堰、静态倾斜楔形格网和滚筒格网，加州运输部（California Department of Transportation）（2003）曾经对后一种设施进行了大量实验和现场测试。设在雨水井内的格网（见图 10-5）提供了一种经济有效的改造形式。虽然楔形格网的处理效果已得到验证，但由于其水头损失大且费用高，因此很少用于雨水处理。连续运转倾斜滚筒式格网已在美国和澳大利亚得到广泛应用，设定格网面积时应考虑设置合理的溢流能力。

静态倾斜楔形格网具有自净能力（图 10-6）。此设施是将凹形楔形格网置于堰的下游，水流加速跌入格网表面，水从格网间通过，固体在格网表面滑落至收集设施。Wahl（1995）为美国垦务局（U. S. Bureau of Reclamation）在此类格网上做了一系列过滤性能测试，发现“静态格网较高的过流能力得益于其倾斜结构，其中各网线均倾斜布置，因此网线上端会斜插入水中。在水柱底端会分离出一个水流薄层沿格网流动，此薄层在一定程度上取决于被称为‘附壁作用’（Coanda effect）的现象……附壁作用是指流体射流具有向固体边界附着的趋势，水流受射流夹带，也被压制在固体表面。”

图 10-5　位于洛杉矶县安装于现状雨水井内的典型格网

图 10-6　静态倾斜楔形格网

转鼓格网有两种形式，分别从内部和外部进水。内部进水格网适于去除纤维状固体或具有抗剪切能力的固体，不适用于不定形或粘稠（如油、脂）的固体。这些格网一般会提供更多的停留时间，因此其产生的栅渣一般也较干燥。但此类格网需要高压水冲洗等较为复杂的清洗系统，而且格网上沾附的油、脂等不定形固体也难以去除。

外部进水格网适于去除包括不定形固体在内的多种类型固体污染物，其结构包括背部用于帮助去除格网附着固体的刮片，而且系统在滤液穿过转鼓进行反洗时可实现自净。外部进水格网不适用于大流量的情况，栅渣的含水率更高并存在游离态的油会与栅渣一起排放。图 10-7 显示的是雨水径流如何产生能量令转鼓旋转和维持自清洗的，设施也可采用太阳能驱动。

通常用作污水处理的回转式机械驱动格网也可在雨水设施内使用（见图 10-7）。在此结构中，大尺寸污染物通过运动和静止的垂直格网叶片被输送至格网顶端（Metcalf 和 Eddy，2003）。这些设备需要更多的电能来维持设备的运转，因此不及上文的案例优势明显。

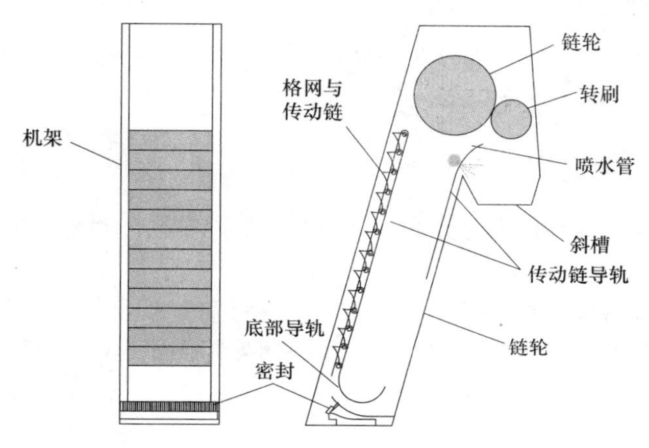

图 10-7 典型回转式格网设计（Parkson Corporation）

10.2.4.2 预处理单元

格网最常见的用途是作为其他雨水控制设施的预处理单元，格网本身一般不需要预处理单元。

10.2.4.3 主处理单元

为增加一级处理单元的余量，细格网目前已作为常规设施在处理厂中广泛应用。在一些情况下，格网甚至已经取代了流量达 $11000m^3/d$(3mgd) 的初沉池（Metcalf 和 Eddy，2003）。处理厂格网的水头损失为 0.75～1.5m(2.5～4.5ft.)，典型配置包括静态楔形筛网系统、转鼓系统和回转式机械格网系统。这些设计参数已在雨水格网系统得到应用，但雨水格网一般不设电动装置，而是采用水力自清洗。

为了估算设计和运行情况，格网一般被视为水头损失较小的设备。格网的水力效率受诸多因素影响，包括相对于水流的位置、开孔形状、浸没程度以及垃圾和碎屑累积在开孔处所产生的堵塞程度。一种方式就是采用与孔口出流等式类似的关系式计算，见式（10-1）：

$$Q_{screen} = C_{screen} A_{screen} \sqrt{2gh} \tag{10-1}$$

式中 Q_{screen}——格网设计流量（m^3/s）；

C_{screen}——格网流量系数；

A_{screen}——格网总安装面积（并非净开孔面积）（m^2）；

g——重力加速度（9.81m/s^2）；

h——格网两侧液位差（m）。

流量系数取决于以上列举的各个因素，必须通过实验室内适宜流态条件下的试验得到。设计人员必须向生产厂商咨询，以获取合适的设计参数。

为计算通过格网的流量，式（10-1）已被包括在系统总能量平衡式中。通过在来水中减去过网流量即得到旁路流量，从而用于旁路通道设计。结合现场情况，旁路可采用明渠、孔口或堰流等设计形式。

设计中应根据动量公式按最不利情况对格网进行受力分析，用于验证格网、紧固件和支撑结构的完整性。

10.2.5　美观和安全

大部分格网安装于地下排水系统内，因此不会对美观产生影响。若维护不及时，某些情况下大颗粒污染物的积累会影响美观。

10.2.6　运行维护与通道

格网必须配备支撑结构以承受外力，其中的竖直部件须能移除，以供下游管道清理时人员通行。

此外，系统应具备转换功能以实现自清洗，从而避免对格网和下游设施产生损害。在此情况下也会令截留的大颗粒污染物释放，使格网失效。

10.3　网兜

10.3.1　概述

网兜是由比格网柔软的网状材料组成的，网兜可截留流经雨水中的大尺寸污染物。网兜可安装于排水系统内部、出水口处或受纳水体之内。

10.3.2　典型应用

10.3.2.1　建设用地适用性

网兜可与格网等其他截留设备配合使用，一般设在管道末端（见图 10-8），也可作为在线设备安装在明渠内（见图 10-9）。由于大颗粒污染物的累积和由此导致的水跃，此类设备的问题在于可能引发局部涝灾。在未设置旁路的情况下，当预计降雨量超过设计流量时，一些主管部门选择移除这些设备。必须在建设旁路的费用和违反水质限值所产生的后果之间做出权衡。应配有支撑臂系统。但是这些设备易受渠道流速的影响，当流速过高导致设备位于水面以下时，网兜将无法截留漂浮物。在设计明渠用网兜时，应对附近栖息的动植物进行全面调查，以令水生生物安全通过。

10.3.2.2　水量控制

网兜应设计为通过式系统，无存储或峰值流量调节功能。设计人员应在假设部分网兜被堵塞的情况下，按照设计流量计算网兜尺寸；此外，应设置旁路以应对偶发的高强度降雨以及网兜被完全堵塞的情况。

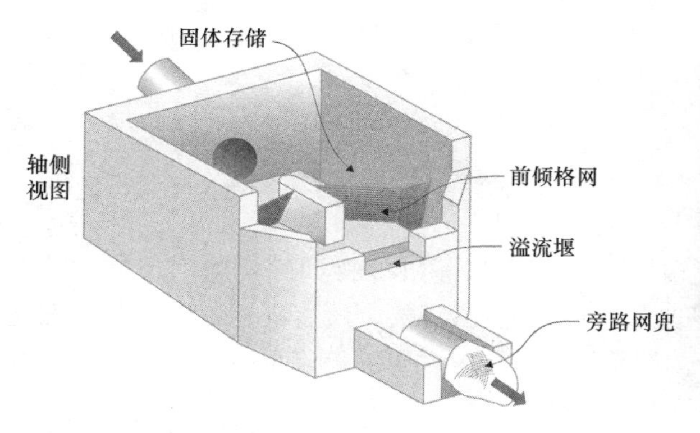

图 10-8　格网和网兜联合系统
（Caltrans，2005）

图 10-9　降雨期间的网兜
（Caltrans，2005）

10.3.2.3　水质控制

网兜将雨水中的大尺寸固体截留在一个网状袋内去除，固体在雨后易被清除。网兜对所截留的物质不具备处理能力。

10.3.3　适用条件

经历中等强度降雨后，网兜内将充满杂物。网兜在极端暴雨情况下偶尔会被撕开。通常需要建设一个足够大的存储空间来抵消过网水头损失，同时还需要设置旁路以及移除和更换网兜所需通道。

10.3.4　设计步骤和标准

10.3.4.1　典型配置

网兜可分为管道末端和在线系统，加利福尼亚州运输部（California Department of Transportation）（2005）曾做过多项中试研究，采用管道末端式网兜可以截留穿透诸如楔形弧形格网等其他截留设备的大尺寸固体。

10.3.4.2　预处理单元

网兜最常见的用途是作为其他雨水控制设施的预处理单元，网兜本身一般不需要预处理单元。

10.3.4.3　主处理单元

应根据式（10-1）计算网兜的水头损失。设计中应根据动量公式按最不利条件对网兜进行受力分析，用于验证格网、紧固件和支撑结构的完整性。

10.3.5　美观和安全

大部分网兜安装于地下排水系统内，因此不会对美观产生影响。若维护不及时，某些情况下大颗粒污染物的积累会影响美观。

10.3.6　运行维护与通道

网兜必须配备支撑结构用以承受外力，其中的竖直配件须能移除，以供下游管道清理时人员通行。此外，网兜应设计为可在大暴雨时“脱落”，以避免框架受损。

10.4 挂篮

10.4.1 概述

挂篮或称为内置格网，是由放置于雨水口内用于去除沉淀物和碎屑的人造滤布或织物。挂篮有多种形状和组成，通常分为兜状、盒状和盘状三类。所有挂篮的入口均与路边雨水口连接。路面上的雨水口应为挂篮设置旁路，当雨量大于设计流量时可减少涝灾的风险（CASQA，2003）。

兜状挂篮适用于垂直（下落式）雨水口。在兜状挂篮中，聚丙烯制造的织物固定在雨水口框架或篦子处。盒状挂篮由塑料或金属丝网制造（CASQA，2003），在金属丝网盒子内通常会安装一个盒状聚丙烯“袋子”，在大部分产品中，沉淀和过滤现象在同一个盒内发生。

一些厂商声称，在达到其收纳上限之前，袋子的容积可增加至原来的3倍。为了保证雨水口的完整性，工程师必须保证此容积不会令雨水口堵塞。

一些产品由一个或多个托盘或格网组成。托盘内可填装不同类型的介质，不同厂商所用的过滤介质不尽相同，包括聚丙烯、多孔聚合物、经处理的纤维素、活性炭、泥炭和沸石。

10.4.2 典型应用

10.4.2.1 建设用地适用性

一般地，挂篮或内置于雨水口的其他设备的最显著优点是不需额外空间，而且雨水口附加设备已成为排水系统的标准配置。这些附加设备显著降低了雨水口的过流能力。

10.4.2.2 水量控制

此类设施不具备削峰和减量功能。雨水口截污挂篮的设计应遵循一般雨水口设计规则，同时应谨慎选择堵塞系数。雨水口采用堰或孔口的形式运行，这意味着雨水口的入流量可采用式（10-1）等相应公式进行计算。

雨水口的堵塞系数一般取50%。截留设施越多（如截污挂篮加上雨水口格栅）堵塞情况越严重，因此建议工程师此时选用大于标准雨水口数值的堵塞系数，此值应根据工程经验和工程判断加以选取。

10.4.2.3 水质控制

挂篮将雨水中的大尺寸固体截留在雨后易于清理的位置。挂篮不具备截留物处理能力。

10.4.3 适用条件

挂篮易频繁堵塞，网眼尺寸越小堵塞越严重。挂篮堵塞后必须人工清理或更换。在Pitt和Field（2004）的研究中，内置截污设备在沉淀物累积1～2mm后即发生堵塞。

10.4.4 设计步骤和标准

10.4.4.1 典型配置

挂篮入水口一般位于路面、转输坡道或集泥井内。

10.4.4.2　预处理单元

挂篮最常见的用途是作为其他雨水控制设施的预处理单元，挂篮本身一般不需要预处理单元。

10.4.4.3　主处理单元

挂篮或雨水口其他内置设备的设计必须符合雨水口本身的水力设计，应考虑到设备堵塞后阻力增大的情况，而且应考虑超设计流量时有旁路的对策。目前正在使用的雨水口有许多种类型，政府根据设计手册来确定雨水口的尺寸（如圣迭戈县，2005）。雨水口设计流程是以堰和孔口排放公式［如式（10-1）］为基础的。挂篮的基本设计步骤包括估算雨水口的过流量，同时验证挂篮不会在假设的堵塞程度下导致过流量显著下降。

10.4.5　美观和安全

大部分挂篮直接安装在雨水口内，因此不会对美观产生影响。若维护不及时，某些情况下大颗粒污染物的积累会影响美观。在无法提供旁路的情况下，雨水口过流量的下降可能导致地面发生涝灾，从而产生安全风险。

10.4.6　维护条件与维护要点

挂篮安装在雨水口内，应勤加维护以解决堵塞问题。

10.5　格栅

10.5.1　概述

格栅是在框架上按一定间距排列的一系列圆形或矩形截面的栅条，用于截留大尺寸固体。格栅传统上用于保护污水进水口，并被用做污水处理厂的入口。

10.5.2　典型应用

10.5.2.1　建设用地适用性

格栅一般用于保证下游污水系统的水力完整性，也经常安装于调蓄池的出口处。

10.5.2.2　水量控制

格栅一般用于输送合适的设计流量，不具备存储或峰值调节功能。合适的设计流量可以是污染控制所需 WQT 流量，也可以是为保护排水系统免受大尺寸固体影响而设定的更大流量。设计人员在计算通过设计流量所需尺寸时，应假设格栅将有部分堵塞。此外，应设置旁路以应对偶发的大强度降雨以及格栅被完全堵塞的情况。

10.5.2.3　水质控制

格栅通过物理分离的方式将大尺寸固体从雨水中去除。为减少格栅的堵塞，某些项目设计为在流量增加时将截留的固体转输至存储区域。格栅不具备处理截留物的设计功能。

10.5.3　适用条件

在中等强度降雨后，格栅可能会被栅渣堵塞，栅条间距较小时堵塞现象更严重。机械格栅可通过自清洗机制减少堵塞，静态格栅和相关的碎屑收集设备在堵塞后必须手动清理。

10.5.4　设计步骤和标准

10.5.4.1　典型配置

为了保证在流量增加时令截留物向上滑动，格栅的设计坡度一般为 $H:V=3:1$ 到 $H:V=5:1$。对于可产生大尺寸固体的区域（如林区、保留地、开放空间等），应根据工程判断来估算堵塞条件下所需的开孔尺寸。

可拆卸格栅可用于释放栅渣，也用于在峰值流量下保持通道的可操作性。此类设备也可用作安全预防措施，以应对人员卡在格栅上的情况。

格栅的设置与格网类似，可安装于雨水井内或在线安装。加拿大安大略省的奎尔夫大学（University of Guelph）提出了一项技术，将格栅与水流方向呈 45°角布置（见图 10-10），从而将大颗粒污染物导入明渠主体以外的一个独立截留空间。由于栅渣聚集在此空间内，因此在设计中须注意避免出现溢流。

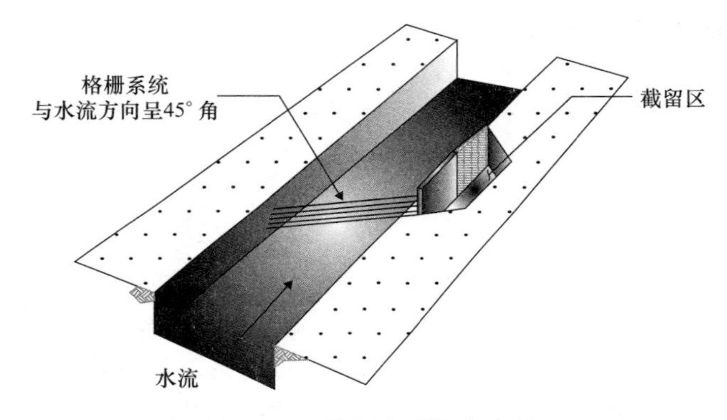

图 10-10　格栅在明渠内安装

10.5.4.2　预处理单元

格栅最常见的用途是作为其他雨水控制设施的预处理单元，格栅本身一般不需要预处理单元。

10.5.4.3　主处理单元

目前格栅的设计使用两个公式。Metcalf 和 Eddy（1972）根据在德国完成的实验提出了公式（10-2）：

$$H_g = K_{g1}\left(\frac{w}{x}\right)^{\frac{4}{3}}\left(\frac{V_u^2}{2g}\right)\sin\theta_g \tag{10-2}$$

式中　H_g——格栅水头损失（m）；

K_{g1}——栅条形状系数，直角边矩形栅条为 2.42，迎水面为半圆形的矩形栅条为 1.83，圆形栅条为 1.79，迎水面和背水面均为半圆形的矩形栅条为 1.67；

w——栅条迎水面截面最大宽度（mm）；

x——栅条最小净间距（mm）；

V_u——行近速度（m/s）；

θ_g——格栅相对于水平面的角度（度）。

第二个公式是美国陆军工程兵部队（U. S. Army Corps of Engineers）（1988）根据截污格栅实验室试验提出的。这些公式适用于垂直格栅，也可以参照上一个公式对格栅角度进行调整计算。公式如式（10-3）所示：

$$H_g = \frac{K_{g2}V_u^2}{2g} \tag{10-3}$$

其中 K_{g2}是根据不同栅条形状对应的一系列公式计算得到的，见式（10-4）～式（10-8）。

直角边矩形（长/宽=10）

$$K_{g2} = 0.00158 - (0.03217A_r) + (7.1786A_r^2) \tag{10-4}$$

直角边矩形（长/宽=5）

$$K_{g2} = -0.00731 + (0.69453A_r) + (7.0856A_r^2) \tag{10-5}$$

圆角边矩形（长/宽=10.9）

$$K_{g2} = -0.00101 + (0.02520A_r) + (6.0000A_r^2) \tag{10-6}$$

圆形截面

$$K_{g2} = 0.00866 + (0.13589A_r) + (6.0357A_r^2) \tag{10-7}$$

$$A_r = \frac{A_b}{A_g} \tag{10-8}$$

式中 A_b——栅条面积（m^2）；

A_g——格栅面积（m^2）。

设计中应根据动量公式按最不利情况对格栅进行受力分析，用于验证格栅、紧固件和支撑结构的完整性。

10.5.5 美观和安全

大型进水口处的格栅应设置适宜的脱离保护机制。湿塘出水口附近的水流可能会将人、宠物或野生动物裹挟进跌水井或管道内，无保护的管道入口也存在类似风险。格栅能够减小此风险，但是截留的栅渣可能会对落水者产生伤害。开口尺寸应满足对人的拦截需求，使其无法被水带入下游渠道。栅条应平滑，从而减少人在接触栅条时产生的伤害。格栅应设置在出水口上游一定距离处，以防高速水流将人压在格栅处无法活动。格栅在涵洞内安装的更多要求详见科罗拉多州丹佛市的雨水排放标准手册第 2 卷“城市排水与防洪区”（Urban Drainage and Flood Control District）（2001）。

10.5.6 维护条件与维护要点

必须提供可供维护人员和设备抵达格栅的通道。应勤加维护、定期清理栅渣。

10.5.7 设计案例

市区内的一个汇水面积为 8hm² （20ac）的雨水塘向雨水干管排水，雨水管直径为 1.5m（60in.），设计流量为 Q_{peak}=3.5m³/s（125cfs）、WQT=0.7m³/s（25cfs）。管道坡度为 0.004。此雨水管的受纳河流设有总固体水质标准，需在管道排水口上游 60m（200ft）处设计一台在线格栅，用于截留水中的固体。格栅与管内水流方向呈

67°角。

对于直径为 1.5m（60in.）、坡度为 0.004 的钢筋混凝土管（RCP），采用曼宁公式计算得到给定流量下的水深和流速：

对于 $Q_{peak}=3.5m^3/s$（125cfs），有 $h=1m$（39.1in.），$V=2.8m$（9.2ft/s）；

对于 WQT$=0.7m^3/s$（25cfs），有 $h=0.4m$（15.8in.），$V=1.85m$（6.1ft/s）。

假设栅条宽度 50mm（2in.），栅条间距 75mm（3in.）。

对于 Q_{peak}：

$$H_g = K_{g_1}\left(\frac{w}{x}\right)^{\frac{4}{3}}\left(\frac{V_u^2}{2g}\right)\sin\theta_g = (1.83)\left(\frac{50}{75}\right)^{\frac{4}{3}}\left(\frac{(2.8m/s)^2}{2(9.8m/s^2)}\right)\sin67° = 0.39m(1.29ft)$$

因此在设置格栅之后，管道内的水深为 1m（39.1in.）+0.39m（1.29ft）=1.39m（54.6in.），小于 1.5m（60in.）的管道直径。

对于 WQT：

$$H_g = K_{g_1}\left(\frac{w}{x}\right)^{\frac{4}{3}}\left(\frac{V_u^2}{2g}\right)\sin\theta_g = (1.83)\left(\frac{50}{75}\right)^{\frac{4}{3}}\left(\frac{(1.85m/s)^2}{2(9.8m/s^2)}\right)\sin67° = 0.17m(0.57ft)$$

此时管道内的水深为 0.4m（15.8in.）+0.17m（6.8in.）=0.57m（22.6in.），小于 1.5m（60in.）的管道直径。

10.6　挡罩

10.6.1　概述

挡罩是安装在湿塘、雨水窖等池体的出水管口处的罩体。罩的底边低于排水管下底，因此须存在一个挡集泥或存水井。挡罩通过切断漂浮物通往排水管的路径来控制其排放。挡罩可能需要强制安装虹吸破坏装置。挡罩也须提供清理排放口的通道。如第 10.1.1 节所述，纽约市的研究表明（HydroQual，1995），对于配备挡罩的雨水口，其除污染效率比常规雨水口高 55%。

10.6.2　典型应用

10.6.2.1　建设用地适用性

挡罩应安装在设有集泥坑或存水的雨水井出水口处。

10.6.2.2　水量控制

挡罩不具备存储或峰值调节功能。过罩水量受雨水井内水位控制。

10.6.2.3　水质控制

挡罩主要通过撇除的方式去除漂浮物和油类。

10.6.3　适用条件

被挡罩截留的漂浮物需经常清理。漂浮物堆积会影响感官效果，而且浮渣层厚度过大将导致漂浮物进入罩体内部，堵塞出水管。

10.6.4 设计步骤和标准

10.6.4.1 典型配置

挡罩覆盖了从排水管入口之上到排水管管底之下的空间，向下开口。挡罩须安装在设有集泥或存水井内。除西南部地区外，集泥井是美国大部分地区雨水口的标准配置。设计所用水头损失系数可由供货商提供（挡罩典型构造见图 10-11）。

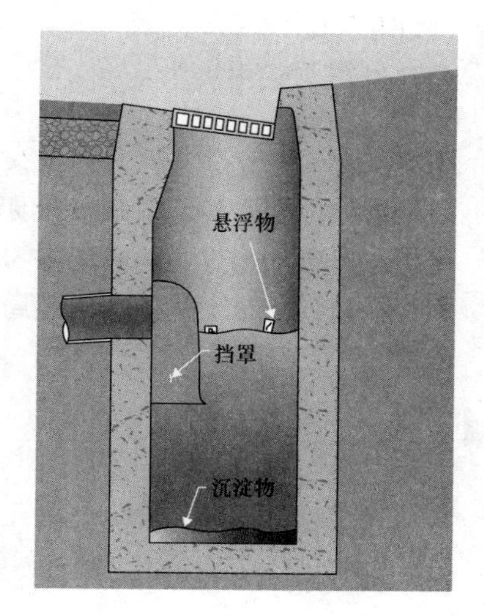

图 10-11 挡罩典型构造

10.6.4.2 预处理单元

挡罩最常见的用途是作为其他雨水控制设施的预处理单元，挡罩本身一般不需要预处理单元。

10.6.4.3 主处理单元

挡罩由环绕排水管入口的罩体和向下延伸至排水管管底之下的罩体组成。罩体底边低于管底，而且应低于池体内永久液面的旱季水位。若雨水口设有干式集泥坑，则有必要在挡罩底部设置格网，以防水位升高时井内的悬浮物进入罩内，为防止发生此类现象，罩体底边须与管底保持足够距离。格网应向集泥坑内倾斜，从而在当水位上升时，原来落入罩体底部的悬浮物会向上漂浮而不是被截留在格网内。必须检查罩体的入口流速，确保不会扰动沉淀坑底部的沉积物。

挡罩的内部面积应比排水管大，使其不会成为水力控制点。可采用标准水力计算方法计算罩体尺寸，但由于形状各异，其水头损失系数可由生产商提供。

10.6.5 美观和安全

挡罩截获的悬浮物应定期移除，以防其在井内水面堆积。

10.6.6 运行维护与通道

应有可通往雨水井出水口的通道，以定期清理漂浮物。需要移除集泥坑底部的沉积物，以防其受到扰动进入挡罩。

10.6.7 设计案例

一项地产开发项目要将现状公寓改造为分户式产权公寓，地方法规要求降低此地产项目雨水漂浮物的含量。需在雨水口内加设挡罩。

其中 Q_{peak} 为 0.08m^3/s（3cfs）、WQT 为 0.02m^3/s（0.75cfs）。对于坡度为 0.75%、直径为 450mm（18in.）的 RCP 雨水管，选用 600mm（24in.）的挡罩，制造商提供的局部水头损失系数 K 为 3.8。雨水口的内部尺寸为 1.2m×1.2m×1.83m（4ft.×4ft.×6ft.）。管底与集泥坑底的间距为 1.14m（3.75ft.）。

过罩水头损失如式（10-9）所示：

$$H = K\frac{V_{\text{peakflow}}^2}{2g} \tag{10-9}$$

其中 $Q_{peak}=0.08m^3/s$（3cfs），管内水深可采用适用于圆管的曼宁公式计算。根据0.75%的坡度和0.013的 n 值，得到相应的水深 $h=0.18m$（7.1in.），$V=1.4m/s$（4.6ft/s）。

过罩水头损失为：

$$H=K\frac{V^2}{2g}=3.8\frac{(1.4m/s)^2}{2(9.8m/s^2)}=0.38m(1.25ft) \tag{10-10}$$

罩体上游水位与管底的间距为0.18m（7.1in.）+0.38m（1.25ft）=0.56m（1.83ft），小于雨水口顶端与管底的间距1.83m（6ft）−1.14m（3.75ft）=0.69m（2.25ft）。可见加装挡罩后，在设计流量下将不会出现局部雨水溢流的情况。

第 11 章　雨水控制设施的维护

11.1　引言

11.1.1　概述

为了达到水质和雨水控制设施预期的输水能力，必须进行维护。但是，缺少的往往就是有关计划，包括维护的内容、需投入的财力和人力资源。编写本章的目的是为了提出不同雨水控制设施所需的维护项目，估算相关的费用，尽管其中许多工作不一定直接关系到控制措施的功能。管理机构和市政部门可以据此编制维护计划和估算需要的费用。

本章中所介绍的观察成果和建议，主要来自于美国水环境研究基金会（2005）的“最佳管理实践和可持续城市排水系统的性能和全寿命周期成本”项目资助是在美国和英国进行的研究工作。作为该项目的一部分，在全美实施各项维护研究的调查结果表明：由于有关的政策，维护预算往往很多，而技术或者实际的投入不足。通过调研还发现，各个单位并没有在其辖区内分配必要的资金，来全面维护雨水控制设施，使之达到维护指南要求的水平。正如预期的那样，那些有更多资金和得到公众大力支持的管理机构和市政部门，通常会对雨水控制设施进行较为全面的维护。此外，人们发现植被管理在维护活动中占首要地位，但在能否达到居民预期的维护水平上，则有很大的差异。

在许多辖区，植被管理成了主要的维护工作，但没有考虑去除沉淀物、碎渣和垃圾或者修补结构。除草次数及其他植被管理活动对雨水控制的功效影响可能很小，但是常常实施，以满足居住在这些设施附近的居民所期望的服务水平或日常需求。因此，选择低维护量植被对于降低维护费用至关重要。维护频率取决于邻近街区的经济状况（在富裕街区的维护需求更高）和系统的可见程度。因此对于同一类型的设施，预期维护费用可以随着周边社区的预期（大多从美观角度出发）有很大变化。

雨水控制设施的规模和复杂性同样也会影响各项维护活动。对于大型系统，例如湿塘，比较容易巡视、检查和监测，确保其继续保持预期功能（因为每个系统的服务面积大，所需的数量少），但维护仍需专业的承包商或机构团队来进行。对于小型的景观系统（例如植草沟和居民的雨水花园），较难进行巡视，可直接由绿化承包商进行维护或将该项职责委托给房主（除了一些修复类型的工作，如冲蚀修复）。有些市政部门就此转向小型、由私人维护的控制设施（即“低影响开发”），而有些则坚持采用由公共部门维护的大型控制设施，两者相结合可以大大降低公共维护费用（WERF，2005）。

不论是哪类控制设施，如果缺乏日常维护，都会不成比例地增加长期开支费用。例如，筑堤定期清除植被可以很容易防止大型植被过度生长对排水口与筑堤造成的结构性损坏。修复损坏的结构以及去除大树和其他种植的植被要远比进行修剪的成本高很多。

因此，如果有一套实施进行绿化维护的计划，可不必增加额外费用，而实现最佳管理(BMP)。

根据历史数据，下面列出了雨水控制设施维护困难的主要原因（WERF，2005）：

（1）未能明确什么是最佳管理实践（BMPs）；

（2）未能追踪到责任方；

（3）未委派专职检查人员；

（4）设计不便于维护；

（5）缺乏执法机构和维护条件；

（6）最佳管理实践的业主对其职责认识不清；

（7）最佳管理实践内容的增加，需要进一步强化维护；

（8）资金来源不充足。

资金问题是一个共同的主题。事实上，对一项控制设施或控制系统进行长期的维护和运营，需在以下方面投入资金：

（1）职工招聘、雨水控制设施位置数据库的维护和日常的检查；

（2）建立法律框架（并坚持不懈）明确执法机构，确保维护通道，并追踪责任方；

（3）对设施业主进行关于职责和维持雨水控制设施功能的适当实践培训（针对单个社区，可以包括成千上万个独立实体）。

为了解决资金需求，有些社区创建了雨水公司，而另外一些社区则坚持让私营开发商或土地所有者参与制订维护协议（即“维护声明”），确保已建的雨水控制设施能够长期得到合理的资金与维护。

管理机构可以掌控合理的设施设计和方案选择，避免采用容易出故障和/或维护强度高的控制设施。但是，这要求有足够的员工进行设计规划审查、施工检查和施工后检查，确保控制设施能持续达到预期的功能。许多管理机构没有经验或时间去调研，以确定哪类控制设施最能满足他们的需求。

雨水控制设施的维护通常并非市政当局首要关注的重点。在很多情况下，控制设施设计和施工完成以后好几年，才能确保这些设施得到检查和达到预期功能。因此，虽然控制设施在美国许多地方已存在 10～20 年，但维护经验往往很有限，通常仅在近 5 年才出现。

许多管理机构要求私营企业在开发或改建时安装和维护控制设施。公共部门则对这些控制设施进行日常检查，确保其持续发挥功能。私营开发商拥有强大的财务激励机制，确保一个项目完工后能转向下一个项目。但是，缺乏对雨水基础设施长期维护的激励机制，仍未形成良好的融资机制进行支付（例如由某个雨水设施的管理机构来支付）。在城市化迅速发展的地区，市政当局通常对现有和新建的雨水控制设施的记录跟踪存在困难，更不用说确保所有设施得到检查并正常工作。

11.1.2　维护要求和工作标准

11.1.2.1　维护的原动力

三个主要的原动力会影响维护的程度和频率，它们是：

（1）保护人类健康和安全；

（2）保持设施的功能；

（3）保持设施的美观。

雨水控制系统作为排水基础设施的一个部分，必需对其进行维护，按照设计对其部件或系统进行最低水平的日常维护。例如，日常维护中应去除垃圾和沉淀物、维持系统性能、防止排水口的堵塞。此外，最低标准的植被维护也是需要的，以避免排水口和雨水输送系统的堵塞。如果所处地域不同，相同类型控制设施的总维护要求也会有所区别。如果事先难以确定，就应在设计阶段确定并考虑这些要求。强化维护要求的原因，可能包括超常的沉淀物负荷（通常来自正在施工的工地）、入侵性植被和/或集水区域产生的垃圾。

许多维护工作较少关注设施功能的正常发挥，而要更多地关注维护设施外观。进行维护的一个显著效果就是确保设施外观美观，而不是维持其正常功能。从感观考虑，在雨季可每周进行一次除草，在旱季除草的频率可降低。公众可看到的和由私人维护的设施要比那些位于偏僻地区设施更受关注，但这种更多的关注对发挥系统功能不一定起作用。

植被管理应满足不同的、与健康或安全相关的各类需求。在加利福尼亚和纽约，对于蓄水塘的维护是控制带菌昆虫（蚊子）以免疾病的传播。然而，在蚊子非常密集的其他各州，却几乎很少或没有采取任何控制措施。在佛罗里达州，短鼻鳄鱼是安全的关注对象为了破坏它的栖息地，流域的河岸很少甚至没有自然生长的近岸植被。居民的安全也是一个重要事项，尤其针对具有灾难性的溃坝事件。因此，许多维护工作会直接抑制堤岸木本植被的生长和进行结构稳定性检查。

11.1.2.2 维护类别和标准

日常维护和不定期维护是两种常见维护类别。日常维护是经常性的、按照既定计划来实施的各种基础性工作，包括设施检查、植被管理、垃圾和碎渣的去除。此外，日常维护可以分为三级，主要是根据其所需频率：

（1）低级水平/最低水平——基本维护，维持雨水控制设施的功能；

（2）中级水平——正常维护，致力于设施的功能与外观；也可以进行附加的活动，如对某些设施进行预防性维护；

（3）高级水平——深度维护，仅针对设施的外观和环境舒适度。

不定期维护通常包括更为繁重、不可预见且不会经常发生的任务，以确保整个系统的有序运作，例如结构和冲蚀损坏的修补、以及可能的整套设施的重建。不定期维护涵盖了非常广泛的工作任务，包括作为最佳管理实践而进行的各种维护事项（例如：去除入侵性物种和动物洞穴、清扫前池等）。

11.2 维护的总要求

在美国各地，各类维护实践和适宜的维护方法已广泛实施。由于地理（气候、地貌、土壤等）、文化（审美、物质、规划目标等）和经济条件（可获资金和使用意愿）的不同，导致雨水控制设施在方案选择和维护工作中有各种方案。但是，由各州和当地管理机构实施的维护活动仍存在许多相似之处。

书面的维护计划往往很相似，实际执行（或者可能没有执行）的维护具有一些共性。常用的维护活动将在后续章节中加以讨论，包括检查、植被管理、去除沉淀物。维护的频率和是否能够深度维护通常取决于资金的限制。

对于维护人员而言，适当安排与雨水控制设施相关的安全培训尤为重要，例如受限空间的进入、危险物坠落、重型设备的操作、电机周边的听力保护和触碰污染物等。例如，在景观屋顶工作时会涉及危险物坠落，积累的垃圾和碎渣通常含有尖锐的物品，如皮下注射的针头、破碎的玻璃、生物废物等。死水及相关的带菌昆虫和其他虫害问题还会随之产生，比如在滤池的滤床上曾观察到火蚁的出没。

11.2.1　检查程序

通过常规检查程序可以及早发现和解决许多功效的问题（和相关的维护费用）。在设计和施工阶段进行检查，有助于确保采用合理的设计方案、施工技术、对沉淀物和冲蚀的控制。建成之后的检查和跟踪，能确保设施继续发挥正常功能。常规的监测不仅能确保按照规定进行维护工作，而且能够发现系统有可能存在故障的区域。

制定标准化的检查程序非常重要，这有助于评估雨水控制设施的稳定性和功能性。检查方案应该考虑到现场条件、水质功能、结构完整性和整体功能。检查结果可用于制定补救措施或确定进一步评估或工程分析的必要性。

检查程序中的一个关键事项是明确对雨水控制设施进行检查的责任方。在全美国，检查程序的构建方法有很大差异。在许多地区，该项检查由市政当局或地方管理机构来执行。这些机构通常缺乏条件，因此，往往不能按照推荐的频率进行日常检查。在这类地区，很多是在接到投诉后才进行检查。

美国得克萨斯州哈里斯县（Harris County）采取了不同的方法。该县要求雨水控制设施的业主选定一位专业工程师，每年核实是否按要求完成所有控制设施的维护工作。这种方法降低了管理机构的负担，将责任转移到具有资质的工程师身上，确保该设施的正常运行。

11.2.2　竣工图

有些辖区往往会忽视维护数据库或清单的重要性，它们包括每个雨水控制设施的地理位置、类型和其他数据的信息。通常，这些信息可以通过地理信息系统工具来完成。检查人员需要掌握控制设施的位置和样子以及如何按照设计进行维护。进行设施检查时，另外一个重要资料是竣工图。通常检查人员很难得到这些图纸。在华盛顿金县，为他们的检查人员提供了电子版的竣工图。纽约市环境保护部门，已针对每个控制设施制定了一张维护资料卡。这些由信纸大小的卡片记载了每个设施的竣工图、检查指南和清扫程序。竣工图可以提供每个控制设施必须检查的详细部件，在有些情况下，还能作为操作和维护需求的参考。这类图纸还能帮助检查人员在现场核实设施的所有部分是否按照设计要求正常工作。

11.2.3　施工活动对雨水控制维护的影响

最佳管理实践的设计和操作，必须考虑施工期间因雨水不可避免地进入排水系统所造成的损害。有书面记载，施工产生的高沉淀物负荷对下游控制设施造成几乎不可修复的损害，尤其是依靠入渗的设施，这样的案例反复发生。如果不能阻止因施工产生的沉淀物进入控制系统，和/或没有采取适当的努力在进入控制设施之前去除沉淀物，通过实施雨水控制政策带来的环境效益将会严重受损。

对于管理机构而言，沉淀物的控制是一个重要关注点，比较有能力的公用事业单位有种种方式来解决该问题。在现场使用专用的沉淀物控制装置，直至汇水区达到稳定，然后再增加专用的雨水控制设施。负责雨水控制设施维护工作的市政当局或者其他权力机构，应在开发区的大部分建设（例如，>80%的工作量）完工之后，再接受这项职责；如果是采用渗透控制设施，就应该在完成更大工程量，在场地稳定之后。其他方案是增加雨水控制设施的额外处理能力，设计考虑到储存施工期的沉淀物；或者，建造第二个设施，以处理施工阶段产生的径流量，确保完工之前，不允许其流入永久性控制系统。第二种方案具有永久性控制设施的优势，在正常运行之前保证其稳定。关于雨水控制设施在施工过程中积累沉淀物的主要结论如下：

（1）大多数的沉淀物问题源于施工活动（包括公共和私营部门），系统在该阶段生命期内，需要强调对冲蚀和沉淀物进行有效控制。

（2）一个设施的长期性能必须在工程完工后才能得以保证。有些管理机构需要一个等待期和/或出具履约保证金，以确保有充足时间和/或资金，在公共部门确定调蓄池的维护责任之前，进行必要的修补（包括施工沉淀物的去除）。

（3）在将控制设施移交给运营商之前，去除施工过程中产生的沉淀物非常重要，该项行动所产生的费用应由施工承包商来承担。

11.2.4 植被管理

雨水控制设施的维护有两个重点：维护工作中植被管理占多大比例，不同地区居民预期的维护水平有多大变化。许多辖区在现场工作中，有80%的工作量消耗在与除草相关的工作上，其余时间才是去除沉淀物、碎渣和废弃物或者结构性修补。这些努力对控制效果的影响很小，其驱动力源于居住在设施附近居民的预期值。维护频率往往取决于设施周边生活和工作的人员对该系统的可见程度。

思考一下美国马里兰州巴尔的摩县（Baltimore）和佛罗里达州奥兰多市（Orlando）的实践经验。在巴尔的摩县，该县的维护团队每年仅对湿塘和干塘除草一次，而且仅在堤坝区域，是为了防止堤坝上生长木质植被，提供进入出口结构和沿栅栏线的通道。实际上，调蓄池更需要种植密集的木质植被，防止储存的径流因阳光照射而升温，居民也能够接受，因为自然外观更加舒适，尽管调蓄池内积累的树叶可能会加重其他维护需求，例如出口清扫。还可通过种植仅需低维护量的地被植物，取代需要更高强度维护的草坪植被。这种低水平的植被管理并不会影响性能，而在国际雨水最佳管理实践的数据库（www.bmpdatabase.org）中关于干塘的最佳实践，就位于巴尔的摩县。

与巴尔的摩县相反的案例是奥兰多市。其实施计划资金来自雨水公用事业收费，与美国其他大多数辖区相比，其资金相对充足。在某些城市的维护场地，考虑植被生长季节的跨度，每6周就进行一次除草，即每年约除草6次。私人的商业运营商负责对位于办公楼停车场的调蓄池进行维护，其除草频率与其他园林绿化维护的频率相同，或者可能每年进行30次维护。

这些案例表明：在全美国各辖区，植被管理工作和频率变化范围很大。尽管气候条件

（例如，植被生长季节的跨度、雨量等）将会影响不同地区的除草频率，居民的预期往往是进行维护的首要驱动力，超出了对其功能的最小需求。因此，在那些正准备着手大范围采用雨水控制设施的地方，在规划设施规模和维护计划成本时，应该考虑当地百姓的预期，而不是依据其他辖区经验的平均成本。

11.2.5　沉淀物的累积、去除和处置

去除沉淀物通常被错误地认为是雨水控制设施的一项常见的维护活动。沉淀物的去除频率基于降雨期间从汇水区去除的固体物量。除了施工阶段产生的沉淀物负荷外，雨水沉淀物的浓度通常并不高。假设一个 10ha（25ac）建成城市的汇水区，总悬浮固体物的平均浓度为 100mg/L，降雨量约为 1 000mm/年（40in./年）。这样需控制的总固体物负荷约为 10 000kg/年（22 000lb/年），体积为 $8m^3$（280cu ft）。如将其分散到一个表面积为 1 $000m^2$（10 700sq ft）调蓄池，则累积的沉淀物＜1.0cm/年（0.4in.）。因此，积累大量的沉淀物需历时很多年。当然，调蓄池中沉淀物的累积并不均匀，通常会先在进口处附近累积，因此需较为频繁地去除该区域内的沉淀物。

沉淀物的处置通常是各机构和维护雨水控制设施的其他责任方所关注的一个问题。根据雨水系统中沉淀物的污染程度，存在不同的看法。对运营商而言，他们还要考虑处置受污染沉淀物的昂贵成本。从全国沉淀物质量的汇总资料来看，由于沉淀物中含有重金属而将其当作危险废弃物的观点，并没有得到认可。

加利福尼亚交通局（Caltrans）（2004）在美国各地交通枢纽建造了各种雨水控制设施，表 11-1 介绍了这些控制设施的最大污染物浓度。这些浓度远低于美国危险废弃物的阈值，因此可以作为一种“特殊废弃物”，在生活垃圾填埋场进行处置，或者作为其他工程项目的填料。但是值得注意的是，当控制设施处理的雨水来自“热点地区”或者汇水区内存在危险物质的溢漏时，沉淀物内污染物会比这里介绍的一般含量来得高，在这种情况下，可能需要进行试验来确定合适的处置方法。

应注意总悬浮固体物只是流入雨水控制设施的固体物中的一种。质量较大的固体、树叶、垃圾和碎渣常会超过悬浮固体物负荷。在第 4 章中，总结了对垃圾负荷的一些研究成果。

美国不同来源的沉淀物中选测成分的最大浓度（WERF，2005）　　表 11-1

站点名称	构筑物	最大浓度（mg/kg）						
		As	Cd	Cu	Pb	Zn	Ni	Hg
605/91	生物滞留滤池、植草带	2.90	1.2	60	144	337	13	0.05
阿拉梅达	油水分离器	5.00	1.7	106	189	702	27	0.07
终点停车休息站	砂滤池	0.76	0.3	11	11	70	3.40	0.04
东部地区、中部各州	砂滤池	1.20	0.3	8	25	61	3.10	0.04
山丘，中部各州	砂滤池	1.70	0.2	7	16	77	2.40	0.04
佛得谷停车休息站	砂滤池	3.1	1.5	41	54	535	22	0.05
卡尼梅萨	堆肥过滤池	1.7	5.0	120	110	670	18	0.5
埃斯孔迪多	砂滤池	1.1	5.0	10	10	140	10	0.5
美国危险废弃物的阈值		5 000	1 000	25 000	5 000	250 000	20 000	

11.2.6 冲洗水的转运和处置

对许多在两场雨之间保持稳定水量的专利装置进行维护时，要特别关注液体的去除和处置。通常用一辆装有水射器的卡车对这些设施进行清洗，去除积累的污染物和积水。水射器通过抽真空方式，将雨水、污水及其相关的废弃物抽入位于卡车上的水箱内进行输送和处置。一般使用 Vactor 牌卡车，由 Vactor 公司制造，该公司是联邦信号公司（斯特里特，伊利诺斯州）的一家子公司。

混合物被运送至运营商的处理厂，倾倒后将液体和沉淀物分离。对部分固体物质进行分析通常会发现，金属和其他污染物含量较高。但是，和从干系统中收集的物质一样，不会达到危险废弃物的水平（Serdar，2003）。液体部分会排入当地的污水处理系统。但要注意，这属于工业废弃物的排放，需要有排放许可。一旦干化后，固体废弃物一般在生活垃圾填埋场进行处置。

11.2.7 雨水系统中预处理的作用

将沉淀前池用在二级控制和其他处理设施的系列中，虽然会增加预处理设施的基建费用，但可以阻止下游控制设施中沉淀物的积累，减少维护费用。在英国进行的一项调查表明，如果缺乏上游的预处理，85%的雨水控制设施会产生沉淀物的问题（WERF，2005）。对湿塘而言，尤其需要进行预处理，因为从塘中去除湿的沉淀物要远比去除从一个预处理的植草沟或集泥井中产生的干沉淀物昂贵得多。美国有些管理机构，如金县，就将对沉淀物的预处理移至雨水口内，在进入控制设施之前。

11.2.8 带菌昆虫和虫害管理

在许多地方，设施的维护需求具有独特性，与野生生物，包括河狸、麝鼠、鹅、囊地鼠和鳄鱼等相关。仅在几年之前，西尼罗病毒（West Nile Virus）在美国受到了广泛的关注，由此改变了各家机构和公共部门对保持稳定水位系统的看法，例如湿塘和地下水窖。同时，这些控制设施是不是造成蚊子问题的重大根源也在努力查证。但是应对现实或潜在威胁的行动会有所不同，围绕作为蚊子的滋生地，湿塘和湿地系统所产生威胁的性质和级别还在激烈辩论之中。

11.2.9 私有的低影响开发系统

私有的低影响开发系统出现了一系列独特的维护问题。对于众多小型、可能难以接近的系统，监管机构对其检查往往要比那些已建的少量大型区域雨水控制设施困难得多。此外，还需对众多房主进行关于功能和特殊维护要求的教育，即使这样，也难以做到 100% 遵守相关规定，尤其当人们看到该设施的生命周期为 50 年，而在该周期内将有很多人拥有该系统。如果许多房主不愿遵守推荐的维护指南而对此采取强制行动，也会带来问题。因此，监管机构应认真思考如何对这些系统进行维护，以及如何实现预期的功效并创造下游效应。

11.3　雨水控制设施维护的详细指南

本章的前几节描述了全球性关于雨水控制设施维护存在的各种问题。本节将重点介绍对植草沟和植草带、调蓄池、滤池、渗透设施和雨水口等雨水控制设施的特定维护，其目的是为设计人员提供不同维护类型的特定信息、频率（基于维护水平）、人力以及所需的设备，也可帮助市政部门以及雨水控制设施的其他责任方更好地预测对维护设施所需的各种资源。

11.3.1　植草沟和植草带的维护

植草沟和植草带的维护很明确，主要是植被的管理，确保水流均匀地分散于整个系统，防止积水的产生。应该移除废弃物，检查进水和出水结构并确保水流畅通，边坡应有植被和保持稳定，定期去除沉淀物。

植草沟和植草带往往被视为一个附属物或园林绿化的一个部分、而非独立的部分。因此，当对公共通道进行修剪时，也会对植草沟或植草带进行修剪。而且，大多时候不会对植草沟和缓冲植草带进行检查，只有当产生问题时（例如水流通道堵塞），才会留意并加以改善（通常由于市民的投诉），但是这些问题无需提前预测。

为了改善径流水质，植草沟是经过设计的（通过计算长度、宽度和坡度，来确保一定的停留时间）。植草沟和其他没有设计的草地输水渠不一样，但是往往被混在一起。在美国，开放式植草沟和排水沟到处存在。上千米长的道路通过植草沟排水，与大量的商业及住宅开发区一样。许多农村地区实际上并无路边排水沟和排水管网系统，完全依赖于开放式植草沟（也称“借沟”或“条沟”）。在大多数社区，事实上专门为改善径流水质设计的植草沟并不常见，虽然在美国有些州，如佛罗里达州，已使用该类植草沟很多年。雨水监管完善的辖区明确提出了如何设计和建造这类植草沟，并将其视为规定的水质控制设施。然而，尽管有相关制度的支持和大力宣传此类设施易于操作，植草沟正式用于雨水控制的处理量，通常要比湿塘和干塘低很多。因此，来自植草沟的经验及可获得基础维护的总结数据相对有限。

植草沟和植草带的维护活动主要包括：

（1）日常维护——检查、报告和信息管理，植被管理，去除废弃物和碎渣；

（2）不定期维护——冲蚀修复，绿化，动物管控，以及去除沉淀物。

本节会讨论上述各项活动，介绍“最佳实践”的维护水平，作为应用的典范。

在适当的场合，还会讨论最低级别维护和其他选择方案。本节的结论来自定量数据以及对雨水管理机构代表们的采访。

11.3.1.1　检查

有些公共管理机构会自行或者外包雨水控制设施维护；有些机构不维护控制设施，将其留给私人业主。多数情况下，公共管理机构会定期进行某种形式的现场检查。在检查期间，评估的主要内容包括：

（1）明确该设施仍然存在（并没有因为土地利用的改变而消失）；

（2）评估是否存在冲蚀或植被受到损害；

(3) 检查草坪的均匀性、碎渣和垃圾以及沉淀物积累的面积；

(4) 对照原有规定进行半年度检查，对确认的裸点和冲蚀面积进行补种和修复。

表 11-2 总结了大多数植草沟的典型检查计划。第 12 章中用于全寿命周期成本（WLC）模型的"缺省值"用粗体字表示。设计人员应该注意，如果可能的话，应更倾向于采用当地的数据，而非全国范围的平均值或文献值。

植草沟和植草带的检查、报告和信息管理（WERF，2005） **表 11-2**

说明：现场观察；检查综合核查清单中的每个项目；将问题和说明提交给维护人员；将检查情况输入数据库。		
频率		
缺省值	**每年 1 次**	
高级	每年 2 次	有时候要求工作人员进行非正式检查；通常每 3 年进行 1 次正式检查。许多机构代表推荐对小型设施（植草沟、生物滞留滤池和渗渠）采取更为频繁的年检，而不是针对较大水塘和调蓄池所采取的标准——3 年 1 次的检查
中级	每年 1 次	典型频率，尤其针对拥有众多最佳管理实践经验的机构
低级	不定期检查；响应市民投诉	不被推荐。需要更多及时的观察
所需时间		
缺省值	**2h**	包括将现场记录的数据录入计算机数据库
范围	1～3h	根据各场地之间运输的距离和速度，以及所需报告的详细程度而定
劳动力		
缺省值	**1 人**	通过人数乘以当地劳动力工资收入来计算成本
范围	1～2 人	通常 1 人；有些机构更倾向于 2 人
技能水平		
缺省值	**专业人员**	明确工资水平
范围	从高中受训人员到专业人员	由预算决定，通常支付雇员的工资越低，人员流动率越高；取决于实现（BMPS）的复杂程度
设备和材料		
缺省值	**车辆、现场数据表、计算机数据库**	明确设备成本，选择每小时的费用
范围	如上所述，还包括数码相机和全球定位系统，以便记录和跟踪控制设施的位置	取决于期望的复杂精细程度

植草沟应每年至少检查 1 次。但是在建成后的最初几年中，应对草坪进行更为频繁的检查，以找到任何还将可能出现的问题，使设计人员能够计划长期的修复性维护。有些机构会进行更为频繁的检查，有些则要求负责日常修剪的承包商或工作人员发现问题时汇报，进行额外的检查。可惜的是，由于预算的限制，许多雨水控制设施的管理机构不会进行这种水平的检查，而是在市民投诉时才会进行观察。

长期以来，植草沟被视为是蚊子的滋生地而备受关注。然而，设计良好，保持干爽的植草沟不会滋生蚊子，因为它们经过平整，雨水以薄层均匀流过，有厚厚的植被保持边坡和底部的稳定。维护较差的植草沟可能因为疏忽形成暂时性水塘，并存在较长时间，使蚊幼虫得以成长。当在车道涵洞的出口附近不断出现沉淀物和植被，这种临时性的水塘会产生突出问题。在雨后，检查人员应观察是否出现了不当积水。认知的水平和现实的威胁程度在社区和社区之间有很大差异，目前还不能掌握“平均”工况或需投入的费用。

11.3.1.2　植被管理

植被管理是植草沟和植草带的主要维护活动，包括劳动力、设备和总成本。在许多方面与绿地的标准管理相同，如草坪和公园用地。大多数机构都有自己的指南，明确草地修剪需维持的最高高度，通常为 100～150mm（4～6in.）。定期修剪十分必要，可以阻止被木质植物替代，确保水流通过植草沟时通畅。表 11-3 总结了美国各管理机构普遍采用的植被管理计划。

植草沟和植草带的植被管理包括垃圾和碎渣的去除（WERF，2005）　　表 11-3

说明：地被植物的修剪；小型木质植被的修剪，以免生长无用的树木。步行或通车场地；拾捡明显的废弃物；非正式检查；检查出口的堵塞，以及观察到重大问题时通知维护人员。		
频率		
缺省值	**每年 1 次**	
高级	每 4～6 周 1 次	出于美观进行维护，尤其当控制设施位于高度公共可见的区域；降雨量低的地方不需要维护（除非可能要去除垃圾）。商业区通常与其他地区保持相同的维护计划
中级	每年 1 次或 2 次	典型频率。美观仍是一个原动力；取决于社区的预期、降雨量和植被生长的速度
低级	每 3 年 1 次，选择生长较慢的植被	仅要求确保木质植被不损害径流通道和出口地带。利用本地的草坪和/或湿地植被，可能降低维护的频率
所需时间		
缺省值	**4h**	假设是一个小团队（2 人）。较大的团队可以更快地维护一个“平均”规模的设施。每个机构按自身情况设置
范围	2～5h/团队/设施	很大程度上取决于控制设施的场地规模和维护级别、场地之间运输的距离和速度、团队规模和设备。大型设备可能会降低场地之间的运输速度。监督人员应在每个场地工作一定时间
劳动力		
缺省值	**2 人**	通过人数乘以当地劳动力工资收入来计算成本。如果签订合同，采用总价合同
范围	1～5 名工人，另加 1 名监督人员	取决于使用的设备和维护级别。有些使用大型单人操作的割草机，最低级别的维护场地所需的劳动力要比修剪整齐的场地少很多
设备和材料		
缺省值	**卡车、拖车、带割草机的拖拉机、各式各样的绿化工具**	确定设备成本，选择每小时的费用
典型方案	如上所述；设备会有所变化	根据最佳管理实践（BMPS）的规模、预算、预期的维护级别而产生很大的变化。有些机构比较包容植物在现场的生长
选择方案	公共团队或合同管理服务	市场的驱动因素决定选择。采访机构同时使用内部劳力和分包劳力。通常由物产业主进行维护，公共产业或公共通道除外

植被管理的水平主要受控于以下几个关联因素：审美观念、植被选择和气候条件。一般从审美观念出发来确定修剪计划，而不是水质功能。在商业综合体中，例如，按照园林绿化合同进行的植被修剪与周边草坪和花园的修剪并无差异。毗邻维护良好的公共和私营开发区的控制设施植被，也会有机会提高维护频率。反之，如果更加注重自然外观和种植本地的或生长缓慢的植被，就不必频繁地进行维护。

在美国，气候变化很大，修剪频率会呈现如下的差异。在佛罗里达州，降雨频繁且降雨量大，通常每6周进行一次修剪（每年9次；值得注意的是，当设施与住宅离得很近时，可视为绿化草坪的一部分）。这与干旱地区的需求有着明显的不同。在加利福尼亚和华盛顿，植草沟和植草带可能每年仅需修剪两次，旱季和雨季各1次。对于公共通道，大多数管理机构根据其可负担的财力和公共投诉情况进行修剪。

频繁修剪还有美观以外的目的。观察表明，频繁修剪的区域不易受到冲蚀。如果没有频繁地修剪，草坪由于“自我遮挡”，会使植被成点状或片状，不能充分覆盖；增加定期维护（修剪）可避免增加改善性的维护（尤其是植草沟的冲蚀和渠道化）。

使用本地草种可避免频繁修剪所产生的额外费用，将灌溉用水量降至最低，并可提供更多的自然栖息地。有些维护指南提出：灌溉草坪的修剪高度为50～100mm（2～4in.），非灌溉的本地草坪修剪高度为150～200mm（6～8in.）；但在美国俄勒冈州的波特兰进行了一项研究（Liptan，个人交流），仅对一个植草沟中的草坪草进行修剪维护，其余部分不维护并以本地的自生植被为主，结果发现本地杂乱的植草沟要比经过修剪和维护的植草沟功效更好。这一发现帮助波特兰做出决定：将水质控制设施的常规绿化减至最低，种植本地植被来取代草坪草。

多余的积水（可能发生在植草沟，但通常不会发生在过滤植草带）以及希望减少修剪，推动了西北部沿太平洋的一些机构用湿地植物替代植草沟草地。在金县的一个监测站点，对湿地植物去除污染物的效果进行了检测（该植草沟以前由于多余的积水而产生过死草的问题）。结果表明，可去除70%的总悬浮固体物（TSS），虽然该去除率很可观，但仍比种植草皮的植草沟监测到的效果（80%的去除率）略低（Kulzer，个人交流）。

11.3.1.3 垃圾管理

垃圾和碎渣通常由除草人员在除草过程中移除。虽然在有些情况下，不同的承包方或团队会分别负责各自工作，但区分日常修剪和垃圾拾捡的成本数据仍不易获取。表11-3表明大多数垃圾去除计划是和植被管理计划一起安排的（费用也合计）。

11.3.1.4 不定期维护

大多数管理机构不会跟踪维护费用，尤其是长期维护费用（WERF，2005年）。有些机构会跟踪维护总成本计划，但不是针对单个雨水控制设施的成本。每个雨水控制设施的单位成本由总成本除以设施的个数，忽视了控制设施的类型或实际上是否进行维护。结果会导致某一设施的成本要比实际成本低。因此，这些长期的、不常发生的维护费用无法获知。每年的平均维护费用令人质疑，需要更多的数据来提高此类信息的准确性。表11-4总结了可获得的这些维护任务信息，包括大量冲蚀和地形修复、细小沉淀物的去除、绿化和动物控制。本节对各子项进行补充讨论。

植草沟和植草带的不定期维护（WERF，2005）　表 11-4

说明：通过各种维护来修复非常规性的问题：修复冲蚀的边坡，地形修正（形成渠道、没有配水设施等），去除沉淀物，修复绿化，以及修复动物的损害		
频率		
缺省值	**每 4 年一次**	当地情况（排水区域的稳定性、土壤等）将决定维护频率；需要基于当地的经验来设置长期的平均值
高级	每 1～2 年一次	在一些维护指南中为推荐级别；少数管理机构在实践中采用该频率。加利福尼亚交通局要求每年进行沉淀物的去除
中级	每 5～8 年一次	比较典型的频率。蒙哥马利县估计每 5 年去除一次沉淀物
低级	不维护（成本模型中假设每十年一次）	大多数系统至今还未进行维护；这并不是一个可接受的长期战略——将会降低设施性能
所需时间		
缺省值	**1d**	会随项目规模和复杂程度而变化，每项活动可从 1h 到几天甚至更长
范围	4h～2d	主要取决于控制设施的规模和进入的通道、沉淀物量、天气、废弃物处置场位置等因素。应根据当地的数据资料来设置长期的平均值
劳动力		
缺省值	**4 人**	根据机构和项目的情况，使用不同的团队规模。通过人数乘以当地劳动力工资收入，来计算成本。如果签订合同，采用总价合同
范围	3～6 名工人，另加 1 名监督人员	取决于使用的设备和维护的级别
设备和材料		
缺省值	**反铲挖土机；自卸卡车；各式各样的手工工具**	根据机构、项目规模和复杂程度，确定使用不同的设备和材料
典型方案	前端装载机、反铲挖土机、自卸卡车、车辆拖车、各式各样的手工工具、替换部件	取决于控制设施的规模、可获得的设备和装备的设计。对于没有提供维护要求的控制设施，则需要有特殊措施出入通道、提高成本和延长项目寿命

因为植草沟输送的是已集中的径流，要比从汇水区收集层流的过滤植草带更易产生问题。目前，金县正在对旧设施进行翻修，让不合格的植草沟能够实现改善径流水质的功效。在设计标准改善之前就已建成植草沟，应对以下设计上的问题进行改进：

（1）倾斜度不够（导致积水和死草的产生）；

（2）倾斜度太大（导致停留时间不充分）；

（3）地形不合适（大多呈 V 形，以至在植草沟中央形成渠道）；

（4）基流问题（持续水流，渠道化水流）；

（5）缺少配水设施（渠道化水流，冲蚀）；

（6）土壤没有衬里，以至入渗过快（不能有效去除污染物，对地下水质形成威胁）

植草带的水深和流速都很小，因而不易发生冲蚀问题，但是植草沟不同。植草沟边坡和底部的冲蚀会引起许多问题，必须进行修复。边坡的冲蚀和脱落会导致沉降，这是设计植草沟时需解决的特有问题。如果植草沟的底部变得很不平整且有凹痕（通常由于轮胎的痕迹而造成），不但无法保持预期的均匀流，而且会使水滞留和滋生害虫，例如蚊子。通常，在植草沟并不具备很强的景观特质时，除了日常修剪和拾捡垃圾，不会再进行其他维护（WERF，2005）。因此，冲蚀的地方就只能靠“自行修补”，而不会受到关注。在进行管理的绿化地区，上述情况如同草坪上出现了“秃块”，会得到同样的关注。因此，无需增加额外的维护费用，会出于美观需要完成该项工作（或者不算工作），而不管该植草带的设计是为了改善水质，还是仅仅作为景观的一个元素。

因为植草沟和植草带具有植被覆盖的景观特性，可从定期进行园林绿化的养护方法中得益，例如松土、去除杂草、通气（例如，刺孔或打通气孔）以及新草的追播或过度播种。这些技术主要用于培育生长良好的草皮。但是，除非植草沟位于精心管理的绿化区（无论是否作为雨水控制设施），否则这类技术通常不会被采用。

植被覆盖的植草沟和植草带会易于受到穴居动物的危害，如鼹鼠和囊地鼠。在加利福尼亚，修复囊地鼠所造成损害的费用通常很少，低于5%的年度维护费用（Caltrans，2004）。但是在马里兰州，清除动物洞穴费用预计占年度维护费用的30%（WERF，2005）。

植草沟内会逐渐积累沉淀物，尤其在坡度或水流条件发生变化的周边（例如，在涵洞处）以及与铺面相邻的植草带。应定期去除这些沉淀物，以保持适宜的水力特性，避免产生积水区域。通常在发生明显现象时，应去除沉淀物，例如，堵塞、阻止水流流出植草沟或在底部积累成沉淀物的三角地带而影响水流。一般沉淀物的去除量并不大，需要的设备水平和交通运输条件不高。具有去除植草沟沉淀物经验的管理机构很少，能够清楚了解这项工作费用的机构更少（WERF，2005）。

11.3.2 调蓄池的维护

11.3.2.1 湿塘和湿地的维护

湿塘和湿地的维护包括以下主要内容：

（1）日常维护——检查、报告和信息管理，植被管理，垃圾和碎渣的去除，带菌昆虫的控制；

（2）不定期维护——去除前池中沉淀物和脱水，去除主池中沉淀物和脱水，修复冲蚀，绿化和控制动物。

1. 检查

如果可能，应带着调蓄池竣工图，在不同工况下进行检查。雨季的检查非常重要和有益，这将确定调蓄池是否能够正常运行。季节性的检查也同样重要。在冬季，冲蚀和动物挖洞的现象更易出现，而在夏季，可见到各类入侵物种。在旱季进行检查，会更加容易地检查堰和出口结构。湿塘和湿地的检查应该包括以下各种内容：

（1）检查堤坝的沉降、冲蚀、漏水、裂缝、以及树木生长情况；

（2）评估事故溢流口的状况；

（3）检查进口和出口结构、评估其状况；

（4）评估上游和下游渠道的稳定性；

（5）检查边坡稳定性和植被的覆盖率；

（6）评估调蓄池的植被条件，确定是否需要去除、收割或者重新种植。

表11-5总结了美国管理机构湿塘和湿地的典型检查计划。有些机构检查得更为频繁

（如每年进行检查）。然而，维护良好的湿塘，大多数机构还没有发现需要超过 3 年 1 次的详细检查。有些机构要求日常修剪的承包商或团队发现问题时应及时汇报，这会增加检查概率。第 12 章中所描述的用于全寿命周期成本（WLC）模型的“缺省值”用粗体字表示。如果可能的话，应优先采用当地有数据，不必用全国范围的平均值或文献值。

湿塘的检查、报告和信息管理工作量的估算方法汇总（WERF，2005）　　表 11-5

说明：现场观察；评估综合清单内项目；说明并将问题提交给维护人员处理；数据库中的文献研究成果		
频率		
缺省值	**每 3 年 1 次**	
高级	每年 2 次和在大雨之后	有时候要求工作人员进行非正式检查；正式检查通常每 3 年 1 次
中级	每年 1 次	典型频率，尤其针对拥有众多最佳管理实践案例的机构
低级	每 3 年 1 次	不被推荐。需要更多的及时观察
所需时间		
缺省值	**2h**	包括将现场记录的数据录入计算机数据库
范围	1～3h	根据场地之间运输的距离和速度，以及所需报告的详细程度而定
劳动力		
缺省值	**1 人**	通过人数乘以当地劳动力工资收入来计算成本
范围	1～2 人	通常 1 人；有些机构更倾向于 2 人
技能水平		
缺省值	**专业技能人员**	明确工资水平
范围	从经培训的高中、研究生到专业人员	由预算决定，支付雇员的工资越低，通常人员流动率越高；取决于实现最佳管理实践（BMPS）的复杂性
设备和材料		
缺省值	**车辆；现场数据表；计算机数据库**	明确设备成本，选择每小时的费用
范围	如上所述；还包括数码照相机和全球定位系统装置，以记录和跟踪控制设施的位置	取决于预期的复杂精细程度

2. 植被管理

植被管理包括两类不同的、费用差异很大的内容，即调蓄池周边陆地植被的管理和调蓄池内水生植被的管理。大多数机构会定期对调蓄池周边进行修剪，控制草坪和其他植被的高度。该项任务需要一个团队携带设备，定期到每个调蓄池现场进行修剪。如果还需对调蓄池内的植被（湿地和开放水体的植物）进行维护，则会增加相当多的额外费用。

有些行动（和费用）是为了改善外观，而不是为了功能，改进系统性能和保护公共卫生。虽然大多数机构缺乏资源，对设施进行超过每年 1 次或 2 次的维护，但他们可以与周边的房产业主合作，解决投诉和关切。已经制定了至少两种选择方案，来解决资源短缺而无法提供更为频繁的绿化服务。

首先，许多机构开始与周边的土地所有者（如房主、社团和商家）合作，让这些社区团组进行日常的修剪和拾捡垃圾。例如，在马里兰州，巴尔的摩县、蒙哥马利县、乔治王子县的雨水管理机构，在有雨水调蓄池的居住社区，已经为房主制定了“接管调蓄池”的计划。市民会检查明显的问题（如，调蓄池排水不畅）并做日常维护，比如拾捡垃圾和修剪植被。纽约市环境保护部门已制定一个类似的“接管蓝带”计划，由那里的市民、当地社区团组以及商家对BMP的周边进行维护，并为他们的努力在现场树立一个明显的、个性化的标示牌。这些计划让县级团队或公共资助的承包商得以关注更加严重的事项，例如结构部件的修补，或者清除影响出口水力特性的垃圾和碎渣。

有些机构会采纳另外的（和潜在补充性）战略，明确指出哪些特定的绿化要素（草地品种，灌木丛等）不必进行修剪，从而显著降低了相应的维护预算。例如，马里兰州的巴尔的摩县，要求种植不必修剪、生长较慢的地被植物。该县的维护团队仅对设施的周边（如栅栏）以及沿着从入口到出水构筑物（出于检查目的）的通道进行修剪。俄勒冈州的波特兰市已划拨100万美元，用于将所有公共设施的绿化，替换成本地植被品种（WERF，2005）。这些本地植被无须进行修剪，仅需偶尔检查，清除外来入侵植物。

木质植物不控制生长，尤其是树木，除了造成问题，还会产生巨额的维护费用。树木会在调蓄池边茂盛生长，尤其在出水构筑物和堤坝处。当树木在堤坝上生长，它会影响调蓄池的整体性和功能。移除大树要花费上几万美元。但是，在日常绿化检查时进行定期剪切，控制这些植物初期的生长，就可以只花费一小部分这类可能产生的费用。

推动水生植物管理来自于几个因素：美观和控制带菌昆虫。从以往看，湿塘观瞻效果好，周边的居民和商家显然更倾向于接纳湿塘而非类似沼泽地的湿地。因此，通常需从事大量工作，阻止在湿塘表面大面积生长香蒲及其他入侵植物。精细化管理费用高昂。目前，德克萨斯州的奥斯汀市就重新评估了湿塘的设计标准，尽可能减少对水生植物的管理，提供更深的水域（减少水平台），防止水百合这类物种入侵（会覆盖湿塘的整个表面）。在可见程度不高的地方，许多机构（很可能，至少有一部分，由于财务上的原因）倾向于采取不干涉的方式，将各种干预措施及其相关的劳动力和处置费用降至最低。关注的焦点在于确保植被不会影响设计的水力特性（例如，堵塞出口）。

根据对各机构的采访，表11-6总结了湿塘的植被管理计划。

湿塘的植被管理、垃圾和碎渣去除的汇总（WERF，2005） **表11-6**

说明：地被植物的修剪；小型木质植被的修剪，以免生长成树木。可能或可能不包括水生植被的护理。步行或驾车到场地；拾捡明显的垃圾；非正式检查；检查出口的堵塞，以及观察到重大问题时通知维护人员		
频率		
缺省值	**每年1次**	假设位于可见程度不高的区域
高级	每4～6周1次	出于美观进行维护，尤其当最佳管理实践（BMPS）位于高度公共可见的区域；在降雨量低的地方不需要维护（除非可能存在去除垃圾的要求）。商业区通常与其余的地区保持相同的维护计划
中级	每年1～2次	典型频率。美观仍是一个驱动力；取决于社区的预期、降雨量和植被生长的速率
低级	每3年1次，修剪面积有限，选择生长较慢的植被	以最低的需求确保木质植被不会在堤坝和出口地区生长。如有需要，可对周边地带、堤坝和出入口进行修剪。使用本地植被可改善外观。可能必须针对“问题池体”，进行更为频繁的维护

续表

说明：地被植物的修剪；小型木质植被的修剪，以免生长成树木。可能或可能不包括水生植被的护理。步行或驾车到场地；拾捡明显的垃圾；非正式检查；检查出口的堵塞，以及观察到重大问题时通知维护人员		
所需时间		
缺省值	**8h**	假设使用一个小团队（2 人）。较大团队可以更快地维护一个“平均”规模的设施。每个机构按自身情况设置
范围	4～16h/团队/设施	很大程度上取决于控制设施的场地规模和维护级别、场地之间运输的距离和速度、团队规模和设备。可在船上对某些现场的水生植被进行维护；其余部分无须进行维护；水生植被的深度护理需要更多时间和巨额成本。大型设备可能会降低场地之间的运输速度。监督人员应在每个场地花费部分时间
劳动力和人员工资		
缺省值	**2 人**	通过人数乘以当地劳动力工资收入来计算成本。如果签订合同，则采用总价合同
范围	1-5 名工人，另加 1 名监督人员	取决于使用的设备和维护级别。有些使用大型单人操作的割草机，最低级别的维护场地所需的劳动力要比修剪场地少很多。不同地区的劳动力工资费率差异很大
设备和材料		
缺省值	**卡车、拖车、带割草机的拖拉机、各式各样的绿化工具**	明确设备成本，选择每小时的花费
典型方案	如上所述；设备会有所变化。需用船或水上交通工具去除池内的垃圾和植物	根据最佳管理实践（BMPS）的规模、预算、预期的维护级别而有很大的变化。有些机构比较能够容忍塘内和场地上植被（包括树木）的生长
选择方案	公共团队或合同服务	市场的驱动因素决定了方案选择。采访的机构，同时使用内部和分包的两种劳动力

3. 垃圾管理

清除垃圾类似于修剪的级别，但是垃圾会构成堵塞调蓄池中水力控制结构（如大量植物残渣那样），导致系统故障。因此，在排水口及格栅周边收集垃圾，带来的功效不仅是美观，实际上，许多机构想要展示他们在去除污染物，包括大部分可见的污染物（如垃圾和碎渣）。表 11-6 为大多数典型湿塘去除垃圾和碎渣的计划，日程安排遵照植被管理计划（并采用相同的费用）。

4. 带菌昆虫控制

如前所述，西尼罗病毒的出现导致大家更加关注雨水控制系统内滋生蚊子的可能性。在加利福尼亚（但并非在其他各州），带菌昆虫控制的管理机构对调蓄池局部覆盖的浮游植物成为栖息地特别关注。有机物为蚊子幼体提供了食物，这种植被通常非常密集，会阻止食蚊鱼（Gambusia affinis）接近它们的食物。为此，这些机构要求调蓄池的运营商每年收割调蓄池内所有的植被。该项任务需要昂贵的费用且很难实施。因此，推荐使用湿塘的机构应考虑该项潜在的维护成本。

5. 设施不定期维护

湿塘的不定期维护包括对结构部件、堤坝、周边冲蚀区域的修补。然而，最大的物力消耗是去除沉淀物。湿塘的设计明确要求拦截沉淀物（除了其他污染物），这样经过一段时间后会存积沉淀物。许多湿塘属于在线系统，很容易受到快速沉淀的影响。汇水区域内开发活动的水平是确定其负荷的一个重要因素。许多湿塘是在开发的第一阶段就建成。后续的现场清理会在下游的控制设施内产生大量的沉淀物。一旦稳定，该负荷会有所降低。另外一个因子是汇水面积；大型水系能够迁移大量的沉淀底泥，这是沉降物的重要来源。

因为湿塘的性能与沉淀物的截获量相关，故定期去除沉淀物非常重要，这可以让每个湿塘恢复至其最初的设计能力。没有例外，这项维护工作是湿塘中，众多维护工作中最花钱的任务。其他 5 种雨水控制类型，也没有一个有类似的维护规模和复杂程度。CH2M HILL 公司（2001）对蒙哥马利县进行的研究中，详细列举的数据表明：湿塘的年度维护费用中，约 40%去除沉淀物。去除沉淀物时，要将调蓄池排空，去除沉淀物、脱水并运至处置场。每一步都很困难且费用昂贵，需要专业的技能和设备。事实上，这可能是大多数已建湿塘（年限大多超过 15 年）无法去除大量沉淀物的一个主要原因。这使得各机构对从事这项工作的确切费用产生置疑。

去除沉淀物的程序是：首先，对沉淀物量进行评估。沉淀物量通常可以采用声呐装置或者简易棒杆进行粗略估算，假如有足够的沉淀物需要去除，工作就可开展。由于难以精确估算，如果承包商的开挖量超出预期（沉淀物去除的投标单价取决于最初的估算量），就会增加费用。底部采用混凝土的调蓄池（相对比较少），能便于量化及去除累积的沉淀物。

美国科罗拉多州丹佛有城市排水和防洪区（UDFCD），这类大城市具有相当丰富的从大型、在线的区域性湿塘中去除沉淀物的经验。UDFCD 的管理人员要求接着入口混凝土坡道（对装载机和卡车而言，该坡道通常还不够大）建造一个大型的碎石垫层；将挖掘机（或用于较小项目的反铲挖土机）置于该碎石垫层上，自卸卡车则可利用混凝土坡道。每天需花费大量时间确保碎石垫层的结构稳定（避免装载机翻入湿塘），每个工作日结束后将机械设备带走（以避免在雨季和清洗时产生问题，清洗时则避免留下脏的痕迹和沉积）；实际上，在 8 h 工作日中，仅有 4～6 h 会使用卡车装载。也可以通过导流设施，用泵和/或通常使用挖掘机沿着湿塘的一边开挖一个渠道，把水引走，并设置一个低区，让其余区域的沉淀物疏干。有些湿塘已设置排水阀，允许通过重力流排水。UDFCD 发现底部集水系统会被沉淀物堵塞，不可依赖。挖掘机将沉淀物堆起，使之脱水，然后将其装载到卡车上。如果处置场地位于很远的地区，则需要大量的卡车，确保持续的运载能力。使用挖掘机的费用昂贵。大型挖掘机的使用费用为 200 美元/h（2004 年）。因为（出于健康和环境的原因）拖运物体时掉落或溢出沉淀物是违法的，必须先对沉淀物进行脱水。含水的沉淀物不仅很重，且拖运费用昂贵，许多填埋场还不接受。

纽约市几乎普遍使用水射器卡车（或 Vactor 卡车）清洗来自湿地和湿塘的沉淀物。由于该类卡车具有灵活的真空装置和移动的车载机械，特别适合清洗这些系统的前池和小池塘。在每个前池和小池塘的底部为毛石混凝土。湿塘安装了排水阀，维护人员可以安全地排水。一旦排完，软管很容易伸入控制设施，去除沉淀物。然后将沉淀物运至附近的维护场地，进行脱水和处置。

接受采访的所有有经验的机构都强调，就近找到一个处置场对控制成本非常重要。沉淀物的处置非常特殊，因为该项工作并非频繁发生，且湿塘分散在各处。最佳的一种方案是将沉淀物置于现场（有些控制设施出于该目的预留了土地）或者将其运至周边地带作为填充材料加以利用。在有些案例中，承包商取得一个处置场地，开挖并出售表层土，创建一个足够大的区域来处置挖出的沉淀物，并种植植被。在一个案例中，弃土被以相对低价卖给一家公司，并与堆肥、粪便混合，制成可销售的土壤。最坏的一种方案是用卡车将这些物料运至很远的地方，倾倒入填埋场。UDFCD 的管理人员预测，该方案的处置费用约为低成本处置方法的两倍。从总体上看，UDFCD 发现：即使同一个湿塘，每次维护的费用也会发生巨大的变化。主要原因涉及承包商的投标价、处置场的距离、处置类型（自然堆放还是填埋），沉淀物的去除量，气候条件，以及出入湿塘的方便程度。

蒙哥马利县的管理人员预测，加强前池的定期维护（与整个湿塘相比），会降低这些维护费用。蒙哥马利县在去除旧构筑物产生的沉淀物时，进行了改造，在湿塘前增加了原来没有的沉淀用前池。

11.3.2.2　干塘的维护

干塘的维护要求与湿塘类似。由于无需存水，干塘的维护要比湿塘更加简单和便宜。维护更为简便缘于设计中没有“湿”的因素。没有了水的要素。干塘的设计方案很多，从一个完全的干塘到加入一个不同尺寸的湿塘。出于分析目的，假设所有雨水径流在 24～48h 内排掉。如果采用湿塘和微池塘，读者可以参考 11.3.2.1 节进行分析。湿塘的维护类别同样适合干塘。关于调蓄池部分，本章介绍的结论是基于全国雨水管理机构提供的定量数据以及采访各管理机构代表所获得的定性见解。维护工作主要包括：

（1）日常维护——检查、报告和信息管理，植被管理，垃圾和碎渣的去除，带菌昆虫控制；

（2）不定期维护——木质植被的去除，出入口，结构修补，动物控制以及沉淀物的去除。

1. 检查

干塘的检查、报告和信息管理与湿塘一致（参见 11.3.2.1 节）。

2. 植被管理

干塘的植被管理也与湿塘类似，通常在地面上种植草坪，出于美观需要定期进行修剪，防止木质植物的生长并确保水流顺畅通过系统。由于没有湿地植被，与湿塘相比，无须去除水生植被而使费用大大减少。假设须对塘内部进行修剪，维护干塘绿化的费用实际上会比湿塘略高一些。表 11-7 总结了适用于干塘的典型植被管理计划。

去除干塘中垃圾和碎渣的植被管理（WERF，2005）　　表 11-7

说明：地被植物的修剪；小型木质植被的修剪，以免生长成树木。步行或乘车到达场地；拾捡明显的垃圾；非正式检查：检查出口的堵塞，以及观察到重大问题时通知维护人员		
频率		
缺省值	**每年一次**	
高级	每 4～6 周一次	出于美观进行维护，尤其当最佳管理实践（BMPS）位于公共经常可见的区域；在降雨量低的地方不需要维护（除非可能存在去除垃圾的要求）。商业区通常与其余地区保持相同的维护计划

续表

中级	每年1-2次	典型频率。美观仍是一个驱动力；取决于社区的预期、降雨量水平和植被生长的速率
低级	每3年一次，修剪面积有限，选择生长较慢的植被	以最低的需求确保木质植被不会在堤坝和出口地带生长。如有需要，可对周边地带、堤坝和出入口进行修剪。利用本地植被来改善外观。可能必须针对"问题池体"，进行更为频繁的维护
所需时间		
缺省值	**4小时**	假设是一个小团队（2人）。较大团队可以更快地维护一个"平均"规模的设施。每个机构按自身情况设置
范围	2～5小时/(组、设施)	很大程度上取决于控制设施的场地规模和维护级别、场地之间运输的距离和速度、团队规模和设备。大型设备可能会降低场地之间的运输速度。监督人员应在每个场地工作部分时间
劳动力		
缺省值	**2人**	通过人数乘以当地劳动力工资收入来计算成本。如果签订合同，采用总价合同
范围	1～5名工人，另加1名监督人员	取决于使用的设备和维护级别。有些使用大型单人操作的割草机，最低级别的维护场地所需的劳动力要比修剪整齐的场地少很多
设备和材料		
缺省值	**卡车、拖车、带割草机的拖拉机、各式各样的绿化工具**	明确设备成本，选择每小时的费用
典型方案	如上所述；设备会有所变化	根据BMPS的规模、预算、预期的维护级别而产生很大的变化。有些机构比较能够容忍现场植被的生长
选择方案	公共团队或合同服务	市场的驱动因素决定了方案选择。采访的机构，同时使用内部和分包的两种劳动力

3. 垃圾管理

干塘中垃圾和碎渣的去除与湿塘类似。而且相对更加容易，因为无需船只或者其他手段进入水塘以及开放水域中提升装置（除非出水口发生堵塞）。表11-7列出了典型干塘的垃圾去除计划，日程安排遵照植被管理计划（并采用相同的费用）。

4. 带菌昆虫控制

干塘的带菌昆虫控制与湿塘类似。由于没有存水区，就无须监测蚊子及其他有害的动物物种。在干塘内，暂存水体和积水如果停留时间长（至少3 d），也能使蚊子幼体得以滋生。检查人员必须在雨后，对这些系统进行观察，确定是否会产生积水。认知的与现实的威胁程度会随不同的社区有很大差异，目前还不能获得平均工况或所需的费用开支。

5. 不定期维护

干塘的不定期维护与湿塘类似，必须维护结构部件、堤坝、边坡和冲蚀修补以及排水口的清洗。服务较小排水区域的干塘存在一个普遍问题，即出口内小尺寸（以直径计）孔板的堵塞。此外，值得注意的是，维护团队有时会将剪落的草吹至雨水排放口或直接进入干塘池，导致了这些系统的堵塞和故障。

去除沉淀物及其他修补的出入通道也是很多系统面临的一个问题。干塘和其他设施在设计时常常不考虑出入通道，这会增加维护费用和困难程度。有时候，道路过于狭窄，干塘拥挤地置于房屋之间，没有通道。

许多干塘常常在邻近出口位置处出现湿区。有些情况下，承包商过度开挖干塘，让它在施工期间作为沉淀池使用，但在项目完工时没有进行整改，因此它的水力特性无法发挥，就转变成事实上的湿塘。由于过度灌溉或者上游汇水区其他水体流入（例如洗车水的排放），干塘也会部分意外成为湿池。修剪设备或对这些区域进行维护，会导致干塘的底部出现车辙和巨大的损害。旱季的水流也会让干塘保持湿润，创造更加像湿地类型的工况，而非原本的设计方案。如果不进行修剪，干塘整个底部可能最终会类似湿地，即使在缺乏雨水的时期，也不能保证变干。有些机构情愿保持这些湿区（他们可以实现对低流动性污染物的去除功能），而不会浪费时间和费用来除去湿区。

在有些地区，河狸开始出现在干塘系统中。这些动物会堵塞排水口，创建它们偏爱的栖息地，在堤坝处挖洞，可能使结构完整性受损。在有些地区，囊地鼠也会提出相应的挑战。

与湿塘相比，干塘中沉淀物的去除更为简单且花费较少。由于不需脱水省下了大部分费用。从这些干塘中，从进口周边去除沉淀物，通常由携带手工工具的一个团队，工作 1～2 d 就能完成。工作人员无需考虑脱水和湿物质的运输，而是待沉淀物相对较干时加以去除。由于避免了湿塘中去除沉淀物的费用和困难，促使许多机构和土地开发商更偏爱干塘。如果系统被堵塞，将仍然需要一定程度的脱水。

11.3.2.3　旋流分离器和水窖

许多制造厂家会推销各种不合格的旋流分离器和水窖，尺寸和配置差异很大，因此，维护的频率和类型很大程度上取决于装置的特定类型。一般而言，这些控制设施内累积的物质会降低污染物的去除效率，当污染物充满约 1/2 时，去除效率就几乎为零了。进口处滞留的沉淀物和漂浮物包含油类物质，必须定期去除。

第一年运行期间，必须对这些装置进行频繁监测，以确定物质累积的速率。这主要取决于控制设施的位置和汇水区的特性。加利福尼亚交通局（2004）通过监测发现，从一个装置中收集的物质中，多达 85％属于植被物质。因此，物质累积的速率呈现出很大的季节性变化，根据记录显示，秋季树木落叶时的累积速率会更高。

11.3.3　滤池的维护

11.3.3.1　滤料滤池

滤料滤池通常被视为维护程度相对较高的雨水控制设施。但是通过审查维护记录，发现情况并非如此（Caltrans，2004）。滤料滤池的维护主要在于维持滤床的渗透性。但是，一个具有去除和积累颗粒物质功能的滤池，堵塞本身就是其生命周期内的一个典型部分，只能通过频繁的维护加以避免。如同其他雨水控制设施，其维护活动可以分为日常维护和不定期维护：

（1）日常维护——检查、报告和信息管理；植被管理；垃圾和碎渣的去除；带菌昆虫控制。

（2）不定期维护——滤料替换，结构修补，以及沉淀物的去除。

1. 检查、报告和信息管理

砂滤池属于最容易检查的一种控制设施，因为大多数的故障都与滤池滤料的堵塞相关。需要进行维护的最明显指标是，一次降雨之后，雨水在滤池中的停留时间超过 72h。在许多案例中，维护人员在车上就可观察到砂滤池中的滞留水，这对超负荷工作的维护人员而言是一个很大的优点。

每项检查的评估内容包括：

（1）一次降雨后，雨水在滤池中的停留时间是否超过 72h；

（2）垃圾和碎渣有没有堵塞进口和出口；

（3）控制设施的内部和下游区域出现冲蚀现象（应立即发现、修补或再种植）；

（4）系统的结构部件有否损坏（管道、混凝土排水结构物、挡土墙等）；

（5）树木及根系是否会在裂缝、接合处或堤坝上生长，导致结构性损坏。

负责修剪的承包商或团队发现问题时应及时汇报，这将提高检查效果。

表 11-8 提供了各项检查评估所需的资源清单。第 12 章中所说明的用于全寿命周期成本（WLC）模型的“缺省值”用粗体字表示。应尽可能采用当地的数据，而不是全国范围的平均值或文献值。

滤料滤池进行检查、报告和信息管理成本的估算方法汇总（WERF，2005）　　表 11-8

说明：现场观察；按综合检查项目清单评估；说明并将问题提交给维护人员处理；将成果录入数据库		
频率		
缺省值	**每年 1 次**	
高级	每年 2 次和在大雨之后	有时要求工作人员进行非正式检查；正式检查每年进行一次
中级	每年 1 次	典型频率，尤其针对拥有众多最佳管理实践案例（BMPS）的机构
低级	不定期检查；响应市民的投诉	不被推荐。需要更及时的观察
所需时间		
缺省值	**2h**	包括将现场记录的数据录入计算机数据库
范围	1～3h	根据场地之间运输的距离和速度，以及所需报告的详细程度而定
劳动力		
缺省值	**1 人**	将人数乘以当地劳动力工资收入来计算成本
范围	1～2 人	通常 1 人；有些机构更倾向于 2 人
技能水平		
缺省值	**专业人员**	明确工资水平
范围	经培训的高中生、研究生到专业人员	由预算决定，支付雇员的工资越低，通常人员流动率越高；取决于实现最佳管理实践（BMPS）的复杂性
设备和材料		
缺省值	**车辆；现场数据表；计算机数据库**	明确设备成本，选择每小时的花费
范围	如上所述；还包括数码相机和全球定位系统装置，以记录和跟踪控制设施的位置	取决于要求的精细程度

2. 植被管理

滤料滤池的植被管理与干塘类似，地面通常种植草坪，出于美观，应定期进行修剪，阻止木质植物的生长（参见表 11-7 中关于适合滤料滤池的植被管理计划指南）。

3. 垃圾和碎渣的去除

滤料滤池中去除垃圾和碎渣的要求，与干塘类似。沉淀池和滤池分开时（称为完全沉淀），垃圾主要累积在立管上，或者在合建系统（在德克萨斯州的奥斯汀称为部分沉淀）中，垃圾沿着填石铁龙累积。剪落的草，具有自然浮力，更易在立管上积累。滤床中垃圾的堵塞（相对于沉淀物而言），通常不会被观察到。表 11-7 中有去除植被系统中垃圾的做法；同样它也适合于砂滤池。

4. 不定期维护

大多数的滤料滤池由 30～45cm（12～18in.）的砂粒或偶尔有被有机物包裹的砂粒组成。砂粒的规格可遵照奥斯汀城市推荐的，使用“混凝土”砂粒，这是美国材料试验协会针对细集料的 C-33 规格。该材料有大量的细颗粒部分，使得雨水径流过滤后的物质一般保留在滤料上层 5～10cm（2～4in.）处。当这些物质被截留时，渗透性降低，雨水开始在滤床上停留很长时间。一旦排水时间达到数日，藻类开始在滤池表面生长，全面的堵塞会迅速地随之而来。去除上层 5～10cm（2～4in）的滤池滤料，通常将会恢复丧失的渗透系数。当滤池滤料的总厚度降至 30cm（12in）以下时，则应去除并替换所有剩余的砂子。

滤床表面的修复时间间隔很大程度上取决于来自汇水区域的沉淀物负荷。如果汇水区内有正在施工的场地，滤池会很快被堵塞。在稳定的汇水区，该项维护工作的时间间隔可能为 3～5 年或者根据池面积水情况的观察。对于较小的系统（服务面积为几公顷（<10 英亩），去除滤池滤料可由一个小团队使用手工工具来完成。如果滤池可被抽干且其表面允许保持干燥，滤池滤料通常会结成硬壳，很容易被去除。完全去除和替换滤池滤料，预计的时间间隔为 10 年。表 11-9 总结了这些工作的具体内容。通常，使用过的滤池滤料在生活垃圾填埋场进行处置，污染物浓度较低，如果有合适的场地，这些物质可用作填料。

滤料滤池的维护（WERF，2005）　　**表 11-9**

说明：替换表层的滤料，并运至处置场地		
频率		
缺省值	**每 3 年 1 次**	当地情况（汇水区域的稳定性、土壤等等）将决定维护频率；需要根据当地的经验来设置长期的平均值。每个滤池具有各自的使用周期
高级	每 1～2 年 1 次	适用于渠道不稳定或有施工活动的汇水区
中级	每 3 年 1 次	采用以前砂滤池研究中观测到的频率
低级	每 7 年 1 次	适用于非常稳定的汇水区
所需时间		
缺省值	**2 天**	实际数据将主要取决于设施规模、滤料数量和其他因素
范围	2～5d	主要取决于设施规模和通道情况、滤料数量、天气、处置场的位置等因素 基于当地数据资料来设置长期的平均值

续表

说明：替换表层的滤料，并运至处置场地		
劳动力		
缺省值	**2.5 人**	通过人数乘以当地劳动力工资收入来计算成本。如果签订合同，应采用总价合同
范围	2～5 名工人，另加 1 名监督人员	取决于使用的设备、项目规模及其复杂性
设备和材料		
缺省值	**轻便卡车、拖车、各式各样的手工工具**	假设控制设施具有合适的通道（即这些通道不需维护）
典型方案	如上所述。大型项目和/或出入困难的场合可能会使用挖掘机	取决于控制设施的规模、可获得的设备和设施的设计。对于不提供维护的控制设施，要求有专门的去除滤料措施，将会提高成本和延长工程时间
说明：替换整个滤料床		
缺省值	**每 10 年 1 次**	当地工况（汇水区域的稳定性、土壤等等）将决定维护频率；需要根据当地的经验来设置长期的平均值。每个滤池具有各自的使用周期
高级	每 3 年 1 次	适用于渠道不稳定或有施工活动的汇水区
中级	每 10 年 1 次	采用以前砂滤池研究中观测的频率
低级	每 15 年 1 次	适用于非常稳定的汇水区
所需时间		
缺省值	**5d**	实际数据将主要取决于设施规模、滤料数量和其他因素
范围	4～7d	主要取决于设施规模和通道情况、滤料数量、天气、处置场的位置等因素 基于当地数据资料来设置长期的平均值
劳动力		
缺省值	**2.5 人**	通过人数乘以当地劳动力工资收入来计算成本。如果签订合同，应采用总价合同
范围	2～5 名工人，另加 1 名监督人员	取决于使用的设备、项目规模及其复杂性
设备和材料		
缺省值	**挖掘机、自卸卡车、轻便卡车、拖车、各式各样的手工工具**	假设控制设施具有合适的通道（即这些通道不需维护）
典型方案	如上所述。大型项目和/或出入困难的场合可能会使用挖掘机	取决于最佳管理实践（BMPS）的项目规模、可获得的设备和设施的设计。对于不提供维护的控制设施，要求有专门的去除滤料措施，将会提高成本和延长工程时间

滤池系统偶尔也会需要进行结构性修补。许多设计方案推荐对底部排水系统设置清洗的通道。底部排水系统断裂时常会凸出滤料表面，使径流没有经过滤而直接进入底部排水系统。这种情况下，应尽快进行修理。

沉淀物的去除往往与其他维护工作同时进行。滤池中的大多数沉淀物与上方的滤料层息息相关，会随着滤料的去除或替换而被去除。沉淀物可能会在设施的进口处积累，应定期加以去除，防止死水的产生。

11.3.3.2　生物滞留滤池

生物滞留滤池系统（有时被称为雨水花园），是一种相对新颖的雨水处理技术；大多数系统在近 10 年甚至更短的时间内建成。生物滞留滤池的设计理念源于乔治王子县（在那里最先开发了该设计方案），然后辐射到沿大西洋的中部各州和太平洋的西南部地区。目前，其他各州的许多社区正在考虑使用生物滞留滤池，但是只有零星应用。因此，对于该系统的维护历史资料非常有限。还没有长期维护的信息（物料的生命期、整修费用等）。

生物滞留滤池的设计趋向于小型分散的系统，通常服务的汇水面积小于 $1hm^2$。日常维护与场地绿化类似（除草、护根和抚育），有别于需要大型和专业化维护的大型湿塘和干塘。目前，大多数正在使用的生物滞留滤池系统由私人拥有，并进行维护。公共部门通常会进行检查，但不维护。由公共部门直接维护的设施以示范工程为主。生物滞留滤池的设计与传统的砂滤池类似（区别在于滤料的特性和采用的植被）。砂滤池具有较长的维护历史，为此能够帮助理解生物滞留滤池的维护和保养。

各机构已认识到，小型生物滞留滤池的维护既有挑战也有优势。许多机构，包括那些具备以及不具备直接安装经验的机构，担心在系统内大量安装小型设施会难以跟踪、检查并确保发挥正常的功能。然而，这类系统带来了一个意想不到的好处：由于尺寸较小及采用熟知的设计要素，使其维护工作与传统绿化带的维护相同。为此，小型绿化公司甚至房主就能自行维护。而大型调蓄池控制设施的一个重要问题是只有少数专业的承包商能够或者愿意承担维护工作，从而会提高费用。

生物滞留滤池的维护类别，分为日常维护和不定期维护：

（1）日常维护——检查、报告和信息管理，植被管理，垃圾和碎渣的去除，护根物的去除和替换。

（2）不定期维护——木质植被的去除，结构修补，动物控制以及沉淀物的去除。

本节下面会介绍各项维护活动，介绍“最佳实践”维护水平的典型应用。在适宜的场合，还会讨论最低级别的维护和其他选择方案。每项维护，如有相关数据的，将列出年度或每次的维护费用。本节的结论来自定量数据以及采访各管理机构代表们所获得的定性见解。

1. 检查、报告和信息管理

生物滞留滤池设施的日常维护包括对树木和灌木丛每半年一次的健康评估，以及去除枯死或患病的植被、杂草或入侵物种。生物滞留滤池易受入侵植被品种的影响，如马尾草，会提高积水的概率，如果没有做好日常维护，就会随之产生带菌昆虫。为此，应该及时发现和去除这些物质。

对控制设施内的积水区域应进行日常检查，并采取措施恢复其渗透率，以防止蚊子及其他带菌昆虫滋长。此外，还应该检查设施内部是否有受冲蚀的区域。

表 11-2 植草沟的检查计划及所需的资源，同样适合于小型植被覆盖的设施。生物滞留滤池设施的设计是收集雨水，但如排水不当，将延长积水时间并产生滋生蚊子问题。生物滞留滤池系统的设计，通常要求最高水深小于 150mm（6in.），渗滤时间少于

72h。此外，厚层护根物和底部排水管道，可进一步减少积水的机会。施工期间的现场检查应确保进水和出水构筑物能将水深维持在较浅的水平。

2. 植被管理

生物滞留滤池的维护，包括劳动力、设备和总成本，植被管理是主要部分。在许多方面，与绿化带的标准管理相同，例如观赏园和公园用地。植被必须定期进行修剪和更换，铺设的护根物也必须更换（通常每年至少一次）。进水和出水处必须检查（最为有效的是和植被维护同时进行，而非单独检查），清除碎渣和生长的植物。

通常基于美观来进行维护，而不是考虑水质功能。在商业综合体，根据绿化合同进行生物滞留滤池的日常养护，与周边草坪和花园的维护并无区别。因为，生物滞留滤池的目标就是将这些设施整合到居民和商业开发区，并代替传统的景观绿化。一般而言，绿化公司不会因为场地拥有生物滞留滤池而进行更多的维护。生物滞留滤池的维护费用，与植草沟一样，与绿化维护的费用相同或类似，不管是否考虑径流水质特性。采用本地的植被可以将灌溉用水减至最低，从而有助于降低成本，同时提供一个更加自然的栖息环境。生物滞留滤池的植被管理频率和规模（劳动力、设备等等）与植草沟类似（参见表 11-3）。

3. 垃圾和碎渣的去除

去除生物滞留滤池设施中的垃圾和碎渣，通常由绿化团队人员在其工作期间进行。还无法获得区分绿化和拾捡垃圾所需的成本数据。生物滞留滤池设施中垃圾的去除计划和维护费用参照植被管理计划的安排（见表 11-3）。

4. 不定期维护

生物滞留滤池进行改善性维护的频率和规模（劳动力、设备等等）与植草沟的类似（见表 11-4）。因为许多设施的使用年限不长，对其进行定期改善性维护的历史资料有限。

生物滞留滤池设施包括一些结构部件，如混凝土进水分流槽和排水口结构。通常，这些都属于小型结构，与路边排水沟、排水管道的基础设施类似，并由市政公共部门的工程人员进行日常维护（即无需特殊技能）。

生物滞留滤池的植被养护与典型绿化养护的类型相同，一个显著的区别是它和所服务的排水区域有一向下的坡度。生物滞留区的湿度要比其余绿化区高，这会降低对灌溉用水的需求，但同时也意味着植被会吸收更多的径流中的污染物。因此在许多区域，冬季大雨后输送的雨水中含有大量的盐，必须对绿化植被加以替换。紧急的（如化学品的溢流和倾倒）和持续性的（如日常冲刷的烃类）有毒输入物，同样也会影响绿化植被及对新植被的潜在需求（甚至进行土壤修复）。这些问题在所有植被覆盖的控制设施中都会存在，可以通过种植湿地植物和在设计时考虑增加预处理工序来加以缓解。

在乔治王子县，事实上所有的生物滞留滤池系统都是由私人来维护。这些设施较小，无需特殊的设备进行植被维护、松土或者去除沉淀物。乔治王子县的操作指南，可应用于大多数场合：

(1) 确保布设足够深的护根物（75mm [3in.]）。每 6 个月更换一次护根物，尽管其他辖区不会如此频繁地更换（如 1～3 年更换一次）；

（2）如果天气炎热或缺乏降雨时，应考虑水生植物（根据需要）；

（3）根据绿化的标准实践进行植被修剪，替换死亡的植被（根据需要）；

（4）去除滤床上的杂草，控制不必要的植被生长（每月进行）；

（5）设施内的雨水应在≤12h 内从系统中渗出。如果停留时间太长，可能是由于底部排水管道堵塞。可以根据标准的管道工程实践，利用清淤设施对底部排水管道进行疏通（如果需要）。（此外，在进行再开挖和更换土壤滤料之前，进行滤布的穿刺实验。）

在实践中，私人房主对生物滞留滤池维护工作并不是平均负担的。一个常被引用的赞美是将生物滞留滤池系统维护得“像一个花园”，这意味着仅需要普通、单纯的技能和技术。但是，许多系统并不进行维护。有些业主意识不到这些设施存在于他们的产业之中，应对植被进行修剪并布设草坪草与草地相融合（尽管要求对有生物滞留滤池的所有房主分发宣传册，解释了目的及对这些系统的维护，这种情况仍会发生）。其他业主甚至根本不进行维护。当池体中的植被过于稀疏，或者植被被忽略且允许其逐渐枯死，还会产生其他的问题。这种情况会让非本地的植被侵入，并茂盛生长。

幸运的是，大多数被忽视的系统仍能保持一定水平的功效，让水渗透到土壤中。这种做法是由房主负责生物滞留滤池的维护。但是，为了确保这些较早的系统正常运作，乔治王子县继续发挥主导作用，在必要时提供维护的帮助。

生物滞留滤池的设施，如渗透沟渠，如果其表面或表层滤料因沉淀物而堵塞以及系统的设计是依靠入渗排水，很容易导致功能失效。主要的威胁出现在施工期间，当场地受到干扰且沉淀物负荷过高时。在该阶段，合理的施工程序、检查和控制相当重要。总之，生物滞留滤池的操作指南明确指明，在现场植被稳定，不透水性铺面完全设置好之前，水流不允许进入生物滞留滤池。利用施工场地沉淀物控制设施和适当的土壤滤料混合物来防止堵塞，也是可取的方法。此外，一种好方法是用栅栏隔开这些将来的入渗区域，不允许在此进行设备停留或操作。顶层铺设护根物的目的之一，是为了降低沉淀物可能造成的堵塞。与砂滤池类似，一旦产生堵塞，只需通过去除和替换护根物及上层 10cm（4in.）厚的滤料，来恢复其渗透性。

生物滞留设施中沉淀物去除的频率和规模，与植草沟所需的劳动力、材料和设备类似。在许多案例中，小型生物滞纳设施可以通过手工工具（铲子、独轮手推车等等）去除累积的沉淀物。就生物滞留滤池而言，让沉淀物直接在进水口除去为最佳；如果生物滞留滤池系统在其进水结构处有简单的路缘石切口或雨水进口，该区域的维护会相对简单。对于较大的系统，使用反铲挖土机和类似的设备可能已足够进行维护。

11.3.3.3　进水口挂篮

在进水口处插入挂篮的做法是一种更容易产生问题的维护控制设施。以往的研究（Caltrans，2004）已证实了关于该项操作的各种问题。进水口挂篮的一个特殊问题是径流会绕过滤盘而流出，在三种情况下会发生：首先，滤盘表面留下的垃圾、树叶或者其他碎渣会改变径流的流向，即使流速很低时，也会绕过滤盘；第二，当水滞留在装置内时，雨水会从进口的边缘流走（尤其当流速很低时）；最后一个问题是，由于有些装置相对较窄，当强降雨时，径流流入进口的流速不够，会让径流超越滤盘流向别处。因此，在每次检查时，应对上述所有因素进行评估。

排水进口挂篮的维护取决于污染物和碎渣在该装置中的累积速率、储存容量以及正确操作的具体要求。因为可过滤的面积相对较小，碎渣会迅速积累，故推荐每周进行一次检查。在进行检查时，应对所有阻碍滤盘的松散碎渣加以去除。（在 Caltrans 研究期间发现，每次降雨时，需要去除这些东西，以确保径流不会超越系统。）

基于 Caltrans 研究所要求的维护级别，建议未来的维护活动包括以下几方面：

（1）每周进行一次检查和维护，应检查垃圾和碎渣、结构完整性、以及沉淀物的累积情况；

（2）在雨季初期和末期，进行结构完整性检查；

（3）每年在雨季末期或根据制造商的指示，对挂篮或滤网进行更新。

检查和去除积累的碎渣，并不是一件耗时的工作，平均不到 1h。如果进水口挂篮离得很近，驾驶时间可能不需要考虑。据测算，每个进水口挂篮的维护，每年约需要 25h（Caltrans，2004）。滤网的更换成本取决于所选定的装置类型。

11.3.3.4 景观屋顶

景观屋顶的维护与其设计密不可分。换而言之，设计时应考虑到维护（Tolderlund，2010；Weiler 和 Scholz-Barth，2009）。景观屋顶的维护工作包括景观屋顶培植期间的一次性活动，屋顶寿命周期内的定期活动以及不定期活动，通常指替换屋顶隔膜或者整修出现的问题（Snod-grass 和 McIntyre，2010）。在许多案例中，由安装人员根据维护服务协议负责维护工作。

景观屋顶的培植期对于植被的健康非常重要，根据地理位置可能要持续 2 年。景观屋顶的设计应该包括最初规定的灌溉需求。如果能够根据当地气候条件和施工条件，选择适宜的植物，就能将定期灌溉的需求降至最低，除非在极其干旱的情况下。合理选择植物也会提高干旱时期的阻燃性。值得注意的是，由于一个景观屋顶的环境具有自身的微气候条件，这些植物可能并非是该区域的本地植物。例如，在一个高层建筑屋顶上方有强风和贫瘠的土壤，可能与高山荒漠类似，应按此选择植被。一位擅长景观屋顶的园艺家表示，选择适当的植被对降低维护需求至关重要。

最初培植期需要的临时灌溉系统，也可用作极干旱时的永久滴灌系统。屋顶的尺寸也是一个影响因素。对于一个非常大的景观屋顶，设置旱季服务的灌溉系统，比在需要浇灌时使用应急系统要更为划算和可靠。

化肥的使用也是业界的一个争论点（Luckett，2009）。一方面，化肥可变成景观屋顶出水的一个营养物来源；另一方面，大多数景观屋顶中的生长介质，被设计成很薄的一层，且有机物含量低，有些案例中甚至需对耐寒植被进行施肥。假如这样的话，景观屋顶的维护计划应包含提供适宜的化肥，例如仅允许使用缓释肥料。如果需要的话，在景观屋顶下游另设立雨水控制设施来处理出水中的营养物质。

每半年应组织一次检查，评估植被的健康并开展常规的活动，如修剪、替换植被、疾病控制、去除碎渣和杂草。整个绿色屋顶的周边允许存在无植被区域，为检查和维护提供通道，并作为防火隔离带。通过穿过景观屋顶隔膜的通风孔、排水管道和公用管道，也应该提供通道。膜的完整性对屋顶花园功能至关重要，因此，每年应对该区域进行 3 次检查（Tolderlund，2010）。灌溉系统中可能发生结冰的地方每年应检查 2 次（Snodgrass 和 McIntyre，2010），必须在初次冬季结冰之前进行冲洗（Tolderlund，

2010)。应对排水系统进行检查，以发现堵塞物、损坏的管道和其他构件，以及框架或防雨板周围的泄漏点（Weiler 和 Scholz-Barth，2009）。

11.3.4　渗透设施的维护

11.3.4.1　渗渠

渗渠系统属于小型的雨水控制设施，通常服务的排水面积<1hm²，它在地下截获设计径流量并渗入土壤中使雨水得到处理。在 20 世纪 80 年代中期，渗渠首先广泛应用在马里兰州和华盛顿区域，被誉为一项突破性技术，为雨水调蓄为主的时代带来了水质效益（重现开发前的水文循环），而雨水调蓄仅对大雨有益（为了防洪，而非水质效益）。首先，运行良好的渗渠能够确保小雨产生的径流几乎全部得以缓解；但如第 9 章所述，有些与堵塞相关的性能问题妨碍了渗渠的应用（Galli，1992）。分析人员推测地下的土工织物是一个主要问题，它被沉淀细颗粒堵塞，阻止水流的通过。有关这些事故的新闻传递非常快，大幅降低其可能的应用以及在国内其他地区的普及。

现在，很少监督社区的机构会应用这些系统。例如，结合全国的经验，美国城市排水和防洪区（UDFCD）拒绝使用所有的渗渠。UDFCD 特别说明，正激励为沟渠的表面维护提供方案，并且不要求拆除该系统，希望将来能恢复其功能。

并非所有机构完全放弃了该项技术，有些机构认为早期的设计存在缺陷，没有考虑检查井，缺乏通道对其工况进行观察（例如，入渗情况），也没要求设计师在设计系统之前进行土壤和土工试验（许多渗渠在不适宜的黏质土中建造）。

渗渠的维护类型如下所述，分为日常维护和不定期维护：

（1）日常维护——检查、报告和信息管理；垃圾和碎渣的去除；

（2）不定期维护——沉淀物的去除。

本节下面会介绍各项维护活动，介绍“最佳实践”维护水平的典型应用。在适宜的场合，还会讨论最低级别的维护和其他选择方案。本章节的结论来自定量数据以及采访各管理机构代表们所获得的定性见解。

1. 检查、报告和信息管理

由于出现故障的可能性有所提高，应每年对渗渠进行检查。应在降雨后超过 3 天进行检查，观察沟渠内是否存在雨水。表 11-2 介绍了针对植草沟及其他小型设施检查计划的选择范围，包括渗渠。许多采访的管理机构反映，未对渗渠进行任何检查或维护，大多数渗渠于多年前安装的。几乎所有的机构不得不将其有限的人员和资源用于较大的、公共可见程度更高的调蓄池，偶尔根据投诉情况加以应对，而非对所有设施进行分类检查。渗渠属于小型、分散的设施，许多机构无法跟踪它们的位置。大多数渗渠建于私人物产范围，而许多业主甚至对此一无所知。

2. 垃圾、少量沉淀物和碎渣的去除

理论上，渗渠中垃圾和碎渣的去除，应由绿化工作人员在渗渠周边区域内进行正常工作时完成。为此，至关重要的一点是绿化工作人员必须懂得，不允许剪落的草和其他植被碎渣聚集在渗渠的顶部或者水流通道处。表 11-10 总结了受采访的渗渠管理机构所采取的各项行动。

渗渠的垃圾、少量沉淀物和碎渣的去除（WERF，2005） 表 11-10

说明：步行到场地；拾捡明显的垃圾；非正式检查；观察到重大问题时通知维护人员		
频率		
缺省值	**每年 1 次**	
高级	每 4～6 周 1 次	出于美观进行维护，尤其当渗渠位于高度公共可见的区域 商业区通常与其他区域保持相同的维护计划
中级	每年 1～2 次	典型频率。美观仍是一个驱动力；取决于社区的预期
低级	不维护（假设出于规划目的最少每 3 年 1 次）	许多系统不进行任何级别的维护。垃圾和碎渣可作为与沉淀相关问题的指标，应该加以去除
所需时间		
缺省值	**1h**	大多数渗渠较小；大多数时间主要花在往返于场地之间
范围	0.5～2h	很大程度上取决于控制设施的场地规模和维护级别、场地之间运输的距离和速度、团队规模和设备。大型设备可能会降低场地之间的运输速度。监督人员应在每个场地工作部分时间
劳动力		
缺省值	**1 人**	通过人数乘以当地劳动力工资收入来计算成本
范围	1～2 人，另加 1 名监督人员	通常小型设施需要小团队进行维护
设备和材料		
缺省值	**卡车**	明确设备成本，选择每小时的费用
典型方案	卡车	同样需要垃圾袋等
选择方案	公共团队或合同服务	市场的驱动因素决定了选择方案。采访的机构，同时使用内部和分包的两种劳动力

3. 沉淀物的去除

去除渗渠中的沉淀物，实际上需要开挖和去除碎石过滤材料或滤布，用新的清洁物料替换。这类巨额的整修费用与起初的系统安装费用相当。当出现堵塞问题且判断并非地下土层的原因时，必须关注汇水区域。如果该区域排出大量的沉淀物，但能合理地将它稳定化，则无需对该渗渠进行过多的维护。表 11-11 介绍了去除渗渠中沉淀物的各个事项。

渗渠中沉淀物的去除（WERF，2005） 表 11-11

说明：去除现有的碎石填料和控制设施中堆积的沉淀物，并将沉淀物拖运到处置场。安装新的碎石填料		
频率		
缺省值	**每 5 年 1 次**	当地工况（排水区域的稳定性、土壤等）将决定维护频率；需要根据当地的经验来设置长期的平均值。5 年可能是最大值，5 年内发生故障率最高
高级	每 1～2 年 1 次	在一些维护指南中视为推荐级别；少数机构在实践中采用该频率。加利福尼亚交通局要求每年进行沉淀物的检查和去除
中级	每 3～5 年 1 次	比较典型的频率。蒙哥马利县预测每 5 年去除一次沉淀物

续表

低级	不维护（假设出于规划目的最少每 5 年 1 次）	大多数系统至今还未进行维护；这并非一个可接受的长期战略：所有系统在 5 年内都会出现高比例的故障，需要通过去除沉淀物和替换填料来恢复其功能
所需时间		
缺省值	**3d**	实际数据将主要取决于设施规模、沉淀物量和其他因素。根据蒙哥马利县的经验，假设 3d 中有 1d 进行挖掘，1d 进行填料替换，1d 进行播种、稳定和恢复现场
范围	2～4d	主要取决于设施规模及其通道情况、沉淀物量、天气、处置场的位置等因素 基于当地数据资料来设置长期的平均值
劳动力		
缺省值	**5 人**	通过人数乘以当地劳动力工资收入来计算成本。如果签订合同，采用总价支付方式
范围	约 5 人，另加 1 名监督人员	取决于使用的设备、项目规模及其复杂性
设备和材料		
缺省值	**反铲挖土机、自卸卡车、各式各样的手工工具**	假设控制设施具有合适的通道（即这些通道不需维护）
典型方案	反铲挖土机、自卸卡车、各式各样的手工工具	取决于控制设施的规模、可获得的设备和设施的设计
选择方案	公共团队或合同服务	市场的驱动因素决定了选择方案

11.3.4.2　渗透塘

渗透塘的维护要求与干塘类似（参见 11.3.2.2 节关于维护活动的类型和频率信息）。两种控制设施的显著区别在于：由于重型设备的压实或渗透塘中引入细颗粒物质，降低了地下土层的渗透性。第二个显著区别是，如果渗透塘被建成离线模式，可能没有排水口需要维护。

11.3.4.3　透水铺面

尽管透水铺面系统已在美国应用了一段时间，但其应用仍有限。考虑到系统故障，与渗渠相同的问题，管理机构接受它的程度仍有限。与渗渠相比，透水铺面有一个明显的优势，即通常单位水量的入渗表面积较大（尤其当仅有停车场表面的雨水入渗时），因此降低了土壤渗透能力的负担。

大多数透水铺面铺设在私人房产处，许多并非由机构管理人员进行检查。建在公共场地需要维护的透水铺面较少，管理机构对此了解的程度也非常有限。能够想到的案例多为失败的，而非成功的案例。为此，在美国，透水系统的卖家与对此深表怀疑的管理人员之间存在着很大争议。更为复杂的是透水铺面系统的类型很多，每种类型各具优势和劣势（比如透水沥青、整体灌注的透水混凝土、基层摊铺机、碎石摊铺机、以及模块透水铺面系统）。

透水铺面的日常维护包括各项检查，街道清扫或吸尘，以及细小垃圾和碎渣的去除。不定期维护包括结构修补和沉淀物的去除。

1. 检查、报告和信息管理

实际上，很少有机构会对透水铺面系统进行检查。相反，由于预算的限制，会将该项工业留给私营业主。蒙哥马利县使用的一项针对渗渠的检查草案（Harper，个人交流），阐明每个系统应在一场降雨发生 3d 后对堵塞情况进行检查。许多问题，例如一个绿化承包商在透水路面上存放泥土，会使在检查期间很难识别出问题。市民投诉或相关信息可能成为这类零星问题发生的较好信息来源。检查人员还应检查透水材料是否到位，不会铺在不透水层上。

2. 街道的吸尘和垃圾、碎渣的去除

推荐每年对透水铺面的表层进行 2 次真空吸尘。然而，在标准实践中，真空吸尘的次数可能还要多。事实上，许多系统在运行多年中未进行任何维护。应对道路旁边的植被区和绿化带进行维护，以防止道路表面上土壤或有机物质（如树叶）的沉积，因为它会被车轮碾碎并被雨水径流冲入道路中。表 11-12 介绍了一些街道清扫、去除垃圾和碎渣的操作指南。

透水铺面的街道清扫、垃圾和碎渣去除的通常做法（WERF，2005）　　表 11-12

说明：步行到场地；拾捡明显的垃圾；非正式检查；如果观察到重大问题时，通知维护人员；使用真空吸尘清扫车去除沉淀物		
频率		
缺省值	**每年 1 次**	
高级	每 4～6 周 1 次	出于美观进行维护（例如，地处高度开发的商业区）
中级	每年 1～2 次	指定真空清扫的标准级别
低级	不维护（假设出于规划目的最少每 3 年 1 次）	许多系统未使用真空清扫；各种存在的风险会降低功效，需要大量的修补和费用
预计成本		
缺省值		无法从各机构获得相关数据
高级		无法从各机构获得相关数据
中级		无法从各机构获得相关数据
低级		许多系统至今仍未进行维护，但这很可能会影响系统长期功能的发挥
选择方案	公共团队对合同管理服务	市场的驱动因素决定了选择方案。各机构同时使用内部及分包的劳动力

3. 不定期维护

就所有路面而言，由于车辆的磨损和材料的老化，必须对透水路面系统进行定期的修补；要求对这些系统采用与现有透水性材料类似的材料来替换。面积＜1m^2，可采用传统的铺设方式，道路钻孔对系统性能的影响最小（WERF，2005）。各机构的代表们注意到有些案例中，随意地采用传统的铺设方式铺设整个透水铺面系统，从而造成了堵塞。蒙哥马利县要求张贴标志，以示警告避免重铺路面。表 11-13 介绍了关于透水铺面系统中细小结构损害的修补指南。

不定期维护：透水铺面的结构修补（WERF，2005）　　表 11-13

说明：对因交通磨损、土壤运动等原因造成的路面损坏，进行定期的修补		
频率		
缺省值	未知：变量。基于检查结果（和预算）来确定需求	随铺面类型、交通方式、气候和土壤条件而变化很大，很难进行常规预测
所需时间		
未知	变化幅度大	随项目规模和复杂性而变化，从 1h 到几天甚至更长
劳动力		
缺省值	未知：应该是个变量	团队规模会随机构和项目而变化，当地劳动力的工资决定了劳动力成本
范围	3～6 名工人，另加一名监督人员	取决于使用的设备和维护级别
设备和材料		
缺省值	未知：应该是个变量	设备和材料会随管理机构和项目而变化
典型方案	前端装载机、反铲挖土机、自卸卡车、拖车、各式各样的手工工具、替换零部件	会随项目规模及其复杂程度而变化
预计成本		
缺省值		无法从各机构获得相关数据
高级		无法从各机构获得相关数据
中级		无法从各机构获得相关数据
低级		许多系统至今仍未进行维护，但是必须预测各种问题及所需的预算
选择方案	公共团队或合同管理服务	市场的驱动因素决定了选择方案。大多数机构使用其内部劳动力

透水铺面系统中去除沉淀物的最佳时间在日常吸尘和维护期间（见上节）。一旦出现堵塞，必须去除路面顶层，开挖基底，并替换成干净的填料。同时，对底部界面进行松面，提高渗透能力。这类巨额的整修费用与起初的系统安装费用相当。表 11-14 介绍了产生长期沉淀作用的多孔铺面系统的修复指南。

透水铺面的沉淀物去除（WERF，2005）　　表 11-4

说明：从控制设施去除沉淀物，并将沉淀物拖运至处置场		
频率		
缺省值	**每 15 年 1 次**	根据预留位置设定成本。当地工况（景观绿化实践、土壤等等）和系统的类型将决定维护频率；需要基于当地的经验来设置长期的平均值
范围	0～20 年	许多系统尚未维护。采用适宜的土壤有助于确保系统的使用寿命，比去除沉淀物更为重要。景观绿化操作（不应在铺面上堆积沉淀物）和交通磨损是沉淀物去除频率的重要因素

11.3.5 雨水口清扫

许多大城市，尤其是有合流制污水系统的，采用带存水的雨水口。雨水口截留沉淀物和悬浮物，必须定期去除。当物料在雨水口中聚积时，截留的污染物就会减少。根据Aronson等人（1983）的研究，雨水口每年必须清扫1～2次。对所有雨水口进行检查和清扫是一种很好的想法，可作为湿塘或湿地的辅助服务，能够降低进入前池的沉淀物负荷。

对美国加利福尼亚的阿拉米达县（Alameda）进行的一项研究表明，当维护频率从每年一次提高到每年两次时，能够提高雨水口总沉淀物的年去除量（Mineart 和 Singh，1994）。该项研究发现：每年清扫一次，每个进口处能去除沉淀物25kg（54lb）；每半年及每季度清扫一次，能去除沉淀物32kg（70lb）；每月清扫一次，能去除沉淀物73kg（160lb）。

相对而言，虽然雨水口的安装费用并不高，但其实际成本主要与长期维护费用有关。水射器卡车（或Vactor品牌卡车）是用于清扫雨水口最为常见的方法，每辆价格高达25万美元。典型的卡车能够储存10～15m^3（10～15cu yd）的物料，足够存蓄3～5个雨水口（WERF，2005）。通常，由两人组成的一个团队花费30分钟可清扫普通的雨水口。严重受污染的雨水口，通常由于非法的堆放产生，可能需要几天反复的清扫。

11.4 总结

本章明确了对不同雨水控制设施进行维护的方法，介绍了这些活动的成本估算指南。重点强调了为何植被管理通常占主导地位，以及如何根据周边居民的预期而产生很大的差异。粗略估算了不同级别的维护成本，反映了在美国所观察到的各种各样实践。第12章将利用这些估算值和投资成本估算值，为估算各种做法的预期生命周期成本提供指南。同时将证明，某些类型设施的维护费用要远远超出其投资成本。因此，制定一套未来维护基金的机制尤为重要，使雨水控制设施能够在其使用寿命期间，确实改善径流水质。

第 12 章　雨水控制设施的全寿命周期成本

12.1　全寿命周期成本模型

本章中介绍的信息大多来自美国水环境研究基金会（WERF）报告中的成本分析和《最佳管理实践和可持续城市排水系统的功效和全寿命周期成本》（WERF，2005）。本手册对该书进行了扩充，为在早期研究中没有受到关注的，追加的雨水控制设施，开发了相同的成本估算方法。

全寿命周期成本（即全寿命周期成本分析）是确定未来的成本，并利用各种标准的会计技术，将其折算成当前成本，即现值。现值的定义是指将收益或成本流的价值折现到当前的价值。这可以理解成当前所需花费的资金总额，它能够满足一项设施在全寿命周期内将产生的所有成本。现值（PV）的计算公式如式（12-1）所示。

$$\mathrm{PV}=\sum_{t=0}^{t=N}\frac{C_t}{\left(1+\frac{r}{100}\right)^t} \tag{12-1}$$

式中　N——计算的年份数；

C_t——在第 t 年的货币总成本；

r——折现率（%）。

对于公共管理机构，合适的折现率可取用联邦储备银行放贷给各机构的贷款利率，通常与短期存款利率相近。通过该项计算，其根本目的是确定在计息账户中必须存储多少资金，以支付未来所有的投资资本和维护费用。因此，现值易受到假设的折现率、未来成本以及这些成本的时间安排影响。

从更广泛的意义上讲，现值还包括通过使用雨水控制设施后产生的收益价值。这些收益可能包括提高能效、降低雨水设施的使用者收费，改善外观以及降低城市热岛效应。由于许多收益难以量化，该类分析应聚焦于每个雨水管理设施相关的日常开支。

研究全寿命周期成本的好处在于：

（1）除投资成本外，提高对长期投资需求的理解；

（2）选择雨水控制设施时，可选择更有成本效益的方案；

（3）当结合一项计划性维护方案时，可明确的评估和管理长期财务风险；

（4）当考虑对某一系统接管责任时，可更好地了解未来的财务负债情况。

排水系统的业主或运营方发生的所有开支，不管被称为营运资金还是资本，均来自对地表水径流的管理需求。大部分排水资产有一个相对较长的使用寿命，需要提供适当的管理和维护，因此要采用长期的方法来应对。

排水行业资产的全寿命周期涵盖了一系列阶段。图 12-1 显示了各个阶段的概念性示意图。这些阶段再现了“成本要素”，被定义为：

（1）项目采购，包括可行性研究、试运行、概念设计、初步设计；详细设计和开发、以及建设（或采购一项专利设备）；

（2）使用和维护；

（3）处置与退役。

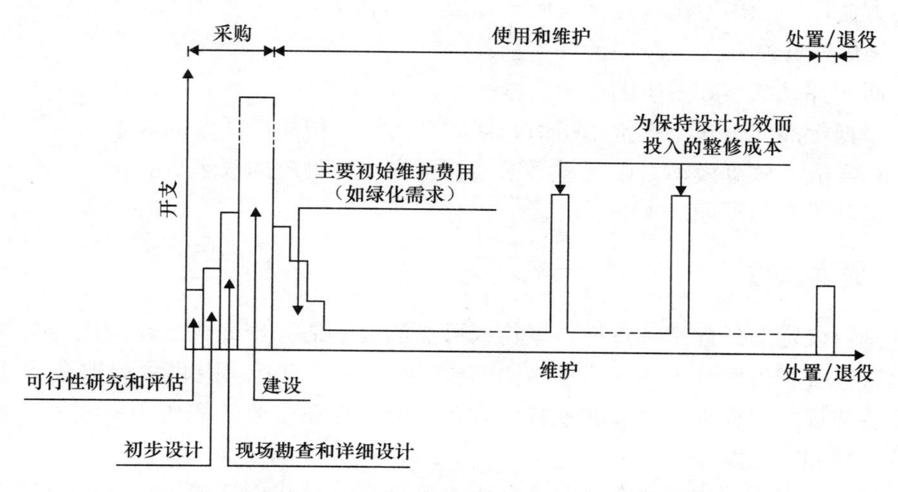

图 12-1　全寿命周期各个阶段及其相关成本（改编自 WERF，2005）

折现技术应用于计算未来成本，采用适当的折现率以考虑资金的时间价值。图 12-2 显示了两个具有不同投资资本和维护费用流的雨水控制设施的现金流现值，使用年限为 25 年，假设折现率为 3.5%。计划 1 采用较低的投资成本，但假设每年的维护费用较高且在 20 年之后需进行完全整修。计划 2 采用较高的初始投资成本及较低的经营成本。该例子说明了计划 1 虽然在建设期节约了 5 万美元，但由于较高的维护费用，使该设施在全寿命周期中累计的所需成本反而会略高。因此，从全寿命周期的角度评估雨水控制方案更为重要，不应在项目实施的财务问题上仅考虑建设成本。

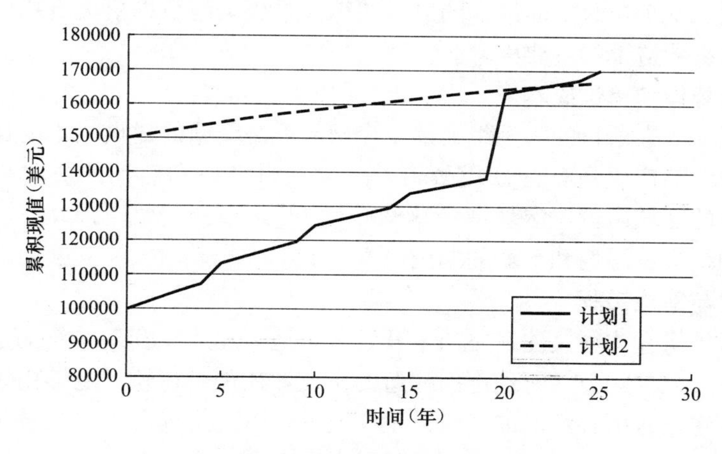

图 12-2　两个雨水控制设施的累计折现成本

12.2　投资成本

12.2.1　估算方法

下述方法已用于确定雨水控制设施合理成本的估算：

（1）回顾并总结参考文献中的成本估算；

（2）回顾并总结实际发生的建设成本；

（3）根据标准的土建工程价格指南，回顾并总结单位建设活动的成本；

（4）开发成本核算模型，以便进行通用的雨水控制设施的成本估算；

（5）实际成本与预期成本的比较。

12.2.2　成本构成

模型是对设定的条件和特点进行平均或可能的成本估算，该成本还应结合各种现场特定的应用来审查和调整。成本变化的幅度会很大，在一定范围内将主要取决于系统的规模。随着系统规模的扩大，就能实现规模效益，因为存在主要的初始固定成本，如人员招聘、设备采购和差旅费等。

在美国，大多数的成本研究只是评估雨水管理系统的建设造价，而没有包括许可证费用、工程设计和不可预见费。这些成本通常以建设造价的一个比值（如30%）来估算，由设计者根据经验取值。

土地成本会随地区不同，常取决于周边的土地利用情况。许多城郊辖区使用已开发区域的空地，以有效降低土地价格，对于某些控制设施甚至为零。而在密集的城市，土地成本可能远远超出建设和设计成本。

12.2.3　影响投资成本的因素

雨水控制设施的实际投资成本取决于众多因素。许多因素受特定的环境影响，而难以进行估算。因此，基于当地实际情况的成本估算比采用全国数据更为有用。本节下面各小节，将简要介绍影响造价的主要因素。

12.2.3.1　项目规模和单位成本

如果作为某一较大项目的一个组成部分，雨水控制设施的建设成本要比单独立项低很多。较大的项目能够产生更佳的规模效益，无须项目准备和启动的成本。在已大面积开发、场地平整过的区域内设置湿塘或植草沟，是更具有成本效益的方法。与之相似的是，随着设施规模的扩大，湿塘和干塘的单位成本越低。

12.2.3.2　改建与新建工程

大多数的造价研究往往关注在之前未开发的土地上建造一套新系统的造价。然而，对于许多系统而言，尤其是公共管理部门建造的系统，往往是在缺乏足够雨水控制设施的已开发区域进行改建。这两种情况的造价是不相同的，改建工程因为要把设施重新安置和道路改线，造价会更高。而且，有些改建工程需在已有公共土地或公有产权（例如在一个防洪区）内进行，否则需购买土地，但这样可能要提高造价来确保水流排入处理设施，因为许多场地受到先前开发的限制而不具备优化的水力条件。有些积极主动的社区已被授权，在已开发的区域实施改建工程，而不只是为新开发区域提供雨水控制设施。这些改建工程的造价会比较高。

12.2.3.3 监管要求

每个辖区对水量和水质控制、径流量及流速和结构（如进水结构、分流槽和栅栏）均有着不同的要求。有些必要的结构在其辖区内可能简单且便宜，但在其他辖区却可能需要设计，因而复杂且昂贵。

12.2.3.4 公共或私人设计和建造

造价的变化取决于该工程的付款方是公共部门还是私营企业。一般而言，公共项目因其监管较为严格且限制较多，往往投资成本较高。例如，公共项目通常应遵守招投标法律以及依赖于资金来源的其他管理要求，会采取更多的措施来确保项目的长期成功。相比之下，开发商通常会将已建项目的职责移交给新业主，为此可能不会担心雨水控制项目的长期可行性。公共项目因其成本公开，更容易获得相关项目信息。私营开发商一般不会公开其建设成本，以避免披露其具有竞争优势的秘密信息。

12.2.3.5 选择场地的灵活性和场地适宜性

雨水控制设施的建设成本会随场地条件不同呈现出相当大的变化。在坡度适宜的地区，湿塘的建设可能完全不必进行开挖，大大降低了造价。而在另外一个具有相近调蓄径流量的场地，要穿越岩石需要爆破，并需将废弃物长距离地运至弃渣场。有些项目要满足法规要求，不能灵活选择更经济的场地。

12.2.3.6 合营公司

有些机构开始寻求与其他实施主体（如私营开发商或其他机构）进行合作，共建雨水控制设施，实现更佳的规模效应降低造价。例如，得克萨斯州交通部已与奥斯汀城市合作，共建雨水控制设施来处理来自一条高速公路及其周边商业用地的径流。

12.2.3.7 机构和承包商的经验水平

美国有些地方要求建设雨水控制设施已超过20年。在这些地方，当地承包商能够适应市场环境，掌握建造这些设施所需的技能。所涉及的各个步骤是众所周知且可以预计的。当地机构的职员懂得如何帮助贯彻条例，为设计方案提出建议，以促进更好的、更有成本效益的项目建设。如果在一个地区最新引入一个或多个雨水控制技术，承包商将无法熟知预期的情况及所需的工作量，势必将提高价格以防范潜在的风险。同样地，缺乏经验的机构职员将没有信心或足够的知识来为改变规则和设计提供建议，以降低造价。

12.2.3.8 建设期间的经济状况

当一项雨水控制设施进行招投标和建设时，还需考虑当地的经济实力。如果项目难以获得，更多的承包商会考虑寻求成本压力小的项目。如果承包商的项目很多，可能不会积极争取该项目，其造价也可能会提高。

12.2.3.9 水量设计标准

水量设计标准会随辖区而发生地域性变化。这些标准决定了排放流量和所需的调蓄削减量，处理要求越高，造价也随之提高。

12.2.3.10 水质设计标准

水质设计标准会随辖区而发生变化。这些标准决定了施工方法、设计要求和建设后的管理。例如，设计方案可能会按水质处理要求，保持恒定储水量，它会影响到开挖成本。

12.2.3.11　地形

项目所处的地理位置可能会影响设计降雨量和当地的雨水径流特性，而这将会影响排水系统的构筑物规模。

12.2.3.12　土地配置和成本

土地配置可能仅用于雨水控制设施，也可能包括对开挖的沉淀物进行脱水、植被收割以维护为目的的通道等等所需的土地。土地成本随地域而有很大变化，且与周边土地利用情况有关。通过仔细设计和空地配置，用于排放地表水的土地有效成本能够显著降低。另一方面，在密集的城市环境下，土地成本可能远远超出建设和设计成本。因为这个原因，虽然有些地下雨水控制设施的建设成本相对较高，假设地下条件适宜，仍具有吸引力。土地成本可能包括购买费用和法律费用。

12.2.3.13　土壤类型和地下水条件

土壤类型和地下水条件决定了是否能用入渗的方法在现场控制多余的径流量，或者需要额外的调蓄和削减。土壤类型也决定了冲蚀的防护等级、所需的草地加固措施，以及影响植被的选择。

12.2.3.14　物料供应

许多雨水控制构筑物需要粒状物填充，用来削减流量和用作滤料。其成本将取决于产地到现场的距离。表层土壤的成本也与其来源的地理位置有关。其他市场因素，例如运输物料的燃料费用，可在短期内大幅度地改变成本。

12.2.3.15　绿化种植

如何获得适宜的植被以及满足特定控制设施所需的种植水平，是绿化成本的主要因素，该成本可能相当可观。此外，绿化承包商通常在一定时期内需提供绿化种植的保质期。该担保方式也会提高成本，因为一般假设栽种的死亡率为20%～25%。

12.2.3.16　机会成本

采用雨水控制设施的类型要考虑到场地的用途。例如，透水铺面可以充分利用办公楼或零售业的停车场地。如果采用别的类型（例如，湿塘）可能要减少停车区域，而最小停车区域的规定又可能会减少允许的建筑面积，这会影响项目的收益，甚至市政当局的税收收入。值得注意的是，有很多规定要求的停车区域，往往比维持商业或工业场地正常运营所需要的还大。

12.3　不同雨水控制设施的投资成本

本节说明了各类雨水管理设施在2004年的投资成本。这些造价可以结合运营和维护费用，用来确定每个雨水控制设施的全寿命周期成本和现值。

12.3.1　调蓄池的投资成本

12.3.1.1　湿塘和湿地

根据复杂性和精确性，可采用下述各种方法，估算湿塘的投资成本：

（1）根据汇水面积的大小，利用报告中的成本范围或单位成本来估算造价；

（2）将湿塘容积或汇水面积的大小与实际造价相关联，确立一个回归公式；

（3）利用更为详细的系统构筑物，估算建筑工程的造价。

1. 简单的基于汇水面积的造价范围

在最基本的层面，数家机构已根据汇水面积中单位治理面积所需的造价范围，估算投资成本。该估算方法源于对某些熟知的项目，处理单位英亩所投入的平均造价。马里兰州蒙哥马利县对湿塘的改建工程具有丰富经验。其工程人员估算，对现有的控制雨水调蓄池（如各种防洪设施）进行改建，约 80% 设施的改建造价范围为 2500～7500 美元/公顷（1000～3000 美元/英亩），而在新的场地（原先没有基础设施）进行改建的造价范围是 7500～22500 美元/公顷（3000～5000 美元/英亩）。该造价包含了与公用设施冲突的成本（Harper，2004）。

美国华盛顿州交通局的一项研究预测，治理 1 公顷的不透水区域，湿塘的造价成本为 37500 美元（15000 美元/英亩），还需额外考虑的成本包括交通管制费（15%）、动员费（10%）、销售税（8.6%）、以及土建工程和不可预见费（50%）。这些方法不能用于大型项目，通常仅为满足特定的规划目的，在缺乏足够资料情况下其精确度已可满足要求。

2. 应用现有数据的回归分析

下述各项研究开发了一些类型雨水控制设施的规模和造价之间的关系，包括湿塘：Wiegand 等人（1986），威斯康星州东南部区域规划委员会（SWRPC）（1991），Young 等人（1996），Brown 和 Schueler（1997）以及美国环境保护局（EPA）（1999）。除了 SWRPC 以外，所有这些研究大部分基于同套数据或其修正版本。

加利福尼亚交通局（Caltrans）（2004）也估算了 23 个湿塘的投资成本。这些数据来自流域保护中心，并补充了 Caltrans 在研究期间获得的美国数据。图 12-3 显示了仅根据设施规模（如按汇水面积）来估算投资成本，具有很大的不确定性。造价应根据地域，使用《重型建筑成本数据 2000》（R. S. Means，1999）中的城市造价指数和工程新闻纪录（2004）中的工程造价历史指数进行相应调整。

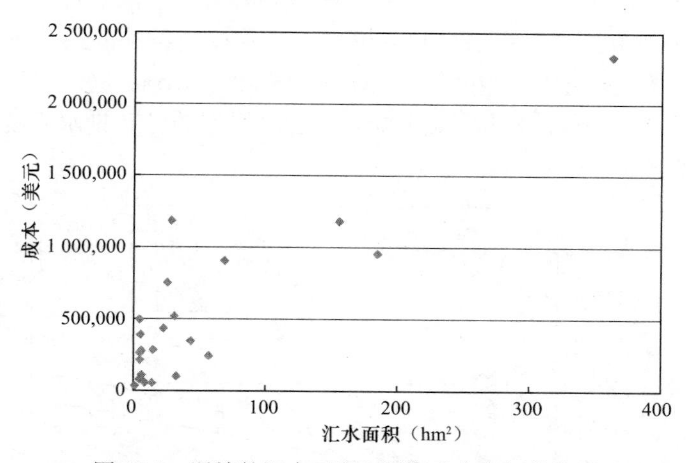

图 12-3　湿塘的汇水面积和投资成本之间的关系

该数据显示了设施规模（按汇水面积）和造价之间合理的、可预测的关系。在上述的湿塘研究中，均可发现类似的关系。但是，雨水控制设施的造价随区域有很大变化，故它只是通用的方法。如果某个地方的雨水管理单位对控制设施的经验有限时，可以利用这些关系来确定未来系统的大概造价范围，考察某个设施项目的投标价格是否过高。但凡当地积累了数据，则应优于通用的、区域性的和全国性的资料。

3. 工程估算

工程估算是估算造价的又一种方法。使用该方法时，常利用电子表格来估算各子项的造价，汇总相加后得出一个总造价。即使在缺乏雨水控制设施经验的地区，许多项目（例如清扫、除根、开挖等）都属于标准施工方法，机构和承包商应该都比较熟悉。但是，他们未必熟悉出水结构和水生植物等专有特性，可能须在初始的项目中提高造价，直至承包方能够顺利地实现预期目标。该方法的优势在于从一开始就能反映出当地成本，一旦获得新的信息，可以随时进行调整。必须考虑的事项（和单元）包括：

（1）清扫和除根（面积）；

（2）开挖和筑坝（体积）；

（3）沉淀和废弃物的预处理结构（长度）；

（4）混凝土或毛石的溢流结构（体积）；

（5）堤坝和筑坝（体积）；

（6）非透水性衬里（面积）；

（7）水域的边缘植被（面积）；

（8）湿地植被（面积）；

（9）植被再造和冲蚀控制（长度或面积）；

（10）项目管理；

（11）施工许可和监管；

（12）工程设计监理等；

（13）征地；

（14）不可预见费（如 30%）。

12.3.1.2　干塘

图 12-4 为干塘的造价与总容积之间的关系。这些控制设施的造价来自加利福尼亚交通局 Caltrans（2004）实施的一些改建工程，其他的为 Caltrans（2001）收集的不同来源的新建和改建工程。Caltrans 参与了对主要高速公路附近的已有排水系统进行改建。这些设施的投入最为昂贵。

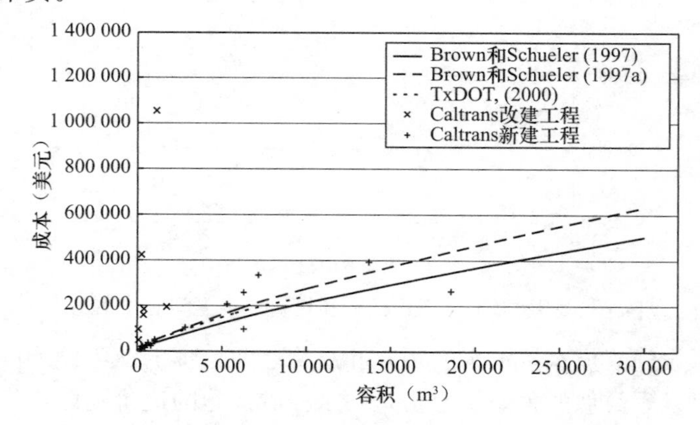

图 12-4　干塘的投资成本（WERF，2005）

12.3.2　渗透设施的造价

12.3.2.1　渗渠

估算渗渠投资成本的数据非常有限。就每平方米的处理成本而言，渗渠要比其他雨水控制方案略微昂贵。典型的建设成本，包括不可预见费和设计成本，约为180～300美元/m^3雨水（Brown和Schueler，1997；SWRPC；1991；U.S. EPA，1999）。实际的建设成本可能会更高。加利福尼亚交通局安装的两座渗渠的平均建设成本约为1，800美元/m^3，均为改建工程（Caltrans，2004）。

12.3.2.2　渗透塘

渗透塘与干塘的情况类似。两者的建设均需要进行开挖来获取所需的水质控制径流容积，超过该容积的径流可旁通超越构筑物。主要的附加成本包括土壤的渗透性分析和可能需要进行土壤改良，以提高入渗能力。为此，读者可以参考图12-4，了解可能的投资成本。

12.3.2.3　透水铺面

透水铺面的投资成本数据可以获得，但通常不是通过机构，而是来自铺面制造和/或设计安装的私营企业。有多种产品应用在不同的场合（例如：流量少的交通对繁忙的交通、沥青对混凝土、整体浇筑对模块），其造价的变化也会很大。低影响开发中心（2008）对透水铺面的造价进行了研究，将其造价总结在表12-1中。

透水铺面的各种造价（美元/m^2）　　**表12-1**

铺面	造价（安装）
沥青	5～10
透水混凝土	20～60
草坪/砾石垫层	15～57
联锁混凝土路砖	50～100

为一个停车场或其他地块选择透水铺面时，应该考虑一个重要事项：该停车场是否需要具备透水性。人们仅需考虑的是由径流水质决定的净成本。用户也应牢记：一项更为精确的价格比较，应涉及整个雨水管理和铺面各部分的成本。例如，采用草坪和砾石垫层、透水混凝土作为代表，对比非透水铺面造价，后者包括钢筋混凝土管道、雨水口、排放口、雨水连接管等，沥青或传统混凝土的造价在95～115美元/m^2，相比之下，透水系统的造价在45-65美元/m^2（低影响开发中心，2008）。节省的投资成本，可用于补偿设施在全寿命周期内因提高维护费用和较频繁地更换的投入。

12.3.3　植草沟和植草带的造价

威斯康星州东南部区域规划委员会（1991）报道了根据植草沟深度和底部宽度的造价范围为28-164美元/m（8-50美元/ft.）。这些造价的估算包括了清扫、除根、整平、填充和草皮铺覆。另一方面，在现有场地上进行改建的成本很昂贵。加利福尼亚交通局（2004）记载了六个改建项目的中等建设成本约为1300美元/m，该处事先并无植草沟。现场特定的施工问题以及当地劳动力和材料的成本，也影响造价。

除了和透水铺面比较，植草沟的造价还应与传统排水系统的造价进行比较。与路边排水系统相比，植草沟工程是实现雨水输送较为便宜的一种替代方案。路缘石、路边排水沟及其相关地下雨水管道的造价，往往为一个植草沟造价的 2 倍（CWP，1998）。因此，利用植草沟可以降低一个项目的总投资成本，并能改善径流水质。

12.3.4　滤池的造价

12.3.4.1　滤料滤池

在德克萨斯州的奥斯汀市，已投入安装了大量奥斯汀砂滤池，该地区的承包商对该类设施非常熟悉。图 12-5 显示了与水质保护容积（WQV）相关的造价，y 代表了投资成本，x 为水质保护容积。一个重要的限制条件是：这些造价仅为建设成本，未包括设计、许可、土地成本或其他任何相关活动的开支。

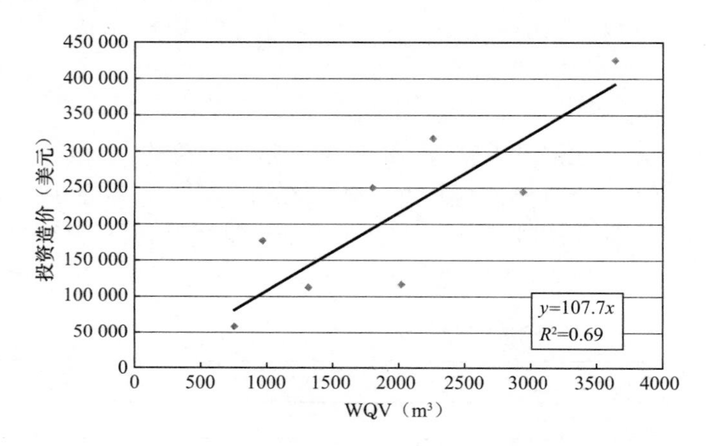

图 12-5　奥斯汀砂滤池的投资成本

12.3.4.2　生物滞留滤池

在过去，曾研究过生物滞留滤池的建设成本。Young 等人（1996），Brown 和 Schueler（1997）以及美国环境保护局（1999）均预测过该类控制设施的造价。低影响开发中心（2004）对其造价进行了总结：

“一般的规则是，住宅区雨水花园的平均造价约为 3～40 美元/m^2（所控制的占地面积），该值取决于土壤条件、采用的植被类型和密度。根据所需的雨水控制构筑物、人行道路、雨水排放管道和底部排水管在商业、工业及机关场地的造价在 100～400 美元/m^2 之间。”

生物滞留滤池的造价会随下述两种情况呈现很大变化：是否利用底部排水系统；该系统是在同一合同中与众多系统一起安装，还是简单地以一个独立的系统进行安装（低影响开发中心，2004）。

与植草沟类似，这些系统包括大家熟知的施工材料和技术。主要的造价分项清单包括：

（1）开挖（体积）；

（2）土工织物（面积）；

（3）穿孔聚氯乙烯底部排水管道（150mm 长度）；

(4) 聚氯乙烯清洗管（每个150mm）；
(5) 砾石渗沟（容积）；
(6) 护根物（体积）；
(7) 溢流雨水排入口（每个）；
(8) 溢流构筑物的聚氯乙烯出水管（长度）；
(9) 项目管理；
(10) 许可和施工监管；
(11) 工程设计、监理；
(12) 征地；
(13) 不可预见费（如30%）。

12.4 不同雨水控制设施的维护费用

12.4.1 影响成本估算的因素

一般而言，维护费用的估算具有很大的不确定性。主要原因包括：

(1) 雨水控制设施的管理机构通常不会记录各个控制设施的特定活动开支；

(2) 在许多地方，雨水控制设施由私营单位进行维护，他们不能或不愿提供维护费用；

(3) 在实际操作中，维护量存在很大的地域差异；

(4) 气候变化会对许多维护活动的频率产生巨大的影响；

(5) 流域特性（尤其是未稳定化区域的数量）会对沉淀物的去除以及其他任务实施的频率产生巨大的影响；

(6) 美国国内的劳动力价格变化很大。

因此，建议读者不要过于关注此处介绍的造价绝对值。与之相反，对各种不同的雨水处理选择方案进行相对造价的比较，可从中获益匪浅。为了估算某一特定地理位置、符合特定要求的维护费用，WERF（2005）提供了一套适用于几种通用控制设施的电子表格，允许这些设施的用户自行生成各自维护、投资和全寿命周期的造价估算。

12.4.2 植草沟和植草带

在第11章中，介绍了植草沟和缓冲植草带不同的维护活动和频率。WERF（2005）开发了针对低级、中级和高级维护的成本估算方法，假设一个植草沟处理来自一个0.8公顷汇水区域的径流。对于低级水平的维护，日常维护费用假设为150美元/年（包括检查、植被管理、去除垃圾和碎渣）。不定期维护包括去除主要的沉淀物，预计每10年进行一次，该费用可在当年维护费用中增加960美元。

中级水平的维护（主要是进行更为频繁的修剪）费用主要考虑每年的日常维护活动，估算为527美元/年。假设每4年进行一次不定期的改善性维护，该费用可在当年成本中增加1440美元。对于高级水平的维护，用于每年日常维护活动的费用为6020美元/年（每月进行修剪，占据了大部分费用）。假设每2年进行一次改善性维护，该费用可在当年日常成本中增加 1440 美元。

12.4.3　调蓄池

12.4.3.1　湿塘和湿地

根据第 11 章中所介绍的维护活动和频率，WERF（2005）开发了湿塘和湿地的费用估算方法，处理规模为一个 $8hm^2$ 汇水区域的雨水径流。低级水平维护的预估年度日常维护费用为 1750 美元/年，包括植被管理、去除垃圾和碎渣以及其他各式各样的维护活动。假设每 20 年进行一次少量沉淀物的去除（在其他维护活动基础上增加约 6000 美元），每 30 年进行一次主要沉淀物的去除和脱水（约 170000 美元）。

中级水平维护的预估年度费用为 3000 美元/年，与低级水平维护有所不同，更加重视植被管理。假设每 8 年进行一次前池中沉淀物的去除（4000 美元），每 20 年进行一次主要沉淀物的去除，费用约为 120000 美元。当维护活动安排得较为频繁，积累的沉淀物就会减少，此时去除沉淀物的费用就相对较低。

最后，高级水平维护的预估年度日常维护费用略高于 20000 美元/年，主要用于植被管理、垃圾和碎渣去除。这笔费用看似很高，但是，湿塘可以很容易地提供显著的舒适度价值。例如，奥斯汀市每年支付 35000 美元，用于控制其中心市场的湿塘（位于人口密集、经常出入的商业和多户家庭居住区域）的水生植物和废弃物，该项工作主要从美观考虑。假设去除前池和主湿塘中沉淀物的费用是在相同时间间隔发生，则与中等水平的维护费用相同。

12.4.3.2　干塘

在第 11 章中，介绍了干塘的维护活动和频率。WERF（2005）利用成本电子表格软件开发了针对低级、中级和高级维护的成本估算方法。年度日常维护费用仅为 150 美元/年，假设每 3 年需要进行 1 次植被管理。不定期维护，不包括沉淀物的去除，每隔 1 年进行 1 次，相应费用为 1000 美元。如每 20 年进行一次主要污染物的去除，该费用约为 27000 美元。这笔费用要远比去除湿塘中沉淀物的费用低，因为其组织工作较为容易，不需要对沉淀物进行脱水。

中级水平维护的年度费用约为 2100 美元/年，其中包括较多的植被管理（每年 2 次）和零散修补。假设每 10 年进行一次主要污染物的去除，该费用约为 13500 美元（比低级维护计划积累的沉淀物要少）。高级水平维护的年度日常维护费用约为 9500 美元/年，主要用于每月的植被管理。假设每 6 年进行一次污染物的去除，该费用约为 10000 美元。

12.4.4　旋流分离器和水窖

旋流分离器和水窖的维护费用巨大。一辆带水射器的卡车价格高达 250000 美元，是最常用来清洗旋流分离器和水窖的设施。通常卡车能够存储 $7m^3$ 和 $11m^3$（10 和 15cu yd）的物料，足够存放 3～5 台较小装置的沉淀物。通常由 2 个工作人员清洗 1 个小型水窖需要 30min。严重堵塞的水窖可能需要数日反复的清洗。如果清洗工作由私营承包商来实施，基于德克萨斯州休斯顿的经验，去除和处置这些物料的大致费用预计为 0.13 美元/L（0.50 美元/加仑）。由于处置费用信息有限，若想获得更为准确的信息，读者应在当地取得资料。如果装置中含有大量油类或其他有害物质，则处置费用会大幅提高。

12.4.5 滤料滤池

在第 11 章中，研究了服务于 8 公顷汇水区域的滤料滤池进行低级、中级和高级水平维护的成本估算。低级水平维护的年度维护费用约为 2000 美元/年，包括每 6 年一次的检查、植被管理、换砂和其他各种维护活动。此外，假设每 20 年进行一次主要污染物的去除，该费用约为 21500 美元。

中级水平维护的年度费用约为 3600 美元/年。与低级水平的维护相比，增加的部分主要用于更为频繁的植被管理（每年 2 次）和换砂工作（每 3 年一次）。不定期维护包括每 10 年一次主要污染物的去除，该费用为 21500 美元。高级水平维护的年度费用约为 7800 美元/年，该费用较高的主要原因是假设每个月都进行植被管理。假设每 6 年进行不定期的污染物去除，所需费用与中级水平的维护费用相同。

12.4.6 生物滞留滤池

在第 11 章中，研究了服务于 8 公顷汇水区域的生物滞留滤池设施进行三级维护活动的成本估算。低级水平维护的年度日常维护（例如植被管理）费用约为 300 美元/年。此外，假设每 12 年进行一次主要的改善性维护，该费用约为 3400 美元。改善性维护包括去除所有的植被以及替换、修复滤池滤料。

对于中级水平的维护，假设每年都进行植被管理（不像低级水平维护是每 3 年进行一次），年度日常维护费用为 1000 美元/年。假设每 8 年进行一次主要的改善性维护，该费用为 4800 美元。高级水平维护的年度费用约为 11800 美元/年，该费用主要用于更为频繁的植被管理（每月进行）。假设每 4 年进行一次改善性维护，其费用与中级水平的维护费用相同。

12.5 全寿命周期成本汇总

各种雨水控制设施的全寿命周期成本为确定不同降低污染物策略的最终成本提供了指南。投资成本的估算可基于本章前面部分介绍的数值。对于每种类型的设施，均提供了 3 种维护水平的所需费用。这些维护活动的频率和费用均根据第 11 章提供的信息。选用 4% 的折现率，来计算未来 50 年寿命周期内费用的现值。

12.5.1 植草沟和植草带

计算植草沟和植草带的全寿命周期成本的方法有两种：一是进行常规分析，与其他控制设施类似，计算征地费用、坡度修整、植被种植和维护。另一种方法是将植草沟的造价与传统排水系统的造价进行比较，可以得出一个结论：植草沟的造价实际上是 0，因为为了排水，本来就需要这类系统。

以住宅区使用植草沟为例，开发商可以用植草沟，代替路缘石、路边排水沟和埋设管道，来创建雨水排水系统。该系统的造价远比传统方案便宜很多。一般情况下，植草沟纳入每家住户庭院，开发商无须额外购买土地。当土地开发商选择植草沟方案时，无须增加额外费用，事实上反而节约了资金。虽然将来的房主可能会考虑机会成本（例如，失去部分地产用于其他用途的机会），但对于美国典型的住宅小区规模而言，该成本是微乎其微的。

剩余的费用主要用于设施的维护和整修。在住宅区的方案中，植草沟纳入每家的前院，由房主进行日常维护，包括植被管理。从市政当局或其他监管机构的角度看，该笔日常维护费用微不足道，具有很强的吸引力。由房主承担的工作可以算作成本。但是，即使没有植草沟，该区域仍需进行修剪或其他维护。因此，房主无须投入额外资金进行维护。从长远的角度看，为了阻止产生死水（特别在涵洞处），必须对植草沟重新修整坡度，以确保地表层流，去除累计的沉淀物，该笔费用很可能将由市政当局或其他责任方（例如物业管委会）来承担，而不是由房主直接承担。

另一个类似的案例是将植草带配置在各种设施中，同样无须投入成本而改善径流水质，尤其适合于高速公路的案例。设计高速公路的一个要素是在道路旁边提供一个“恢复区”。该区域的用途是为汽车驾驶员提供机会，通过机动规避重新返回道路，以免翻车或撞击固定物体。这些区域一般在路肩周边种植植被，采用宽约为 10m（30ft.）的小斜坡。这就是可以改善径流水质的植草带设计标准。在关注径流水质和提出雨水处理要求以前，美国高速公路主管部门已实施该种配置很多年。但是，直至最近才认识到它能改善径流水质。因此，高速公路管理机构会提供改善径流水质的区域，但是这样做的原因主要出于安全和高速公路的排水考虑。从美观角度考虑，或者为了提供清晰的视线，会对这些区域进行日常修剪；这些活动与改善径流水质的维护工作保持一致。

在其他情况下，也有布设植草带可能。许多市政当局会考虑绿化需求，开发商通常会在停车场或建筑物的周边种植绿化带，即便没有特殊的绿化需求。在这些区域很容易设置植草带，控制来自屋顶、停车场及其他非透水铺面的径流。

可以通过传统的方法，估算植草沟的全寿命周期成本。例如，处理和输送来自一个 0.8 公顷（2ac）汇水面积径流的植草沟。采用每平方米汇水面积的单位成本来估算投资成本。低级、中级和高级维护方案的造价如图 12-6 所示。这三种预案的主要不同之处在于修剪和植被管理的频率，根据所选择的维护级别，频率从每 3 年 1 次（低级维护）递增到每年 1 次，再到每月 1 次（高级维护）。

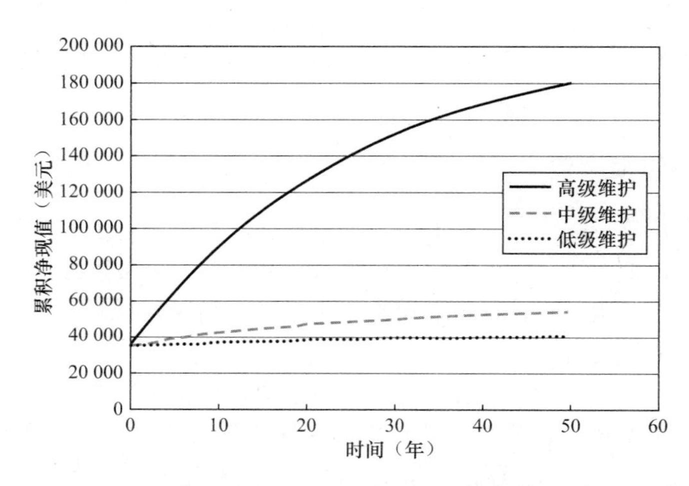

图 12-6　0.8 公顷汇水面积、折现率为 4%的植草沟和植草带的全寿命周期成本

12.5.2　调蓄池

湿塘、湿地和干塘的全寿命周期成本估算方法已制定。每种估算都是基于相同的汇水面积和水质要求。假设汇水面积为 8 公顷（20ac），水质保护容积约为 820m³（29000cu ft）。用汇水面积和设施成本（约为 41000 美元/公顷或 16500 美元/英亩，含设计费）之间的关系来确定整个设施的基础造价。如果涉及清除区域内施工产生的沉淀物（假设是新开发项目，而非改建项目），则造价还会有所提高。造价估算中考虑了高级、中级和低级水平的维护，并已在第 11 章中加以介绍。计算现值的折现率取 4%。

12.5.2.1　湿塘和湿地

按照如前所述的一般配置，制定了湿塘和湿地的全寿命周期成本估算方法。因为目前区分两者的信息不多，故假设这两种类型设施的造价相同。对于高级和中级水平维护，假设每 20 年进行一次主要沉淀物的去除，而低级水平维护是每 30 年进行一次，因沉淀物积累的时间更长而提高了沉淀物的去除量。这项主要维护活动的成本会导致造价的逐步提高，如图 12-7 所示。该图表显示：这三种预案最终的造价并无明显的区别。相反，主要的区别在于设施维护的强度。假设高级水平维护每月进行一次修剪、废弃物和垃圾的去除，适用于可见程度高的区域。此外，假设每年进行一些维护活动，解决害虫问题，如蚊子或河狸。中级水平维护每年进行 2 次，主要包括日常修剪和垃圾的去除，而低级水平维护每年仅进行 1 次。

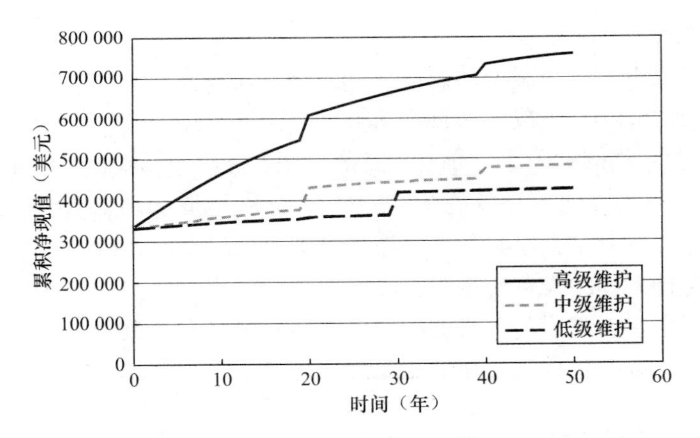

图 12-7　8 公顷汇水面积的湿地和湿塘的全寿命周期成本

值得注意的是，级别越高的维护所需的费用越高，但对污染物的去除影响甚少或甚没有，主要是出于美观和公众预期。在低级维护时，由于推迟沉淀物的去除，湿塘的性能可能略为降低。以 WQV 为标准，低级、中级和高级维护的全寿命周期成本分别为 500 美元/m³、600 美元/m³ 和 900 美元/m³。一项重要的发现是：当湿塘地处可见程度高的区域，且对美观要求非常高时，该笔维护费用几乎占据全寿命周期成本的 50%。

12.5.2.2　干塘

干塘与湿塘和湿地的建设成本有很多共同点；主要区别在于所需的维护活动。干塘的维护活动相对更加简单且便宜，因为设施内仅少量或几乎没有死水。图 12-8 中初始投资成本按汇水面积和设施成本（约为 30000 美元/公顷或 12000 美元/英亩，含设计费）之间的关系估算。

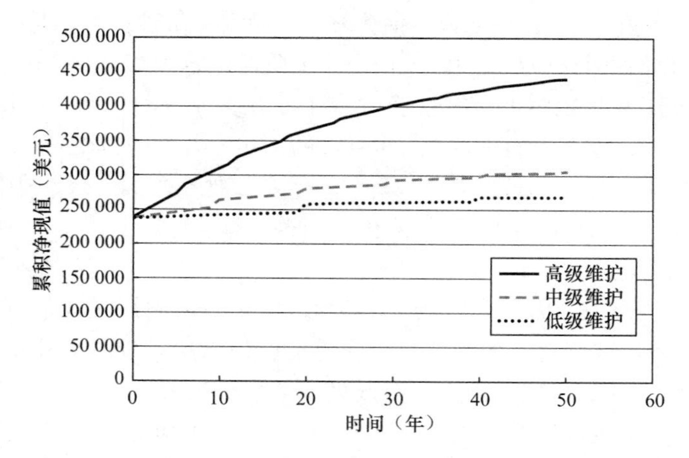

图 12-8　8 公顷汇水面积的干塘的全寿命周期成本

级别越高的维护所需的成本越高，主要由于采取更为频繁的植被管理（高级维护每月 1 次，中级维护每半年 1 次）。

12.5.3　滤池

12.5.3.1　滤料滤池

砂滤池的投资成本估算与湿塘的假设相同，即汇水面积为 $8hm^2$（20ac），水质控制容积约为 $820m^3$（29000cu ft）。按汇水面积和设施成本（约为 39000 美元/公顷或 15500 美元/英亩，含设计费）之间的关系，估算设施的基建造价。砂滤池全寿命周期的造价估算如图 12-9 所示。与许多其他控制设施相同，砂滤池最大部分的开支用于沉淀池及其周边区域的植被管理，紧接着是整修和替换滤池滤料的费用。有时，砂滤池会建造在空间有限的混凝土池中。这种案例的投资成本会更高；但维护费用可能更低，因为无须除草。三种维护预案的费用区别主要基于关于修剪频率、换砂和整修的函数。

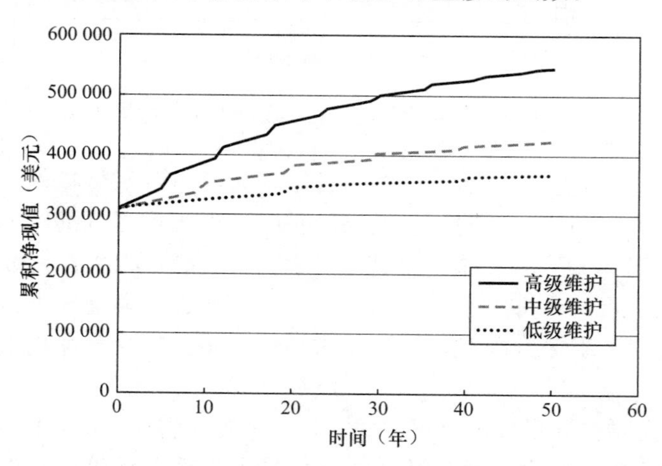

图 12-9　8 公顷汇水面积的奥斯汀砂滤池的全寿命周期成本

12.5.3.2 生物滞留滤池

生物滞留滤池的全寿命周期成本估算，按汇水面积为 0.8 公顷（2.0ac），水质保护容积约为 $80m^3$（2900cu ft），最大的积水深度为 150mm（6in）。估算的投资成本为 200 美元/m^2（20 美元/平方英尺），另加 30000 美元的工程和规划费用。生物滞留滤池的全寿命周期成本估算如图 12-10 所示。主要的维护费用与植被管理相关。假设该项维护活动的频率与植草沟类似，但其费用会更高，因为许多生物滞留滤池需进行除杂草、护根物替换以及除了植草沟修剪以外的其他工作。

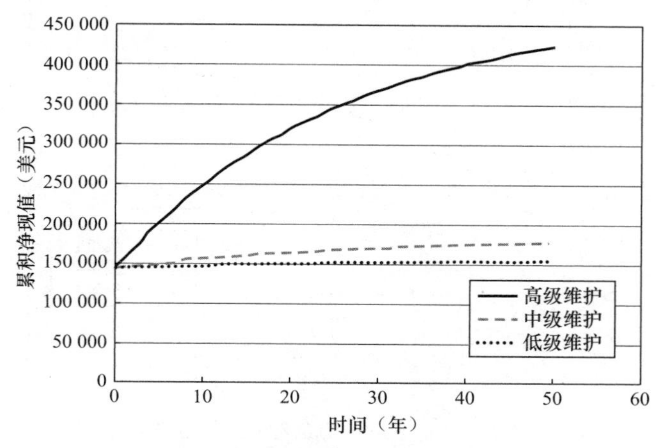

图 12-10 0.8 公顷汇水面积的生物滞留滤池的全寿命周期成本

12.5.4 渗透设施

12.5.4.1 渗渠

渗渠的全寿命周期成本如图 12-11 所示。渗渠的尺寸计算基于汇水面积为 $0.8hm^2$（2ac），水质保护容积约为 $80m^3$（2900cu ft）。假设每 $1m^3$ 调蓄径流的建设成本为 400 美元。该类设施的日常维护很少（主要是垃圾和碎渣的去除），因此其全寿命周期成本主要受渗渠整修频率的影响。低级、中级和高级维护方案的时间间隔分别为 4 年、8 年和 12 年。假设该项维护费用基本上与初始的建设成本一致。

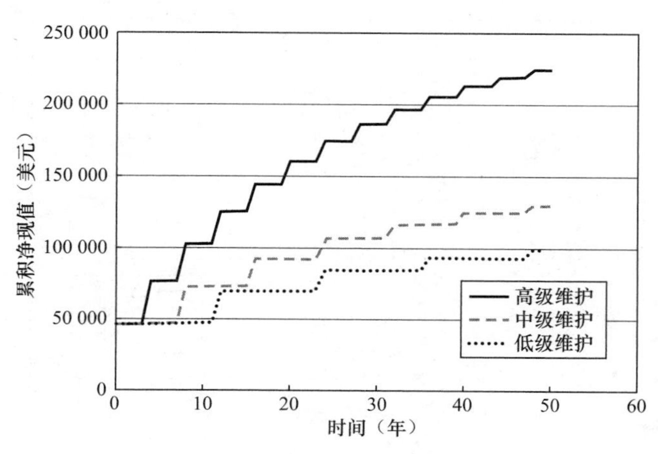

图 12-11 渗渠的全寿命周期成本

12.5.4.2　渗透塘

渗透塘的全寿命周期成本如图 12-12 所示。渗透塘的尺寸计算根据与砂滤池、湿塘和干塘相同的水质保护容积。渗透塘全寿命周期成本估算的基本假设，与干塘的投资成本和日常维护基本一致。两者的区别在于，为了维持充分的渗透率，渗透塘的造价会更高。除了去除沉淀物以外，可能还需额外的维护活动，以去除池底底部淤堵的土壤。该项维护活动的频率主要取决于初始的土壤性质和池中沉淀物积累的速率。

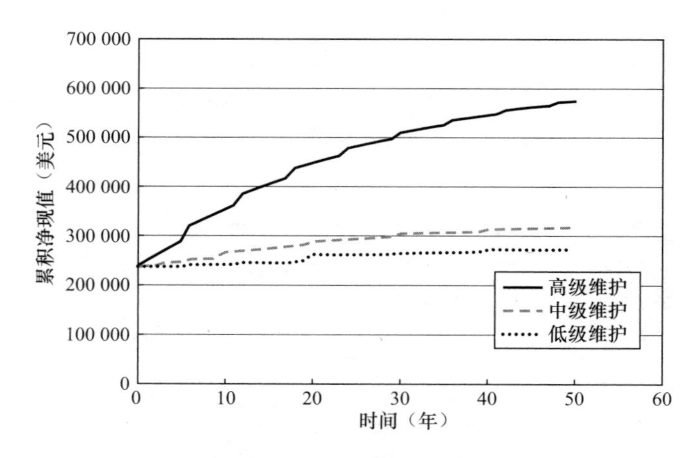

图 12-12　渗透塘的全寿命周期成本

12.5.4.3　透水铺面

透水铺面的全寿命周期成本如图 12-13 所示，假设使用沥青铺面材料，土地面积为 0.8hm²(2ac)。此外，因为在同一位置的传统铺面上建设相同规模的停车场或其他地面设施，故仅需考虑传统铺面和透水铺面之间的增量成本来计算初始投资成本，约为 3.23 美元/平方米（0.30 美元/ft².）。不同维护方案的全寿命周期成本差异较大：假设高级维护方案每月进行一次清扫和废弃物的去除，中级维护方案每年进行一次，而低级维护方案每 3 年进行一次。而且，假设路面需较为频繁的更换（分别为 25 年、35 年和 40 年），该费用与初始建设成本相同。

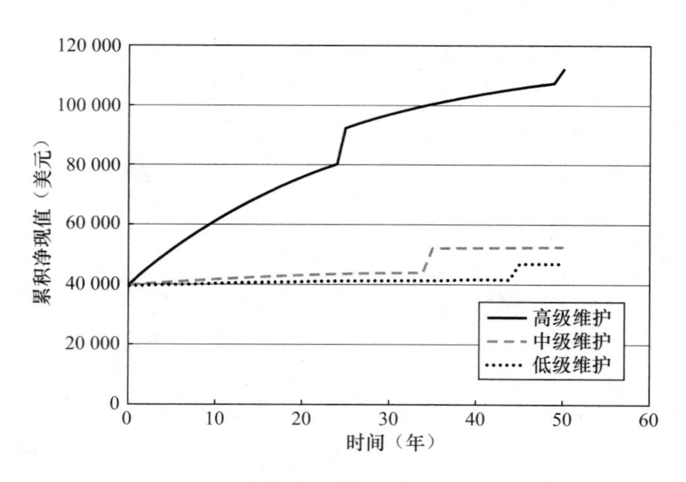

图 12-13　透水沥青铺面停车场的全寿命周期成本

12.6 全寿命周期成本比较

本章中所考虑的有些雨水控制设施适用于大型的汇水面积，有些则适用于单个区域的小型系统。为了便于造价比较，根据等量的水质保护容积，将各系统不同维护预案的全寿命周期成本进行标准化。这些造价的比较如表 12-2 所示。值得注意的一个重要事项是：与传统的排水系统相比，当设施由业主负责维护时，有些设施（例如植草沟和植草带）可以免费有效地改善径流水质。

全寿命周期成本比较 **表 12-2**

雨水控制设施	全寿命周期成本（美元/m^3）		
	低级维护	中级维护	高级维护
植草沟和植草带	500	660	2200
湿塘/湿地	520	600	925
干塘	330	375	575
砂滤池	450	520	670
生物滞留滤池	1900	2200	5100
渗渠	1200	1600	2700
渗透塘	330	400	700
透水铺面	570	640	1400

应用雨水控制设施的另外一个重要教训是：一项最起码的维护计划（例如每 3 年进行一次检查以及少量的植被管理）与中级水平的维护计划相比，并不会节约很多费用。大多数雨水控制设施进行高级维护的费用主要源于美观需求，而非功效需求。渗渠是一个例外，其维护费用主要取决于假设经历多长时间渗渠能够发挥作用而无堵塞现象。

12.7 雨水系统对全寿命周期成本的影响

雨水系统通常被推荐用于雨水管理，因为它们能够提供去除污染物的不同工艺单元，增加辅助渗透面积，耐用且有冗余。安装系列雨水控制设施对投资成本的影响较小，但对维护费用的影响较大。应用雨水系统，与去除沉淀物相关的维护费用，将从该系统的最后一个设施转移到较前面的设施。这样一来，最后一个处理设施（例如滤池和渗透设施）不容易发生堵塞或产生湿沉淀物（例如湿塘和湿地）。在植草沟和缓冲性植草带中去除沉淀物，要比替换过滤滤料、疏浚调蓄池或整修渗透塘，更加容易。这种效益的实际价值难以精确估算，因为在很大程度上它与雨水控制设施中沉淀物负荷有关。

第 13 章　性 能 评 估

13.1　引言

本章旨在介绍评估雨水控制的方法，来判定其是否达到第 3 章中设置的目标性能的方法。本章的重点是数据评估的采样和统计学方法。本章只讨论水文和水质效益，虽然其他方面对有效的雨水管理系统也有重要作用。雨水控制系统管理人员还应通过一些与公众有关的方面，例如外观、休闲娱乐效果、野生动物栖息、房产价值提升和其他社会及环境目标，来检验评价其效果。

要想因地制宜地选择出适合的雨水管理技术需要全面了解各种控制措施（例如，湿塘、植草沟、湿地和砂滤池等），来减少径流、降低峰值流量和改善径流水质。因此，监管和环境部门希望制订准确和可比较的性能评估方法。对雨水处理控制设施减少排放污染物浓度和负荷的能力方面，目前已有很多研究。但当试图将这些单独的控制设施评估所提供的信息进行整合综述时，就发现研究方法、术语明显不一致，相关设计信息不足和没有统一的报告程式，要把它们汇总十分困难。

更麻烦的是，目前最常见的性能控制指标是污染物“百分比去除率”。但很多研究表明，百分比去除率，特别是基于污染物浓度的，在性能评估方面是有问题的，曾经导致性能评估报告出现某些明显错误（Strecker *et al*.，2001；Urbonas，2000；Winer，2000；U. S. EPA，2002c）。如果控制设施的进水是相对洁净的径流，那么系统能实现的性能将是有限的；如果处理极脏的水（例如径流的污染物浓度相对较高）则可达到很高的百分比去除率。因此，百分比去除率，更多取决于进水浓度，而非控制的效能。尽管作为常规监管目标，该方法流行且普及，但这已不再是说明雨水控制设施性能的推荐方法。

本章将探讨几种有效和广为接受的控制性能评估方法。13.2 节和 13.3 节介绍评估计划大纲的制定和执行。在监管计划中，目标和性能标准应及早制定，每种情况的典型案例见 13.4 节。13.5 节包括了各种不同的评估方法，包括相关的统计学方法和应用导则。这些工具可用来评估控制措施在削减径流量和提高出水水质方面的作用。13.6 节、13.7 节、13.8 节分别说明数据要求、监测计划的执行及总结报告的考虑因素。本章最后一节，13.10 节，通过一组进水和出水数据，运用 3 种不同的统计学方法来评估控制设施的性能。

为统一专业术语，下面对雨水控制领域处理水平及装置、系统或操作是否达标方面常见的术语进行定义：

（1）控制——用来去除、降低、减缓或防止雨水径流水量、成分、污染物排入受纳水体的设施、操作或措施；

（2）控制系统——包括控制和任何相关的旁通或溢流。例如，离线湿塘的效率（定义见后）可由其自身（作为控制）或控制系统（控制加上旁通水流设施）来决定；

（3）性能——在雨水流经控制设施或由它处理后，是否达到目标的衡量指标；

（4）有效性——控制场地的所有雨水经控制系统（包括旁通水流）后，是否达到目标的衡量指标；

（5）效率——控制设施或控制系统在去除污染物方面是否有效的衡量指标。

需注意的是，性能和有效性可以用污染物去除量、出水水质和/或对城市化后增加的雨水量减少多少来表示。

13.1.1 概述

为制定一套评估控制性能的统一协议，Urbonas（1995）和 Strecker 总结（1994）了值得收集和报告的相关信息。除了采样和分析方法，他们对可能影响控制有效性和性能的数据，包括物理的、气候的和地理参数也进行了收集。最近，这些协议已被应用到现有的控制设施数据中，这些数据是持续汇编的，并上传到国际雨水最佳管理操作数据库（网址是 www. bmpdatabase. org）。初步的的数据分析评估结果已完成（Strecker *et al.*，2001）。新的数据还在不断加入这个数据库，特别是雨水控制绿色设施的性能数据（Clary *et al.*，2011）。美国水环境研究基金会出版了最近的研究结果（2011）。控制设施监测指导文件为《城市雨水最佳管理实践（BMP）性能监测：符合全国雨水 BMP 数据库要求的指导手册》（U. S. EPA，2002c），在前述网站可下载。此外，总结控制性能信息的资料还包括《雨水 BMP 全国污染物去除性能数据库》、Terrene 研究所报告、《湿地对控制雨水污染物的作用》和 Minton（2011）。

美国环境保护局控制数据库的重要成果是针对大多数污染物去除的最佳控制评估方法（Strecker *et al.*，2001）。有效评估方法需要包括以下几点：

（1）控制设施处理和未处理的径流量为多少？换言之，有多少径流量没有旁通超越或超过了控制设施的有效处理能力？

（2）被消减的雨水径流量有多少，特别是通过蒸散和（或）入渗（即水文源头控制）？

（3）在处理过的径流中，用统计学方法确定的出水水质怎样？

13.1.1.1 水文改善

评估控制设施整体作用的关键因素，是评价截留径流处理的技术能效。控制设施的截留效率包括处理的流量和旁通的未处理的流量分别所占的比例。这是很重要的评估标准，因为如果一个控制设施有很高的污染物去除率，但处理量只占径流总量的一小部分，那么其效果将极为有限。总体来说，截留效率与控制设施的容积和出口结构有关。

截留效率会因降雨历时随季节和年际变化。这可能对处理有重要影响，特别是考虑到初期冲刷理论（first flush theory），根据该理论，降雨初期径流的污染物浓度高于后期径流的浓度。因此，截留效率应考虑条件和历时的变化。

实施雨水控制的目标之一是改善当地水文。特别要注意在减少径流量（即 HSC）方面，哪些控制设施更为有效。例如，湿塘在减少径流量方面可能作用不大，而生物滤池因为接触干燥土壤导致蒸散和/或入渗，可能效果显著。多数低影响开发的目的是减少径流量。但是，降雨时准确测量流量是非常困难的。控制设施性能的检测和评估计划应包含下列参数：

（1）因蒸散作用减少的峰值流量；

（2）因入渗和补给地下水而减少的径流量；

（3）流量随时间分布的变化。

评估水文控制效果最常见的方法是使用水文过程线，即流量随时间变化的曲线。绘制进水和出水流量的水文过程线，能够帮助评估雨水的峰值径流量、总径流量和整体分布（即随时间分布）的变化情况。

13.1.1.2　水质改善

对控制设施的水质性能数据分析，应包括进水和对应的出水水质的完整分析。特别是污染物去除效率，是指在系统中从进水到出水过程中减少的污染物。常见的两个水质参数是事件平均浓度（EMC）效率和总量或负荷效率。事件平均浓度被认为是测量径流水质最有用的指标，并且特别适合于雨季水流。国际雨水最佳管理实践数据库的重点是收集EMC数据（U.S.EPA，2002c）。但对根据“每日最大负荷”（TMDL）标准监管的水体，污染物负荷是研究控制的重点。不过，负荷指标较适用于旱季水流，因其对长期负荷影响显著。总体而言，基于浓度的方法不包括由于调蓄、入渗、再回用或蒸散作用而减少径流量的效益，因此相比基于总量的方法，它的性能效率会略低。

过去，控制设施去除污染物的能力一直是以浓度或负荷的百分率减少量界定。但是，最近研究表明，这种衡量指标太过于依赖进水浓度，而非控制性能。例如，Schueler（1996）发现，大部分控制设施的出水，都受到“不能再降低的浓度”的限制，即低于该值出水水质无法再进一步改善。因此，如果进水浓度较低，那么污染物去除效率也容易很低，这样，百分比去除率的度量并不能真实反映控制性能。

作为百分比去除率的替代方法，污染物去除率可以通过一些合适的统计模型来评估，唯一要用的输入数据是事件平均浓度和出水浓度。EPA在文件中总结了用EMC数据评估控制设施性能的方法（2002c），列举如下：

（1）效率比；

（2）负荷总量；

（3）负荷回归分析；

（4）事件平均浓度；

（5）单场降雨效率；

（6）不能再降低的浓度与可达到的效率；

（7）相对水质标准的百分比去除率；

（8）性能比较曲线；

（9）多变量和非线性模型；

（10）出水概率方法（EPM）。

以上方法中，Strecker等人（2001）只推荐EPM作为控制性能的分析方法。EPM的一个特点是对出水水质进行界定，这将在下面进一步讨论。其他的评估方法要么不推荐，要么建议与一个更全面的统计分析方法结合使用。本章阐述EPM和其他几种定性、定量（统计学）方法，用来强化控制设施性能的浓度和负荷数据的评估。

13.1.2　现实考虑因素

根据包括166项控制性能研究成果的《全国污染物去除性能数据库》3.0版本（CWP，2007），评估控制设施性能的关键因素如下。

1. 有限的数据

雨水控制研究是相对较新的领域，研究文献有限，特别针对某些控制类别。使用者应了解，这些性能结果只能代表目前研究结果，未来研究很可能带来数据的修改。随着研究增多，控制性能报告的可信度也会提高。

2. 数据的范围

针对各种类型的控制设施，某一污染物数据范围可能极大。换言之，污染物去除最低和最高性能之间的差距很大。数据范围越大，平均去除性能的可信度就越低。同时，导致性能时好时坏的因素也有待进一步研究确定。

3. 性能影响因素

和前述数据范围有关，控制设施性能会受到很多因素影响，包括：

1）降雨样本数量；

2）进水污染物浓度；

3）污染物去除效率的计算方法；

4）使用的监测技术；

5）实际设计的内部形状和调蓄容积；

6）沉淀物和水体的相互作用；

7）土壤类型的地域区别；

8）雨水量、进水的流速和颗粒物大小（进入控制设施的径流）；

9）纬度；

10）集水区大小和土地使用情况；

11）植被特性；

12）维护和操作情况；

13）常规实验室仪器和操作程序的误差。

4. 控制年限

用来决定总体去除能力的数据一般根据的是“最佳情况”值，特别是，大部分雨水控制研究集中在了建成3年内的监测情况（Winer，2000）。

5. 径流量的削减

有些控制类型在降低整体径流量方面特别有效。径流量减少的控制因素为过滤、入渗、生物吸收或调蓄和回用，它们可以从出水中永久去除一部分径流量。降低径流量的控制措施也能降低污染物负荷，虽然进出水的浓度对比研究（除了是和时间序列相关的）不能说明这一情况。因为这个原因，针对此类控制设施的去除效率被低估了，特别是当研究中使用了进出水浓度对比的方法时。

与控制性能评估相关的其他资料，还包括来自以下单位的文献：美国联邦公路管理局（2000）、美国环境保护局（2002c；2004）、加州交通局（Caltrans）（2003）、科技接受互惠合作 Technology Acceptance Reciprocity Partnership（2001），以及华盛顿州生态管理局（2002）。

13.2 评估计划的制订

对于一个成功的监测项目，制定控制性能评估计划是非常重要的基础。下文按顺序列出了在制定评估计划时，应完成的关键任务。每项任务在下面各节中详细说明，特别是 13.4 节～13.7 节。

13.2.1　根据目的制定目标

项目目的一旦明确，相关的目标就应确定，为项目提供正确方向。目标并不需要限制在控制性能领域，也可反映其他成果，例如满足某些限制条件（如时间和资源限制）或者为公众提供教育机会。

13.2.2　制定符合目标的标准或指标

标准和指标用于评估一个项目是否成功达成其目标。选择标准时，应确保使用该标准可带来清晰的结果，并能提供明确的证据说明项目成功与否。如果项目目标措辞正确，那么相应的标准或指标也能很清晰。对于有些目标，需要更加专业的（数学的）指标来定义。

13.2.3　建立评估的方法和工具

制定计划的下一步，是确定如何在现有知识、工具和信息的基础上评估控制设施的性能。有些工具和方法的使用可能受到时间、资源、数据、人员专业技能和技术的限制。一般来说，除非能够对所收集数据进行整体评估和鉴定，否则很难为数据分析选择具体的统计学方法。

13.2.4　建立数据需求

为得到有效结果，必须收集相关有效数据进行分析。值得一提的是，所收集数据必须在数量和质量上足以支持评估过程。

13.2.5　开展监测计划来收集数据

最后的重要任务是制定详尽的监测计划，用以指导收集现场数据。在计划制定过程中，需要确定具体测量方法、采集数据的频次和时间、必要的设备和人员，以及统一有序的数据记录方法。

13.3　评估计划的执行

在项目开始前，必须仔细考虑雨水控制设施评估计划的执行方法。具体来说，应说明数据收集、数据评估和验证、数据分析和报告的过程，并选择相应的方法。本章 13.8 节（计划的实施）和 13.9 节（雨水控制设施性能报告）对任务的执行有更详尽的说明。

13.3.1　数据收集

应尽可能采用标准的测试方法和程序来收集雨水控制数据。科技专家委员会已制定了标准化方法，并已通过了同业审查。有多家全国性机构为水质和流量监测制定了数据收集标准，其中包括美国测试和材料协会（ASTM）、美国土木工程师协会、美国环保局、美国水工程协会（AWWA）、国家安全卫生基金会（NSF）和美国公众健康协会（APHA）

（见第7.3.3节关于数据收集标准APHA等，1998；ASTM，1997）。如果无法使用标准化方法，应提供证据说明替换方法提供数据质量的可靠性。

13.3.2　数据质量和有效性的评价

在通过数据得出结果和重要结论之前，应先评价这些数据的质量和有效性。这一评估数据质量的过程叫做*数据验证*，通常要进行初步的统计分析。这个步骤帮助证明有足够质量好的数据来完成分析，如果需要的话，还可指导选择合适的统计方法。

13.3.3　应用数据来评估性能

在对收集数据进行验证和初步评估后，应运用所选工具（例如统计方法、计算机模型等）得出有用的结果和回答关键问题。将数据分析结果和计划制定过程中确定的标准、指标进行比较，就可得出控制设施性能的结论。

13.3.4　报告

控制设施性能评估的结果应形成文件，提交正式报告。虽然在监测项目完成时，将有一份最终综合报告，但在整个项目过程中，也应考虑编制定期进度报告。进度报告的编制频率取决于监测规则和计划目标。

13.4　制定目标和评估标准或指标

评估雨水控制性能的最初步骤包括制定目标和设立评估标准。这两个因素与方案选择和设计阶段建立的性能目标有关。它们为确定分析方法、信息需求和评估提供框架，是建立评估雨水控制性能有效计划的基础步骤。

性能目的决定雨水控制的整体要求，包括一系列有关有效性、效率、运营、管理、规则和研究对象等的因素。表13-1为与雨水控制有关的性能目的（U.S.EPA，2002C）。但是目的往往太宽泛或太笼统，难以用来制定评估程序。因此，应将目的分解成为目标，每个目标针对雨水控制或管理项目的特殊要求。每个目标至少应对一个具体目的，因此通常需要有多个目标。目标应尽可能具体到控制类型和地点。

标准和指标决定了如何针对目标进行监测。根据目标的描述，可以明确标准和指标。还有一些目标，可能需要提出更具体的问题，解答后方能有针对性。

雨水控制的常用性能目的（源自表2.1，U.S.EPA [2002c]）　　表13-1

类别	目标
水力学	优化雨水控制上游和/或下游水流特性
水文学	防洪，提高径流特性（峰值削减）
水质处理	（1）降低下游污染物负荷和污染物浓度
	（2）出水中污染物达到期望的浓度
源头控制	去除垃圾和残渣。
监管	（1）符合国家污染物排放消除系统NPDES许可
	（2）满足当地的、州的或联邦水质标准

续表

类别	目标
实施的可行性	对于非结构性控制措施，在管理和监督结构中发挥作用的能力
成本	基建、运营和维护成本
美观	改善当地景观
维护	(1) 维护操作和维修计划与要求
	(2) 系统改造、修改或扩展的能力
长期性	能够长期发挥功能
资源	(1) 改善下游水环境和冲蚀情况
	(2) 改善野生生物栖息地
	(3) 多用途功能
安全、风险和责任	(1) 功能无显著风险或责任
	(2) 能够保证下游最小的环境风险
公众的看法	提供信息，澄清公众对径流水质、水量和对受纳水体影响的认识

13.4.1　评估雨水控制性能的考虑因素

根据既定的项目目的，雨水控制设施的性能评估可从几个不同的方面着手。本节将详述计划阶段应考虑的几个因素。

13.4.1.1　信息要求

信息的数量是要考虑的因素，因为雨水径流和污染物浓度在时间（包括季节）和空间上有巨大差异。某一给定地点一次降雨事件中以及不同降雨事件之间发生的雨水径流情况也相差很大（U.S. EPA，2002c）。准确确定指定地点的雨水特征，需要大量的系列数据。为解决目标和目的，收集足够的、具有较高统计置信度的信息，通常需要较长的时间或者在几个不同地点开展。一个研究要持续多个监测期并不罕见。

13.4.1.2　背景资料

背景资料对建立合适的目的和目标至关重要（U.S EPA 2004）。背景资料审查可以：

(1) 从现有他人进行的相同雨水控制研究中，获得相关信息；

(2) 识别某些需要通过补充研究来填补的数据空缺；

(3) 识别监测计划执行过程中的成败之处，获得有用结果，实现项目目的。

首要的背景资料就是国际雨水最佳管理实践数据库。

13.4.1.3　物理布局

雨水径流系统的物理布局可以帮助确定某些目标。需要注意雨水控制设施的物理特性，包括旁通和溢流、串联建造的雨水控制设施及其运作方式（U.S. EPA，2002c）。

13.4.1.4　研究时期

性能评估的时期是非常重要的因素（U.S. EPA，2002C）。确立目标时，应将季节变化、即时性及长期性影响考虑在内。

13.4.2　雨水控制类型的含义

雨水控制设施的性能评估，也应考虑到控制的类型和设计。为进行对比，U.S. EPA（2002c）推荐根据下面 4 个不同的类别将雨水控制设施进行分类：

（1）有明确的进口和出口的雨水控制设施，处理效果主要取决于雨水的调蓄量（例如，干式调蓄池、湿式调蓄池、湿地和水窖）；

（2）有明确的进口和出口的雨水控制设施，不依靠大量的雨水调蓄（例如砂滤池、植草沟、植草缓冲带和水流通过型控制设施）；

（3）没有明确的进口和出口的雨水控制设施（例如，全流量蓄留、渗透设施、透水铺面和进水为沿沟边漫流的植草沟）；

（4）广泛分布的（分散的）和非结构性的雨水控制措施（例如雨水口改造、教育计划和源头控制计划）。

有明确进口和出口的雨水控制设施的性能可以通过进水和出水信息来评估。具有调蓄空间的控制设施需要和水流通过型的设施分开评估，因为调蓄池单元的性能目的包括水力和水文因素，例如防洪，而水流通过型单元则没有这些因素（U. S. EPA，2002C）。

没有明确进口和出口的雨水控制设施的性能，通常需要通过设施安装前后所收集的信息或类比地点的信息来评估。

分布广泛和非结构性的控制措施，通常是通过设施所在流域的信息来评估。当目标是控制设施对受纳环境的影响时，应使用流域方法。当监测大量小设施太困难或成本太高时，或者在评估非结构性的控制措施时，例如街道清扫或公众拓展项目时，可考虑使用这种方法。流域评估的方法包括上游和下游、实施控制前后和流域对比的方法。

在出现以下情况时，考虑使用流域评估方法：

（1）当控制设施的效果不能区分出来时；

（2）雨水控制设施减少了城市径流对受纳水体的影响，使用流域监测方法能更准确时（U. S. EPA，2004）；

（3）雨水管理项目的效果，由于受纳水体受到多个因素影响，或者来自雨水的污染物总负荷（或雨水控制设施带来的污染物负荷变化）太小以至于无法监测时（U. S. EPA，2004）；

（4）除了河道位置，流域监测也可用于管网系统或“污水流域”（U. S. EPA，2004）；

（5）雨水控制设施实施前，明显需要监测收集前后的信息，来建立基础条件。对于平行对比监测，为便于现两流域之间的相同点和不同点，也应当在实施前进行监测；

（6）研究发现，流域监测项目应至少持续 2～3 年（FHWA，2000）；

（7）因为流域通常与行政边界不一致，包含所有相关政府机构有时是不可能的，因此流域监测并不是总能实现。

在评估非结构性的雨水控制的性能时，还需要考虑其他几个因素。Tailor 和 Wong（2002a，2002b）提到，性能评估的有用信息难以收集是因为：

（1）非结构性的控制所依赖的是行为的变化，而行为的变化很难测量；

（2）很难将效果分离出来进行直接测量；

（3）非结构性的控制项目往往受到压力，只能报告积极的成果。

收集所需的定量和定性信息，可使用几种推荐的方法。定性信息可提高公众对目标事件的关注和参与度。定量方法包括直接测量从雨水中去除的物质，例如垃圾和沉淀物，给整个系统建模、或者对下游站点进行长期趋势性的监测（U. S. EPA，2004）。

13.4.3 典型目标

表 13-2 列出了根据雨水控制性能目的（表 13-1）制定目标的例子。性能评估通常基

于一个或多个这类目标（U. S. EPA，2002C）。表格中所列目标并不能代表所有可能的目标。特定的现场条件可能需要其他目标或修订已有的目标。与现场相关的目标越具体，越容易确定需要的数据。

13.4.4　标准或指标的例子

表 13-2 也列出了从雨水控制性能目标得出标准或指标的例子。表中所示这些标准和指标代表了一小部分可能考虑的内容。不仅如此，指标或标准还应根据现场条件或关键参数进行调整。

与性能目的相关的目标和标准、指标的例子　　**表 13-2**

类别	目的
水力学	• 优化雨水控制设施上/下游水流特性
	——下游流量对比基础条件的变化
	a. 下游流量分布的统计学差异
水文学	• 防洪，改进径流特性（削减峰值）
	——不同径流事件出水流量峰值
	a. 出水流量分布
水质	• 降低下游污染物负荷和污染物浓度
	——水质对比本底条件的变化
	a. 下游水质浓度的统计学差异
	b. 下游污染负荷的统计学差异
处理	• 出水污染物浓度达到期望值
	——典型运行工况下处理程度
	a. 进水和出水浓度的统计学差异
	b. 降雨时进水和出水浓度百分比差异
	——不同污染物处理效率果的变化
	a. 进、出水浓度百分比差异的统计学差异
	——进水浓度变化对处理效率的影响
	a. 所关注的污染物的进水和出水浓度分布
	——降雨特征对处理效率的影响
	a. 不同总降雨量下进出水百分比差异比较
	——设计变量对处理性能的影响？
	a. 所关注污染物的进水和出水浓度分布
源头控制	• 去除垃圾和残渣
	——执行清洁邻居计划的社区收集的垃圾和残渣数量
	a. 所收集垃圾和残渣的总量
规范	• 符合 NPDES 许可
	——水质与本底值对比的变化
	a. 下游水质浓度的统计学差异
	• 满足当地、州或联邦的水质标准
	——下游水质与水质标准的比较
	a. 下游浓度和标准或目标的统计学差异
	b. 超过的百分比

续表

类别	目的
实施的可行性	• 达到设计功能的能力 ——控制设施的效率、性能和有效性与其他控制设施的比较 a. 不同控制设施出水水质的统计学差异 b. 不同控制设施进出水水质百分比差异的统计学差异
成本	• 基建、运营和维护成本 ——生命周期费用（人力和物力） a. 年运行和维护费用
美观	• 改善当地景观 ——公众对下游垃圾量的觉察程度 a. 外观
维护	• 维护操作和维修计划与要求 ——不同运行和维护方法下处理有效性的变化？ a. 不同方法进出水百分比差异和出水水平的统计学差异 • 系统改造、修改或扩展的能力
长期性	• 能够长期发挥功能 ——效率随时间的推移提高、降低或保持稳定 a. 不同时间周期进出水水质百分比差异的统计学差异 b. 出水水质水平的趋势
资源	• 改善下游水环境和冲蚀情况 ——生物群落与本底条件对比的变化 a. 动物物种和种群的变化 • 改善野生生物栖息地 ——下游流量的变化 a. 下游流量分布的统计学差异 • 多用途功能 ——下游水质与不同指定用途水质标准的比较 a. 超过的百分比
安全、风险和责任	• 功能无明显风险或责任 ——设施的排空时间在指定期限内 a. 随时间变化的水位 • 下游最小的环境风险下能够保证发挥作用 ——下游地区河岸冲蚀的存在 a. 物质的损失
公众的看法	• 能够提供信息，来澄清公众对径流水质、水量和对受纳水体影响的认识 ——项目参与的公共事件 a. 事件的数量

13.5　评估方法

控制性能数据收集并验证以后，就要进行分析，得出有用结论。根据系列数据的特点，应谨慎选用最合适的评估方法。建议设计者应首先从定性角度检查数据，例如通过散点图或标准平行概率图。这样做将有助于确定数据系列的特性，并帮助确定进水和出水数值是否有统计学差异。

之后可以应用合适的统计学方法，来确定进水和出水参数变化的统计学意义。如前所述，美国环境保护局研究团队审查的评估方法中，十分之九不能对控制性能进行全面的分析。本节将介绍几个不同的统计学工具及其应用指导。此外还将介绍评估控制性能的定性方法，包括美国环境保护局推荐的 EPM 方法。

13.5.1　定性方法

评估控制性能除了定量方法，也有定性评估技术可使用。例如，散点图能通过图表形式提供数据集的初步概况，而概率图能提供更具体的评估信息。除此之外，箱线图之类的定性工具可用来总结通过定量方法获得的数据的统计学特点。本节将详细介绍各种定性方法。

13.5.1.1　散点图

散点图是总结两个变量关系的基本工具。这一图表是将数据点画在笛卡儿坐标系统上。每个点包括成对的两变量 *X*-*Y* 数据。独立变量通常放在横轴上，非独立变量，如果有的话，则放在竖轴上。图 13-1 是散点图实例。如果 2 个变量都是独立的，那么散点图将揭示两变量的相关关系，而不是因果关系。通过举例，能帮助理解因果和相关性之间的区别。当流域内实施土地处理（例如实施控制设施）时，可以观测到水质的改善。不过，控制的实施和水质提高有关不足以证明两者存在因果关系。其他与控制实施无关的因素如土地用途的改变或降雨等也可能导致水质的改变。但是，如果这种相关性是持续一致的并具备机理基础，那么可能代表两者存在因果关系。

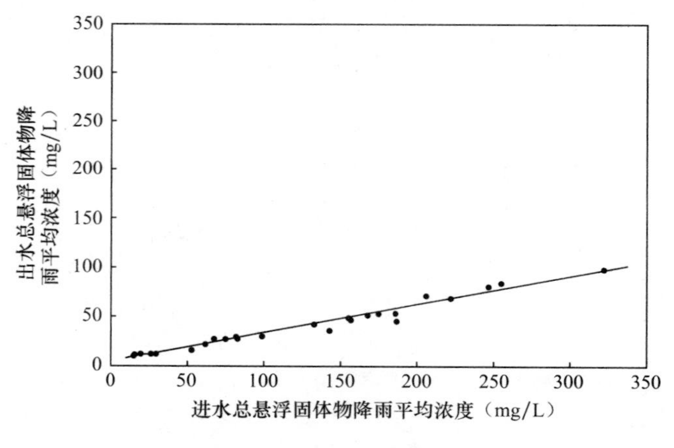

图 13-1　散点图实例

散点图可以说明两变量之间线性、非线性或零关联的关系。如果是线性关系，还可具体为正相关或负相关。通过生成最佳拟合线和描述该线的回归方程，可以加强图表的视觉表现。如果拟合线是水平线，表示两者是零相关的。

对控制设施而言，散点图对于确定数据是否存在线性关系有关键作用。此外，散点图在评估数据质量上特别有效。远离拟合线的点代表可能的异常值。需注意的是，每一个 *X*-*Y* 数据在散点图中只能画出一个点。如果数据集有多个相同的成对数据，那么数据点将少于原始的成对数据。

13.5.1.2 箱线图

箱线图（也叫盒图、线图等）通常用来为数据集的统计学特点提供图解总结。但是，使用箱线图不需要任何对数据集统计学分布形式的假定。虽然这些图表可能没有包含所有用来评估控制性能的信息，但可帮助对控制的作用有一个基本了解。图表13-2是箱线图实例。

箱线图不同部分代表不同的统计学特性，整合后能表征数据集的完整特点。例如，箱线图通过代表最低和最高值的“线”，描述数据集范围。同样，箱子表示的是数据幅度（又称数据离散度），箱子的边缘表示第一个和第三个四分位数。通常，箱子中间通过一根线条代表数据集的平均值或中位值，如图13-2所示。

箱线图还可以提供方差、偏度和潜在的异常值的形象指示。例如，作为一个经验法则，如果每组箱子长度不超过最短箱子长度3倍，那么可以假定方差相等。图13-2中盒子长度的差异表明，两组数据集方差不同。

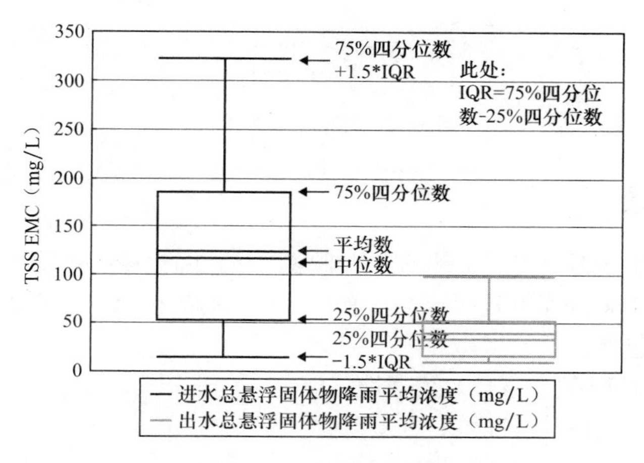

图13-2 箱线图实例

13.5.1.3 出水概率法（EPM）

EPM方法通过进水和出水水质的形象对比来评估控制设施的性能。在本方法中，污染物浓度通过概率图呈现，概率曲线是由所关心的参数生成的（例如，悬浮固体、溶解性固体、化学需氧量等）。EPM图包括所有降雨进水和出水的EMC数据，EMP曲线通常画在标准平行概率图中（见图13-3）。如果数据不是典型分布（见《正态分布和正态性检验》13.5.2.1节），它们进行对数转换，如果该转化不能带来正态分布，那么可能需要其他转换方法。设计者应记住，正态概率纸中直线表示正态分布，如果概率纸上两线是平行的，则表示两个数据集方差相同。需强调的是，EPM不对单场降雨中相对应的进水和出水数据进行对比。

通过对比进水和出水中不同污染物的浓度，概率图可以形象描绘污染物减少量。特别是，EPM曲线能显示进水浓度的范围，并显示其中最有效的控制方法（如果有的话）。这和百分比去除率方法相比具有明显优势。事实上，这是美国环境保护局（2002c）首推的控制评估方法，并推荐其为“BMP评估研究中，这一类型曲线是最有指导意义的信息”。该手册进一步推荐EPM方法为雨水控制评估的行业标准曲线。

很多机构根据控制设施的性能，“批准”在土地开发项目中使用这些控制。为支持这一功能，需制定特定程序来确定性能可接受的水平。尤其是对于预制类的处置设备，单单使用 EPM 方法会导致符合事先预定标准的模糊判断。当研究者需要为批准程序提出设备的有效性程度时，单独使用作为优秀手段的 EPM 方法，还不能提供所有需要的信息。

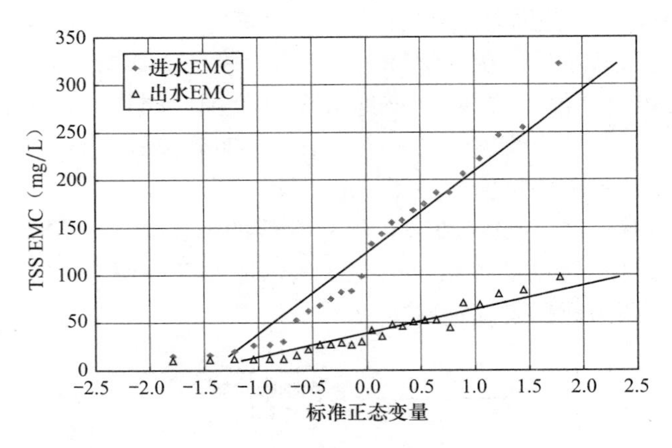

图 13-3　标准平行概率图

13.5.2　定量方法

在控制设施性能数据上应用统计学方法非常困难，因为这些数据集往往波动大而又数量少，而且很少为正态分布（Lenhart，2007a）。虽然如此，仍可使用一些基本统计学方法获得有用信息，包括：

（1）进水和出水 EMC（事件）说明性统计

——平均值、中位值、标准差和方差系数

——由算术和对数转换的数据集确定

（2）进水和出水 EMC 百分位数

——累计分布函数（CDFs）和

——概率图

（3）进水和出水百分位数的百分比差（10％和 90％）

（4）EMC 平均值和中位值的置信空间

——有助于帮助估计最低和最高去除率

（5）对方差的参数和非参数分析

许多这些统计方法需要简单的、直接的计算。但是，对进水和出水更细致的分析，需要使用包括回归方程和方差分析在内的更高级的方法。这两个方法也在本节进行介绍。

设计者应记住的是，有时候，在运用统计学方法前，需对数据集进行转换。国家城市径流计划（NURP）对 1978 年到 1982 年间的降雨进行了评估，结论是对数正态分布是描述雨水污染物的降雨平均浓度的最佳方法。但是，最近数据表明，对数正态分布并不总能准确描述所有的雨水构成成分（Behera *et al.*，2000；Van Buren *et al.*，1997）。

ANOVA（方差分析）方法是将数据集中观测的方差运用到不同的解释变量的方法。方差分析与回归分析密切相关，但被用于检测因变量的平均值的差异。方差分析可分为参数和非参数两种，两种 ANOVA 统计学方法都可用于控制性能评估的数据集。虽然人们更倾向于使用参数技术，但只有满足某些条件时才可使用。为确定哪种方法最有效，数据集必须进行正态性、均方差和独立性性能测试。大部分参数测试的应用均假定这些条件是成立的。有很多检测这些假定的方法，其中一些将在本节中讨论。

13.5.2.1 正态分布和正态性检验

数据集是否处于正态分布状态，将决定统计学方法的类型。正态分布又称作高斯分布，是一种连续的概率分布，其中间部分处于最高频率，两边频率最低。因此，正态分布数据的概率密度曲线是对称的，很像一个钟形（有时被称作钟形曲线）。一个特定的分布是由数据集的均值 μ 和方差 $\sigma 2$ 定义的（例如，“标准”正态分布是均值为“0”和方差为“1”的分布）。多元统计检验都依赖于正态性假设。

一些正态性测试方法可用于检测随机变量是否属于正态分布，包括柯尔莫哥洛夫—斯米尔诺夫（Kolmogorov—Smirnov）检验法（K—S），卡方（Chi—square）检验法，皮罗—威尔克（Shapiro—Wilk）检验法和安得森—达令（Anderson—Darling）检验法。这些方法也被叫做拟合优度测试，可产生样本大小和显著性期望水平函数的统计学结果，以与临界统计学数据对比。下面将详细讨论这些方法。

此外，对一些测试来说，还会产生 P 值。P 值表征的是从正态分布总群中随机抽取的样本，与所检验的数据集中随机抽取样本相比较的差异程度的可能性。如果 P 值很小，例如少于 0.05，那么就没有正态性，因此可得出数据集不是正态分布的结果。

1. 概率图

作为正式的正态性测试的替换方案，概率图可用来形象地评估数据集的正态性特点。概率图需用特别的概率纸绘制，顶部横轴代表未超限概率，底部横轴代表超限的概率（也就是超过部分的概率）。除此以外，横轴根据分布情况划分刻度。正态概率图的坐标刻度向两端延伸。作为结果，正态累计分布的数据会成为一条直线。图 13-4 是正态分布概率图实例

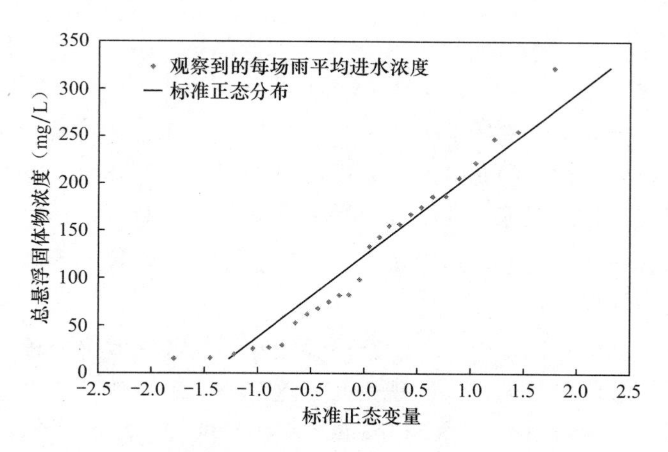

图 13-4 正态概率图（数据来自 Ridder *et al.*，2002）

要评估观察到的数据，每个数据值必须赋予“图位（ploting position）”。如果连续的数值是独立的，数据会按从大到小顺序排列，每一数值的超限概率将通过几个公式进行计算。水资源分析中最常用的公式是韦布尔（Weibull）公式，如下所示：

$$\frac{m}{n+1}$$

然后根据结果位置将数据绘于图中。如果结果近似直线，则说明数据是正态分布的。此外，50％值为数据集的平均值。50％值与 84％值或第 16％值与 50％值的差，可用来估算标准差。

如果数据不是正态分布（也就是图线不是直线），那么应考虑可能的转换方法。例如证据显示，水质数据通常在 10％～90％区间经常为对数正态分布。对数正态概率纸和正态概率纸相同，只是其坐标不是算数值，而是对数值。在对数正态概率纸上对数正态分布的数据集将呈现为直线。其他转换方法还包括平方根、平方或原始数据的倒数等。

虽然概率图多少有些主观，但对评估正态性很有效果，尤其当样本很小时。如果数据看上去是正态分布，应使用概率图，并辅以正态统计学方法。下面是其中一些检验方法。除了检测正态性和确定诸如平均值和标准偏差这些重要统计学信息，概率图也可用于观察数据值中的异常变量和超常数据。

2. 卡方（χ^2）检验法

卡方（Chi-square）检验法又称为泊松卡方检验，适用于较大的数据集样本较大时。这个方法测试的零假设，是观察事件的频率遵循某种设定的频率分布，此处指的是正态分布。

为了应用这个测试，观察数据必须首先分成不重叠的区间，类似直方图的分段。虽然不是强制要求，但分段区间最好是等距的。如果数据是正态分布的（即期望的频率值），元数据点应该分布于于每一区段，然后对每个区段可根据平均值、标准差和样本大小（n）计算。卡方统计值 χ^2 由公式（13-1）计算：

$$\chi^2 = \sum_{i=1}^{k} \frac{(O_i - E_i)^2}{E_i} \tag{13-1}$$

式中　i——特定的区段；

O_i——观测的频率；

E_i——正态分布预期的频率；

k——区段个数。

如果计算的卡方值大于标准的卡方值 χ_c^2，说明零假设不成立，临界卡方值是期望的显著水平和自由度的函数，在出版文献的附表中可以查到。通常采用 5％（α=0.05）的显著水平。自由度的值与 k-1-p 相等，其中 p 是独立估算参数的数目。在此实例中，有 2 个参数要估算，即平均值和标准偏差，所以 p 为 2。当 χ^2 大于 χ_c^2 时，零假设不成立，表明频率分布不相同、观测数据不是正态分布。

与其他拟合优度测试相比，卡方（χ^2）检验法并不是特别敏感。较适用于数据集较大的情况，特别是每个区段中有超过 5 次观察时，这个方法最有效。

3. 柯尔莫哥洛夫—斯米尔诺夫（Kolmogorov-Smirnov）（K-S）检验法

K-S 测试是用来确定感兴趣的数据集是否有一个特定分布的拟合优度检验方法。当进行正态性检验时，所提出的零假设是所观察到的数据集是正态分布的。在理论值（在这种情况下指正态分布）的累积分布函数 $F(x)$，与所观察到的累积分布之间的偏差，由公式（13-2）计算，如下所示：

$$F^*(x^i) = i/n \tag{13-2}$$

式中，X^i 是大小为 n 的随机样本的第 i 次最大观测值。K-S 统计值 D 衡量两个累积分布之间的差异，如公式（13-3）所示：

$$D = \max_{i=1,n} |F^*(x^i) - F(x^i)| \tag{13-3}$$

K-S 统计值 D 是正态分布和观察到的累积概率分布之间的最大绝对值差。K-S 检验方法通过比较计算的 D 值与临界统计值（d_n，α）来得出结论（见图 13-5）。后者作为样本大小和显著水平的函数可以参见各种出版物。当 $D>d$ 时，零假设不成立，表明所观察到的数据集不具有正态分布。

K-S 检验应仅适用于样本数量为 50 个或更多的数据集。K-S 检验具有在分布的中心比在尾部更敏感的趋势。然而，对于小样本 K-S 测试比卡方检验更有效。夏皮罗—威尔克（Shapiro-Wilk）检验法和安德森-达令（Anderson-Darling）检验法被认为是更强大的正态性检验方法。

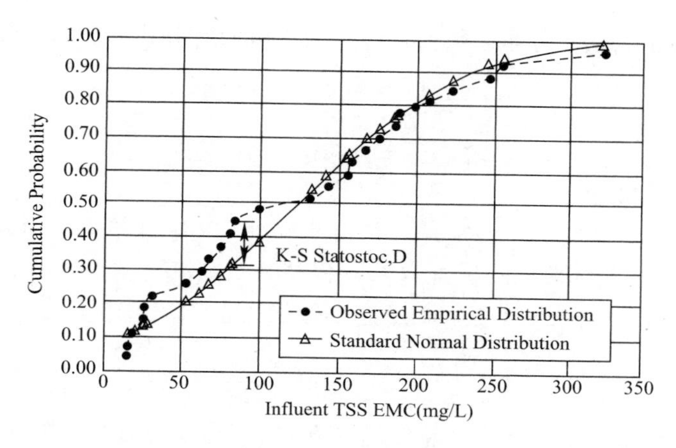

图 13-5 K-S 检验

4. 夏皮罗-威尔克（Shapiro-Wilk）检验法

夏皮罗-威尔克检验法最早发表于 1965 年，用于确定在零假设的前提下，样本是否为正态分布。应用夏皮罗-威尔克检验法，数据首先需按照从小到大排序。然后，按照公式（13-4）计算最极端观测值之间差值的加权和，如式（13-4）所示：

$$b = \sum_{i=1}^{k} a_{n-i+1}(x_{n-i+1} - x_{(i)}) = \sum_{i=1}^{k} b_i \tag{13-4}$$

式中 $x_{(i)}$——样本中第 i 个最小值；

K——$\leqslant n/2$ 的最大整数。

常数 a_i 可以从各类统计学书中查到，如《环境监测数据分析和风险评估的统计方法》（McBean and Rovers，1998），其为样本大小 n 的函数。检验的统计值 W 由式（13-5）计算：

$$W = \left\{\frac{b}{S\sqrt{n-1}}\right\}^2 \tag{13-5}$$

当 w 小于标准统计值 W_c 时，零假设不成立，表明观测的数据集不是正态分布。标准统计值 W_c 由相应样本大小 n 和期望显著水平确定，可从附表中获得。

夏皮罗-威尔克检验法是一种评价较高的正态分布测试方法。尤其适用于小样本，并具备有效评估样本分布尾部或末端的能力。

5. 安德森-达令（Anderson-Darling）检验法

安德森-达令检验法能够应用于很小的样本（$n \leqslant 25$），是一种特别有效的正态分布检验方法。不过，对于较大的样本检验可能会失败。安德森-达令检验法鉴定样本是否是某种分布，本例中即为正态分布。它也称为经验分布函数（EDF）检验（即距离检验）。A^2 统计值是检测与正态分布的差距非常有力的 EDF 工具之一。检验需要计算样本的平均值和标准方差，样本的值按照由高到低排列。样本值 X_i、标准化值 Y_i，如式（13-6）所示：

$$Y_i = \frac{X_i - \overline{X}}{s} \tag{13-6}$$

A^2 按公式（13-7）计算：

$$A^2 = -n - \frac{1}{n}\sum_{i=1}^{n}(2i-1)\{\ln[\Phi(Y_i)] + \ln[1-\Phi(Y_{n+1-i})]\} \tag{13-7}$$

式中 Φ 是标准正态累计分布函数值，样本大小可通过公式（13-8）调整，如下所示：

$$A^{2*} = A^2\left(1 + \frac{0.75}{n} + \frac{2.25}{n^2}\right) \tag{13-8}$$

对于 5%水平当 $A^{2*} > 0.752$ 时，正态分布假设不成立。

13.5.2.2　方差相等检验

另一种应用参数方法的必要假定是方差相等检验，又称方差齐性检验。当各样本方差（如对平均值的方差或者更常见的标准方差）相同时，则满足这一条件。这一条件可通过 F 检验法、巴特利特检验法或列文检验法进行检验。此外，箱图也可用来定量确定方差是否相等。

1. F 检验法

F 检验法用来确定两个样本是否有不同的方差。F 统计值由式（13-9）计算：

$$F_{\text{statistic}} = \frac{s_1^2}{s_2^2} \tag{13-9}$$

式中 S_1^2 和 S_2^2 分别是样本 1 和 2 的方差。需注意的是 $S_1^2 > S_2^2$。该比值偏离 1 的程度越大，越证明方差不相等。当计算的 F 值大于 $F(2/2, df_1, df_2)$，其中 2 为显著水平而 df_1，df_2 分别为样本 1 和样本 2 的自由度，标准方差相同的假定是不成立的。

2. 巴特利特（Bartlett）检验法

巴特利特检验法用来确定一组样本是否有相同的方差。其假定数据集是正态分布的，并且对非正态性非常敏感。当数据系列是长尾分布时，很可能方差齐性不成立。

假设第 i 组有 K 个数组 n_i 个数据点，每组样本的方差由公式（13-10）计算：

$$S_i^2 = \frac{\sum_{j=1}^{n_i}(x_{ij} - \bar{x}_i)^2}{n_i - 1} \tag{13-10}$$

对于每一个方差，自由度由 $f_1 = n_1 - 1$ 确定。f 可用总的样本大小减去数组的个数来计算，如下式（13-11）所示：

$$f = \sum_{i=1}^{k} f_i = \left(\sum_{i=1}^{k} n_i\right) - k \tag{13-11}$$

所有数组的加权方差（即合并方差）S_P^2 根据式（13-12）计算：

$$S_P^2 = \frac{1}{f}\sum_{i=1}^{k} f_i S_i^2 \tag{13-12}$$

检验统计值 χ^2 根据式（13-13）计算：

$$\chi^2 = f\ln(S_P^2) = \sum_{i=1}^{k} f_i \ln(S_i^2) \tag{13-13}$$

计算的卡方值可与自由度为 k-1 和期望的显著水平下查表获得的临界卡方值 χ_C^2 比较。如果统计值大于临界值，则零假设不成立，且在该特定的显著性水平下方差是不相等的。

3. 列文（Levene）检验法

与巴特利特检验法不同，列文检验法对非正态性不敏感。数据集残差的绝对值根据式（13-14）计算：

$$Z_{ij} = |x_{ij} - \overline{x_i}| \tag{13-14}$$

式中 x_{ij}——第 i 组的第 j 个值；

$\overline{x_i}$——第 i 组的平均值。

然后对于 Z_{ij} 值进行单因素方差分析。方差分析（ANOVA）是一种将数据集观测到的方差分配到不同解释变量的方法。13.5.3 节将进一步讨论 ANOVA 方法。

如果 F 检验是显著的，即计算的 F 统计值超过临界值，则观察到的数据集标准偏差与符合正态分布数据集的标准偏差相等的假设是不成立的。

13.5.3 参数方差分析

参数方差分析与非参数方差分析相比，更为常用。不过，其应用受到数据集为正态分布和方差相等的限制。这一方法是建立在不同的参数基础上的，这些参数是所比较的两个数据集的平均值、标准差和样本大小的函数。当对 2 组以上数据进行评估时（例如比较多个控制设施的性能），单因素方差分析得到的数据可以用表 13-3 进行汇总。

参数方差分析通常用 F 检验完成（见前述讨论）。如果 F 测试是显著的，也就是说计算的 F 值超过临界值，则零假设不成立。对多数据序列参数方差分析的非参数化补充是 Kruskal-Wallis H 检验，将在 13.5.4.2 节讨论。

方差分析 **表 13-3**

方差源	平方和（SS）	自由度方差分析	均方差（MS）	F
回归（组之间）	$\sum(\overline{x_i}-\overline{x})^2$	P－1	$\frac{SS_{between}}{(P-1)}$	$\frac{F=M_{Sbefween}}{MS_{within}}$
残差（组内）	$\sum\sum(\overline{x_i}-\overline{x})^2$	N－P	$\frac{SS_{within}}{(N-P)}$	
总计	$\sum_{i=1}^{p}\sum_{i=1}^{n_i}(x_{ij}-\overline{y})^2$	N－1		

13.5.3.1 回归分析

回归分析通常用于评估数据的趋势，并可以帮助确定因变量在何种程度上依赖于一个独立的变量。对于特定的控制设施性能的评估，回归分析可以揭示出水浓度受进水浓度影响的程度，或者有其他影响因素。在这种方法中，对成对的进水和出水数据进行评估，以产生每一种控制类型的线性关系。Barrett（2004）提出了一个回归的方法专门用于控制设施的性能分析。在该方法中，先进行线性回归分析，然后采用 t 统计量检测统计的显著性。然后用回归的结果校准预测线性方程的系数，这一方程说明了出水降雨平均浓度 EMC 和所关心的自变量之间的关系。

样本中两个变量之间的线性关系的强度通过估算相关系数 r 来量化。这是一个无量纲因子，值的范围在－1.0 到 1.0，其中值从－1.0 到 0.0 代表了负相关，从 0.0 到 1.0 的代表着正相关。r 的较大绝对值代表较强程度的线性关系。相关系数 r 可根据式（13-15）计算：

$$r=\frac{\sum_{i=1}^{n}(x_i-\bar{x})(y_i-\bar{y})}{\left[\sum(x_i-\bar{x})^2\right]^{1/2}\left[\sum(y_i-\bar{y})^2\right]^{1/2}} \tag{13-15}$$

一旦线性回归分析完成后，将检测结果的显著性。假设其为正态分布，相关系数可用来计算 t 统计值，如式（13-16）所示：

$$t^*=r\frac{\sqrt{n-2}}{\sqrt{1-r^2}} \tag{13-16}$$

计算出的统计量可以与临界值 t_c 来比较，t_c 由参考附表 n-2 自由度和期望的显著性确定。如果 t^* 大于 t_c，进水和出水浓度之间线性关系程度显著（由相关系数 r 得出）的零假设将不成立。根据巴雷特（2004）的研究，如果该线性关系在 90％置信水平不具有统计学上的显著性，则出水水质应被认为是恒定值。

说明因变量（通常为出水水质）y 和自变量（通常为进水浓度）x 的线性方程可归纳为 $y=a+bx$ 的形式，式中

$$b=\frac{\sum(x_i-\bar{x})(y_i-\bar{y})}{\sum(x_i-\bar{x})^2}=\frac{S_{xy}}{S_{xx}}\text{ 和 }a=\bar{y}-b\bar{x}.$$

给定进水水质和控制设施类型，出水水质可通过式（13-17）所示的关系式进行预测：

$$C_{\text{eff}}=aC_{\text{inf}}+b \tag{13-17}$$

式中　C_{eff}——预测出水降雨平均浓度 EMC；

C_{inf}——进水降雨平均浓度 EMC；

a——回归直线的斜率；

b——y轴截距。

在某些情况下，如 Schueler（1996）所述，b 代表了不可降低的浓度。当进水浓度接近零，出水浓度接近 b。这是具有代表性的观察到的物理现象，较低的进水浓度带来或者微小的降低（即与观测到的较高进水浓度时相比，削减百分比较低）或者出水浓度的增加，如 Minton（2011）所述。类似地，常用的去除百分率可由（1-a）项得到。这一概念适用于高的进水浓度，其中 $C_{\text{eff}}\cong aC_{\text{inf}}$。

平均预测出水浓度的不确定性（例如给定进水浓度情况下多场降雨工况下控制设施的性能）由式（13-18）计算：

$$\pm t_{0.05^s}\sqrt{\frac{1}{n}+\frac{(X-\overline{X})^2}{\sum_{i=1}^{n}(X_i-\overline{X})^2}} \tag{13-18}$$

式中　t——自由度为 n-2 对应的统计值；

s——回归标准差；

n——成对数据的数量；

X——计算的可信区间的进水 EMC 的平均值；

$\overline{X}$——监测数据的进水 EMC 的平均值；

X_i——监测到的单个 EMC（进水降雨平均浓度）。

当从组成线性回归线的数值中增加或减少时，这一计算的结果给出了回归线的可信极限。“真实的”出水 EMC 将分布在界限的上下，具有 90%的确定度。

类似地，预测出水浓度与单场降雨事件相关的不确定性可根据式（13-19）计算：

$$\pm t_{0.05} \sqrt[s]{1+\frac{1}{n}+\frac{(X-\overline{X})^2}{\sum_{i=1}^{n}(X_i-\overline{X})^2}} \tag{13-19}$$

线性回归线的参数并不取决于成对的进水和出水数据的分布，因此应用前不需要进行转换。不过，为了生成对预测的和平均监测的数据的可信区间，回归的残差必须是正态分布的且为随机的。应该评估异常值对回归分析的影响。强烈影响结果的异常值应考虑去除。此外，当采用 Barrett 线性回归方法时，设计者应清楚对于高浓度成对数据的回归分析应采用更高的权重。

同样应清楚的是：负荷的削减既可能由于水质数据也可由于径流量的减少，如式（13-20）所示。

$$L_r = 1-\left[\frac{C_{\text{eff}}}{C_{\text{inf}}}(1-I)\right] \tag{13-20}$$

式中 L_r——负荷的削减率；

I——控制中通过入渗和蒸发损失的径流量的比例（Barrett，2004）。

13.5.3.2 *T* 检验

T 检验是一种参数统计方法，可能是最简单的分析方法之一。在应用 T 检验之前，设计者应验证数据不违反下列假设：

（1）测试数据代表了研究对象总体的一个随机样本；

（2）根据 13.5.2.1 节所述的一种或几种分析方法，样本平均值的分布为正态分布；

（3）研究的不同组群的方差是相似的。

如果数据违反以上的一到数条假设，则可能发生的Ⅰ型误差（即假阴性）多于或少于设定的概率（0.01 或 0.05）。这一问题会削弱 T 检验的基础，进而影响研究结果。

成对样本的 T 检验比较主要是用于两组数据相关时，如建造前后、重复测量、配对比较或控制案例研究。对这些数据的处理程序与独立的样本 t 检验不同，但是结果的说明却是一样的。

考虑一个 n 对数据的随机样本，(x_1, y_1)，(x_2, y_2)，(x_3, y_3)，……，(x_n, y_n)，成对样本的 t 检验根据以下步骤进行：

（1）计算差值：$d_i=(x_i-y_i)$；

（2）求 d_i，$\overline{d}$，和 S^2 的平均值和方差；

（3）通过计算下列统计值检验零假设，平均值 $\overline{d}=0$ 是否成立，这随之表明如果零假设成立则 T 分布在 $n-1$ 自由度如式（13-21）所示：

$$t=\frac{\overline{d}-0}{S/\sqrt{n}} \tag{13-21}$$

当 $n<30$ 时与临界 t 统计值比较，或当 $n\geqslant 30$ 时与 Z 统计值比较，其中临界 t 值或 z

值是表格化数值，定义了满足和不满足零假设的范围。

13.5.4　非参数方法

当正态分布和方差相等的假设不成立时，参数方法不适用。与之相比，非参数检验不用做任何连续总数中有关数据集和相关样本分布的假设。非参数方法的不同之处在于，其评估的是数据的秩，而不是实际的数据值。对于给定的数据集，秩的非参数分析是一种直接类似于数值参数分析的方法。然而，由于非参数方法只利用了一部分信息，一般来说它们比参数方法效率低。无论如何，非参数检验方法需要的计算不太复杂，并且和参数检测方法一样功能强大，如果不是更强的话。

13.5.4.1　魏尔科克森 Wilcoxon 配对检验法

魏氏配对样本检验是和成对样本 t 检验对应的非参数方法。如前面提到的，配对 t 检验依赖于监测值差值的平均值是正态分布的假设。每当配对样本 t 检验适用时，魏氏配对样本检验也是适用的，特别是当差值不能被假定为正态分布时。

该检验采用测量数据对之间的差值，就像配对 t 检验一样。同样的，实际的差值由秩取代。然后，将正差值秩的总和与负差值秩的总和进行比较。如果零假设是成立的，这两个值会是大致相等的。为确定两个和之间是否有足够大的区别，需计算魏氏 T 统计值，并查表来求极限值。针对一个有 n 对数据的随机样本，（x_1，y_1），（x_2，y_2），（x_3，y_3），……，（x_n，y_n），魏氏配对样本检验按照以下步骤进行：

（1）计算差值 $d_i=(x_i-y_i)$；

（2）根据绝对值从小到大排序，即 $|d_i|$；

（3）对所有正的差值求和，得到 T^+ 统计值；

（4）对所有负的差值求和，得到 T^- 统计值；

（5）确定魏氏 T 统计值$=\min(T^+, T)$；

（6）与极限 T 值、T_c 值比较。

魏氏配对检验法的应用见 13.10 节的案例 1～案例 3。

当非零的差值数目较大，例如超过 30，可以对魏氏 T 统计采用正态近似。当关于零差值的零假设成立时，T 统计的平均值（μ）和方差（σ^2）的公式见式（13-22）、式（13-23）：

$$\mu=\frac{n(n+1)}{4} \tag{13-22}$$

$$\sigma^2=\frac{n(n+1)(2n+1)}{24} \tag{13-23}$$

检验的统计值（z）计算见式（13-24）：

$$z=\frac{T-\mu}{\sigma} \tag{13-24}$$

这一统计值可用来利用标准化正态分布确定相应的 p 值。

13.5.4.2　Kruskal-Wallis H 检验法

Kruskal-Wallis 检验法是一种对应于单因素方差分析检验的非参数方法，是 U 检验的扩展。作为一种多比较程序，可用于 3 个或更多的数组。这一检验方法通过比较平均值，检验 k 独立样本是否来自同一连续分布。H 检验并不依赖任何关于数据集分布的假设，并且当数据或残差明显不同于正态分布时，它也可以使用。Kruskal-Wallis 检验法的应用要求至少有 3 个数组，每组至少有 3 个观测值（即最小样本数为 3 个）。

为了应用 Kruskal-Wallis H 检验法，将整个数据集（所有数组的所有数值）从小到大进行排序。对于每一数组，R_{ij} 是第 i 组第 j 观测值的秩。随后，计算每一组的平均秩以及秩的总和。每组的平均秩$=\overline{R}_i=R_i/n_i$，其中 R_i 是第 i 个数组秩的总和。由此可计算整个数据集的平均秩，统计值 H 由式（13-25）计算：

$$H=\frac{12}{N(N+1)}\left[\frac{R_1^2}{n_1}+\frac{R_2^2}{n^2}+\cdots+\frac{R_k^2}{n_k}\right]-3(N+1) \tag{13-25}$$

式中 n_i 是每一组测量值的个数。当所有数组样本的大小 n 超过 5，且零假设成立时，H 统计值可通过卡方分布近似计算。在这种情况下，如果 $k-1$ 自由度条件下，H 大于极限卡方值 χ^2，样本的平均值相等的零假设是不成立的。可采取额外的步骤来确定哪个数组与理论或控制数组有明显差别。

13.5.4.3 性能预期函数

性能预期函数 PEF 一般为机构提供了一种简化的方法，通常供监管机构来评估雨水控制设施在预期条件下的性能（Lenhart，2007b）。这一方法对于相关监管机构评估雨水控制设施，“批准”其为许可设备是有用的。

监管机构可能关心出水浓度、去除率百分比、负荷削减或所有综合指标的最低要求。例如要求进水浓度低于限值时，稳定的最高出水浓度，以及进水浓度较高时的去除率。从这一系列标准可认识到：雨水控制设施在达到某一进水浓度之前，一般可获得稳定的出水浓度，此后出水浓度随进水浓度的增加而增加。通过采用去除率，相当于机构默认增加是线性的。图 13-6 所示为 PEFs 的一个例子。该例子显示了符合的标准，即进水浓度小于 100mg/L 时，出水浓度标准为20mg/L，当进水浓度超过 100mg/L 时，去除率标准是 80%。

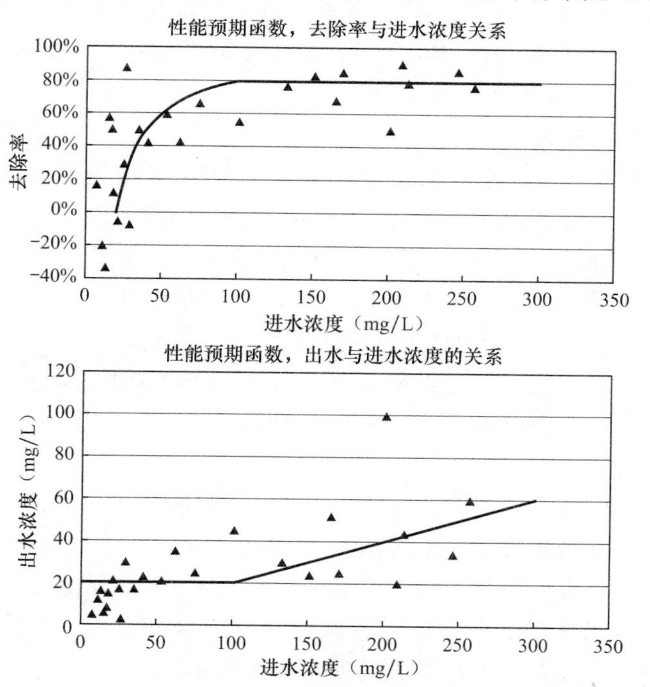

图 13-6 以去除率与出水浓度表示的性能预期函数（Lenhart，2007b）

非参数符号检验或者魏氏配对检验可以和 PEFs 一起使用，来确定实测和预期的性能之间的差距是否显著。实测出水浓度与预期值之间负的差值，代表控制性能超出预期，反之亦然。对于符号检验，零假设的前提是，一对实测的和预期的性能数据，谁大谁小的可能性是一样的，也就是说实测浓度大于预期值的概率为 0.5。为检验这一假定，需要对浓度差值进行分析。零浓度差将被排除。正差值的成对数据的数量遵循二项式分布，需进行二项式分布检验以计算显著性。二类可能的假设需要检验：即超出预期的概率＞0.5 或＜0.5。如果样本较大，二项式分布可用正态分布来近似（Siegel，1956）。

13.6　资料和信息需求

评估某特定雨水控制设施所需的数据或信息是根据下列因素确定的：任务、目标、标准或指标以及所采用的在 13.4 节和 13.5 节中讨论过的评估方法。因为有很多种数据和信息可用于控制性能的评估，所以任务、目标、标准或指标及评估方法应非常明确，并尽可能贴合当地特定的一系列需求。目标设定范围太广或不清晰，往往会导致需鉴别大量数字参数或信息，从而造成成本昂贵、耗费时间且不能对控制性能提供任何真知灼见。

本节将讨论鉴别数据和信息需求的程序和应考虑的因素。考虑因素包括评估雨水控制性能时，通常需要的数据和信息的类型。鉴别程序包括选取关键参数，确立数据质量目标和最少数据量，收集现有数据和找出其与所需数据和信息之间的差距。

13.6.1　参数类型

和雨水性能评估有关的参数可分为 6 个类别：（1）水文和水力参数；（2）化学参数；（3）物理参数；（4）生物参数；（5）定性参数；（6）其他相关因素。除了定性参数外，美国环境保护局在《最佳管理实践（BMPs）在城市流域的使用》中对所有类型都有详细说明。本节将对每一类别进行总结。

13.6.1.1　水文和水力参数

水文和水力参数是评估雨水控制设施性能的关键参数，因为控制设施通常被用来减少雨水径流的影响，而水质处理的水平也会受到通过设施的流量的影响。与雨水控制相关的水文和水力参数包括降雨（降雨量、降雨强度、降雨时间、类型和降雨前情况）和水流参数（类型、总量、流量、水位、流速和历时）。辅助参数包括旁通或溢流水量、入渗、地下水流、旱季流量和蒸发量。对于某些水质采样和负荷分析，也需进行流量测量。Church 等编写的《美国地质调查报告——收集、记录和报告降雨和雨水测量的基本要求》，在收集雨水和水文水力参数方面，是另一个指导性文件。

13.6.1.2　化学参数

和雨水控制相关的化学参数包括 pH、导电率、溶解氧、盐度、有机碳、硬度、悬浮固体和营养物（总的和溶解性的）以及较少使用的矿物质、杀虫剂和农药、油类和脂肪、多环芳烃和有机物（挥发和半挥发性化合物）。化学参数和流量数据相乘后，表示为浓度或负荷。这些参数可以显示水质在通过控制设施时的特定信息。对比进水水平和出水水平，是评估控制设施性能和受纳水体所受影响的常见方法。

雨水的化学参数水平在一场降雨中、不同场降雨之间以及在不同地点的变化会非常大。为了获得具有代表性的参数，一般需要从一场降雨以及不同场降雨的整个过程中，甚至可能要从不同地点收集一系列样本（U.S. EPA，2002c）。如果仅仅监测化学数据或只从两三个地点监测化学参数，就不能考察到因化学物含量较低而导致的长期或累积的影响。在检查化学数据时，很重要一点是要理解分析程序、标准仪器误差和有关取样误差及保存时间方面的问题。

13.6.1.3 物理参数

和雨水控制相关的物理参数通常包括浊度和温度。两者在评估雨水控制方面的应用与化学参数相似。

对于设计用来去除沉淀物的雨水控制设施，与之相关的参数是颗粒大小分布、沉降速度分布和累积沉积物。大的固体物如杂物、垃圾和其他碎渣也是一种可能用到参数，特别是当目的是提高景观效果时。因为雨水而导致受纳水体渠道发生物理变化，例如河岸崩塌或渠道被切断，这些都是在评估性能时要考虑的物理参数。美国环境保护局《溪流小河快速生物评价程式：水生附着生物，底栖动物和鱼类》中动植物生长环境物理评估部分，包括了受纳河道河岸和渠道随时间的变化（U.S. EPA，1999b）。

13.6.1.4 生物参数

生物参数可分为两种：和污染有关的有机物和影响受纳水体生态的参数。前者包括细菌、病毒和病原体。通常采用总大肠菌群、粪大肠菌群、大肠杆菌以及较少使用的肠球菌作为指标生物，因为这些包括在大多数国家污染排放去除系统（NPDES）的规定和国家公众健康水质标准中。其结果与化学参数类似，可用于评估雨水控制的性能或评估对下游的影响。

对受纳水体的生态影响参数包括雨水控制设施出水的和河道内的毒性测试。可通过对比进水和出水的毒性结果来评估性能或单独考察出水结果。毒性测试包括检查死亡率，生长率和其他取样样本中的行为或整体健康状态的变化（U.S. EPA，2002）。

河道内的指标通常包括对鱼、无脊椎动物和植物的一个或多个生物群落的评估。这些通常在流域雨水管理项目中使用。通过观察个数、密度和生物群的质量，可评估流域雨水控制的性能。河道指标不适合用来评估以下情况；单独的雨水控制设施；当和其他负荷相比，控制设施的整体贡献最少的流域控制项目；单场降雨的作用。

13.6.1.5 定性参数

作为最后一类参数，定性参数通常包括公众宣传、公众参与、公众的看法、行为改变或者参与的程度的度量。评估非工程性控制措施的性能往往依赖于定性的参数。提高美观效果的目标往往包含公众视角这个因素。分析街道清扫和雨水口清洗的范围和频率是其他的定性参数，也可与如沉淀物和大固体物去除等物理参数结合使用。

13.6.1.6 其他相关因素

还有其他可影响雨水控制总体性能的相关因素。这些因素可分为下列几种（U.S. EPA，2002c）：

（1）雨水控制设计；

（2）测试现场特点；

（3）流域条件和特点；

（4）监测站特点；

（5）维护和运营。

在所有性能评估研究中都应记录这些因素。它们可以有效帮助对比，使用不同控制类型、条件、地点、运营方法和研究方法的性能研究。

有些因素可用于所有雨水控制，有些则只适用于特定的控制设施。美国环境保护局（2002c）发布了详细的表格，列举了针对很多常见控制类型的有用因素。其他的因素还包括寿命和维护操作（U. S. EPA，2004）。

雨水控制运营和维护对雨水控制性能会产生直接影响。蓄留时间、旁通、冲蚀控制、植被高度、垃圾和沉淀物的积累都可能直接影响性能。

13. 6. 2　影响参数

确定明确的目标和与之相关的标准和指标，应当找出影响参数。这些参数将来自前述 5 个种类中。在评估雨水控制性能时，可能用到多个可能参数。通过考虑下列因素，可进一步定义目标或评估标准和指标，从而找出更具体的参数。

（1）监管部门或法院规定的法律要求；

（2）受纳水体地表水水质标准；

（3）对受纳水体有益或者有损害；

（4）现行土地利用类型；

（5）对所评估雨水控制类型特别有效的参数；

（6）监测的组成；

（7）现有的数据用以识别超过正常值的参数，或那些很少被检测到的可以从考虑因素中去除的参数。

13. 6. 3　估算所需最小信息量

估算评估雨水控制时所需信息量大小非常重要，因为信息量对汇总和收集所需的资源有直接影响。资金或人员资源通常是非常有限的。预估所需数据或信息可帮助优选计划目标。然后，有限的资源可用于这些能提供最低成本效益比的目标。

在 13. 5 节中讨论的统计学方法，可有效地应用于数据集的统计。雨水在水量和水质上都具有多变的特性，因此在一个特定的地点需要获得足够数量的数据才能具备统计学代表性。因而数据的收集和整理可能成本巨大，并且耗时很长（U. S. EPA，2002c）。

数据集达到统计上有效性所需要的数据量，可以用功耗分析来估算。美国环境保护局（2002c）在样本频率章节，提供了这种方法的详细总结和相关辅助资料。建议要和熟悉这种分析方法的统计学专家紧密合作。

使用功耗分析，需要在每个影响参数中估算下列因素：

（1）数据集合中的变异性；

（2）置信水平；

（3）统计功效或检测差分概率；

（4）可检测到的变化的量级。

通过功耗分析预估所需信息量，可用于化学参数、水文水力参数和与化学参数类似的物理及生物参数，例如溶解氧浓度和细菌水平。这种分析方法不适用于河道内指标，与沉淀物及粗大固体相关的物理参数，还有定性参数。这些参数通常不需要那么多数据，因为它们不会受到雨水变化的影响，而是通过长期效果来考察。

13.6.4 现有资料

考察现有数据或研究，可以提供有用信息。现有资料可用来估算变异性，它将用于前述的功耗分析。相似的研究也可以告诉我们，要达成目标需使用多少数据。

已完成的研究能提供可对比的结果。但是，必须对所有以前的研究进行全方位的检查，以保证这些研究具有可比性，其成果可以进一步扩展。检查内容应包括设计因素、研究目的和目标、流域和环境特点、监测方法、分析数据的质量、运营和评估方法。这可以先从《国际雨水最佳管理实践数据库》开始，因为这份文件的目的就是为各种雨水控制研究提供此类信息（U. S. EPA，2002c）。

同一集水区的现有资料可用于补充数据需求，并减少新数据的需求量。这些数据必须认真鉴别，保证其符合数据的质量目标，并和新研究的要求保持一致。将以前时间段或地点的任何数据进行扩展，都会带来一定程度的不确定性。在评估性能时，一个重要的考虑因素是将不确定性降至最低。

13.6.5 分析数据缺口

将数据需求与现有的数据或研究对比，可发现后者的缺口。通常，现有的数据集很难满足某一个单独雨水控制的数据需求。但是，鉴于很多雨水控制性能评估研究使用相似方法，并记录了所有相关信息，当地的研究可能具有兼容性。这些研究可见可以提供足够信息，满足新研究的某些目标和目的，消除相关的数据需求。

13.7 性能评估计划

下一阶段是将已设定的目标、标准和指标、统计学分析、数据需求和缺口转为执行计划。需明确的事项包括：

（1）所需的和可用的资源；

（2）数据质量目标；

（3）收集途径和程式，包括方法、地点和频率；

（4）设备和材料的寻找和选择；

（5）质量保证和质量管理（QA/QC）计划；

（6）数据管理和分析；

（7）方法质量目标，其中包括 QA/QC。

设计者必须特别注意计划的阶段性，因为现场监测收集信息，由于需要很多资源和时间，通常成本高昂。如果计划制定不合理，那么很容易浪费时间和金钱，最后导致数据质量差或数据集合不完整。这些情况可能导致错误的性能评估（U. S. EPA，2004；2002c）。

13.7.1 可用资源

成功的计划需要在收集和分析信息的范围和可用的资源之间取得平衡。这需要在早期，将信息和监测要求和预期的总成本、人员需求和计划进行对比。如果可用资源不足以满足目标和信息需求，应缩小目标或其中部分目标，增加补充资源，或者两个都用，直到目标范围和资源相匹配。

根据设定的信息要求可确定总体的范围，并将要求分为现场作业和查阅文献资料。现场作业可进一步划分为和雨水相关的工作（例如出水浓度）以及流域趋势（例如鱼群数量或公众态度）。

13.7.1.1　费用

根据收集各类型需求信息的工作量，可进行费用估算。查阅文献资料主要是人工成本以及获得相关报告的成本。与雨水有关和与流域现场监测有关的成本包括：

（1）编制取样计划文件；

（2）选择场地；

（3）购置设备；

（4）安装设备；

（5）监测，包括定性调查和与雨水有关的取样；

（6）实验室分析；

（7）设备维护；

（8）数据管理和验证；

（9）仪器和器皿清洗、现场车辆及差旅、样本运输和其他各类供应（如手套和冰块）成本。

和雨水有关的监测一年或一个季度应进行多次，而趋势监测则只需一年一次或更少。趋势监测应在每年同一时间进行，或保证水文条件相似，以避免误差。

然后可以对比总估算成本和现有资金。成本分析越细致，就越容易发现成本最高部分，例如监测所耗人工或实验室分析。

13.7.1.2　人力资源

美国环境保护局也推荐评估可用的人力资源，这包括人员规模、技术背景、身体条件和及时响应降雨的能力（和热情），如略为提前或数小时后才响应。现有人力资源可能和资金一样是限制因素，不足以满足性能评估计划。在现有人力之外，补充人力资源是一个可选方案，但需将成本计算在内。

13.7.1.3　时间表

计划时需要考虑收集数据的时间。数据可来自少数几个地点，但这个方法可能需持续多个季度。或者，数据可以来自很多相似地点，从而将完成数据集的收集时间缩短到一或二个季度。目标有时候包括地理和时间因素，即确定测试地点数量或研究周期长短。较短的时间一般需要在 1～2 年内支出较高的费用，如果用时较长，可将收集同样数据集的成本分摊到多个年头。

13.7.1.4　其他考虑因素

1. 分析报告限值

当应用水质评估性能时，采用低报告限值，把不可检测结果的次数最小化，这种分析方法可能是昂贵的。低报告限值需要使用特别的分析仪器和实验室，或者 QA/QC 要补充对结果的精度和正确度的要求。对于某一参数，找出一般雨水的典型浓度值，可帮助确定可接受的报告限值。

2. 代表性水质指标

在涉及水质时，需要决定如何来描述水质。水质可以通过浓度、EMC和负荷来反映。下面详述各项内容及其成本。

（1）浓度

浓度代表了某个时刻对某点的测量值。因为在单场降雨和多场降雨中雨水的多变性，单次测量通常不足以代表雨水的水质。在单次浓度的基础上，需要数量巨大的数据集合，才能令人满意地确定雨水的水质特征。但是，在一场降雨中单次测量或取样往往是成本最低的选择。

当单场降雨发生时，在规定时间内收集一系列不同样本，然后对它们进行单独分析，结果可用来确定降雨过程中的时间差别（U. S. EPA，2002c）。这一信息可用来确定初期冲刷现象或可引发急性毒性反应的高峰浓度。每个地点每场降雨样本分析的实验室成本累加，导致这个方法成为成本最高的方法。例如，如果在一个站点的单场降雨中，要收集16个样本，则需要分析所有16个样本的相关参数。可用资金通常只能保证有限数量的样本被分析。一个选择是选择几个样本，分析其中一到两个参数，然后建立一个整合样本，分析其中大部分影响参数。另一个削减成本的方法是根据外观确定单独检测的样本瓶子（例如，水文过程末端部分为较洁净的水），然后将剩余水样组成更大的样本进行分析。如果水样量是根据流量权重确定的，在获得降雨内浓度资料的同时可计算整场降雨的EMC。

（2）降雨平均浓度EMC

降雨平均浓度是在整个径流时间内，某一参数平均浓度的统计学术语。在整个降雨历时的各不同时间点，收集独立样本，再综合起来就可得出EMC。或者，将系列样本整合成一个样本，然后对其进行分析。不管哪种情况，单独结果或样本必须和相关的流量比例组合考虑。

EMC数据一般对确定一次径流事件中的污染物水平是最有效方法。分析一个流量比例整合样本的实验室成本很低，这常使EMC成为性价比最高的方法。使用EMC要求在每次监测时，采集或生成流量数据。监测或模拟流量需增加额外的资金或人力成本。尽管如此，EMC仍是《国际雨水最佳管理实践数据库》开发者推荐的表征雨水水质的最佳方法（U. S. EPA，2002c）。

（3）负荷

负荷代表污染物的质量，通常以重量（千克或磅）或流量（磅每天或千克每分钟）表示。浓度和相关水流体积或流量组合，可计算得出负荷。单场降雨的径流量和EMC结合，可估算单场径流的总污染物负荷。准确的流量测量或流量模拟结果对确定负荷有关键作用（U. S. EPA，2002c）。

负荷通常用来评估雨水控制设施对受纳环境产生的长期影响，浓度则被用作短期影响或以单场降雨为基础的评估。当受纳水体由TMDL项目管理时，负荷可能成为雨水控制研究的重心。旱季负荷也可能对长期负荷产生很大影响。

选择用EMC代表水质，通常可以用来计算单场降雨的总负荷，而不需要收集额外数据。模型通常被用于估算年度负荷。

3. 取样：人工取样或自动取样

所有取样都包含人工部分，但对于水质取样和流量监测，自动设备可降低人工成本。自动监测系统包括可自动运行的电机设备（即不需要现场操作人员）

但是，这是有代价的，相比较而言，自动设备资金成本和维护成本都较高。人工取样可考虑用于能按时间表进行的事件，或只涉及在少数几个现场收集 1～3 个样本和测量的事件。如需根据 EMC 获得水质数据，需要在单场降雨过程中多次取样和收集流量数据，或者项目关注的重点是雨季事件，那么应考虑使用自动设备。人工取样非常耗费人力，自动取样则耗费更多基建成本和一部分人力。

13.7.2　优化计划

下一步是根据成本估算、现有资金和人员、时间计划，同时考虑分析报告限值，水质表征和使用人工或自动取样技术，进行计划的优化。这一步的目的是设计获得能满足研究目标的信息和数据的方法：通过最佳资源效益比，获取足以完成目标的数据；或者在固定预算范围内，获取最大量的信息用于合综合分析（U. S. EPA，2006）。

没有限制的理想的研究是很少有的。在雨水控制设施性能方面，收集足够多而且值得信赖的信息和数据是非常耗时并成本昂贵的。因此，计划往往需要修订。

根据对计划是否能达成研究目标的分析，需小心缩小研究的范围。减少工作站数量，可能会失去评估性能的关键特征，减少数据量也可能导致结果的统计学基础不牢固。是否缩小范围的判断取决于是否能满足研究目标。一般来说，在范围较小的运用中获取可信赖的结果，要好过范围较广但结果不值得信赖的做法。缩小范围和相关成本的策略如下：

（1）删除重要度低的目标和相关信息需求；

（2）减少相关参数数量；

（3）将研究拓展为几年时间，每年只完成其中一部分（U. S. EPA，2002c）；

（4）整合本地及区域内其他有同类研究的机构的资源；

（5）改用所需信息量较少的监测方法，例如源头鉴定、沉淀物取样、生物取样和直观调查（U. S. EPA，2002c）；

（6）引入简单、筛选类型的监测项目（U. S. EPA，2002c）；

（7）扩展现有研究中的数据，或仔细研读文献综述，以帮助确定某些目标；

（8）引入模型的预测性能和降低数据需求。使用模型可能会限制数据的可用性，这取决于假设的有效性、模型自身的准确性和输入模型的信息的准确性（U. S. EPA，2002c）；

（9）通过实验室小试试验来检验许多不同的方法，仅对最有希望的方法进行中试；

（10）直到具有足够资源才开展研究。

在制定出一个可行的计划以前，可能需要多次反复调整。最终的计划，必须能提供足够信息来可靠地回答剩下的研究目标。

13.7.3　明确计划要素

一旦范围确定，需要在计划中定义下列要素：

（1）数据质量目标（DQO）；

（2）监测地点；

（3）设备和方法；

（4）程序；

（5）质量保证和质量管理；

（6）健康和安全。

13.7.3.1 数据质量目标

数据质量目标就是确立收集数据的质量标准，使数据可以支持性能评估研究的特定目标。数据质量目标规定怎样的错误是可接受的，还有现场取样和实验室中可接受的范围。数据质量目标包括准确性、精准度、完整度、代表性和分析报告限值。数据质量目标通常以数字化方式呈现。加利福尼亚交通局 Caltrans《综合监管程式指导手册》提供了编制 DQO 和典型值的具体指导，以及它们在 Caltrans 雨水监管项目数据验证程序中的运用。

收集信息和数据的主要目的是保证结果的科学性和实现计划目标。通过科学编制计划和准确的技术规划，可以最好地实现这个目的（Caltrans，2003）。

13.7.3.2 监测地点

监测地点主要是由性能研究数据需求决定的。典型地点包括上游、下游、中游、溢流、旁通和内部。地点也包括监测降雨和地下水的区域。

1. 上游

建立在雨水控制设施或雨水控制项目上游的监测站，能给出控制作用发生前的结果，对受纳水体而言，则能给出控制设施的排放情况。上游的条件能够指示没有控制设施或控制项目时的情况（U. S. EPA，2002c）。

2. 下游

建立在雨水控制设施或雨水控制项目下游的监测站可用来指示控制带来的条件变化。下游站点包括结构性控制的出水、处理后排放或流域下游受纳水体的断面。

3. 中游

中游监测站位于雨水控制设施内部或处理系统内部，它们在测试不同部分发挥的作用和确定内部特性方面非常有用。

4. 溢流和旁通

建立在溢流和旁通处的监测站用来指示没有被控制设施完全处理的流量、水质或负荷。旁通和溢流能对整个系统的处理性能产生根本影响，因此需要加以考虑（U. S. EPA，2002c）。两者特性有所不同。旁通是特意设计的水流路径，使超过设计的流量绕过装置以防装置或附属设施被冲刷或遭受其他损坏。溢流则是当设备故障和超过设计流量不能处理时，将水流溢出。为计算设备性能，应对溢流进行测量，对其浓度进行取样或用进水的浓度代替。如果发生旁通流量，则不应算作设备性能评估的一部分，因为雨水控制并没有设计来处理这一部分流量。但是，为估算受纳水体的负荷，应对其取样（或假设其浓度为进水浓度）。

5. 内部

内部监测，一般用于非结构性雨水控制的监测以及用于可能实施控制项目或调查的有关地理区域。监测地点为研究的区域或者其中部分有代表性的区域。

6. 降雨

应在研究的汇流区域或流域内设置雨量计。因为降雨在不同地点有很大不同，根据流域或汇流区面积大小，可能需要多个监测点。监测计划应包括使用本地或区域降雨记录网络。

7. 地下水

在雨水控制中，如果地下水会受到如渗透塘之类的影响，那么应对地下水进行监测。监测站应设置在控制设施下游，与设施相隔一定距离。

8. 场地选择

当根据所需信息范围确定好监测场地个数和类型后，需选择具体场地。在选择最适宜场地时，需考虑下列因素：

（1）代表性；

（2）人员安全；

（3）场地通道；

（4）设备安全；

（5）流量测量能力；

（6）电力供应和通信；

（7）外部径流来源；

（8）控制有效性；

（9）实地调查。

以上因素并不是都适用于所有监测研究或具体地点。在《综合监测程式指导手册》的第 3 部分对每个要素都进行了详细讨论，该手册包括《雨水水质监测程式》，《颗粒物/沉积物监测程式》，《总固体物监测程式》，《毒性监测程式》，以及《加州交通局数据报告程式》(Caltrans，2003)

根据《城市雨水 BMP 性能监测：满足国家雨水 BMP 数据库要求的指导手册》(U. S. EPA2002c)，永久性取样站点的选址是收集水质数据监测网络的关键因素。该手册的 3.2.1 部分包括了选择监测地点的一系列标准。

《跟踪、评估和报告非点源控制措施执行情况的技术：城市地区》(U. S. EPA，2001) 和 Tailor，Wong 的两篇论文中就非结构雨水控制项目如何选择区域或特定人群进行了讨论。

13.7.3.3　方法和设备

收集所需数据的方法与现场所用设备需一并考虑。有各式各样的方法和设备可供使用。雨水相关参数（水力与水文、化学、物理、生物和定性），每一个都有相应的方法和相关设备。用于测量水流数据和污染物浓度的标准方法包括：

（1）ASTM 流量测量方法；

（2）ASCE 流量估测方法；

（3）U. S. EPA 水质成分测试分析方法。

还有由其他国家认可的机构如 AWWA、NSF 和 APHA 等建立的标准方法。

当标准方法不能适用时，应提出替代方法，并提供确保数据质量的证明。

研究选用的 DQO（数据质量目标）也能确定哪种方法能获得最多的有用数据。应根据测试的独特条件，确定适用的独特的取样方案。应尽可能使用文献中的标准化方法。无论选用何种方法，应当注意适用于该区域的常用标准方法。

1. 水力和水文参数

水力和水文的基本参数是流量、水位和降雨量。每一类型可采用的方法和设备总结如下：

（1）流量

获得流量和水位准确的测量成果是一件困难的任务。流量数据是评估雨水控制性能的重要组成部分。方法与设备应仔细选择以保证符合 DQO 的要求。在执行监测项目前，最好先研究和考虑流量测试技术。读者可根据下列文献获得更多信息：

1）降雨量和雨水-流量测定，收集、记录和编制报告的基本要求（Church *et al*.，1999）；

2）Isco 明渠流量测定手册（Grant and Dawson，1997）；

3）城市雨水 BMP 性能监测：符合国家雨水 BMP 数据库要求的指导手册（U. S. EPA，2002c）。

水流测量的方法很多。前述文献中，美国环境保护局（2002c）详细列出了 7 种方法。这些方法可适用于自然水体、排水系统和雨水控制设施。方法的选用取决于现场条件，没有适用于所有场合的方法（Caltrans，2003）。

流量可通过人工方法或自动设备进行测量。人工方法包括测容积的水桶和秒表法，基于流速的浮标法或各种基于水深-流量对应关系的方法。只有当瞬时测量已足够，或其他参数同时进行人工收集时，才进行人工取样。人工取样，也应用于建立水位流量关系或对自动流量监测设备的校准。

自动化的流量测量可以由电子深度测量仪与水位-流量关系配合，也可以由流速测量装置和面积配合进行。自动设备一般用于雨水项目，因为它们可以在规定时间间隔（每 1min、每 30min 或每 1h）长期（数天、数周或数月）进行流量测定。这样的高频率能保证除了得到长期趋势外，还能准确得到径流过程中水流或水位变化的信息。

人工流量监测设备包括水桶、秒表、浮标、水尺和/或流速仪。大部分自动测量方法基于一个能够确定水位-流量关系的水流装置（例如：水槽、堰、管嘴、管道或自然的收缩断面）。此外还需要一个测量水位的装置（例如：起泡式液位计、压力传感器、超声波设备）。自动化的面积-速度仪可用于固定的规则的管渠断面，如圆管或矩形、梯形或者 U 形的渠道。为收集和存储数据，还需要数据记录仪。此类商业设备在市场上供应充足。

需要重点提及的是，在通过监测确定雨水控制设施的有效性时，监测计划应涵盖控制设施设计处理的全部流量范围。如果监测事件中没有测试到最大设计流量的话，控制设施就不能被批准用来处理这种流量。

（2）水位

因为水位是流量测量中不可或缺的因素，很多同样的方法和设备只要测量水位。雨水控制设施，包括湿塘等，也常常需要监测水位。通过测量持续的水位，可监测到最大水深、下降速率和存储时间。典型设备包括水尺或自动水位监测设备（如：起泡式液位计、压力传感器和超声波设备）以及数据记录仪。

（3）降雨

降雨记录需要使用雨量计。建议尽量使用电子“翻斗式”雨量计，因为它改进了精度并且在配套数据记录仪后可记录电子数据（Caltrans，2003）。这种雨量计可以在每次翻斗装满和倾倒时，产生触点闭合，闭合发送信号给数据记录仪。在很长时间（数天、数周或数月）内，数据记录仪根据规定的时间间隔（15min，30min 和 1h）计算和记录降雨量。

当现场没有安置自动取样站时，可选择使用便携式、直接读取的雨量计。这种雨量计测量的是降雨事件的总量，除非工作人员能现场记录不同时刻的读数。为最大化提高测量的精准度，应在雨前和降雨刚结束后读数。

和降雨类似的，可通过降雨计量器测量降雪。区域性降雨网络可用来补充数据库，特别是对于较大的流域的项目。但是，区域性或远程计量器不适合于单一控制设施下的小范围流域研究。本地雨水活动通常和远程雨量计的深度或强度没有关系。

2. 化学

雨水样本在实验室中分析其化学参数。可收集能代表某个时间点的样本（称作单次样本）或代表一段时间的样本（称作复合样本）（Caltrans，2003）。单次样本基本上是一次性收集，而复合样本由多个单独样本混合组成。

人工和自动方法都可用于单次和复合样本。根据数据需求、DQO 和已有资源，监测计划可能需要将样本类型（单次和复合）及技术（人工和自动）结合起来。大部分情况下，自动复合取样是较好的样本收集方法，人工单次取样对特定的某些成分比较合适。

单次样本用来监测变化迅速、需要特别保管或需要瓶装容器，如石油类、碳氢化合物、氨氮和挥发性有机物等的参数。单次样本往往通过人工方法收集。

复合样本可通过人工或自动方法收集。自动取样通常是复合样本收集性价比最高的方法，特别是对于需要监测大量采样地点或者取样事件数量很多的大型项目（Caltrans，2003）。人工方法适用于取样项目范围较小或时长有限，或者安置自动取样设备在经济上或后勤保障上不可行时。

除了样本收集方法，还需考虑样本分析方法。分析方法需根据报告限值和项目其他 DQO 因素来考虑。

分析方法的文献资源包括：

（1）水和废水检测标准方法（APHA 等，1998）；

（2）水分析方法和指针（U. S. EPA，1999a）。

虽然替代分析方法可用来满足数据质量目标，但在报告结果时，这些方法需要被完全记录和清晰地标明。方法也在不断更新，新开发的方法可能在成本相似或更低的情况下提高数据质量。

人工设备包括样本瓶和手动操作设备，例如舀水勺、取样桶和其他设计用来将合适的样本容器降低到径流水流的设备。所有在收集期间或收集完成后，直接与样本接触的即时取样设备都需要由抗化学性物质构成，从而保证不会影响样本的质量。

样本收集设备还包括自动取样仪。自动取样仪将根据研究目标收集样本。例如，如果计划是根据流量权重取样，自动取样仪必须在收到相关流量测量仪表发出的信号时，进行取样。市场上已有各种可选的可编程的取样设备。

电子设备可用来就地测试某些化学参数。化学参数包括温度、浊度、酸碱度、电导率、溶解氧、盐度、硝酸盐和氨氮（U. S. EPA，2002c）。这种仪器将电子感应器和数据记录仪用于几乎连续的测量，例如在几天或几周内每分钟计量一次。使用这种电子设备有其限制，因此应研究透彻后再使用（Caltrans，2003）。

3. 物理参数

浊度样本可通过手动和自动方法，单次或复合取样。此类分析已有标准方法。现场样本可通过几乎连续测量的就地电子设备和便携式仪表进行测量。其他常见的物理参数温度需要通过电子设备或手动便携电子测量仪或温度计进行现场测量。

粒径大小分布和沉降速度分布的样本可通过化学样本同样的取样方法（手动或自动）及设备，收集单次样本或复合样本。累积沉积物的取样和分析，应使用适用于沉积物取样的标准方法（ASTM，1997）；使用标准设备的人工取样，可用来收集沉积物剖面样本用于分析。

总固体物需要人工取样，要去除来自雨水控制设施的固体物，或在受纳环境中直接收集它们。样本代表单场降雨或一段时期内多次降雨的复合样本。需根据研究目标决定样本的分析方法，其中可包括湿重量、干重量和容积。

4. 生物

人工即时取样是针对生物有机物（例如细菌）唯一经济有效的方法，因为样本必须直接从水流中收集，并放入消毒器皿。毒性样本可使用化学取样方法（手动和自动）和仪器，作为即时样本或复合样本收集。

在受纳水体中调查生物群落，需要由有经验的人员在现场进行。美国环境保护局的《溪流小河快速生物评价程式：水生附着生物，底栖动物和鱼类》为性能评估规定了标准方法和仪器。手动取样通常会使用一些特别设计的设备。样本分析包括类型、种群量、年龄、重量、外观畸形和化学成分。

5. 定性信息

收集和整理定性信息的方法，随着项目和所需信息而变化。调研是一种常用方法（Tailor and Wong 2002a；2002b）。应使用经过检验的，用来考察民意或参与度的方法。方法也应具有教育元素，这样受众可以理解雨水控制和调研的目的。

定性监测也包括在实际产生径流时的视觉观察。这些观察能提供有价值的信息，从而理解记录的数据、收集样本的分析结果或仪器失效的地方。仅仅依靠数据，可能不能完全看清单个的控制设施或监测站的运行情况。

6. 操作和维护

操作和维护常常因其对性能可产生直接影响而受到监测。雨水控制的操作应在设计规范内，最大化提高处理效果。维护的目的是保证控制设施处在正常的工作状态，保持美观。日常维护包括冲蚀和结构维护、碎渣和垃圾清理、沉积物清理和处置、修剪控制植被和树木生长，抑制令人厌恶的东西和带菌昆虫的管理。

确定维护指标阈值能有效保证操作统一性。当现场测量值超过指标时，如沉积物厚度、植被高度和死水停留时间，应进行维护。

监测操作和管理活动包括记录以下信息：

（1）现场测量结果；

（2）照片；

（3）特别维护活动的清单；

（4）每一活动开始、结束和总体时间，资源使用情况；

（5）每一活动完成后的状态；

（6）现场整体考察和评论。

成本是在监测操作和维护时需另外考虑的一个因素。监测成本在下列事项中有重要作用：评估控制设施的性价比、预算未来控制设施的运行和维护费用、跟踪每年的工作量，从而决定何时需要最多人工、发现维护活动需做出哪些调整和预估未来安装设备的生命周期成本。

13.7.3.4　质量保证和质量管理

对于任何性能评估研究，质量保证和质量管理 QA/QC 对保证结果的可信度都非常重要。现场、实验室和基于特定 DQO 的评估，都需要确定 QA/QC 程序。需确定可接受的方差和误差的水平（U. S. EPA，2004）。

现场 QA/QC 活动包括：

（1）标准操作程序，这样能使测量、样本和信息收集保持统一。采用标准程序，能保证不同场所和事件结果具有可比性；

（2）设备清洗、标定和维护的标准操作程序；

（3）确定样本的容器瓶类型、防腐剂、保存时间和每种参数的样本最低量；

（4）收集现场本底样本，以确定污染程度。现场重复试验，以评估由于收集、处理、运输、存储和（或）实验室处置及分析所引起的变化，同时评估取样程序。

（5）样本覆盖性，包括径流事件、研究领域和目标种群；

（6）保管程序链，保证样本有精准标记和记录。

实验室 QA/QC 活动包括：

（1）样本管理，例如本底方法（污染）、实验室复制（精度）、添加分析（准确性）、外部参考标准（准确性）和测试的频率；

（2）实验室性能标准（例如，检测限值，具体定量限值，精准度、准确度和完整度目标）；

（3）数据报告要求，包括进度表；

（4）数据验证程序；

（5）改正行动程序；

（6）随机审查。

评估的 QA/QC 活动包括：

（1）使用经过质量、异常值和不可检测结果鉴别的数据；

（2）数据分布（即正态性）对统计学分析的影响。

13.7.3.5　验证和管理

用于研究的所收集的所有数据和信息都需要仔细审查、检验是否符合 DQO。需要设定数据和信息验证程序，同时也需确定信息管理程序，因为评估研究将产生很多不同形式的信息。

初步筛选要尽可能找出和更正现场人员或实验室的文件疏漏或程序错误。

然后，评估信息和数据的质量水平。对于分析数据，其结果要查对（水样）保存时间、与报告限值要求的一致性、分析的精度、分析的准确性以及取样和分析期间的可能的污染。数据评估结果体现为数据点或整体数据的摒弃、确认和陈述讨论。建议将美国环境保护局的数据验证导则（U. S. EPA 1994a；1994b）作为认证数据的指导文件。

除了已摒弃的，对已确认的数据和信息并不一定要在评估过程中使用它们。数据使用者可根据运用的场合，决定是否使用已确认的信息（Caltrans，2003）。

评估研究中的信息管理过程非常重要，因为需同时管理和存储纸质与电子信息，保证信息容易获得（U.S.EPA，2002c）。计划应包括：

（1）中心档案和纸质文件的归档程序；

（2）满足数字信息需求的数据库，例如实验室分析结果、现场测量、地图和电子表格。

同时也需要确定报告程式。报告的统一系统，在解释信息和有效对比不同条件下的雨水控制性能方面非常有用。可参考用于国际雨水最佳管理实践数据库的程式。该数据库指出了每个雨水控制性能研究应报告的领域，包括现场测试地点、流域特征、气候数据、控制设计和布局、监测设备和降雨量、流量及水质的监测数据（U.S.EPA，2002c）。

13.7.3.6 健康和安全

在任何项目中，都应从始至终关注参与现场活动的人员的健康和安全。地点和方法的选择，应尽量降低健康和安全风险。需考虑的潜在因素包括：

（1）潮湿天气条件；

（2）酷热或寒冷温度；

（3）现场的障碍物；

（4）交通风险；

（5）闭塞空间；

（6）在水体附近的工作；

（7）洪水和急流；

（8）低的可见度；

（9）湿滑的条件；

（10）生物危害接触，例如动物、昆虫、细菌和垃圾；

（11）与有害物质的接触；

（12）与对人有危害的接触；

（13）起运笨重大型的设备部件或充满样本的冷藏器。

根据危险性大小，需通过合适的设备和程序保护现场人员安全。通过调整监测地点和方法，使健康和安全风险要最小化。危害和减少负面影响的步骤，应在健康和安全计划中进行说明。

13.7.3.7 计划文件

评估计划阶段的主要成果是包含13.7节所讨论的所有细节的文件。这份文件将作为全部人员的指导文件，同时最大程度地统一团队成员之间的工作（U.S.EPA，2002b）。在执行计划前，强烈建议团队成员进行全面的学习，特别是对质量保证内容的学习。

这份文件被美国环境保护局称为质量保证项目计划（QAPP）。准备QAPP方面较好的指导性文献是美国环境保护局的质量保证项目计划导则（U.S.EPA，2002b）。类似的文件通常被称为采样和分析计划，以下是计划中常包含的内容：

（1）项目概况与介绍；

（2）监测站点；

（3）分析内容；

（4）数据质量目标；
（5）现场设备维护；
（6）监测准备和后勤保障；
（7）样本收集、保存和运送；
（8）质量保证和质量管理；
（9）实验室样本准备和分析方法；
（10）数据管理和报告程序；
（11）数据分析程序；
（12）健康和安全计划。

以上列出的有些主题，本章未进行讨论。美国联邦公路管理局（2000）、美国环境保护局（2002c）和加州交通局（2003）对所有内容都进行了详述。这些文献可帮助制定符合项目和现场具体情况的研究计划。

13.8　计划实施

计划实施包括按照计划收集新的信息和数据，把所有能收集的资料信息汇编成评估阶段可用的格式。具体包括以下活动：

（1）培训；
（2）现场准备；
（3）降雨前准备；
（4）降雨监测；
（5）测量数据信息的验证；
（6）计划评估。

13.8.1　培训

为了使采集的信息和样本，满足信息要求和研究的数据质量要求，对于所有计划实施现场测量活动的团队成员进行培训是必需的。对监测计划的熟悉（例如 QAPP 或采样和分析计划）以及对计划中特定的技术和方法的运用能力，对于保护团队成员的健康和安全是至关重要的（Caltrans，2003）。

13.8.2　现场准备

现场准备的活动包括：

（1）得到使用场地的许可；
（2）采购必要的设备；
（3）安装设备；
（4）测试与调试设备；
（5）调整场地来保障进出和安全。

所有的设备应该在厂家说明书的基础上进行安装、测试和率定。美国环境保护局（2002c），加利福尼亚州交通局（2003），Grant 和 Dawson（1997）以及 Church 等人

(1999)提供了自动流量监测和水质采样站等常用设备安装的详细介绍。

13.8.3 降雨前准备

降雨前准备包括以下活动：

(1) 后勤和采样容器保障；

(2) 采样容器的清洗；

(3) 关注天气变化；

(4) 降雨选择的标准；

(5) 降雨监测活动等级；

(6) 通信联络；

(7) 实验室协调。

这些活动的详细讨论见《综合监测方法指导手册：雨水水质监测程式，颗粒物/沉淀物监测程式，总固体物监测程式，毒性监测程式以及加州交通局数据报告程式》(Caltrans，2003)。

为了监测降雨情况下的性能，需要跟踪关注天气变化来确定待选的降雨事件。加利福尼亚州交通局(2003)提供了很好的关于跟踪天气和现有资源的讨论。如果要部署现场监测队伍，到达的日期、时间和可能的数量是两个需要确定的关键信息。

在准备过程中，人员报告降雨情况改变，监测过程以及降雨后的协调均需要通信联络。也可能需要与实验室和急救人员的通信联络。

13.8.4 降雨监测

降雨监测包括以下活动：

(1) 动员现场人员；

(2) 检查设备；

(3) 安装自动监测设备；

(4) 跟踪天气变化；

(5) 采集人工样本；

(6) 维护自动站点；

(7) 样本代表性评估；

(8) 样本的保存、运输和记录；

(9) 数据的采集和整理。

加州交通局(2003)也提供了关于以上活动的详细说明。尽管其关注点在于水质的监测，这些要素同样可应用于所有的现场采集样本、数据和信息的活动。

所有的采样应按照监测计划中规定的标准方法进行。应使用为研究准备的现场表格来记录测量结果或信息。

紧随降雨监测之后，采集的样本或信息需要与对应的标准和准则进行比较，来分析其代表性。如果没有达到最低量的降雨和取样的数据质量标准(也就是先行条件、降雨深度、最少样本个数、降雨覆盖范围、样本体积等)，样本或信息将会被弃去。这些因素根据用途不同可能是准则或标准。例如，先行条件是一个准则，那么如果其他条件都满足

DQO，即使有相对于最小值的较小偏差，也可认为降雨采样合格。先行条件不会影响控制设施的性能，但对污染物的浓度有影响。如果监测计划的目的是评估流域的特性，那么先行条件将变得更加重要，应作为标准的一部分。不满足标准的样本通常不会送去实验室进行分析。这一步的目的是防止样本的分析结果最终在数据验证阶段被去除。体积较少的样本可以送去实验室，但如果体积不够完成所有要求的分析，则需要根据重要性进行排序。

对样本适当的保存、记录和运送到实验室，是保证质量的重要因素（Caltrans，2003）。必须对样本细心保存，防止破坏、缺失、污染、过期和干扰。样本应在监管下进行妥善标记和记录。运输容器必须妥善标记，要使运输者明白样本必须在要求的时间内送到实验室。

所有现场采集的数据和信息（如电子数据、人工测量数据、现场表格记录、调查记录以及照片）需要妥善保管以防止丢失。这一信息应当被审查、鉴别、标记，并上传到数据库或放在研究文件中。

13.8.5　收集数据的验证

现场监测产生的所有数据和信息应进行验证。在开始解释之前应确定结果的质量或充足性。标准程序在计划阶段就应当确定。

如果实验室和现场任务的目标已经实现，则不需要进一步的工作。如果任务目标没有实现，应该对流程进行检查，并进行调整以防止再次的不合格。

13.8.6　计划评估

监测计划的执行状态应进行阶段性的检查，包括收集信息的数量、质量、当前的费用、需要的人工、监测的次数与成功的次数、计划进度的执行情况；以决定是否需要进行调整。根据任何确认的问题，可对地点、设备、程序、参数、培训或人员进行调整以改正不足。但是调整要注意避免打断监测的连续性，避免研究中不同时间采集的信息和数据相互矛盾。

13.9　雨水控制性能报告

雨水控制性能评估计划的结果应形成文件，并且至少提供一份正式报告。除了当完成监测计划时，需要完成一份全面的最终报告，还需要考虑在计划过程中编制常规进度报告。监测的规律性和计划的目标，将决定进度报告的频率，通常为每季度或半年一次。

13.9.1　有效的图形表示法

成果表达是有效的控制性能评估报告的关键部分。如第 4 节所讨论的，一些图形方法对于评估和表示控制性能数据是非常有效的。这些方法包括：

（1）时间系列散点图；

（2）箱线图；

（3）正态分布图。

散点图是一种基础工具，能够总结两个变量的关系。此外，散点图对于评估数据质量也有部分作用。远离最佳拟合线的数据点可能就是异常值。散点图还可以揭示进出水污染物浓度随时间的变化，当出水浓度峰值的降低比出水降雨平均浓度（EMC）的降低更为重要时，这就特别有用。

箱线图是一种对控制性能数据进行全面统计分析的简洁方法。箱图描述数据集的范围和离散趋势，并反映最小值、最大值、较低和较高的四分位数（Q_1 和 Q_3）以及数据集的平均值或中位值。箱图也能够提供方差、偏度和潜在的异常值的可视化指示。

美国环保局（2002c）推荐出水概率方法 EPM，作为控制性能评估的方法，提出“这一类型的曲线，是从 BMP 评估研究中，可以得出的唯一的最有效信息”。该手册甚至推荐 EPM 方法，作为雨水控制评估的行业标准分级曲线。通过平行比较不同污染物的进水和出水浓度，可以清楚显示污染物减少程度。特别是 EPM 曲线显示了进水浓度的范围，还可能显示哪种控制设施最为有效。EPM 的唯一缺点是不能成对显示某次降雨中进水和出水浓度。

13.9.2 典型的讨论要点

除了说明采用的方法和分析，一份全面的报告应包括以下讨论内容：

（1）数据验证（例如有关质量、有效性、潜在的异常值、特别的分布等方面）；

（2）性能观察时的水文的、人为的和环境的背景（例如季节性性能变化）；

（3）非预期的结果；

（4）提出性能变化的解释；

（5）规划和实施面临的挑战；

（6）进一步研究建议。

虽然评估报告的大部分内容应科学、客观，报告的讨论部分应包括假说、意见和解释。该节最重要的功能是为控制性能评估计划的结果提供一个背景。特别是，该节应该说明那些可能对控制性能带来的有利或不利影响，导致意想不到的结果的环境的、水文的或人为的条件。

此外，讨论章节可能是最好的对评估计划规划、执行和分析过程中出现的任何问题或事项进行总结的地方。必要时需提出替代方案。特别有用的是讨论计划中遇到的最重要的挑战，以及它们是如何克服或失败的。

13.9.3 数据报告格式

进度报告应包括在报告阶段中的以下信息的总结：

（1）累计完成的工作；

（2）成果和发现；

（3）计划中的变化；

（4）与公众、非政府组织和政府机构的接触；

（5）下一阶段的计划任务。

除了前述的要点，最终或年度（对于长期的项目）报告应包括以下信息：

（1）项目总结。

（2）目标任务。

（3）场地情况概述和背景。
（4）监测计划的说明：
1）性能评估选择的参数；
2）选择的分析方法；
3）方法报告的限值。
（5）监测站的说明。
（6）设备和采样方法的说明：
1）设备校准；
2）设备检查；
3）采样频率；
4）采样条件。
（7）数据验证和结果：
1）降雨数据；
2）进水和出水水文曲线；
3）水质数据。
（8）讨论。
（9）总结和结论。
（10）管理建议。
（11）完整的数据表（附件）。

在国际雨水最佳管理实践数据库（www.bmpdatabase.org）关于报告控制设施监测结果的方法中，要求的数据参数包括：测试地点、流域特征、气象数据、控制设计和蓝图、监测仪器以及降雨、流量和水质的监测数据。还提供了报告的示例和模板，以满足国际雨水最佳管理实践数据库的最低要求。不同控制类型的要求不同，其表格也相应地进行了分类。

13.10　统计分析

本章前面综述了评估控制性能数据的各类方法。本节通过三个数据分析的例子来对本章进行总结。在每个例子中，前面说明的方法将一步一步地应用到所收集的实际 EMC 和负荷数据。

13.10.1　案例一

案例一所评估的控制设施性能数据采集于 2002 年，其来源是一家雨水管理公司（SMI）的研究与开发项目（Ridder *et al.*，2002）。相关的文献题目为“分析方法、数据总结方法和粒径对总悬浮物（TSS）去除效率的影响”，最早发表于 2002 年俄勒冈州波特兰市召开的第九届城市排水国际会议（Ridder *et al.*，2002）。这一研究监测的是一种基于过滤的雨水控制设施，名称为雨水管理 StormFilter ® 的性能。关心的标准是在控制条件下，设施去除总悬浮物（TSS）的能力。性能数据表示为进水和出水的 TSS 平均浓度（mg/L），见表 13-4，按照进水浓度增大的顺序排列。

案例 1：SMI 性能数据（按进水 TSS 平均浓度增大的顺序排列）（数据来源：Ridder *et al*.［2002］） **表 13-4**

进水 TSS 降雨平均浓度 EMC（mg/L）	出水 TSS 降雨平均浓度 EMC（mg/L）	差值（TSS_{in}-TSS_{out}）（mg/L）
15	10	5
16	11	5
20	12	8
26	12	14
27	12	15
30	12	18
53	16	37
62	22	40
68	27	41
75	27	48
82	29	53
83	27	56
99	30	69
133	42	91
143	36	107
155	48	107
157	46	111
168	51	117
175	52	123
186	53	133
187	45	142
206	71	135
222	68	154
247	80	167
255	84	171
322	98	224

13.10.1.1 定性评估

数据分析首先从定性评估开始，对数据集的特性进行鉴定。具体而言，数据的图形反映了数据的分布、进水和出水浓度的差距以及异常值。这类评估常用的工具包括散点图、箱线图和概率图。

数列 1 的散点图见图 13-1。独立变量为进水降雨平均浓度绘于水平轴方向，出水降雨平均浓度可能与进水降雨平均浓度相关或不相关，绘于竖轴方向。根据数据点绘制了最佳拟合线。数据点相对该线的接近程度显示数据近似为线性关系。直线从左向右向上的坡度显示其为正相关关系（即进水平均降雨浓度增加，出水平均降雨浓度也随之增加）。此外可见没有异常点。

数列 1 的箱线图见图 13-2。进水数据的范围比出水数据大很多。每列数据的最小值接近，表明在进水降雨平均浓度已经很低的情况下，控制设施的作用有限。不过，其他的重要统计参数如平均值、中位值、第一四分位数，以及第三四分位数，进水数据明显比出水数据高出许多。总之，出水的 TSS 降雨平均浓度与进水降雨平均浓度相比，范围更小，数值降低。

最终，数列一的概率图见图 13-3，进水和出水数据均显示与直线吻合良好，表明两者均显现正态分布。直线并不平行，表明进水和出水数据的方差可能变化显著。

13.10.1.2　定量评估

为了开始定量评估，设计者首先应当计算一些简单的说明性统计参数，例如根据进水、出水浓度以及由进水和出水浓度的差组成的数列（见表 13-5），计算样本的数量、最小值、最大值、平均值、中位值、标准偏差、标准误差和协方差。对于统计方法的应用而言，这些统计参数是必要的。

实例 1：统计总结　　　　**表 13-5**

	进水总悬浮固体 TSS_{in} 降雨平均浓度	出水总悬浮固体 TSS_{out} 降雨平均浓度	差值（TSS_{in}-TSS_{out}）
样本数量 n	26	26	26
最小值（mg/L）	15	10	5
最大值（mg/L）	322	98	224
平均值（mg/L）	123.54	39.27	84.27
中位值（mg/L）	116	33	80
标准偏差	85.64	25.07	61.09
标准误差	16.80	4.92	11.98
协方差	0.693	0.638	0.725

1. 假设检验

接下来，需要对正态分布和方差一致的假设进行检验，以确定采用哪一种方法（例如，参数方法或非参数方法）。

（1）正态性

概率图显示进水和出水数据为正态分布。尽管如此，应采用更为量化的分析来予以验证。对应的进水和出水数据之差也应该评估其正态性。对这三个数列采用 Shapiro-Wilk，Anderson-Darling，Kolmogorov-Smirnov，and chi-squared 方法计算的结果见表 13-6～表 13-8。

实例 1　进水降雨平均浓度数据的正态分布检验（显著性水平＝0.05）　　　　**表 13-6**

检验方法	检验值	p 值	检验结论
检验	0.939	0.128	拒绝 H_0 失败，为正态分布[a]
检验	0.490	0.202	拒绝 H_0 失败，为正态分布[a]
检验[b]	0.144	NA	拒绝 H_0 失败，为正态分布
检验	5.274	0.153	拒绝 H_0 失败，为正态分布

[a] 以近似 p 值为依据。

[b] K-S 检验的临界值，当样本数量为 26 时，是－0.26。

实例1　出水降雨平均浓度数据的正态分布检验（显著性水平=0.05）　表13-7

检验方法	检验值	p值	检验结论
检验	0.916	0.037	拒绝 H_0
检验	0.668	0.072	拒绝 H_0 失败，为正态分布[a]
检验[b]	0.144	NA	拒绝 H_0 失败，为正态分布
Chi-square test	5.923	0.115	拒绝 H_0 失败，为正态分布

[a] 以近似 p 值为依据。

[b]K-S检验的临界值，当样本数量为26时，是−0.26。

实例1　差值的正态分布检验（显著性水平=0.05）　表13-8

检验方法	检验值	p值	检验结论
检验	0.94	0.128	拒绝 H_0 失败，为正态分布[a]
检验	0.52	0.166	拒绝 H_0 失败，为正态分布[a]
检验[b]	0.14	无数据	拒绝 H_0 失败，为正态分布
Chi-square test	9.23	0.026	拒绝 H_0

[a] 以近似 p 值为依据。

[b]K-S检验的临界值，当样本数量为26时，是−0.26。

每种检验的结果很容易通过计算 p 值来总结并呈现。p 值是用来计算真实正态分布的统计参数与观测数据一样极端的概率的。当 p 值较小时（例如小于或等于特定的显著水平），则零假设不成立。在这种情况下，由于代表正态分布数据系列的统计检验与观察数据系列统计计算值一样极端的可能性非常小，观察数据不太可能为正态分布。如本例所示，结论的置信水平为95%。计算的 p 值必须小于等于5%，才能否定零假设。

当应用于进水数据时，所有这四类检验方法均在95%的置信水平下，均不能否决零假设。这表明进水数据可接受为正态分布。当同样的检验应用于出水数据时，只有Shapiro-Wilk检验否决零假设。p 值的结果为0.04，这表明检验接近不否决零假设。根据这一结果和其他3个支持性检验，可得出出水数据可接受为正态分布的结论。类似地，当应用于配对的进水出水数据的差值时，只有chi-square检验否定正态分布的零假设。这可能是由于chi-square检验对数据集的限值（高低极值）变化比较敏感造成的。同样，可得出结论：差值可接受为正态分布。

（2）方差

接下来设计者应检验进水和出水数据具有相似程度方差的假设。关于方差相等的零假设通过 F 检验和巴特利特检验进行了评估，结果见表13-9和表13-10。

F 检验和巴特利特检验都否定了95%置信度下的零假设，可得出两个数列没有相等的方差的结论。

F 检验　表13-9

F值	9.9
p值	1.03E-07
F临界值	1.96
结论	拒绝 H_0

Bartlett 检验　　**表 13-10**

p 值	3.76E-08
结论	拒绝 H_0

（3）相关性

在定性分析过程中，散点图显示数据集 1 成对的进水和出水浓度接近线性趋势线。这种关系的强度通过确定数据集之间的相关性的程度来进行定量。实际上，成对的进水和出水数据的相关性分析表明两数据集是高度相关的，相关性衡量系数 r 等于 0.99（完全相关时$r=\pm1.0$）。

2. 进水和出水的差异

有关数据特性的假设一旦经检验后，就可以选择用来评估两数据集的合适的参数或非参数统计方法。尽管数据集 1 的数据已发现是可接受的正态分布，进水和出水数据方差不同。在这种情况下，非参数方法比参数方法更合适。不过，重要的是有一种参数方法 t 检验对方差不等不是特别敏感。因此，t 检验和魏氏检验的结果均列举如下，以进行比较。

t 检验可揭示进水和出水浓度的差异在 95%的置信水平是否显著。该检验应用于成对的进水和出水数据之差值（见表 13-11）。所提出的零假设是该数据集的平均值为 0，也就是说，进水和出水浓度差值的平均值为 0。

实例 1：*T* 检验　　**表 13-11**

参数	值
T 统计	7.03
自由度	25
显著性水平	0.05
t 统计临界值	2.06
p 值	1.13E-07

根据观测数据计算出的 t 值比临界值大。其结果是 P 值小于特定的显著水平 0.05。在 95%置信水平上，关于进水和出水之差的平均值等于零的零假设可被否定。进水和出水浓度之间有统计学上显著的非零的差异。

魏氏检验得到了相似的结果（见表 13-12）。关于进水和出水浓度之间平均差值为 0 的零假设又一次在 95%的置信水平被否定。

实例 1：Wilcoxon 检验结果　　**表 13-12**

参数	值
样本数量，n	26
均值	175.5
标准偏差	39.37
Z 统计	−4.46
p 值	4.15E-06

3. 结论

对于案例 1，进水和出水数据均为可接受的正态分布，但方差不相等。如 t 检验和魏氏检验所示，进水和出水 TSS 浓度的差在 95%的置信度下不等于零。最终，可得出结论控制设施对于雨水径流的水质确有显著作用。此外，根据相关系数，几乎所有的出水数值的变化可通过进水数值的变化来解释。这表明，出水 EMC 高度取决于进水 EMC，如可以建立准确的预测方程，根据进水 EMC 推算出水 EMC。

13.10.2 案例 2

案例 2 是关于生物滞纳区观测数据的分析，该区域位于北卡罗来纳州路易斯伯格，观测时间为 2004 年 5 月至 12 月。性能数据包括不同取样日期，进水和出水总凯氏氮（TKN）浓度。

对于一些没有采集到样本浓度的日期，采用平均季节浓度代替。这是一种增加日期序列数量来与其他当地相关的日期数列相匹配的方法。不过，这也可能引入会贯穿整个统计检验的偏差。记录实际的成果是其他选择。然而，这将会制约日期数列的样本大小，从而影响统计结果的置信度。

数据（见表 13-13）发表在一份硕士论文上，题目叫“北卡罗来纳州生物滞纳区性能：水质、水量和土壤介质的研究”（Sharkey，2006）

实例 2：北卡罗来纳州路易斯伯格生物滞纳区总凯氏氮 TKN 进水与出水浓度 表 13-13
（资料来源：图 5-9，Sharkey [2006]）.

进水凯氏氮浓度 TKN_{in}（mg/L）	出水凯氏氮浓度 TKN_{out}（mg/L）	浓度差（TKN_{in}-TKN_{out}）（mg/L）
0.85	0.92	0.07
1.73	1.22	−0.51
1.73	1.22	−0.51
3.7	1.22	−2.48
1.73	1.22	−0.51
1.73	1.22	−0.51
1.6	1.4	−0.2
1.73	1.22	−0.51
1.73	1.22	−0.51
1.73	1.22	−0.51
1.1	2.4	1.3
1.73	1.22	−0.51
1.73	1.22	−0.51
1.73	1.22	−0.51
1.73	1.22	−0.51
1.1	1.3	0.2
1.73	1.2	−0.53
1.73	1.22	−0.51
1.3	0.93	−0.37
2.4	0.85	−1.55
1.73	1.22	−0.51
1.73	1.22	−0.51

续表

进水凯氏氮浓度 TKN_{in}（mg/L）	出水凯氏氮浓度 TKN_{out}（mg/L）	浓度差（TKN_{in}-TKN_{out}）（mg/L）
1.6	1.4	−0.2
1.9	0.71	−1.19
1.3	0.95	−0.35
0.68	0.29	−0.39
0.26	0.32	−0.06
1.39	0.51	−0.88
1.39	0.51	−0.88
1.39	0.51	−0.88

13.10.2.1　定性评估

数据集2的散点图见图13-7。自变量进水EMC绘于水平轴方向，出水EMC绘于竖轴方向，其不一定与进水EMC相关。没有明显的数据拟合线，图中也没有沿数据点绘出该线。这表明数据不具备明显的线性相关关系。

数据集2的箱线图见图13-8。虽然每列数据平均值在一个标准差范围内数据的发散性相似，但进水数据的总体范围大于出水数据。每列数据的最小值比较接近，出水数据的最小值看上去略高于进水数据。其他重要的统计参数如平均值、中位数、第一四分位数、第三四分位数，进水数据的值均高于出水数据。极大值的明显差异表明控制设施在该地区带来了实际的削减，而相近的最小值则表明对于极低的进水浓度，设施作用最小或在某种情况下有负面作用。

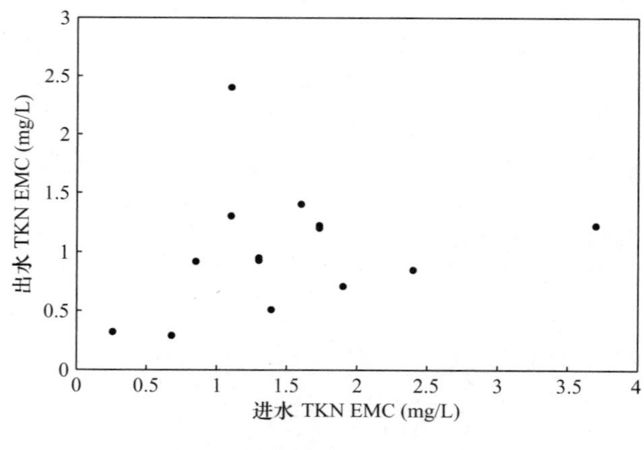

图13-7　实例2：散点图

数据集2的概率图见图13-9。进水和出水较小的下半部数据均显示良好的拟合直线，但每组的整体数据则无此特性。进水和出水数据集不像正态分布。

由于拟合较差，进水和出水数据被转换为自然对数值。结果见图13-10。不过。这一转化并没有显著提高数据对线性趋势线的拟合度。因此，数据也不像对数正态分布。

13.10.2.2　定量评估

表13-14所列为关于进水、出水EMC数据和进水-出水数据差值的基本说明性统计参数的总结。这些测量值中的一些数据对于统计检验的应用是必不可少的。

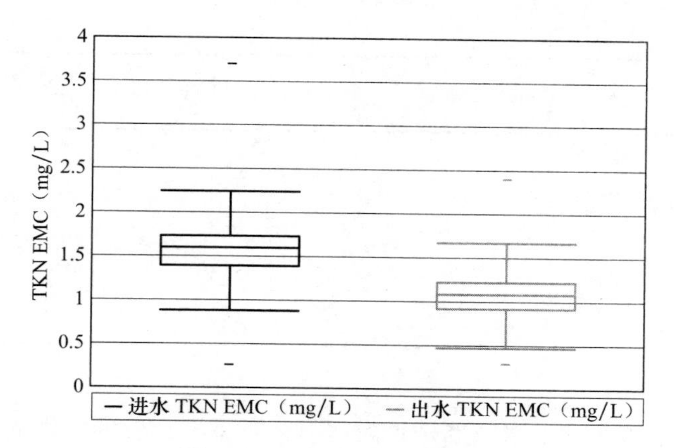

图 13-8　Example 2：箱线图

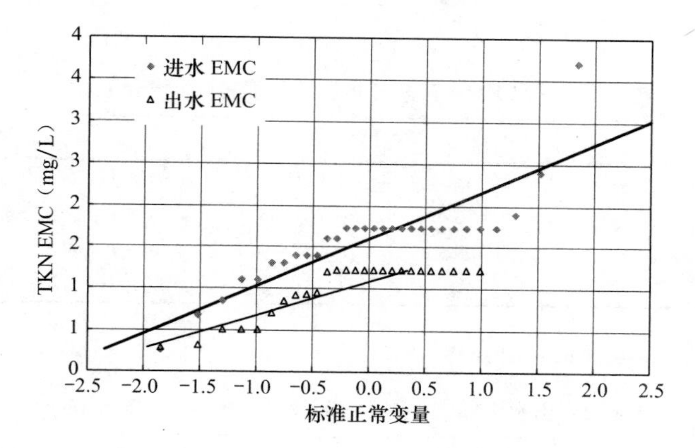

图 13-9　实例 2：正常概率图

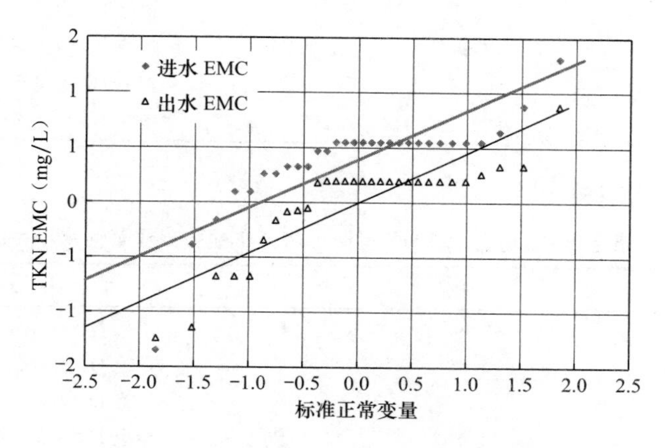

图 13-10　实例 2：Log-正常概率图

实例 2：统计总结　　　　**表 13-14**

	进水 TKN EMC	出水 TKN EMC	进水与出水 TKN EMC 差值（TKN_{in}-TKN_{out}）
样本数量 n	30	30	30
最小值（mg/L）	0.26	0.29	−1.3

续表

	进水 TKN EMC	出水 TKN EMC	进水与出水 TKN EMC 差值（TKN_{in}-TKN_{out}）
最大值（mg/L）	3.7	2.4	2.48
平均值（mg/L）	1.60	1.08	0.51
中位值（mg/L）	1.73	1.22	0.51
标准偏差	0.57	0.40	0.60
标准误差	0.10	0.07	0.11
协方差	0.357	0.373	1.173

（1）假设检验

概率图对于确定进水和出水数据是否为正态分布是不充分的。因此，需要采用更定量化的分析。应用 Shapiro-Wilk，Anderson-Darling，Kolmogorov-Smirnov，和 chi-squared 方法计算的结果见表 13-15～表 13-17。

实例 2　进水 EMC 正态分布检验（显著性水平＝0.05）　表 13-15

检验方法	检验值	*p* 值	检验结论
检验	0.788	4.02E-05	拒绝 H_0 为正态分布[a]
检验	2.498	1.78E-06	拒绝 H_0 为正态分布[a]
检验[b]	0.308	NA	拒绝 H_0 为正态分布
检验	38.8	1.91E-08	拒绝 H_0 为正态分布

[a] 以近似 *p* 值为依据

[b] *K-S* 检验的临界值，当样本数量为 30 时，是−0.24。

实例 2　出水 EMC 正态分布检验（显著性水平＝0.05）　表 13-16

检验方法	检验值	*p* 值	检验结论
检验	0.812	1.07E-04	拒绝 H_0 为正态分布[a]
检验	2.497	1.79E-016	拒绝 H_0 为正态分布[a]
检验[b]	0.280	NA	拒绝 H_0 为正态分布
检验	32.60	3.91E-07	拒绝 H_0 为正态分布

[a] 以近似 *p* 值为依据。

[b] K-S 检验的临界值，当样本数量为 30 时，是−0.24。

实例 2　进水 EMC 与出水 EMC 差值正态分布检验（显著性水平＝0.05）　表 13-17

检验方法	检验值	*p* 值	检验结论
检验	0.807	8.89E-05	拒绝 H_0 为正态分布[a]
检验	2.551	1.31E-06	拒绝 H_0 为正态分布[a]
检验[b]	0.289	NA	拒绝 H_0 为正态分布
检验	38.6	2.11E-08	拒绝 H_0 为正态分布

[a] 以近似 *p* 值为依据。

[b] *K-S* 检验的临界值，当样本数量为 30 时，是−0.24。

所有这些检验的结果得出的结论是在 95％的置信水平下，进水、出水或者配对的差值均不是正态分布。因此，参数化检验方法不能应用于该数据集，除非确定采用适当的转化方法，很可能采用 Box-Cox 方法（Weisberg，2005），产生正态分布。因而，应采用替代的非参数化的等价方法。

下一步，需检验进水和出水数据具有相似程度方差的假设。关于方差相等的零假设通过 F 检验和巴特利特检验进行了评估，结果见表 13-18 和表 13-19。

F 检验 **表 13-18**

F 值	2.2
p 值	0.020
F 临界值	1.96
结论	拒绝 H_0

Bartlett 检验 **表 13-19**

p 值	0.069
结论	不能拒绝 H_0

F 检验否定了 95%置信度下的零假设，而巴特利特检验没有得出该结论。这些检验是不充分的，但是因为已经确定数据不是正态分布，所以并不影响参数化或非参数化分析方法的选择。

（2）进水和出水的差异

数据集 2 已证明不是正态分布，因此需采用非参数化方法。在这种情况下，仅提供了魏氏检验的结果。

魏氏方法检验差值数列的平均值为零的零假设，即进水和出水浓度的平均差值为零。根据魏氏检验结果（见表 13-20），在 95%置信水平下，进水和出水浓度之间平均差值为零的零假设被否定。

实例 2：Wilcoxon 检验结果 **表 13-20**

参数	值
样本数量，n	30
均值	232.5
标准偏差	48.62
Z 统计	−4.14
p 值	1.70E-5

（3）结论

案例 2 评估的 TKN EMC 数据不是正态分布，需采用非参数化评估方法。魏氏检验表明，在 95%置信度下，进水和出水 TKN 浓度的差值不等于零。因此，可得出结论：控制设施对于雨水径流的水质有显著作用。

13.10.3 案例 3

与前一个案例一样，案例 3 是关于北卡罗来纳州路易斯伯格，2004 年 5 月～12 月生物滞纳区观测数据的分析。不过，本例中性能数据（见表 13-21）包括不同采样日期的进水和出水 TKN 负荷，而不是浓度。污染负荷值是通过前述浓度数据和相应的流量数据组合计算得出的。再一次的，对于没有采集到数据的日期，采用平均季节负荷代替。这种代替的注意事项已在案例 2 中进行了说明。

实例 3：北卡罗来纳州路易斯伯格生物滞纳区总凯氏氮负荷　表 13-21

（资料来源：图 5-9，Sharkey [2006]）

进水负荷（mg）	出水负荷（mg）	负荷差值（mg）
14	2	12
337	83	254
48	11	37
8	0	8
53	12	41
20	0	20
78	19	59
77	21	56
50	11	39
100	15	85
193	133	60
74	13	61
15	7	8
212	61	151
29	3	26
465	316	149
63	40	23
17	0	17
267	115	152
213	50	163
77	21	56
126	69	57
40	10	30
306	109	197
89	21	68
91	16	75
21	11	10
91	16	75
82	11	71
67	8	59

13.10.3.1　定性评估

数据集 3 的散点图见图 13-11。进水负荷绘于竖轴方向，出水负荷绘于水平轴方向。沿数据点绘制了一条最佳拟合线。该线从左向右向上的坡度表明正相关的关系，也就是说，随着进水负荷增加，出水负荷也增加。大部分数据点与该线接近，表明数据可能为良好的线性相关关系。不过，应注意到数据点并非均匀分布，低值区分布有大量数据团，而高值有显著的分散特性。

数据集 3 的箱线图见图 13-12。进水数据的范围比出水数据大得多。重要的统计参数如平均值、中值、第一四分位数和第三位、第四分位数进水数据集均比出水高得多。出水的 TKN 负荷范围有限，相对于进水 TKN 负荷数值降低。

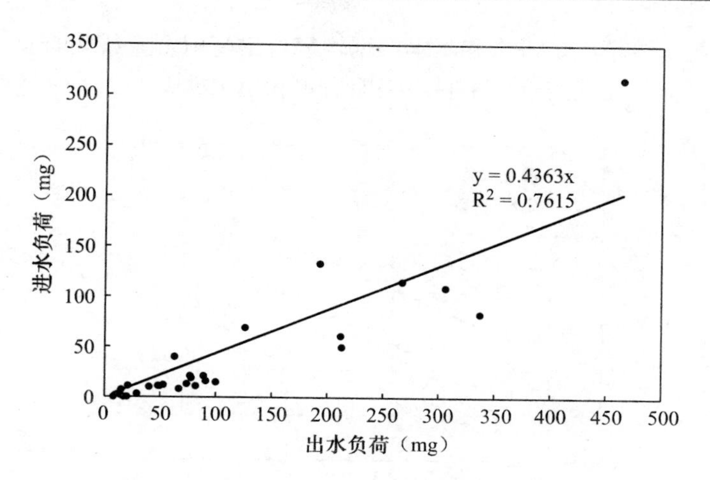

图 13-11 实例 3：散点图

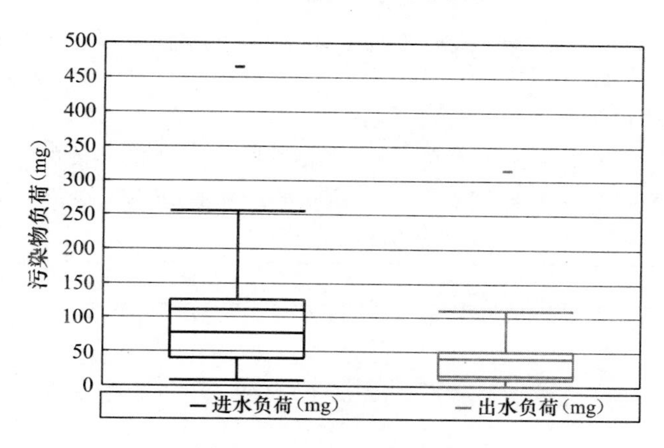

图 13-12 实例 3：箱线图

最终，数据集 3 的概率图见图 13-13。这些数据对于拟合线的拟合度较差。数据不像正态分布，在应用统计方法前应进行转化。

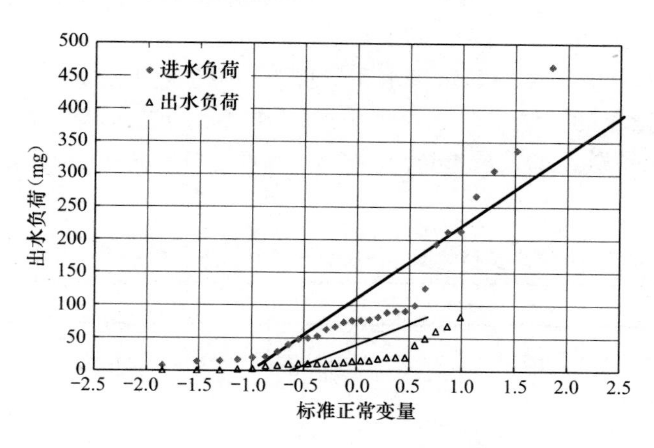

图 13-13 实例 3：正常概率图

因为拟合较差，对数据集进行了自然对数转化。结果见图 13-14。转化大大提高了数据对线性趋势线的拟合情况。进水和出水数据均表现出与拟合直线吻合良好，表明二者均为对数正态分布。此外，两线近似平行，表明进水和出水数据的方差是近似的。

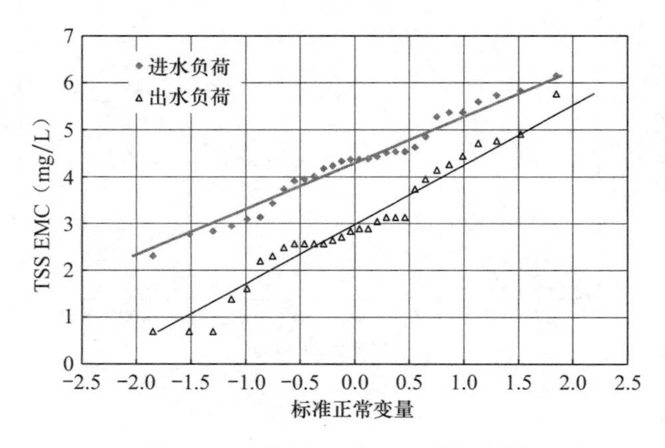

图 13-14　实例 3：Log-正常概率图

13.10.3.2　定量评估

表 13-22 所列为关于进水、出水负荷数据和进水-出水数据差值的基本说明性统计参数的总结。这些测量值中的一些数据对于统计检验的应用是必不可少的。

实例 3：统计总结　　**表 13-22**

	进水负荷	出水负荷	负荷差值
样本数量 n	30	30	30
最小值 mg/L	2.30	0.69	0.37
最大值 mg/L	6.15	5.76	2.40
平均值 mg/L	4.29	2.98	1.31
中位值 mg/L	4.37	2.86	1.37
标准偏差	0.98	1.27	0.53
标准误差	0.18	0.23	0.10
协方差	0.228	0.426	0.402

1. 假设检验

在定性评估过程中，概率图显示进水和出水数据为对数正态分布。可对原始或转化后的数据集采用更加量化的方法来验证这一情况。对原始的进水和出水负荷数据应用 Shapiro-Wilk，Anderson-Darling，Kolmogorov-Smirnov，和 Chi-squared 方法计算的结果见表 13-23、表 13-24。

实例 3　进水负荷数据的正态分布检验（显著性水平＝0.05）　　**表 13-23**

检验方法	检验值	p 值	检验结论
检验	0.792	4.63E-05	拒绝 H_0 为正态分布[a]
检验	2.30	5.49E-06	拒绝 H_0 为正态分布[a]
检验[b]	0.272	NA	拒绝 H_0 为正态分布
检验	28.8	2.47E-06	拒绝 H_0 为正态分布

[a] 以近似 p 值为依据

[b] K-S 检验的临界值，当样本数量为 30 时，是−0.24。

实例 3　出水负荷数据的正态分布检验（显著性水平＝0.05）　　表 13-24

检验方法	检验值	p 值	检验结论
检验	0.607	8.98E-08	拒绝 H_0 为正态分布[a]
检验	3.837	8.16E-10	拒绝 H_0 为正态分布[a]
检验[b]	0.318	NA	拒绝 H_0 为正态分布
检验	17.6	0.001	拒绝 H_0 为正态分布

[a] 以近似 p 值为依据
[b] K-S 检验的临界值，当样本数量为 30 时，是－0.24。

所有的检验结论为在 95％置信水平下，进水和出水数据均非正态分布。而当同样的方法应用于对数转化后的进水、出水和成对室外进出负荷差值时，得出了不同的结果（见表 13-25～表 13-27）。

实例 3　进水负荷数据转变后的正态分布检验（显著性水平＝0.05）　　表 13-25

检验方法	检验值	p 值	检验结论
检验	0.972	0.593	拒绝 H_0 失败，为正态分布[a]
检验	0.353	0.441	拒绝 H_0 失败，为正态分布[a]
检验[b]	0.103	NA	拒绝 H_0 为正态分布
检验	13.4	004	拒绝 H_0 为正态分布

[a] 以近似 p 值为依据
[b] K-S 检验的临界值，当样本数量为 30 时，是－0.24。

实例 3　出水负荷数据转变后的正态分布检验（显著性水平＝0.05）　　表 13-26

检验方法	检验值	p 值	检验结论
检验	0.961	0.319	拒绝 H_0 失败，为正态分布[a]
检验	0.504	0.188	拒绝 H_0 失败，为正态分布[a]
检验[b]	0.151	NA	拒绝 H_0 失败，为正态分布
检验	12.8	0.005	拒绝 H_0 为正态分布

[a] 以近似 p 值为依据。
[b] K-S 检验的临界值，当样本数量为 30 时，是－0.24。

实例 3　进水出水负荷数据转变后的差值的正态分布检验（显著性水平＝0.05）　　表 13-27

检验方法	检验值	p 值	检验结论
检验	0.95	0.21	拒绝 H_0 失败，为正态分布[a]
检验	0.60	0.11	拒绝 H_0 失败，为正态分布[a]
检验[b]	0.17	NA	拒绝 H_0 失败，为正态分布
检验	9.00	0.029	拒绝 H_0 为正态分布

[a] 以近似 p 值为依据。
[b] K-S 检验的临界值，当样本数量为 30 时，是－0.24。

在这种情况下，除了 X 检验法，其他检验法不能否定转化后的数据为正态分布的零假设。再一次的，X 检验法对零假设的否决可解释为该检验法对数据极值方差的敏感性所致。因此，可得出以下结论：在 95％的置信度下，进水、出水和进出数据差为对数正态分布数据集。

（1）方差

下一步，对转换后的进水和出水数据集具有相似程度方差的假设进行检验。关于方差

相等的零假设通过 F 检验和巴特利特检验进行了评估，结果见表 13-28 和表 13-29。

在 95％置信度下 F 检验否定了零假设，而巴特利特检验没有否定。这些检验不能得出结论，需要做进一步的检验。

实例 3：F 检验（数据转换后）　　**表 13-28**

F 值	2.1
p 值	0.03
F 临界值	1.96
	523
结论	拒绝 H_0

实例 3：Bartlett 检验（数据转换后）　　**表 13-29**

p 值	0.17
结论	拒绝 H_0 失败

（2）相关性与预测

在定性分析中，散点图对数据系列 3 的成对进水和出水负荷是否可近似拟合为线性趋势线，不能得出结论。不过，因为已确定数据为对数正态分布，更值得关注的是转换后的数据是否接近线性相关关系。这一问题可通过确定线性相关关系的强度来回答。关于转换后的对应的进出水数据的相关性分析表明两组数据高度相关，相关系数 r 等于 0.92。

这一知识可用来建立准确描述进水和出水负荷相关关系的线性趋势线（见图 13-15）。此外，置信区间也可确定，在给定的进水负荷经过特定的控制设施处理后，最可能的出水负荷范围也可确定。

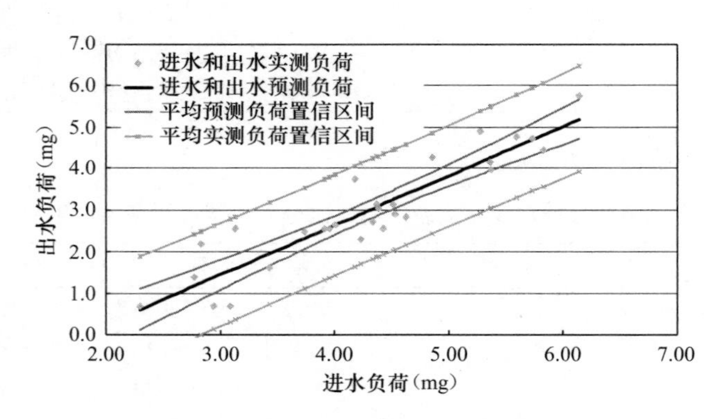

图 13-15　实例 3：线性趋势线和置信区间

2. 进水和出水的差异

数据集已发现其为对数正态分布，但针对方差相等的检验是不够充分的。除了非参数的检验方法，还对转化后的数据应用了对方差相等条件不敏感的一种参数化方法。t 检验和魏氏检验的结果如下。

t 检验可揭示进水和出水浓度的差异在 95％置信水平下是否显著。该检验应用于代表转换后的对应的进水和出水数据差值的数列（见表 13-30）。设定的零假设是该数列的平均值为零，也就是说进水和出水浓度的平均差值为零。

根据观测数据计算的 t 统计值大于极限值，P 值小于特定的显著水平 0.05。因此，关于进水和出水的平均差值为零的零假设在 95%的置信度下可以被否定。

应用魏氏检验得到了类似的结果（见表 13-31）。关于进水和出水浓度的平均差值为零的零假设在 95%的置信度下再次被否决。

实例 3：t 检验　　**表 13-30**

参数	值
T 统计	13.62
自由度	29
显著性水平	0.05
t 临界统计	2.05
p 值	1.96E-14

实例 3：Wilcoxon 检验结果　　**表 13-31**

参数	值
样本数量，n	30
均值	232.5
标准偏差	48.62
Z 统计	−4.78
p 值	8.67E-07

3. 结论

对于案例 3，可确定进水、出水 TKN 负荷以及对应的差值为对数正态分布。针对方差相等的检验方法是不充分的。如 t 检验和魏氏检验所示，在 95%的置信水平进水和出水 TKN 浓度的差值不为零。因此，可得出结论：控制设施对雨水径流的水质有显著效果。此外，根据相关系数和回归分析，出水数值的变化大部分可解释为由于进水数值改变引起的，表明出水负荷很大程度上取决于进水负荷，能够得到准确的预测方程来根据进水负荷确定出水负荷。这与案例 2 正好相反，案例 2 不能得到类似的预测方程，将进水 EMC 数值与出水 EMC 数值关联起来。

本章列举的案例仅代表了真实情况下可能收集用来分析控制设施性能的广泛数据的一小部分。数据集可能在大小、分布、范围、变量等等方面有不同变化。很明确的是分析方法应该认真选择，并根据数据集的特性来选择。即便如此，结果可能证明是不充分一点的，需要更深入的分析。另外也很明确的一点是，浓度和负荷数据，即使它们是在同一场降雨，为同一个控制设施的性能，得到的结论也可能不同。

第 14 章　雨水控制模拟的分析工具

14.1　引言—模拟的需求

如前所述，存在大量雨水控制技术，其造价、运行费用、维护费用以及相关的性能水平不一。某些控制设施可以组成系列或者组合成一个单元来削减峰值流量或者雨水量和污染物负荷，从而帮助实现理想的水量和水质目标。鉴于为符合市政分流制排水系统的监管规定，需上亿美元的投资（U. S. EPA，2010），对市政、工业和流域管理机构来说，筛选和选择适合当地情况、可行的雨水控制设施，以符合成本效益，达到并不断实现技术和管理要求，是很重要的。

人们可以选择实施这些控制，监测它们的实际性能，并决定是否有必要采取额外的控制措施，以达到预期目标。这种试错过程需要大量的资源投入和消耗很长的时间，才能实现收益。而分析工具可以模拟这些过程，帮助用户在前期对需要的控制单元进行成本效益评估。

分析工具（或模型）可以模拟降雨，蒸散，入渗到地下水，以及城区地表径流至排水口，并最终至受纳水体等物理过程。除了确定径流量和峰值的减少，各种污染物的积累和流出过程，以及处理和输送过程，如沉降、过滤和降解也可以通过模拟来确定负荷的减少量。

模型可以为决策者演示水文和水质过程，并量化单一的或组合的雨水控制设施能达到的效益。了解了本地区或国内的其他设施的生命周期成本，就可以评估要达到同样的污染减排目标，不同控制系统所需的成本。这一评估将有助于选择一个合适的，高性价比的，可行的控制设施，作为工程师所追求的可实施的最终设计。在公共和商业领域已经开发了几种类似的模型（Rangarajan，2005）。

模型一般设计用来模拟雨水控制的性能特征，解答以下问题（Brown and Huber，2004；Strecker 等，2001）

（1）控制设施减少了多少集水区径流？(例如通过入渗或蒸散）

（2）没有减少的径流中，有多少可以临时储存?

（3）有多少径流被处理？有多少旁通超越了?

（4）处理后的出水水质如何?

（5）如果目标是减轻下游洪水或地貌影响，则由雨水控制设施或雨水控制系统提供给下游的流量改变是多少?

理解了发生在雨水控制设施内的物理、化学及生物过程，才能回答这些问题。下一节将简要地说明与水文和水质相关的工艺单元，接着讨论操作单元的模型（其中可能包括一个或多个工艺单元，以实现预期的目标）。随后提供对公共和商业领域的模型的审查指南，以及一个案例。在这一章的最后几节提供了关于模型率定和应用的讨论，并附有两个流域规模的案例研究。

14.2 雨水控制中的建模过程

传统设计的雨水控制设施，用来减少城市流域的径流峰值或径流量，目的是减少洪涝、冲蚀或合流管道的溢流。早在 1990 年代，水质和地貌目标已经迫使专业技术人员突破传统设计标准。在这种背景下雨水控制模型要用来模拟代表各种物理、化学和生物过程的工艺单元。过程模拟需要大量的关于雨水可处理性、现场以及设计说明等资料，认识到这一点是非常重要的。大多数控制过程是通过探索工艺过程模拟和经验性性能测定的组合而建模（Huber 等人，2006)。工艺单元的作用在下节中讨论，作为本手册前面章节相关说明的补充。首先讨论水文和水力量化过程，其次是水质过程。

14.2.1 水文和水力过程建模

14.2.1.1 蒸散

蒸发和蒸腾一起，称为蒸散，可以代表一类明显的水文损失量，它取决于当时的温度和植被类型。建议开展蒸发皿蒸发量研究，以建立当地特定的数据。由于蒸发量呈现显著的时间变化，收集附近的美国国家海洋和大气管理局气象站的蒸发皿蒸发量的数据，可以用来建立一个城市流域按“h（小时)”或“d（天)”的代表性蒸散量。

一般蒸散量通过潜在蒸散量来定义，这是指在特定的、标准的植被条件和土壤中无限供水情况下的损失率。常用的估算 PET 的方法是 Penman-Monteith 方程（Allen *et al.*，1998)，见式（14-1)：

$$PET = 0.408D(R_n - G_s) + ku_2\left(\frac{900}{T+273}\right)\left(\frac{e_s - e_a}{D + k(1+0.34u_2)}\right) \quad (14\text{-}1)$$

式中 PET——潜在蒸散量，mm/d；

T 和 u_2——水面以上 2m 处的空气温度和风速，℃和 m/s；

e_s 和 e_a——饱和蒸汽压和空气蒸汽压，kPa（kN/m^2)；

D——饱和蒸汽压曲线的斜率（$\partial e_s/\partial T$)；

k——湿度常数，≈0.0668kPa/℃；

R_n——太阳辐射通量，单位 MJ/(m^2 · d)

G_s——底层土壤或水的热通量，MJ/(m^2 · d)。

水体表面得出的 PET 数值，必须根据地面覆盖种类如合成草坪，茂密植被，大树冠和耕地，应用蒸发皿系数进行适当的转换。

不透水铺面（道路，人行道，车道，建筑屋顶和铺装路面）和透水铺面（土壤或植被如草皮）均需考虑蒸发。

当基于单一的、大型降雨的评估来为设计服务时，蒸散可被认为是不重要的。然而，对于长期模拟，为准确地表征前期土壤和植物的潮湿条件对产生径流的影响，蒸散是重要的。对蒸散量的其他信息见第 3 章。

14.2.1.2 入渗

入渗代表城市系统的主要水文损失，其速率取决于土壤特性、降雨强度以及当时的地表湿度。霍顿或 Green-Ampt 入渗方程通常用在透水区计算这种损失。不透水区一般假定没有入渗。霍顿的公式是经验性的，而 Green-Ampt 入渗方程为基于经验和物理参数的组合，如入渗能力，最大入渗量，平均毛细吸力，初始湿度的不饱和性和饱和导水率。如果有或者可以收集足够的试验数据来确定参数，可以使用 Green-Ampt 方程。否则，可使用简单的霍顿公式。

霍顿公式的简单形式如式（14-2）所示：

$$f_p = f_c + (f_0 - f_c)e^{kt} \tag{14-2}$$

式中　f_p——任意时刻 t 的渗透速率；

f_c——最小（或最终）入渗速率；

f_0——最大（或初始）入渗速率；

t——连续入渗开始后的时间；

k——衰减系数。

入渗能力在下一个旱季过程中将会恢复。必须确定完全恢复 f_0 的时间，这样如果连续降雨事件发生，在第二场降雨之前仅有部分恢复，计算损失时应进行相应调整。

可进行入渗研究来确定当地的入渗值，特别是在原始土壤被扰动和压实时。这一过程对于经常进行新开发或重建的高度城市化的流域尤其重要。该值也可根据透水区自然土壤情况来假定，并在模型率定过程中调整。Huber 和 Dickinson（1988）以及 Pitt 和 Voorhees（2000）根据水文学土壤分类总结了可供选择的初始值。

14.2.1.3　洼地存储

洼地存储是一种在透水区和不透水区都有的初始损失，它可以代表地面上的坑洼和其他表面的凹陷。坡面径流只能发生在填满这些凹陷之后，保存的水在雨季后通过蒸发损失掉。地面径流只有在雨水达到最小水深时才能发生，这时累积的雨水量称为滞蓄存储。对洼地和滞蓄存储进行实际测量是十分困难的，因此在城市水文学模型中经常使用笼统的洼地存储参数来统一表征这类损失。

典型的洼地存储数值在不透水地区为 0.2～1.3mm（0.01～0.05in.），透水地区则大得多，例如 5～10mm（0.2～0.4in.）（James 等，1999；Walker，2007）.

前面讨论的 3 种水文学损失（即蒸发和蒸腾、入渗以及洼地存储）决定一个排水区域产生的地面径流的总量（图 14-1）。这些损失在模型率定时，洼地存储对于较小降雨的径

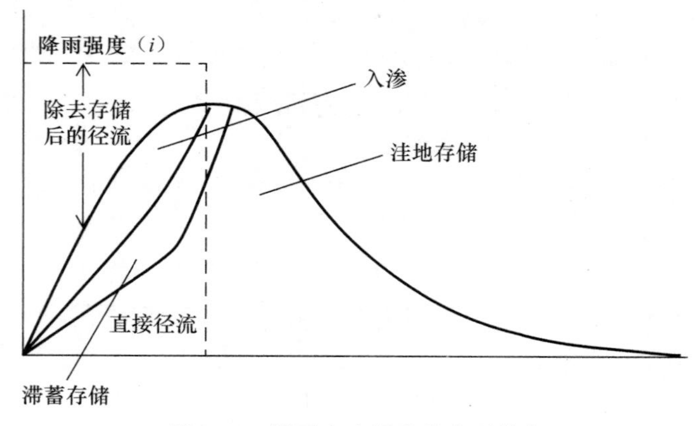

图 14-1　降雨产生径流的典型分布

流响应可估算为约6mm（0.25in.）降雨量或更少。对于不透水区在这一降雨范围，洼地存储和蒸散的组合是主要的。类似的，入渗和蒸散的量可根据径流对中雨的响应来估算，例如范围6～19mm（0.25～0.75in.）。对于透水区所有的损失类型在这一降雨范围都能够起到作用，取决于降雨的强度。

14.2.1.4 流量演算

许多雨水控制设施包含调蓄单元以及控制排放的设施，它们能够调节进水流量过程，以满足流量或水质的目标。峰值流量、进水流量过程线、渠道特征和调蓄单元决定发生在控制设施中的衰减情况。

1. 进水峰值流量计算

小流域城市雨水管网系统设计所用的主要的方法是推理公式法，如式（14-3）所示：

$$Q = CiA \tag{14-3}$$

式中 C——径流系数；

i——降雨强度；

A——汇水区面积。

这一经验公式将降雨和产生的径流采用径流系数线性关联，径流系数是一个综合性参数，反映物理特征，如土地用途、土壤类型和地面坡度等的影响。因此需要在参数选择上有相当的判断和经验。它适用于小于20hm^2（50ac）的小汇水区，并通常用于管道设计。与排水区域汇水时间相等的降雨历时内的平均降雨强度为i。

用这种方法进行管道设计时，汇水时间（T_c）一定要应用适当。Bedient等（2007）定义T_c为水动力波从汇水区内最远点移动到出口的流行时间。对于城市地区街区等级的雨水管道，T_c一般为5～10min。一些经验公式包括联邦航空管理局公式、Kirpich公式和Kerby公式可参见有关文献（例如Nicklow等[2006]）。一份带案例的汇编材料可见网址：http://www.lmnoeng.com/Hydrology/TimeConc.htm.

如果汇水时间增加了，降雨强度按照以下公式也随之降低：

$$i = \frac{a}{(c + T_c^b)} \tag{14-4}$$

式中 T_c——汇水时间；

a、b、c——根据特定地理区域的降雨强度—降雨历时—降雨频率特征得出的回归系数。

式（14-4）表达为强度—频率—历时曲线。该方法包含了随汇水时间变化的不同峰值强度下的流量演算。

另一个常用的经验公式是自然资源保护组织（NRCS）55号技术文件用来估算小到中等尺度集水区峰值流量的方法（USDA，1986；2009）。峰值流量计算见式（14-5）：

$$Q_p = q_u A P_e F_p \tag{14-5}$$

式中 Q_p——流量，m^3/s；

q_u——单位峰值流量，m^3/(s·cm·km^2)；

A——汇水面积，km^2；

P_e——设计重现期下24h有效降雨量，cm；

F_p——无量纲调整参数，反映未出现在初级径流路径上的坑塘、沼泽地。

单位峰值流量（q_u）是汇水时间和初损（I_a）占降雨量（P）比例的函数。McCuen（1998）用图形的形式给出了水土保持局（SCS）制定的各类综合单元雨量分布，也就是类型Ⅰ、类型ⅠA、类型Ⅱ和类型Ⅲ，在给定汇水时间和 I_a/P 比例下的 q_u 值。

径流深度 P_e 由曲线编号方法确定，公式见式（14-6）：

$$P_e = \frac{(P_{24} - 0.2S_r)^2}{(P_{24} + 0.8S_r)} \tag{14-6}$$

对于 $P_{24} > 0.2S_r$，其中 P_{24} 是指24h降雨量，单位为“cm”；S_r 是土壤潜在最大存储量。这一方法一般推荐用于各向同性、曲线编号一般大于50的集水区，也适用于中小尺度的流域。关于该方法的详细说明见小流域城市水文学（USDA，1986）。

这种类型的峰值流量估算一般用于确定，以控制开发后峰值流量为目标的控制设施的规模。

2. 连续汇流演算

对于大型流域，管道的调蓄量非常显著，将导致汇水时间延长。建模方法应考虑土地用途的变化（如城市化），土壤类型，地形对汇水时间的影响。实测得到的数据或综合单元流量过程线法（例如，NRCS三角形法，Snyder法，科罗拉多单位线法和圣巴巴拉单位线法）可用于产生在给定的降雨条件下，连续时间序列的径流过程。另外，也可采用非经验性的、基于水文学的物理演算方法。一些适用于不同城市径流模型的坡面流演算公式见表14-1。

一些城市径流模型中的坡面流演算方法　　表14-1

方法	简述
UHG	将有效雨量转化为径流过程线的线性概念模型。用卷积算法，从给定的降雨输入，获得直接的径流，然后叠加基础流量产生完整的降雨水文过程线
Wallingford	使用2个相等的串联的线性水库演算流量，演算系数取决于降雨强度、汇水面积和地面坡度
大汇水面积 Large catchment	与wallingford模型一样，使用2个相等的串联的线性水库演算流量，演算系数取决于降雨强度、汇水面积和地面坡度。采用了时间步长延迟和演算参数，它们都是子汇流面积、地面坡度和集水区长度的函数
SPRINT	采用单一线性水库进行流量演算，演算系数取决于集水区面积、地面坡度、不透水率
Desbordes	采用单一线性水库进行流量演算，演算系数取决于集水区面积、地面坡度、不透水率、集水区长度、降雨历时和降雨深度
SWMM 美国环境保护局	采用基于曼宁公式的单一非线性水库模型进行流量演算，演算系数取决于地表粗糙度、地表面积、地面坡度和集水区宽度

模型有许多综合的和用户自定义的水文曲线函数来演算进入管网系统（即雨水口或检查井）的流量，如美国环境保护局（US EPA）的雨水管理模型（SWMM）。不透水区和透水区的集水区宽度和曼宁糙率均需要确定以进行径流演算。

考虑水文损失推导出径流量后，水流通过明渠、蓄水水库和封闭管道的流量演算，根据连续性和动量原理进行。一些简单的公式，包括经验性的或基于物理的，可用于流量演算。这些公式包括存储指标法、马斯京根法、马斯京根-康吉法和改进Att-Kin方法（Nicklow *et al.*，2006）

简单的水文学方法如单元流量过程线法，通常认为是简单的演算方法。一个例子是用于城市管网系统的集中径流演算技术，简单地将第一管段的流量叠加到下一管段根据相应的流行时间（即 L/V，其中 L 是排水管管长，V 是设计流速）计算的流量上。Mays (2001) 建立公式 (14-7)：

$$\sum Q_{ij} + Q_j - Q_0 = \frac{ds}{dt} \tag{14-7}$$

式中　Q_{ij}——第 i 管段进入节点 j 的进水量；

Q_j——该节点收集的直接进水量（雨水管径流量以及合流管的径流和污水量）；

Q_0——从该节点流向下一节点的出水流量；

s——节点或检查井储存的水量。

美国陆军工程兵团（1977）开发的存储、处理、溢流和径流模型（STORM）和 HydroQual 公司开发的 RAINMAN 模型（McMillin and Omer，2000），使用推理公式法来产生城市径流，并用公式（14-7）来演算雨水和合流污水通过管网排入排放口或污水处理厂的流量。

详细模型使用更复杂，完全动态的非均匀非恒定流控制方程来演算明渠和封闭管道内的流量。在商业和公共领域模型中最常用的公式是基于质量，能量和动量守恒的圣维南方程。

为确定模拟期间每一时间步长的流速和深度值，显式和隐式的（和混合）数值求解技术被用来求解复杂的方程。这些模型所需的计算工作量远大于简单方程。不过，当城市排水区域系统或雨水控制设施的水动力条件处于临界状态，采用复杂的公式会更合适。临界状态的例子如水力停留时间有限、管网中出现超载现象、排水地区基础和地表出现积水现象、或者高速处理系统有过载现象等。

14.2.2　水质工艺建模

雨水控制设施中的物理、化学和生物过程包括沉淀、渗透、氧化、吸附、挥发、沉淀、硝化和微生物分解。这些工艺单元都在第 4 章中进行了说明。第 4 章中讨论的可能的建模公式已被纳入到一些用于城市径流特性和雨水控制的通用模型中。

14.3　雨水控制概念模型

一个或多个上述的水文和水质过程可以在每个类型的雨水控制设施中运行。如第 4 章所述，一个操作单元被定义为一个结构，在其中有一个或多个工艺单元。本节讨论表征特定操作单元的一般建模方法。

14.3.1　调蓄池

雨水调蓄池可设计来满足防洪、河道保护和污染去除目标。调蓄池最低的存储区域取决于水质处理所需的体积，中间部分用于河道保护，最上面的体积用于减轻不常发生的洪水事件。减轻洪水所需的体积通过对于选择的设计雨量，使用经验的或物理的水文模型来确定。保护的设计标准一般取决于当地的法规，会在 10～100 年之间变化。对于水质控制和河道保护径流量，水力效率是一个重要的设计考虑因素，第 4 章有详细的讨论。

水质处理大部分是通过沉淀实现的。设计者应当查看在这些水池中影响理想沉降条件的因素。水池中的死水区、短流、漩涡和进出水的不均匀分配会导致表征沉淀过程的复杂性。一些水池类型的控制设施如地下存水池和旋流分离器在复杂水力条件下运行。在这种情况下，可使用更复杂的计算水动力（CFD）模拟方法（Pathapati and Sansalone，2007）。需要注意的是与 CFD 有关的支持模型率定的数据和计算工作量是巨大的。因此，这一方法只有当必须进行细节评估，并且资源具备的时候才能实施。

14.3.1.1　湿塘和干塘

目前，例如在美国环境保护局 SWMM 模型中，湿塘内的去除量可使用一个统一公式模拟，其中去除率是停留时间、进水浓度和其他状态变量的函数。SWMM 中的调蓄和处理（S&T）模块也允许通过沉降速度（或颗粒物粒径和重力）的分布，模拟颗粒物的路径和沉降。调蓄池的模拟包括基于水动力控制的雨水存储和超过调蓄体积的雨水的排放（Urbonas and Stahre，1993）。存储的体积也会受特定的水文损失，包括入渗和蒸散的影响。Huber 等关于 SWMM 中目前可用的水质工艺单元，以及进一步改进的建议在第 4 章有详细介绍。

一种常用的代表干塘中动态沉淀过程的启发式算法，是使用 Fair 和 Geyer 的"串联水池"方法来分析水和污水处理中的不完善沉淀池，其中沉降速度为 v_s 的颗粒物的截获率定义如式（14-8）所示：

$$R=\left(1-\frac{C_{out}}{C_{in}}\right)=1-\left(1+\frac{v_s}{NQ/A}\right)^{-N} \tag{14-8}$$

式中　R——水池中截获或留住的比例；

C_{out}——出水降雨平均浓度（EMC）；

C_{in}——进水降雨平均浓度（EMC）；

Q——水池出水流量；

A——水池表面面积；

N——水池系列号，为水力效率的经验度量值。

干塘中滞留过程的模拟，包括了建立在排水口特征基础上的调蓄演算。这些控制设施设计，通过改变出水结构，达到缓慢排水。美国环保局的 SWMM 模型可以很好地表征调蓄和延时调蓄的水力和水质过程。对于工程现场尺度规模，采用简单产流汇流计算的 Hydro CAD 或 Storm CAD 模型也可用于调蓄池的设计。

14.3.1.2　湿地

对湿地的模拟与湿塘类似，增加了通过沉淀和额外的生物和渗透机理产生的处理能力。这些污染物的去除机理，通过适用于湿塘的方法来模拟。

14.3.2　大颗粒污染物拦截装置

与大颗粒污染物拦截装置设计有关的数学公式在第 10 章中进行了总结。城市径流模型中的分析公式，包括进口和出口损失，一般用来表示发生在这些控制设施中的水头损失。式（14-9）为 Tchobanoglous 和 Burton（1991）提出的关于粗格栅和细格栅的公式：

粗格栅

$$h_L=\frac{1}{0.7}\left(\frac{V^2-v^2}{2g}\right) \tag{14-9}$$

细格栅

$$h_L = \frac{1}{2C_g}\left(\frac{Q}{A}\right)^2 \tag{14-10}$$

模拟这些控制的一个难点是格栅、格网或罩随时间的堵塞问题，例如，新泽西环保部门是最早要求合流制管道出口安装格栅或网来拦截漂浮物和固体颗粒物的管理机构，由于需要的格栅间隙为 12mm（0.5in），经常报告这些设施由于堵塞，水头损失加大，引起排放管道超载。为了模拟这一与维护相关的情况，采用经验的或者实验室的数据来假定格栅或栅条间隙的堵塞程度，范围为 50%～90%，水头损失按前面的公式重新计算。在管网水动力模型中增加这一水头损失，有助于决策者评估可能出现的水力情况，并采取改善对策。

14.3.3 雨水口截污插件

雨水口截污插件，又称雨水口插件，“是设计用来悬挂在雨水进水构筑物中实现处理功能，如过滤、沉淀或油类的重力吸附。设计有 2 个出口，1 个用于处理的雨水，第 2 个为超过设施处理能力的雨水。

从建模的角度来看，这其中几乎没有流量的减少或损失。处理的性能可以通过使用溢流分离器（一个用于设计流量，第二个用于旁路溢流）来代表，而适当的降雨平均浓度 EMC，可用来反映污染物去除情况。

14.3.4 植草沟和植草带

植草沟一般通过降低流速促进颗粒物的沉淀，会强化径流和相关的溶解性污染物的入渗。当用到这些控制设施时，可以使用特定工艺单元相应的建模公式。

本手册中假定植草沟和植草带提供最低限度的过滤和入渗作用，尽管某些模型允许这一功能性。例如，源负荷与管理模型（SLMM）用近似其他渗透设施的算法计算植草沟的性能，假定（Q_p/Q_r）（A_s/A_t）作为植草沟入渗的指标（Pitt and Voorhees，2000）。径流量的削减率设定为（Q_p/Q_r）（A_s/A_t），其中 Q_p 是设施的渗透量，Q_r 是设施的径流量，A_s 是排入设施的服务面积，A_t 是总的研究面积。植草沟渗透流量计算见式（14-11）：

$$Q_p = (\text{动态渗透率})(\text{渗透面积}) \tag{14-11}$$

式中渗透面积是植草沟长度乘以植草沟宽度。动态渗透率表示水流在土壤中运动的速率，一般在实验室或现场根据水流几分钟渗透 1cm 进行测量。动态渗透率一般大约是测量的静态入渗率的 1/2。（Wanielista *et al.*，1983）

14.3.5 旋流分离器

如前所述，计算流体力学 CFD 工具是表征旋流分离器或其他分离装置最合适的手段。如果装置在去除大型碎渣和可沉降的固体颗粒之外，还提供了可观的调蓄容积，则可使用 SWMM 输运或 Extran 模块中的物理配置以及 S&T 模块中的去除方程来模拟这些过程。一些研究者探索了将 CFD 用于制造雨水控制设备。

14.3.6 水窖

水窖基本上是多仓的储水单元，并引入沉降作为去除污染物和漂浮物的手段。与湿式调蓄池类似，缩小的出口导致水位的暂时上升。内部的挡板或其他设计构件如旁通等将会影响性能，因此像前面提到的一样，如果需要精确的分析并且有足够的资源来进行详细的数据鉴定和建模，CFD 模拟将会更加合适。

简单来说，可根据用来确定不同粒径颗粒沉降速度修正的斯托克斯定律来表征去除率。例如，EPA 的 SWMM 模型中的 S&T 模块可用来说明这一单元运行的储水和沉降过程。

14.3.7　前池

大型湿地会增加沉淀前池，在径流进入主要池之前拦截粗沉淀物，有效加强颗粒物的去除，也可减少长期运行和维护的问题。实质上，前池是作为沉淀大颗粒的高速率的预处理单元。斯托克斯定律可用于设计，与存储和去除过程有关的性能可采用 EPA 的 SWMM 模型中的 S&T 模块模拟。

14.3.8　蓄水池

蓄水池和雨水罐是常用于合流制社区的雨水控制设施，来减少雨季进入溢流控制设施的径流量和峰值。这些控制设施在分流制社区的应用同样在增加，以减少降雨的径流和峰值流量。两次降雨之间需进行排空，以保证在下一场降雨时有储水容积可用，这是代表此类控制设施性能的关键。重要的考虑因素是储水池和雨水罐收集径流的有效贡献面积（屋顶）。

如果仅仅关注储水池减少合流污水的总量和峰值流量的性能，储水池的储水量可转化为较小集水区内等量的洼地存储。SLAMM 中的一种算法或者定制的电子表格可用来分析其性能特征，进行全面的水量平衡分析，包括回用作为灌溉用水以及相关的城市供水量的减少。

14.3.9　滤池

滤池一般分为 2 个池，包括一个预处理沉淀池和一个滤池，后者填充了砂或者其他吸附过滤材料如泥炭、堆肥、人造材料或它们的组合。建模时，第一池可作为减少粗颗粒和漂浮物的湿塘或干塘，第二池可表示为去除重金属、有机物、油类和油脂的装置。

14.3.10　景观

如第 4 章所述，景观屋顶本质上是吸附滤池，其设计随介质的类型、厚度以及植物的种类有显著变化。入渗、蒸散、存储和吸附是会出现在这一操作单元的控制单元。基于这些屋顶的广泛和密集性的特点，其可以模拟作为具有适当的入渗和蒸散参数的透水面积。这些屋顶的最大滞留能力（如对于大型屋顶为 50mm），可表示为最大的入渗能力，超过的降雨将假定为超越这一控制单元，即溢流到屋顶排水沟。

14.3.11　生物滞留滤池

这一控制单元一般包括植草带、砂床、滞水区、有机质或护根层、种植土、内部蓄水区、底部集水装置和植物。入渗、蒸散、蓄水以及水质机理如吸附是典型的发生在这些单元的作用过程。因此，可以使用本章和第 4 章讨论的合适的方程合并这些过程，来进行建模。例如，Heasom 等（2006）应用水文工程中心的水文模拟系统（HEC-HMS）模型来模拟维拉诺瓦大学校园某一场地，采用 Green-Ampt 和运动波方法以及随季节变化的参数来评估生物蓄留单元的性能。

14.3.12 透水铺面

透水铺面允许水流入渗，进入表层铺面之下的碎石储水层，入渗水流可能会通过该层的底部。这些工艺单元可以采用适当的城市径流模型中常用的存储和入渗函数来模拟。

14.4 建模方法

流域模型用来描述城市景观产生的水流和污染负荷，它们常常通过下水道或明渠输送到受纳水体。前面章节提及的水文和水质工艺的建模方法，将在这里讨论。

14.4.1 水文模型

控制城市水文过程的基本因素是降雨量、降雨强度和降雨历时，同时还有自然地理方面的因素，包括流域大小、形状、存储、土壤、土地利用类型以及储存与输运。代表特定水文过程的参数已经通过各种途径合并到已有的模型中。主要的模型类型如下：

（1）集总式对比分布式——集总式模型通过 1 个或几个有限的排放口将整个流域雨水转化为径流量，并通过一个或多个参数（如推理公式），模拟不同的物理过程。分布式参数模型则在精细的空间尺度描述物理工艺和机理，如小型子流域，或者对不同用地类型的高度城市化流域，达到一个或多个街区的细节模拟。

（2）事件式对比连续式——基于事件的模型模拟单一降雨事件的径流，如 HEC-1 和 TR-20 模型，设计用来模拟单一降雨情况（Bedient *et al.*，2007）。连续模型则设计用来模拟连续的气象输入条件下的水文过程，考虑到前期的降雨事件对城市流域的剩余影响。模型（如 HEC-HMS 和 U.S. EPA 的 SWMM 等）通常设计成既能模拟单一降雨事件，也能模拟连续降雨。

（3）随机式对比确定式——如果模型允许对类似降雨和流域参数等输入的随机变化进行显式表示，则模拟者可以模拟一系列的方案，并了解系统相应的性能。综合的水文技术如蒙特卡洛模拟器在这一过程能起到作用。另一方面，确定性模型采用确定的降雨输入和单一的参数估值来获得系统的反应。

（4）分析式对比数值式——分析式模型具有一个闭合的求解模式，生成如流量或浓度等因变量作为其他变量的函数。数值模型，一般通过离散时间域和空间域来计算差分或积分基础方程的近似解。

表 14-2 所示为模型分类实例（Bedient *et al.*，2007）.

模型分类实例 **表 14-2**

模型类型	模型实例
集总参数式	推理公式、WinTR-55
分布式	HEC-HMS，TR-20，HSPF
事件式	HEC-HMS，SWMM，SCS TR-20

续表

模型类型	模型实例
连续式	SWMM，HSPF，C++负荷模拟程序，STORM
确定式	HEC-HMS，SWMM，HSPF
随机式	综合径流流量
数值式	运动波或动力波模型
分析式	推理公式法，Nash 瞬时单位水文过程线

14.4.2　雨水控制的工艺单元模型

与水文模型相似，现有的雨水控制不同工艺单元模型的主要分类如下（Huber *et al*.，2006）：

（1）有效性恒定的经验模型——此类模型一般研究降雨平均浓度 EMC 或有效率等，如与出水及进水水质相关的主要污染物削减参数，（Strecker *et al*.，2001）。这可能适用于确定某一降雨事件或年度的污染物削减，而不能代表雨水控制设施随时间的推移或不同强度和雨量下的性能情况。由于降雨特性以及此前旱季时间的变化性，在缺乏其他模型方法需要的大量输入数据的地方，EMC 经常被用作预测控制设施的有效方法。可以根据其他地点观测的数据，补以项目所在地有限的可用资料，得到 EMC 或有效率数据。

（2）有效性变化的经验模型——此类模型研究根据进水浓度变化的雨水控制设施处理性能。随着进水浓度的上升，大部分雨水控制设施预期有更高的去除效率。取代机械式或启发式，或者采用固定去除效率的简单模型，此类模型采用出水 EMC 的分布。目前可用的数据还不足以将雨水控制设计与出水水质紧密联系，这一方法也很难应用于成系列的控制设施模拟。同样，可以利用其他地点的监测数据，补以项目所在地有限的可用资料，得出效率变化曲线。

（3）回归模型——回归模型对于做初步调查得出因果关系是有用的，但应仅限于雨水控制设施运行效果的函数形式（Huber，2001）。例如，颗粒尺寸和停留时间可以用回归分析来分析湿式调蓄池的性能效率。需要大量的涉及多个站点和降雨事件的当地数据，才能得出相应的回归参数并用于雨水控制的长期性能评估。

（4）基于物理的模拟模型——模拟模型允许对发生在雨水控制设施内的物理过程进行显式表征，评估处理量和那些旁通的或者处理无效的流量。对雨水控制的性能评估，必须考虑有多少记录的雨量进行了处理或管理。这些控制设施充满与放空的动力过程，对于理解处理效率和径流去除率是十分关键的（Huber，2001）。在公共领域，已有不同复杂程度的模拟模型，具有简单工艺单元模拟的模型也正在被大批研究者更新，当数据和计算资源具备时，增加了其复杂性。同样，需要大量的降雨事件和每一工艺单元的现场监测数据，来确定合适的物理模型参数。

一些因素决定了模拟从简单到复杂的选择。这些将在 14.4.3 节讨论。

14.4.3　有效性、适当性和合理性

分析工具可根据当地的降雨和流域条件，来估算雨水控制设施需处理的水量以及相关污染物的拦截程度。原则上，一个分析模型如果准确的话，能够提供所有的评估雨水控制

设施或系统的信息。这些信息如果仅靠现场监测来收集，费用昂贵，于无法实现。模型有助于帮助决策者甄选、规划和设计雨水控制。

适当性是指预期的特定功能，以及一个模型是否能够模拟这些功能。例如，对于一个正在监测绿色基础设施的小区的详细建模，与集总参数模型相反，可能需要所有的雨水控制设施特定的空间表达。对于一个流域的模拟，明确演示每一个控制将是昂贵的，比较合适的是集总绿色基础设施的效用，转变为代表其综合效果的参数。

合理性是指复杂性和数据可利用性所期望的水平，以支持一个强大模型的开发和应用。当建模的数据有限，不足以支持模型的建立，同时只要求达到甄选水平的方案时，可以用简单的模型，例如经验方程，仅满足预期的功能。这些模型中一般会有某种程度的保守，导致设计成本的增加。要将甄选级别的方案深化为长期的雨水控制规划，必须要求增加数据，提高模型的详细程度。对于涉及法规和潜在的诉讼的项目，数据收集和建模的范围需显著增强，以尽可能详细地演示工艺流程。

14.4.4 分析的和经验的方程

14.4.4.1 城市水文

推理公式是常用的经验模型，适用于小集水面积。常用的设计导则是采用这一方法计算峰值流量，确定新建管道的尺寸或者改造已建管道。对小集水区的演算允许使用者根据土地用途确定变化很大的径流系数，范围从土壤可渗透、平坦绿地的 0.13～0.17 到高密度城市地区的 0.70～0.95。

这一经验方法在概念设计和水质方面有几个缺陷。它通过使用一个常数 C 假设降雨—径流的线性关系，由于水文损失的表达不准确，可能会导致对小降雨事件（即雨量小但频率高）时的流量估计过高，对大雨时的流量估计过低。不过，这仍然是一件有力的设计工具，因为其主要应用于城市地区小集水区，集流时间短的明渠、暗渠、管道或调蓄设施的设计。

图 14-2 所示为小集水区例如 60%不透水率情况下的降雨—径流相关曲线。推理公式法产生线性的径流相关，而基于物理的降雨—径流模型如 SWMM 会得到一条较低的径流相关曲线，因为初始阶段损失较高。一旦入渗、蒸散和洼地存储损失饱和，产生的径流会高于推理公式法。取决于土壤条件和其他决定这些损失的参数，例如土壤前期湿度、表面粗糙度、坡度等，这一方法会过低估计高降雨重现期的峰值流量。

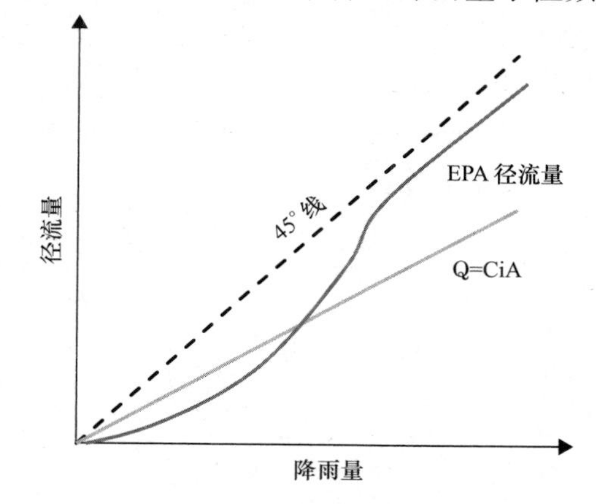

图 14-2 小集水区推理公式法和美国环境保护局 SWMM 模型降雨—径流相关曲线的对比

14.4.4.2 水质

目前，有几个简单的但是基于物理的用于水质过程的方程。常用的一个是 SCS 开发的用于农业或混合流域的通用土壤流失方程（USLE），主要用于确定长期的冲蚀速率。通常的 USLE 方程如式（14-12）所示：

$$A = RKLSCP \tag{14-12}$$

式中　A——潜在的长期平均每单位面积每年土壤流失量；

R——降雨—径流因子，取决于气象区域；

K——土壤冲蚀性因子；

LS——坡度长度-梯度因子；

C——作物或植被和管理的因素，决定防止土壤流失的管理系统的相对有效性；

P——支持实践因子，反映减少径流水量和流速，从而减少冲蚀量的实践的作用。

这一方程内置在综合模型中，例如水文模拟 Fortran 程序（HSPF）、土壤和水评估工具（SWAT），也可简单的用在电子表格中，计算年度或更细时间尺度的污染物负荷。该方程采用英制单位构建，Foster 等（1981）阐述了对国际单位的转换。

另一个例子是美国环境保护局模型（Heaney 等，1977），用来计算城市径流中的污染物负荷，表达如下：

$$M = (\alpha \text{或} \beta) P f s \tag{14-13}$$

式中　M——污染物量，单位为英磅每英亩每年（$1\text{lb/ac}=1.12\text{kg/hm}^2$）；

α 或 β——负荷因子，分别对应于分流制或合流制排水区域；

f——人口密度函数；

P——平均年降雨量；

s——街道清扫因子。

例如，Heaney 等（1977）列举了特定土地用途，悬浮固体的负荷因子，见表 14-3。

负荷因子　　**表 14-3**

负荷因子	土地使用类型			
	居住	商业	工业	其他
α	16.3	22.2	29.1	2.7
β	67.2	91.8	120.0	11.1

对于居住区，f 计算公式见式（14-14）。

$$f = 0.142 + 0.134(\rho_d)^{0.54} \tag{14-14}$$

式中，ρ_d 为人口密度，单位为人/英亩（$1\text{ac}=0.405\text{hm}^2$），对于商业和工业用地区域，$f$ 可假定为 1.0。街道清扫因子是清扫间隔时间 N_s 的函数。如果 $N_s>20\text{d}$，s 可取为 1.0，如果 $N_s<20\text{d}$，则 $s=N_s/20$。

另一个常见的用于污染负荷估算的经验公式是华盛顿市政委员会方程，一般适用于排水面积 $<260\text{hm}^2$ 的地区（Schueler，1987）。它经常被称为简单模式，是根据华盛顿哥伦比亚特区的大量数据和全国城市径流计划（NURP）研究建立的（U. S. EPA，1983）. 。污染负荷 Y 单位为英磅（$1\text{lb}=0.454\text{kg}$），公式如下：

$$Y = 0.227(P P_i R_v C_f A) \tag{14-15}$$

式中　P——时段内的降雨量，in.（1in. =25.4mm）；

P_i——降雨事件产生径流的系数；

C_f——流量加权的平均污染物浓度（EMC），mg/L；

A——面积，ac（$1\text{ac}=0.405\text{hm}^2$）；

R_v——径流量系数，主要取决于土地表面的不透水性，可近似计算为式（14-16）：

$$R_v = 0.05 + 0.009p \tag{14-16}$$

式中 p 为不透水面积的百分数。

这些分析公式，尽管比较简单，因为其保守的假定，易于向非专业对象解释直观的原因-结果的关系，仍然被普遍使用。

14.4.5 电子表格模型

电子表格模型一般基于经验方程或集总——参数方程，通常用来进行较长时间周期（如年度、季度或每月）的径流量和污染物负荷的计算。污染负荷的削减，一般对不同的指标采用固定的去除率，包括营养物、病原体、固体物和重金属等。由于其形式比较简单，国家和地方机构更愿意选用这些模型进行简单的污染估算和污染源调查。以下是一些此类模型的例子：

（1）估算污染负荷的电子表格工具，由美国环境保护局开发，提供了用户友好界面来创建定制的基于电子表格的模型。可计算流域地面径流，氮、磷和 5 日生化需氧量等营养物负荷；根据不同用地类型和管理措施确定泥砂输移。泥砂负荷根据 USLE 和泥砂输移比计算。由于实施雨水控制带来的泥砂和污染物负荷削减，采用预期的去除率来计算。

（2）第 5 区模型，由美国环境保护局第 5 区开发。该模型是一个 Excel 工作簿，提供了农业和城市雨水控制带来的泥砂和营养物负荷削减的总体估算。城市雨水控制措施的算法是根据伊利诺斯环保部门的数据和计算建立的。第 5 区模型不能估算溶解性污染物的削减。

（3）Poll-Track 是一个污染物跟踪工具，通过 Excel 工作簿，对各种雨水控制设施，能否达到期望的污染物削减水平进行评价。该模型由 Rangarajan（2008）等开发，作为基于 ArcView 的广义流域负荷函数（AVGWLF）模型的后端，用于长岛海峡附近的排水地区。不过，该模型很容易重新设计成用于其他地理区域的简单或复杂的流域模型。模型中包括了不同雨水控制的成本与去除效益比，并且可以重新定义以反映当地的成本效益因子，从而从流域内部或流域之间来评估控制设施的必要性。

（4）流域管理模型（WMM）是由密歇根州胭脂河项目通过美国环保局的资金支持开发的。该模型在 MS-Access 中开发，专门用于估算流域和子流域内直接径流带来的年度或季度的非点源污染负荷，并且为适应流域管理的需求，进行了改善。WMM 根据当地的水文条件和非点源 EMC 来估算负荷。

（5）流域处理模型（WTM）由流域保护中心（CWP）开发。这一电子表格模型采用简单模式，跟踪城市和城市化流域污染源和不同流域处理措施的效益。它包括一系列电子表格，在可获得的情形下，根据土地用途、降雨、总大肠菌群生命周期和输运情况，量化不同污染物（包括总大肠菌群）的负荷。尽管 WTM 有多层次的数据特定性，负荷也可以通过简单的土地利用数据进行估算。该电子表格利用从科学文献得出的径流量和污染负荷的一系列系数来计算年度污染负荷。

由于所有这些电子表格模型本身固有的简便性，它们可作为筛选或规划层次的工具。

14.4.6 单一控制的模型

大多数模型的开发是用来表征一个或多个操作单元中的工艺单元所提供的水文和水质

效益。例如，水文模型一般包括蒸散、入渗、洼地存储、储存和径流，由此实现将降雨过程转化为径流过程，反映整个水文循环。

只代表一种操作单元，比如说仅适用于干塘的模型设计，比较少有。一个类似的例子是河岸生态管理模型（REMM），由美国农业部设计，用来模拟河岸缓冲带（Inamdar 等，1998）。学术机构和咨询团体开发了数量众多的模型，用于雨水控制产品的测试或设计。如果对某种类型的控制设施感兴趣，建议进行文献检索或向供应商征求相关学科信息，来理解所涉及的技术问题，并在模型中适当地表征该工艺单元。

14.4.7　汇水区模型

Huber 等（2006）对常用的公共和高校开发的模型进行了综述。在此，针对雨水控制具有很长应用历史的汇水区模型进行简要综述。

14.4.7.1　源负荷和管理模型

此类模型开发来表征城市径流污染源与径流水质的关系（Pitt 等，1999；Pitt 和 Voorhees，2000）。它非常依赖于现场观测，并大多用作规划工具。实际上它更适合用来表征排水区域对小雨的响应，小雨也是影响受纳河道水质的主要因素。该模型能够分析城市排水地区 6 种不同的土地使用类型，每种土地使用类型有 14 种源区类型。实施的控制措施包括雨水口、植草沟、渗透设施、透水铺面、湿塘、街道清扫和用户定制设施。SLAMM 模型模拟径流量和 10 种标准的和 6 种用户自定义的污染负荷，包括颗粒物和可过滤固体物、磷、总凯氏氮（TKN）、化学需氧量、铬、铜、铅、锌、氨和粪大肠菌群。

14.4.7.2　城市雨水改善概念化模型

城市雨水改善概念化模型（MUSIC）是一套集成的决策支持系统，开发于澳大利亚，为城市排水管理者提供成本—效益策略，改善城市雨水的水质，以及区域、集水区、子集水区尺度的水生生态系统的健康。MUSIC（2010）概况如下：

（1）降雨—径流模型——含不透水面积和两类透水面积的集总模型，以较小的时间步长（例如，6min）模拟雨水控制。

（2）污染物随机生成——污染物浓度时间曲线按照确定的或随机的算法，根据用户指定的 EMC 和旱季浓度以及标准差来生成。

（3）流量和污染物演算——MUSIC 中节点之间的排水连接，允许直接“流过”或者按用户指定的算法（如马斯京根-康吉法）。

（4）雨水控制措施——一种通用的雨水处理模型（Wong 等 2001），使用一阶动力衰减算法（称为“k-C^*”模型）来模拟污染物在处理设施中的衰减。

14.4.7.3　预测污染颗粒通过井、水坑、水池的模型（P8）

预测污染颗粒通过井、水坑、水池的模型（P8）已在几个美国案例研究中得到应用，用来预测雨水径流污染物在城市流域的产生和输移（Walker，1990）。在用户定义的系统上进行连续的水量平衡和质量平衡计算，包括以下元素：（1）流域（非点源区域）；（2）设施（径流储存和处理面积或雨水控制控制设施）；（3）颗粒物分类；（4）水质成分。

模拟通过连续每小时降雨和每日气温时间序列进行。预测水质成分包括悬浮固体（5 种粒度分级），总磷，TKN，铜，铅，锌和总烃。模拟的雨水控制类型包括调蓄池（干塘和湿塘）、渗透设施、植草沟和植草带。

14.4.7.4 水文模拟 Fortran 程序

HSPF 程序的一个称为 RCHRES 的模块，用来模拟在重力流的渠道和混合良好的水库中的多种工艺过程，包括水力状态、沉淀物、总体水质成分和生物化学成分。这一模块模拟特定的雨水控制设施，例如调蓄池（湿塘、湿地等），对减少径流和相关的水质成分的作用。在目前的开发阶段，工具包括明渠和流量控制设施（堰和孔口）。

尽管 HSPF 以应用于大型混合土地利用流域著称，这一模块也可应用于带排水管网系统的城市流域和带如调蓄池等雨水控制设施的区域。目前，该工具不建议用于模拟入渗。

14.4.7.5 美国环境保护局的雨水管理模型

一些内嵌在 EPA 的 SWMM 模型中，用来模拟雨水控制的建模方法列于表 14-4。

美国 EPA 的 SWMM 模拟雨水控制的能力 **表 14-4**

最佳管理实践/低影响开发措施	SWMM 的适宜性
调蓄池	模拟大多数调蓄方案，以及水力控制的几种选项。处理过程根据去除公式、一阶衰减或沉降作用来模拟。SWMM 输运模块，渠道和管道的去除率通过一阶衰减或沉降（固定的沉降速度）或者对进水负荷使用去除比例来模拟
湿地、生物滞留滤池	将湿地或生物滞留滤池类似于调蓄设施进行模拟
格栅和过滤	通过去除公式模拟
化学处理	通过去除公式模拟
蓄水池	能够转移水量去存储，但不能随意地恢复它
地面流、植草沟、植草带、渗透设施、透水铺面	只在径流模块模拟，可选择通过一阶衰减或对进水负荷使用去除比例来模拟水质去除率，入渗水携带污染物质。

14.4.8 模型综述

寻找一个现成的、可以描述水文和水质变化过程来模拟雨水控制效果的模型，是具有挑战性的。联邦和各州管理机构以及研究组织，已经进行了多项模型综述和比较。然而，所有这些综述涉及范围广泛，覆盖雨水控制实践。一些综述将在这里列出，对其研究重点进行简要说明，并提供相关的网站链接，如果有的话（如 2010 年 9 月）。对模型选择的进一步指导，在下一节提出。这些综述如下：

（1）美国农业部的 NRCS 提供了水文和水动力模型工具的综述，网址为 www.wsi.nrcs.usda.gov/products/W2Q/H&H/Tools_Models/tool_mod.html；

（2）美国环境保护局的《流域评估工具和 TMDL 进展》（1997）汇编总结了可用的技术和模型，可评估和预测水体中的物理、化学和生物状况。具体来说，它包括以下信息：流域和现场尺度的负荷模型；包括富营养化、水质模型、有毒物质模型和水动力学模型的受纳水体模型；综合模拟系统；可用于评估和预测栖息地、单一物种或生物群落状态的生态技术和模型。

（3）《水质模型：调查和评估》（Fitzpatrick *et al.*，2001）总结了商用和公共领域现有的城市和乡村流域和水力、水质和地下水模型。这一综述是一个可搜索的数据库，允许用户指定模型需求（例如，细菌作为感兴趣的因子，湖作为关注的水体）；该数据库提供了适合这些需求的模型清单；

（4）《水生生态系统的化学生物富集模型的评价：最终报告》（Imhoff *et al.*，2004）评估了水生生态系统的化学生物富集模型；

(5)《BMP 模型的评述和选择指导》(Rangarajan, 2005) 讨论了指导城市和乡村区域模型选择过程中的一些通用和特殊标准。根据长岛海峡案例研究的模型选择标准，进行了常用雨水控制模型的比较。

还应当指出的是，正在由大学和联邦研究人员开展的重要研究项目，将带来可以克服现有模型限制的革新的新模型。因此，综述应定期（如每 2 年）进行最新信息的编译，帮助专业人士作出明智的决定。

同样重要的是要认识到，每一个项目，在设计监测方案和应用数学建模框架来支持雨水控制设施的选择等方面，都是独一无二的。以前由其他专业人士进行的综述，可以帮助尽量减少重复过程。然而，项目的独特问题，将指导特定建模框架的选择。这些问题将在下一节中讨论。

14.5　雨水控制模型的选择

模型的目的是最大程度地演示已建系统的情况，然后用来预测某些雨水或连续水文系列设计的效果，以支持雨水控制的决策。为了评估可能的改善情况，可能需要评估多种方案，一个适当的设计范例能够帮助决策者用数学模型评估其多种方案。

雨水控制的规划者和设计者面临的一大挑战是模型的选择，需要考虑有哪些模型可用，如何选择最合适的模型，模型率定和验证需要什么类型的数据。

可以回顾在国内其他地区或国外应用和验证过的模型，理解其适用性和缺点。根据公共领域的文献，设计者能够有根据地决定某个或模型的组合适合预期的应用要求。

模型的选择取决于多种因素。重要的准则是它们能够帮助选择一个或一组符合研究目的的模型，下面将对此进行讨论和举例说明：

14.5.1　建模目标

模型最重要的用途是帮助决策者，显示其所选的控制设施有助于获取监管许可实现。例如，市政管理部门可能需要评估 85%的年总量控制率的目标，根据推测这一指标能够保证受纳水体水质受到保护。该市政管理部门可以选择通过水量、峰值流量和每一出口的溢流频率来评估雨水控制的作用。另一方面，如果对于长期控制规划，使用了演示方法来模拟合流管网的溢流，需要把溢流数据与受纳水体的水质模型联系起来，以说明其符合相应的水质标准。

模型开发需要保证其复杂程度足以反映可用数据的最大化利用，能够模拟进行系统的动态模拟，从而满足监管要求。随着复杂性的增加，带来了更多更大不确定范围的参数，这将导致模型参数率定的更大困难。使用一个采用有限数据量的复杂模型，在某些模型参数的物理基础未经证明的情况下，会导致模型预测结果对数据的过度拟合。另一方面，一个简化的模型，可能不允许模拟特定物理工况，使之符合规定。包含在模型中的细节程度必须反映足够数据的可用性，以支持模型的率定，并达到预定的使用要求。

14.5.2　水文过程

大部分雨水模型可以考虑单场降雨或连续降雨工况，模拟降雨、土壤入渗至地下水的损失、流域内的地面流等物理过程。防洪和河道保护目标可能要求极端水文工况，如百年一遇降雨，以减轻可能发生的，但很少见的，可能会导致巨大的财产损失和人身伤亡的径流量。防洪包括削减洪峰流量，以尽量减少潜在的洪水风险的设施的设计。这类控制设施在大的空间尺度工作，如流域或较大的子流域的洪水和水质分析。

然而，径流量特别是在较小的空间尺度，通常是水质研究中最重要的水文变量。例如，城市河流中的冲蚀和底栖生物损害可由小区或子流域级别的径流产生，同样也会在临近河岸的排水地区产生。

大多数现有的雨水模型不能正确预测小降雨事件在城市地区产生的径流（如<12mm）(Pitt,，1987；Pitt，and Voorhees，2000)。这些小雨频繁发生，因此当关注与径流相关的水质危害（例如，病原体）时，研究其特性是很重要的。12～37mm 降雨引发大约 75％的污染物排放。与排水设计相关的大于 37mm 的降雨，只贡献了年度污染物排放相对较小的部分。

对于较小降雨的模型，可能需要比通常的场地规模的模型更高的建模分辨率。用于模型率定的水文学和数据应集中在更小的降雨。同样，用于这种分析的基本水文单元会较小(如屋顶、人行道、草坪和车道)。

14.5.3 模型范围

模型必须根据需要解决的问题来选择。例如，城市和农业流域的径流及相关的污染物，如沉淀物，细菌和营养物，必须被收集并流经水流网络（例如，管道，明渠，溪流，河道）进入受纳水体。一些模型包括河道演算模块（例如，美国环境保护局的 SWMM，HSPF 和 SWAT)。这种演算技术包括河道运输和污染物转化过程的模拟，其适用性取决于受纳水体（如河口，湖泊或河流）的特性。大多数模型考虑泥砂淤积和污染物的一阶衰减，只有少数模型考虑复杂的过程，如蒸散和湿地内的养分吸收、在水体和沉淀物中的营养物循环，沉淀物与相关污染物的再悬浮等。

14.5.4 预期用途

模型通常有三个目标用途：(1) 工程评估和规划；(2) 初步和/或最终设计；(3) 运行管理。规划级别模型通常被用于“大背景”的研究，研究流域内整个降雨—径流过程、污染源贡献的污染成分的负荷、并确定不同雨水控制之间的权衡以达到整体的流域规划目标。和用于设计的详细模型相比，这种模型采用的时间尺度较长（月度和年度），数据需求较少，数学复杂性较低。几乎所有前面讨论过的电子表格模型都属于这一类。

设计级别的模型提供对于特定事件详细的系统模拟，以及从汇水区域到受纳水体流量和污染物的完整演算。推荐的做法是通过使用类似 NRCS 的 WinTR-55（美国农业部，2009）的模型基于事件模拟，分析对法规的遵守情况，把重点放在连续模拟，以准确反映水文和水质状况的连续性。

最后，运行模型是控制设施的精细级别演示，包括影响运行和维护需求的因素，以及与达到所需的水质目标有关的实际性能。涉及与污染治理费用分摊的诉讼项目，往往包含非常复杂和精细的细节。基于过程的模型，如美国 EPA 的 SWMM，HSPF，HEC-HMS，水文工程中心的河道分析系统（HEC-RAS)，以及 SWAT 可用于建立设计和运行两种模型，虽然运行模型的时空分辨率会更加精细。

建设完成后的监测是运行模型的关键部分，通过监测可以评估控制设施是否象设计的那样发挥功能。如果没有，该特定的工艺单元可以根据建设后的数据重新调整，可进行额外的分析来增强效率或者增加其他合适的工艺单元。

14.5.5　模拟者的经验

点源和非点源污染的模拟，是导致可信的、有科学依据的关于雨水控制的决定的关键因素。经费有限的大型研究，采用千篇一律的方法与有限的技术严谨性来建立模型，这并不少见。建模的努力往往受到管理部门的质疑，理由几乎完全相同。除了时间和预算资源，这些复杂的建模工作要获得成功，需要大量的培训和经验。

主要关注污染减排的宏观情况的机构，可以在其经费和资源范围之内使用简单的工具。另一方面，要求对雨水控制进行详细描述，并查明来源的项目，将需要教育和经验完美结合的内部人员或承包商的支持。通常情况下，建议有 2 年设计或参与流量和水质监测项目的经验和至少 5 年的直接建模和模型率定（在经验丰富的专业人员的监督下）的经验，方可进行中等到复杂的模拟研究。对洪涝和水质问题和基本假设的广泛理解，就足以应用简单的模型工具。

由于可以理解的经费和时间的限制，从业者或监管机构把模型当作“黑箱”工具使用的情况并不少见。这是模型界中一个需要认真关切的问题；也就是说，模型结果的用户在利用它们进行流域管理工作的指导之前，应该知道基础的数学公式以及它们的局限性。领导机构（市，州或流域管理），应确保其建模的工作人员和承包商充分意识到，他们也参与了模型的假设，来支持筛选，设计和运行层面的决策。

美国环境保护局和其他大学和咨询机构提供了众多的以技术为基础的培训机会。同样地，提供有类似职业技术认证计划，以提高建模技能、对基本公式的理解、和质量控制程序（例如，由美国土木工程师协会 ASCE 提供的）。还有学术和联邦机构维护的各种模型的互联网专题服务（如 US EPA 的 BASINS 和 SWMM），在那里用户与新手们分享他们建模的宝贵经验。建议在开展建模项目之前和过程中，寻求这样的培训和学习机会，并请经验丰富的专业人士进行指导。

14.5.6　复杂性

对于每一项雨水控制设施，表征径流和水质过程，并由此确定去除效率的分析或数值算法，既可以简单也可以复杂。大多数模型是采用一种累积和冲刷（B&W）方法，通用土壤流失公式（USLE），或者一个输出系数来表征污染负荷的产生。B&W 方法考虑周全，需要大量的现场数据来率定负荷产生模型。降雨之间的干旱期必须进行监测，以确定所关心的污染物的旱季沉淀速度，并研究类似街道清扫等管理措施的作用。这种方法的主要优点是可以为特定土地利用类型和管理措施确定速度，并可应用于小流域（如地段和街区）。而另一方面，USLE 是经验性的，基于较大流域（数十公顷到几个平方公里）土壤流失数据的长期评估。这限制了其对小排水区域特定降雨事件的应用。

同样地，工艺单元公式根据所选模型可简单也可复杂。在这里将讨论关于植草沟的两个城市模型（Cannon，2002 年）的案例，以突出水流和污染负荷产生的差异，使流域规划人员可以选择一个合适的模型来满足他们的具体需求。

在一个城市雨水控制模型 P8（Walker，1990）中，用来描述调蓄池中沉降和衰减的方法也被用于植草沟。颗粒物和污染物的去除也进行类似的计算。不过植草沟中的径流速度采用曼宁公式进行计算。植草沟中增加的一个模拟的过程是入渗及相关的过滤。因此，植草沟的出水，由于入渗引起的水量减少已经削减了污染量。该模型跟踪到地下水去的颗粒物和溶解性污染负荷，这对于模拟雨水控制设施与浅层地下水的相互作用，这将是有用的。

如前面所讨论的，SLAMM（Pitt *et al.*，1999；Pitt 和 Voorhees *et al.*，2000 年）使用和其他入渗设施类似的方法，即通过假定植草沟中的径流量削减比例，计算了植草沟的性能。这两个城市雨水控制模型使用完全不同的输入数据和参数表征径流和污染负荷的产生。根据数据的可用性和特定地点的物理条件，可以从中选择一个模型采构。

应该认识到，所有的模型都是现实过程的数学抽象。一些近似值被内置到简单和复杂的模型中，然而近似的程度可以是不同的。根据经验，一般原则是先从一个简单的方法开始，理解问题的宏观特性和潜在的改善方法。更多的复杂性可根据需要加入，并且当数据、资金和技术资源可以支持这种复杂程度时，再筛选出最适当的改善措施。

14.5.7 空间和时间的考虑

空间尺度的范围，可以从子流域到安装雨水控制设施的个别地段和街区。类似地，时间尺度的范围可以从年度到每小时和分钟的时间步长。这些尺度的选择主要取决于研究目的（规划，设计和运营），雨水控制目标（径流量，峰值流量和污染物负荷），以及数据的可用性（污染物在不同用途土地上的积累和草坪和农田施肥情况）。对于大多数规划层面的研究，年到天的时间步长和土地利用总体类别（低、中密度住宅，工业和商业）是足够的。

雨水控制模型的另一个重要方面是选择设计降雨或连续降雨记录来进行性能评估。Srivastava 等人（2003）根据一系列的设计降雨和连续记录，分析了污染负荷和雨水控制设施性能评估，发现连续的模拟提供了较小的非点源污染负荷。同样，短的历史降雨记录可能没有极端事件对于设计有用。一个重要的建议是只要资源允许，协同使用设计降雨和连续模拟方法。

14.5.8 性能考虑因素

雨水控制设施可以作为操作单元来建模（参见 14.2 节和 14.3 节），或者作为发生在控制中的工艺单元来建模（参见第 4 章）。如果通过运行来模拟控制设施，确定性能参数的方法必须明确，如 EMC 或有效比率。这些参数可以从文献综述中建立，包括国际雨水最佳管理实践数据库（www.bmpdatabase.org）和 CWP 的国家污染物去除性能数据库（Winer，2000；CWP，2007 年），并在模型中应用类似的去除率。另一方面，通过工艺单元模拟控制设施，需要大量的描述地点和设计的输入数据。这样的工作可能需要模型师在城市径流模型中建立一系列的工艺流程，其流程与实际控制系统一致。

14.5.9 预处理和后处理工具

为了增加雨水控制模型的功能和使用的便利，模型的开发者们（如 US EPA，咨询公司，以及国家机构）往往开发预处理和后处理工具，来帮助设置输入，模型计算和成果表达。大多数模型采用地理信息系统（GIS）作为数据准备和可视化平台，采用不同形式编程平台（例如，C++或 Visual Basic）的预处理和后处理接口。Maidment（2002）综述了一些近期效率较高的软件平台，如 ArcHydro。美国环保局 EPA 的 BASINS 和第 4 区工具箱，是常用的提供多种处理工具的接口。

除了给用户提供灵活性，预处理和后处理工具旨在使信息格式容易与利益相关者沟通，并可以与流域机构和农业技术传播推广中心共享。虽然预处理和后处理工具可以简化构建模型过程中的输入和分析结果的步骤，在模型选择过程中，对模型的算法要比漂亮的界面更加重要。

14.5.10　使用案例指导模型的选择

下面用一个研究案例来演示，如何采用先前说明的标准选择合适的模型。实例是有关纽约长岛北岸城市和郊区流域病原体最大日负荷（TMDL）的研究，涉及 Mill Neck Creek 和牡蛎湾港（见图 14-3）的贝类产量保护（NYSDEC，2003 年）。

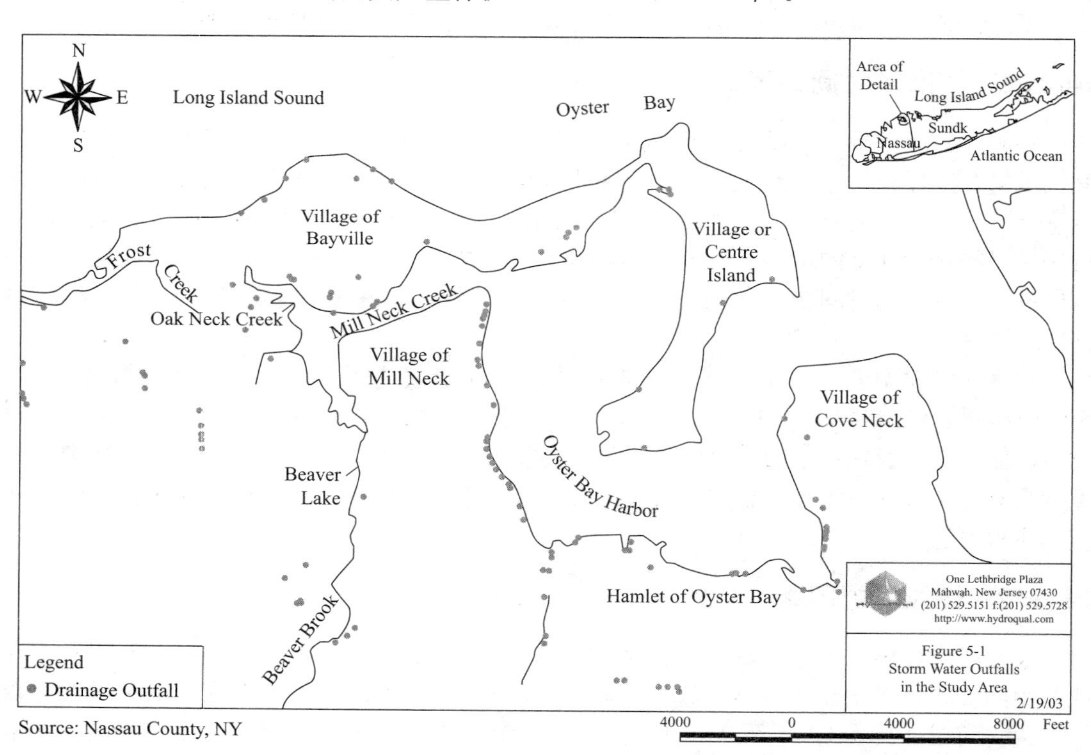

图 14-3　Mill Neck Creek 和牡蛎湾港及雨水排放口

由利益相关方提出的需求包括：（1）模型的结果应能与溪流和海港的监测数据进行比较；（2）进行不确定性和敏感性分析，以考虑雨水控制设施的性能和相关费用的变化；（3）将复杂的数学公式转化为简单的决策矩阵，以便在公共宣传和利益相关者购买过程中使用。对贝类养殖封闭水域制定病原体 TMDLs 计划所需要的一系列的模型和标准进行了分析，并筛选和评估这些模型是否符合这些标准。用于审查分析所列模型的重要标准包括以下内容：

（1）模型的可用性，可接受性和支持性——开展了彻底的搜索和审查来鉴别模型是否是专有的，或可在公共领域获得的，是否被专业和管理群体普遍接受。对模型用户的支持机制，包括实时技术支持（电话和电子邮件）和/或文件的可用性也被鉴定。

（2）模型使用——模型在规划、设计、管理和运行方面的应用能力，其对于不同类型的流域和水体的适用性也被鉴定。

（3）资源配置要求——对可接受的运行（即最低的电脑配置），数据要求，建模人员的专业知识，使用模型的工作量水平进行了评估。

（4）分析水平——该标准体现模型复杂性的范围（即，筛选级别，中间级别，或详细级别）。较复杂的模型会考虑额外的工艺流程，对于确定的工艺能以更详细的方式模拟。对每个模型用于不同的分析层次的能力进行了审查。

评估的具体城市流域模型见表 14-5。在对这些模型的全面评估，并与各利益相关方磋商后，美国 EPA 的 SWMM 被选为模拟 Mill Neck Creek 及其支流的模型。该河有连续流量数据，在河道的几个断面有季节性病原体水质数据。该河是感潮河道，但潮滩将潮汐的影响限制在仅在高潮条件下才发生。大部分的相邻土地的用途是郊区，病原体的具体来源包括污水处理厂、城市雨水径流（排污口排出在图 14-3 中显示为沿海岸线的点）、系泊区和水禽。SWMM 中的水文和水质计算程序可被认为足以使用可用的数据来模拟现有的情况，也可评估概念性的雨水控制措施，以实现在河道及其支流所需要的病原体的控制目标。有关 SWMM 的率定和应用的进一步讨论见 14.8 节。

然而对于牡蛎湾港，无论是雨水排放口，或淡水河流均没有历史流量数据来支持污染负荷的定量分析。贝类养殖区域内或附近区域的站点有足够的环境水质数据。为纽约州环境保护局（NYSDEC）制定有针对性的病原体负荷减排目标，选用了简单的 WTM 模型。

该州采用美国 EPA 的 SWMM 和 WTM 框架来制定减排目标，并评估可能的有助于实现这两个水域水质标准而可能采取雨水控制措施，根据受纳水体现有的个别土地用途的有关负荷数据（在上游领域几乎没有可用数据），决策者选择了这两个模型框架作为筛选级别的方法，并进行了敏感性分析来分析其不确定性。TMDL 在 2003 年建立，之后是开展工作来改善这些水体的负荷估算，以支持雨水控制的设计和实施（牡蛎湾的朋友们，2009 年）。

14.6 数据需求

14.6.1 国家数据资源

表征雨水污染负荷需要理解所服务的城市排水区域的各种污染物的演变和输运过程。根据此前的降雨条件，土地利用情况和类似街道清洗及宠物废物控制等管理措施情况，污染物的积聚和冲刷可能变化明显。开展当地的水质监测计划来加强对系统动态特性（见第 13 章）的理解是非常重要的，同时，可以从不同联邦（如 U.S. EPA 和联邦高速公路局 FHWA）、州（如新泽西、佛罗里达和加利福尼亚）和水体管理组织（如水环境研究基金会）编制的国家范围的数据库找到类似数据。

表 14-5　Mill Neck Creek 和牡蛎湾港项目评估的城市流域模型

模型	标准	DR3M-QUAL	HEC HMS	HSPF/LSPC	INFOW-ORKS	KINE-ROS	LWWM	MIKEB-ASIN	MIKE URBAN	MIKE SHE	P8-UCM (P8)	PRMS/ANNIE	O-ILL-UDAS	RRMP	RAIN-MAN	TR-55/20	WAM View	WMM	XP-SWMM	SITE MAP	SLAMM	STORM	EPA SWMM
时间尺度	事件	×	×	×	×	×	×	×	×	×		×	×	×	×	×			×	×		×	×
	连续	×	×	×	×	×	×	×	×	×	×	×	×	×	×		×		×	×	×	×	×
	年度			×	×	×			×	×							×	×	×				
污染物	泥砂	×		×	×	×	×	×	×		×	×		×	×		×		×		×	×	×
	营养物	×		×	×		×	×	×	×	×		×	×	×		×	×	×	×	×	×	×
	化学物质	×		×	×		×	×	×	×	×		×		×		×	×			×	×	×
分析级别	筛选		×	×	×	×	×	×	×	×	×		×	×	×	×		×	×	×	×	×	×
	详细规划	×	×	×	×	×	×	×	×	×		×				×	×		×				×
源释放	恒定	×		×	×	×	×	×	×	×	×	×	×	×	×		×	×	×	×	×	×	×
	瞬时	×	×	×	×	×	×	×	×	×		×		×	×		×		×			×	×
	单一			×	×	×			×	×					×		×		×				
	多个			×	×	×	×	×	×	×					×		×		×				×
过程	输运	×		×	×	×	×	×	×	×	×	×	×				×		×	×	×	×	×
	转化			×	×			×	×	×		×					×	×					×
输入辅助	GUIs		×	×	×		×	×	×	×	×			×	×	×	×	×	×	×	×	×	×
	链接 GIS		×	×	×		×	×	×	×			×				×		×				×
输出辅助	GUIs		×	×	×	×	×	×	×	×	×			×	×	×	×	×	×	×	×	×	×
	链接 GIS		×	×	×		×	×	×	×							×		×				×
雨水控制评估	是		×	×	×	×	×		×		×		×		×	×	×	×	×	×	×	×	×
	否	×						×		×		×		×									
工作量	低	×						×		×			×	×		×		×		×			
	中		×	×	×	×	×	×	×	×	×	×			×		×		×	×	×	×	×
	高		×	×	×	×			×	×							×		×				×
数据要求	低							×		×			×	×		×		×					
	中		×	×	×	×	×	×	×	×	×				×		×		×	×	×		×
	高	×	×	×	×	×			×			×					×		×		×	×	×
模拟人专业经验	低	×						×		×			×	×		×		×	×				
	中		×	×	×	×	×	×	×	×	×	×			×		×	×	×	×	×	×	×
	高		×	×	×	×			×			×					×		×		×		×
模型有效性	公众领域	×	×	×		×	×				×	×		×		×	×	×				×	×
	商用				×			×	×	×					×				×	×	×		

最全面的数据库 NURP，是由美国环境保护局和美国地质调查局（USGS）在全国范围内编制的。这一计划建立在表征城市径流的水质以及对受纳水体水质的潜在影响的第 208 条的研究之上。总体的目标是建立一个能够协助美国环境保护局、州和地方政府确定城市径流是否导致水质问题的数据库。NURP 研究在横跨美国的 28 个项目地点合作展开。每个单独的 NURP 项目地点，也准备了一份总结报告。其中大部分可以在美国环保局的网站上找到。美国环境保护局和地质调查局汇编的 NURP 数据集可以在 http://unix.eng.ua.edu/～awra/download.htm. 下载。

最近，阿拉巴马大学和 CWP 收集和评估了，有代表性的分流制雨水许可排放口，的雨水数据。该项目被称为国家雨水水质数据库（http://rpitt.eng.ua.edu/Research/ms4/Paper/recentpaper.htm），既为开展污染物负荷评估提供数据，又为与监测活动相关的水质评价以及确定是否需要进行径流监测作为未来雨水许可的一部分提供数据（Pitt *et al.*，2003）。此外，CWP 已编制了国家污染物去除性能数据库，包括了 2006 年公布的 166 项单独的雨水控制性能的研究。

另一个重要的工作是国际雨水最佳管理实践数据库，它于 1996 年根据 ASCE 和美国 EPA 之间的合作协议开始，目前已得到广泛的合作伙伴联盟的支持和资助，包括 WERF、ASCE 的环境和水资源研究所、FHWA，联邦公路管理局和美国公共工程协会。领导这一项目的技术团队，负责维护和运行数据库信息交流中心和网页，分析新提交的雨水控制数据，更新整体数据集的性能评价分析，并扩大数据库，把低影响开发技术包括进来。

这些国家数据库可在雨水控制规划和设计过程中进行查询，了解性能和相关费用。重要的是要认识到现场因素，如气候，维护方案和资源，人力市场，污染物的类型和负荷的性质可以显著影响效益和成本。例如，新罕布什尔州大学雨水中心编制了众多雨水控制设施的情况说明书，提供设计，成本，包括在寒冷月份有效性等性能信息（http://www.unh.edu/unhsc/）。此外，众多的机构，包括新泽西州、纽约州、北卡罗来纳州、华盛顿州、佛罗里达州、德克萨斯州和加利福尼亚州都开展了监测计划，提供了有用的数据。

14.6.2　质量保证项目计划

大部分流域和水质模拟项目为了建构、维护和已建模型的长期使用，需要一个质量保证项目计划（QAPP）。建立 QAPP 的详细方法见美国 EPA（2002）《罗伯特·韦兰 TMDL 雨水许可备忘录》。该文件的摘录列于表 14-6，以供参考。

对于支持监管决策的项目，在允许模拟者使用模型和实际用于率定的数据的情况下，QAPP 中模型率定的细节水平，应足以允许另一模拟者重复该率定方法。有关模型率定的 QAPP 因素的实例，包括以下内容：

（1）模型率定活动的目标，包括接受标准

（2）模型率定的频率；

（3）模型率定的详细程序；

（4）采集输入数据的方法；

（5）模型率定生成的输出类型；

(6) 评估模型率定方程对率定数据的拟合优度的方法；

(7) 考虑模型率定结果的变化性和不确定性的方法；

(8) 不能达到接受标准时的纠正方法。

系统规划需确定，建模项目的预期成果，其技术目标，成本和进度，以及用于确定各中间阶段的输入和输出以及项目最终的成果都是可以接受的标准。这通常是一个反复的过程，至少涉及建模者和用户。另一方面，“性能标准”被用来判断新收集的或在一个项目中产生的信息是否足够，而“接受标准”被用来判断当前项目之外来源的现有信息是否足够。

质量保证项目计划要求（美国环境保护局，2002）　　**表 14-6**

章节	内容
封页	质量保证项目计划名称；实施单位名称；计划的生效日期；和姓名，职务，签名和批准人员的审批日期（如项目经理，质量保证经理以及州和美国环保局项目官员）
目录	章节、图片、表格、参考文献和附录
计划分发名单	需要批准的 QAPP 副本和任何后续版本的个人及其组织，包括负责实施的所有人员（如项目经理），质量保证经理，以及所有相关团体的代表。
项目或任务组织	显示所有项目参与者之间关系、管理和沟通联系的简洁的组织结构图。包括其他，可能在开发和应用模型组之外的，模型成果用户
问题的定义和背景	要解决的具体问题，要作出的决定，或要实现的结果。此外，还包括充分的背景资料来为该特殊项目提供历史的、科学的和监管角度的分析
项目或任务说明和进度	能够参与模型开发和/或应用工作的各种任务，以及与这些任务相关的综合技术方法、质量管理活动和程序
质量目标和模型的输入和输出的标准	建模项目的预期构成和结果所需要的，满足用户要求的质量标准的定义。这些标准在系统规划过程中所建立的性能或验收标准中确定（这些定义后面将进一步讨论）
特殊培训要求与认证	识别和记录任何专业培训的要求和项目团队的技术专长。要求可包括某些科学学科的专业知识（例如统计学），某一特定的计算机语言代码开发或测试，和数据评估，或模型开发、评估或应用的经验
文档和记录	确保相关的项目人员拥有最新批准的 QAPP 版本的流程和责任，其中包括版本控制，更新，分发和处置。详细列举必须包括在硬盘拷贝和任何电子形式的信息和记录。记录可以包括来自其他来源的数据，模型的输入和输出文件、模型率定结果、测试和归档过程
模型率定	必须控制的影响质量的工具，在特定的时期，率定以维持性能在特定的限制内。说明或引证率定会如何进行。确定用于率定的模型和标准，表明率定记录将如何予以保存

14.6.3　额外的数据收集、分析和说明

在第 13 章讨论了特定地点流量和水质的现场数据采集程序。除了现场监测数据，还有多条信息需要编译和解释，以支持对现有系统的表征和对特定雨水控制收益的鉴定。这

些将在下面各小节中进行简短的讨论。

14.6.3.1 降雨

除了在有限的现场监测计划中截留的雨水，研究区域的长期降雨数据，对于制定相应的设计条件也是必要的（例如，Driscoll *et al.*，1989）。为了满足峰值流量控制的要求，并确保洪水控制或河道保护的系统性能，大型设计降雨（例如，25至100年一遇），可以从降雨记录得出。强度-历时-频率曲线在整个美国范围内都可获得，并且可用来根据需要的重现期推导设计降雨量。

特定重现期的单一降雨对于设计是有用的，对于系统的性能评估，必须有连续降雨的记录，以分析其水文特征、水质状况和选择的雨水控制设施可能带来的改善。从业者进行长期记录的统计分析，以选择平均水文年（HydroQual，2004）或使用20～50年一遇的数据作为输入，并统计分析模型输出，来评估系统性能。

14.6.3.2 地表坡度和糙率

汇水区坡度和表面粗糙度决定径流朝向某个排水点（即，雨水口或直接进入受纳水体）的流速。陡坡和光滑的表面会导致峰值径流和径流量的增加，因为此类表面允许雨水入渗的可能性很少。

地表坡度可从全面的地表高程测量数据或从数字高程图获得。表面粗糙度则是根据透水区土壤和植被的类型，不透水区（混凝土或沥青屋面）铺装材料的类型确定的。如果数字地图不能达到所需的精度，有必要进行航空摄影和遥感方案建立高程数据，用于增强模型的精度。如激光探测和定位技术（LIDAR）都可以使用；LIDAR是一个远程遥感系统，可以在10cm水平精度编译地形数据，并且通常编译飞机低空摄影的照片。

14.6.3.3 不透水性

不透水覆盖为给定汇水区不透水的百分比，这是量化城市流域对各种降雨条件响应的关键参数之一。透水区域和不透水覆盖是互补的。透水和不透水地面的连续性对于确定集水区的径流量是非常重要的。例如，不透水区如屋顶可被连接到如草坪或花园等透水区域。这些屋顶的径流可以通过入渗引起时间延迟，峰值流量降低，或流量减少。

一份最近的航空照片和对地面性质的解析是必要的，以支持这些参数的确定（例如，国家提供的，诸如快鸟（QuickBird）在不同的季节拍摄的全面的图像数据，或简单的图像，可用于表征透水区域，并计算不透水区域，作为补充参数）。各类土地用途，即低，中、高密度住宅区；商业和工业区；开放空间、公园和农业区，以及它们的不透水参数，可以一起输入到模型中。

快速的城市化往往和透水区转换成不透水区有关。具体来说，城市部分地区，可能已在过去10年左右，开展了大量的建设活动。因此，不透水比例数据要经常根据城镇化水平进行更新。如果土地使用明显的变化发生在10～15年，并且在整个期间有可用的流量和水质监测数据，则建议认真研究流量和水质的监测数据和土地利用之间的相关性。用某个单一的土地利用模式，来模拟这一整个时期的记录，会导致其他模型率定参数选择不恰当。

14.6.3.4 水质特征

雨水或合流污水的收集和分析，对于表征其排放的污染物负荷，量化改进所采用的控制设施是必要的。这样的信息可以被用于指示可能的水质超标，确定对人类健康和水生生物的潜在影响，并支持确定河口，湖泊和河流的水质状况。

三种不同的方法已被应用于几个城市排水和水质模拟项目，分别是：

（1）降雨平均浓度。这是流量加权平均浓度，各项参数根据监测的雨季资料得出。一旦代表性 EMC 建立，它们可与流量相乘得出污染负荷。此方法同时适用于分流制和合流制地区。

（2）累积和冲刷（B&W）程序。包括城市流域范围内各种土地利用所关心的不同污染物的累积（在旱季）和冲刷（降雨期间）的估算。在控制区内，大气沉淀和路面累积已被监测，回归方程和参数也已经建立在文献中（例如，Clow 和 Campbell，2008；Ollinger 等人，1993）。综合模型，如美国 EPA 的 SWMM 和 HSPF 包含了可以参数化的 B&W 方法用于特定的案例研究。此方法也同时适用于分流制和合流制地区。

（3）对于合流制地区，雨水-污水的划分，即合流污水中雨水和污水的比例采用城市径流模型来确定，并且可以应用雨污水中各种水质参数适当的浓度来建立污染负荷（Rangarajan *et al.*，2007）。废水的水质特性可以在污水处理厂进水点，或者如果需要土地用途特定的水质数据，可在合流污水管上游确定。而对于雨水，需要确定一些只排放雨水的排放口，并在这些排放口进行取样，来量化所关心的不同参数的浓度。此外，水样也可以在径流进入合流管道之前在雨水口收集。

因为通常不是在所有的排放口进行取样，将选定的排放口浓度数据，扩展到系统范围分析时必须慎重。通常，监测和非监测排水区域之间的土地利用相似时，可作为指导来确定非监测排水区域浓度。一般情况下，3～5 个代表服务区域不同的土地利用组合的排放口的水质监测，可用来建立其他相应非监测区域的浓度（即 EMC）。

这三个方法都有自己的优点和缺点。虽然 B&W 程序是繁琐的，需要很多的数据和率定模型的参数。雨污水分离方法涉及较少的参数，但取决于特定的市政系统调查的详细程度，其数据需求可能是大量的。EMC 的方法从模拟的角度来看是最简单的；然而，由于在降雨过程中和降雨事件之间，可观察到的水质浓度显著的差异性，数据的需求也可能是大量的。

14.7　模型应用

14.7.1　率定过程

一个模型的目的是在各种降雨条件下来模拟现有系统的情况，并预测对设计降雨或长期平均水文条件的响应，用于支持雨水控制的筛选。为了评估系统中的潜在改进可能，需要对许多替代方案进行评估。因此，模型的建立和率定，应该支持这种较快评估各种方案性能的模式。模型率定和应用过程中几个重要的步骤在本节进行讨论。

14.7.1.1　数据分析

模型率定和验证，需要可靠的流量监测数据。获取流量数据的目的是用它来率定与水文相关的工艺单元。需要对流量计的数据进行评估，检查其是否提供了可靠的数据，并在旱季和雨季条件下的分析中，注意流量计操作不当的证据。

需要建立适当的质量控制程序，以确保该数据对系统的水力条件有真正代表性。例如，图 14-4 显示了封闭管道内水深和流速的关系，其表现符合黑色虚线所示的曼宁公式。

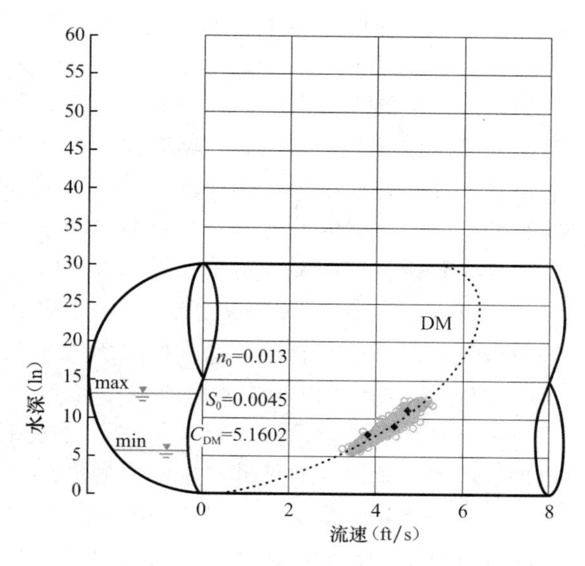

图 14-4　水流数据证明遵循曼宁深度与流速关系

14.7.1.2　模型的构建

模型的水文和水质元素可以根据气候和物理数据库建立。影响雨水控制建模工作的整体进度和精度的一些可能因素是：

（1）更小时间尺度下的全系统范围数据的可用性，将控制模型的准确性；

（2）建立输入文件需要的工作量；

（3）更细的划分子汇水区和选择率定参数，特别是当可用的监测数据主要来自系统的下游部分时；

（4）单次降雨和长期降雨模拟的计算工作量。

水文模型参数的初始值可来自有关土壤、地形、土地利用、人口和空气情况的地理信息系统数据库。使用这些初始值和特定降雨事件的雨量，可建立站点的水文过程线，与监测数据比较，并率定特定参数（Brown 和 Huber，2004）。

模型构建的一个关键步骤是建立水文和水质之间的联系。大部分公共领域和商业模型已经建立了这种联系。对于复杂的雨水控制，可能需要运行特定的控制模型和产生像美国 EPA 的 SWMM 等城市流域模型的输入。例如，Huber 等（2006 年）提出了许多改进措施，可用来使美国 EPA 的 SWMM 表征某些雨水控制设施。落实这些改进措施，建模人员可以选择运行特定工艺模型，并生成 SWMM 模型的输入。

14.7.1.3　水文和水动力模型的率定和验证

模型率定和验证过程就是指对城市排水区域水力和水质工艺表征的准确性进行鉴定，以便有效地评估雨水控制设施的改进可能性。对于水文部分，目标将是在每一汇水面积，得到与测量数据可比的结果。常常选择雨季监测期间的一些降雨来支持模型率定。水文和水力参数必须先被鉴定，然后是水质工艺参数。

对于雨季，通常选择两场不到 6mm 的、两场在 12～20mm 范围内，另外两场在25～75mm 的范围内的降雨，用于模型率定。这三个范围内分别各另选一场降雨，用于模型验证。使用独立于那些在模型率定中使用过的数据集来验证模型的目的，是为了避免模型“过度拟合”，并提高其预测能力，增强模型的稳定性。

除了监测的雨量，常常将模型应用于一些历史上的大雨，并将其与已有的定量或记录数据进行比较，以进一步确信模型性能。这也是检验模型稳定性的有效途径，即检验模型在有限的监测计划内未经历的降雨情况下系统预测的响应性。在合流制系统，各排水区域旱季水量及通过水力设施（泵和污水处理厂）传送的情况需要确定，以确保系统在旱季的性能被准确掌握。一旦旱季和雨季率定完成，可以开始模型验证，即模拟系统对监测期的另一场降雨的响应情况，以独立确认模型的性能。

当模拟合流制系统时，将首先进行旱季系统的性能特征的率定。在这个过程中，如果需要的话，审查和调整典型参数，包括：现场检查的管道沉积记录；反映管道的年代和材料的曼宁系数；旱季水泵的运行；人均产生的污水量；白天、周末对比工作日；季节性的基础污水量变化。然后，率定过程针对雨季系统性能展开；率定的关键输入和参数如下：

（1）降雨量——降雨量是水文系统主要的外部输入，因为降雨呈现出时空高度变化的特性，其细节表现有助于获得一个更好的模型率定过程。根据可用的数据的时空精度，需要用不同加权平均降雨数据的敏感性分析来改进率定。支持模型率定的雨量，可以根据全系统范围的可用雨量计数据来选择。下水道或雨水控制设计的改进的研究可用较短时间间隔的数据（例如，5～10min）。另一方面，关注营养物或泥砂负荷的研究，则可使用较长时间间隔的数据（例如，60min）。

（2）径流量——径流量，或坡面流量，由降雨量减去入渗、蒸散、洼地存储后产生。影响径流量的主要变量是坡度、粗糙度和水力宽度等参数。

（3）蒸散——如前所述，蒸散是一个重要的损失参数，取决于降雨的温度和季节（如夏季后期的雷雨），对透水区和不透水区产生的径流都有影响。当地的蒸散数据可用于模型中，如果当地没有数据时，可以使用周边地区的数据，至少使用逐月的蒸散数据。该参数对于连续模拟尤其重要。

（4）入渗——入渗可以通过霍顿公式或 Green-Ampt 方法计算。这些可以是率定参数，特别是如果天然土壤已在建设的过程中被压实时。不透水区被假定为没有入渗。

校准水力模型，在率定点监测水量与模拟水量的误差在 10%的精度内即可。峰值流量监测值和模拟值率定精度为 15%～20%。率定过程实际上是一个“优化”过程（即使测量值和预测值之间的相对误差最小化）。当率定从上游到系统的下游末端进行时，相对误差将传播。在区域和大型模拟研究中，在大部分监测站实现整体的率定精度是比较合适的。

率定完成后，可用验证（也称为检验或确认）过程来测试模型在不调整任何参数情况下，对于一组独立的降雨事件能再现与监测值可比的数值的能力。这个过程将提供在率定以外的雨量下，模型误差的相对置信度。如果该误差高得不可接受（例如，＞20%），应进行分析以确定误差的原因。在这种情况下通常建议模型重新率定。

上述讨论直接与综合的城市排水模型，如美国 EPA 的 SWMM 的率定和验证有关。然而，率定的基本指导对于如 RAINMAN（McMillin and Omer，2000）等简单的模型，或者中端到复杂的模型，如 AVGWLF（Rangarajan *et al.*，2008 年）和 HSPF，仍然有效。可接受的性能标准需要先设置一个先验值，需要执行系统性的参数调整，以确保该模型率定后对于预期的应用是有用的。下水道模拟的具体指导方针，普遍适用于合流制和分流制，已经由一些机构（如美国环境保护局［1999］）和废水规划用户群（［WaPUG］［1998］）建立。

14.7.1.4 水质模型率定

一旦适用于研究区域的水文参数和排水系统的水力条件，通过模型率定建立起来后，下一步是率定水质部分。城市径流水质模拟是非常困难和不精确的（Huber and Dickinson，1988）。主要原因是物理、化学和生物工艺过程存在很大不确定性，同时也缺乏大量的数据来支持一个稳定的模型率定。

水文水力过程的测量与水质工艺相比是非常容易和便宜的。简单的自动化仪表可用于测量流量、水深和流速，以支持水文和水力模型的率定。而水质需要手动和/或自动化的方法收集样本，然后在标准或认证的实验室检测。现成的支持水质率定的数据是很少的。

即使采样数据只在几个排放口采集（代表部分被研究的城市排水区域），率定过程应从生成污染物曲线开始，以确定初期冲刷的效应。总悬浮固体（TSS）、生化需氧量、总氮、总磷、氨氮和病原体等参数通常表现出这种特性。而非工程措施，如街道清扫可带来显著的变化。在选定的排放口进行的水质取样应进行分析，以评估其数据的充分性和准确性。该数据还可以用于评估合流污水或雨水在雨前、初期冲刷、峰值流量、恢复和雨后，研究选定的所有水质参数的情况。

如前面所讨论的，B&W、污水-雨水分离或 EMC 方法可用于水质的特征分析。因此，汇集的数据应根据使用的程序进行处理，以制定相应的参数。

下一步是表征模型中的雨水控制工艺过程的性能。根据所涉及的工艺单元或操作单元，建模或率定的方法将明显不同。采取一种能协助评估雨水控制性能的方法是重要的。例如，悬浮物的特征非常重要，或者以沉降速度和/或颗粒尺寸和比重分布表征的处理效能数据也很重要（Huber *et al.*，2006）。这样的数据，对于模拟一个下游性能取决于上游性能的控制系统是必须的。这样的信息应该是输入模型和/或者在模型上游生成，这是一个复杂的分析过程，涉及冲蚀、冲刷、沉积和泥砂输运，所有这些在 SWMM 和在任何替代的城市排水模型中都甚少表示。

同样，上述的讨论对于类似美国 EPA 的 SWMM 等综合模型更有针对性。其程式，不论是一个简单或复杂的模型，应当包括审查数据来表征主导过程，选择合适的参数来表示涉及的衰减和传输机制，和性能的敏感性分析以提高对模型应用的信心。

类似此前管道的建模指导方针的讨论，有几个机构对水质模型制定了具体的指导方针。虽然这些准则在受纳水体水质模型的说明中已经提出，相同的准则也可以应用于雨水控制或控制系统的水质表征。两篇可以对水质率定提供指导的参考文献，分别是美国 EPA（1999 年）和 WaPUG（1998）的研究。类似 Thomann 和 Mueller（1987）或 Minton（2005 年）研究的标准，也可进行参考，以表征单个工艺单元并用来编制模型。

14.7.2 率定标准的指针

实践专业人员使用若干率定标准来确定水文和水质模型的适当性。模拟值和观测数据之间的图形比较是用来评估率定适当性的常用方法。这是一种有效的视觉方法，特别是当有可用的分散数据来支持模型率定时。图 14-5 将监测和模拟的总氮负荷作为时间序列图进行了比较。如果有大量的模拟值和监测值同时发生，围绕 45°线的相关图是评估模型性能的又一有效途径。总氮负荷相关图的实例见图 14-6。

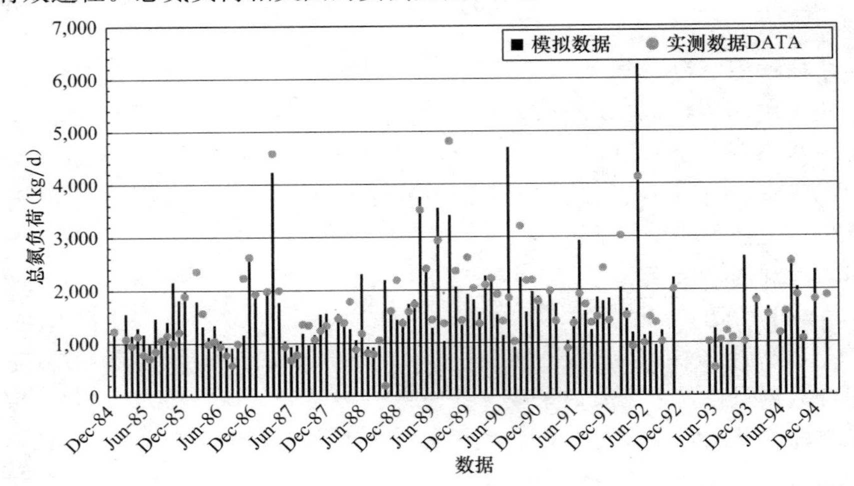

图 14-5　Quinnipiac 流域逐月总氮质量比较

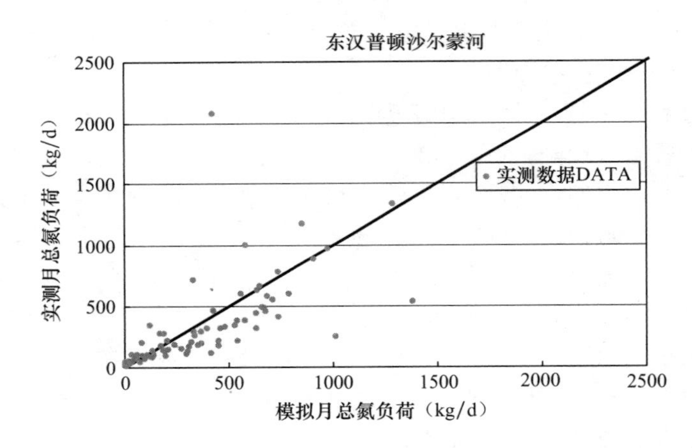

图 14-6　模拟值对比监测值相关图

除了图形比较，几个统计数值或数值标准可以用来评估率定的充分性。一些此类标准列出的方程式如下。

平均误差（e_1）和平均相对误差（e_2）见式（14-17）、式（14-18）：

$$e_1 = \frac{1}{n}\sum(S_i - Q_i) \tag{14-17}$$

$$e_2 = \frac{1}{n}\sum\frac{(S_i - Q_i)}{Q_i} \tag{14-18}$$

式中　e——误差；

S_i 和 O_i——时间为 i 时的模拟值和观测值；

n——样本数量。

第一个标准表示误差的平均值的幅度，第二个标准表示平均误差的相对大小。理想的是在模型率定过程中使这两个标准均接近于0。

如果正误差的总和接近负误差的总和，这前两个标准可能会产生误导。为了提供更多的信息，可以使用绝对误差（e_3）和均方根误差（e_4），如式（4-19）、式（4-20）所示：

$$e_3 = \frac{1}{n}\sum |Q_i - S_i| \tag{14-19}$$

$$e_4 = \sqrt{\frac{1}{n}\sum (Q_i - S_i)^2} \tag{14-20}$$

比较理想的是通过模型率定过程使这两个标准尽可能小。另一种常用的统计指标是Nash-Sutcliffe标准。预测值与实测值可以使用平均值百分比误差（PE）和Nash-Sutcliffe效率（E）方程进行比较（Nash和Sutcliffe，1970年），具体见式（14-21）和式（14-22）：

$$PE = (X_{ci} - X_{mi}) * \frac{100}{X_{mi}} \tag{14-21}$$

$$E = 1 - \frac{\sum (X_{mi} - X_{ci})^2}{\sum (X_{mi} - X_{\bar{m}})^2} for\ all\ i = 1, n \tag{14-22}$$

式中 PE——百分比误差；

E——模型效率；

X_{mi}——测量值；

X_{ci}——预测值；

$X_{\bar{m}}$——测量值的平均值；

E——1.0表示一个完美的预测，而负值表明该预测比采用样本平均值还要不可信。

上述标准应严格视为率定指标。模拟值和观测数据的直观比较应该始终伴随着这些数值化标准的使用。可用于支持模型率定的数据量和可靠性，以及监测值和模拟值之间的视觉和统计信息的比较，将指导建模者评估，是否可以将模型用来评估雨水控制设施的有效性。

14.7.3 敏感性和不确定性分析

敏感性分析用来检验特定参数改变带来的模型预测的变化情况。这主要有两个目的：一是指出哪些变量对模型输出的变化影响最大，从而使用者知道在率定过程中调整哪些参数；二是一旦模型完成率定，并用于模拟预测，能够帮助检验参数值变化的作用，尤其是用于率定过程的参数。通过在一定的误差范围内改变参数，并记录对输出结果的影响，建立“预期的”响应范围是非常重要的。

另一方面，模型的不确定性指的是综合评估所有误差源的基础上，计算的模拟值与真实值之间的差异（James，2005）。在模拟者发现常见的错误，如数据输入错误和率定数据的测量错误的同时，还存在其他严重的问题，如对结果的不确当解释，以及建模者、使用者和决策者等人带来的不确定性。

James（2005）给出了一个简单的流程来进行不确定性分析，总结如下：

（1）估计并列出所有产生不确定性的来源；

（2）量化输入（如降雨量）和输出（如径流）的不确定性；

（3）估算测量参数的独立测量误差；

（4）通过对每一参数和子系统的敏感性分析，量化总体的不确定性；

（5）将其余的不确定性作为模型结构的不确定性。

不管研究选用的是简单的还是复杂的模型，都应该进行不确定性分析以确定气候性输入条件的变化的影响，如降雨量以及为达到期望的性能在操作单元中物理、化学和生物工艺的变化。这种操作的有效性应表达为一个变化的范围，而不是一个单一的效率因子。

14.7.4　单次降雨和连续模拟

连续降雨与单次降雨经常引发关于从设计立场出发哪种方法更合理或更保守的辩论。水文和水质过程并不会突然中断，例如入渗的径流可成为带有溶解性污染物的城市河流的基流。类似地，湿塘或湿地在处理上一场降雨产生的径流的同时，可能会接受到第二场降雨产生的径流。

从生态学或地形学角度来看，不同污染物的危害明显不一样。河岸冲蚀或泥砂输运，每次降雨时都会发生，但在大雨时会更严重。细菌危害能够在雨停后存活数天，而营养物或重金属类危害可以存留一个季度甚至数年。当业内人员从保守或过度设计的观点，支持单次降雨评估时，也有人强烈支持采用不同的降雨雨型连续进行系统性能评估。重要的是识别单场降雨和连续模拟对雨水控制设施规模的影响，以及考虑设施随时间的性能退化，研究其有效性。

例如，Farrell 等人（2001）在加拿大安大略省多伦多十六里河流域使用了 HSPF 模型，并比较了使用 12h 水土保持局（SCS）设计雨型与连续模拟对调蓄池和出口尺寸的影响。两种设计之间最显著的差异主要出现在调蓄量与溢流量方面，使用连续模拟方法得到的总调蓄量较低。作者同时报告说，设计雨量的方法过高估计初始潮湿条件，根据设计雨量设计的雨水控制设施，不能提供足够的控制来应对更频繁的降雨事件。此外，设计雨量的方法对于冲蚀控制系统也不能提供有效的设计。

设计雨量的设计方法过去被认为合理，是因为数值模型需要大量的计算资源来解决基础算法。现代计算机允许用户对长期水文记录（例如，20～50 年）建模和在几分钟到数小时内完成模拟。在复杂的城市或城镇的流域，管网的连通性会增加额外的计算负担。即使在这种情况下，用户可尝试简化管网而不会影响精度，并合理地执行连续的模拟。举例来说，类似 RAINMAN（McMillin and Omer，2000）和 STORM（USACE，1977）模型，虽然在这些模型中的水文和水力过程很简单，但仍可以运用在复杂的城市流域、长期的系统性能评估中。

连续的降雨记录，特别当记录时间较短时，可能没有包括常常用来确定雨水控制设施规模的极端降雨。在这种情况下，如果时间和资金允许的话，就应同时使用连续降雨和设计降雨的方法。

14.7.5　单一和集成控制的性能评价的指针

如第 4 章所述，单一对比集成控制（即多操作单元以实现不同的目标，即预处理、吸附、消毒等）的效率差异显著。单一控制更容易建模，例如斯托克定律可用于评估一个干式调蓄池的性能。如果一个前池被设计来提高大颗粒物和漂浮物的沉降，接着通过一个干式调蓄池，则其进水的粒径分布将与单一的干式调蓄池有很大的不同。越细的颗粒，越难以重力去除；因此，这两者处理效率的预计是不同。

操作单元模型应考虑到这个排序过程，并适当地计入进水浓度和污染负荷来表征各雨水控制设施的性能。例如方程式（14-23）和（14-24）通常用于计算控制系统的效率。成系列的两个单元，去除效率分别为A、B，TR（总去除率）计算如式（14-23）、式（14-24）所示：

$$TR = A + (1 - A) * B \tag{14-23}$$

$$TR = A + B - \frac{(A * B)}{100} \tag{14-24}$$

式中，TR、A和B在第一个方程是分数，在第二个方程是百分数。

如果操作单元将通过两个不同的模型精确地分析特性，则建议将第一单元模型的输出作为下一个模型的输入。一个例子是使用一个旋流分离器来捕获较粗和中等尺寸的颗粒。这可以利用计算水动力（CFD）或其他适当的技术来模拟，残余的固体浓度按时间序列被提供给一个消毒模型。该模型将根据新的粒径分布和消毒剂的用量，评估各种致病微生物的杀灭作用。模型率定的目标应该是在整个模拟过程中，获得每个操作单元末端的性能，从而可以精确地模拟相关的水文和水质效益，并链接到下一个工艺单元。

再次提醒读者，百分比去除率不适合用来表征雨水控制设施的性能，在第3章中已经说明。尽管如此，许多模型仍然使用这种方法，建模者选择这些效率时需要谨慎判断。

14.7.6 雨水控制设施的操作和维护的建模

正如在第11章 雨水控制设施的维护中所讨论的，维护控制设施的费用与原来的建设成本相比相对较小。维护不当会减少雨水控制的效率，也会在实践中影响美观。第11章为各种控制设施介绍了日常和定期维护的要求，在这里只讨论相关的建模问题。

为计入维护不善的影响，可以对操作单元使用调整因数，例如在大型调蓄池中积累的沉淀物占去水池深度，滤池滤速采用保守值，渗透设施观察到的或假定的渗透速率的减少。这些修正高度依赖于所涉及的具体的操作单元和工艺单元，同时变化也是很大的。一个基于常理的方法，是在城市规划采用的设施的运行全生命周期或计划的维护周期内（如5年），使用滑动比例系数反映从最高到最差效率。

结构性问题，如堵塞或破损的管道、缺失或破损的部件（如阀门、密封件、或失灵的闸门），可以明确地包含在排水系统的建模过程中，其效果可以演示给决策者，以突出维护的重要性。这一敏感性分析也可以帮助市政部门确定检查的频率和程度，作为长期实施和性能跟踪过程的一部分。

14.7.7 实用性和适用性

模型应该被看作是利用其能力帮助决策者评估模拟需求（例如，性能目标）的工具。目标应该确保模型是适当的，算法可代表所涉及的操作单元或者模型不直接包括必要的算法；然而，也有相当的或更简单的算法能够在最大可能程度上帮助演示工艺过程。推动雨水控制设施选择和确定其尺寸的主要标准，包括处理多少水量，去除哪些污染物，所需的性能指标或目标是什么。这些可概括如下：

（1）径流量目标——最常见的控制设施的设计目标是，设施的规模应能处理极大部分（例如，90%）随着时间推移发生的雨水。常见的方法是通过指定降雨径流深来确定径流量目标，分别对基于径流总量或基于流量的系统，定义需处理的径流总量或流量。

（2）特定污染物目标——随着许多技术变得可行，可根据其对特定污染物的有效性，选择特定的雨水控制设施，确定规模以实现其性能目标。

（3）特定性能或性能目标——这些正变得越来越普遍，随着污染物种类和受纳水体而变化。一个常用的目标，有可能被定性为“基本处理”的例子是 TSS 的 80%去除率。这样的目标，需要明确一个时间范围；对单场降雨 80%的去除率与每年去除 80%的 TSS 相比，需要采取不同的策略。目标也可以被认为是“技术”，而不是“基于受纳水体”。这意味着它是基于什么技术可以实现满足受纳水体的标准，而不是所需要的是什么。

14.7.8　成本考虑

雨水控制设施的选择应同时考虑基建成本（建设和土地）以及年度和季节性的运行和维护成本。总之，在第 12 章中讨论的整个生命周期成本可以用来优化选择过程和实现预期目标。各种雨水控制成本的汇总可参见 Field 等人（2006 年）和 WERF 等人（2005 年；2005 年 b）的文献。在将这些成本换算到当地时，建议在该城市流域开展补充的研究，考察当地人力和原材料成本，然后在决策过程中使用这些成本。

14.7.9　流域范围内控制措施的选择

雨水一期和二期法规要求分流制系统的业主和运营商，获得国家污染物排放消除系统（NPDES）许可证。不像市政和工业污水处理厂的污水在一个或几个排水口排放，雨水通过众多排放口分散进入水体。城市雨水排放被认为是污染的“点源”（US EPA，2002）。

雨水也被其他监管机构监管，在全流域基础上开展污染控制，如 TMDL、安全饮用水法案、海滩法案和濒危物种法案。例如，在加利福尼亚州许多城市已实施雨水排放末端的处理系统，以保护泳滩的质量。这样的计划需要在一个流域实施雨水控制，以实现整体水质的改善。最近的监管工具，如基于流域的 NPDES 许可和污染物交易（点对点，点对非点，或城市非点对其他非点）允许市政当局在流域范围内开展控制（US EPA，2004；2005；2007）。

利用流域和源数据清单，基于流域的方法可利用多种途径对数据进行分析，以确定可能形成 NPDES 流域框架的实施方案。对于给定的流域，具体做法将取决于可用的数据、所关心的水质特性、污染物或压力的来源，以及这些来源之间的关系。

从分析工具的前景看，若干公共的或商业领域的决策支持系统可以促进以流域为基础的决策。在下一节中将和为了成本效益优化雨水控制设施的必要性一起进行讨论，

14.7.10　优化和决策支持系统的作用

城市雨水的排放应以流域为基础进行控制，这需要雨水控制设施布局的策略和最优化技术，以使控制计划具有成本效益。目标函数可以是在给定的预算情况下，最大限度的污染物减排目标，或者以最低成本实现所需要的减排目标。这一过程中包含了许多决策。在优化模拟中，“决策变量”有特定的含义，在这种情况下，它将是雨水控制的替代方案

（和它们的大小，位置等），从中可以根据所选择的目标函数和限制因素选择最佳解决方案。目标函数和限制因素的选择，是决策者真正要做出的决策，要首先做出决定，以引导优化过程。成本和性能可能是非线性关系，从而提高了这一决策过程的复杂性。类似的决策变量主要包括：

（1）各类雨水控制设施及其性能和成本；

（2）当用于控制系统中时，各控制设施之间的相互关系；

（3）性能指标，例如峰值和径流总量的削减、颗粒物和特殊污染物溶解性组分的去除率；

（4）所关心的污染物的水质标准（削减目标）。

模拟模型与优化算法相结合，一直在有效帮助决策者选择雨水控制设施。例如，Zhen 等人（2004 年）和 Perez-Pedini 等人（2005）探讨了传统的和新的优化技术，用于调蓄池设计或类似雨水控制设施，以最低的成本实现流域污染物去除目标。例如，一个线性规划程序解算器加载在由 Evans 等人开发的 PRedICT 工具上（2003），其中，AVGWLF 模型的输出被用于 PRedICT，以获得所需的污染负荷的削减或者优化筛选级别的雨水控制策略。

传统的优化方法，在过去应用时常进行简化，以达到理想的计算效率。而现代技术允许决策者，将物理工艺和优化过程进行启发式识别，能相对容易地得到可能的解决方案。例如，遗传算法（例如，Perez-Pedini *et al.*，2005）已经与一个模拟模型接口，以产生解决方案和找到最佳的一组雨水控制设施。为了便于使用，这些算法可以在电子表格中实现，允许流域规划者评估控制替代方案。这些工具可被用作决策支持系统（DSS），以评估根据模型结果选择的替代方案的效果。虽然有很多这样的工具，只有少数在本节中提到作为案例。前面提到的 PRedICT 工具是一个 DSS，用于评估农业和非农业污染减排策略在流域层面的实施。该工具包括氮，磷，沉积物的污染减排系数，同时还内置了一套雨水控制设施和污水处理升级的成本信息。Rangarajan 等人（2008 年）开发和测试了 Poll-Track，一个 DSS，用来筛选和选择在长岛海峡附近总氮控制的举措。第一步是对排水区域的 AVGWLF 模型进行率定和应用。一个在 Microsoft Excel 中开发的交互式管理工具，对于改变处理性能和控制成本具有显著的灵活性，是模型的前端，使决策者能够评估当前和未来的土地用途的雨水控制需求。尽管 Poll-Track 已经被设计成使用 AVGWLF 的输出，Poll-Track 可以很容易地配置为使用任何公共或商业领域模型和其他地理区域的输出。Poll-Track 的应用将在 8.2 节中说明。

14.8 案例研究

14.8.1 场地规模或小流域案例

在小流域层面，为前面讨论过的 Mill Neck Creek 案例建立的流域模型，使用美国 EPA 的 SWMM 框架，表征污染物的简单衰减并评估河道的浓度。该模型将 Mill Neck Creek 模拟为一系列水文连接的子流域，如图 14-7 所示。

SWMM 模型的建立需使用影响径流总量的有关流域特征数据（如土地利用分布、不透水率、表面粗糙度、蒸散、入渗和洼地存储）。根据 USGS 站点从 1997 年 1 月～2000

年 3 月的流量记录估算出代表性基流，作为从 1997 年到 2002 年连续模拟的恒定基流。不透水百分比值根据土地利用分类而选定，并利用研究区域的航拍照片来确保选择的参数是典型的当地自然地理条件。

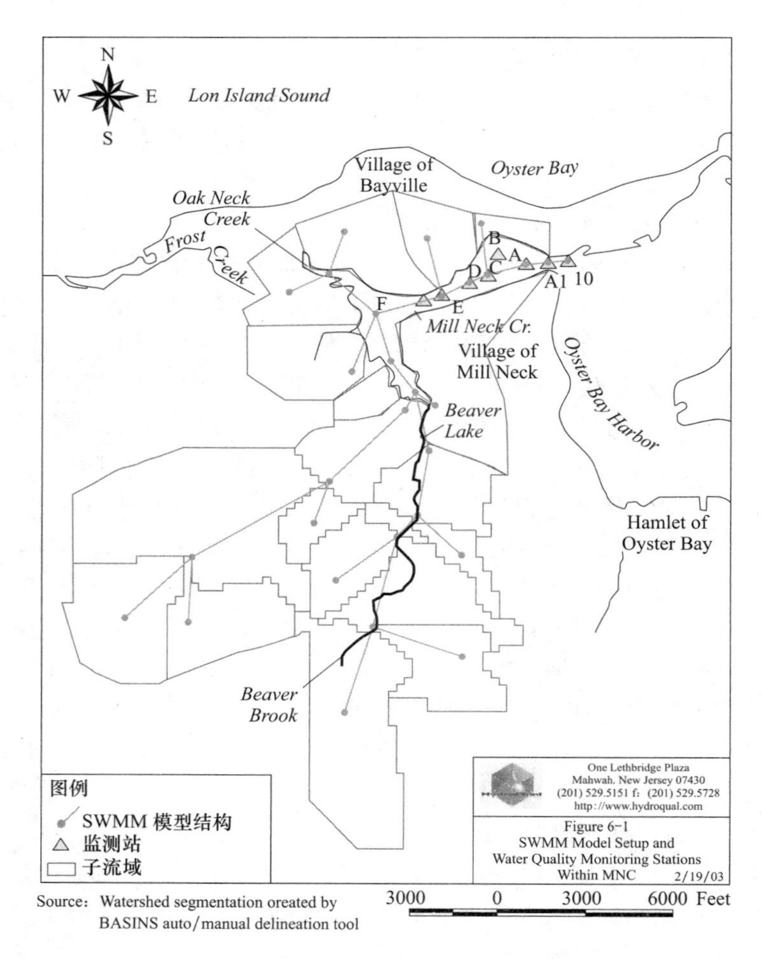

图 14-7　Mill Neck Creek 研究中的子流域

资料来源：流域使用 BASIN 自动/手动描绘工具划分。

图 14-6 所示的两个图对应于流量的时间序列对比以及在模型率定期间流量对比超过的概率。率定水文参数后，通过建立每种用途土地的总大肠菌群累积率，对水质进行了模拟。同样用途的土地，其浓度是不同的，这反映出野生动物和水鸟的数量不同以及房屋是否与污水处理厂或化粪池连接。在模型中，总大肠菌负荷与总大肠菌积累和冲刷有关，其中总大肠菌积累是两次降雨径流之间时间间隔的函数。大肠菌群的累积被假定为是线性的，即以均匀的速率积累，并持续以该速率积累（没有最大值），直到一部分被足够强度和持续时间的降雨冲刷掉。对不同土地用途的统一累积率进行了调整，以获得对 Mill Neck Creek 有条件的站点和牡蛎湾港边界站的监测数据最佳的拟合，如图 14-6[1] 所示。

[1] 译者注：图 14-6 是总氮不是大肠菌群，与此段说明不符。

根据水文和水质条件的率定，该模型被用来评估类似湿地和消毒等概念性雨水控制。工艺单元的去除百分比用来表征这些控制设施的削减可能。总体目标是概念性筛选控制措施，然后通过大量的监测，准确地说明各种病原体的来源，以支持雨水控制的最终设计。对于这种适应性的实施过程，在这里所选择的模型框架足以支持筛选层次的分析，也灵活地升级用于未来的详细评估。这种可扩展性和适应性被利益相关者视为一个重要的考虑因素。NYSDEC（2003）开展的工作被《牡蛎湾港城的朋友们》（2009）用来规划和实施去除病原体的雨水控制。

14.8.2　流域规模综合案例

本案例的详细信息见 Rangarajan 等人（2005）和 Rangarajan 等人（2007；2008）的研究报告。长岛海峡有着重要的娱乐与商业价值；不幸的是，低溶解氧（缺氧）明显影响了海湾的水质。长岛海湾 TMDL 要求点源总氮削减 58.5%（被认为是主要污染物），邻近海湾的排水区域的非点源总氮要削减 10%，如图 14-8 所示。

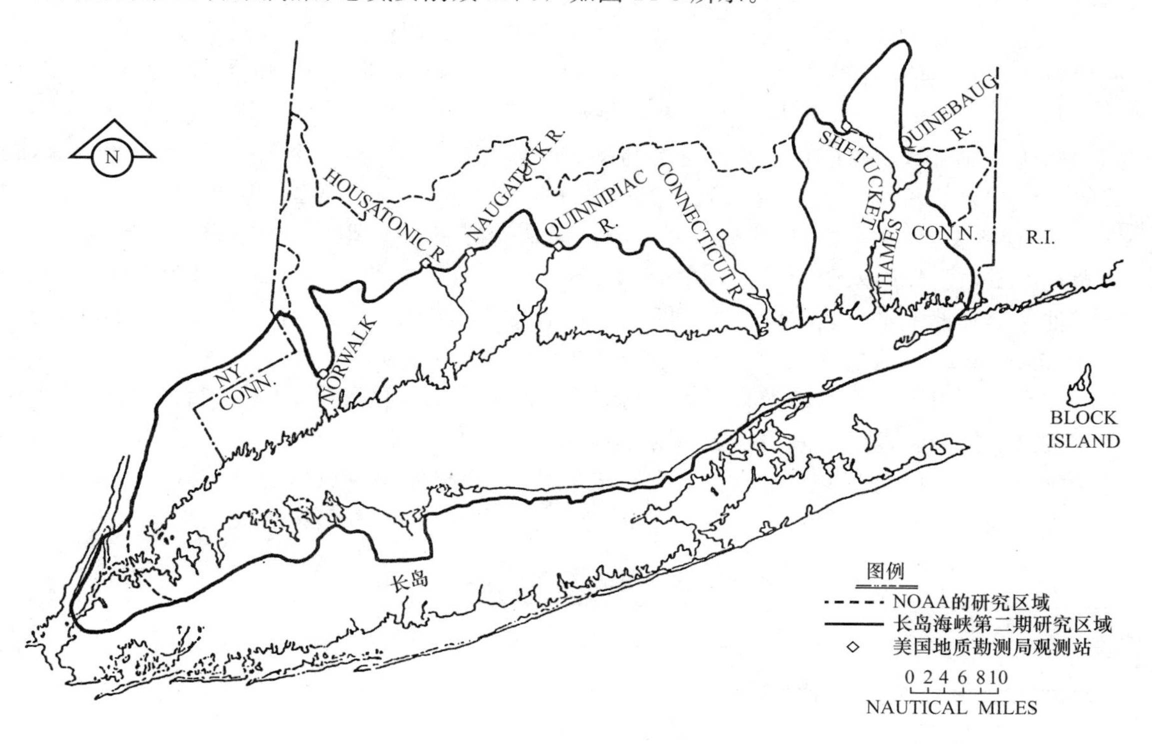

图 14-8　长岛海峡流域内的排水区

长岛海峡非点源和流域工作组举行的头脑风暴会议确定了对模型的以下重点要求：

（1）兼顾城市和农业控制；

（2）公共领域模型，可以被分配到各个城市、流域机构、康涅狄格州和农业技术推广中心，便于将来使用；

（3）容易与 GIS 数据库衔接，能够根据过去，现在和未来的土地利用和其他细节来评估氮负荷；

（4）允许使用规划级的建设和维护成本及标准（如建筑物大小，雨水控制设施施工的围栏和通道，以及其他地方和国家法令)，以指导控制设施的筛选和选择；

(5) 提供根据当地的地理环境和气候条件，考虑雨水控制设施性能变化的灵活性，从而保证雨水控制设施能够符合城市和农业非点源氮污染负荷降低 10%的要求；

(6) 加入与点源相应的处理成本和氮的削减因子，使未来可对点源和非点源之间的污染物成本效益交易策略进行评估。

建立了公共领域和商业雨水控制模型的比较矩阵，以支持模型筛选过程，选择出来进一步讨论的 4 个模型是 AVGWLF，LIFE，MUSIC，和 SLAMM。美国环境保护局和康涅狄格州、纽约州的人员讨论了这些模型优点和局限性，最终 AVGWLF 被选为推荐模型。

采用的率定策略是将 AVGWLF 对流量和污染物负荷的预测值分别与监测的流量数据，以及康涅狄格州环保部门原先采用 HSPF 框架模型研究 (AQUA TERRA and HydroQual，2001) 的预测值进行了比较。CTDEP 研究的率定和验证时期 (1986 年～1995 年) 代表了最近的可用的模型输入、执行数据和率定数据，也代表了大范围的水文情况。整个这 10 年数据被用于 AVGWLF 模型的率定。

在此分析该框架应用于其中一个率定流域，Quinnipiac 河的情况。图 14-5 显示了按天时间序列的流量数据的比较。总体来说，AVGWLF 模拟的流量与所观察到的数据匹配良好。

基于从率定流域建立的通用水文和污染物负荷参数，AVGWLF 应用于康涅狄格州和纽约州的其他流域。模拟时段被设定为与率定时段相同，从 1985 年 4 月至 1995 年 3 月，计算流量和总氮负荷。该模型的输出然后被转输到 Poll-Track 模型 (Rangarajan *et al.*，2008)，该模型是根据当地流域范围开发的，用来支持流域管理的管理模型。该流域点污染负荷严重，已经纳入康涅狄格州的 NPDES 计划。氮负荷的其余部分由城市土地利用、化粪池系统、地下水以及在较小的程度上农业用地混合提供。方案 1，如表 14-7 所示，列出了 Quinnipiac 河流域现有的由不同点源和非点源贡献的基础总氮负荷。

方案 2 列出了一系列选择的雨水控制下的总氮负荷，包括农业土地的肥料管理和城市土地的人工湿地。该方案采用了成本和削减率的默认值。如表 14-7 所示，方案 2 通过所选用的雨水控制设施减少的总氮负荷列于 12～22 行，整体总氮负荷的有效减少率相对于基础方案为 5.5%，见 33 行。与此方案相关的总成本大约是 3360 万美元。

Poll-Track 应用案例 (lb×0.4536=kg)　　**表 14-7**

序号	Quinnipiac 河	方案			
		1	2	3	4
1	**已有负荷** (lb)				
2	中耕作物	8726.9	8726.9	8726.9	8726.9
3	干草/牧场	47491.6	47491.6	47491.6	47491.6
4	高密度城区	113364.4	113364.4	113364.4	113364.4
5	低密度城区	97542.3	97542.3	97542.3	97542.3
6	其他	68102.7	68102.7	68102.7	68102.7
7	河岸冲蚀	13194.0	13194.0	13194.0	13194.0
8	地下水/地下	440179.0	440179.0	440179.0	440179.0
9	点源排放	1161504.9	1161504.9	1161504.9	1161504.9
10	化粪池系统	143081.9	143081.9	143081.9	143081.9
11	**总计**	2093187.8	2093187.8	2093187.8	2093187.8

续表

序号	Quinnipiac 河	方案			
		1	2	3	4
12	**未来负荷**（lb）				
13	中耕作物	8726.9	2604.5	2604.5	1881.2
14	干草/牧场	47491.6	22480.6	22480.6	15334.6
15	高密度城区	113364.4	72593.8	72593.8	53407.6
16	低密度城区	97542.3	87712.4	87712.4	83086.5
17	其他	68102.7	68102.7	68102.7	68102.7
18	河岸冲蚀	13194.0	13194.0	13194.0	13194.0
19	地下水/地下	440179.0	407557.3	407557.3	407557.3
20	点源排放	1161504.9	1161504.9	1161504.9	1161504.9
21	化粪池系统	143081.9	143081.9	143081.9	143081.9
22	**总计**	2091187.7	1978832.0	1978832.0	1947150.7
23	**负荷削减率**				
24	中耕作物	0.0	70.2	70.2	78.4
25	干草/牧场	0.0	52.7	52.7	67.7
26	高密度城区	0.0	36.0	36.0	52.9
27	低密度城区	0.0	10.1	10.1	14.8
28	其他	0.0	0.0	0.0	0.0
29	河岸冲蚀	0.0	0.0	0.0	0.0
30	地下水/地下	0.0	7.4	7.4	7.4
31	点源排放	0.0	0.0	0.0	0.0
32	化粪池系统	0.0	0.0	0.0	0.0
33	**总计**	0.0	5.5	5.5	7.0
34	成本				
35	农业 BMPs				
36	BMP 1	0	20000	20000	20000
37	BMP 2	0	0	0	0
38	BMP 3	0	0	0	0
39	BMP 4	0	0	0	0
40	BMP 5	0	0	0	0
41	BMP 6	0	1122000	2244000	1122000
42	BMP 7	0	0	0	0
43	河道成本	0	3078	3078	3078
44	农业总成本	0	1145078	2267078	1145078
45	城区 *BMPS*				
46	调蓄池	0	0	0	0
47	人工湿地	0	32500000	65000000	32500000
48	植被缓冲带	0	0	0	0
49	城区 BMP 总成本	0	32500000	65000000	32500000
50					
51	总成本	$0	$33645080	$67267080	$33645080

方案 3 和方案 4 说明用户如何根据现场的具体成本和去除效率，进行敏感性分析。方

案 3 将肥料管理和湿地成本简单地增加了 1 倍，同时其他雨水控制成本保持为默认值的。此时总成本，对于同样的有效削减率 5.5%，增加至约 6720 万美元。方案 4 采用默认的成本值，但提高了全部控制设施选用的削减率，有效削减率增加至 7.0%，相关的总成本为 3360 万美元。

应当注意的是，此流域范围的案例，对于城市和非城市土地使用的各类概念化雨水控制设施，也使用了固定的百分比去除率。大流域范围的评估，如上述长岛海湾案例，如果要尽可能详尽地，会需要大量的财务和计算机资源。决策支持系统可以允许用户采用较粗的或中等程度的细节水平演示雨水控制情况，从而可以高效率地进行评估以支持决策。

14.9　分析工具的进展

本章已经讨论了与分析工具的选择和应用相关的常见挑战和具体考虑。不过，近期来自用户群的挑战或期望，可能影响这些工具在 21 世纪应用于城市雨水管理的方式。这些内容将在以下各节中进行简要讨论。

14.9.1　气候变化

学术界和联邦机构已经在扩充模型，以满足最近城市流域从业者所面临的与气候变化相关的挑战。气候条件的长期变化已被研究人员进行了数十年的研究；然而，纽约市（http://www.nyc.gov/html/planyc2030/HTML/theplan/climate-change.shtml）和其他重要的大城市中心最近的报告突出了以下潜在问题：

（1）海平面上升可能影响海岸线附近的雨水控制；

（2）相比原先用于确定雨水控制规模的历史数据，峰值强度和/或降雨量的增加；

（3）气温和水温的增加，会潜在地影响类似湿地等控制的性能。

评估气候变化潜在影响的主要挑战，是将大气环流模型（GCM）的预测转换到当地流域规模时的不确定性。将 GCM 输出降低尺度已有大量的研究者进行尝试，而且不同 GCM 模型之间的比较相当多样，且令人费解（IPCC，2007；NYCDEP，2008）。考虑到这些不确定性，一般的建议是对那些受气候变化（温度、降雨强度和海平面上升）影响的具体参数，以及它们对单一雨水控制水量和水质方面的作用，进行一系列的敏感性分析。如果已建的控制设施不足以满足未来气候变化条件下所需的防洪和水质目标，雨水控制设施的适应性设计和改造可能是必要的。

14.9.2　可持续性

峰值流量、径流总量及水质法规通常指导城市流域的雨水控制设施的筛选和实施。可持续发展，虽然最早自 20 世纪 90 年代初在水资源文献中讨论，已逐渐成为新的指导雨水管理的模式。控制设施应该同时考虑今天的监管要求，和未来几代人长期利益的需要。Pitt 和 Clark（2008）最近讨论了对于这种模式建模工具的适应性，以在雨水控制中考虑流域可持续发展的要素。

传统的雨水管理的一个缺陷是，雨水被当做问题来管理。显著的冲蚀，洪水，或水质的影响都支持这一观点。相反，如果将其看作是整个水循环的一部分，那么它在原来的地方就变成可被最大程度利用的资源，仅在大型降雨期间超量的流量仍然是要管理的问题。为了满足未来几代人的需求，水资源的可用性、水质和可承受性是全球关注的问题。

雨水回用，用作如草坪或花园的灌溉，冷却水的补给和冲厕，会减少对经处理作为饮用水等优质水的需求。各机构，包括美国绿色建筑委员会，已经制定了雨水就地利用的导则，适用于新建和改建项目，以获得可持续性信誉。取决于气候条件，雨水控制应选择一个健全的方式，在常规降雨情况下将雨水回用最大化，在极端降雨情况下激活安全保障机制（例如，一根安装在水箱底部的泄水管，配有一个根据水箱水位开启的闸门）以避免洪涝灾害。在这种情况下，分析工具应该是灵活的，其中包含简单的水量平衡（例如，城市水循环）的方法来核算现场的雨水回用。模型，如 SLAMM 和美国 EPA 的 SWMM，可以很容易地通过现存系统的元素，如水泵，存储节点，和实时控制（如启发式操作规则）来核算雨水回用，可以重现与雨水控制相关的现实过程，并进行评估。

14.9.3　城市排水综合模型

在超级市区和郊区流域，街区产生的雨水通过下水道输送到接收水域。当雨水或下水道能力有限时，雨水根据地面坡度沿着道路流动。类似 US EPA 的 SWMM 等模型，可以通过对进口收缩或管道尺寸的适当配置来表示这些限制。在这些模型中，地表径流路径可以根据地形坡度，定义为准二维的渠道来表示。美国和欧洲的洪水淹没事件，已经导致决策者越来越渴望模拟下水道和坡面径流通道的相互作用，还有与其他影响因素如潮汐等的联系，以来分析城市地区对于洪水或飓风风险的脆弱性。

在管网模型与地表洪水演进模型集成方面的进展，可以让决策者明确地分析管网系统和地表径流途径之间的相互作用。几所大学的研究人员和专有模型的开发者促进了这些发展。如下所示：

（1）XP-SWMM 2D——XP-SWMM 模型和采用浅水方程进行地面径流演算的 DU-FLOW 二维模型的演算相结合（XP-SWMM，2011）；

（2）WL Delft 水力研究所的 SOBEK 模型（WL Delft，2011）；

（3）美国陆军工程兵团 HEC-HMS 和 HEC-RAS 耦合的模型（HEC，2011）；

（4）InfoWorks 2D——综合了 InfoWorks 管网收集系统和一个二维演算模型（MWH Soft，2011）；

（5）MIKE URBAN——DHI 开发的一个城市排水综合模型（2011）。

应当注意的是，与这些模型相关联的计算需求，相比传统的城市排水一维模型会成倍增长。然而，洪水可能导致对公众显著的经济和心理影响，并可能要求开展这些全面的研究，来支持防洪减灾工作、保险评估和应急管理规划。

参 考 文 献

第 1 章　参考文献

American Society of Civil Engineers; Water Environment Federation (1992) *Design and Construction of Urban Stormwater Management Systems;* ASCE Manuals and Reports of Engineering Practice No. 77; WEF Manual of Practice No. FD-20; American Society of Civil Engineers: New York.

Bedient, P. B.; Huber, W. C.; and Vieux, B. E. (2008) *Hydrology and Floodplain Analysis;* Prentice Hall: New York, 816 pp.

Brown, R. A.; Hunt, W. F., III (2011) Impacts of Media Depth on Effluent Water Quality and Hydrologic Performance of Undersized Bioretention Cells. *J. Irrigation Drainage Eng.,* **137,** 132.

Carpenter, D. D.; Kaluvakolanu, P. (2011) Effect of Roof Surface Type on Storm-Water Runoff from Full-Scale Roofs in a Temperate Climate. *J. Irrigation Drainage Eng.,* **137,** 161.

Clary, J.; Quigley, M.; Poresky, A.; Earles, A.; Strecker, E.; Leisenring, M.; Jones, J. (2011) Integration of Low-Impact Development into the International Stormwater BMP Database. *J. Irrigation Drainage Eng.,* **137,** 190.

Debo, T. N.; Reese, A. J. (2002) *Municipal Stormwater Management.* 2nd ed.; CRC Press: Boca Raton, Florida, 1176 pp.

He, Z.; Davis, A. P. (2011) Process Modeling of Storm-Water Flow in a Bioretention Cell. *J. Irrigation Drainage Eng.,* **137,** 121.

Jones, J.; Clary, J.; Strecker, E.; Quigley, M. (2008) 15 Reasons You Should Think Twice Before Using Percent Removal to Assess BMP Performance. *Stormwater,* **9** (1).

Lucas, W. C.; Greenway, M. (2011) Phosphorus Retention by Bioretention Mesocosms Using Media Formulated for Phosphorus Sorption: Response to Accelerated Loads. *J. Irrigation Drainage Eng.,* **137,** 144.

Machusick, M.; Welker, A.; Traver, R. (2011) Groundwater Mounding at a Storm-Water Infiltration BMP. *J. Irrigation Drainage Eng.,* **137,** 154.

Maidment, D. (Ed.) (1993) *Handbook of Hydrology;* McGraw-Hill: New York.

National Research Council (2008) *Urban Stormwater Management in the United States;* The National Academies Press: Washington, D.C.

Nelson, A. C. (2004) Toward a New Metropolis: The Opportunity to Rebuild America. Paper prepared for the Brookings Institution Metropolitan Policy Program, Brookings Institution: Washington, D.C.

Sileshi, R.; Pitt, R.; Clark, S. (2010) Enhanced Biofilter Treatment of Urban

Stormwater by Optimizing the Hydraulic Residence Time in the Media. *Proceedings of American Society of Civil Engineers/Environmental & Water Resources Institute Watershed 2010: Innovations in Watershed Management under Land Use and Climate Change* [CD-ROM]; Madison, Wisconsin; Aug 23–27.

Strecker, E. W.; Huber, W. C.; Heaney, J. P.; Bodine, D.; Sansalone, J. J.; Quigley, M. M.; Pankani, D.; Leisenring, M.; Thayumanavan, P. (2005) *Critical Assessment of Stormwater Treatment and Control Selection Issues;* Report No. 02-SW-1; Water Environment Research Federation: Alexandria, Virginia.

U.S. Environmental Protection Agency (2009) Stormwater Management for Federal Facilities under Section 438 of the Energy Independence and Security Act. http://www.epa.gov/owow/NPS/lid/section438/ (accessed May 5, 2011).

第2章 参考文献

Barrett, M. E.; Malina, J. F., Jr.; Charbeneau, R. J.; Ward, G. H. (1995) *Water Quality and Quantity Impacts of Highway Construction and Operation: Summary and Conclusions;* Report No. 266; Center for Research in Water Resources: The University of Texas at Austin: Austin, Texas.

Bledsoe, B. P. (2002a) Stream Erosion Potential and Stormwater Management Strategies. *J. Water Resour. Plann. Manage.,* **128,** 451.

Bledsoe, B. P. (2002b) Relationships of Stream Responses to Hydrologic Changes. In *Linking Stormwater BMP Designs and Performance to Receiving Water Impact Mitigation;* Proceedings of an Engineering Foundation Conference; Snowmass Village, Colorado; Aug 19–24, 2001; Urbonas, B. R., Ed.; American Society of Civil Engineers: Reston, Virginia.

Bledsoe, B. P.; Hawley, R.; Stein, E. D. (2008) *Stream Channel Classification and Mapping Systems: Implications for Assessing Susceptibility to Hydromodification Effects in Southern California;* Southern California Coastal Water Research Project: Costa Mesa, California.

Booth, D. B.; Jackson, C. R. (1997) Urbanization of Aquatic Systems: Degradation Thresholds, Stormwater Detection, and the Limits of Mitigation. *J. Am. Water Resour. Assoc.,* **33** (5), 1077.

Booth, D. B.; Montgomery, D. R.; Bethel, J. (1997) Large Woody Debris in Urban Streams of the Pacific Northwest. *Proceedings of the Effects of Watershed Development and Management on Aquatic Ecosystems Engineering Foundation Conference;* Snowbird, Utah; Aug 4–9, 1996; Roesner, L. A., Shaver, E., Horner, R. R., Eds.; American Society of Civil Engineers: New York; pp 178–197.

Booth, D. B.; Henshaw, P. C. (2001) Rates of Channel Erosion in Small Urban Streams. In *Land Use and Watersheds, Human Influence on Hydrology and Geomorphology in Urban and Forest Areas*; Wigmosta, M. S.; Burges, S. J., Eds.; American Geophysical Union: Washington, D.C.; pp 17–38.

Booth, D. B.; Karr, J. R.; Schauman, S.; Konrad, C. P.; Morley, S. A.; Larson, M. G.; Burger, S. J. (2004) Reviving Urban Streams: Land Use, Hydrology, Biology, and Human Behavior. *J. Am. Water Resour. Assoc.*, **40** (5), 1351.

Brandes, D.; Cavallo, G. J.; Nilson, M. L. (2005) Base Flow Trends in Urbanizing Watersheds of the Delaware River Basin. *J. Am. Water Resour. Assoc.*, **41** (6), 1377.

Burton, G. A., Jr.; Pitt, R. (2002) *Stormwater Effects Handbook: A Tool Box for Watershed Managers, Scientists, and Engineers;* CRC Press: Boca Raton, Florida; p 911.

Caraco, D. (2000) Dynamics of Urban Stream Channel Enlargement. In *The Practice of Watershed Protection*; Schueler, T. R., Holland, H. K., Eds.; Center for Watershed Protection: Elliott City, Maryland.

Cassin, J.; Fuerstenberg, R.; Tear, L.; Whiting, K.; St. John, D.; Murray, B.; Burkey, J. (2005) *Development of Hydrological and Biological Indicators of Flow Alteration in Puget Sound Lowland Streams*; Final Report; King County Water and Land Resources Division: Seattle, Washington.

Center for Watershed Protection, Inc., Stormwater Manager's Resource Center Home Page. http://www.stormwatercenter.net (accessed May 4, 2011).

Craun, G. F.; Calderon, R. L.; Frost, F. J. (1996) An Introduction to Epidemiology. *J.—Am. Water Works Assoc.*, **88** (9), 54.

Craun, G. F.; Berger, P. S.; Calderon, R. L. (1997) Coliform Bacteria and Waterborne Disease Outbreaks. *J.—Am. Water Works Assoc.*, **89** (3), 96.

Crunkilton, R.; Kleist, J.; Ramcheck, J.; DeVita, W.; Villeneueve, D. (1997) Assessment of the Response of Aquatic Organisms to Long-Term In-Situ Exposures to Urban Runoff. *Proceedings of the Effects of Watershed Development and Management on Aquatic Ecosystems Engineering Foundation Conference;* Snowbird, Utah; Aug 4–9, 1996; Roesner, L. A., Ed.; American Society of Civil Engineers: New York.

Donigian, A. S.; Love, J. T. (2005) The Use of Continuous Watershed Modeling to Address Issues of Urbanization and Channel Stability in Southern California. *Proceedings of the World Environmental and Water Resources Congress;* Anchorage, Alaska; May 15–19; Walton, R., Ed.; American Society of Civil Engineers: Reston, Virginia.

Douglas, I. (1985) Urban Sedimentology. *Prog. Physical Geography*, **9** (2), 255.

Ehrenfeld, J. G.; Schneider, J. P. (1983) *The Sensitivity of Cedar Swamps to the Effects of Non-Point Pollution Associated with Suburbanization in the New Jersey Pine Barrens;* Report No. PB8–4-136779; U.S. Environmental Protection Agency, Office of Water Policy: Washington, D.C.

Eisele, M.; Steinbrich, A.; Hildebrand, A.; Leibundgut, C. (2003) The Significance of Hydrological Criteria for the Assessment of the Ecological Quality in River Basins. *Phys. Chem. Earth*, **28** (12–13), 529.

Fitzpatrick, F. A.; Peppler, M. C. (2007) Changes in Aquatic Habitat and Geomorphic Response to Urbanization, with Implications for Assessing Habitat Degradation. *Proceedings of the World Environmental and Water Resources Congress;* Tampa, Florida; May 15–19; Kabbes, K. C., Ed.; American Society of Civil Engineers: Reston, Virginia.

Gracie J. W.; Thomas, W. A. (2004) Sediment Transport in Some Eastern United States Streams. *Proceedings of the World Environmental and Water Resources Congress;* Salt Lake City, Utah; June 27–July 1; Sehlke, G., Hayes, D. F., Stevens, D. K., Eds.; American Society of Civil Engineers: Reston, Virginia.

Henshaw, P. C.; Booth, D. B. (2000) Natural Restabilization of Stream Channels in Urban Watersheds. *J. Am. Water Resour. Assoc.,* **36** (6), 1219.

Hollis, G. E. (1975) The Effect of Urbanization on Floods of Difference Recurrence Interval. *Water Resour. Res.,* **11**, 431.

Ibendahl, E.; Medina, D. E. (2008) A Practical Methodology to Evaluate Hydromodification Performance of Conventional and Low Impact Development Stormwater Controls. *Proceedings of the 3rd National Low Impact Development Conference;* Seattle, Washington; Nov 16–19; She, N., Char, M., Eds.; American Society of Civil Engineers: Reston, Virginia.

Kang, R. S.; Marston, R. A. (2006) Geomorphic Effects of Rural-to-Urban Land Use Conversion on Three Streams in the Central Redbed Plains of Oklahoma. *Geomorphology,* **79** (3–4), 488.

Kay, D. (1994) Predicting Likelihood of Gastroenteritis from Sea Bathing: Results from Randomized Exposure. *Lancet,* **344** (8927), 905.

Kennen, J. G.; Ayers, M. A. (2002) *Relation of Environmental Characteristics to the Composition of Aquatic Assemblages Along a Gradient of Urban Land Use in New Jersey, 1996–98;* Water-Resources Investigations Report 02–4069; U.S. Geological Survey: West Trenton, New Jersey; p 78.

Kirby, C. W. (2003) *Benthic Macroinvertebrate Response to Post-Development Stream Hydrology and Hydraulics;* UMI Microform 3079343; Ph.D. Dissertation, George Mason University, Fairfax, Virginia.

Konrad, C. P.; Booth, D. B. (2002) Hydrologic Trends Associated with Urban Development for Selected Streams in the Puget Sound Basin, Western Washington; Water-Resources Investigations Report 02–4040; U.S. Geological Survey: Tacoma, Washington.

Lane, E. W. (1955) Stable Channel Design. *Trans. Am. Soc. Civ. Eng.,* 120, 1234–1279.

Lee, G. F.; Jones-Lee, A. (1995) Deficiencies in Stormwater Quality Monitoring. In Stormwater NPDES Related Monitoring Needs. *Proceedings of an American Society of Civil Engineers Engineering Foundation Conference;* Mt. Crested Butte, Colorado; Aug; Torno, H. C., Ed.; American Society of Civil Engineers: New York.

MacRae, C. R. (1993) An Alternative Design Approach for the Control of Stream Erosion Potential in Urbanizing Watersheds. *Proceedings of the Sixth International Conference on Urban Storm Drainage,* Niagara Falls, Ontario, Canada; Sept 12–17; Seapoint Publishing: Victoria, British Columbia, Canada.

MacRae, C. R. (1997) Experience from Morphological Research on Canadian Streams: Is the Control of the Two-Year Frequency Runoff Event the Best Basis for Stream Channel Protection? In *Effects of Watershed Development and Management of Aquatic Ecosystems*; Roesner, L. A., Ed.; American Society of Civil Engineers: New York; pp 144–162.

MacRae, C. R.; Rowney, A. C. (1992) The Role of Moderate Flow Events and Bank Structure in the Determination of Channel Response to Urbanization. *Proceedings of the 45th Annual Conference on Resolving Conflicts and Uncertainty in Water Management;* Canadian Water Resources Association: Kingston, Ontario, Canada.

May, C. W.; Horner, R. R.; Karr, J. R.; Mar, B. W.; Welch, E. B. (1997) Effects of Urbanization on Small Streams in the Puget Sound Lowland Ecoregion. *Watershed Protection Tech.,* **2** (4), 483.

McCuen, R. H. (1979) Downstream Effects of Stormwater Management Basins. *J. Hydraulic Div.,* **105,** 1343.

Medina, D. E.; Mittag, M.; Kealy, M. J.; Brown, B. (2007) Quantification of Aquatic Ecosystem Improvements through Flow Regime Restoration. *Proceedings of the 5th International Conference on Urban Watershed Management and Mountain River Protection and Development;* Chengdu, China; April 3–5.

Meyer, J. L.; Paul, M. J.; Taulbee, W. K. (2005) Stream Ecosystem Function in Urbanizing Landscapes. *J. North Am. Benthic Soc.,* **24** (3), 602.

Moglen, G. E.; McCuen, R. H. (1988) Effects of Detention Basins on In-Stream Sediment Movement. *J. Hydrology,* **104,** 129.

Moore, A. A.; Palmer, M. A. (2005) Invertebrate Biodiversity in Agricultural and Urban Headwater Streams: Implications for Conservation and Management. *Ecol. Applications,* **15** (4), 1169.

Neller, R. J. (1988) A Comparison of Channel Erosion in Small Urban and Rural Catchments, Armidale, New South Wales. *Earth Surf. Processes Landforms,* **13,** 1.

Neller, R. J. (1989) Induced Channel Enlargement in Small Urban Catchments, Armidale, New South Wales. *Environ. Geol. Water Sci.,* **14** (3), 167.

Nelson, K.; Palmer, M. A. (2007) Predicting Stream Temperature Under Urbanization and Climate Change: Implications for Stream Biota. *J. Am. Water Resour. Assoc.,* **43,** 440.

Ney, J. J.; Van Hassel, J. H. (1983) Sources of Variability in Accumulation of Heavy Metals by Fishes in a Roadside Stream. *Arch. Environ. Contam. Toxicol.,*

12 (6), 701.

O'Shea, M.; Field, R. (1992a) An Evaluation of Bacterial Standards and Disinfection Practices Used for the Assessment and Treatment of Stormwater. *Adv. Appl. Microbiol.*, **37**, 21.

O'Shea, M.; Field, R. (1992b) Detection and Disinfection of Pathogens in Storm-Generated Flows. *Can. J. Microbiol.*, **38** (4), 267.

Palhegyi, G. E.; Bicknell, J. (2004) Using Concepts of Work to Evaluate Hydromodification Impacts on Stream Channel Integrity and Effectiveness of Management Strategies. *Proceedings of the World Environmental and Water Resources Congress*; Salt Lake City, Utah; June 27–July 1.

Palmer, M. A.; Hart, D. D.; Allan, J. D.; Bernhardt, E. (2003) Bridging Engineering, Ecological, and Geomorphic Science to Enhance Riverine Restoration: Local and National Efforts. *Proceedings of a National Symposium on Urban and Rural Stream Protection and Restoration World Environmental and Water Resources Congress*; Philadelphia, Pennsylvania; June.

Paul, M. J.; Meyer, J. L. (2001) Streams in the Urban Landscape. *Annu. Rev. Ecol. Syst.*, **32**, 333.

Pavlowsky, R. T. (2004) Urban Impacts on Stream Morphology in the Ozark Plateaus Region. *Proceedings of the Self-Sustaining Solutions for Streams, Wetlands, and Watersheds Conference*; St. Paul, Minnesota; Sept 12–15.

Pitt, R.; Bozeman, M. (1982) *Sources of Urban Runoff Pollution and Its Effects on an Urban Creek*; EPA-600/52-82-090; U.S. Environmental Protection Agency: Cincinnati, Ohio.

Pitt, R.; Clark, S.; Parmer, K. (1994) *Protection of Groundwater from Intentional and Nonintentional Stormwater Infiltration*; EPA-600/SR-94–051 PB94–165354AS; U.S. Environmental Protection Agency, Storm and Combined Sewer Program: Cincinnati, Ohio; p 187.

Pomeroy, C. A.; Postel, N. A.; O'Neill, P. A.; Roesner, L. A. (2008) Development of Stormwater Management Design Criteria to Maintain Geomorphic Stability in a Kansas City Metropolitan Area Stream. *J. Irrigation Drainage Eng.*, **134** (5), 562.

Pomeroy, C. A.; Roesner, L. A.; Coleman, J. C.; Rankin, E. (2008) *Protocols for Evaluating Wet Weather Practices and Urbanization Patterns;* Final Report No. 03-WSM-3; Water Environment Research Foundation: Alexandria, Virginia.

Roesner, L. A.; Bledsoe, B. P.; Brashear, R. W. (2001) Are Best-Management-Practice Criteria Really Environmentally Friendly? *J. Water Resour. Plann. Manage.*, **127**, 150.

Rohrer, C. A. (2004) Modeling the Effect of Stormwater Controls on Sediment Transport in an Urban Stream. M.S. Thesis, Department of Civil Engineering, Colorado State University, Fort Collins, Colorado.

Roy, A. H.; Freeman, M. C.; Freeman, B. J.; Wenger, S. J.; Ensign, W. E.; Meyer, J. L. (2006) Importance of Riparian Forests in Urbanizing Watersheds Contingent on Sediment and Hydrologic Regimes. *Environ. Manage.*, **37** (4), 523.

Schueler, T., Ed. (1997) Impact of Suspended and Deposited Sediment. *Watershed Protection Tech.*, **2** (3), 443.

Scoggins, M. (2000) Effects of Hydrologic Variability on Biological Assessments in Streams in Austin, Texas. *Proceedings of the National Water Quality Monitoring Council 2000;* Watershed Protection Department: Austin, Texas.

Soar, P. J.; Thorne, C. R. (2001) *Channel Restoration Design for Meandering Rivers;* ERDC/CHL CR-01–1; U.S. Army Corps of Engineers, Engineer Research and Development Center: Washington, D.C.

Tyagi, A.; Chongtoua, B.; Medina, D.; Patwardhan, A.; Slater, C. (2008) Management of Dry Weather Flows in Semi Arid Climates Using Low Impact Development Technology. *Proceedings of the World Environmental and Water Resources Congress;* Honolulu, Hawaii; May 12–16.

Trimble, S. W. (1997) Contribution of Stream Channel Erosion to Sediment Yield from an Urbanizing Watershed. *Science*, **278** (5342), 1442.

U.S. Department of Agriculture (1986) *Urban Hydrology for Small Watersheds; Technical Release 55*; Natural Resources Conservation Service, Conservation Engineering Division: Washington, D.C.

Walsh, C. J.; Roy, A. H.; Feminella, J. W.; Cottingham, P. D.; Groffman, P. M.; Morgan, R. P., II (2005) The Urban Stream Syndrome: Current Knowledge and the Search for a Cure. *J. North Am. Benthol. Soc.*, **24** (3), 706.

Wang, L.; Lyons, J.; Kanehl, P.; Bannerman, R.; Emmons, E. (2000) Watershed Urbanization and Changes in Fish Communities in Southeastern Wisconsin Streams. *J. Am. Water Resour. Assoc.*, **36**, 1173.

Watson, C. C.; Bledsoe, B. P.; Biedenharn, D. S. (2001) Specific Stream Power and a Risk-Based Design Approach. *Proceedings of the American Society of Civil Engineers Wetlands Engineering and River Restoration Conference*, Reno, Nevada, Aug 27–31.

Weber, D.; Sturm, T. W.; Warner, R. (2004) Impact of Urbanization on Sediment Budget of Peachtree Creek. In *Critical Transitions in Water and Environmental Resources Management*, Proceedings of the World Environmental and Water Resources Congress, Salt Lake City, Utah, June 27–July 1.

Wellman, J. C.; Combs, D. L.; Cook, S. B. (2000) Long-Term Impacts of Bridge and Culvert Construction or Replacement on Fish Communities and Sediment Characteristics of Streams. *J. Freshwater Ecol.*, **15** (3), 317.

Wolman, M. G. (1967) A Cycle of Sedimentation and Erosion in Urban River Channels. *Geografiska Annaler*, **49A**, 385.

推荐读物

Ashmore, P. E.; Day, T. J. (1988) Effective Discharge for Suspended Sediment Transport in Streams of the Saskatchewan River Basin. *Water Resour. Res.*, **34,** 864.

Federal Emergency Management Agency (1999) *Riverine Erosion Hazard Areas: Mapping Feasibility Study;* Federal Emergency Management Agency: Washington, D.C.

Kresan, P. L. (1988) The Tucson, Arizona Flood of October 1983—Implications for Land Management Along Alluvial River Channels. In *Flood Geomorphology;* Baker, V. R.; Kochel, R. C.; Patton, P. C.; Eds.; Wiley & Sons: New York.

Leopold, L. B.; Wolman, M. G.; Miller, J. P. (1964) *Fluvial Processes in Geomorphology;* W.H. Freeman and Co.: San Francisco, California.

Nash, D. B. (1994) Effective Sediment-Transporting Discharge from Magnitude-Frequency Analysis. *J. Geology*, **102,** 79.

Palmer, M. A.; Moglen, G. E.; Bockstael, N. E.; Brooks, S.; Pizzuto, J. E.; Wiegand, C.; VanNess, K. (2002) The Ecological Consequences of Changing Land Use for Running Waters: The Suburban Maryland Case. *Yale Bull. Environ. Sci.*, **107,** 85.

U.S. Army Corps of Engineers (1994) *Channel Stability Assessment for Flood Control Projects;* EM 1110–2-1418; American Society of Civil Engineers: New York.

第3章 参考文献

American Society of Civil Engineers; Water Environment Federation (1992) *Design and Construction of Urban Stormwater Management Systems*; ASCE Manuals and Reports of Engineering Practice No. 77; WEF Manual of Practice No. FD-20; American Society of Civil Engineers: New York.

Anderson, D. L.; Janicki, A. (2010) *Linking Receiving Water Impacts to Sources and to Water Quality Management Decisions: Using Nutrients as an Initial Case Study*, Water Environment Research Foundation Report WERF 3C10; Water Environment Research Foundation: Alexandria, Virginia.

Barrett, M. E. (2008) Comparison of BMP Performance Using the International BMP Database. *J. Irrig. Drainage Eng.*, **134** (5), 556–561.

Bedient P. B.; Huber, W. C.; Vieux, B. E. (2008) *Hydrology and Floodplain Analysis;* Prentice Hall: New York, 816 pp.

Bledsoe, B. P. (2002), "Stream Erosion Potential and Stormwater Management Strategies." *J. Water Resour. Plann. Manage.*, **128** (6), 451–455.

Bledsoe, B. P.; Hawley, R. J.; Stein, E. D.; Booth, D. B. (2010a) *Hydromodification Screening Tools: Technical Basis for Development of a Field Screening Tool for Assessing Channel Susceptibility to Hydromodification*, Southern California Coastal Water Research Project (SCCWRP), Technical Report 607, Costa Mesa, California, 42 pp.

Bledsoe, B. P.; Hawley, R. J.; Stein, E. D.; Booth, D. B. (2010b) *Hydromodification Screening Tools: Field Manual for Assessing Channel Susceptibility*. Southern California Coastal Water Research Project (SCCWRP), Technical Report 606, Costa Mesa, California, March, 30 pp.

Bonnin, G. M.; Martin, D.; Lin, B.; Parzybok, T.; Yekta, M.; Riley, D. (2004) *Precipitation-Frequency Atlas of the United States, NOAA Atlas 14, Volume 2, Version 3*; National Oceanographic and Atmospheric Administration's National Weather Service: Silver Spring, Maryland. Data available interactively through the Precipitation Frequency Data Server, Hydrometeorological Design Studies Center, http://hdsc.nws.noaa.gov/hdsc/pfds/index.html (accessed November 2011).

Borton-Lawson (2010) *Appoquinimink River Watershed Stormwater Management Plan, New Castle County, Delaware*, Dover, Delaware, May.

Booth, D. B.; Jackson, C. R. (1997) Urbanization of Aquatic Systems: Degradation Thresholds, Stormwater Detection, and the Limits of Mitigation. *Water Resour. Bull.*, **33,** 1077.

California Regional Water Quality Control Board, San Francisco Bay Region (2009) *Municipal Regional Stormwater Permit, NPDES No. CA612008, Order No. R2–2009-0074, Provision C.3*, San Francisco, California.

City of Fort Collins (1997) *Stormwater Drainage Design Criteria and Construction Standards*, Fort Collins, Colorado.

Clar, M. L.; Barfield, B. J.; O'Connor, T. P. (2004) *Stormwater Best Management Practice Design Guide;* EPA—600/R-04-121; U.S. Environmental Protection Agency, Office of Research and Development: Cincinnati, Ohio.

Clary, J.; Quigley, M.; Poresky, A.; Earles, A.; Strecker, E.; Leisenring, M.; Jones, J. (2011) Integration of Low-Impact Development into the International Stormwater BMP Database. *J. Irrig. Drainage Eng., Special Issue: Urban Storm-Water Management in the 21st Century*,137 (3), 190–198.

Coleman, D.; MacRae, C.; Stein, E. D. (2005) *Effect of Increases in Peak Flows and Imperviousness on the Morphology of Southern California Streams*, Stormwater Monitoring Coalition, Southern California Coastal Water Research Project, Westminster, California.

Contra Costa Clean Water Program (2005) *Hydrograph Modification Management Plan*, Martinez, California.

County of San Diego, California (2011) *Hydromodification Management Plan*, San Diego, California.

Debo, T. N.; Reese, A. J. (2002) *Municipal Stormwater Management*, 2nd ed.; CRC Press: Boca Raton, Florida, 1176 pp.

Driscoll, E. D. (1983) Performance of Detention Basins for Control of Urban Runoff Quality. *Proceedings of the International Symposium on Urban Hydrology, Hydraulics, and Sediment Control;* University of Kentucky: Lexington,

Kentucky.

Driscoll, E. D.; Palhegyi, G. E.; Strecker, E. W.; Shelley, P. E. (1989) *Analysis of Storm Events Characteristics for Selected Rainfall Gauges Throughout the United States;* U.S. Environmental Protection Agency: Washington, D.C.

Grizzard, T. J.; Randall, C. W.; Weand, B. L.; Ellis, K. L. (1986) Effectiveness of Extended Detention Ponds. In *Urban Runoff Quality—Impact and Quality Enhancement Technology;* American Society of Civil Engineers: New York.

Guo, C. Y.; Urbonas, B. R. (1995) *Peat-Sand Filters: A Proposed Stormwater Management Practice for Urban Areas;* Metropolitan Washington Council of Governments: Washington, D.C.

Hanlon, J.; Keehner, D. (2010) *Revisions to the November 22, 2002 Memorandum Entitled "Establishing Total Maximum Daily Load (TMDL) Wasteload Allocations (WLAs) for Storm Water Sources and NPDES Permit Requirements Based on Those WLAs."* U.S. Environmental Protection Agency: Washington D.C., November 12. http://www.epa.gov/npdes/pubs/establishingtmdlwla_revision.pdf (accessed November 2011).

Hawley, R. J.; Bledsoe, B.P. (2011) How Do Flow Peaks and Durations Change in Suburbanizing Semi-Arid Watersheds? A Southern California Case Study. *J. Hydrol.*, **405** (1—2), 69–82.

Huff, F.A; Angel, J.R. (1992) *Rainfall Frequency Atlas of the Midwest*, Bulletin 71 (MCC Research Report 92–03), Midwestern Climate Center, Climate Analysis Center, National Weather Service, National Oceanic and Atmospheric Administration and Illinois State Water Survey, A Division of the Illinois Department of Energy and Natural Resources.

Lane, E. W. (1955) Stable Channel Design. *Trans. Am. Soc. Civ. Eng.*

Lenhart, J. H.; Battiata J. (2000) *Development of a Methodology for Sizing Flow-Based Stormwater Quality Treatment Facilities for the Commonwealth of Virginia.* StormCon—The North American Surface Water Quality Conference and Exposition. Santa Barbara, California.

Leopold, L. B.; Maddock, T. (1954) *The Flood Control Controversy;* The Ronald Press Corp., New York.

MacRae, C. R. (1997) Experience from Morphological Research on Canadian Streams: Is the Control of the Two-Year Frequency Runoff Event the Best Basis for Stream Channel Protection? In *Effects of Watershed Development and Management of Aquatic Ecosystems*, L. A. Roesner, Ed.; American Society of Civil Engineers: Reston, Virginia, 144–162.

Maidment, D. (Ed.) (1993) *Handbook of Hydrology;* McGraw-Hill: New York.

McCuen, R. H.; Moglen, G. E. (1988) Multicriterion Stormwater Management Methods. *J. Water Resour. Plann. Manage.*, **114** (4), 414.

Medina, D. E.; Monfils, J.; Baccala, Z. (2011) Quantifying the Benefits of Green

Infrastructure for Floodplain Management. *Proceedings of 2011 EWRI World Water and Environmental Resources Congress*, Palm Springs, California, May.

Mid-Ohio Regional Planning Commission (1977) Stormwater Design Manual; Mid-Ohio Regional Planning Commission: Columbus, Ohio.

Minnesota Pollution Control Agency (2005) *Minnesota Stormwater Manual;* Minnesota Pollution Control Agency: St. Paul, Minnesota.

National Research Council (2008) *Urban Stormwater Management in the United States;* The National Academies Press: Washington, D.C.

Pitt, R. (1994) *Small Storm Hydrology*. University of Alabama–Birmingham. Paper presented at Design of Stormwater Quality Management Practices; Madison, Wisconsin; May 17–19.

Pitt, R.; Voorhees, N. (1989) *Source Load and Management Model—An Urban Nonpoint Source Water Quality Model;* v. I-III, PUBL-WR-218–89; Wisconsin Department of Natural Resources: Madison, Wisconsin.

Pomeroy, C. A.; Roesner, L. A.; Coleman, J. C.; Rankin, E. (2008) Protocols for Evaluating Wet Weather Practices and Urbanization Patterns; Final Report No. 03-WSM-3; Water Environment Research Foundation: Alexandria, Virginia.

Roesner, L. A.; Burgess, E. H.; Aldrich, J. A. (1991) Hydrology of Urban Runoff Quality Management." *Proceedings of the 18th National Conference Water Resources Planning and Management Symposium on Urban Water Resources*, New Orleans, Louisiana, May 20–22; American Society of Civil Engineers: New York.

Santa Clara Valley Urban Runoff Pollution Prevention Program (2005), *Hydromodification Management Plan Final Report*, Sunnyvale, California.

Schueler, T. R. (1987) *Controlling Urban Runoff: A Practical Manual for Planning and Designing Urban BMPs;* Metropolitan Washington Council of Governments: Washington, D.C.

State of Delaware (2010) 5101 Sediment and Stormwater Regulations, in *Title 7 Natural Resources and Environmental Control, 5000 Division of Soil and Water Conservation*, Dover, Delaware.

Strecker, E. W.; Quigley, M. M.; Urbonas, B. R.; Jones, J. E.; Clary, J. K. (2001) Determining Urban Storm Water BMP Effectiveness. *J. Water Resour. Plann. Manage.*, **127** (3), 144–149.

Urban Drainage and Flood Control District (2010) *Urban Storm Drainage Criteria Manual, Volume 3 – Best Management Practices;* Urban Drainage and Flood Control District: Denver, Colorado.

Urbonas, B. R.; Guo, J. C. Y.; Tucker, L. S. (1990) "Optimization of Stormwater Quality Capture Volume," in *Urban Stormwater Quality Enhancement: Source Control, Retrofitting and Combined Sewer Technology;* American Society of Civil Engineers: Reston, Virginia.

U.S. Department of Agriculture (1986) *Urban Hydrology for Small Watersheds; Technical Release 55*; Natural Resources Conservation Service, Conservation Engineering Division: Washington, D.C.

U.S. Department of Agriculture (2009) *Small Watershed Hydrology: WinTR–55 User Guide*; Natural Resource Conservation Service, Washington, D.C.

U.S. Department of Transportation (2002) *Highway Hydrology*, Hydraulic Design Series No. 2, 2nd ed., Federal Highway Administration, National Highway Institute, FHWA-NHI-02–001, Washington, D.C, October.

U.S. Environmental Protection Agency (1983) *Results of the Nationwide Urban Runoff Program*, Volume I; Final Report; U.S. Environmental Protection Agency, Water Planning Division: Washington, D.C.

U.S. Environmental Protection Agency (2009) *Technical Guidance on Implementing the Stormwater Runoff Requirements for Federal Projects Under Section 435 of the Energy Independence Security Act*; EPA-841/B-09–001; U.S. Environmental Protection Agency, Office of Water: Washington, D.C.

U.S. Environmental Protection Agency (2011) *Storm Water Drainage Wells*. http://water.epa.gov/type/groundwater/uic/class5/types_stormwater.cfm (accessed November 2011).

Washington State Department of Ecology (2005) *Stormwater Management Manual for Western Washington;* Washington State Department of Ecology, Water Quality Program: Olympia, Washington. Watson, C. C.; Bledsoe, B. P.; Biedenharn, D. S. (2001) Specific Stream Power and a Risk-Based Design Approach. *Proceedings of the American Society of Civil Engineers Wetlands Engineering and River Restoration Conference;* Reno, Nevada; Aug 27–31; American Society of Civil Engineers: Reston, Virginia.

Water Environment Research Foundation (2011) *Research Digest: International Stormwater Best Management Practices (BMP) Database Pollutant Category Technical Summaries*. Prepared by Wright Water Engineers and Geosyntec Consultants for Water Environment Research Foundation, Federal Highway Administration, Environmental and Water Resources Institute of the American Society of Civil Engineers. July.

第 4 章　参考文献

Allison, R. A.; Chiew, F. H. S.; McMahon, T. A. (1998a) *A Decision-Support-System for Determining Effective Trapping Strategies for Gross Pollutants*. Cooperative Research Centre for Catchment Hydrology, Victoria, Australia, April.

Allison, R. A.; Walker, T. A., Chiew, F. H. S.; O'Neil, I. C.; McMahon, T. A. (1998b) *From Roads to Rivers Gross Pollutant Removal from Urban Waterways*. Cooperative Research Centre for Catchment Hydrology, Victoria, Australia, May.

American Society of Civil Engineers; Water Environment Federation (1992) *Design and Construction of Urban Stormwater Management Systems*; ASCE Manuals and

Reports of Engineering Practice No. 77; WEF Manual of Practice No. FD-20; American Society of Civil Engineers: New York.

Argue, J. R. (Ed.) (2004) *Water Sensitive Urban Design: Basic Procedures for "Source Control" of Stormwater: A Handbook of Australian Practice*. University of South Australia, Adelaide, South Australia, 246 pp.

Armitage, N.; Rooseboom, A.; Nel, C.; Townshend, P. (1998) *The Removal of Urban Litter from Stormwater Conduits and Streams*, WRC Report No. TT 95/98, July.

Bäckström, M. (2002) Sediment Transport in Grassed Swales During Simulated Runoff Events. *Water Sci. Technol.*, **45** (7), 41–49.

Bedient, P. B.; Huber, W. C.; and Vieux, B. E. (2008) *Hydrology and Floodplain Analysis*, Prentice Hall: New York, 816 pp.

Blight, G. E. (2002) Measuring Evaporation from Soil Surfaces for Environmental and Geotechnical Purposes. *Water SA*, **28** (4), 381–394.

Cabell Brand Center (2007) *Virginia Rainwater Harvesting Manual*. Salem, Virginia.

California Department of Transportation (2000) *California Department of Transportation District 7 Litter Management Pilot Study;* Caltrans Document No. CT-SW-RT-00-013, June.

Casey, T. J. (1997) *Unit Treatment Processes in Water and Wastewater*; Wiley and Sons: New York.

Cheng, N. S. (1997) A Simplified Settling Velocity Formula for Sediment Particles. *J. Hydrau. Eng.*, **123** (2), 149.

Clar, M. L.; Barfield, B. J.; O'Connor, T. P. (2004) *Stormwater Best Management Practice Design Guide;* EPA-600/R-04-121; U.S. Environmental Protection Agency, Office of Research and Development: Cincinnati, Ohio.

Collins, A. G. (1985) Reduction of Turbidity by a Cola-Aluminum Filter. *J. Am. Water Works Assoc.*, **77** (6), 88.

Denmead, O. T.; Shaw, R. H. (1962) Availability of Soil Water to Plants as Affected by Soil Moisture Content and Meteorological Conditions. *Agron. J.*, **54,** 385–390.

Dugan, P. R. (1975) Bioflocculation and the Accumulation of Chemicals by Floc-Forming Organisms; EPA-600/2-75-032; U.S. Environmental Protection Agency: Washington, D.C.

Dunne, T. H.; Leopold, L. (1968) *Water in Environmental Planning;* W.H. Freeman and Company: New York.

Emerson, C.; Traver, R. (2008) Multiyear and Seasonal Variation of Infiltration from Storm-Water Best Management Practices. *J. Irrig. Drain. Eng.*, **134** (5), 598–605.

England, G.; Rushton B. (2007) *ASCE Guideline for Monitoring Stormwater Gross Solids*. Report of the Task Committee on Gross Solids; Environmental and Water Resources Institute/American Society of Civil Engineers: Reston, Virginia.

Environmental and Water Resources Institute (2005) *The ASCE Standardized Reference Evapotranspiration Equation*. American Society of Civil Engineers: Reston, Virginia, January, 70 pp.

Fair, G. M.; Geyer, J. C. (1954) Water Supply and Wastewater Disposal; Wiley & Sons: New York.

Federal Highway Administration (2002) *Hydraulic Design Series No. 2: Highway Hydrology*. FHWA-NHI-02-00; National Highway Institute: Arlington, Virginia.

Feller, M.; Traver, R.; Wadzuk, B. (2010) Estimation of Green Roof Evapotranspiration—Experimental Results. Proceedings of the 2010 International Low Impact Development Conference, San Francisco, California, April.

Graf, W. H. (1984) *Hydraulics of Sediment Transport*; Water Resources Publications: Littleton, Colorado.

Green, W. H.; Ampt, G. A. (1911) Studies on Soil Physics: 1. Flow of Air and Water through Soils. *J. Agric. Sci.*, 4, 1.

Hanson, R. L. (1991) Evapotranspiration and Droughts. In *National Water Summary 1988-89—Hydrologic Events and Floods and Droughts: U.S. Geological Survey Water-Supply Paper 2375*; Paulson, R. W., Chase, E. B., Roberts, R. S., Moody, D. W., Compilers; U.S. Geological Survey: Reston, Virginia; pp 99–104.

Hickman, J.; Wadzuk, B; Traver, R. (2011) Evaluating the Role of Evapotranspiration in the Hydrology of a Bioinfiltration Basin Using a Weighing Lysimeter. *Proceedings of 2011 EWRI World Water and Environmental Resources Congress*, Palm Springs, California, May.

Horton, R. E. (1940) An Approach Toward a Physical Interpretation of Infiltration-Capacity. *Soil Sci. Soc. Am. J.*, 5, 399.

HydroQual, Inc. (1995) *Floatables Pilot Program Final Report: Evaluation of Non-Structural Methods to Control Combined and Storm Sewer Floatable Materials*; New York Department of Environmental Protection, Division of Water Quality Improvement: New York, Dec.

Jones, M. P.; Hunt, W. F. (2009) Bioretention Impact on Runoff Temperature in Trout Sensitive Waters. *J. Environ. Eng.*, **135** (8), 577–585.

Kadlec, R. H.; Knight, R. L. (1996) *Treatment Wetlands*; Lewis Publishers: Boca Raton, Florida.

Klute, A.; Dirkson, C. (1986) "Hydraulic Conductivity and Diffusivity—Laboratory Methods." In *Methods of Soil Analysis, Part I—Physical and Mineralogical Methods*, Soil Science Society of America Book Series No. 5, Soil Science Society of America, Madison, Wisconsin; pp 687–734.

Lau, Y. L. (1993) "Temperature Effect on Settling Velocity and Deposition of Cohesive Sediments." *J. Hydraul. Res.*, **32** (1), 41.

Lick, W. (1993) The Flocculation, Deposition, and Resuspension of Fine-grained Sediments. In *Transport and Transformation of Contaminants Near the Sediment-Water Interface*; DePinton, J. V; Lick, W.; Paul, J.; Eds.; Lewis Publishers: Boca Raton, Florida.

Los Angeles Regional Water Quality Control Board (2001) *Trash Total Maximum Daily Loads for the Los Angeles River Watershed*, September 19, Los Angeles, California.

Lucas, W.; Medina, D. E. (2011) *Back to the Basics: Computational Methods in Low Impact Development Stormwater Controls - Part 1: Hydrology and Hydraulics*. Report of the LID Computational Methods Task Committee, Environmental and Water Resources Institute/American Society of Civil Engineers: Reston, Virginia.

Macomber, P. S. H. (2001) *Guidelines for Rainwater Catchment Systems for Hawaii*. College of Tropical Agriculture and Human Resources, University of Hawaii, Manoa, Hawaii.

Maidment, D. (1993) *Handbook of Hydrology*; McGraw-Hill: New York.

McCorquodale, A.; Zhou, S.; Richardson, J. (2005) Mathematical Modeling of Secondary Settling Tanks. *Proceedings of the Water Environment Federation*, (11), 4467–4480.

McFarlane, A.; Bremmell, K.; Addai-Mensah, J. (2006) Improved Dewatering Behavior of Clay Minerals Dispersions Via Interfacial Chemistry and Particle Interactions Optimization. *J. Colloid Interface Sci.*, **293** (1), 116–127.

Metcalf and Eddy, Inc. (2003) *Wastewater Engineering: Treatment Disposal and Reuse*; McGraw-Hill: New York.

Minton, G. (2007) A Tower of Babel: A Proposed Framework for Stormwater Treatment Terminology. *Stormwater*, March–April.

Minton, G. (2011) *Stormwater Treatment: Biological, Chemical, and Engineering Principles*, 3rd ed.; RPA Press: Seattle, Washington.

Nürnberg, G. K. (1984) The Prediction of Internal Phosphorus Load in Lakes with Anoxic Hypolimnia. *Limnol. Oceanogr.*, **29**, 111–124.

Philip, J. R.; De Vries, D. A. (1957) Moisture Movement in Porous Materials Under Temperature Gradients, *Trans. Am. Geophys. Union*, **38** (2), 222–228.

Pitt, R. (1994) *Small Storm Hydrology*. University of Alabama–Birmingham. Paper presented at Design of Stormwater Quality Management Practices; Madison, Wisconsin; May 17–19.

Pitt, R.; Voorhees, N. (1989) *Source Load and Management Model—An Urban Nonpoint Source Water Quality Model*; v. I-III, PUBL-WR-218-89; Wisconsin

Department of Natural Resources: Madison, Wisconsin.

Pitt, R.; Robertson, B.; Barron, P.; Ayyoubi, A.; Clark, S. (1999) *Stormwater Treatment at Critical Areas: The Multi-Chambered Treatment Train (MCTT).* U.S. Environmental Protection Agency, Wet Weather Flow Management Program, National Risk Management Research Laboratory, EPA-600/R-99/017; U.S. Environmental Protection Agency: Cincinnati, Ohio, 505 pp.

Pitt, R.; Chen, S.-E.; Clark, S. (2002) Compacted Urban Soil Effects on Infiltration and Bioretention Stormwater Control Designs. *Proceedings of the Ninth International Conference on Urban Drainage,* Portland, Oregon.

Ponce, V. M. (1994) *Engineering Hydrology: Principles and Practices;* Prentice Hall: New York.

Pyne, R. D. G. (1995) *Groundwater Recharge and Wells: A Guide to Aquifer Storage Recovery;* CRC Press: Boca Raton, Florida.

Rachman, A.; Anderson, S. H.; Gantzer, C. J.; Alberts, E. E. (2004) Soil Hydraulic Properties Influenced by Stiff-Stemmed Grass Hedge Systems. *Soil Sci. Soc. Am. J.,* **68,** 1386–1393.

Rawls, W. J.; Ahuja, L. R.; Brakensiek, D. L.; Shirmohammadi, A. (1993) Infiltration and Soil Water Movement. In *Handbook of Hydrology;* Maidment, D. R., Ed.; McGraw-Hill: New York.

Rice, R. (1974) Soil Clogging During Infiltration of Secondary Effluent. *J.—Water Pollut. Control Fed.,* **46,** 708.

Rich, L. (1961) *Unit Operations of Sanitary Engineering;* McGraw-Hill: New York.

Rich, L. (1963) *Unit Processes of Sanitary Engineering;* McGraw Hill: New York.

Richardson, C. J. (1985) Mechanisms Controlling Phosphorus Retention Capacity of Freshwater Wetlands. *Science,* **228,** 1424.

Roesner, L. A.; Pruden, A.; Kidder, E. M. (2007) *Improved Protocol for Classification and Analysis of Stormwater-Borne Solids,* WERF 04-SW-4; Water Environment Research Foundation: Alexandria, Virginia.

Roseen, R. M.; Ballestero, T. P.; Houle, J. J.; Avellaneda, P.; Briggs, J.; Fowler, G.; Wildey, R. (2009) Seasonal Performance Variations for Storm-Water Management Systems in Cold Climate Conditions. *J. Environ. Eng.,* **135** (3), 128–137.

Rossman, L. (2004) *Storm Water Management Model: User's Manual, Version 5.0;* Environmental Protection Agency, National Risk Management Research Laboratory, Cincinnati, Ohio.

Sansalone, J.; Kim, J. Y. (2008) Transport of Particulate Matter Fractions in Urban Source Area Pavement Surface Runoff. *J. Environ. Qual.,* **37** (5), 1883–1893.

Sartor, J. D.; Boyd, G. B. (1972) *Water Pollution Aspects of Street Surface Contaminants,* EPA-R2-72-081, U.S. Environmental Protection Agency, Office of Research and Monitoring, U.S. Environmental Protection Agency: Washington, D.C.

Schneider, D.; Wadzuk, B. M.; Traver, R. G. (2011) Using a Weighing Lysimeter to Determine a Crop Coefficient for a Green Roof to Predict Evapotranspiration with the FAO Standardized Penman-Monteith Equation. *Proceedings of the 2011 World Environmental and Water Resources Congress*, Palm Springs, California, May.

Sherard, J. L.; Lorn, P. D.; Talbot, J. R. (1984) Basic Properties of Sand and Gravel Filters. *J. Geotechnol. Eng.*, **110** (6), 684.

Stenkamp, V. S. (1992) The Effects of an Iron Oxide Coating on the Filtration Properties of Sand. Masters Thesis, University of Washington, Seattle, Washington.

Strecker, E.; Huber, W.; Heaney, J.; Bodine, D.; Sansalone, J.; Quigley, M.; Leisenring, M.; Pankani, D.; Thayumanavan, A. (2005) *Critical Assessment of Stormwater Treatment and Control Selection Issues;* Final Report 02-SW-1; Water Environment Research Foundation: Alexandria, Virginia.

Strous, M.; Gerven, E.; Kuenen, J.; Jetten, M. (1997) Effects of Aerobic and Microaerobic Conditions on Anaerobic Ammonium-Oxidizing (Anammox) Sludge. *Appl. Environ. Microbiol.*, **63,** 6, 2446.

Sullivan, R. H.; Ure, J. E.; Parkinson, F.; Zielinski, P. (1982) *Design Manual: Swirl and Helical Bend Pollution Control Devices*; EPA-600/8-82-013; U.S. Environmental Protection Agency, Office of Research and Development, Municipal Environmental Research Laboratory: Cincinnati, Ohio.

Tanner, C. (2001) Plants as Ecosystem Engineers in Subsurface-Flow Treatment Wetland. *Water Sci. Technol.*, **44** (11–12), 9–17.

Texas Water Development Board (2005) *The Texas Manual on Rainwater Harvesting*, 3rd ed.; Austin, Texas.

Urban Flood Control District (2001) *Urban Storm Drainage Criteria Manual Volume 1*. Denver, Colorado.

URS Corp. (2004) *Draft Enginering Report: Solid Waste Prevention Investigation – Chollas Creek and Paleta Creek*. February.

U.S. Department of Agriculture (1986) *Urban Hydrology for Small Watersheds;* Technical Release 55; U.S. Department of Agriculture, Natural Resources Conservation Service, Conservation Engineering Division: Washington, D.C.

Van Giesen, E.; Carpenter, F. (2009) *Georgia Rainwater Harvesting Guidelines*. Georgia Department of Community Affairs.

Vymazal, J. (1994) *Algae and Element Cycling in Wetlands;* Lewis Publishers: Boca Raton, Florida.

Yu, B. (1999) A Comparison of the Green-Ampt and a Spatially Variable Infiltration Model for Natural Storm Events. *Trans. ASAE*, **42** (1), 89–97.

Yu, B.; Rose, C. W.; Coughlan, K. J.; Fentie, B. (1997) Plot-Scale Rainfall-Runoff Characteristics and Modeling at Six Sites in Australia and Southeast Asia.

Trans. ASAE, **40** (5),1295–1303.

推荐读物

American Water Works Association (1990) *Water Quality and Treatment;* Pontius, F. W., Ed.; McGraw-Hill: New York.

California Department of Transportation (2004) BMP Retrofit Pilot Program, Final Report; Report ID CTSW – RT – 01 – 050; California Department of Transportation: Sacramento, California.

Caraco, D.; Claytor, R. (1997) *Stormwater BMP Design Supplement for Cold Climates;* Center for Watershed Protection: Ellicott City, Maryland.

DB Environmental Inc. (2005) Quantifying the Effect of a Vegetated Littoral Zone on Wet Detention Pond Pollutant Loading. Report for the Florida Department of Environmental Protection, Tallahassee, Florida

Dietz, M.; Clausen, J. (2006) Saturation to Improve Pollutant Retention in a Rain Garden. *Environ. Sci. Technol.*, **40,** 1335.

Ferguson, B. (2005) *Porous Pavements;* CRC Press: Boca Raton, Florida.

Guo, J. C.; Urbonas, B. (1996) Maximized Detention Volume Determined by Runoff Capture Ratio. *J. Water Resour. Plann. Manage.*, **122,** 1, 33.

Heasom, W.; Traver, R.; Walker, A. (2006) Hydrologic Modeling of a Bioinfiltration Best Management Practice. *J. Am. Water Resour. Assoc.*, **42,** 5, 1329.

Hunt, W.; Jarrett, A.; Smith, J.; Sharkey, L. (2006) Evaluating Bioretention Hydrology and Nutrient Removal at Three Field Sites in North Carolina. *J. Irrigation Drainage Eng.*, **132,** 6, 600.

Kadlec, R. H. (2007) The Effects of Deep Zones on Wetland Nitrogen Processing. *Water Sci. Technol.*, **56,** 3, 101.

Minnesota Pollution Control Agency (2005) *Minnesota Stormwater Manual;* Minnesota Pollution Control Agency: St. Paul, Minnesota.

Nielson, A. H. (1994) *Organic Chemicals in the Aquatic Environment;* Lewis Publishers: Boca Raton, Florida.

Novotny, V.; Smith, D.; Kuemmel, D.; Mastriano, J.; Bartosova, A. (1999) *Urban and Highway Snowmelt, Minimizing the Impact on Receiving Water;* WERF Project 94-IRM-2; Water Environment Research Foundation: Alexandria, Virginia.

Persson, J.; Somes, N. L.; Wong, T. H. (1999) Hydraulic Efficiency of Constructed Wetlands and Ponds. *Water Sci. Technol.*, **40** (3), 291.

Pitt, R.; Robertson, B.; Barron, P.; Ayyoubi, A.; Clark, S. (1999) *Stormwater Treatment at Critical Areas: The Multi-Chambered Treatment Train (MCTT);* EPA-600/R-99-017; U.S. Environmental Protection Agency, Wet Weather Flow Management Program, National Risk Management Research Laboratory: Cincinnati, Ohio.

Pond, R. (1993) *South Base Pond Report: The Response of Wetland Plants to Stormwater Runoff from a Transit Base.* Municipal King County Department of Metropolitan Services, Seattle, Washington.

Reuter, J. E.; Djohan, T.; Goldman, C. R. (1992) "The Use of Wetlands for Nutrient Removal from Surface Runoff in a Cold Climate Region of California—Results from a Newly Constructed Wetland at Lake Tahoe." *J. Environ. Manage.*, **36,** 35.

Roseen, R.; Ballestero, T. P.; Houle, J. J.; Avelleneda, P.; Wildey, R.; Briggs, J. (2006) Water Quality and Flow Performance-Based Assessments of Stormwater Control Strategies During Cold Weather Months; *Proceedings of the North American Surface Water Quality Conference and Exposition;* Denver, Colorado; July 24–27; Forester Communications: Santa Barbara, California.

State of Maine (2006) Stormwater Management for Maine; No. DEPLWO738; Maine Department of Environmental Protection: Augusta, Maine.

Thullen, J. S.; Sartoris, J. J.; Walton, W. E. (2002) Effects of Vegetation Management in Constructed Wetland Treatment Cells on Water Quality and Mosquito Production. *Ecol. Eng.,* **18,** 441.

Washington State Department of Ecology (2005) *Stormwater Management Manual for Eastern Washington;* Washington State Department of Ecology, Water Quality Program: Olympia, Washington.

Water Environment Federation (2006) *Membrane Systems for Wastewater Treatment;* Water Environment Federation: Alexandria, Virginia.

第5章 参考文献

American Public Works Association (1969) *Water Pollution Aspects of Urban Runoff. Final Report on the Causes and Remedies of Water Pollution from Surface Drainage of Urban Areas;* Research Project No. 120; U.S. Department of the Interior, Federal Water Pollution Control Administration: Washington, D.C.

Argue, J. R. (Ed.) (2004) *Water Sensitive Urban Design: Basic Procedures for 'Source Control' of Stormwater–A Handbook for Australian Practice;* Urban Water Resources Centre, University of South Australia, Adelaide, South Australia, in collaboration with Stormwater Industry Association and Australian Water Association.

Arizona Department of Revenue (2008) *Water Conservation Systems (Individual Income Tax Credit) and Plumbing Stub Outs (Corporate Income Tax Credit);* Publication 565, Phoenix, Arizona.

Barr Engineering Company (2001) *Minnesota Urban Small Sites BMP Manual. Stormwater Best Management Practices for Cold Climates;* Metropolitan Council Environmental Services: St. Paul, Minnesota.

Bengtsson, L. (1990) *Urban Snow Hydrology. Proceedings of an International Conference on Urban Hydrology Under Wintry Conditions,* Narvik, Norway.

California Stormwater Quality Association (2003a) *Stormwater Best Management*

Practice (BMP) Handbooks: Industrial and Commercial, Menlo Park, California.

California Stormwater Quality Association (2003b) *Stormwater Best Management Practice (BMP) Handbooks: Municipal,* Menlo Park, California.

California Stormwater Quality Association (2003c) *Stormwater Best Management Practice (BMP) Handbooks: New Development and Redevelopment,* Menlo Park, California.

Center for Watershed Protection (1997) *Stormwater BMP Design Supplement for Cold Climates,* Ellicott City, Maryland, 141 pp.

Center for Watershed Protection (2004) *Stormwater Pond & Wetland Maintenance Gudebook,* Ellicott City, Maryland, 75 pp.

Chesapeake Stormwater Network (2009) *Stormwater Design Guidelines for Karst Terrain in the Chesapeake Bay Watershed: Version 2.0,* June, 31 pp.

Crowley, B. J. (2005) Neighborhood Level Analysis of Rainwater Catchment in Portland, OR. In *Geography;* Portland State University: Portland, Oregon.

Flores, H.; Markusic, J.; Victoria, C.; Bowen, R.; Ellis, G. (2009) Implementing Regenerative Storm Conveyance Restoration Techniques in Anne Arundel County: An Innovative Approach to Stormwater Management. *Water Resour. Impact,* **11** (5).

Gautam, M. R.; Acharya, K.; Stone, M. (2010) Best Management Practices for Stormwater Management in the Desert Southwest. *J. Contemporary Water Res. Educ.,* Issue 146, December, 39–49.

Houle; K. M. (2008) *Winter Performance of Permeable Pavements: A Comparative Study of Porous Asphalt, Pervious Concrete, and Conventional Asphalt in a Northern Climate.* Master's Thesis, University of New Hampshire, Department of Civil Engineering, Durham, New Hampshire.

Hunt, W. F.; Lord, W. G. (2006) *Maintenance of Stormwater Wetlands and Wet Ponds,* North Carolina State University, AGW-588-07. http://www.bae.ncsu.edu/stormwater/PublicationFiles/WetlandMaintenance2006.pdf (accessed Sept 2011).

Jokela, J. B.; Bacon, T. R. (1990) Design of Urban Sediment Basins in Anchorage. *Proceedings of Cold Regions Hydrology and Hydraulics, American Society of Civil Engineers,* Technical Council on Cold Region Engineering, New York, 761–789.

Leopold, L. B.; Wolman, M. G.; Miller, J. P. (1964) *Fluvial Processes in Geomorphology;* W. H. Freeman and Company: San Francisco, California.

Liu, K.; Baskaran, B. (2005) *Thermal Performance of Extensive Green Roofs in Cold Climates,* National Research Council Canada, NRCC-48202.

Lowrance, R.; Leonard, R.; Sheridan J. (1985) Managing Riparian Ecosystems to Control Nonpoint Pollution. *J. Soil Water Conserv.,* **40,** 87–97.

MacAdam, J. (2010) *Green Infrastructure for Southwestern Neighborhoods;* Tucson, Arizona, 47 pp.

Maryland Department of the Environment (2000) *Maryland Stormwater Design Manual, Volumes I & II;* Maryland Department of the Environment, Water

Management Administration: Baltimore, Maryland.

Minton, G. R. (2011) *Stormwater Treatment: Biological, Chemical, and Engineering Principles,* 3rd ed.; RPA Press: Seattle, Washington.

Oberts, G. L. (1994) Performance of Stormwater Ponds and Wetlands in Winter. *Watershed Protection Techniques,* **1** (2), 64–68.

Oberts, G. L. (2003) Cold Climate BMPs: Solving the Management Puzzle. *Water Sci. Technol.,* **48** (9), 21–32.

Ontario Ministry of Natural Resources (1989) *Snow Hydrology Guide,* Ministry of Natural Resources, Queen's Park, Ontario, Canada.

Osterkamp, W. R.; Friedman J. M. (2000) The Disparity Between Extreme Rainfall Events and Rare Floods—with Emphasis on the Semi-Arid American West. *Hydrol. Proc.,* **14,** 2817–2829.

Pierstorff, B. W.; Bishop, P. L. (1980) Water Pollution from Snow Removal Operations. *J. Environ. Eng. Div.,* **106** (2), 377–388.

Pitt, R.; Lantrip, J.; Harrison, R. (1999) *Infiltration through Disturbed Urban Soils and Compost-Amended Soil Effects on Runoff Quality and Quantity.* EPA/600/R-00/016; National Risk Management Research Laboratory; U.S. Environmental Protection Agency: Cincinnati, Ohio, 233 pp.

Roseen, R. M.; Ballestero; T. P.; Houle J. J.; Avellaneda, P; Briggs, J.; Fowler, G; Wildey, R. (2009) Seasonal Performance Variations for Storm-Water Management Systems in Cold Climate Conditions. *J. Environ. Eng.,* **135** (3), p. 128–137.

Roseen, R. M.; Ballestero; T. P.; Houle J. J.; Briggs, J.; Houle, K. M. (in press) Water Quality and Hydrologic Performance of a Porous Asphalt Pavement as a Stormwater Treatment Strategy in a Cold Climate. *J. Environ. Eng..*

Sansalone, J. J.; Glenn, D. W. (2002) Accretion of Pollutants in Snow Exposed to Urban Traffic and Winter Storm Maintenance Activities. I. *J. Environ. Eng.,* **128** (2), 151–166.

University of New Hampshire (2011) *Examination of Thermal Impacts from Stormwater Best Management Practices.* University of New Hampshire Stormwater Center, January, 148 pp.

Urban Drainage and Flood Control District (2001) *Urban Storm Drainage Criteria Manual, Volume 2,* Denver, Colorado.

Urbonas, B. R. (2003) Effectiveness of Urban Stormwater BMPs In Semi-Arid Climates. *Regional Conference on Experience with Best Management Practices in Colorado;* Colorado Association of Stormwater and Floodplain Managers Urban Drainage and Flood Control District, April 9, Denver, Colorado.

U.S. Environmental Protection Agency (1983) *Results of the Nationwide Urban Runoff Program. Volume I. Final Report;* U.S. Environmental Protection Agency, Water Planning Division: Washington, D.C.

U.S. Environmental Protection Agency; American Society of Civil Engineers (2002) *Urban Stormwater BMP Performance Monitoring: A Guidance Manual for Meeting the National Stormwater BMP Database Requirements;* EPA-821/B-02-001; U.S. Environmental Protection Agency: Washington, D.C.

U.S. Environmental Protection Agency (2005) *National Management Measures to Control Nonpoint Source Pollution from Urban Areas;* EPA-841-B-05-004; U.S. Environmental Protection Agency: Office of Water: Washington, D.C.

U.S. Environmental Protection Agency (2007a) *Total Maximum Daily Loads with Stormwater Sources: A Summary of 17 TMDLs;* EPA-841-R-07-002; U.S. Environmental Protection Agency, Office of Wetlands, Oceans and Watersheds: Washington, D.C.

U.S. Environmental Protection Agency (2007b) *Development Growth Outpacing Progress in Watershed Efforts to Restore the Chesapeake Bay;* Report No. 2007-P-00031; U.S. Environmental Protection Agency, Office of Inspector General: Washington, D.C.

U.S. Environmental Protection Agency (2010a) *Impaired Waters and Total Maximum Daily Loads.* http://water.epa.gov/lawsregs/lawsguidance/cwa/tmdl/index.cfm (accessed Oct 2010).

U.S. Environmental Protection Agency (2010b) *Underground Injection Control Program.* http://water.epa.gov/type/groundwater/uic/ (accessed Oct 2010).

U.S. Forest Service (2011) *I-Tree: Tools for Assessing and Managing Community Forests.* www.itreetools.org (accessed Sept 2011).

Washington State Department of Ecology (2005) *Stormwater Management Manual for Western Washington;* Washington State Department of Ecology, Water Quality Program: Olympia, Washington.

Water Environment Research Foundation; National Association of Clean Water Agencies (2004) Collaborative Water Quality Solutions: Exploring Use Attainability Analyses; Report No. 04-WEM-7; Water Enviroment Research Foundation: Alexandria, Virginia.

Welsch, D. J. (1991) *Riparian Forest Buffers: Function and Design for Protection and Enhancement of Water Resources;* NA-PR-07-91; U.S. Department of Agriculture Forest Service, Northeastern Area: Radnor, Pennsylvania.

Western Resources Advocates (2003) *Smart Water: A Comparative Study of Urban Water Use Efficiency Across the Southwest.* Boulder, Colorado.

Winer, R. (2000) *National Pollutant Removal Performance Database for Stormwater Treatment Practices: 2nd Edition;* Center for Watershed Protection: Ellicott City, Maryland.

推荐读物

Beyerlein, D. (2005) Flow-Duration Based Stormwater Mitigation Modeling. *Stormwater*, Forester Communications: Santa Barbara, California. May-June.

Booth, D. B.; Jackson, C. R. (1997) Urbanization of Aquatic Systems: Degradation Thresholds, Stormwater Detection, and The Limits of Mitigation. *Water Resour. Bull.*, **33**, 1077.

Cappuccitti, D. J.; Page, W. E. (2000) *Stream Response to Stormwater Management Best Management Practices in Maryland;* Maryland Department of the Environment, Water Management Administration: Baltimore, Maryland.

Caraco, D. (2000) Dynamics of Urban Stream Channel Enlargement, Article 19; In *The Practice of Watershed Protection;* Schueler, T. R., Holland, H. K.; Center for Watershed Protection: Ellicott City, Maryland.

Comstock, S. R.; Wallis, C. (2003) The Maryland Stormwater Management Program: A New Approach to Stormwater Design. *Proceedings of the National Conference on Urban Storm Water: Enhancing Programs at the Local Level;* EPA-625/R-03-003; U.S. Environmental Protection Agency: Chicago, Illinois.

Donofrio, D.; Trackett, T. (2008) Seattle Public Utilities' Natural Drainage System Operation and Maintenance. *Proceedings of the 2008 International Low Impact Development Conference*, Nov 16–19, Seattle, Washington; American Society of Civil Engineers: Reston, Virginia.

Donovan, T.; Lowndes, M. A.; McBrien, P.; Pfender, J. (2000) *Wisconsin Stormwater Manual. Technical Design Guidelines for Storm Water Management Practices;* Cooperative Extension of the University of Wisconsin: Madison, Wisconsin.

Heaney, J. P.; Huber, W.; Strecker, E. (2005) *Critical Assessment of Stormwater Treatment and Control Selection Issues;* Water Environment Research Federation: Alexandria, Virginia.

Hunt, W. F.; Apperson, C. S.; Kennedy, S. G.; Harrison, B. A.; Lord, W. G. (2006) Occurrence and Relative Abundance of Mosquitoes in Stormwater Retention Facilities in North Carolina, USA. *Water Sci. Technol.*, **54** (6–7), 315.

Li, H.; Davis, A. P. (2009) Water Quality Improvement through Reductions of Pollutant Loads using Bioretention. *J. Environ. Eng.*, **135** (8) 567–576.

Maryland Stormwater Consortium (2007) *Core Environmental Site Design Principles for the Implementation of the Maryland Stormwater Management Act of 2007.* http://www.stormwaterpartners.org/PDF/CorePrinciples2008.pdf (accessed Oct 2010).

Oregon State University; Geosyntec Consultants; University of Florida; The Low Impact Development Center, Inc. (2006) *Evaluation of Best Management Practices and Low Impact Development for Highway Runoff Control;* National Cooperative Highway Research Program (NCHRP) Report 565; Transportation Research

Board: Washington, D.C.

Schueler, T. R. (1987) *Controlling Urban Runoff: A Practical Manual for Planning and Designing Urban BMPs;* Metropolitan Washington Council of Governments: Washington, D.C.

Shaver, E.; Horner, R.; Skupien, J.; May, C.; Ridley, G. (2007) *Fundamentals of Urban Runoff Management: Technical and Institutional Issues,* 2nd ed.; North American Lake Management Society: Madison, Wisconsin.

U.S. Environmental Protection Agency (2005) *National Management Measures to Control Nonpoint Source Pollution from Urban Areas;* EPA-841/B-05-004; U.S. Environmental Protection Agency, Office of Water: Washington, D.C.

第6章　参考文献

American Petroleum Institute (1990) *Design and Operation of Oil-Water Separators;* Publication 421; American Petroleum Institute: Washington, D.C.

American Society of Civil Engineers (1985) *Final Report of the Task Committee on Stormwater Detention Outlet Control Structures;* American Society of Civil Engineers: New York.

American Society of Civil Engineers; Water Environment Federation (1992) *Design and Construction of Urban Stormwater Management Systems;* ASCE Manuals and Reports of Engineering Practice No. 77; WEF Manual of Practice No. FD-20; American Society of Civil Engineers: New York.

American Society of Civil Engineers (1996) *Hydrology Handbook;* ASCE, 978-0-7844-0138-5 or 0-7844-0138-1; American Society of Civil Engineers: New York.

Atlanta Regional Commission; Georgia Department of Natural Resources (2001) *Georgia Stormwater Management Manual.* http://www.georgiastormwater.com (accessed Sept 2011).

California Stormwater Quality Association (2003) *New Development and Redevelopment Handbook;* California Best Management Practice Handbooks, TC-20 Wet Ponds; California Stormwater Quality Association: Menlo Park, California.

Camp Dresser & McKee Inc. (2007) *Harvard University Allston Campus Development Utilities Design;* Camp Dresser & McKee Inc.: Cambridge, Massachusetts.

DeGroot, W. G. (1982) *Stormwater Detention Facilities;* American Society of Civil Engineers: New York.

Driscoll, E. D. (1983) Performance of Detention Basins for Control of Urban Runoff Quality. *Proceedings of the International Symposium on Urban Hydrology, Hydraulics and Sediment Control;* Lexington, Kentucky; University of Kentucky: Lexington, Kentucky.

Guo, J. C.; Urbonas, B. (1996) Maximized Detention Volume Determined by Runoff Capture Ratio. *J. Water Resour. Plann. Manage.,* **122** (1), 33.

Hartigan, J. P. (1989) Basis for Design of Wet Detention Basin BMPs. In *Design of*

Urban Runoff Quality Controls; Roesner, L. A.; Urbonas, B.; Sonnen, M. B., Eds.; American Society of Civil Engineers: New York.

International Stormwater BMP Database Home Page. http://www.bmpdatabase.org/ (accessed Sept 2011).

Jones, M. P.; Hunt, W. F. (2010) Effect of Storm-Water Wetlands and Wet Ponds on Runoff Temperature in Trout Sensitive Waters. *J. Irrigation Drainage Eng.,* **136,** 656.

Kadlec, R. H. (2007) The Effects of Deep Zones on Wetland Nitrogen Processing. *Water Sci. Technol.,* **56** (3), 101.

Lettenmaier, D.; Richey, J. (1985) *Operational Assessment of a Coalescing Plate Oil/Water Separator;* Municipality of Metropolitan Seattle: Seattle, Washington.

Massachusetts Department of Environmental Protection (2008) *Massachusetts Stormwater Handbook.* http://www.mass.gov/dep/water/laws/policies.htm (accessed Sept 2011).

Mills, W. B.; Dean, J. D.; Porcella, D. B. (1982) *Water Quality Assessment: A Screening Procedure for Toxic and Conventional Pollutants;* EPA-600/6-82-004; U.S. Environmental Protection Agency, Environmental Research Laboratory: Athens, Georgia.

Minton, G. (2011) *Stormwater Treatment: Biological, Chemical, and Engineering Principles,* 3rd ed.; RPA Press: Seattle, Washington.

New Jersey Department of Environmental Protection (2011) *Stormwater Manufactured Treatment Devices.* http://www.nj.gov/dep/stormwater/treatment.html (accessed Sept 2011).

Persson, J. (2005) The Use of Design Elements in Wetlands. *Nordic Hydrol.,* **36,** 113.

Roesner, L. A.; Urbonas, B.; Sonnen, M., Eds. (1989) Design of Urban Runoff Quality Controls; *Proceedings of an Engineering Foundation Conference on Current Practice and Design Criteria for Urban Quality Control;* American Society of Civil Engineers: New York.

Schueler, T. R. (1987) *Controlling Urban Runoff: A Practical Manual for Planning and Designing Urban BMPs;* Metropolitan Washington Council of Governments: Washington, D.C.

Schueler, T. R.; Kumble, P. R.; Heraty, M. A. (1992) *A Current Assessment of Urban Best Management Practices: Techniques for Reducing Non-Point Source Pollution in the Coastal Zone;* Metropolitan Washington Council of Governments: Washington, D.C.

Strecker, E. W.; Quigley, M. M.; Urbonas, B.; Jones, J. (2004) Analyses of the Expanded EPA/ASCE International BMP Database and Potential Implications for BMP Design. *Proceedings of the World Water and Environmental Resources Congress—Critical Transitions in Water and Environmental Resources Management;* Salt Lake City, Utah; June 27–July 1.

Sullivan, R.; Ure, J.; Parkinson, F.; Zielinski, P. (1982) *Design Manual: Swirl and Helical Bend Pollution Control Devices;* EPA-600/8-82/013; U.S. Environmental Protection Agency: Washington, D.C.

Tesket, R. O.; Hinckley, T. M. (1977) Impact of Water Level Changes on Woody Riparian and Wetland Communities; PB-276 036; U.S. Fish and Wildlife Service: Washington, D.C.

Thullen, J. S.; Sartoris, J. J.; Walton, W. E. (2002) Effects of Vegetation Management in Constructed Wetland Treatment Cells on Water Quality and Mosquito Production. *Ecol. Eng.,* **18,** 441.

University of New Hampshire Stormwater Center (2007) *University of New Hampshire Stormwater Center 2007 Annual Report;* University of New Hampshire Stormwater Center: Durham, New Hampshire.

Urban Drainage and Flood Control District (2010) *Urban Storm Drainage Criteria Manual: Volume 3—Best Management Practices;* Urban Drainage and Flood Control District: Denver, Colorado.

Urbonas, B. R.; Roesner, L. A., Eds. (1986) Urban Runoff Quality—Impact and Quality Enhancement Technology. *Proceedings of an Engineering Foundation Conference on Current Practice and Design Criteria for Urban Quality Control;* American Society of Civil Engineers: New York.

Urbonas, B. R.; Stahre, P. (1993) *Stormwater: Best Management Practices and Detention for Water Quality, Drainage, and CSO Management;* Prentice Hall: Englewood Cliffs, New Jersey

U.S. Department of Agriculture (1986) *Urban Hydrology for Small Watersheds;* Technical Release 55; U.S. Department of Agriculture, Natural Resources Conservation Service, Conservation Engineering Division: Washington, D.C.

U.S. Environmental Protection Agency (1986) *Methodology for Analysis of Detention Basins for Control of Urban Runoff Quality;* EPA-440/5-87-001; U.S. Environmental Protection Agency: Washington, D.C.

Walker, W. W. (1985) *Empirical Methods for Predicting Eutrophication in Impoundments—Report 3: Model Refinements;* Technical Report E-81-9; U.S. Army Engineer Waterways Experiment Station: Vicksburg, Mississippi.

Walker, W. W. (1987) *Phosphorus Removal by Urban Runoff Detention Basins. Lake and Reservoir Management: Volume III;* North American Lake Management Society: Washington, D.C.

Washington State Department of Ecology (2005) *Stormwater Management Manual for Eastern Washington;* Washington State Department of Ecology, Water Quality Program: Olympia, Washington.

Washington State Department of Ecology (2011) *Evaluation of Emerging Stormwater Treatment Technologies.* http://www.ecy.wa.gov/programs/wq/stormwater/

newtech/ (accessed Sept 2011).

Wilks, D. S.; Cember, R. P. (1993) *Atlas of Precipitation Extremes for the Northeastern United States and Southeastern Canada*; Publication No. RR 93-5; Northeast Regional Climate Center, Cornell University: Ithaca, New York.

推荐读物

California Department of Transportation (2002) *Proposed Final Report: BMP Retrofit Pilot Program;* CTSW-RT-01–050; California Department of Transportation: Sacramento, California.

Florida Department of Environmental Protection (1988) *The Florida Development Manual: A Guide to Sound Land and Water Management;* Florida Department of Environmental Protection, Nonpoint Source Management Section: Tallahassee, Florida.

Kadlec, R. H.; Knight, R. L. (1996) *Treatment Wetlands;* Lewis Publishers: Boca Raton, Florida; pp 184–185.

Livingston, E. H. (1989) The Use of Wetlands for Urban Stormwater Management. In *Design of Urban Runoff Quality Controls;* American Society of Civil Engineers: New York.

National Oceanographic and Atmospheric Administration (1982) *Mean Monthly, Seasonal, and Annual Pan Evaporation for the United States;* NOAA Technical Report NWS 34; National Oceanographic and Atmospheric Administration: Washington, D.C.

Persson, J.; Somes, N. L.; Wong, T. H. (1999) Hydraulic Efficiency of Constructed Wetlands and Ponds. *Water Sci. Technol.*, **40,** 3, 291.

Randall, C. W.; Ellis, K.; Grizzard, T. L.; Knocke, W. R. (1982) Urban Runoff Pollutant Removal by Sedimentation; *Proceedings of the Conference on Stormwater Detention Facilities: Planning, Design, Operation and Maintenance;* Henniker, New Hampshire; Aug 1–6; American Society of Civil Engineers: New York.

Strecker, E. W.; Kersnar, J. M.; Driscoll, E. D.; Horner, R. R. (1992) *The Use of Wetlands for Controlling Stormwater Pollution;* Terrene Institute: Washington, D.C.

U.S. Environmental Protection Agency (1983) *Results of the Nationwide Urban Runoff Program, Volume I—Final Report;* U.S. Environmental Protection Agency, Water Planning Division: Washington, D.C.

U.S. Environmental Protection Agency, National Pollutant Discharge Elimination System Home Page. http://cfpub.epa.gov/npdes/home.cfm?program_id=6 (accessed Sept 2011).

Whipple, W.; Hunter, J. V. (1981) Settleability of Urban Runoff Pollution. *J.—Water Pollut.* Control Fed., 53, 1726.

第7章　参考文献

Bäckström, M. (2002) Sediment Transport in Grassed Swales During Simulated Runoff Events.\ *Water Sci. Technol.*, **45** (7), 41–49.

Bäckström, M. (2003) Grassed Swales for Stormwater Pollution Control During Rain and Snowmelt. *Water Sci. Technol.*, **48** (9), 123–134.

Barrett, M. E. (2004) Performance and Design of Vegetated BMPs in the Highway Environment. *Proceedings of the 2004 World Water and Environmental Resources Congress;* Salt Lake City, Utah; June 27–July 1.

Barrett, M. E.; Walsh, P. M; Malina, J. F.; Charbeneau, R. J. (1998) Performance of Vegetative Controls for Treating Highway Runoff. *J. Environ. Eng.*, **124** (11), 1121.

Barrett, M. E.; Lantin, A.; Austrheim-Smith, S. (2004) Stormwater Pollutant Removal in Roadside Vegetated Buffer Strips. *Transportation Research Record* No. 1890; pp 129–140.

Chow, V. T. (1959) *Open Channel Hydraulics;* McGraw-Hill: New York.

Deletic, A. (1999) Sediment Behaviour in Grass Filter Strips. *Water Sci. Technol*, **39** (9), 129–136.

Deletic, A. (2005) Sediment Transport in Urban Runoff Over Grassed Areas. *J. Hydrol.*, **301,** 108–122.

Deletic, A.; Fletcher, T. D. (2006) "Performance of Grass Filters Used for Stormwater Treatment–A Field and Modelling Study. *J. Hydrol.*, **317,** 261–275.

Fassman, E. A.; Liao, M.; Shadkam Torbati, S.; Greatrex, R. (2010) *Stormwater Mitigation through a Treatment Train.* Prepared by Auckland UniServices, Ltd., for Auckland Regional Council (Auckland, New Zealand); Auckland Regional Council Technical Report TR19/2010.

Fletcher, T. D.; Peljo, L.; Wong, T. H. F.; Weber, T. (2002) The Performance of Vegetated Swales for Urban Stormwater Pollution Control. *Proceedings of the Ninth International Conference on Urban Drainage;* Portland, Oregon; Sept 8–13.

Kirby, J. T.; Durrans, S. R.; Pitt, R.; Johnson, P. D. (2005) Hydraulic Resistance in Grass Swales Designed for Small Flow Conveyance. *J. Hydraul. Eng.*, 131 (1), 65.

Lampe, L. K.; Barrett, M.; Woods-Ballard, B.; Kellagher, R.; Martin, P.; Jefferies, C.; Hollon, M. (2005) *Performance and Whole Life Costs of Best Management Practices and Sustainable Urban Drainage Systems.* Water Environment Research Foundation Report No. 01-CTS-21T; Water Environment Research Foundation: Alexandria, Virginia, 697 pp.

Lenhart, J. (2007) Compost as a Soil Amendment for Water Quality Treatment Facilities. *Proceedings of the 2nd National Low Impact Development Conference;* Wilmington, North Carolina; March 12–14; American Society of Civil

Engineers: Reston, Virginia.

Lenhart, J. (2010) The Urban Green Biofilter, An Innovative Tree Box Application. *Proceedings of the 2010 International Low Impact Development Conference;* San Francisco, California; April 11–14; American Society of Civil Engineers: Reston, Virginia.

Minton, G. (2011) *Stormwater Treatment: Biological, Chemical, and Engineering Principles,* 3rd ed.; RPA Press: Seattle, Washington.

Pitt, R.; Nara, Y.; Durrans, S. R. (2007) Particulate Transport in Grass Swales. *Proceedings of the 2nd National Low Impact Development Conference;* Wilmington, North Carolina; March 12–14; American Society of Civil Engineers: Reston, Virginia.

Seattle Water Pollution Control Department (1992) *Biofiltration Swale Performance: Recommendations and Design Considerations;* Seattle Water Pollution Control Department: Seattle, Washington.

Stillwater Outdoor Hydraulic Laboratory (1947) *Handbook of Channel Design for Soil and Water Conservation;* SCS-TP-61; U.S. Department of Agriculture, Soil Conservation Service: Washington, D.C.

Yu, S. L.; Kuo, J.-T.; Fassman, E. A.; Pan, H. (2001) Field Test of Grassed-Swale Performance in Removing Runoff Pollution. *J. Water Resour. Plann. Manage.,* **127** (3), 168–171.

推荐读物

California Stormwater Quality Association (2003) *New Development and Redevelopment Handbook;* California Best Management Practice Handbooks, TC-20 Wet Ponds; California Stormwater Quality Association: Menlo Park, California.

City of Columbus, Ohio (2006) *Stormwater Drainage Manual.*

Colwell, S. (2001) *Characterization of Performance Predictors and Evaluation of Mowing Practices in Biofiltration Swales.* M.S. Thesis, University of Washington, Seattle, Washington.

Florida Department of Environmental Protection (1988) *The Florida Development Manual: A Guide to Sound Land and Water Management;* Florida Department of Environmental Protection, Nonpoint Source Management Section: Tallahassee, Florida.

King County Department of Natural Resources (1998) *Surface Water Design Manual;* King County Department of Natural Resources: Seattle, Washington.

Roesner, L. A.; Urbonas, B.; Sonnen, M., Eds. (1989) Design of Urban Runoff Quality Controls; *Proceedings of an Engineering Foundation Conference on Current Practice and Design Criteria for Urban Quality Control;* American Society of Civil Engineers: New York.

Schueler, T. R. (1987) *Controlling Urban Runoff: A Practical Manual for Planning and Designing Urban BMPs;* Metropolitan Washington Council of Governments: Washington, D.C.

Urbonas, B. R.; Roesner, L. A., Eds. (1986) Urban Runoff Quality—Impact and Quality Enhancement Technology. *Proceedings of an Engineering Foundation Conference on Current Practice and Design Criteria for Urban Quality Control;* American Society of Civil Engineers: New York.

Urbonas, B. R.; Stahre, P. (1993) *Stormwater—Best Management Practices Including Detention;* Prentice Hall: Englewood Cliffs, New Jersey.

第 8 章　参考文献

American Institute of Architects (2007) Green Roof Design; Adapted from an AIA Convention Seminar by C. Garrett, K. Klein, and A. Phelps; American Institute of Architects: Washington, D.C.

American Society for Testing and Materials (2007a) Standard Guide for Comparison of Field Methods for Determining Hydraulic Conductivity in the Vadose Zone; ASTM-D5126–90; American Society for Testing and Materials: Conshohocken, Pennsylvania.

American Society for Testing and Materials (2007b) Standard Specifications for Concrete Aggregates; ASTM-C-33–07; American Society for Testing and Materials: Conshohocken, Pennsylvania.

American Society for Testing and Materials (2007c) Standard Test Method for Field Measurement of Infiltration Rate Using a Double-Ring Infiltrometer with a Sealed-Inner Ring; ASTM-D5093–02; American Society for Testing and Materials: Conshohocken, Pennsylvania.

American Society for Testing and Materials (2007d) Standard Test Methods for Measurement of Hydraulic Conductivity of Saturated Porous Materials Using a Flexible Wall Permeameter; ASTM-D5084–03; American Society for Testing and Materials: Conshohocken, Pennsylvania.

American Society of Civil Engineers; Water Environment Federation (1992) *Design and Construction of Urban Stormwater Management Systems;* ASCE Manuals and Reports of Engineering Practice No. 77; WEF Manual of Practice No. FD-20; American Society of Civil Engineers: New York.

Berghage, R.; Jarrett, A.; Beattie, D.; Kelley, K.; Husain, S.; Rezai, F.; Long, B.; Negassi, A.; Cameron, R.; Hunt, W. (2007) Quantifying Evaporation and Transpirational Losses from Green Roofs and Green Roof Media Capacity for Neutralizing Acid Rain; National Decentralized Water Resources Capacity Development Project, The Pennsylvania State University, University Park, Pennsylvania. http://www.epa.gov/region8/greenroof/pdf/Green%20Roofs%20and%20acid%20rain.pdf (accessed Oct 20, 2010).

Braga, A.; Horst, M.; Traver, R. G. (2007) Temperature Effects on the Infiltration Rate through an Infiltration Basin BMP. *J. Irrig. Drainage Eng.*, **133** (6), 593–601.

Bright, T. M.; Hathaway, J. M.; Hunt, W. F.; de los Reyes, F. L.; Burchell, M.R. (2010) Impact of Stormwater Runoff on Clogging and Fecal Bacteria Reduction in Sand Columns. *J. Environ. Eng.*, **136** (12), 135–141.

Brown, R. A.; Hunt, W. F. (2010) Impacts of Construction Activity on Bioretention Performance. *J. Hydrol. Eng.*, **15** (6), 386–394.

City of Austin, Texas (1996) *Design of Water Quality Controls;* City of Austin, Texas.

Clark, S.; Pitt, R. (1999) *Stormwater Runoff Treatment: Evaluation of Filtration Media;* EPA-600/R-00–010; U.S. Environmental Protection Agency, Water Supply and Water Resources Division, National Risk Management Research Laboratory: Cincinnati, Ohio.

Clark, S. E.; Pitt, R. (2009) Storm-Water Filter Media Pollutant Retention under Aerobic versus Anaerobic Conditions. *J. Environ. Eng.*, **135** (5), 367–371.

Claytor, R. A.; Schueler, T. R. (1996) *Design of Stormwater Filtering Systems;* Center for Watershed Protection: Ellicott City, Maryland.

Davis, A. P.; Hunt, W. F.; Traver, R. G.; Clar, M. E. (2009) Bioretention Technology: An Overview of Current Practice and Future Needs. *J. Environ. Eng.*, **135** (3), 109–117.

Davis, A. P.; Shokouhian, M.; Sharma, H.; Minami, C. (2001) Laboratory Study of Biological Retention for Urban Stormwater Management. *Water Environ. Res.*, **73** (1), 5.

Davis, A. P.; Traver, R. G.; Hunt, W. F.; Brown, R. A.; Lee, R.; Olszewski, J. M. (2011) Hydrologic Performance of Bioretention Stormwater Control Measures. *J. Hydrol. Eng.*, **16** (10).

Dietz, M. E. (2007) Low Impact Development Practices: A Review of Current Research and Recommendations for Future Directions. *Water Air Soil Pollut.*, **186** (1–4), 351–363.

Driscoll, F. G. (1986) *Groundwater and Wells*, 2nd ed.; Johnson Division: St. Paul, Minnesota.

Emerson, C. H.; Traver, R. G. (2008) Multiyear and Seasonal Variation of Infiltration from Storm-Water Best Management Practices. *J. Irrig. Drainage Eng.*, **134** (5), 598–605.

Erickson, A. J.; Gulliver, J. S.; Weiss, P. T. (2007) Enhanced Sand Filtration for Storm Water Phosphorus Removal. *J. Environ. Eng.*, **133** (5), 485.

Fair, G. M.; Hatch, L. P. (1933) Fundamental Factors Governing the Streamline Flow of Water Through Sand. *J—Am. Water Works Assoc.*, **25,** 1551.

Fetter, C. W. (1988) *Applied Hydrogeology*, 4th ed.; Prentice Hall: Upper Saddle River, New Jersey.

Federal Highway Administration (1996) *Evaluation and Management of Highway Runoff Water Quality*; FHWA-PD-96–032; Federal Highway Administration: Washington, D.C.

Forschungsgesellschaft Landschaftsentwicklung Landschaftsbau e.V. (2008) *Guidelines for the Planning, Construction and Maintenance of Green Roofing*. http://www.fll.de/shop/product_info.php?info=p152_Green-Roofing-Guideline--2008--download-edition-.html (accessed Oct 2011).

Freeze, R. A.; Cherry, J. A. (1979) *Groundwater*; Prentice Hall: Englewood Cliffs, New Jersey.

Hathaway, J. M.; Hunt, W. F.; Jadlocki, S. J. (2009) Indicator Bacteria Removal in Stormwater Best Management Practices in Charlotte, North Carolina. *J. Environ. Eng.*, **135** (12), 1275–1285.

Hatt, B. E.; Fletcher, T. D.; Deletic, A. (2009) Hydrologic and Pollutant Removal Performance of Stormwater Biofiltration Systems at the Field Scale. *J. Hydrol.*, **365** (3–4), 310–321.

Hazen, A. (1892) *Some Physical Properties of Sands and Gravels;* Massachusetts State Board of Health, Annual Report; pp 539–556.

Hunt, W. F.; Davis, A. P.; Traver, R. G. (in press) Meeting Hydrologic and Water Quality Goals through Targeted Bioretention Design. *J. Environ. Eng.*

Hunt, W. F.; Jarrett, A. R.; Smith, J. T.; Sharkey, L. J. (2006) Evaluating Bioretention Hydrology and Nutrient Removal at Three Field Sites in North Carolina. *J. Irrigation Drainage Eng.*, **132** (6), 600.

Lagasse, P. F. (2006) *Riprap Design Criteria, Recommended Specifications,and Quality Control;* NCHRP Report 568; National Cooperative Highway Research Program: Washington, D.C.

Lenhart, J. H. (2004) Methods of Sizing Water Quality Facilities. *Stormwater Magazine*. Jul–Aug.

Lucas, W.; Greenway. M. (2011) Phosphorus Retention by Bioretention Mesocosms Using Media Formulated for Phosphorus Sorption: Response to Accelerated Loads. *J. Irrig. Drainage Eng.*, **137** (144).

Maryland Department of the Environment (1998) *Maryland Stormwater Design Manual, Volumes I & II;* Maryland Department of the Environment, Water Management Administration: Baltimore, Maryland.

McWhorter, D. B.; Sunada, D. K. (1977) *Ground-Water Hydraulics and Hydrology;* Water Resources Publications: Fort Collins, Colorado.

Minton, G. R. (2011) *Stormwater Treatment: Biological, Chemical, and Engineering Principles*, 3rd ed.; RPA Press: Seattle, Washington.

Natural Resources Conservation Service (1994) *The Phosphorus Index A Phosphorus Assessment Tool*. http://www.nrcs.usda.gov/technical/ecs/nutrient/pindex.html (accessed Oct 2010).

New Hampshire Department of Environmental Services (2008) *New Hampshire Stormwater Manual*. http://des.nh.gov/organization/divisions/water/stormwater/manual.htm (accessed Oct 2011).

Patel, D.; Hauser, J.; Johnston, J.; Curtis, J. (2004) Pilot Filtration Studies for Turbidity and Nutrient Removal at Lake Tahoe. *Proceedings of the 3rd Annual North American Surface Water Quality Conference;* Palm Springs, California; May 17–19.

Pitt, R. (1998) An Evaluation of Storm Drainage Inlet Devices for Stormwater Quality Treatment. *Proceedings of the Annual Water Environment Federation Technical Exposition and Conference;* Orlando, Florida; Oct 3–7. http://rpitt.eng.ua.edu/Publications/StormwaterTreatability/Storm%20drain%20inlets%20weftec98%20paper.PDF (accessed Oct 2010).

Prince George's County, Maryland (2001) *The Bioretention Manual;* Prince George's County, Maryland, Department of Environmental Resources, Environmental Services Division.

Roseen, R. M.; Ballestero, T. P.; Houle, J. P. (2009) University of New Hampshire Stormwater Center 2009 Bi-Annual Report; University of New Hampshire: Durham, New Hampshire.

Roseen, R. M.; Ballestero, T. P.; Houle, J. P. (2007) University of New Hampshire Stormwater Center 2007 Annual Report; University of New Hampshire: Durham, New Hampshire.

Roseen, R. M.; Ballestero, T. P.; Houle, J. P. (2005) The UNH Stormwater Center's 2005 Data Report; University of New Hampshire: Durham, New Hampshire.

Roy-Poirier, A.; Champagne, P.; Filion, Y. (2010) Review of Bioretention System Research and Design: Past, Present, and Future. *J. Environ. Eng.*, **136** (9), 878–889.

Rusciano, G. M.; Obropta, C. C. (2007) Bioretention Column Study: Fecal Coliform and Total Suspended Solids Reductions. *Trans. ASABE*, **50** (4), 1261–1269.

Seattle Public Utilities (2009) *Updated SPU Bioretention Soil—Modeling Inputs and Water Quality Treatment*. http://www.seattle.gov/util/groups/public/@spu/@usm/documents/webcontent/spu02_019972.pdf (accessed Oct 2011).

Shepherd, R. G. (1989) Correlations of Permeability and Grain Size. *Groundwater*, **27** (5), 633.

Tolderlund, L. (2010) *Design Guidelines and Maintenance Manual for Green Roofs in the Semi-Arid and Arid West;* University of Colorado: Denver Colorado, 59 pp.

Urbonas, B. R. (2003) *Stormwater Sand Filter Sizing and Design: A Unit Operations Approach;* Urban Drainage and Flood Control District: Denver, Colorado.

U.S. Army Corps of Engineers (2000) *Design and Construction of Levees;* EM 1110-2-1913; U.S. Army Corps of Engineers: Washington, D.C.

U.S. Department of Agriculture (1986) *Urban Hydrology for Small Watersheds;* Technical Release 55; U.S. Department of Agriculture, Natural Resources Conservation Service, Conservation Engineering Division: Washington, D.C.

U.S. Department of Energy (2007) Vapor Barriers or Vapor Diffusion Retarders. http://www.eere.energy.gov/consumer/your_home/insulation_airsealing/index.cfm/mytopic=11810 (accessed Oct 2011).

Wanielista, M.; Chang, N.-B. (2008) *Alternative Stormwater Sorption Media for the Control of Nutrients;* Final Report for Project B236; Stormwater Management Academy, University of Central Florida: Orlando, Florida.

Wanielista, M.; Kersten, R.; Eaglin, R. (1997) *Hydrology: Water Quantity and Quality Control, Second Edition;* Wiley & Sons: New York.

Woelkers, D.; Clark, S ; Pitt, B. (2006) Stormwater Treatment Filtration as a Stormwater Control. *Proceedings of the North American Surface Water Quality Conference and Exhibition;* Denver, Colorado; July 24–27; Forester Communications: Santa Barbara, California.

Zhang, L.; Seagren, E. A.; Davis, A. P.; Karns, J. S. (2010) The Capture and Destruction of Escherichia coli from Simulated Urban Runoff Using Conventional Bioretention Media and Iron Oxide-Coated Sand. *Water Environ. Res.*, **82,** 701–714.

第 9 章　参考文献

Adams, M. (2003) Porous Asphalt Pavement with Recharge Beds: 20 Years and Still Working. *Stormwater*, **4** (3).

American Association of State Highway and Transportation Officials (2010) *Standard Specifications for Transportation Materials and Methods of Sampling and Testing,* 30th ed.; ISBN No. 1–5605 1–479–4; American Association of State Highway and Transportation Officials: Washington, D.C.

American Concrete Institute (2008) *ACI 522.1–08 Specification for Pervious Concrete Pavement;* American Concrete Institute: Farmington Hills, Michigan.

American Society for Testing and Materials (2010) Standard Specifications for Solid Concrete Interlocking Pavement Units; ASTM-C936/C936M-09; American Society for Testing and Materials: West Cochohocken, Pennsylvania.

Barrett, M. E. (2008) Effects of a Permeable Friction Course on Highway Runoff. *J. Irrigation Drainage Eng.*, **134** (5), 646.

Bean, E. Z.; Hunt, W. F.; Bidelspach, D. A. (2007) Evaluation of Four Permeable Pavement Sites in Eastern North Carolina for Runoff Reduction and Water Quality Impacts. *J. Irrigation Drainage Eng.*, **133** (6), 583.

Bouwer, H. (1986) Intake Rate: Cylinder Infiltrometer. In *Methods of Soil Analysis. Part 1*, 2nd ed.; Klute, A. (Ed.); Agronomy Monograph 9; ASA and SSSA: Madison, Wisconsin.

Bouwer, H.; Rice, R. C. (1976) A Slug Test for Determining Hydraulic Conductivity of Unconfined Aquifers with Completely and Partially Penetrating Wells. *Water Resour. Res.*, **12**, 423.

Braga, A.; Horst, M.; Traver R. G. (2007) Temperature Effects on the Infiltration Rate through an Infiltration Basin BMP. *J. Irrig. Drainage Eng.*, **133** (6), 593–601.

California Stormwater Quality Association (2003) *New Development and Redevelopment Handbook;* California Best Management Practice Handbooks, TC-10, TC-11, and SC-20; California Stormwater Quality Association: Menlo Park, California.

Carlton, G. B (2010) *Simulation of Groundwater Mounding Beneath Hypothetical Stormwater Infiltrated Basins;* U.S. Geological Survey Scientific Investigations Report, 2010–5102; U.S. Geological Survey: Reston, Virginia.

Clark, S. E. (1996) *Evaluation of Filtration Media for Stormwater Runoff Treatment.* M.S. Thesis, University of Alabama at Birmingham, Alabama.

Clark, S. E. (2000) Urban Stormwater Filtration: Optimization of Design Parameters and a Pilot-Scale Evaluation. Ph.D. Dissertation, University of Alabama at Birmingham, Alabama.

Clark, S. E.; Pitt, R. (2009) Solids Removal in Stormwater Filters Modeled Using a Power Equation. *J. Environ. Eng.*, **135** (9), 896.

Clark, S. E.; Baker, K. H.; Treese, D. P.; Mikula, J. B.; Siu, C. Y. S.; Burkhardt, C. S. (2009) *Sustainable Stormwater Management: Infiltration vs. Surface Treatment Strategies;* Project 04-SW-3; Water Environment Research Foundation: Alexandria, Virginia.

Collins, K. A.; Hunt, W. F.; Hathaway, J. M. (2008) Hydrologic Comparison of Four Types of Permeable Pavement and Standard Asphalt in Eastern North Carolina. *J. Hydrologic Eng.*, **13** (12), 1146.

Collins, K. A.; Hunt, W. F.; Hathaway, J. M. (2010) Side-by-Side Comparison of Nitrogen Species Removal for Four Types of Permeable Pavement and Standard Asphalt in Eastern North Carolina. *J. Hydrologic Eng.*, **15** (6), 512.

Connecticut Department of Environmental Protection (2004) *2004 Connecticut Stormwater Quality Manual;* Connecticut Department of Environmental Protection: Hartford, Connecticut.

Dougherty, M.; Hein, M.; Martina, B. A.; Ferguson, B. K. (2011) Quick Surface Infiltration Test to Assess Maintenance Needs on Small Pervious Concrete Sites. *J. Irrig. Drainage Eng.*, **137** (8), 553.

Emerson, C. H.; Traver R. G. (2008) Multiyear and Seasonal Variation of

Infiltration from Storm-Water Best Management Practices. *J. Irrig. Drainage Eng.*, **134** (5), 598–605.

Engineers Australia (2006) *Australian Runoff Quality—A Guide to Water Sensitive Urban Design;* Wong, T. H. F., Ed.; Engineers Media: Crows Nest, New South Wales, Australia.

Fassman, E.; Blackbourn, S. D. (2011) Road Runoff Water Quality Mitigation by Permeable Modular Concrete Pavers. *J. Irrigation Drainage Eng.*, **138** (1), 177.

Ferguson, B. K. (1994) *Stormwater Infiltration;* Lewis Publishers: Boca Raton, Florida.

Haselbach, L. M. (2010) Potential for Clay Clogging of Pervious Concrete under Extreme Conditions. J. Hydrologic Eng., **15,** 67.

Hatt, B. E.; Fletcher, T. D.; Deletic, A. (2009) Hydrologic and Pollutant Removal Performance of Stormwater Biofiltration Systems at the Field Scale. *J. Hydrol.*, **365** (3–4), 310–321.

Hilding, K. (1996). Longevity of Infiltration Basins Assessed in Puget Sound. *Watershed Protection Tech.*, **1** (3), 124.

Horst, M.; Welker, A. L.; Traver, R. G. (2011) Multiyear Performance of a Pervious Concrete Infiltration Basin BMP. *J. Irrig. Drainage Eng.*, **137** (6), 352.

Le Coustumer, S.; Fletcher, T. D.; Deletic, A.; Potter, M. (2008) *Hydraulic Performance of Biofilter Systems for Stormwater Management: Lessons from a Field Study;* Facility for Advancing Water Biofiltration and Melbourne Water Corporation (Healthy Bays and Waterways): Melbourne, Victoria, Australia.

Lenhart, J.; Paula, C. (2007) "Mass Loading and Mass Load Design of Stormwater Filtration Systems. *Proceedings of the ASCE/EWRI, World Environmental and Water Resources Congress,* Tampa, Florida.

Los Angeles and San Gabriel Rivers Watershed Council (2005) *Los Angeles Basin Water Augmentation Study Phase II Final Report.* http://www.swrcb.ca.gov/water_issues/programs/climate/docs/resources/labwas_phase2report2005.pdf (accessed Nov 15, 2010).

Machusick, M.; Welker, A.; Traver, R. (2011) Groundwater Mounding at a Storm-Water Infiltration BMP. *J. Irrigation Drainage Eng.*, **137,** 154.

Maidment, D. (Ed.) (1993) *Handbook of Hydrology;* McGraw-Hill: New York.

National Asphalt Pavement Association (2008) *Porous Asphalt Pavements for Stormwater Management: Design, Construction, and Maintenance Guide;* Information Series 131; National Asphalt Pavement Association: Lanham, Maryland.

National Ready Mixed Concrete Association (2010) *Pervious Concrete Certification Program.* http://www.nrmca.org/Education/Certifications/Pervious_Contractor.htm (accessed May 16, 2011).

Ohio Department of Transportation (2010) Location and Design Manual, Volume 2,

Drainage Design, Section 1117.1 Exfiltration Trench; Ohio Department of Transportation: Columbus, Ohio.

Pitt, R.; Clark, S.; Steets, B. (2010) Engineered Bioretention Media for Industrial Stormwater Treatment. *Proceedings of the 2010 Watershed Management Conference: Innovations in Watershed Management under Land Use and Climate Change;* Madison, Wisconsin; Aug 23–27.

Saxton, K. E. (2009) Soil Water Characteristics: Hydraulic Properties Calculator. http://hydrolab.arsusda.gov/soilwater/Index.htm (accessed Oct 2011).

Saxton, K. E.; Rawls, W. J. (2006) Soil Water Characteristic Estimates by Texture and Organic Matter for Hydrologic Solutions. *Soil Sci. Soci. Am. J.*, **70,** 1569–1578.

Smith, D. R.; Hunt, W. F. (2010) Structural/Hydrologic Design and Maintenance of Permeable Interlocking Concrete Pavement. *Proceedings of the Green Streets and Highways 2010: An Interactive Conference on the State of the Art and How to Achieve Sustainable Outcomes;* Denver, Colorado; Nov 14–17.

Swedish Water and Sewage Works Association (1983) *Local Disposal of Storm Water;* Publication VAV P46; Swedish Water and Sewage Works Association: Stockholm, Sweden.

University of New Hampshire Stormwater Center (2009) *UNHSC Design Specifications for Porous Asphalt Pavement and Infiltration Beds;* University of New Hampshire Stormwater Center: Durham, New Hampshire.

U.S. Department of Agriculture (2009) *National Engineering Handbook, Title 210-VI, Part 630, Chapter 7 Hydrologic Soil Groups;* U.S. Department of Agriculture, Natural Resources Conservation Service: Washington, D.C.

Urban Drainage and Flood Control District (2010) Urban Storm Drainage Criteria Manual, Volume 3. http://www.udfcd.org/downloads/down_critmanual_volIII.htm (accessed July 9, 2011).

Urbonas, B. R.; Stahre, P. (1993) *Stormwater: Best Management Practices and Detention for Water Quality, Drainage, and CSO Management;* Prentice Hall: Englewood Cliffs, New Jersey.

U.S. Department of the Interior (1990) Procedure for Performing Field Permeability Testing by the Well Permeameter Method (USBR 7300–89). In *Earth Manual, Part 2, A Water Resources Technical Publication*, 3rd ed.; U.S. Department of the Interior, Bureau of Reclamation: Denver, Colorado.

Wu, L.; Pan, L. (1997) A Generalized Solution to Infiltration from Single-Ring Infiltrometers by Scaling. *Soil Sci. Soc. Am. J.*, **61,** 1318–1322.

Zhang, Z.; Tumay, M. T. (2003) *The Nontraditional Approaches in Soil Classification Derived from the Cone Penetration Test;* ASCE Special Publication No. 121, Probabilistic Site Characterization at the National Geotechnical Experimentation Sites. American Society of Civil Engineers: Reston,

Virginia.

推荐读物

California Department of Transportation (2003) *Infiltration Basin Site Selection Study;* Report No. CTSW-RT-03–025; California Department of Transportation: Sacramento, California.

Ferguson, B. K. (2005) *Porous Pavements;* CRC Press: Boca Raton, Florida.

Florida Department of Environmental Protection (1988) *The Florida Development Manual: A Guide to Sound Land and Water Management;* Florida Department of Environmental Protection, Nonpoint Source Management Section: Tallahassee, Florida.

Jerome W. Morrissette & Associates Inc. (1998) *Stormwater Facilities Performance Study: Infiltration Pond Testing and Data Evaluation;* Jerome W. Morrissette & Associates Inc.: Olympia, Washington.

Massman, J. W. (2003) *A Design Manual for Sizing Infiltration Ponds;* Final Research Report 578.2; Washington State Department of Transportation: Olympia, Washington.

Minnesota Pollution Control Agency (2005) *State of Minnesota Stormwater Manual;* Minnesota Pollution Control Agency: St. Paul, Minnesota.

Roesner, L. A.; Urbonas, B.; Sonnen, M., Eds. (1989) Design of Urban Runoff Quality Controls; *Proceedings of an Engineering Foundation Conference on Current Practice and Design Criteria for Urban Quality Control;* American Society of Civil Engineers: New York.

Schueler, T. R. (1987) *Controlling Urban Runoff: A Practical Manual for Planning and Designing Urban BMPs;* Metropolitan Washington Council of Governments: Washington, D.C.

Smith, D. R. (2007) *Permeable Interlocking Concrete Pavements,* 3rd ed.; Interlocking Concrete Pavement Institute: Herndon, Virginia.

Urbonas, B. R.; Roesner, L. A., Eds. (1986) Urban Runoff Quality—Impact and Quality Enhancement Technology. *Proceedings of an Engineering Foundation Conference on Current Practice and Design Criteria for Urban Quality Control;* American Society of Civil Engineers: New York.

U.S. Environmental Protection Agency (1994) *Potential Groundwater Contamination from Intentional and Nonintentional Stormwater Infiltration;* EPA-600/R-94–051; U.S. Environmental Protection Agency: Washington, D.C.

第 10 章 参考文献

Allison, R. A.; Chiew, F. H. S.; McMahon, T. A. (1998a) *A Decision-Support-System for Determining Effective Trapping Strategies for Gross Pollutants;* Cooperative Research Centre for Catchment Hydrology, Department of Civil Engineering,

Monash University: Melbourne, Victoria, Australia.

Allison, R. A.; Walker, T. A.; Chiew, F. H. S.; O'Neil, I. C.; McMahon, T. A. (1998b) *From Roads to Rivers Gross Pollutant Removal From Urban Waterways;* Cooperative Research Centre for Catchment Hydrology, Department of Civil Engineering, Monash University: Melbourne, Victoria, Australia.

Armitage, N.; Rooseboom, A.; Nel, C.; Townshend, P. (1998) *The Removal of Urban Litter from Stormwater Conduits and Streams;* WRC Report No. TT 95/98; Water Research Commission: Pretoria, South Africa.

California Department of Transportation (2003) *Phase 1 Gross Solids Removal Devices Pilot Study: 2000–2002;* CTSW-RT-03–072; California Department of Transportation: Sacramento, California.

California Department of Transportation (2005) *Phase III: Gross Solids Removal Devices Pilot Study: 2002–2005;* Final Report No. CTSW-RT-05–130–03.1; California Department of Transportation: Sacramento, California.

California Department of Transportation (2000) District 7 Litter Management Pilot Study; Caltrans Document No. CT-SW-RT-00–013; California Department of Transportation: Sacramento, California.

Californi Stormwater Quality Association (2003) *New Development and Redevelopment Handbook;* California Best Management Practice Handbooks, TC-10, TC-11, and SC-20; California Stormwater Quality Association: Menlo Park, California.

County of San Diego (2005) *San Diego County Drainage Design Manual;* County of San Diego, Department of Public Works: San Diego, California.

England, G.; Rushton, B. (2007) ASCE Guideline for Monitoring Stormwater Gross Solids; American Society of Civil Engineers: Reston, Virginia.

HydroQual, Inc. (1995) *Floatables Pilot Program Final Report: Evaluation of Non-Structural Methods to Control Combined and Storm Sewer Floatable Materials;* Department of Environmental Protection, Division of Water Quality Improvement: New York.

Lager, J. A.; Smith, W. G.; Lynard, W. G.; Finn, R. M.; Finnemore, E. J. (1977) *Urban Stormwater Management and Technology: Update and Users' Guide;* EPA-600/8–77–014; U.S. Environmental Protection Agency: Cincinnati, Ohio.

Los Angeles Regional Water Quality Control Board (2001) *Trash Total Maximum Daily Loads for the Los Angeles River Watershed;* Los Angeles Regional Water Quality Control Board: Los Angeles, California.

Metcalf and Eddy, Inc. (1972) *Wastewater Engineering: Collection, Treatment, Disposal;* McGraw-Hill: New York.

Metcalf and Eddy, Inc. (2003) *Wastewater Engineering: Treatment and Reuse;* McGraw-Hill: New York.

Pitt, R. (1985) *Characterizing and Controlling Urban Runoff through Street and*

Sewerage Cleaning; U.S. EPA. Contract No. R-805929012; EPA-2/85–038. PB 85–186500/AS; U.S. Environmental Protection Agency: Cincinnati, Ohio.

Pitt, R.; Field, R. (2004) Catchbasins and Inserts for the Control of Gross Solids and Conventional Stormwater Pollutants. Proceedings of the American Society of Civil Engineers World Water and Environmental Resources Congress BMP Technology Symposium; Salt Lake City, Utah; June 27–July 1.

Pitt, R.; Field, R. (1998) An Evaluation of Storm Drainage Inlet Devices for Stormwater Quality Treatment. *Proceedings of the Annual Water Environment Federation Technical Exposition and Conference;* Orlando, Florida; Oct 3–7.

Roesner, L. A.; Pruden, A.; Kidder, E. M. (2007) *Improved Protocol for Classification and Analysis of Stormwater-Borne Solids;* WERF 04-SW-4; Water Environment Research Foundation: Alexandria, Virginia.

Sansalone, J.; Kim, J. Y. (2008) Transport of Particulate Matter Fractions in Urban Source Area Pavement Surface Runoff. *J. Environ. Qual.*, **37** (5), 1883.

Sartor, J. D.; Boyd, G. B. (1972) *Water Pollution Aspects of Street Surface Contaminants;* EPA-R2–72–081; U.S. Environmental Protection Agency, Office of Research and Monitoring: Washington, D.C.

U.S. Army Corps of Engineers (1988) *Hydraulic Design Criteria;* U.S. Army Engineer Waterways Experiment Station: Vicksburg, Mississippi.

Urban Drainage and Flood Control District (2001) *Urban Storm Drainage Criteria Manual, Volume 2;* Denver, Colorado.

URS Corporation (2004) *Draft Engineering Report: Solid Waste Prevention Investigation—Chollas Creek and Paleta Creek.* San Diego, California.

U.S. Geological Survey (2005) Water Resources Data—Definition of Terms. http://water.usgs.gov/ADR_Defs_2005.pdf (accessed May 18, 2011).

Wahl, T. L. (1995) Hydraulic Testing of Static Self-Cleaning Inclined Screens. *Proceedings of the First International Conference on Water Resources Engineering;* San Antonio, Texas; Aug 14–18; American Society of Civil Engineers: New York.

第 11 章 参考文献

Aronson, G.; Watson, D.; Pisaro, W. (1983) *Evaluation of Catch Basin Performance for Urban Stormwater Pollution Control;* EPA-600/2–83-043; U.S. Environmental Protection Agency: Washington, D.C.

California Department of Transportation (2004) *BMP Retrofit Pilot Program, Final Report;* CTSW-RT-01–050; California Department of Transportation: Sacramento, California.

CH2M HILL (2001) Stormwater System Maintenance Cost Estimates. Prepared for the Montgomery County Department of Environmental Protection, Rockville, Maryland.

Galli, J. (1992) *Analysis of Urban BMP Performance and Longevity in Prince George's County, Maryland;* Metropolitan Washington Council of Governments: Washington, D.C.

Harper, D. Montgomery County Department of Environmental Protection. Personal communication.

Kulzer, L. Seattle Public Utilities. Personal communication.

Liptan, T. Portland Bureau of Environmental Services. Personal communication.

Luckett, K. (2009) *Green Roof Construction and Maintenance;* McGraw-Hill: New York,196 pp.

Mineart, P.; Singh, S. (1994) *Storm Inlet Pilot Study;* Woodward-Clyde Consultants; Alameda County Urban Runoff Clean Water Program: Oakland, California.

Serdar, D. (1993) *Contaminants in Vactor Truck Wastes,* Prepared for the Washington State Department of Ecology. http://www.ecy.wa.gov/pubs/93e49.pdf (Nov 8, 2007).

Snodgrass, E.; McIntyre, L. (2010) The Green Roof Manual: A Professional Guide to Design, Installation, and Maintenance; Timber Press: Portland, Oregon, 295 pp.

Tolderlund, L. (2010) *Design Guidelines and Maintenance Manual for Green Roofs in the Semi-Arid and Arid West;* University of Colorado, Denver, Colorado, 59 pp.

Water Environment Research Foundation (2005) *Performance and Whole Life Costs of Best Management Practices and Sustainable Urban Drainage Systems;* Project 01-CTS-21Ta; Water Environment Research Foundation: Alexandria, Virginia.

Weiler, S.; Scholz-Barth, K. (2009) *Green Roof Systems: A Guide to the Planning, Design and Construction of Building Over Structure;* Wiley & Sons: Hoboken, New Jersey, 313 pp.

第 12 章 参考文献

Brown, W.; Schueler, T. (1997) *The Economics of Stormwater BMPs in the Mid-Atlantic Region;* Prepared for the Chesapeake Research Consortium, Edgewater, Maryland; Center for Watershed Protection: Ellicott City, Maryland.

California Department of Transportation (2004) *BMP Retrofit Pilot Program Final Report.* http://www.dot.ca.gov/hq/env/stormwater/special/newsetup/_pdfs/new_technology/CTSW-RT-01–050.pdf (accessed Oct 5, 2010).

California Department of Transportation (2001) *Third Party Best Management Practice Retrofit Pilot Study Cost Review,* Appendix to BMP Retrofit Final Report. http://www.dot.ca.gov/hq/env/stormwater/special/newsetup/_pdfs/new_technology/CTSW-RT-01–050/AppendixC/ThirdPartyCost.pdf (accessed Sept 2011).

Center for Watershed Protection (1998) *Costs and Benefits of Storm Water BMPs: Final Report;* Center for Watershed Protection: Ellicott City, Maryland.

Engineering News Record (2004) Construction Cost Index History (1908–2004). http://enr.construction.com/features/conEco/costIndexes/constIndexHist.

asp (accessed June 29, 2004).

Harper, D. (2004) Montgomery County, Maryland, Department of Environmental Protection. Personal Communication.

Low Impact Development Center (2004) Bioretention Costs. http://www.lid-stormwater.net/bio_costs.htm (accessed June 28, 2004).

Low Impact Development Center (2008) Permeable Paver Costs. http://www.lid-stormwater.net/permpaver_costs.htm (accessed Dec 5, 2008).

R.S. Means Company Inc. (1999) *Heavy Construction Cost Data 2000*, 14th ed.; R.S. Means Company Inc.: Kingston, Massachusetts.

Southeastern Wisconsin Regional Planning Commission (1991) *Costs of Urban Nonpoint Source Water Pollution Control Measures;* Technical Report No. 31; Southeastern Wisconsin Regional Planning Commission: Waukesha, Wisconsin.

U.S. Environmental Protection Agency (1999) Stormwater Technology Fact Sheet, Infiltration Trench. http://www.epa.gov/owm/mtb/infltrenc.pdf (accessed Dec 4, 2007).

Water Environment Research Foundation (2005) *Performance and Whole Life Costs of Best Management Practices and Sustainable Urban Drainage Systems;* Project 01-CTS-21Ta; Water Environment Research Foundation: Alexandria, Virginia.

Wiegand, C.; Schueler, T.; Chittenden, W.; Jellick, D. (1986) *Cost of Urban Runoff Controls, Urban Runoff Quality Impact and Quality Enhancement Technology;* American Society of Civil Engineers: New York; pp 366–382.

Young, G. K.; Stein, S.; Cole, P.; Kammer, T.; Graziano, F.; Bank, F. (1996) *Evaluation and Management of Highway Runoff Water Quality;* Publication No. FHWA-PD-96–032; U.S. Department of Transportation, Federal Highway Administration, Office of Environment and Planning: Washington, D.C.

第 13 章　参考文献

American Public Health Association; American Water Works Association; Water Environment Federation (1998) *Standard Methods for the Examination of Water and Wastewater,* 20th ed.; American Public Health Association: Washington, D.C.

American Society for Testing and Materials (1997) *Standard Guide for Monitoring Sediment in Watersheds;* ASTM-D-6145–97; American Society for Testing and Materials: West Conshohocken, Pennsylvania.

Barrett, M. (2004) Performance Comparison of Structural Stormwater BMPs. *Water Environ. Res.,* **76,** 85.

Behera, P. K.; Li, J. L.; Adams, B. (2000) Characterization of Urban Runoff Quality: A Toronto Case Study. In *Applied Modeling of Urban Water Systems,* Volume 8; James, W., Ed.; Computational Hydraulics International: Guelph, Ontario, Canada.

California Department of Transportation (2003) *Comprehensive Monitoring Protocols Guidance Manual: Stormwater Quality Monitoring Protocols, Particle/Sediment Monitoring Protocols, Gross Solids Monitoring Protocols, Toxicity Monitoring Protocols, and Caltrans Data Reporting Protocols;* California Department of Transportation: Sacramento, California.

Center for Watershed Protection (2007) *National Pollutant Removal Performance Database, Version 3.0;* Center for Watershed Protection: Ellicott City, Maryland.

Church, P. E.; Granto, G. E.; Owens, O. W. (1999) *Basic Requirements for Collecting, Documenting, and Reporting Precipitation and Stormwater-Flow Measurements;* USGS Open-File Report 99–25; U.S. Geological Survey: Northborough, Massachusetts.

Clary, J.; Quigley, M.; Poresky, A.; Earles, A.; Strecker, E.; Leisenring, M.; Jones, J. (2011) Integration of Low-Impact Development into the International Stormwater BMP Database. *J. Irrig. Drainage Eng., Special Issue: Urban Storm-Water Management in the 21st Century,* **137** (3), 190–198.

Federal Highway Administration (2000) *Stormwater Best Management Practices in an Ultra-Urban Setting: Selection and Monitoring;* FHWA-EP-00–002; U.S. Department of Transportation, Federal Highway Administration: Washington, D.C. http://www.fhwa.dot.gov/environment/ultraurb/index.htm (accessed Jan 2011).

Grant, D. M.; Dawson, B. D. (1997) *Isco Open Channel Flow Measurement Handbook,* 5th ed.; Isco, Inc.: Lincoln, Nebraska.

International Stormwater BMP Database. http://www.bmpdatabase.org (accessed Jan 2011).

Lenhart, J. (2007a) Evaluating BMP's Programs, Success and Issues; Queensland Stormwater Industry Association, Annual State Conference; Sunshine Coast, Australia; Keynote: Lenhart, J. Evaluating BMP's Programs, Success and Issues; CONTECH Stormwater Solutions, Portland, Oregon. http://www.stormwater360.co.nz/images/lenhart%20bmp%20evaluation%20sia.pdf (accessed Feb 2008).

Lenhart, J. (2007b) BMP Performance Expectation Functions—A Simple Method for Evaluating Stormwater Treatment BMP Performance Data. *Proceedings of the 9th Biennial Conference on Stormwater Research & Watershed Management,* University of Central Florida, May, Orlando, Florida.

McBean, E. A.; Rovers, F. A. (1998) *Statistical Procedures for Analysis of Environmental Monitoring Data and Risk Assessment,* Volume 3; Prentice Hall: Upper Saddle River, New Jersey.

Minton, G. R. (2011) *Stormwater Treatment—Biological, Chemical and Engineering Principles,* 3rd ed.; Resource Planning Associates: Seattle, Washington.

Ridder, S. A.; Darcy, S. I.; Calvert, P. P.; Lenhart, J. H. (2002) Influence of Analytical Method, Data Summarization Method, and Particle Size on Total Suspended

Solids (TSS) Removal Efficiency. In *Global Solutions for Urban Drainage;* 9ICUD 2002; American Society of Civil Engineers: Reston, Virginia.

Schueler, T. (1996) Irreducible Pollutant Concentrations Discharged from Urban BMP's. *Watershed Protection Tech.*, **2** (2), 75.

Sharkey, L. J. (2006) *The Performance of Bioretention Areas in North Carolina: A Study of Water Quality, Water Quantity, and Soil Media.* Master's Thesis, North Carolina State University, Department of Biological and Agricultural Engineering, Raleigh, North Carolina.

Siegel, S. (1956) *Nonparametric Statistics for the Behavioral Sciences;* McGraw-Hill: New York.

Strecker, E. W. (1994) Constituents and Methods for Assessing BMPs. In *Proceedings of the Engineering Foundation Conference on Storm Water Monitoring;* Crested Butte, Colorado; Aug 7–12.

Strecker, E. W.; Kersnar, J. M.; Driscoll, E. D.; Horner, R. R. (1992) *The Use of Wetlands for Controlling Storm Water Pollution;* The Terrene Institute: Washington, D.C.

Strecker, E. W.; Quigley, M. M.; Urbonas, B. R.; Jones, J. E.; Clary, J. K. (2001) Determining Urban Storm Water BMP Effectiveness. *J. Water Resour. Plann. Manage.*, **127** (3), 144.

Tailor, A.; Wong, T. (2002a) *Non-Structural Stormwater Quality Best Management Practices—A Literature Review of Their Value and Life-Cycle Costs;* EPA Victoria Technical Report 02/13; Cooperative Research Center for Catchment Hydrology: Victoria, Australia. http://www.catchment.crc.org.au/pdfs/Technical200213.pdf (accessed Jan 2011).

Tailor, A.; Wong, T. (2002b) *Non-Structural Stormwater Quality Best Management Practices—An Overview of their Use, Value, Cost and Evaluation;* EPA Victoria Technical Report 02/11; Cooperative Research Centre for Catchment Hydrology: Victoria, Australia. http://www.catchment.crc.org.au/pdfs/technical200211.pdf (accessed Jan 2011).

Technology Acceptance Reciprocity Partnership (2001) *The TARP Protocol for Stormwater Best Management Practice Demonstrations.* http://www.state.nj.us/dep/stormwater/docs/tarp_stormwater_protocol.pdf (accessed July 14, 2011).

Urbonas, B. R. (2000) Assessment of Stormwater Best Management Practice Effectiveness. In *Innovative Urban Wet-Weather Flow Management Systems;* Field, R., Heaney, J. P., Pitt, R., Eds.; Technomic Publishing Co., Inc.: Lancaster, Pennsylvania; pp 255– 300.

Urbonas, B. R. (1995) Recommended Parameters to Report with BMP Monitoring Data. *J. Water Resour. Plann. Manage.*, **121** (1), 23.

U.S. Environmental Protection Agency (1994a) *Laboratory Data Validation: Functional Guidelines for Evaluating Inorganics Analyses;* U.S. Environmental Protection Agency, Data Review Workgroup: Washington, D.C.

U.S. Environmental Protection Agency (1994b) *Laboratory Data Validation: Functional Guidelines for Evaluating Organics Analyses;* U.S. Environmental Protection Agency, Data Review Workgroup: Washington, D.C.

U.S. Environmental Protection Agency (1994c) *Guidance for the Data Quality Objectives Process;* EPA-QA/G-4; U.S. Environmental Protection Agency: Washington, D.C.

U.S. Environmental Protection Agency (1999a) *Methods and Guidance for Analysis of Water* [CD-ROM]; Version 2.0; EPA-821/C-99–004; U.S. Environmental Protection Agency: Washington, D.C.

U.S. Environmental Protection Agency (1999b) *Rapid Bioassessment Protocols for Use in Streams and Wadeable Rivers: Periphyton, Benthic Macroinvertebrates and Fish,* 2nd ed.; EPA-841/B-99–002; U.S. Environmental Protection Agency, Office of Water: Washington, D.C.

U.S. Environmental Protection Agency (2001) *Techniques for Tracking, Evaluating, and Reporting the Implementation of Nonpoint Source Control Measures: Urban;* EPA-841/B-00–007; U.S. Environmental Protection Agency, Office of Water: Washington, D.C.

U.S. Environmental Protection Agency (2002) *Guidelines Establishing Test Procedures for the Analysis of Pollutants; Whole Effluent Toxicity Test Methods; Final Rule.* http://www.epa.gov/fedrgstr/EPA-WATER/2002/November/Day-19/w29072.htm (accessed July 15, 2011).

U.S. Environmental Protection Agency (2002a) *Environmental Monitoring and Assessment Program—Research Strategy;* EPA-620/R-02–002; U.S. Environmental Protection Agency, Office of Research and Development, National Health and Environmental Effects Research Laboratory: Research Triangle Park, North Carolina.

U.S. Environmental Protection Agency (2002b) *Guidance for Quality Assurance Project Plans;* EPA-240/R-02–009; U.S. Environmental Protection Agency, Office of Environmental Information: Washington, D.C.

U.S. Environmental Protection Agency (2002c) *Urban Stormwater BMP Performance Monitoring: A Guidance Manual for Meeting the National Stormwater BMP Database Requirements;* EPA-821/B-02–001; U.S. Environmental Protection Agency, Office of Water: Washington, D.C.

U.S. Environmental Protection Agency (2004) *The Use of Best Management Practices (BMPs) in Urban Watersheds;* EPA-600/R-04–184; U.S. Environmental Protection Agency, Office of Research and Development: Washington, D.C.

U.S. Environmental Protection Agency (2006) *Guidance on Systematic Planning Using the Data Quality Objectives Process;* EPA-240/B-06–001; U.S. Environmental Protection Agency, Office of Environmental Information: Washington, D.C.

Van Buren, M. A.; Watt, W. E.; Marsalek, J. (1997) Applications of the Log-Normal and Normal Distributions to Stormwater Quality Parameters. *Water Res.,* **31**

(1), 95.

Washington State Department of Ecology (2002) Guidance for Evaluating Emerging Stormwater Treatment Technologies, Technology Assessment Protocol-Ecology (TAPE). http://www.ecy.wa.gov/biblio/0210037.html (accessed July 14, 2011).

Water Environment Research Foundation (2011) *Research Digest: International Stormwater Best Management Practices (BMP) Database Pollutant Category Technical Summaries*. Prepared by Wright Water Engineers and Geosyntec Consultants for Water Environment Research Foundation, Federal Highway Administration, Environmental and Water Resources Institute of the American Society of Civil Engineers, July.

Weisberg, S. (2005) *Applied Linear Regression*, 3rd ed.; Wiley & Sons: Hoboken, New Jersey.

Winer, R. (2000) *National Pollutant Removal Performance Database for Stormwater Treatment Practices*, 2nd ed.; U.S. Environmental Protection Agency, Office of Science and Technology; Center for Watershed Protection: Ellicott City, Maryland; p 29.

第 14 章 参考文献

Allen, R. G.; Pereira, L. S.; Raes, D.; Smith, M. (1998) Crop Evapotranspiration: Guidelines for Computing Crop Water Requirements; FAO Irrigation and Drainage Paper 56; Food and Agriculture Organization of the United Nations: Rome, Italy.

AQUA TERRA; HydroQual, Inc. (2001) Modeling Nutrient Loads to Long Island Sound from Connecticut Watersheds, and Impacts of Future Buildout and Management Scenarios; Connecticut Department of Environmental Protection, Bureau of Water Management: Hartford, Connecticut.

Bedient, P. B.; Huber, W. C.; Vieux, B. E. (2007) *Hydrology and Floodplain Analysis*, 4th ed.; Prentice-Hall: Upper Saddle River, New Jersey.

Brown, A.; Huber, W. C. (2004) Hydrologic Characteristics Simulation for BMP Performance Evaluation, Critical Transitions in Water and Environmental Resources Management. *Proceedings of the American Society of Civil Engineers and Environmental and Water Resources Institute World Water and Resources Conference;* Salt Lake City, Utah; June 27–July 1; pp 1–10.

Cannon, L. (2002) Urban BMPs and Their Modeling Formulations. M.S. Project Report, Department of Civil, Construction, and Environmental Engineering, Oregon State University, Corvallis, Oregon.

Center for Watershed Protection (2007) *National Pollutant Removal Performance Database for Stormwater Treatment Practices*, 3rd ed.; Center for Watershed Protection: Ellicott City, Maryland.

Clow, D. W.; Campbell, D. H. (2008) Atmospheric Deposition and Surface-Water Chemistry in Mount Rainier and North Cascades National Parks, U.S.A., Water Years 2000 and 2005–2006; U.S. Geological Survey Scientific Investigations Report 2008–5152; U.S. Geological Survey: Reston, Virginia.

DHI (2011) http://www.mikebydhi.com/Products/Cities/MIKEURBAN.aspx (accessed in Feb 2011).

Driscoll, E. D.; Palhegyi, G. E.; Strecker, E.; Shelley, P. E. (1989) *Analysis of Storm Event Characteristics for Selected Rainfall Gauges throughout the United States;* U.S. Environmental Protection Agency: Washington, D.C.

Evans, B. M.; Lehning, D. W.; Borisova, T.; Corradini, K. J.; Sheeder, S. A. (2003) *PRedICT Version 2.0 User's Guide for the Pollutant Reduction Impact Comparison Tool;* PennState: University Park, Pennsylvania.

Fair, M. F.; Geyer, J. C. (1954) *Water Supply and Waste-Water Disposal;* Wiley & Sons: New York.

Farrell, A. C.; Scheckenberger, R. B.; Guther, R. T. (2001) Chapter 7, A Case in Support of Continuous Modeling for Stormwater Management System Design. In *Monograph 9 on Models and Applications in Urban Water Systems;* James, W., Ed.; Computational Hydraulics International: Guelph, Ontario, Canada; pp 113–130.

Field, R.; Tafuri, A.; Muthukrishnan, S. (2006) *The Use of Best Management Practices (BMPs) in Urban Watersheds;* DEStech Publications: Lancaster, Pennsylvania; p 268.

Fitzpatrick, J. J.; Imhoff, J. C.; Burgess, E.; Brashear, R. (2001) *Water Quality Models: A Survey and Assessment;* Final Report for Project 99-WSM-5; Water Environment Research Foundation: Alexandria, Virginia.

Foster, G. R.; McCool, D. K.; Renard, K. G.; Modelhauer, W. C. (1981) Conversion of the Universal Soil Loss Equation to SI Metric Units. *J. Soil Water Conserv.*, **36** (6), 355.

Friends of the Bay; Town of Oyster Bay (2009) State of the Watershed Report for Oyster Bay/Cold Spring Harbor; Fuss & O'Neil, Inc.: Manchester, Connecticut.

Heaney, J. P.; Huber, W. C.; Medina, M. A.; Murphy, M. P.; Nix, S. J.; Hasan, S. M. (1977) *Nationwide Evaluation of Combined Sewer Overflows and Urban Stormwater Discharges, Volume II: Cost Assessment and Impacts;* EPA-600/2–77-064b; U.S. Environmental Protection Agency: Cincinnati, Ohio.

Heasom, W.; Traver, R. G.; Welker, A. (2006) Hydrologic Modeling of a Bioinfiltration Best Management Practice. *J. Am. Water Resour. Association*, **42** (5), 1329.

Huber, W. C. (2001) Wet-Weather Treatment Process Simulation Using SWMM. *Proceedings of Third International Conference on Watershed Management;* Taipei, Taiwan; Dec 11–14; National Taiwan University: Taipei, Taiwan; pp 253–264.

Huber W. C.; Cannon, L.; Stouder, M. (2006) *BMP Modeling Concepts and Simulation;* EPA-600/R-06–033; U.S. Environmental Protection Agency: Edison, New Jersey.

Huber, W. C.; Dickinson, R. E. (1988) *Storm Water Management Model, Version 4, User's Manual;* EPA-600/3–88-001a; (NTIS PB88–236641/AS); U.S. Environmental Protection Agency: Athens, Georgia; p 595.

Hydrologic Engineering Center (2011) http://www.hec.usace.army.mil/ *(accessed in Feb 2011).*

HydroQual, Inc. (2004) Analysis of Long-Term Rainfall Conditions in the New York City Metropolitan Area. Technical Memorandum; HydroQual, Inc.: Mahwah, New Jersey.

Imhoff, J. C.; Clough, J. S.; Park, R. A.; Stoddard, A. (2004) *Evaluation of Chemical Bioaccumulation Models of Aquatic Ecosystems: Final Report*. Prepared for U.S. Environmental Protection Agency, Office of Research and Development, National Exposure Research Laboratory, Ecosystems Research Division: Athens, Georgia; http://hspf.com/pdf/FinalReport218.pdf (accessed June 2010).

Inamdar, S. P.; Altier, L. S.; Lowrance, R. R.; Williams, R. G.; Hubbard, R. (1998) The Riparian Ecosystem Management Model: Nutrient Dynamics. *Proceedings of the First Federal Interagency Hydrologic Modeling Conference;* Las Vegas, Nevada; April 19–23; pp 1.73–1.80.

Intergovernmental Panel on Climate Change (2007) *Contribution of Working Group II to the Fourth Assessment Report of the IPCC;* Parry, M. L., Canziani, O. F., Palutikof, J. P.; van der Linden, P. J.; Hanson, C. E., Eds.; Cambridge University Press: Cambridge, United Kingdom, and New York. http://www.ipcc.ch/publications_and_data/ar4/wg2/en/contents.html (accessed Feb 2011).

James, W. (2005) *Rules for Responsible Modeling,* 4th ed.; Computational Hydraulics Inc.: Guelph, Ontario, Canada.

James, W.; Huber, W. C.; Dickinson, R. E.; James, W. R. C. (1999) Water Systems Models: Hydrology, Users Guide to SWMM4 Runoff and Supporting Modules; Computational Hydraulics Inc.: Guelph, Ontario, Canada.

Maidment, D. R. (2002) *Arc Hydro: GIS for Water Resources;* ESRI Press: Redlands, California.

Mays, L. W. (2001) Water Resources Engineering; Wiley & Sons: New York.

McCuen, R. H. (1998) *Hydrologic Analysis and Design,* 2nd ed.; Prentice Hall: Upper Saddle River, New Jersey.

McMillin, W. E.; Omer, T. A. (2000) A Simplified Modeling Approach for Simulating Rainfall-Runoff, Projecting Pollutant Loads and Analyzing Treatment Performance. *Proceedings of the Annual Conference on Stormwater and Urban Water Systems Modeling;* Computational Hydraulics International:

Guelph, Ontario, Canada.

Minton, G. R. (2005) *Stormwater Treatment: Biological, Chemical, and Engineering Principles;* RPA Press: Seattle, Washington.

MUSIC (2010) Model for Urban Stormwater Improvement Conceptualisation. http://www.toolkit.net.au/music (accessed June 2010).

MWH Soft (2011) http://www.mwhsoft.com/products/infoworks_cs/infoworks_2d.aspx (accessed Feb 2011).

Nash, J. E.; Sutcliffe, J. E. (1970) River Flow Forecasting through Conceptual Models: Part 1, A Discussion of Principles. *J. Hydrology*, **10** (3), 282.

New York City Department of Environmental Protection (2008) The NYCDEP Climate Change Program Assessment and Action Plan. http://www.nyc.gov/html/dep/html/news/climate_change_report_05–08.shtml (accessed June 2010).

New York State Department of Environmental Conservation (2003) Pathogen Total Maximum Daily Loads for Shellfish Waters in Oyster Bay Harbor and Mill Neck Creek, Nassau County, New York. http://www.dec.ny.gov/docs/water_pdf/oystbaynopic.pdf (accessed July 19, 2011).

Nicklow, J. W.; Boulos, P. F.; Muleta, M. K. (2006) *Comprehensive Urban Hydrologic Modeling Handbook for Engineers and Planners*, 1st ed.; MWH Soft: Pasadena, California.

Ollinger, S. V.; Aber, J. D.; Lovett, G.; Millham, S. E.; Lathrop, R. G.; Ellis, J. M. (1993) A Spatial Model of Atmospheric Deposition in the Northeastern U.S. *Ecol. Applications*, **3** (3), 459.

Pathapati, S.; Sansalone, J. J. (2007) Application of Computational Fluid Dynamics (CFD) to Stormwater Clarification Systems. *Proceedings of the American Society of Civil Engineers/ Environmental and Water Resources Institute World Environmental and Water Resources Conference;* Tampa, Florida; May 15–19; pp 1–9.

Perez-Pedini, C., Limbrunner, J.; Vogel, R. M. (2005) Optimal Location of Infiltration-based Best Management Practices for Storm Water Management. *J. Water Resour. Plann. Manage.*, **131** (6), 441.

Pitt, R. E. (1987) Small Storm Flow and Particulate Washoff Contributions to Outfall Discharges. Ph.D. Dissertation, Department of Civil and Environmental Engineering, University of Wisconsin-Madison, Madison, Wisconsin.

Pitt, R. E.; Lilburn, M.; Nix, S. J.; Durrans, S. R.; Voorhees, J.; Martinson, J. (1999) *The Source Loading and Management Model (SLAMM) Guidance Manual for Integrated Wet Weather Flow (WWF) Collection and Treatment Systems for Newly Urbanized Areas;* U.S. Environmental Protection Association: Edison, New Jersey.

Pitt, R. E.; Voorhees, J. (2000) *The Source Loading and Management Model (SLAMM), A Water Quality Management Planning Model for Urban Stormwater Runoff;*

University of Alabama, Department of Civil and Environmental Engineering: Tuscaloosa, Alabama.

Pitt, R. E.; Maestre, A.; Morquecho, R. (2003) Evaluation of NPDES Phase I Municipal Stormwater Monitoring Data. *Proceedings of National Conference on Urban Stormwater: Enhancing the Programs at the Local Level;* Chicago, Illinois; Feb 17–20; EPA-625/R-03–003

Pitt, R. E.; Clark, S. E. (2008) Integrated Storm-Water Management for Watershed Sustainability. *J. Irrig. Drainage Eng.,* **134** (5), 548.

Rangarajan, S. (2005) A Critical Review of BMP Models and Guidance for Selection. *Proceedings of the Water Environment Federation Total Maximum Daily Load 2005 Conference;* Philadelphia, Pennsylvania; June 26–29.

Rangarajan, S.; Mahoney, K.; Simmons, P. (2007) New York City's Wet Weather Discharges in the Long Island Sound TMDL Context. *Proceedings of Engineering Conferences International Conference on Urban Runoff Modeling;* Arcata, California; July 22–27.

Rangarajan, S.; Munson, K. A.; Farley, K. J.; Tedesco, M. (2008) A Decision Support Framework to Facilitate Nitrogen Load Reductions in the Long Island Sound (LIS) Watershed. *Water Practice,* **2** (1), 1.

Schueler, T. (1987) *Controlling Urban Runoff: A Practical Manual for Planning and Designing*
Urban BMPs; Metropolitan Washington Council of Governments, Department of Environmental Programs: Washington, D.C.

Srivastava, P.; Hamlett, J. M.; Robillard, P. D. (2003) Watershed Optimization of Agricultural Best Management Practices: Continuous Simulation Versus Design Storms. *J. Am. Water Resour. Association,* **39** (5), 1043.

Strecker, E. W.; Quigley, M. M.; Urbonas, B. R.; Jones, J. E.; Clary, J. K. (2001) Determining Urban Storm Water BMP Effectiveness. *J. Water Resour. Plann. Manage.,* **127** (3), 144.

Tchobanoglous, G.; Burton, F. L. (1991) *Wastewater Engineering Treatment, Disposal and Reuse;* McGraw-Hill: New York.

Thomann, R. V.; Mueller, J. A. (1987) *Principles of Surface Water Quality Modeling and Control;* McGraw-Hill: New York.

Urbonas, B. R.; Stahre, P. (1993) *Stormwater: Best Management Practices and Detention for Water Quality, Drainage, and CSO Management;* Prentice Hall: Englewood Cliffs, New Jersey.

U.S. Army Corps of Engineers (1977) Storage, Treatment, Overflow, Runoff Model, STORM, Generalized Computer Program 723–58-L77520; U.S. Army Corps of Engineers, Hydrologic Engineering Center: Davis, California.

U.S. Department of Agriculture (1986) *Urban Hydrology for Small*

Watersheds; Technical Release 55; U.S. Department of Agriculture, Natural Resources Conservation Service, Conservation Engineering Division: Washington, D.C.

U.S. Department of Agriculture, Natural Resources Conservation Service (2009) Hydraulics and Hydrology Tools and Models—WinTR-55. http://www.wsi.nrcs.usda.gov/products/W2Q/H&H/Tools_Models/WinTR55.html (accessed May 2011).

U.S. Environmental Protection Agency (1983) *NURP—Results of the Nationwide Urban Runoff Program: Volume 1;* Final Report; U.S. Environmental Protection Agency: Washington, D.C.

U.S. Environmental Protection Agency (1997) Compendium of Tools for Watershed Assessment and TMDL Development; EPA-841/B-97-006; U.S. Environmental Protection Agency: Washington, D.C.

U.S. Environmental Protection Agency (1999) *Combined Sewer Overflows: Guidance for Monitoring and Modeling;* EPA-832/B-99-002; http://www.epa.gov/npdes/pubs/sewer.pdf (accessed May 2011).

U.S. Environmental Protection Agency (2002) Stormwater Permitting Memorandum from Robert Wayland in a TMDL Context. http://www.nj.gov/dep/watershedmgt/DOCS/WLAsStormwater.pdf (accessed June 2010).

U.S. Environmental Protection Agency (2004) *Water Quality Trading Assessment Handbook;* EPA-841/B-04-001; U.S. Environmental Protection Agency: Washington, D.C.

U.S. Environmental Protection Agency (2005) *Handbook for Developing Watershed Plans to Restore and Protect Our Waters;* EPA-841/B-05-005; U.S. Environmental Protection Agency: Washington, D.C.

U.S. Environmental Protection Agency (2007) *Watershed-Based National Pollutant Discharge Elimination System (NPDES) Technical Guidan e;* EPA-833/B-07-004; U.S. Environmental Protection Agency: Washington, D.C.

U.S. Environmental Protection Agency (2010) Stormwater Discharges from Municipal Separate Storm Sewer Systems (MS4s). http://cfpub.epa.gov/npdes/stormwater/munic.cfm (accessed Dec 2010).

Walker, W. W., Jr. (1990) P8 Urban Catchment Model Program Documentation, Version 1.1; Prepared for IEP, Inc., Northborough, Massachusetts, and Narragansett Bay Project, Providence, Rhode Island.

Walker, W. W., Jr. (2007) P8 Urban Catchment Model. Program for Predicting Polluting Particle Passage thru Pits, Puddles, & Ponds. http://www.wwwalker.net/p8/ (accessed June 2010).

Wanielista, M. P.; Yousef, Y. A.; Harper, H. H. (1983) Hydrology/Hydraulics of Swales; Workshop on Open Channels and Culvert Hydraulics; Orlando, Florida; Oct 22–23.

Wastewater Planning Users Group (1998) Guide to the Quality Modeling of Sewer Systems, http://www.ciwem.org/media/44486/Quality_Modelling_Guide_Version_1–0.pdf (accessed May 2011).

Water Environment Research Foundation (2005a) *Critical Assessment of Stormwater Treatment and Control Selection Issues;* ISBN: 1–84339-741–2; Water Environment Research Foundation: Alexandria, Virginia.

Water Environment Research Foundation (2005b) *Performance and Whole Life Costs of Best Management Practices and Sustainable Urban Drainage Systems;* Project 01-CTS-21Ta; Water Environment Research Foundation: Alexandria, Virginia.

Winer, R. (2000) *National Pollutant Removal Performance Database for Stormwater Treatment Practices,* 2nd ed.; Center for Watershed Protection: Ellicott City, Maryland.

WL Delft (2011) http://delftsoftware.wldelft.nl/ (accessed Feb 2011).

Wong, T. H. F.; Duncan, H. P.; Fletcher, T. D.; Jenkins, G. A.; Coleman, J. R. (2001) A Unified Approach to Modeling Urban Stormwater Treatment; Paper presented at the Second South Pacific Stormwater Conference; Auckland, New Zealand; June 27–29.

XP-SWMM (2011) http://www.xpsoftware.com/products/xpswmm/ (accessed Feb 2011).

Zhen, X.-Y.; Yu, S. L.; Lin, J.-Y. (2004) Optimal Location and Sizing of Storm Water Basins at Watershed Scale. *J. Water Resour. Plann. Manage.,* **130** (4), 339.

推荐读物

Bicknell, B. R.; Imhoff, J. C.; Kittle, J. L.; Donigian, A. S.; Johanson, R. C. (1997) *Hydrologic Simulation Program-Fortran (HSPF): User's Manual for Release 11;* U.S. Environmental Protection Agency, Office of Research and Development: Athens, Georgia.

Chen, C. W.; Herr, J.; Weintraub, L. (2004) Decision Support System for Stakeholder Involvement. *J. Environ. Eng. (Reston, VA, U.S.),* **130** (6), 714.

Evans, B. M.; Lehning, D. W.; Borisova, T.; Corradini, K. J.; Sheeder, S. A. (2003) A Generic Tool for Evaluating the Utility of Selected Pollution Mitigation Strategies Within a Watershed, Diffuse Pollution and Basin Management. *Proceedings of the 7th International Specialised International Water Association Conference;* Dublin, Ireland; ISBN 1902277767; Bruen, M., Ed.; pp 10–7, 10–12.

Horner, R. R. (1995) Constructed Wetlands for Urban Runoff Water Quality Control. *Proceedings of the National Conference on Urban Runoff Management;* Chicago, Illinois; pp 327–340.

Lee, J. G. (2003) Process Analysis and Optimization of Distributed Urban Stormwater Management Strategies. Ph.D. Thesis, Department of Civil,

Environmental and Architectural Engineering, University of Colorado, Boulder, Colorado.

Strecker, E.W.; Kersnar, J. M.; Driscoll, E. D.; Horner, R. R. (1992) The Use of Wetlands for Controlling Storm Water Pollution; The Terrene Institute: Alexandria, Virginia.